普通高等教育“十四五”规划教材
北京高校“优质本科教材”

露天采矿学

（第2版）

赵红泽　曹　博　主编
张瑞新　白润才　宋子岭　主审

应急管理出版社
·北　京·

图书在版编目（CIP）数据

露天采矿学 / 赵红泽，曹博主编 . -- 2 版 . -- 北京：应急管理出版社，2025. --（普通高等教育“十四五”规划教材）. -- ISBN 978-7-5237-1172-9

Ⅰ. TD804

中国国家版本馆 CIP 数据核字第 2025FC0234 号

露天采矿学 第 2 版

（普通高等教育“十四五”规划教材）

主　　编　赵红泽　曹　博
责任编辑　肖　力
责任校对　张艳蕾　李新荣
封面设计　安德馨

出版发行　应急管理出版社（北京市朝阳区芍药居 35 号　100029）
电　　话　010-84657898（总编室）　010-84657880（读者服务部）
网　　址　www. cciph. com. cn
印　　刷　北京建宏印刷有限公司
经　　销　全国新华书店

开　　本　787mm×1092mm $^{1}/_{16}$　**印张**　33　**字数**　805 千字
版　　次　2025 年 4 月第 2 版　2025 年 4 月第 1 次印刷
社内编号　20250091　　**定价**　98.00 元

第 2 版前言

由于露天开采的产能弹性大，露天煤矿成为了我国能源稳定供应的核心力量。近年来，我国煤矿露天开采在技术装备和生产建设方面突飞猛进，涌现出一批世界级的现代化露天煤矿，最大核定产能达 80 Mt/a。据统计，截至 2022 年底全国共有露天煤矿 357 处，产能 11.62 亿 t，以占比约 8% 的煤矿数量贡献了全国约 23% 的煤炭产量。据中国煤炭工业协会《露天煤矿无人驾驶技术应用发展报告》，截至 2024 年 9 月，我国已有超 50 个露天煤矿完成无人驾驶矿卡的部署，无人驾驶矿卡数量达 1510 辆。此外，智能巡检、智能穿爆、智能装车、边坡监测、地质模型构建等为代表的数字化、智能化应用场景不断丰富，智能化水平显著提高。

露天矿山及开采技术的快速发展，亟需大批新型专业技术人才及配套的新教材。《露天采矿学》第 1 版已使用 6 年，作为北京高校优质本科教材，编者在广泛收集读者对第 1 版的意见和建议的基础上，对第 1 版存在的不足之处进行了全面修订，并结合露天采矿的科学研究及生产技术的进步，对部分内容进行了删减和补充。第 2 版教材主要有以下特点。

(1) 课程思政元素应用。国产大型露天装备，如电铲、轮斗挖掘机、无人驾驶矿用卡车等大国重器，各大型露天矿山涌现出的全国劳模等大国工匠，在本书封面、内容上进行了学习情境植入与展示推送。

(2) 露天开采新工程技术的引入。教材加入了近些年出现的露天开采方面的新理论、新技术和新装备，比如智能矿山、端帮靠帮开采等。

(3) 课后配套资源的拓展。精彩的课堂教学，仅靠书面教材是不够的。本次修订采用二维码技术，将图片、视频等教学素材放入网站。另外，每章补充了课后思考题，便于学生学习与复习。

本书由中国矿业大学（北京）赵红泽、辽宁工程技术大学曹博任主编，主要编写人员包括：中国矿业大学（北京）赵红泽，辽宁工程技术大学曹博、姜聚宇、陈应显、黄云龙、郭伟强，内蒙古工业大学吴多晋，中国矿业大学陈树召、韩流，河北工程大学李新旺。全书由赵红泽统稿，张瑞新教授、白润才教授、宋子岭教授主审。具体各章编写人员分工如下：

第一章　赵红泽

第二章　曹博、姜聚宇

第三章　曹博、陈应显

第四章　曹博、黄云龙

第五章　曹博、郭伟强

第六章　曹博

第七章　吴多晋

第八章　吴多晋、陈树召

第九章　吴多晋

第十章　陈树召、韩流

第十一章　赵红泽

第十二章　赵红泽

第十三章　赵红泽

第十四章　李新旺

第十五章　赵红泽

第十六章　陈树召

本书作为普通高等教育露天采矿专业规划教材，得到了国家“双一流”建设项目专项资金、“十四五”国家重点研发计划（编号：2022YFB4703700）、内蒙古自治区直属高校基本科研业务费项目（编号：JY20220274）的资助。此外，在编写过程中还得到了西安科技大学、应急管理大学（筹）、新疆大学和各大露天煤炭企业集团等单位和专家的积极支持，我们对此表示诚挚的感谢。

限于编者水平，书中难免还会存在一些错漏之处，敬请广大读者批评指正。

编　者

2025 年 3 月

前　　言

采矿是除农业以外人类从事的最早的生产活动，从约50万年前旧石器时代人类为获取工具而采集石块开始，人类历史发展的每一个里程碑无不与采矿相关。进入21世纪，我国经济持续快速发展，煤、铁等能源资源类固体矿产的需求量持续快速增长，加之科学技术的进步，采矿业面临着新的发展要求。

固体矿物的开采方式分为露天开采和地下开采。现代露天开采是工业革命后伴随着炸药和现代装运设备的发明而迅速发展起来的。自20世纪50年代起，随着大型凿岩及装运设备的研发和应用，露天采矿技术得到了迅猛发展，露天采矿的规模和效率都得到了空前提高。目前，世界露天开采矿石的产量达到总产量的80%以上，我国铁矿石露天开采量占总产量的90%、有色金属占63%、煤炭占18%。

我国露天采矿专业的教材源于20世纪50年代从苏联引进的相关教材。从20世纪80年代以来，一直沿用旧的教材，内容没有更新，已经很难适应当前的露天采矿专业教学需求。同时，我国高等院校采矿工程专业相继开设了露天采矿方向或露天采矿学课程，却苦于一直没有新的教材使用。因此，本书作者在原《露天采矿学》（中国矿业学院出版社）教材基础上，结合多年的教学科研经验和现场工程实践，吸收最新的科研成果和露天采矿新技术，历时三年编写而成。本书也经多位露天采矿专业教授及专家审阅，并得到了他们的指导。

本书由中国矿业大学（北京）的赵红泽、辽宁工程技术大学的曹博任主编，具体分工如下：中国矿业大学（北京）的赵红泽编写第一章、第十一章、第十二章、第十三章、第十五章；辽宁工程技术大学的曹博编写第二~六章；内蒙古工业大学的吴多晋编写第七~十章；河北工程大学的李新旺编写第十四章；中国矿业大学的陈树召编写第十六章。全书由中国矿业大学（北京）的赵红泽统稿，张瑞新教授主审。此外，在编写过程中，骆中洲教授、张达贤教授也提出了许多宝贵意见和建议，中国矿业大学（北京）的硕士生岳霆、杜海瑞、郭帅，博士生李淋等参与了本书的资料收集与整理，在此一并表示感谢。

本书作为普通高等教育露天采矿专业规划教材，还得到中国矿业大学（北京）本科教育教学改革与研究教材建设项目资助（编号：J170114、J190105）。

由于时间仓促，加之编者水平所限，不足之处在所难免，欢迎各位读者提出宝贵意见，以便再版时修正和完善。

编 者

2019 年 5 月

目　　次

第二篇 露天矿矿山工程

第三篇 露天矿设计原理

第一章　绪　　论

第一节　矿业及露天采矿科学

矿业是以矿产资源为劳动对象的产业，是国民经济的基础产业。人类生存和发展离不开原料和燃料，涉及黑色金属、有色金属、煤炭、石油、天然气、油页岩等矿物，这些都需要借助采矿作业把它们从地壳中开采出来并进行加工利用。

一、原始采矿活动

人类的采矿活动可追溯到旧石器时代（距今 60 万年至 1 万年）。50 万年前，生活在北京周口店地区的北京猿人即开始选取片石制造简单的工具，开始人类历史上最早、最原始的露天采矿。

到新石器时代（距今 1 万年至 4 千年），我国北方草原地区的民族，开始有选择性地开采玛瑙、玉髓等高级石料；中原地区的农耕民族大量开采陶土，烧制各种陶器，大量开采花岗岩作为建筑材料；同时，又将花岗岩制成石犁，完成了由锄耕农业到犁耕农业的革命性转变。

整个人类历史的前期，原始采矿活动都是露天进行的。因为这个时期，人类还没有获得金属工具，生产力水平低下，还不具备进行地下采矿的技术和物质条件。

二、铜器、铁器时代的采矿活动

至公元前 2070 年，我国进入夏朝，我们的先人开采出铜矿石，从中炼制出了金属铜，并用其制造各种生产和生活用具。至夏朝晚期（约公元前 1600 年），又炼制出了青铜，我国历史进入了青铜器时代。由于炼制青铜需要金属锡，便开始了锡矿的开采。这个时期，人们主要还是通过露天的方式开采一些地面露头或风化堆积的矿石，露天开采仍然是最主要的采矿方式。

进入商代后，随着人们大量使用青铜器，矿石的需求量越来越大，原始的技术水平和装备无法完成露天开采所必需的剥岩工作量，简单的露天开采已不能满足矿石数量的需求，便开始了以地下开采为主的开采方式。

露天开采是直接揭露地表并采出有用矿物的开采方法；地下开采是指不揭露上覆岩层，通过由地面向地下开掘井巷采出有用矿物的开采方法。

三、露天采矿技术的发展

西方工业革命以前，人类在相当长的时期内，由于没有获得现代意义上的动力，采矿活动始终处于人力破岩和运搬的落后水平，除了建材类矿物，绝大多数矿物都是通过地下采矿的方式生产的。地下采矿作为矿石的主要开采方式，技术日渐成熟，而露天采矿技术没有任何革命性的进展。露天开采仅仅用于开采一些规模不大的“草皮矿”“鸡窝矿”以及一些地表露头的风化残留矿。露天采矿作为一项采矿技术停滞了近3千年。

现代露天采矿技术发展始于19世纪的工业革命。近代露天采矿方法以机械化开采为主，以电力、石油、煤炭为动力，绝大多数露天矿山首先使用机械设备（如挖掘机）剥离覆盖于矿床之上的土岩，然后采用适宜的运输设备（如重型卡车、带式输送机、轨道车辆等）把剥离物和有用矿物运至指定地点。

四、露天采矿学

煤炭、金属和非金属固体矿床开采在技术、方法、装备及遇到的问题大体上相近，均称为采矿。而石油和天然气开采完全不同于固体矿床开采，称为液体和气体矿床开采。其中，固体矿床开采可分露天开采、地下开采。

露天开采是在敞露的地面把有用矿物开采出来。露天开采先将覆盖在有用矿物之上的大量岩土剥离开采出来，这是露天开采和地下开采的最大区别。

研究矿床剥离和露天采矿的工艺技术及其内部规律性的学科称为露天采矿学。露天采矿学的主要内容包括露天开采工艺和露天开采设计原理两部分。露天开采工艺是利用生产工具直接从地表揭露并采出煤炭或其他矿产的方法；露天开采设计原理是研究有用矿物与剥离物之间的时、空、量的关系及发展规律的学科。露天采矿学学科特点如下。

（1）露天采矿学不但研究有用矿物的开采，而且还研究其上部剥离物的开采，以及有用矿物与剥离物之间的时、空、量的关系及其规律。

（2）露天采矿学是一门综合多学科基础知识的学科。需要在掌握数学、物理、化学、力学等基础知识的基础上，重点掌握以下几方面的专业知识：①地质学知识，包括地质构造学、矿床学、工程地质学、水文地质学、地质统计学及气象学等知识；②采矿学知识，包括露天采矿工艺系统和生产环节、开拓系统、开采程序以及露天矿设计等；③测量学知识；④矿山工程机械化、电气化和自动化知识，包括岩石松碎、采掘、运输和排弃的机械化作业方法；露天采矿机械的构造、使用、维护及保证生产过程电气化、自动化的知识；⑤矿山经济和管理知识，保证露天矿合理使用人力、物力、财力，达到高产、高效、低成本所必需的经济理论、运筹学、优化理论以及系统管理和组织的知识；⑥其他有关知识：计算机、环境保护、矿山安全生产法律法规等知识。

目前，有关煤炭露天开采的法律法规、标准规范主要有《中华人民共和国煤炭法》《中华人民共和国矿产资源法》《中华人民共和国安全生产法》《煤矿安全规程》《煤炭工业露天矿设计规范》《煤炭露天采矿制图标准》《露天煤矿岩土工程勘察规范》《露天煤矿边坡变形监测技术规范》《露天煤矿边坡稳定性年度评价技术规范》《金属非金属矿山安全规程》等。

第二节 露天开采的特点、现状及发展趋势

露天开采除受矿床地理位置、埋藏条件和岩石性质等影响外，还受地形、气候等影响。

在现代生产技术条件下，露天开采比地下开采更宜于使用现代化生产工具，特别是大

设备在适宜的矿床技术条件下能达到较高的劳动生产率。

一、露天开采特点

（一）露天开采的优点

（1）资源回收率较高，一般在90%以上。由于露天开采无须留保安煤柱，绝大部分资源都可开采出来，按地质储量计算的资源回收率远远高于地下开采。

（2）露天采场作业空间大，可采用大型生产设备，机械化程度高。挖掘机斗容从几十立方米至上百立方米不等，运输汽车载重100~400 t，铁道运输的牵引电机车黏重100~150 t，自翻车载重60 t，大型轮斗挖掘机理论能力达8500 m^3/h，带式输送机的带宽达1.4~3.2 m。大型露天矿投资较大，如：平朔安家岭露天煤矿投资40亿元人民币，准格尔黑岱沟露天煤矿投资97亿元人民币，平朔安太堡露天矿（1985—1987年）投资6.9558亿美元，后又追加投资16亿元人民币。

（3）生产能力大，生产能力弹性大。煤炭产量可达30~50 Mt/a，总剥离量可达100~300 Mt/a。如原西德弗尔图纳露天煤矿，设计能力为50 Mt/a，平均剥采比为1.83 m^3/t。

（4）劳动生产率高。按每工生产煤炭产量计算，国外露天煤矿：美国25.6 t/工，德国81.8 t/工；国内露天煤矿：平朔安太堡露天煤矿20.4 t/工，准格尔黑岱沟露天煤矿引入吊斗铲改扩建后工效达96.0 t/工。

（5）安全程度高。露天开采没有瓦斯、顶板冒落危害等，因此，其安全性远远高于地下开采。

（6）开采成本低。如阜新海州露天煤矿吨煤成本50~60元/t，准格尔黑岱沟露天煤矿引入吊斗铲改扩建后吨煤成本43.8元/t。

（7）建设速度快，一般3~5年可建成。目前，由于新的设计理念极大地降低了露天矿的基建工程量；同时采用工程外包等措施，使得露天矿基建速度大大加快，在1~2年内即可建成。

（二）露天开采的缺点

（1）受气候影响大。由于露天矿生产场所是敞露的，直接受气温、大风、雨雪的影响，特别是在我国北方地区，其生产具有明显的季节性。

（2）需要移运大量的剥离物，剥采比的大小直接影响露天矿的经济效益。

（3）占地面积大，破坏生态环境。露天开采会对土地造成一定的破坏，包括露天矿坑和外部排土场，需要做大量的土地复垦工作。如海州露天煤矿占地面积达30 km^2。

（4）对矿床埋藏条件要求严格，一般埋藏浅、煤层厚的煤田适合露天开采。

二、露天开采的现状及发展趋势

（一）露天开采的现状

由于露天开采具有地下开采不可比拟的优越性，自20世纪以来，全世界范围内在煤炭、冶金、建材、化工等行业中露天开采得到了广泛的发展，约2/3的矿产资源是用露天开采的（表1-1）。其中，煤炭露天开采占煤炭开采的比重已由1913年的6.6%增加到2010年的40%以上，特别是美国、俄罗斯、德国、澳大利亚等国的露天煤矿发展较快，露天开采所占比重较大（表1-2）。2014年我国主要矿产资源的露天开采比重见表1-3。

表 1-1 世界各类矿物资源露天开采所占比重

矿物种类	磁铁矿	褐铁矿	锰矿	铜矿	铝土矿	镍矿	铀矿	磷酸盐矿	石棉矿	建筑材料	其他
比重/%	78	84	86	90	91	45	30	87.6	75	100	40

表 1-2 世界主要露天采煤国的露天矿比重

国家	美国	印度	德国	澳大利亚	俄罗斯	全世界
所占比重/%	61.0	75.0	79.6	73.8	60.9	40

表 1-3 2014 年我国主要矿产资源的露天开采比重

矿产	铁矿石	黑色冶金辅助矿石	有色金属矿石	化工原料矿石	建筑材料	煤炭
比重/%	86.4	90.5	49.6	70.7	≈100	14

我国煤炭的露天开采所占比重较低。2000 年以后，陆续新开发建设了一大批大型、特大型露天煤矿。我国露天煤矿由新中国成立初期的 10 余座增加到 2013 年的 400 余座，露天开采的煤炭产量占全国煤炭总产量的比重由 5% 上升到 14% 左右。

20 世纪 80 年代开发的露天煤矿开采规模为 5.0~15.0 Mt/a，2000 年后开发的露天煤矿开采规模达 10.0~30.0 Mt/a。部分矿区也开发了一大批中小型露天矿，开采规模 0.3~1.2 Mt/a 不等。

露天开采工艺也有一个发展变化过程。新中国成立初期建设的露天煤矿大都采用单斗挖掘机—铁道开采工艺，单斗挖掘机斗容为 1.0~4.0 m^3，个别达 6.0 m^3，运输工艺多为准轨蒸汽机车或准轨电气化铁路。20 世纪 80 年代建设的五大露天煤矿（准格尔黑岱沟露天煤矿、平朔安太堡露天煤矿、平庄元宝山露天煤矿、霍林河南露天煤矿、伊敏河露天煤矿）的岩石剥离部分采用单斗挖掘机—汽车开采工艺，表土部分则采用轮斗挖掘机—带式输送机连续开采工艺（黑岱沟露天煤矿和元宝山露天煤矿），采煤部分则采用单斗挖掘机—汽车—半固定式破碎站—带式输送机工艺。挖掘机斗容为 10~30 m^3，汽车载重一般为 68~154 t。2000 年以后开发的大型露天煤矿多采用综合开采工艺，如剥离采用单斗挖掘机—汽车开采工艺、采煤采用单斗挖掘机—汽车—半固定式破碎站—带式输送机开采工艺；剥离采用单斗挖掘机—汽车开采工艺、采煤采用单斗挖掘机—工作面移动式破碎机—带式输送机开采工艺。单斗挖掘机斗容和汽车载重也随着开采规模的扩大而增大，挖掘机斗容达 20~55 m^3，汽车载重达 100~320 t，输送带宽度达 1.0~2.0 m。一些早期开发的露天煤矿也进行开采工艺技术改造，如准格尔黑岱沟露天煤矿于 2006 年引进了我国第一台吊斗铲（B-E 公司 2570WS 型吊斗铲，作业半径 100 m，勺斗容积 90 m^3）用于煤层上部 45 m 厚岩石的剥离倒堆，采用抛掷爆破—吊斗铲剥离倒堆工艺；平庄西露天煤矿于 2008 年将原来的单斗挖掘机—准轨电气化铁道开采工艺改造成剥离单斗挖掘机—汽车、采煤单斗挖掘机—汽车—铁道（地面）开采工艺，实现了横采内排。2000 年后开发的抚顺东露天煤矿仍然采用单斗挖掘机—准轨电气化铁路开采工艺。

（二）露天开采的发展趋势

由于在安全和资源回收率等方面具有较大的优越性，露天开采已成为资源开采的首选开采方法。露天开采在国内的比重会越来越大，特别是随着内蒙古、新疆等地已探明大量适合露天开采的煤田，新建露天煤矿数量迅速增加，露天开采的煤炭产量会显著提高。新时期露天开采的发展呈现出快速发展的良好势头，在开采规模、开采工艺、设计思想、经营理念、管理水平等方面具有明显的现代特征。

（1）开采规模大型化。每年露天煤炭开采量由过去的几百万吨增长到目前的几千万吨。

（2）开采设备大型化。采掘设备的斗容由过去的几立方米至十几立方米增加到目前的几十立方米至上百立方米；汽车载重由过去的数十吨增加到 300~400 t；穿孔设备、排土设备以及其他的辅助设备，也随着采运设备的大型化而不断增大。

（3）开采工艺的连续化。由于连续开采工艺具有生产成本低、生产效率高的优点，露天开采在工艺选择时尽量选择连续开采工艺，或半连续开采工艺。

（4）开拓方式多样化，强化开采。通过优化开拓开采方式和开采程序，采用组合台阶、陡帮开采、横采（横向布置工作线、纵向追踪开采）等技术，降低前期剥采比，提高经济效益。

（5）管理现代化和生产智能化。随着计算机、通信、自动化等技术的发展，露天矿逐步采用自动测量、智能调度、数字化地质建模等新技术手段进行生产计划和管理，不断提高露天矿的生产技术管理水平。

（6）企业经营方式多样化。经营水平不断提高，经济效益显著提高，以市场为导向，以销定产，确定开采计划。

（7）注重矿山环境保护。在露天矿项目规划、可行性研究、开采设计、生产及闭坑等各阶段都重视做好环境评价工作和环境工程设计实施工作。

第三节 露天采矿的基本概念

露天采矿中，土层和岩层的剥离是矿石开采的前提，矿石开采是土层和岩层剥离的目的。有用成分含量高或品质优良，适用于工业应用的矿石称为有用矿物。覆盖在矿石之上暂时不能加以利用的土层和岩层称为剥离物，包括表土、岩石和低于开采品位的贫矿；如果开采的矿床有多层，其层间的夹石称为内剥离物。有用矿物在地壳中的集聚体称为矿体。层状的矿体称为矿层，如煤层、铁矿层。矿体的赋存地称为矿床，煤矿床常称之为煤田。划归一个露天矿开采的煤田或其一部分，称为露天矿田。用矿山设备进行露天矿山工程的场所，称为露天矿场。露天矿场常被称为采场、掘场、采石场等。从事露天采矿的矿山企业称为露天矿。有时，露天矿就是露天矿场的同义词。

在开采过程中，露天矿场被划分为若干具体一定高度的水平分层或有某些倾斜的分层。这种分层称为台阶，亦称阶段或梯段。

露天矿存放剥离物的场所称为排土场。其中，位于开采境界以外的场所称外排土场，位于开采境界以内的场所称内排土场。

一、台阶主要构成要素

台阶由平盘、坡面、坡顶线、坡底线、坡面角（α）、台阶高度（H）等要素决定，如图 1－1 所示。

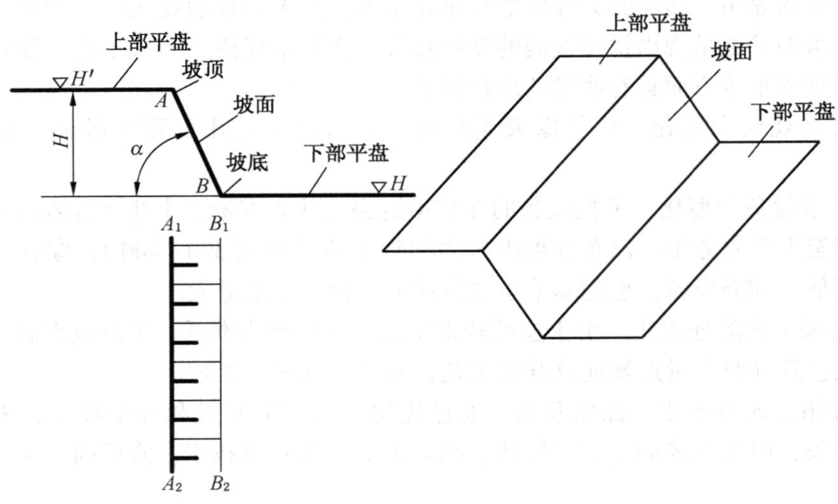

图 1-1 台阶组成要素示意图

(1) 平盘——台阶的水平部分或近水平部分，由上部平盘、下部平盘构成。

(2) 上部平盘——位于台阶上部的平台，也是上一个相邻台阶的下部平盘（▽ H'）。

(3) 下部平盘——位于台阶下部的平台，也是下一个相邻台阶的上部平盘（▽ H）。

(4) 坡面——台阶上、下部平盘之间的倾斜面（AB）。

(5) 坡顶线——台阶上部平盘与坡面的交线（A_1A_2）。

(6) 坡底线——台阶下部平盘与坡面的交线（B_1B_2）。

(7) 坡面角——台阶坡面与水平面的夹角（α）。

(8) 台阶高度——台阶上、下部平盘之间的垂直距离（H）。

二、采场主要构成要素

露天采场主要要素如图 1-2 所示。由图可以看出典型的露天矿采场由以下要素组成。

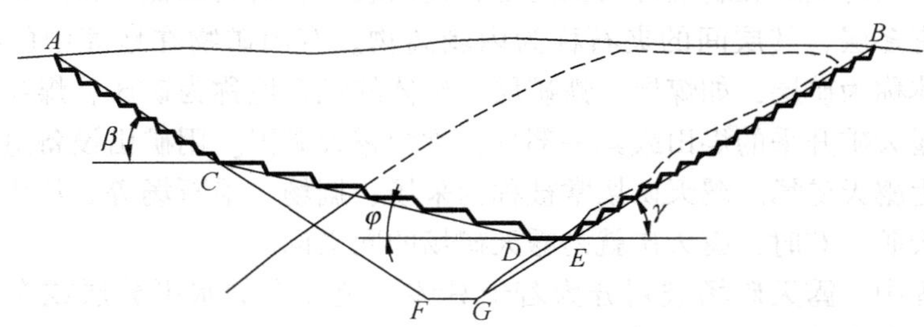

AB—上部境界；$AFGB$—下部境界；FG—设计最终坑底；BE—底帮；
ACD—顶帮；AC、BE—非工作帮；CD—工作帮；DE—坑底；β、γ—非工作帮坡角；φ—工作帮坡角

图 1-2 露天采场主要要素示意图

(1) 露天开采境界——露天采场开采结束时的空间轮廓，分为上部境界和下部境界。

(2) 上部境界——露天采场剥离和采矿的地面范围，是一个封闭曲线（AB）。

(3) 下部境界——由露天采场四周最终边帮和底面构成（$AFGB$）。

（4）露天矿坑底——露天矿坑的下部底面，一般为露天开采最下层矿体的底板面，或为倾斜面或为阶梯状（*DE*）。

（5）露天采场边帮——由露天采场四周台阶的平盘和坡面组成的总体。由顶帮、底帮、端帮构成。边帮又分成工作帮和非工作帮。

（6）顶帮——位于露天采场矿体顶板侧的边帮（*ACD*）。

（7）底帮——位于露天采场矿体底板侧的边帮（*BE*）。

（8）端帮——位于露天采场矿体端部的边帮。

（9）工作帮——露天采场内由正在进行着矿山工程的台阶组成的边帮（*CD*）。

（10）非工作帮——露天采场内由已经结束矿山工程的台阶组成的边帮（*AC*、*BE*）。

（11）工作帮坡角——通过工作帮最上台阶和最下台阶的坡底线的假想平面与水平面的夹角（φ）。

（12）非工作帮坡角——通过非工作帮最上台阶坡顶线和最下台阶坡底线的假想平面与水平面的夹角（β、γ）。

在非工作帮坡面位于最终境界时称为最终帮坡面或最终边坡面。最终帮坡面上的平盘按其用途分为安全平盘、运输平盘和清扫平盘。

①安全平盘是露天矿最终边帮上保持边帮稳定和阻截滚石下落的平盘。它常与清扫平盘交替设置，其宽度一般为台阶高度的1/3。我国大型露天矿安全平盘宽度一般为4~6 m，中小型露天矿一般为2~4 m；美国、加拿大等国露天矿的安全平盘宽度一般为6~8 m。现场实际情况表明，由于爆破和岩体裂隙的影响，安全平盘的宽度往往难以保证，为此常采用并段的方式加宽安全平盘，如采用7~10 m宽的安全平盘。

②运输平盘是指露天矿非工作帮上通过运输设备的平盘。它设在与出入沟同侧的非工作帮和端帮上，其位置依开拓系统的运输线路而定，宽度依所采用的运输方式和线路数目决定。我国露天矿采用单线铁路运输时，运输平盘最小宽度一般为6~8 m；采用单线汽车运输时，载重154 t汽车的运输平盘最小宽度为30 m，31 t汽车的运输平盘最小宽度为15 m。

③清扫平盘是指露天矿最终边帮上用于阻截滑落的岩石并用清扫设备进行清理作业的平盘，通常每间隔2个台阶设1个清扫平盘，其宽度决定所使用的清扫设备。中国大型露天矿清扫平盘宽度一般为7~10 m。当平盘上设置排水沟时，还应考虑排水沟的技术要求。

三、工作线、采掘区、采掘带

将露天采场划分成台阶后，各台阶自上而下顺序作业，多个台阶也可同时作业。将台阶沿纵向方向划分成采区，沿台阶横向方向划分成采掘带进行开采。即露天矿在台阶上是沿台阶纵向按条带进行开采的。图1－3为工作线、采掘带、采掘区示意图。

（1）工作线：台阶上已做好采掘准备，并配有采掘设备、运输线路、动力供应等具备或正在从事采掘作业的区段。露天矿工作线分为台阶工作线和矿山工作线。台阶工作线是指一个台阶上进行采掘作业的区段；矿山工作线是指露天矿全部台阶工作线长度的总和，它表示露天矿具备生产能力的大小。如果露天矿条件允许，则不必全部工作线同时作业，称暂不作业的工作线为备用工作线。

（2）采掘带：开采作业中，通常将台阶划分成具有一定宽度的条带并逐条进行开采作

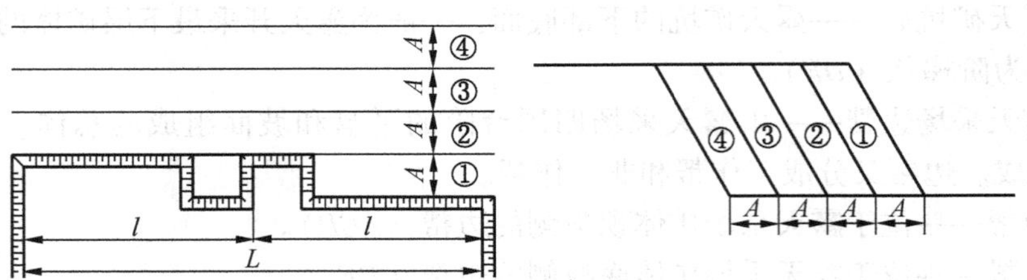

L—工作线长度；l—采掘区长度；A—采掘带宽度；①、②、③、④—采掘顺序

图1-3 工作线、采掘带、采掘区示意图

业，这个条带称为采掘带。

（3）采掘区：工作帮台阶采掘带若足够长，则可以同时布置几台采掘设备作业，划归一台采掘设备作业的区段称为采掘区，简称采区。

（4）工作面：在采掘区把矿岩从整体或爆堆中挖掘出来的地方称为工作面。建立在端面的称为端工作面，平行台阶长轴建立在坡面的称为坡工作面。

四、矿床分类

露天开采一般要求矿体埋藏较浅、厚度较大且赋存面积较大。按矿体的倾角不同，《煤炭工业露天矿设计规范》将露天矿床分为以下4类。

（1）水平及近水平矿床，$\alpha<5°$。

（2）缓（倾）斜矿床，$5°\leqslant\alpha\leqslant10°$。

（3）倾斜矿床，$10°\leqslant\alpha\leqslant45°$。

（4）急（倾）斜矿床，$\alpha>45°$。

煤（矿）层倾角不同，露天开采方法、工艺系统和开采程序也有所不同。对于煤炭开采而言，一般煤层倾角在10°以下时可进行内排土；倾角在10°以上时一般不能进行内排土，若采用分区开采方式，在首采区采完后，可将下一采区的剥离物排入前一已采完的采区。金属、非金属矿山倾角一般较大，大多进行外排土。

按开采矿层的厚度，露天开采的矿体可分为薄层、中薄层、中厚层和厚层。薄矿床厚度在1.0 m以下，当成累层时，难以选采，可考虑混采；单独成层时，难以采出。中薄矿体厚度在1.0~3.5 m之间，可以比较容易地进行选采。中厚矿体厚度在3.5~10 m之间，选采容易，一般可建立纯采矿台阶进行开采。厚矿体厚度大于10 m，一般在水平和近水平时需把矿体分成一个以上台阶进行开采。

此外，按矿层数目分为单层矿床和多层矿床；按围岩性质分为软岩矿床（无须爆破）、中硬矿床（需松动爆破）和硬岩矿床（需爆破，且有一定抛掷）。

第四节 露天矿山建设一般程序

整个露天矿山的建设工作涉及面广，内外协作的配合环节较多，必须遵循科学合理的建设开发程序，才能达到预期的效果。参照国外的经验，我国近几年来露天矿山建设有了较大的发展，更加突出“前期工作”的重要性，更加重视矿山的社会效益。

一、我国露天矿山建设一般遵循的程序

（1）矿山企业首先应出资取得探矿权或采矿权：

①委托地质勘探部门进行地质勘探，并提交勘探报告交由国家矿产资源储量评审中心进行正式评审，通过后报上级国土资源主管部门备案。

②由矿山企业委托设计部门进行矿产资源开发利用方案设计，开发方案经主管部门组织专家审查通过，同时相应的安全、环保等方面的专题论证经评审通过后，上级国土资源部门颁发采矿许可证。

③矿山企业交付相应的矿石储量价款取得采矿权。

（2）在正式开展设计前，需要进行设计前期工作，包括编制项目建议书、开展可行性研究、拟定或确定设计任务书等。上述工作与矿山设计联系紧密，特别是可行性研究工作。按采矿许可证划定的开采范围，矿山企业委托设计部门开展可行性研究；同时为委托专门的设计研究部门编制矿山安全预评价报告、环境影响报告、水土保持方案报告、地质灾害危险性评价报告等提供基础资料。

（3）在上述工作基础上，矿山咨询设计单位协助甲方起草矿山建设项目申请报告，上报国家或省、市发改委，其目的是获得项目核准机关对拟建项目的行政许可。项目申请报告经发改委核准后，方能正式开展初步设计。

（4）初步设计阶段是矿山工程设计的关键阶段，是施工图设计的重要依据，要详细论证矿床开采方式、矿山生产能力、开拓方案和采矿方法，选矿工艺、设备，确定矿山装备水平，自动化控制程度以及供电、供水、运输、总平面布置等，编制投资概算、技术经济评价等。

初步设计由企业组织有关专家进行评审；而初步设计安全专篇、职业卫生专篇等要经国家、省（自治区、市）安全监督管理部门、卫生行政部门组织专家进行专门评审，通过后方可进行下一阶段施工图设计。

（5）施工图完成后进行建设工程招投标工作，建设工程完工后进行竣工验收，通过后取得安全生产许可证，方可进行正常生产。

（6）矿山开采活动结束的前一年，向原批准开办矿山的主管部门提出关闭矿山申请，并提交闭坑地质报告；闭坑地质报告经原批准开办矿山的主管部门审核同意后，报地质矿产主管部门会同矿产储量审批机构批准；闭坑地质报告批准后，采矿权人应当编写关闭矿山报告，报请原批准开办矿山的主管部门会同同级地质矿产主管部门和有关主管部门按照有关行业规定批准。

二、露天矿山建设重要环节

（一）勘探

为分析、论证建设项目是否可行，首先需要进行资源补充勘探，工程地质、水文地质勘查，地质测量，科学研究，工程、工艺技术试验，地震、气象、环保资料收集等工作；根据调查、试验所取得的资料进行可行性研究，为编制设计任务书提供主要依据。

（二）设计

露天矿山设计一般采用两阶段设计，即初步设计和施工设计。若开采技术极其复杂，可根据具体情况采用三阶段设计，即初步设计、技术设计和施工设计；对于技术条件简单

的小型矿山，可简化初步设计，重点进行施工设计。

1. *露天采矿设计*

露天矿设计涉及地质、采矿、机电、总图、土建、技术经济等许多专业，各专业需互相协调配合，其中采矿设计是中心，其他专业需配合采矿设计进行。就露天采矿部分而言，其设计主要包括如下程序。

（1）初步确定露天开采境界。

（2）初步确定矿山生产能力。

（3）初步确定矿山总图布置及外部运输。

（4）初步确定开拓运输方式及装运设备类型。

（5）具体确定开拓运输布线。

（6）修改、调整并确定露天开采境界。

（7）编制采掘进度计划，验证生产能力。

（8）确定采剥设备数量及工艺参数。

（9）具体进行总图布置及外部运输。

2. *主要设计方法*

矿山设计包括众多技术决策问题，如矿山开采参数、开拓方案选择、设备类型确定等。解决此类技术决策问题的方法主要包括以下几种。

（1）类比法。根据类似条件的生产矿山，选用行之有效的方案或技术措施，如阶段（台阶）高度、爆破参数、台阶结构等参数主要采用类比法进行确定。对于重大的技术方案，常通过类比法选取几个可行方案，再用方案比较法选择最优方案。

（2）方案比较法。进行工程设计时，根据可行的若干个方案，进行具体的技术分析和经济比较，全面研究技术和经济的合理性，明确各方案在技术上和经济上的差异，全面衡量各方案的利弊，从各方案中选出最优的方案作为设计方案，这种设计方法称为方案比较法。露天开采设计中，有关开拓运输系统的确定、设备选型、厂址选择等重大技术决策等问题，常采用方案比较法。

（3）多目标决策法。多目标决策法是应用概率论和模糊数学原理进行多方案决策的一种方法。模糊数学可以实现不同因次数量的无量纲化，把定性参数定量化，从而可以用同一个尺度进行衡量，以便客观地评价不同方案的优劣。用多目标决策法进行矿山设计质量效果评价时，可以利用先进指标对所设计的先进性做出客观而可靠的论证；对设计的不足用准确的数据予以说明，并提出需要改进的内容和改进的途径；及时排除落后的、不可靠的、不经济的设计方案；可加快设计的速度，避免大量基建资金的损失。

（4）统计分析法。统计分析法是以概率论和数理统计理论为基础的一种定量分析方法。它是在定性分析的基础上，找出事物发展的规律及其相互关系，建立合理的数学模型，使其具有严密的科学性和较高的准确度，是技术预测的主要方法与重要手段之一。统计分析法一般用于研究预测目标与影响因素之间的因果关系，也称之为“因果法”。

（5）最优化方法。运用运筹学、模糊数学、计算方法等工程数学方法，建立相应的数学模型，进而求得最优解。在露天矿山开采设计中，常用于设计露天开采境界、编制采剥进度计划等。

事实上，矿山设计中很多因素是相互影响、相互制约的，例如：露天开采境界的大小对选择开拓运输系统有很大的影响，而不同的开拓运输系统又决定了边坡的特征参数，进而影响到开采境界设计，因此两者需反复设计和调整。在整个设计过程中，有众多的因素都存在着相互影响的问题，这就要求在前述基本设计方法的基础上，进行多参数的不断调整与优化以获取最优的设计方案。

（三）建设与生产

设计部门完成的露天矿施工图设计，提交主管部门批准后即可进行露天矿的建设和生产。露天矿建设与生产的一般程序如下。

（1）地面准备。将外部交通、供水、供电等系统引入矿区，形成矿区内部的交通、供水、供电系统；进行矿区生产、生活、娱乐设施等的建设；清除和搬迁开采境界内天然或人为的障碍物，如树木、村庄、厂房、道路、河流等。

（2）矿区防水与排水。在开采地下水较大的矿床时，为保证露天矿正常生产，必须排除开采范围内地下水；截断或改道通过开采区域的河流，使水位低于开采设计的水平。此外，在生产过程中要不断排除涌入采坑的水。

（3）矿山基本建设工程。矿山基建工程是露天矿投产前为保证生产所需而建设的工程，包括工业场地和厂房、道路、地面与开采水平的联系、开采工作线、排土场（堆积废弃物的场地）和通往排土场的运输线路等。

（4）生产。在开辟了必要的采剥工作面、形成一定的采矿能力后即可由基建部门移交生产部门。一般再经过一段时间，露天矿才能达到设计生产能力，进行正常的开采生产。

在矿山开采过程中和结束后，都要对采场、排土场及植被破坏的区域，开展矿山土地恢复及环境治理等相关工作。

露天矿进行较长时间的生产后，可能需要扩建、改建，以提高产量或进行技术改造。运用新技术与新设备改进开采方案与设备配套时，需要进行改建、扩建设计。

（四）闭坑

1. 闭坑基础工作

闭坑工作贯穿于整个矿山生命周期，但主体内容（主体施工、监测维护等）都发生在矿山停产退役之后，之前企业可以通过开展一些基础工作为后续闭坑做好准备。一般性的基础工作包括基点数据采集、地质调查与论证、对相关人员的教育与培训、矿区及周边人员安全健康的保障以及闭坑所需的资金准备。

2. 闭坑申请

为了保护矿产资源，实现政府部门对采后资源储量的有效管理，按照《固体矿产勘查/矿山闭坑地质报告编写规范》（DZ/T 0033—2002D）的要求，“矿井、采区范围内探明的可采储量即将回采完毕，或者虽然尚未采完，但由于开采技术条件的原因，剩余矿石已不能回采，需要闭坑时，应编写闭坑地质报告，矿山停办时也应编写闭坑地质报告”。

除了储量管理以外，为了强化政府对矿山闭坑工作在土地利用、财产保障、利益相关方参与等方面的管理，还需要由矿山企业向政府部门一并提交完整的闭坑申请，待申请通过后方可开展具体施工工程。闭坑申请时需要企业说明矿山基本信息，提交最终闭坑计划和必要附件。

3. 闭坑施工

矿山闭坑施工过程中涉及的事项繁多。其核心问题包括有害物质的产生、暴露和迁移，危险设施设备的状态，受污染场地的范围和危害程度，酸性矿坑水/含金属废水的产生、迁移，矿区湖泊、水区的管理，对地表水/地下水造成的不利影响，地表水管理/排水结构的设计维护，烟尘排放、噪声污染，生物多样性，整体环境景观，矿区内遗产古迹的保护。有时，还需要关注放射性物质及其危害。

4. 监测维护

在对矿区闭坑主体施工完成后，便进入闭坑效果的检测维护阶段。在该阶段，闭坑工作的主要内容就是通过合理选取监测对象，构建监测指标体系，实时监控矿区的地质、生态稳定性、地区的经济发展情况和社区居民安全健康状态，及时应对突发情况，保证经过闭坑监测期后（建议5年以上），闭坑目标顺利达成，实现自然环境和当地经济社会发展的和谐与稳定。

闭坑后监测与维护是检验闭坑效果的必要过程和采后矿区安全稳定的重要保障。监测维护方案设计的最低要求是：采用利益相关方可接受的方法和评判标准；广泛地考虑影响环境、受体和暴露途径；确保取样、数据分析和结果评估的质量；注重分析矿区风险发展演化趋势；提供应对风险的策略及预案。

监测维护方案的主要内容有：水土保持、地形地貌、地质水文、生物多样性、水质、污染物（包含矿物元素残留）等生态环境监测维护；留存人造工程设施（如排土场）的状态及变化趋势监测维护；当地中小企业发展、就业、社区医疗卫生等社会基础设施状况的监测维护。

监测结果和维护状况需要及时准确地报告监管部门。监测维护工作一般要持续到闭坑完成之后5~10年甚至更长的时间。维护工作除了保障矿区日常安全稳定外，还需要在出现闭坑效果未达标或者突发情况时采取有效补救措施。

5. 责任移交

在闭坑监测维护期满后，矿山企业若认为闭坑效果已达到预期效果，实现了闭坑目标，可以向管理部门提出责任移交的申请。这个申请是指在矿山闭坑责任人完成闭坑工作后，通过法定程序解除自身对矿区后续维护与管理责任，并将之转让给他人或政府的行为。责任移交基本程序如图1-4所示。

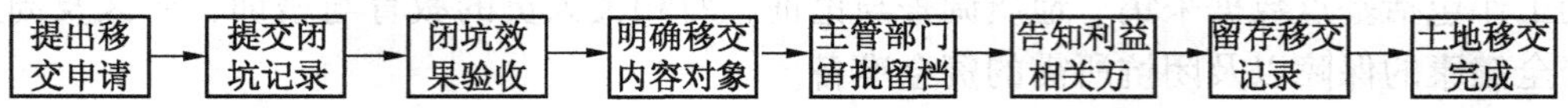

图1-4 责任移交基本程序

思考题

1. 露天开采有哪些优缺点？
2. 什么是台阶？它有哪些组成要素？
3. 露天采场由哪些主要要素构成？
4. 最终帮坡面上一般由哪三类平盘组成？其作用分别是什么？
5. 露天开采中按照倾角和厚度将煤层分别分为哪几类？

第一篇　露天开采工艺

露天矿的生产过程主要包括以下 4 项生产环节。

（1）矿岩松碎。用爆破或机械等方法将台阶上的矿岩松动破碎，以适于采掘设备的挖掘。对于采掘设备能直接从台阶上挖掘的矿岩，不存在该生产环节。

（2）采装工作。用挖掘设备将台阶上松碎的矿岩装入运输设备中，这是露天开采的核心环节。

（3）运输工作。运用一定的运输设备，如汽车、机车、带式输送机等，将采场的矿岩运送到指定地点，如矿石运送到选矿厂或储矿场，岩石运送到排土场。

（4）排卸工作。即矿石的卸载工作和岩石的排弃工作。

围绕这些主要生产环节还有一系列辅助生产环节，如设备维修、动力供应、防排水等。露天矿的各生产环节和工序是一个统一的整体，既相互联系，又相互制约。因此，露天矿生产需要系统研究各生产环节和工序之间的各种矛盾，保证有计划地、均衡地、有节奏地进行生产，达到安全、经济、高效的目标。

第二章　矿　岩　松　碎

第一节　概　　述

露天矿场内的矿岩，有的可用采掘设备直接挖掘，有的难以直接挖掘，需要在采装之前进行预先破碎，做好准备，即矿岩准备。矿岩准备就是预先松碎矿岩以利于挖掘的工艺环节，是露天采矿的首要环节。

矿岩在采装之前预先松碎的程度，对其后各生产环节，如采运设备的效率，采、运、排生产的安全和成本等有着直接影响。矿岩破碎后不合格的大块，尚须进行二次破碎。这不仅提高了穿孔爆破成本，而且还影响了装车效率。而有用矿物的过度粉碎，则会引起粉碎矿率的增加，影响产品质量，降低经济效益。爆堆的几何形状和尺寸也对采掘、运输作业产生较大影响。

矿岩准备环节在露天开采系统中尤为重要，主要表现如下。

（1）有利于提高采掘设备及运输设备的作业效率。

（2）有利于作业安全，可避免台阶上部大块掉落砸挖掘机勺斗等。

（3）减小采掘设备由于啃硬岩而引发的设备故障。

（4）将矿岩合理破碎，可降低生产成本，提高经济效益。

矿岩的松碎方法取决于矿岩的物理力学性质、岩层结构、松碎设备类型和气候条件等因素。目前露天矿常用的矿岩松碎方法有穿孔爆破法、机械松碎法和水力松碎法等。

(1) 穿孔爆破法是露天矿破碎矿岩广泛应用的方法，其主要特点：单次爆破量大，能破碎十分坚硬的矿岩。但需要进行穿孔作业和消耗大量的炸药及爆破器材等，工艺较复杂。

(2) 机械松碎法是用专门的机械设备，直接松碎矿岩。其特点：设备简单，易于管理，工艺过程不复杂。但单次松碎矿岩量较少，对中硬岩以上的矿岩无能为力，通常在较软的矿岩或冻结层中使用。常用的机械设备为松土犁。

(3) 水力法松碎矿岩，多配合水采工艺进行。主要靠向孔中注入高压水使岩土胀裂而降低土岩的紧固性，以利于冲采。

第二节 穿 孔 工 作

穿孔工作是利用穿孔设备按一定的要求钻成炮孔的工作。目前，露天煤矿主要用机械法穿孔。

一、钻孔机具

对于机械法穿孔而言，根据采用的机具和孔底岩石的破碎机理，可将钻孔方法分为冲击式、旋转式、旋转冲击式和滚压式 4 种，典型代表机具分别是钢绳冲击钻机（凿岩机）、回转式钻机（电钻）、潜孔钻机和牙轮钻机。

1. 钢绳冲击钻机

钢绳冲击钻机是 20 世纪 70 年代以前我国露天矿的主要穿孔设备，阜新海州露天煤矿早期主要应用钢绳冲击钻穿孔。由于钢绳冲击钻机穿孔效率低，现已被淘汰，但在小型露天矿穿爆工作量不太大时仍可选用。

1) 钢绳冲击钻机的工作原理

钢绳冲击钻机是用钢绳将钻头提升到一定高度，然后释放，靠钻头自重及势能，下落时产生冲击力破坏岩石，再通过注水的方法，将岩石碎屑形成的泥浆排出孔外，而形成钻孔。钢绳冲击钻机如图 2-1 所示。

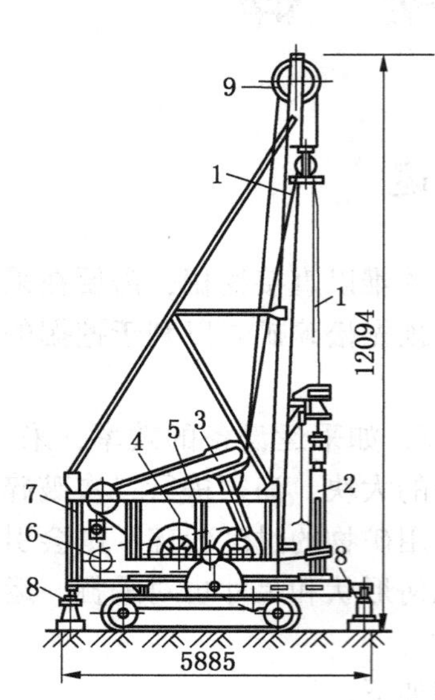

1—提升钢丝绳；2—钻具组；3—冲击梁；4—提升滚筒；5—主轴；6—电动机；7—机架；8—千斤顶；9—天轮

图 2-1 钢绳冲击钻机

2) 钢绳冲击钻机的工作参数

钢绳冲击钻钻头直径一般 70~350 mm，穿孔深度 8~30 m。

3) 钢绳冲击钻机的特点及适用条件

(1) 特点：结构简单，适应性强，便于维修；只能打铅直钻孔，不能打倾斜孔；效率低，一般台年作业不超过 30000 m。

（2）适用条件：适合较坚硬的岩性；不适用于较软的岩石，特别是遇水后膨胀或变软的岩石，例如泥质岩。

2. 潜孔钻机

潜孔钻机是一种风动冲击回转式钻机，是钢绳冲击钻机的改进设备，露天煤矿普遍采用。

1）潜孔钻机的工作原理

冲击器和钻头潜入钻孔底部，通过空心钻杆杆心将高压空气送到孔底部，产生冲击力而破碎岩石，又用钻头释放出的高压风将岩石碎屑吹出孔外，形成钻孔。回转机构带动钻杆和钻头旋转，不断改变冲击位置。

2）潜孔钻机的工作参数

我国常用的潜孔钻机类型有 KQ-150 型，QE-250 型，KE-170 型。全液压潜孔钻机实物图如图 2－2 所示。潜孔钻机钻头直径一般 80～250 mm，穿孔深度 10～18 m。

图 2－2 全液压潜孔钻机

3）潜孔钻机的特点及适用条件

（1）特点：是一种风动冲击钻机；结构简单，机械化程度高，易于操作；可打倾角 60°～90°的倾斜钻孔；岩屑被吹出孔外，污染环境，因此，必须安装消尘器。

（2）适用条件：适用于较坚硬矿岩穿孔。

3. 回转式钻机

1）回转式钻机的工作原理

回转式钻机破碎矿岩是切削和研磨而不是冲击，回转电机带动钻杆与钻头一起转动，并给一定的轴向正压力，借助钻杆把能量传递给钻头，钻头刀部将孔底岩石切刨下来，再用钻杆上的螺旋片把岩石碎屑排出孔外，而形成钻孔。回转式钻机实物如图 2－3 所示。

2）回转式钻机的工作参数

回转式钻机钻头直径一般 70～200 mm，穿孔深度 5～20 m。

3）回转式钻机的特点及适用条件

（1）特点：岩石破碎机理是刨削，而不是冲击；可打倾斜孔；效率高，台年能达到 11×10^4 m。

（2）适用条件：适用于硬度系数 $f=2\sim5$ 的矿岩穿孔。

图 2-3 回转式钻机（CDM30 型）

4. 牙轮钻机

牙轮钻机是较理想的穿孔设备，是在回转钻机的基础上发展起来的。

1）牙轮钻机的工作原理

牙轮钻机是利用牙轮钻头上的牙轮滚动来传递冲击和压入力的，回转机构带动钻具旋转，牙轮沿着与钻头旋转方向相反的方向旋转，牙轮相对岩石表面的运动是带有滑动的滚动，所以，岩石是在静压力和动压力的联合作用下破碎的。DM-H 牙轮钻机如图 2-4 所示。

图 2-4 DM-H 牙轮钻机

2）牙轮钻机的工作参数

常用的牙轮钻机机型有 HYE－250A，45－R，60－R 型等，钻机钻头直径一般 170～445 mm，穿孔深度小于 50 m。

3）牙轮钻机的特点及适用条件

（1）特点：效率高，通用性强，连续钻进，工作安全可靠；属于冲击式钻机；可打倾角60°～90°的倾斜钻孔；可按照矿岩的软、中硬、坚硬和特硬来选择适当的钻头和工作参数。

（2）适用条件：适用于各种矿岩穿孔。

二、穿孔设备数量计算

露天矿穿孔设备所需台数 N 可按下式计算：

$$N=\frac{V}{Q_zP}k \tag{2-1}$$

式中 V——露天矿矿岩年爆破量，m^3/a；

Q_z——钻机年生产能力，m/（台·a）；

P——每米钻孔的爆破矿岩量，m^3/m；

k——钻机备用系数，一般取 1.1～1.2。

三、穿孔工作质量标准化

由于穿孔爆破作业范围大、条件较差，不便于管理，因此，易发生安全事故，不利于安全生产。为了改变这种生产状况，除了制定并执行严格的操作安全规程以外，要求各工种按标准作业，按标准管理，从工程技术上对安全提供保证。

穿孔质量标准及检查办法：

1. 孔位

穿孔位置按爆破设计严格执行，孔位误差不超过 0.2 m；检查办法：全面测量。

（1）边距：边顶线至孔中心距偏差不超过±0.2 m；检查办法：全部检查，实际测量。

（2）孔距：钻孔中心距偏差为±0.2 m；检查办法：全部检查，实际测量。

（3）行距：两钻孔中心线距离偏差为±0.2 m；检查办法：全部检查，实际测量。

2. 孔深

孔深不得超过规定深度±0.5 m；检查办法：全面测量。

3. 护孔

（1）钻孔孔口要围好，围圈高度，夏天不小于 0.3m，冬天不小于 0.2m，使泥浆或地面水不倒流；检查办法：全面测量。

（2）潜孔钻机钻孔，要及时用草或其他物堵好，确保岩粉不倒流；检查办法：全面测量。

4. 孔斜

按要求方向钻孔，倾角偏差±2°；检查办法：全面测量。

5. 工作面整洁

（1）水管、电缆、风绳放置整齐。

（2）各种材料堆放整齐。

第三节 爆 破 工 作

爆破是指将矿用爆药，按一定的要求装填在炮孔中，利用炸药爆炸产生的化学能将矿岩破碎至一定程度，并形成一定几何尺寸的爆堆，或者使矿岩产生一定的位移。

矿岩爆破质量主要体现在矿岩的合理块度与爆堆形状，影响矿岩爆破质量的主要因素如下。

（1）矿岩性质，主要包括：矿岩的类别、特性、硬度等。

（2）地质构造，主要包括：矿岩的层理、节理、裂隙发育情况等。

（3）炸药的性能及药量。

（4）起爆方法、起爆顺序。

（5）炮孔参数。

（6）布孔方式。

一、爆破方法

在露天矿采剥生产工艺中，穿爆作业是首道工序，其费用约占开采直接成本的20%～30%。因此，穿孔爆破工作的好坏，直接影响全矿的开采效率、矿石成本和经济效益。

根据爆破场地和工程要求的不同，爆破方法可分为浅孔爆破法、深孔爆破法和药室爆破法3种。前两种为柱状装药爆破法，后者是集中装药爆破法。浅孔爆破法主要用于小型露天矿山、大块的二次破碎；药室爆破法主要在露天矿基建时期用于剥离土石方工程。深孔爆破法在露天矿山广泛使用。

爆破工程中通常将孔径在50 mm以上及深度在5 m以上的钻孔称为深孔。深孔爆破一般是在台阶上或事先平整的场地上进行钻孔作业，并在深孔中装入延长药包进行爆破。

为了达到良好的深孔爆破效果，必须合理地确定布孔方式、孔网参数、装药结构、充填长度、起爆方法、起爆顺序和单位炸药消耗量等。

1. 深孔爆破台阶要素

深孔爆破台阶要素如图2－5所示。图中，H为台阶高度；$W_{底}$为前排钻孔的底盘抵抗线；L为钻孔深度；l_1为装药长度；l_2为充填长度；h为超深；α为台阶坡面角；b为排距；B为台阶坡顶线至前排孔口的距离；W为炮孔的最小抵抗线。

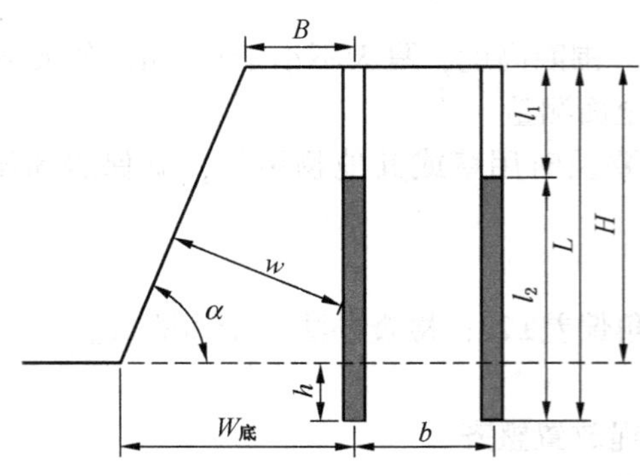

图2－5 深孔爆破台阶要素示意图

为达到良好的爆破效果，必须根据实际情况，合理确定上述各项台阶要素。

2. 钻孔形式

深孔爆破钻孔形式一般分为垂直钻孔和倾斜钻孔两种，如图 2－6 所示。

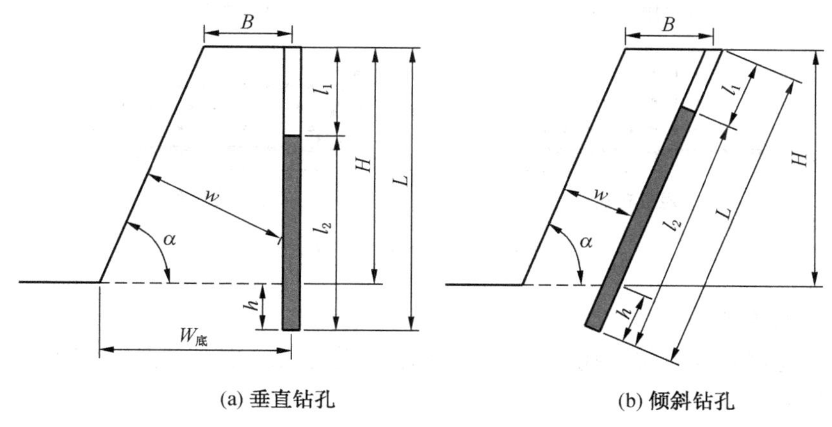

图 2－6 钻孔形式示意图

垂直钻孔和倾斜钻孔的适用条件和优缺点见表 2－1。

表 2－1 垂直钻孔和倾斜钻孔的比较

钻孔形式	适用情况	优点	缺点
垂直钻孔	在开采工程中大量使用	1. 适用于各种地质条件的深孔爆破。 2. 垂直深孔打钻难度较低。 3. 钻孔速率比较快	1. 爆破后大块率比较高，常留有根底。 2. 台阶顶部经常发生裂缝，台阶稳固性比较差
倾斜钻孔	在软质岩石开采工程中应用较多，随着新型钻机的发展，应用范围将增加	1. 抵抗线分布比较均匀，爆后不易产生大块和根底。 2. 台阶比较稳固，台阶坡面容易保持，对下一台阶面破坏较小。 3. 爆破软质岩石效率高。 4. 爆破后岩堆的形状较好	1. 钻孔技术操作比较复杂，容易发生夹钻事故。 2. 在坚硬岩石中不宜采用。 3. 钻孔速度比垂直孔慢

从表中可以看出，倾斜孔比垂直孔具有更多优点，但由于钻凿斜孔的作业技术复杂，孔的长度相应比垂直孔长，而且装药过程中易发生堵孔现象，所以，垂直孔应用的比较广泛。

3. 布孔方式

布孔方式有单排布孔和多排布孔两种。其中，多排布孔分为方形（包括矩形）和三角形（又称为梅花形）两种，如图 2－7 所示。

从爆破能量分布的观点看，以等边三角形布孔最为理想，所以许多矿山采用三角形布孔，而方形布孔多用于掘沟爆破。目前，为了进一步增加单次爆破量，广泛推广大爆区多排孔微差爆破技术，不仅可以改善爆破质量，而且可以增大爆破规模以满足大规模开挖的需要。

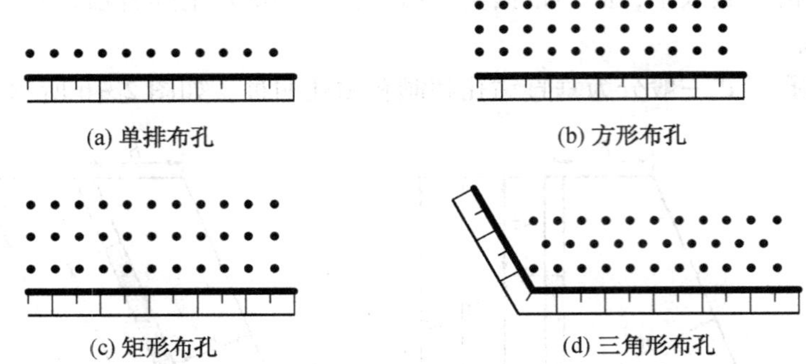

图 2-7 布孔方式示意图

4. 深孔爆破参数

露天矿深孔爆破参数包括孔径、孔深、超深、底盘抵抗线、孔距、排距、充填长度和单位炸药消耗量等。

1）孔径和孔深

露天矿深孔爆破的孔径主要取决于钻机类型、台阶高度和岩石性质。采用潜孔钻机时，孔径通常为 100～200 mm；采用牙轮钻机或钢绳冲击式钻机时，孔径为 250～310 mm，也有 500 mm 的大直径钻孔。一般来说，钻机选型确定后，其钻孔直径已固定下来，国内采用的深孔孔径有 80 mm、100 mm、150 mm、170 mm、200 mm、250 mm、310 mm 几种。

孔深即钻孔深度，由台阶高度和超深确定。

2）台阶高度和超深

台阶高度主要是为钻孔、爆破和铲装创造安全和高效率的作业条件，一般按铲装设备选型和开挖技术条件来确定，多采用 10～12 m 的台阶，也有学者认为经济的台阶高度为 12～18 m。我国 20 世纪 80 年代及以后开发建设的大型露天煤矿的台阶高度一般为 15～18 m。

超深是指钻孔超出台阶底盘标高的那一段孔深，其作用是用来克服台阶底盘岩石的夹制作用，使爆破后不残留根底而形成平整的底部平盘。超深选取过大，不仅会造成钻孔和炸药的浪费，而且还会增大对下一个台阶顶盘的破坏，给下次钻孔造成困难，同时会增加爆破地震波的强度；超深不足，将产生根底或抬高底部平盘的标高，从而影响装运工作。

根据实践经验，超深 h 可按下式确定：

$$h = (0.15 \sim 0.35) W_{底} \tag{2-2}$$

式中 $W_{底}$——底盘抵抗线，m。

岩石松软时取小值，岩石坚硬时取大值。如果采用组合装药，底部使用高威力炸药时可降低超深。有时可按孔径的倍数来确定超深值，超深一般取 8～12 倍的孔径。国内工程的超深值一般在 0.5～3.6 m 之间。在某些情况下，如底盘有天然分离面或底盘岩石需要保护时，则可不留超深或留一定厚度的保护层（即所谓的负超深）。

3）底盘抵抗线

底盘抵抗线是台阶前排炮孔中心线与台阶坡底线间的水平距离，是影响露天爆破效果的一个重要参数。过大的底盘抵抗线会造成根底多、大块率高、后冲作用大；过小则不仅浪费炸药，增大钻孔工作量，而且岩块易抛散和产生飞石危害。底盘抵抗线的大小同炸药的威力、岩石的可爆性、岩石的破碎要求以及钻孔直径、台阶高度和坡面角等因素有关；这些因素及其相互影响程度的复杂性，很难用一个数学公式来表达。在设计中可以用类似条件的经验公式来计算，然后在实践中不断加以调整，以达到最佳效果。

（1）根据钻孔作业的安全条件确定。

$$W_{底} \leqslant H\cot\alpha + C \tag{2-3}$$

式中 $W_{底}$——底盘抵抗线，m；

H——台阶高度，m；

α——台阶坡面角，一般为 60°~70°；

C——边孔距，即从前排钻孔中心至台阶坡顶的安全距离，m。边孔距主要确保穿孔机在穿前排孔时作业安全，防止设备掉下台阶。

（2）按台阶高度确定。

$$W_{底} = (0.6 \sim 0.9)H \tag{2-4}$$

式中 $W_{底}$——底盘抵抗线，m；

H——台阶高度，m。

（3）按炮孔孔径倍数确定。根据调查，我国露天矿深孔爆破的底盘抵抗线一般为孔径的 20~50 倍。

确定底盘抵抗线时应综合考虑，根据钻孔作业的安全条件确定的底盘抵抗线值是必须满足的最小底盘抵抗线值。

4）孔距与排距

炮孔布置一般按台阶工作线方向按排分布，从台阶坡顶线一侧开始分为第一排孔（前排孔）、第二排孔、第三排孔……最后一排孔称为后排孔。

孔距是指同一排深孔中相邻两钻孔中心线间的距离。孔距按下式计算：

$$a = mW_{底} \tag{2-5}$$

式中 a——孔距，m；

m——炮孔密集系数（或邻近系数），其值通常大于 1.0；

$W_{底}$——底盘抵抗线，m。

炮孔密集系数在大孔距爆破中为 3~4 或更大，但第一排孔往往由于底盘抵抗线过大，应选用较小的密集系数，以克服底盘的阻力。

排距是指多排孔爆破时，相邻两排钻孔间的距离，也就是第一排孔以后各排孔的底盘抵抗线。因此，确定排距时应按确定最小抵抗线的原则考虑。采用三角形布孔时，排距与孔距的关系为

$$b = a\sin 60° = 0.866a \tag{2-6}$$

式中 b——排距，m；

a——孔距，m。

多排孔爆破时，孔距与排距是一个相关的参数。因为在炸药性能一定时各种岩石有一个合理的炸药单耗量，因此，在给定的孔径条件下，每个孔有一个适宜的负担面积，即

$$S = ab \quad 或 \quad b = \sqrt{\frac{S}{m}} \tag{2-7}$$

式中 S——每个炮孔负担的面积，m^2；

a——孔距，m；

b——排距，m；

m——炮孔密集系数（或邻近系数）。

上式表明，当已知合理的钻孔负担面积和钻孔邻近系数值，就可以确定排距。

5）充填长度

为了确保爆破安全与爆破效果，装药后炮孔孔口需要用岩土进行充填。

充填长度和充填质量，对改善爆破效果和提高炸药能量利用率具有重要的作用。合理的充填长度能降低爆炸气体能量损失和尽可能增加钻孔装药量。充填长度过长将会降低延米爆破量，增加钻孔费用，并造成台阶上部矿岩破碎不佳；充填长度过短，则炸药能量损失大，将产生较强的空气冲击波、噪声和个别飞石的危害，并影响钻孔下部的矿岩破碎效果。一般地，充填长度不小于底盘抵抗线的 0.75 倍，或取 20~40 倍的孔径，最好不小于 20 倍孔径。试验表明，随着充填长度的减小，炸药能量损失增大，不充填时爆轰产物将以每秒几千米的速度从炮孔喷出，造成有害效应。因此，《煤矿安全规程》中规定禁止无充填爆破。

露天深孔爆破的充填长度一般为 5~8 m。充填物料多为就地取材，以钻孔时排出的岩渣作为充填物料。

6）单位炸药消耗量

单位炸药消耗量是指爆破单位实体体积的岩石所消耗的炸药量，即炸药单耗（单位为 kg/m^3）。影响单位炸药消耗量的因素很多，主要有矿岩的爆破性、炸药种类、自由面条件、起爆方式和块度要求等。因此，合理地选取单位炸药消耗量往往需要通过大量的试验或长期的生产实践。单纯地增加炸药单耗对爆破质量不一定有较大的改善，只能消耗在矿岩的过度粉碎和增加爆破的有害效应上。实际上，对于每一种矿岩，在一定的炸药与爆破参数和起爆方式下，有一个合理的炸药单耗。各种爆破工程都是根据生产经验，按不同矿岩的爆破性分类确定单位炸药消耗量或采用工程实践总结的经验公式进行计算。一般地，露天深孔爆破的炸药单耗在 0.1~0.35 kg/m^3 之间。在进行露天深孔爆破设计时，可以参照类似矿岩条件下的实际炸药单耗，也可按表 2-2 选取单位炸药消耗量（该表数据以 2 号岩石硝铵炸药为标准）。

表 2-2　单位炸药消耗量 q 值表

岩石坚固性系数 f	0.8~2	3~4	5	6	8	10	12	14	16	20
$q/(kg \cdot m^{-3})$	0.40	0.43	0.46	0.50	0.53	0.56	0.60	0.64	0.67	0.70

7）每孔装药量

单排孔爆破或多排孔爆破中，第一排孔的每孔装药量 Q 按下式计算：

$$Q = qaW_{底}H \tag{2-8}$$

式中 q——单位炸药消耗量，kg/m^3；

a——孔距，m；

H——台阶高度，m；

$W_{底}$——底盘抵抗线，m。

多排孔爆破时，从第二排孔起，以后各排的每孔装药量按下式计算：

$$Q = KqabH \tag{2-9}$$

式中 Q——每孔装药量，kg；

K——考虑受前面各排的矿岩阻力作用的增加系数，一般取1.1~1.2；

b——排距，m；

q——炸药单耗，kg/m^3；

a——孔距，m；

H——台阶高度，m。

5. 装药结构

对于深孔装药，考虑到底盘抵抗线较大，为克服底部矿岩的夹制作用，需要炮孔底部有较高的爆炸能量，因此，深孔爆破最好采用综合装药法，即孔底采用威力大、爆速高的炸药，孔上部采用威力小、爆速低的炸药；或者孔底采用高装药密度，孔上部采用低装药密度。然而大多数工程爆破中仍采用的是一种炸药和相同的装药密度，为了达到最佳效果可将整个炮孔的装药结构分为连续装药和间隔装药两种形式。

1）连续装药

炸药从孔底装起，一直达到设计药量后进行充填。这种方法施工简单，但是由于炮孔上部不装药段（充填段）较长，这部分岩体爆破后容易产生大块，特别是在台阶较高、坡面较陡、上部矿岩坚硬时，大块率较高。这种装药结构适合于台阶较低、表面岩体比较破碎或风化度高以及上部抵抗线较小的深孔爆破。

2）间隔装药

间隔装药是在炮孔中把炸药分成两段到数段，使炸药的爆炸能量在矿岩中分布比较均匀，提高装药高度，减少台阶上部大块产出率。

在台阶高度小于15 m的条件下，一般以分两段装药为宜，中间用空气（间隔器）式填塞料隔开1~2 m。孔内下部一段装药量约为装药总量的17%~35%，矿岩坚固时取大值。

近年来，国内外试验并推广在炮孔顶底部采用空气或水为间隔介质的间隔装药方法。用空气为介质时叫空气垫层或空气柱爆破。

采用炮孔顶底部空气间隔装药的目的：降低爆炸起始压力峰值，以空气为介质，一是爆破能量沿孔壁分布均匀，故炮孔顶底部破碎块度均匀；二是延长孔内爆轰压力作用时间，由于炮孔顶底部空气柱的存在，爆轰波以冲击波的形式向孔壁、孔顶底部入射，必然引起多次反射，加之紧跟着产生的爆炸气体向空气柱高速膨胀飞射，可延长炮孔顶底部压力作用时间和获得较大的爆破能量，从而加强对炮孔顶底部矿岩的破碎。

炮孔底部以水为介质间隔装药所利用的原理：水具有各向均匀压缩性，即均匀传递爆炸压力的特征。在爆炸初始阶段，充水腔壁和装药腔壁同样受到动载作用而且峰压下降缓慢；到爆炸的后期爆炸气体膨胀做功时，水中积蓄的能量随之释放，故可加强对矿岩的破碎作用。另外，以空气或水为介质孔底间隔装药，可提高药柱重心，加强对台阶顶部矿岩的破碎。

6. 起爆位置

露天矿深孔爆破依据孔内的起爆位置的不同分为正向起爆、反向起爆与正反向起爆。

1）正向起爆

正向起爆时，起爆药包位于孔口，起爆后爆轰波自孔口向孔底传播。

正向起爆当药柱较长时，由于爆轰尚未传至孔底，而孔口由先爆炸产生的反射应力波作用而形成裂隙，使炮孔内的爆生气体过早泄出，使得破碎下部矿岩困难，从而降低炮孔利用率（出岩少），矿岩块度大。

2）反向起爆

反向起爆时，起爆药包位于孔底，起爆后爆轰波自孔底向孔口传播。

反向起爆孔底周围岩体经受爆轰压作用时间长，能提高炸药的能量利用率，改善爆破质量。反向起爆只适用于电雷管起爆或导爆管起爆。

3）正反向起爆

正反向起爆是指两个相邻炮孔，一个炮孔采用正向起爆，另一个炮孔采用反向起爆的起爆方法。

正反向起爆可以改善柱状药包的应力波形，使应力分布更均匀，达到改善破碎质量的目的。

7. 起爆顺序

为减小爆破震动，一般露天矿爆破时各炮孔不同时起爆，各炮孔之间起爆设有一定的时间间隔（一般为毫秒微差），并按一定顺序起爆。露天矿深孔爆破起爆顺序有排间顺序起爆、V形（斜线）起爆和直线掏槽起爆。

1）排间顺序起爆

排间顺序起爆是指炮孔按排联线，逐排起爆。排间顺序起爆如图2-8与图2-9所示。

在台阶坡面较缓、底盘抵抗线较大、大区域微差爆破时采用。排间顺序起爆工艺操作简单，爆破前推力大，能克服较大的底盘抵抗线，爆破崩落线明显（台阶边缘明显）。但是，排间顺序起爆后冲大（对台阶坡面破坏大），地震效应大，爆堆平坦。

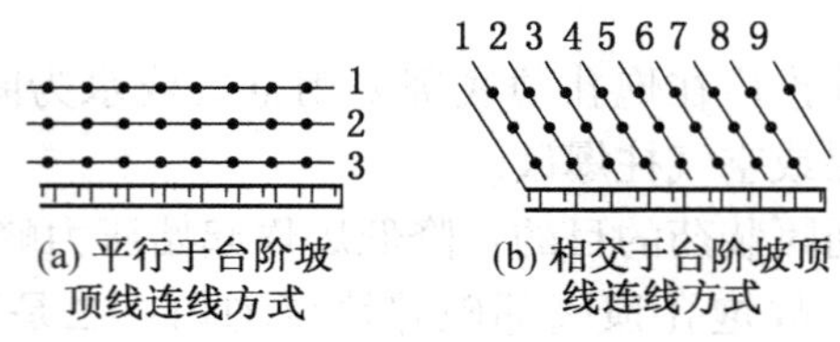

1、2、3、4、5、6、7、8、9—起爆次序

图2-8　深孔爆破矩形布孔按排间顺序起爆示意图

2）V形（斜线）起爆

V形（斜线）起爆即炮孔联线形成V形顺序起爆。V形（斜线）起爆如图2-10所示。

炮孔连线呈V形（斜线），在不改变钻孔参数的条件下增大了炮孔的邻近系数，改变

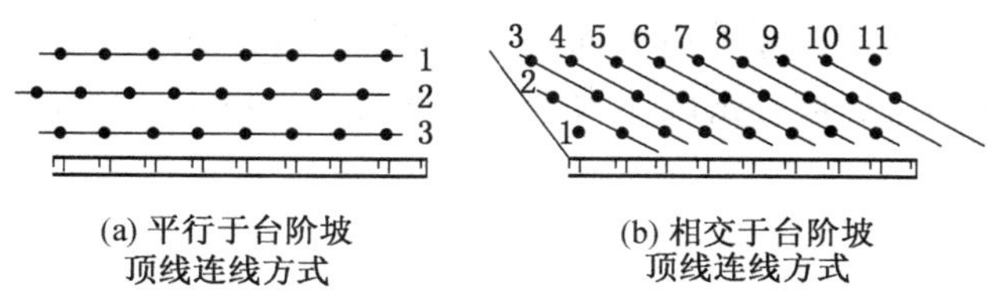

1、2、3、4、5、6、7、8、9、10、11—起爆次序

图 2-9　深孔爆破三角形布孔按排间顺序起爆示意图

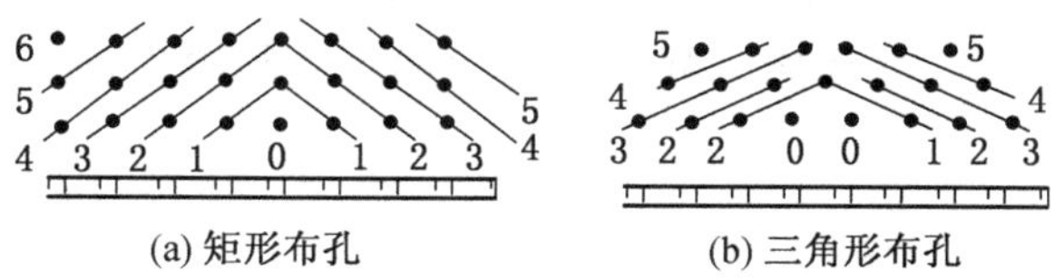

0、1、2、3、4、5、6—起爆次序

图 2-10　V 形（斜线）起爆示意图

了破碎后矿岩的运动方向，增加了矿岩在破碎过程中的碰撞概率，增加了爆破自由面，提高了爆破质量。

V 形爆破后矿岩块度均匀，爆堆形状规整，能够充分利用自由面反射冲击波及爆堆间的相互挤压作用。

V 形（斜线）起爆三角形布孔比矩形布孔爆破效果好。因为后排孔自由面小，炮孔矿岩受夹持，一般使炮孔临近系数在 3~5 之间最好，炮孔出岩率高。同时，起爆的两相邻炮孔之间的径向裂隙不宜过早地相互贯通，以便保证后排孔爆轰气体不过早地外泄。

爆堆位移方向和位移量受两相邻炮孔之间的距离和连线交角影响。相邻炮孔间的距离越小，爆堆位移量越大；连线交角越大，爆堆位移量越大。一般连线交角 90°~160°较好。有两个自由面条件下（即电铲工作面的端头），穿孔采用三角形布孔，爆破采用斜线连线爆破效果最好，块度均匀，平盘爆堆伸出量少。

3）直线掏槽起爆

直线掏槽起爆主要用于掘沟工程。直线掏槽起爆如图 2-11 所示。

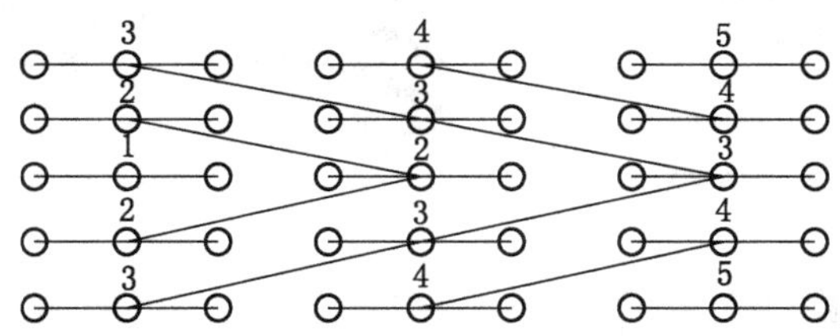

1、2、3、4、5—起爆次序

图 2-11　直线掏槽起爆示意图

直线掏槽起爆时，为了减小震动将爆破区域内的炮孔沿纵向分成若干段。首先在炮孔区域中间部位沿一条直线布置较密集炮孔，并首先起爆，以便为后续起爆的炮孔创造自由面；两侧炮孔按时间差顺序起爆。

直线掏槽起爆块度均匀，爆堆沿纵向轴线集堆。穿孔工作量大，每米炮孔爆破量低，炸药单耗高，对两侧沟边边坡冲击破坏大。若考虑沟边边坡永久保留，则宜考虑辅助预裂爆破。

二、起爆器材

在一定条件下，炸药是具有相对稳定性的物质，必须借助于一定的外界能量作用才能使炸药发生爆炸。因此，炸药爆炸需要起爆器材引爆，用来激发炸药爆炸的材料统称为起爆器材。起爆器材依据其导爆原理、性能、材料和起爆中的作用分为多种类型，常用的起爆器材包括雷管、导火索、导爆索、继爆管、导爆管、起爆药柱（或起爆具）等，如图2－12所示。

(a) 火雷管　(b) 导爆管雷管　(c) 电雷管

(d) 导火索　(e) 导爆管　(f) 导爆索

(g) 双向继爆管　(h) 导爆索双向继爆管

(i) 导爆管继爆管　(j) 起爆药柱

图2－12　常用起爆器材

起爆器材的品种较多，根据起爆过程中所起作用的不同，起爆器材可分为起爆材料和传爆材料两类。雷管类属于起爆材料，导火索、导爆管属于传爆材料，导爆索既有起爆作用又具有传爆作用。

1. 雷管

雷管是由诺贝尔于1865年发明的，通过雷管产生的起爆能引爆炸药或导爆索、导爆管等。

雷管依据起爆能力大小分为10号段，号数越大，起爆能力越大，工业上常用的是6号、8号。依据起爆初始能力分为火雷管、电雷管和导爆管雷管（非电雷管）。

1）火雷管

火雷管是利用导火索传递的火焰来引爆雷管的，火雷管又称为普通雷管。火雷管是工业雷管中结构最为简单的一个品种，也是其他各种雷管的基本组成部分。火雷管结构如图2－13所示。

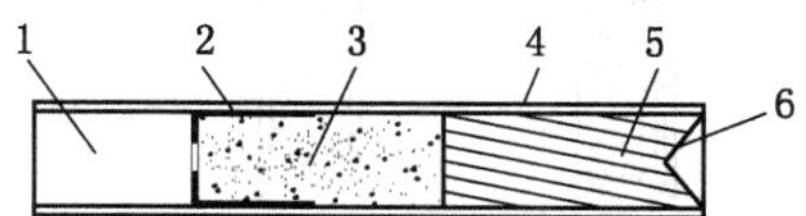

1—引爆元件插口；2—加强帽；
3—正起爆药；4—管壳；
5—副起爆药；6—聚能穴

图2－13 火雷管结构示意图

（1）管壳。火雷管的管壳通常采用金属（铝、铜、覆铜）或纸质制成，呈圆管状。管壳必须具有一定的强度，以减小正、副起爆药爆炸时的侧向扩散和提高起爆能力；管壳还可以避免起爆药直接与空气接触，提高雷管的防潮能力。

管壳一端为开口端，用来插入导火索；另一端做成密闭的圆锥形或半球面形的聚能穴，以提高该方向的起爆能力。

（2）正起爆药。火雷管中的正起爆药（也称起爆药）在导火索火焰作用下首先起爆。其主要特点是敏感度高。它通常由雷汞、二硝基重氮酚或叠氮化铅制成。目前，国产雷管的正起爆药大多用二硝基重氮酚。

（3）副起爆药。副起爆药也称加强药。它在正起爆药的爆轰作用下起爆，进一步加强了正起爆药的爆炸威力。副起爆药一般比正起爆药感度低，但爆炸威力大，通常由黑索金、特屈儿或黑索金—梯恩梯药柱制成。

（4）加强帽。加强帽是一个中心带小孔的金属罩，通常用铜皮冲压制成。

加强帽可以减少正起爆药的暴露面积，增加雷管的安全性；在雷管内形成一个密闭室，促使正起爆药爆炸压力的增长，提高雷管的起爆能力；可以防止起爆药受潮。

加强帽中心孔的作用是让导火索产生的火焰穿过此孔直接喷射在正起爆药上。中心孔直径为2 mm左右，为防止杂物、水分的侵入和起爆药的散失，中心孔常垫一小块丝绢以起封闭作用。

2）电雷管

电雷管是利用电能来引爆的雷管，按发火时间分为瞬发电雷管和延期电雷管；按其桥丝材料又分为镍铬材料和康铜材料等。

（1）脚线。脚线是用来给电雷管内的桥丝输送电流的导线，通常采用铜和铁两种导线，外面用塑料包皮绝缘，长度一般为2 m。脚线要求具有一定的绝缘性和抗拉、抗挠曲及抗折断的能力。

（2）桥丝。桥丝在通电时能灼热，用以点燃引火药或引火头。桥丝一般采用镍铬或康铜电阻丝，焊接在两根脚线的端线芯上，其直径为0.03~0.05 mm，长度为4~6 mm。

(3) 引火药。电雷管的引火药一般都是可燃剂和氧化剂的混合物。目前，国内使用的引火药成分有三类：第一类是氯酸钾—硫氰酸铅类；第二类是氯酸钾—木炭类；第三类是在第二类的基础上再加上某些氧化剂和可燃剂。

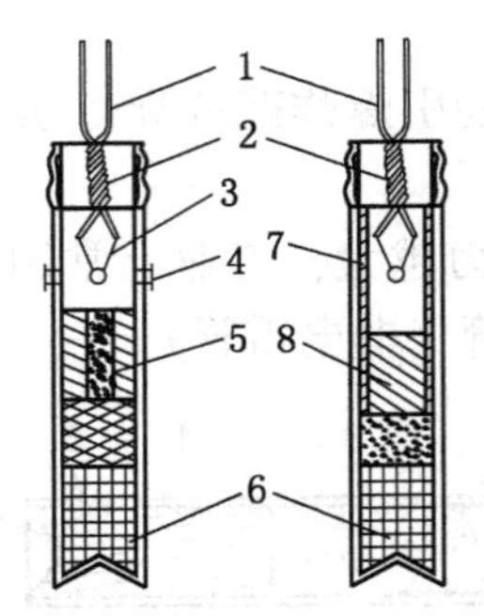

(a)索式结构　(b)装配式结构

1—脚线；2—点引火线；3—桥丝；
4—排气孔；5—精制导火索；
6—火雷管；7—延期壳体；8—延期药

图 2 - 14　秒和半秒延期电雷管结构图

电雷管可以实现延期，分为秒和半秒延期电雷管，结构如图 2 - 14 所示。电点火元件与起爆药之间的延期装置是用精制导火索或在延期体壳内压入延期药构成的，延期时间由延期药的装药长度、药量和配比来调节。索式结构的秒或半秒延期雷管的管壳上钻有两个防潮作用的排气孔，排出延期装置燃烧时产生的气体。其起爆过程是：通电后引火头发火，引起延期装置燃烧，延迟一段时间后雷管爆炸。国产秒或半秒延期雷管主要用于巷道掘进、采石场、土石方等爆破工程作业。但在有瓦斯和煤尘爆炸危险的工作面不准使用秒延期电雷管。

3) 导爆管雷管

导爆管雷管又称非电雷管，是专门与导爆管配套使用的一种雷管，也是导爆管起爆系统的起爆元件。

导爆管雷管由导爆管、封口塞、延期体和火雷管组成。根据是否有延期体和延期时间的不同，导爆管雷管主要有瞬发导爆管雷管、毫秒（MS）导爆管雷管、半秒（HS）导爆管雷管、秒（S）延期导爆管雷管四种。

与电雷管的主要区别在于：不用电雷管的电点火装置，而是用一个与塑料导爆管相连的塑料连接套，由塑料导爆管的爆轰波来点燃雷管；而导爆管本身可用电火花、火帽等引爆。

2. 导火索

导火索药芯为黑火药（硝酸钾 63%，硫黄 27%，木炭 10%）、外包棉/麻纤维和防潮层，白色绳状点火材料。导火索结构如图 2 - 15 所示。

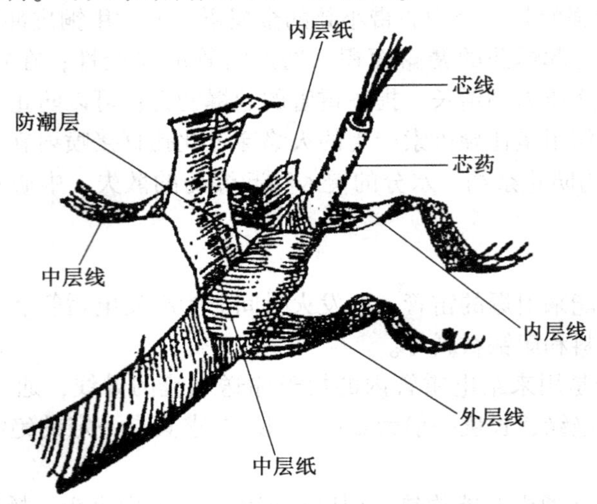

图 2 - 15　导火索结构图

导火索主要作用：将火焰传递给火雷管，并使之爆炸；引燃黑火药药包；在毫秒延期雷管中起延期作用。

常用导火索药芯药量一般为 7~8 g/m。导火索的燃烧速度为 100~125 s/m。外径 5.2~5.8 mm，每卷长度 50 m。导火索的防水性能良好，两端密封，放入 1 m 深的常温静水中，经 5 h 不失去燃烧性能。由于芯药受潮即失效，为保证导火索可靠地引爆火雷管，导火索的喷火长度不小于 40 mm。

导火索使用时，一端用来点火，一端插入火雷管或黑火药包，导火索不适合大面积爆破。

3. 导爆索

导爆索是以单质猛炸药黑索金或泰铵作为药芯，用棉、麻、纤维及防潮材料包缠成索状的起爆器材，导爆索结构如图 2-16 所示。

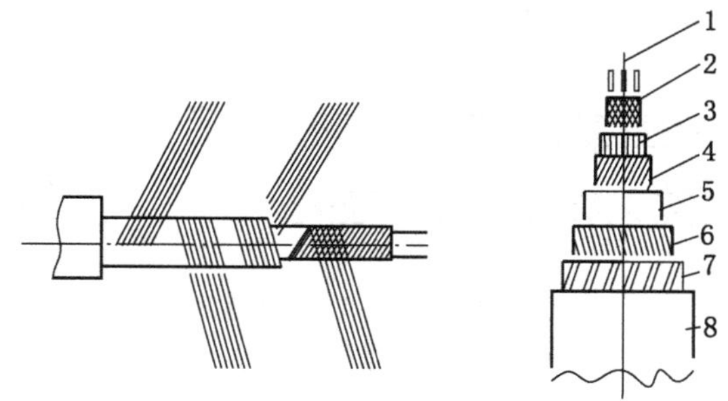

1—撑线；2—药芯；3—内层线；4—中线层；5—防潮层；6—纸条层；7—外线层；8—涂料层

图 2-16 导爆索结构示意图

导爆索的结构与导火索相同，但导爆索药芯为猛炸药（黑索金、泰铵等）。导爆索外观颜色为暗红色，能直接引爆炸药，也可以作为独立的爆破能源。导爆索用雷管起爆，适合大面积爆破，但价格昂贵。

导爆索在爆轰过程中产生强烈的火燃，所以只能用于露天爆破及没有瓦斯和矿尘危险的井下爆破作业。导爆速度 $v=6500$ m/s，抗水抗热性都较好，有效期一般为两年。

4. 继爆管

继爆管是装有毫秒延期元件的火雷管与消爆管的组合体，继爆管的传爆方向有单向和双向之分，继爆管结构如图 2-17 所示。较简单的继爆管是单向继爆管，当右端的导爆索 8 起爆后，爆轰波和爆炸气体产物通过消爆管 1 和大内管 2 后，压力和温度都有所下降，但仍能可靠地点燃延期药 4，又不至于直接引爆正起爆药。通过延期药来引爆正、副起爆药以及左端的导爆索。这样，两根导爆索中间经过一只继爆管的作用，实现了毫秒延期爆破。

单向继爆管在使用时，如果首尾连接颠倒，则不能传爆；双向继爆管中消爆管的两端都对称地装有延期药和起爆药，因此，它在两个方向均能可靠传爆。

双向继爆管在使用时，无须区别主动端和被动端，方便省事。但是它所消耗的元件、原料几乎要比单向继爆管多一倍。

5. 导爆管

导爆管是内壁涂有薄薄一层炸药的透明塑料细管，外径 3 mm，内径 1.5 mm，装药量

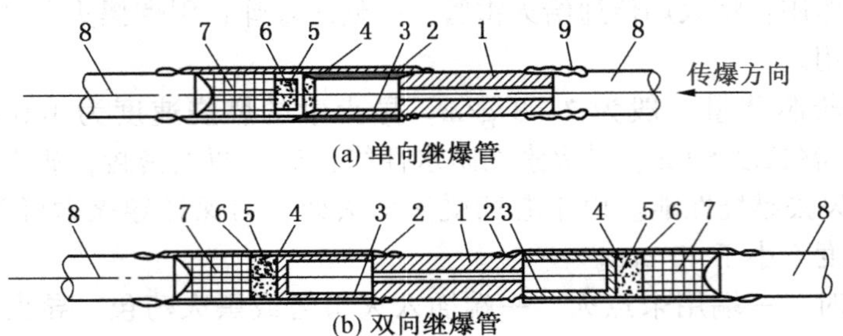

1—消爆管；2—大内管；3—外套管；4—延期药；5—加强帽；

6—正起爆药；7—副起爆药；8—导爆索；9—连接管

图 2－17　继爆管结构示意图

20 mg/m，导爆管结构如图 2－18 所示。

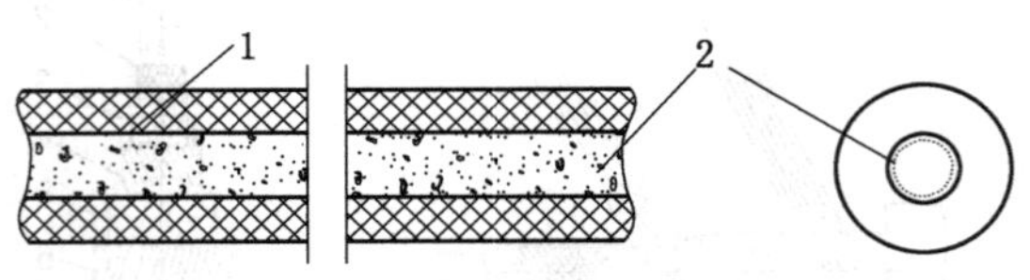

1—塑料管壁；2—炸药药粉

图 2－18　导爆管结构示意图

导爆管本身无自爆能力，也不能直接起爆炸药，只能单纯起传爆作用，传爆速度 2000 m/s。用雷管或导爆索起爆，管壁炸药起补充能量作用，使冲击波稳定传播，直至引爆末端的雷管。

导爆管可以用起爆枪、导爆索、雷管起爆。起爆后管体完整无损，将导爆管打结并拉紧，仍能正常传爆。明火和撞击都不会引起爆炸，在电压小于 30 V 以下时不导电，在 20 ℃时抗拉能力为 70 N。

导爆管安全性好，价格低。但导爆管怕硬岩冲击，适合大面积爆破。

三、控制爆破

为了达到良好的爆破效果，露天矿深孔爆破有时采用控制爆破。控制爆破控制的主要内容如下。

（1）控制爆破作用的破坏范围和块度。

（2）控制岩石的抛掷方向和堆砌范围。

（3）控制爆破地震效应、飞石、空气冲击波和噪声。

按爆破要求和作用，露天矿常采用的控制爆破有预裂爆破、微差爆破以及挤压爆破。

1. 预裂爆破

为了保护边坡，特别是到界边坡，在边界线上钻一排较密的炮孔，先于主炮孔起爆，爆破后形成贯穿裂隙和自由面，故叫预裂爆破。预裂爆破布孔形式如图 2－19 所示。

预裂爆破裂隙带能反射或吸收随后起爆的主炮孔的应力波，起到屏蔽作用，从而能最大限度地减少对岩壁的破坏。

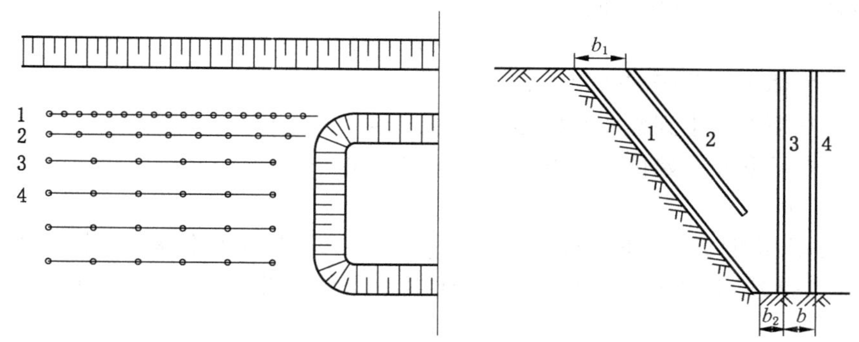

1—预裂孔；2—辅助孔；3—减震孔；4—主爆孔

图 2-19 预裂爆破布孔形式示意图

1）预裂爆破的基本参数

（1）孔径。孔径与矿岩硬度及对预裂爆破的质量要求有关。一般情况下，孔径越小效果越好，多采用 40~75 mm，最大可达 250 mm。

（2）孔距。孔距与矿岩硬度及孔径大小有关，一般取孔径的 6~12 倍，矿岩硬度大取下限。

（3）线装药密度。线装药密度是指单位炮孔长度的装药量，矿岩的硬度大，孔径大，线装药密度就大。

（4）不耦合系数。不耦合系数是指孔径与药包直径之比，一般为 1~5。不耦合装药主要是控制孔壁上的动压强，使孔壁不致压坏并延长孔内爆生气体的作用时间。

2）预裂爆破效果评价

（1）裂隙（缝）宽度> 1 cm，裂隙小起不到应有屏蔽作用，裂隙大能耗大，成本高。

（2）不平整度< 30 cm，预裂孔径大、岩石节理、裂隙发育时，平整度差。

（3）残留孔痕，坚硬岩石应> 80%，软岩石应> 50%。

（4）减震效果在 40% 以上。

2. *微差爆破*

微差爆破也叫毫秒爆破，将装药分组，以毫秒级为间隔时间顺序起爆的一种方法，可以减小大块率和地震效应。

微差爆破机理是不同炮孔应力波作用叠加，使岩石破碎效果更好。同时，应力波反射叠加以及岩块之间相互碰撞易于岩石破碎。

微差爆破的间隔时间包括应力波作用间隔时间与自由面作用排间微差间隔时间。

（1）应力波作用合理的间隔时间：

$$\Delta t = \frac{a}{v_p} + t_1 \tag{2-10}$$

式中 Δt——应力波作用合理的间隔时间，ms；

a——孔距，m；

v_p——纵波波速，m/s；

t_1——爆炸压力作用时间，ms。

(2) 自由面作用排间微差间隔时间：

$$t = t_1 + t_2 + t_3 \tag{2-11}$$

式中 t_1——岩体破坏前所需时间，ms；

t_2——从裂缝产生到漏斗开始移动时间，ms；

t_3——爆破漏斗开始位移，离开 10 cm 的时间，ms。

3. 挤压爆破

挤压爆破是压堆渣条件下连续爆破的一种方法，亦称为压渣爆破。挤压爆破如图 2－20 所示。特点是块度均匀，大块、根底减少，爆堆伸出小，台阶规整，电铲装载效率高。

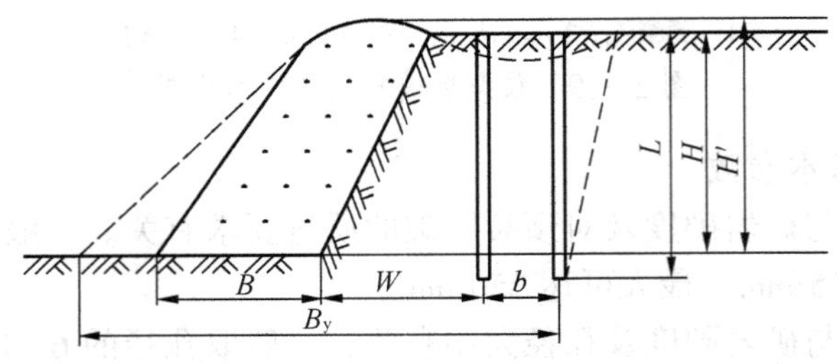

B_y—爆堆宽度；B—渣体厚度；W—底盘抵抗线；
b—排拒；L—炮孔深度；H—台阶高度；H'—压渣体高度

图 2－20 挤压爆破示意图

挤压爆破可延长岩体中爆炸引起的应力效应，提高炸药的能量利用率。由于渣体作用，阻碍岩体裂隙发展，延长爆炸作用效果，提高能量利用率；同时，限制破碎岩块移动，渣体与岩块产生碰撞和挤压，形成再次破碎，从而减小块度，提高破碎质量。此外由于反射波和折射波的作用，进一步改善了爆破质量。

挤压爆破的微差时间以 20~150 ms 为宜，渣体厚度以 10~20 m 为佳。

挤压爆破存在如下问题。

(1) 隆起现象。由于渣体作用产生隆起，隆起过大，对电铲采装不利。

(2) 单位炸药耗量增加。

(3) 由于渣体掩盖，看不清岩性和地质赋存状况，增加了布孔困难。

四、起爆方法

工业炸药具有很好的安全性和稳定性，在一般的明火和振动条件下不会起爆，利用工业炸药实施爆破时，必须借助于起爆器材（材料）来激发炸药爆炸。所谓起爆方法就是利用器材（材料）来起爆装药的方法，又称点火法。

常用的起爆方法有导爆索起爆法、导爆管传爆法、电力起爆法以及遥控起爆法等。

1. 导爆索起爆法

导爆索起爆法是利用导爆索传递爆轰并起爆装药的一种方法。其起爆过程是，先利用点火管或电雷管起爆导爆索，然后依靠导爆索爆轰产生的能量在瞬间传（起）爆多个装药。

导爆索起爆网络基本形式有串联网络、并联网络和混联网络，如图 2－21 所示，露天矿常用的导爆索起爆网络形式如图 2－22 所示。

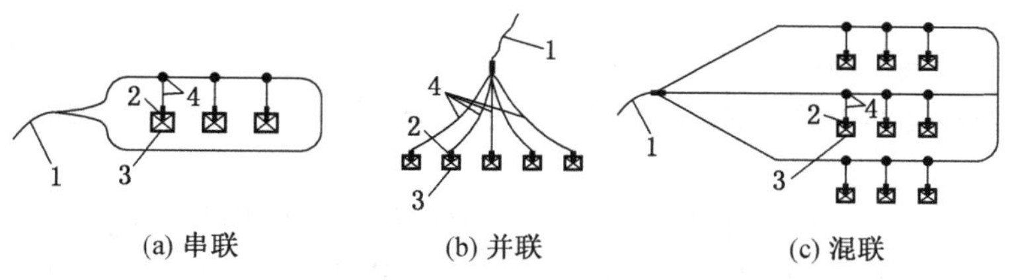

1—点火管；2—火雷管；3—装药；4—导爆索

图 2－21　导爆索起爆网络基本形式

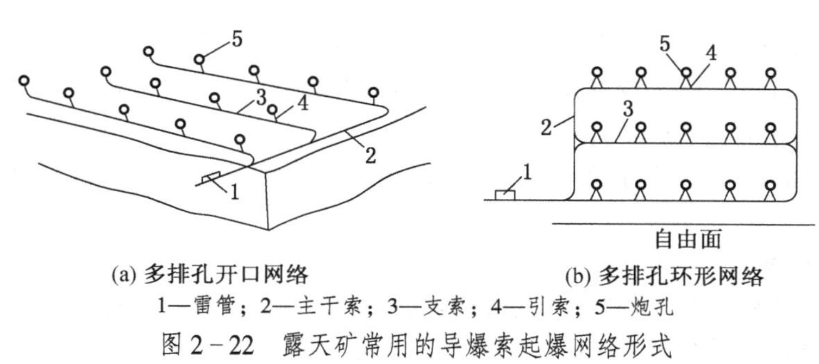

1—雷管；2—主干索；3—支索；4—引索；5—炮孔

图 2－22　露天矿常用的导爆索起爆网络形式

2. 导爆管传爆法

导爆管传爆法是利用导爆管起爆系统（也称非电起爆系统）起爆装药的一种方法。这种方法操作简单，容易掌握，不受雷电或其他杂散电流影响，目前已在露天矿爆破中广泛应用。

导爆管起爆是以导爆管为主体传爆元件的起爆系统。导爆管起爆网络分为串联网络、并联网络和混联网络。导爆管传爆法网络形式如图 2－23 所示。

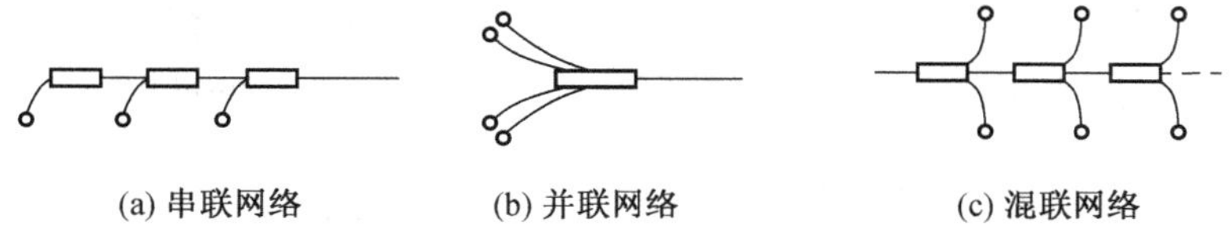

图 2－23　导爆管传爆法网络形式

导爆管起爆网络延期时间可用延期雷管来实现，可以实现孔内延期、孔外延期和孔内外延期。

1）孔内延期

在孔内延期起爆网路中，采用瞬发雷管作传爆雷管，利用不同段别的导爆管毫秒延期雷管作炮孔装药的起爆雷管，以实现各段炮孔按规定的微差时间间隔顺序起爆。

根据炮孔起爆顺序及炮孔间微差间隔的设计，确定出各段炮孔中起爆雷管的段别。按炮孔的起爆顺序，首段炮孔所选用的起爆雷管的段别是决定以后各段炮孔中起爆雷管段别的基础。首段炮孔所选用起爆雷管的毫秒延期时间，应保证在首段炮孔起爆前其余各段炮孔中起爆雷管均获得激发冲量而被点火。

2）孔外延期

在孔外延期爆破网路中，各段炮孔均采用瞬发雷管作起爆雷管，传爆干线中的传爆雷管选用导爆管毫秒延期雷管（同段或不同段），使各段炮孔间按一定的微差时间间隔顺序起爆。

孔外延期的特点：不管传爆雷管的延期精度如何，各段炮孔之间不会产生窜段现象；既可实现多段炮孔间的不等时间间隔的起爆，也可实现多段炮孔间的等时间间隔的起爆；与孔内延期相比，使用的延期雷管数量较少。但是，孔外延期存在前段炮孔爆炸影响后续爆破网路传爆的可靠性问题。

3）孔内外延期

在孔内外延期的爆破网路中，各段炮孔中的起爆雷管及传爆干线中的传爆雷管，可分别采用不同段别的导爆管毫秒雷管，且起爆雷管的段别高于传爆雷管的段别，使各炮孔按一定的延期时间间隔顺序起爆。

孔内外延期的特点：通过对传爆雷管和起爆雷管段别的选择，可以合理调节微差时间间隔。

3. 电力起爆法

电力起爆法是利用电能起爆电雷管使装药爆炸的一种方法。该种起爆方法可以预先隐蔽于安全地点用有线遥控起爆远距离的装药，即远距离起爆，比较安全。电力起爆法可以一次在确定的时刻准确地同时或逐次（采用延期电雷管）起爆多个装药。但所需器材多，需要对起爆网路进行设计和验算，且作业比较复杂。

电力起爆网路分为串联、并联和混联网络，电力起爆法网络连接形式如图 2－24 所示。

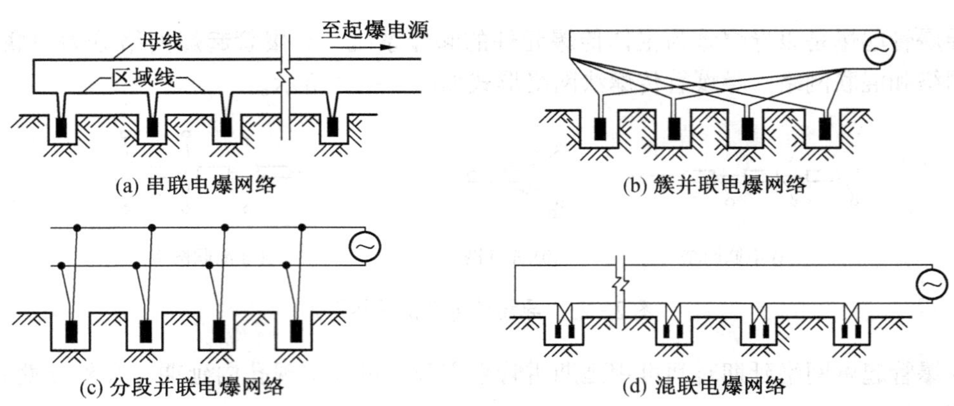

图 2－24 电力起爆网络连接形式

五、矿用炸药

1. 粉状硝酸铵类炸药

常用的粉状硝酸铵类炸药有铵梯炸药和铵油炸药，由于其组成成分不同，性能指标和适用条件也各不相同。

(1) 铵梯炸药的主要材料是硝酸铵（氧化剂）、梯恩梯（敏化剂）和木粉（可燃剂与松散剂）。

(2) 铵油炸药的主要材料有硝酸铵、柴油和木粉。

2. 含水炸药

含水炸药包括浆状炸药、水胶炸药和乳化炸药，是当前工业炸药中品种最多，发展最为迅速的抗水工业炸药。

1) 浆状炸药

浆状炸药组分包括氧化剂水溶液、敏化剂、胶凝剂与交联剂及其他成分。

(1) 氧化剂水溶液。氧化剂主要是硝酸铵和硝酸钠。制药中，大部分硝酸铵与水组成硝酸铵水溶液，另一部分则以干粉加入，其作用是作为氧化剂。硝酸钠的作用主要是降低硝酸铵水溶液的析晶点。炸药中加入适量的水，使硝酸铵溶解成饱和溶液状态后就不再吸收水分，起“以水抗水”作用。另外，水使炸药各组分紧密接触，增加密度，提高炸药的可塑性。但水是钝感物质，加入后炸药感度下降，因此浆状炸药需加入敏化剂，并适当增大起爆能和药径。

(2) 敏化剂。常用的敏化剂有三类，一是单质猛炸药如梯恩梯、硝化甘油等，二是金属粉如铝粉或铝镁合金粉等，三是柴油、煤粉或硫黄等可燃物质。

(3) 胶凝剂与交联剂。胶凝剂在水中能溶解形成黏胶液，它可使炸药的各种成分胶凝在一起，形成一个均匀整体，使浆状炸药保持必需的理化性质和流变特性，具有良好的抗水性和爆炸性能。胶凝剂一般为槐豆胶、田青胶、皂角胶等，近年也用聚丙烯酰胺等人工合成胶凝剂。交联剂可以与胶凝剂发生化学反应，使其形成网状结构，以提高炸药抗水性能。

(4) 其他成分。除了上述主要成分外，浆状炸药中还常加入少量的稳定剂、表面活性剂和抗冻剂等。

2) 水胶炸药

一般情况下，水胶炸药与浆状炸药没有严格的界限，它也是由氧化剂、水、胶凝剂和敏化剂等组成。二者的差别在于敏化剂不同，水胶炸药是用水溶性的甲胺硝酸盐作敏化剂的，而且水胶炸药的爆轰敏感度比普通浆状炸药高。

3) 乳化炸药

乳化炸药是20世纪70年代末发展的一种含水炸药，其内部结构式油包水型，而浆状、水胶炸药是水包油型结构。

乳化炸药由三种物相（液、固、气）的四种基本成分（即氧化剂水溶液、燃料油、乳化剂和敏化剂）组成。

(1) 氧化剂：通常用硝酸铵、硝酸钠，含量可达55%～85%。为提高炸药能容量，可添加少量氯酸盐或过氯酸盐辅助氧化剂。

(2) 溶剂：水用作溶解硝酸盐的溶剂，含量5%～8%。

(3) 可燃剂：柴油、石蜡、硫黄、铅粉或其他类似油类物质，含量1%～8%。

(4) 乳化剂：多为脂肪类化合物，是一种表面活性剂，用来降低水、油表面张力，形成油包水乳化物。国内用司本-80作乳化剂，含量为0.5%～6%。

(5) 敏化剂：爆炸成分，金属镁、铝粉、发泡剂或空心微珠均可，如亚硝酸钠等起泡剂、空心玻璃微珠、空心塑料微珠或膨胀珍珠岩粉。

第四节　穿爆与采装环节配合

一、合理的矿岩块度与形状

矿岩松碎是露天开采工艺的首要环节，其质量的好坏直接影响着其他工艺环节。矿岩松碎的质量主要有两个方面：一是矿岩块度；二是破碎后的矿岩体形状。

1. *矿岩块度要求*

从有利于采掘设备作业角度讲，矿岩破碎的块度越小越均匀越好。但是，矿岩块度越小，矿岩破碎的费用就越高，将会导致露天矿生产成本急剧增加。特别是利用穿孔爆破方法破碎岩石的露天矿，其穿孔费用较高。因此，合理的矿岩块度，既满足采装设备的要求，又使穿爆费用较低。

衡量矿岩块度的指标是最长边尺寸和大块率。

1) 最长边尺寸

矿岩块最长边尺寸应满足以下要求。

(1) 挖掘机勺斗容积 E 的要求：

$$b \leqslant (0.75 \sim 0.80)\sqrt[3]{E} \tag{2-12}$$

式中　b——矿岩块最长边边长，m；

E——挖掘机勺斗容积，m^3。

(2) 卡车（或自翻车）车厢容积的要求：

$$b \leqslant 0.5\sqrt[3]{V} \tag{2-13}$$

式中　b——矿岩块最长边边长，m；

V——卡车（或自翻车）车厢容积，m^3。

(3) 矿岩向破碎（或筛分）设备的受料仓卸载时：

$$b \leqslant (0.75 \sim 0.80)B_k \tag{2-14}$$

式中　b——矿岩块最长边边长，m；

B_k——受料仓短边尺寸，m。

(4) 矿岩由带式输送机运送时：

$$b \leqslant (0.3 \sim 0.4)B \tag{2-15}$$

式中　b——矿岩块最长边边长，m；

B——输送带宽度，m。

凡最长边尺寸超过上述规格的矿岩称为大块。大块是一个相对指标，主要与所采用的采运设备有关，不同的设备，大块的标准也不一样。

2) 大块率

大块率指矿岩破碎区内大块的体积与破碎矿岩的总体积之比或者每一千立方米爆破岩体中的大块数。

$$大块率=\frac{大块的体积}{破碎矿岩总体积}\times 100\% \tag{2-16}$$

$$或大块率=\frac{大块数}{1000\ m^3}\times 1000‰ \tag{2-17}$$

大块量可通过现场实测、照相分析、二次爆破统计和经验公式等方法进行估计。最基本的方法就是数一数采掘设备采装完后面排列在台阶根部的大块数。

对于中等爆破性的岩石，爆破后矿岩的平均块度可采用经验公式估算：

$$d_c \approx \frac{60}{\dfrac{1}{l_c}+\dfrac{q(300+H)}{100+d}} \tag{2-18}$$

式中 d_c——爆破后矿岩的平均块度，m；

l_c——岩体节理平均块度，m；

q——单位炸药消耗量，kg/m；

H——台阶高度，m；

d——孔径，mm。

据统计资料，大块率与矿岩平均块度间基本呈直线关系，如图 2－25 所示。

爆堆中矿岩块度增大，对挖掘机作业不利，主要影响挖掘机满斗率和挖掘机作业效率。矿岩平均块度增大，挖掘机满斗率下降，作业效率降低，生产能力下降。矿岩平均块度与挖掘机生产能力的关系如图 2－26 所示。实际块度对于汽车运输能力、排土能力、破碎机能力和筛分能力都有影响。

为减小矿岩块度，一般穿孔工作量和炸药单耗均将增加。矿岩平均块度降低，炸药单耗上升，费用增大，如图 2－27 所示。

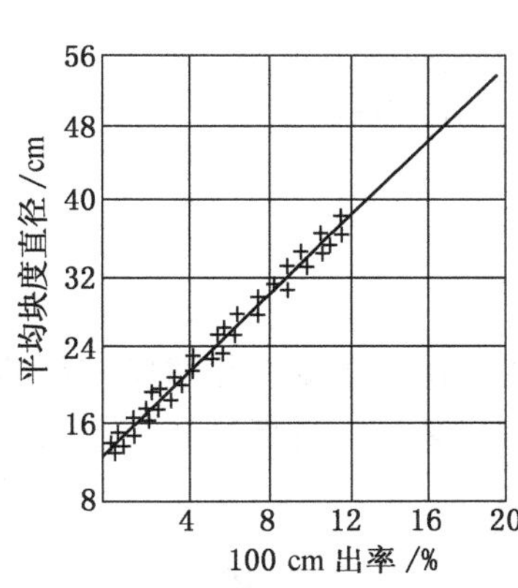

图 2－25 爆破岩体矿岩平均块度与大块率关系图

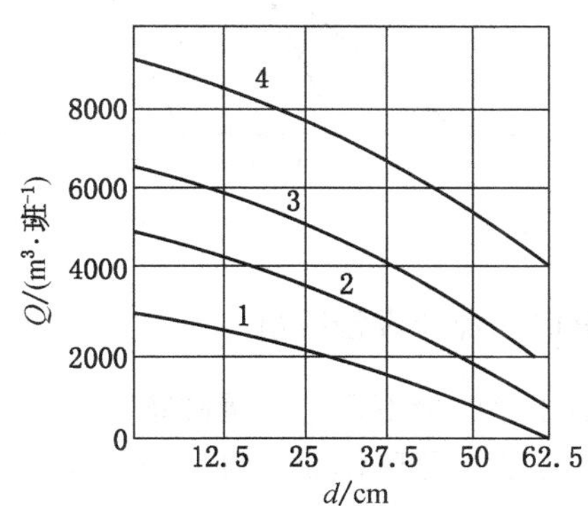

1—斗容 4.6 m^3 挖掘机；2—斗容 8 m^3 挖掘机；3—斗容 12.5 m^3 挖掘机；4—斗容 20 m^3 挖掘机

图 2－26 矿岩平均块度与挖掘机生产能力关系图

综合考虑以上三个关系，从整个工艺系统效益最佳出发，寻求合理的矿岩块度。确定合理矿岩块度的准绳：与矿岩破碎程度有关的各项花费的总费用最小。

2. 破碎后的矿岩体形状要求

矿岩爆破后所形成的爆堆形状，应满足挖掘设备的作业要求。

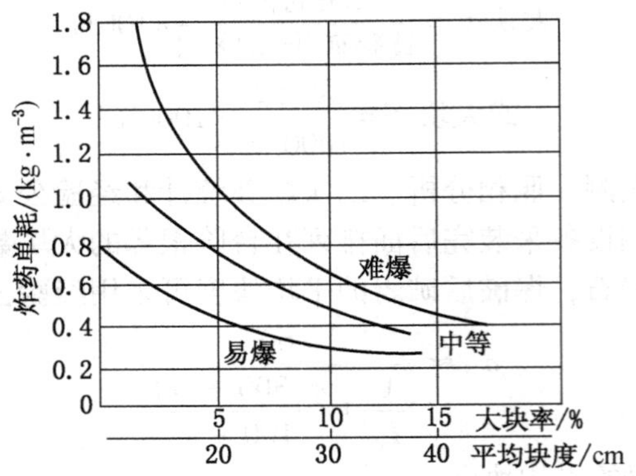

图 2-27 炸药单耗与矿岩块度关系图

（1）爆堆高度 H'：

$$\frac{2}{3}H_T \leqslant H' \leqslant H_{max} \tag{2-19}$$

式中 H_T——挖掘机推压轴高度，m；

H'——爆堆高度，m；

H_{max}——挖掘机最大挖掘高度，m。

（2）爆堆宽度应符合一爆一采或一爆两采的要求。

（3）爆破尽量形成梯形爆堆，不形成三角形爆堆。爆堆形状如图 2-28 所示。

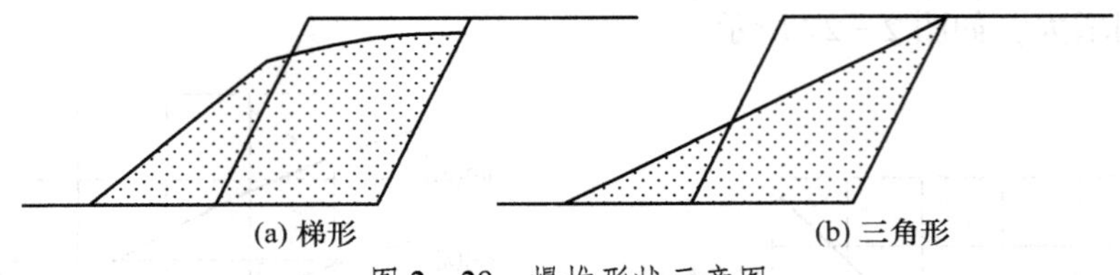

图 2-28 爆堆形状示意图

二、分区作业及设备数量

为了防止爆破量不足造成爆破频繁，甚至挖掘机停工待爆，采掘工作线应有足够长度和实行分区作业。分区作业是将一个采区有计划地划分为采装区、待爆区和穿孔区。实际作业分区如图 2-29 所示。

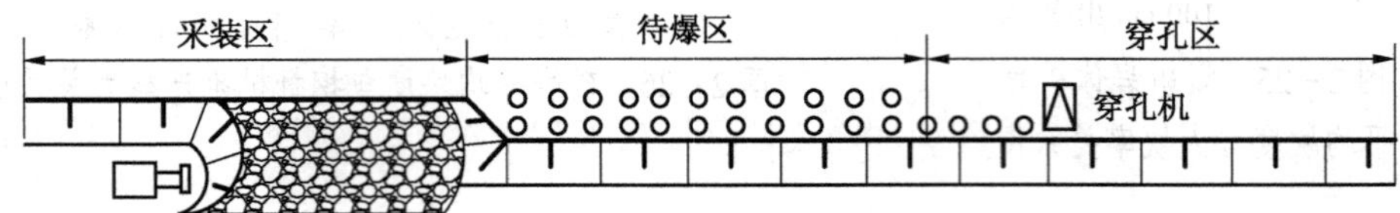

图 2-29 分区作业示意图

为了使爆破工作与采装协调配合，穿孔设备的数量和能力应与采掘设备相配合，露天矿所需的钻机数量应满足：

$$N = \frac{Qf}{LGC} \tag{2-20}$$

式中　N——露天矿所需穿孔机数量，台；

Q——需要爆破的年采、剥总量，m^3/a；

L——钻机台年效率，m/(台·a)；

G——每米钻孔出岩率，m^3/m；

f——为使爆破不影响采装作业而留的富余系数；

C——成孔率，%。

同时，还应考虑钻机台数与挖掘机台数相匹配，最好二者台数相同，但钻机台数不宜太少，否则，会导致频繁调动。

思考题

1. 目前露天矿常用的矿岩松碎方法有哪些？简述其特点。
2. 露天煤矿主要使用的穿孔机械设备有哪些？
3. 为充分发挥采掘设备的效率，穿爆工作应达到什么要求？
4. 影响矿岩爆破质量的主要因素有哪些？

第三章 采 装 工 作

采装工作，是指用一定的采掘设备将矿岩从整体或爆堆中采出，并装入运输设备或转载设备的工作。它在露天矿各生产环节中居主导地位，是中心环节。采装工作所用的设备类型很多，主要有挖掘机（包括机械式单斗挖掘机、拉铲、多斗铲）、液压挖掘机（正铲、反铲）装载机、铲运机以及推土机和螺旋钻等。

第一节 机械式单斗挖掘机作业

露天采矿用的机械式单斗挖掘机（简称机械铲）可分为两种类型：剥离型和采矿型。前者主要用于向采空区倒排岩石，特点是斗容大、臂架长；后者多用于向运输设备装载，一般线性尺寸较小。目前，我国露天矿多采用采矿型机械铲。图 3－1 为机械铲作业情况。

图 3－1 机械铲向汽车和自翻车装载作业

一、机械铲的工作规格

机械铲的工作规格如图 3－2 所示。

（1）挖掘半径 R_w——挖掘机挖掘时，回转中心线到勺斗齿顶端的水平距离。斗柄伸出最大时的挖掘半径称为最大挖掘半径，以 R_{wmax} 表示；斗齿位于挖掘机站立水平时的挖掘半径叫站立水平挖掘半径，以 R_{wp} 表示。

（2）挖掘高度 H_w——挖掘机挖掘时，斗齿顶端到挖掘机站立水平的垂直距离。斗柄最大伸出并提到最高位置时的挖掘高度称为最大挖掘高度，以 H_{wmax} 表示。

（3）卸载半径 R_x——挖掘机卸载时，回转中心线到勺斗中心线的水平距离。斗柄最大伸出时的卸载半径称为最大卸载半径，以 R_{xmax} 表示。

（4）卸载高度 H_x——指卸载勺斗开启时，斗底下缘到挖掘机站立水平的垂直距离。最大卸载高度 H_{xmax} 是当斗柄最大伸出并提至最高位置时的卸载高度。

（5）下挖深度 H_{ws}——挖掘机下挖作业时，勺斗斗齿顶端到挖掘机站立水平的垂直距离。

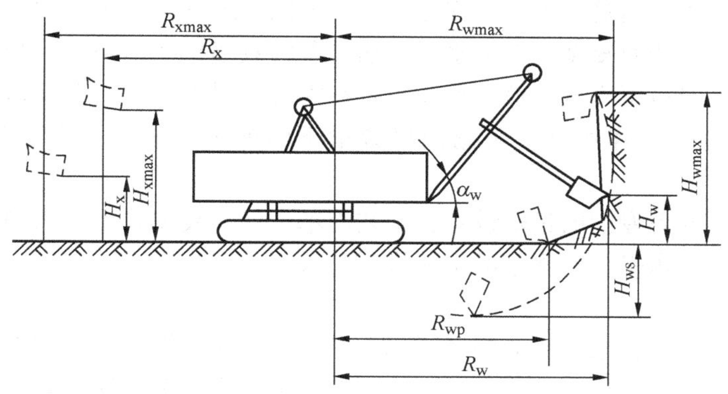

图 3-2 机械铲工作规格

二、作业方式及工作面类型

1. 作业方式

机械铲的作业方式，按与运输设备站立的相对位置分为平装车、上装车、联合装车和倒堆4种。平装车时，挖掘机和运输设备位于同一个水平上；上装车时，运输设备高于挖掘机的站立水平，一般用于铁道运输；上装车和平装车的结合构成联合装车；倒堆作业时，没有运输设备，由挖掘机直接将矿岩倒排至指定地点。机械铲作业方式如图3-3所示。

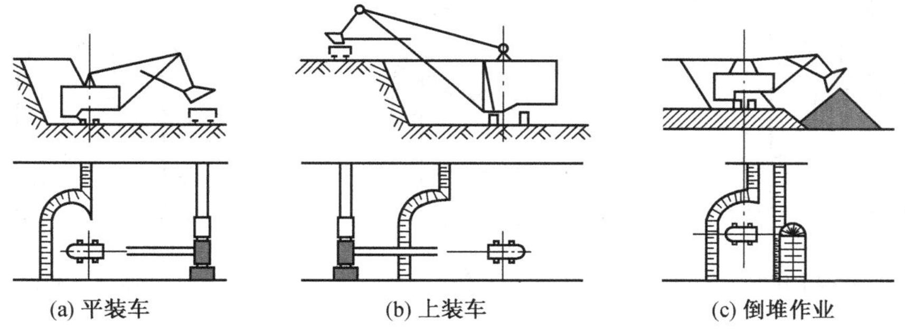

图 3-3 机械铲作业方式示意图

各种作业方式的特点和适用条件如下。

与上装车比较，平装车具有如下优点：挖掘机卸载时瞭望条件好、效率高；挖掘机不用安装长臂架，可减少故障、延长寿命；挖掘高度可在保证作业安全的情况下适当加大。但挖掘机站立水平需要足够的平盘宽度，以保证运输设备的布置；且在掘沟作业时，没有足够的宽度布置运输设备，特别是铁道运输时，作业效率低。适用于正常推进的具有足够平盘宽度的剥采台阶作业。

相对平装车，上装车可直接将矿岩运送至上一水平，提高了运输效率；作业水平的平盘宽度不受运输设备位置的影响；挖掘机效率不受运输设备位置的影响。但上装车具有卸载时瞭望条件差、效率低、故障多以及挖掘高度受限等缺点。多用于掘沟作业或挖掘机采装水平运输线路联络较困难时。

联合装车时，由于运输设备供应充分，可最大限度地发挥挖掘机的作业效率，加快工程进度。但生产管理相对复杂、上下水平运输设备的效率相互影响，且当挖掘机为长臂架或平装铁道自翻车时极不安全。该种作业方式在露天矿很少使用，在特殊情况下，如需加快挖掘机所在位置的工程速度，而挖掘机数量不够或不能放置两台挖掘机同时作业时采用。

倒堆作业无须配备专门的运输设备，工艺简单。但一般须采用剥离型挖掘机，且适用条件严格，通常用于水平、近水平的单一煤层开采。

2. 工作面类型

用采掘设备直接进行采掘作业的场所称为采掘工作面。机械铲采掘工作面的规格和形状取决于挖掘机的规格、作业方式和矿岩的特性，可分为端工作面、侧工作面和尽头工作面（图 3－4）。一般来讲，端工作面作业时挖掘机的效率最高，因为，这时挖掘机的采掘带宽度较大且平均回转角不大于 90°。侧工作面作业时，挖掘机的平均回转角在 120°～140°之间，由于工作面宽度小，运输线路需要经常增铺或移设，致使挖掘机效率下降，因此应用不多，但可在特殊条件下，如选采时采用。尽头式工作面用于掘沟或与汽车或带式输送机配合作业的宽采掘带中。

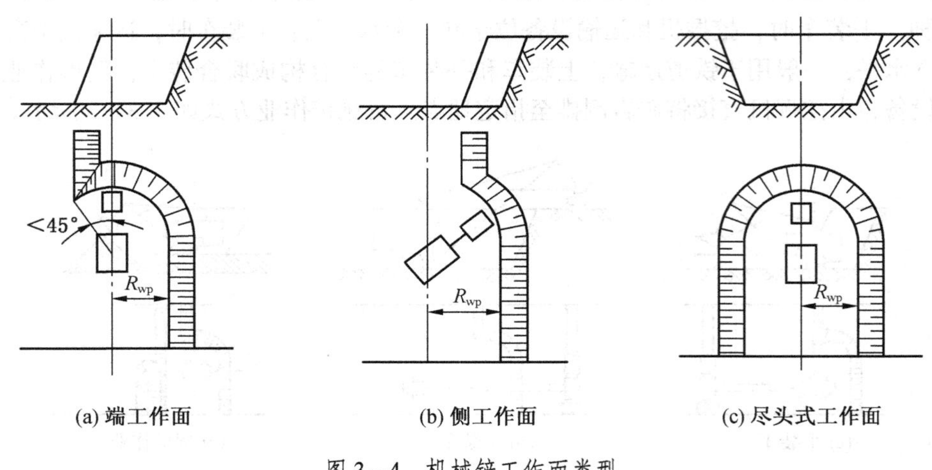

图 3－4 机械铲工作面类型

三、工作面参数

单斗挖掘机—汽车开采工艺中，工作面参数主要有：台阶高度 H、最小工作平盘宽度 B_{min}、采掘带宽度 A、工作线长度 L 等。

1. 台阶高度 H

台阶高度是露天矿主要开采参数之一，合理台阶高度有利于发挥采掘设备效率并确保作业安全。

1）影响台阶高度的主要因素

影响台阶高度的主要因素有：矿岩性质和埋藏条件、采掘设备的技术性能、是否进行穿孔爆破作业、运输方式与运输设备性能以及对矿石质量的要求等。

（1）矿岩性质和埋藏条件影响台阶的稳定性，然而，通常按台阶稳定条件确定的台阶高度都很大，可见台阶稳定性一般不成问题，只有在矿岩特别松软时才予以考虑。

（2）采掘设备的技术性能是确定台阶高度最主要的因素。台阶高度应保证采掘设备作业高效与安全。

（3）当台阶上进行穿爆作业时，台阶高度经爆破后都有不同程度的降低，因此穿爆作业的台阶实体高度应适当加大。

（4）运输方式及运输设备性能对台阶高度的影响，主要体现在采用铁道运输或带式输送机运输上下台阶转载时，其他运输方式对台阶高度的确定几乎没有什么影响。

此外，确定台阶高度时应有利于矿石的选择开采和保证矿石质量，一般情况下，台阶高度越小对改善矿石质量越有利。

2）台阶高度的确定

在采掘矿岩的爆堆时，爆堆的高度一般不应大于挖掘机最大挖掘高度 H_{wmax}，但当爆堆矿岩松碎、均匀、无黏结性且不需要分别采装时，爆堆高度可以是挖掘机最大挖掘高度 H_{wmax} 的 1.2~1.3 倍。

（1）挖掘机直接挖掘无须爆破的松软土岩时，其作业方式为端工作面平装车（图 3－5）。为提高作业效率，一般采用挖掘机双面装车，此时需要较宽的采掘带。

台阶高度满足：

$$\frac{2}{3}H_{T} \leqslant H \leqslant H_{wmax} \tag{3-1}$$

式中 H_{wmax}——单斗挖掘机最大挖掘高度，m；

H_{T}——单斗挖掘机推压轴高度，m。

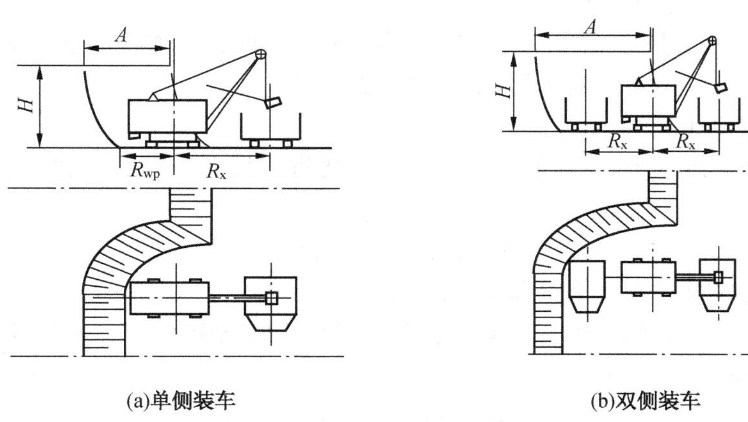

(a)单侧装车 (b)双侧装车

图 3－5 软岩挖掘工作面

（2）露天矿台阶爆破多为松动爆破，一般爆破后的爆堆高度低于实体台阶高度，但采用压渣爆破时爆堆会隆起，爆堆高度大于实体台阶高度。单斗挖掘机挖掘爆堆作业方式如图 3－6 所示。挖掘机挖掘爆堆时，爆堆高度应满足挖掘机最大挖掘高度要求和挖掘机作业效率要求，即

$$\frac{2}{3}H_{T} \leqslant H' \leqslant H_{wmax} \tag{3-2}$$

式中 H'——单斗挖掘机挖掘的爆堆高度，m；

其他变量意义同前。

台阶高度是实体工作面高度，它和爆堆高度H'之间的关系，与被爆矿岩的性质和爆破方法等因素有关，通常用下式表示：

$$H = k_b H' \leqslant k_b H_{wmax} \tag{3-3}$$

式中 k_b——与矿岩性质和爆破有关的系数。在松动爆破时，$k_b = 1.10 \sim 1.15$；在有一定抛掷时，$k_b = 1.20 \sim 1.50$；当爆破无大块且较均匀松散时，$k_b = 2.50 \sim 2.70$；当用挤压爆破时可能出现 $k_b < 1$。

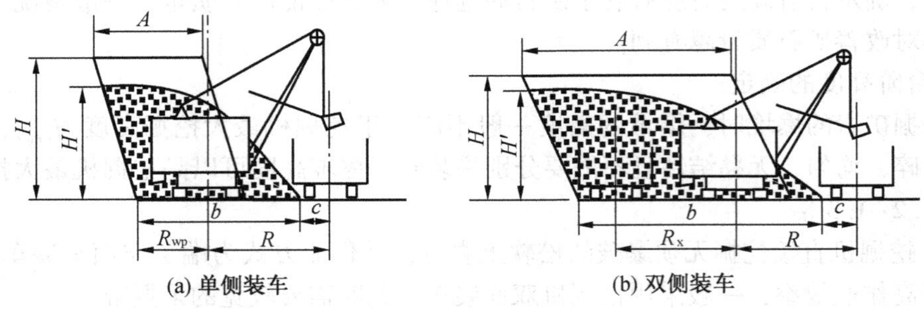

图 3-6 爆堆的采掘工作面

为减少爆破后挖掘机清扫工作面道路时间，露天矿在爆破时需控制爆堆宽度和爆堆形状。特别是大区多排微差爆破后，爆堆高度往往较高；另外，掘沟爆破因临空面少受挤压作用，爆堆高度也较大，此时，挖掘机可与推土机配合作业，用推土机平整爆堆以降低挖掘高度，确保挖掘机作业安全。

实践表明，当采用勺斗容积为 3～4 m^3 的电铲采装时，工作面高度以 8～12 m 为宜；若采用 10 m^3 以上斗容的挖掘机时，工作面高度为 15～18 m。

2. 采掘带宽度 A

(1) 在采掘硬度系数 $f \leqslant 3$ 的软岩时，不需要进行爆破，采掘带宽度 A 可以按下式确定：

$$A = (1.0 \sim 1.7) R_{wp} \tag{3-4}$$

式中 R_{wp}——挖掘机站立水平挖掘半径，m。

合理的采掘带宽度 A 取 R_{wmax} 为宜。表 3-1 为不同型号机械铲在端工作面条件下采掘软或密实岩石时的主要参数。

表 3-1 不同型号机械铲的端工作面参数

电铲斗容/m^3	最大挖掘半径/m	台阶高度/m	采掘带宽度/m	挖掘机中心线位置/m	
				到坡底线	到坡顶线
3～4.6	14.5	10	13	6.1	6.9
5	15.0	10.5	14	6.6	7.4
8	17.5	12.5	17.5	8.3	9.2
12.5	22.5	15.5	22	9.0	13.0

（2）爆堆宽度 b 的确定，如图 3－6 所示，挖掘机在矿岩爆堆中采掘时有两种情况：

①爆堆宽度可以一次采完，作一爆一采，由于宽度不足，挖掘机单侧装车（图 3－6a），此时爆堆宽度 b 值应为

$$b \leqslant f(R_{\mathrm{wp}} + R_{\mathrm{xmax}}) - c \tag{3-5}$$

②当爆堆宽度一次不能采完时，一般挖掘机沿“之”形走行进行采装作业，作一爆两采，可实现挖掘机双侧装车（图 3－6b），此时：

$$b \leqslant f(R_{\mathrm{xmax}} + R_{\mathrm{wp}}) + a - c \tag{3-6}$$

式中　f——挖掘机规格的利用系数，$f \leqslant 0.9$；

c——线路中心线到爆堆坡底线的距离，一般 $c = 2.0 \sim 3.0$ m。

为保证爆堆宽度适应采掘的要求，可通过合理确定台阶实体采掘带宽度来控制爆堆宽度，其关系如下：

$$b = 2k_{\mathrm{s}}A\frac{H}{H'} - \varepsilon_{\mathrm{d}}A \tag{3-7}$$

或

$$A = \frac{b}{2k_{\mathrm{s}}\frac{H}{H'} - \varepsilon_{\mathrm{d}}} \tag{3-8}$$

式中　k_{s}——矿岩在爆堆中的松散系数；

ε_{d}——爆堆形状系数，与矿岩性质和爆破性质有关。

坚硬矿岩爆堆呈三角形（图 3－7a），$\varepsilon_{\mathrm{d}} = 0$；较软矿岩爆堆呈梯形（图 3－7c），$\varepsilon_{\mathrm{d}} = 1$；中硬矿岩爆堆介于两者之间（图 3－7b），$0 < \varepsilon_{\mathrm{d}} < 1$。

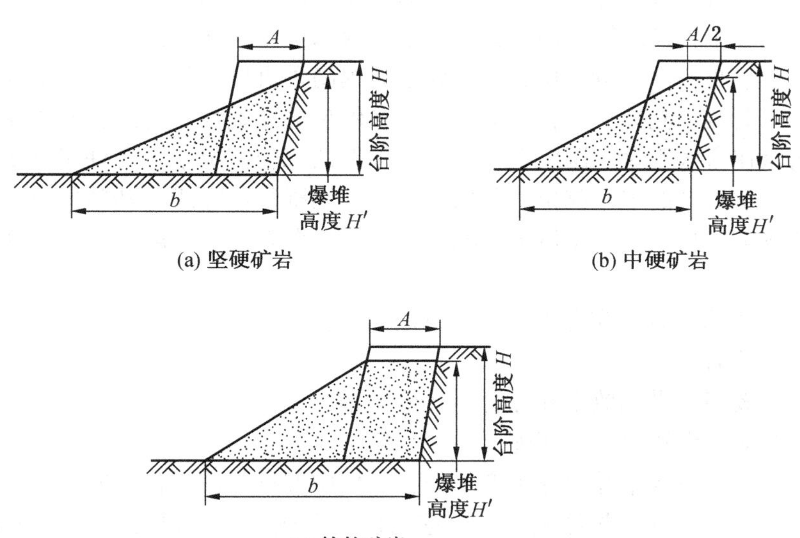

图 3－7　爆堆断面形状和有关参数

松散系数是指矿岩体爆破后的松散体体积与实体体积之比。松散系数与爆破对岩石的松碎程度有关，爆堆的不同部位，松散系数有所不同，一般松散系数大于 1。例如，在多排孔爆破时，爆堆中第 2~3 排位置的松散系数可比第 1 排孔位置低 8%～10%；相应地，第 4~5 排降低 12%～15%；第 6~8 排降低 20%～30%。挤压爆破时，爆堆上部的松散系数

可达1.30~1.50，而中部为1.12~1.20，下部为1.03~1.09，式（3－7）、式（3－8）中松散系数k_s取爆堆的平均值。当采用上装车时，爆堆宽度可按下式确定：

$$b \leqslant 1.7R_{wp} \tag{3-9}$$

（3）机械铲向汽车装载时，机械铲和汽车的相互位置比较灵活，可以采用比铁道小的采掘带宽度（例如，当挖掘机勺斗容积为4~5 m^3时，可取采掘宽度为$A=5\sim9$ m），也可为了增大矿岩一次爆破量，选用很宽的采掘带宽度40~60 m。所谓的宽采宽是指采掘带实体宽度大于挖掘机一次采掘作业的最大宽度，一般将实体采宽在20 m以上的采掘带称为宽采掘带。图3－8为宽采掘带岩石爆堆中的挖掘机作业方式。可以看出，为采掘宽采掘带，挖掘机或横向作“之”字形移动（图3－8a），或与工作线垂直站立，在采掘中作穿梭式行走（图3－8b）。

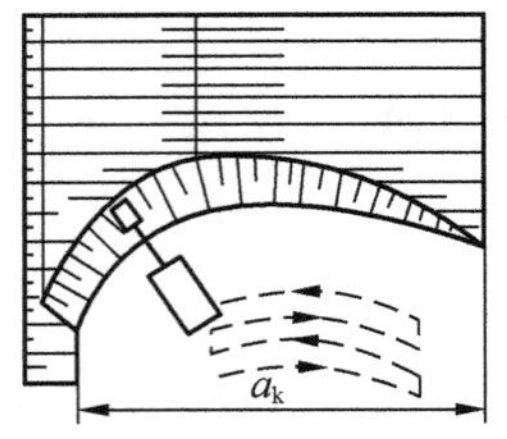

(a) 挖掘机“之”字形移动

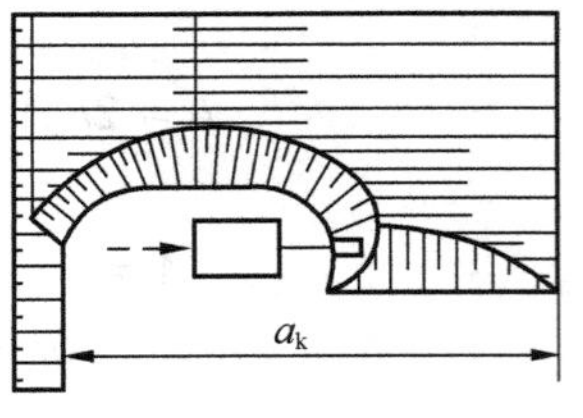

(b) 挖掘机穿梭式行走

图3－8 汽车运输宽采掘带作业方式示意图

采用宽采掘带有很多优点，首先是工作面平整宽阔，有利于卡车倒车入换，可以采取双面装车，缩短卡车入换时间。国外露天矿通常要求卡车入换时间为零，即第一台卡车装完之前，第二台卡车应处于待装位置，这就显著提高了机械铲效率。由于卡车驾驶座偏在一侧，入换时总会有一侧为盲区，影响卡车入换停位的准确性。对此，国外采取加强培训的措施，使司机在盲区不盲；国内在司机技术不够熟练的情况下，允许机械铲司机利用高举勺斗来引导处于盲区的卡车就位。其次，便于采用雁行追踪式“陡帮”开采，降低生产剥采比和生产成本。最后，由于爆破比较集中，一次爆破量大，减少了爆破次数和爆破对生产的影响。

合理的采宽A的确定，应考虑以下几方面因素：

①剥采工程的需求。

②穿孔爆破效率、采掘效率和综合经济效益。

③实体采宽应与穿爆参数相匹配。

为了充分发挥设备效率并保证生产安全，机械挖掘机与汽车作业时，应尽量使汽车位于挖掘机回转角小的地方，并且最好位于挖掘机的右侧，以便司机在装车时瞭望，此外，装载时严禁勺斗由汽车驾驶室上方经过，以保证人、车安全。

（4）机械铲向输送带装载时，挖掘机需经过漏斗——给料机卸载，遇有不合格的大块岩石时，需经过移动式破碎机破碎后再卸入输送带。在上述条件下，挖掘机可在宽采掘带中作业；将带式输送机布置在工作面两端部，挖掘机也可在窄采掘带中作业。带式输送机布置在工作面侧面，如图3－9和图3－10所示。

在爆堆中，机械铲和带式输送机相配合的作业方式有：①在输送带上安装漏斗给料

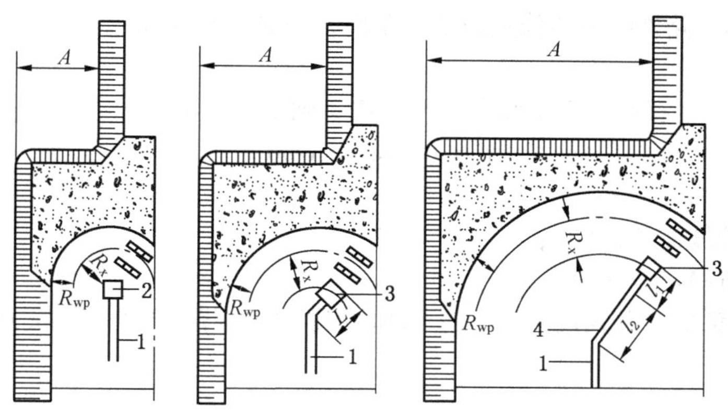

1—主胶带；2—漏斗给料机；3—破碎筛分机组；4—转载胶带；l_1—破碎机卸载胶带长度；l_2—转载机胶带长度

图 3-9　带式输送机位于工作面端部采掘方式示意图

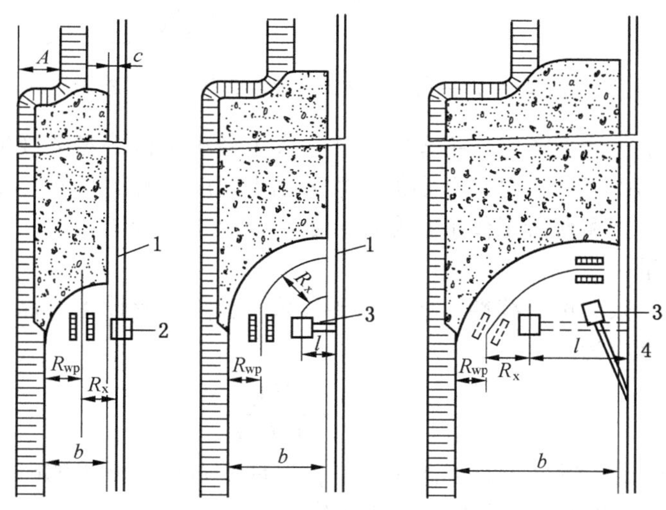

1—主胶带；2—漏斗给料机；3—破碎筛分机组；4—转载胶带；l—破碎筛分机组到胶带的距离

图 3-10　带式输送机位于工作面侧面的采掘方式示意图

机；②在爆堆中使用破碎筛分机组；③自动漏斗给料机或破碎筛分机组与转载机配合装载。

3. 最小工作平盘宽度 B_{min}

工作平盘宽度 B 应满足一定的爆堆宽度并保证采、运设备正常作业和安全通行。机械铲与卡车配合时的最小工作平盘宽度 B_{min} 如图 3-11 所示。

$$B_{min} = b + C + D + E + F \tag{3-10}$$

式中　b——爆堆宽度，在不需爆破的软岩中为采掘带宽度，m；

C——爆堆坡底线至行车道距离，一般 $C=2.0\sim3.0$ m；

D——行车带宽度，为提高卡车在台阶上的行驶速度，一般应达到 3 个行车道宽度，即相当于三车道，卡车载重 108 t 以上时，$D=25$ m 以上；

E——汽车道路外缘距离稳定坡顶的距离，一般 2.5~4 m；

F——安全宽度，m。

安全宽度 F 由岩石稳定角 γ 和台阶坡面角 α 确定，用下式计算：

$$F = H(\cot\gamma - \cot\alpha) \tag{3-11}$$

式中 H——台阶高度，m；

α——台阶坡面角，(°)；

γ——台阶稳定坡面角，(°)。

工作平盘宽度在很大程度上取决于台阶高度和采掘带宽度，一般为台阶高度的 3~4 倍。

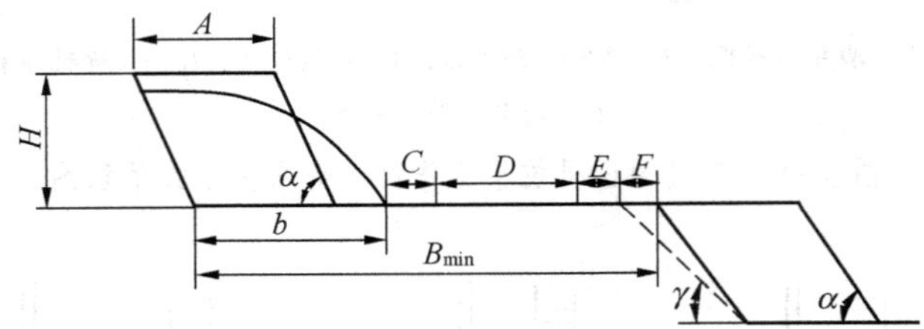

图 3-11 单斗铲—汽车开采工艺最小工作平盘组成示意图

实际生产过程中，露天矿工作平盘宽度往往大于最小工作平盘宽度值，工作平盘应保留一定的余量。有的露天矿，每平盘多加 1 条采掘带宽度；有的每隔 1~2 个台阶多加 1 条采掘带宽度。此外，剥离台阶工作平盘宽度余量还取决于露天矿按均衡生产剥采比生产时所产生的超前剥离量。

为了保证矿石开采的可持续性，通常需要在采矿台阶上留设生产储量，此时采矿台阶工作平盘的正常宽度应为

$$B \geqslant B_{\min} + \frac{MA_k}{12L_kH} \tag{3-12}$$

式中 M——可采储量指标（停止剥离条件下，保证矿石连续开采的时间，一般根据露天矿设计规程和开采条件等因素确定），月；

A_k——矿石计划年产量，m^3/a；

L_k——露天矿内采矿工作线长度，m；

H——台阶高度，m。

采用组合台阶作业时，由一台挖掘机承担两个或更多相邻台阶的采剥作业任务，这时，正进行作业的台阶的最小平盘宽度仍按式（3-10）计算，暂不作业的台阶的最小平盘宽度 $B'_{\min}$ 可为

$$B'_{\min} = B_{\min} - A \tag{3-13}$$

4. 采掘区长度 L_c

采掘区长度是配有独立采掘设备和运输线路的台阶工作线长度或其一部分，是露天矿的基本采掘单元，简称采区长度。同一台阶上可同时设置几个采掘区，较短的采掘区在同一工作平盘可设置较多的采掘工作面，从而加强工作线推进。但采区也不能太短，必须保证穿孔、爆破和采掘运输工作的可靠配合，采用单斗铲-卡车工艺时采掘区长度一般不宜

小于 300 m。

为保证矿山工程推进速度，采掘区长度 L_c 应满足以下条件：

$$L_c = K\frac{Q}{VH} \tag{3-14}$$

式中 V——露天矿剥采工程要求达到的工作线年推进速度，m/a。据露天矿实践表明：单斗铲—卡车开采工艺合理的工作线年推进速度一般为 100~400 m/a。露天矿剥离台阶工作线推进速度取决于采矿台阶工作线的推进速度；

H——台阶高度，m；

Q——承担本采区采掘作业的挖掘机的年生产能力，m^3/(台·a)；

K——挖掘机采掘作业可靠性系数，≤1。

在单斗铲—卡车开采工艺系统中，因卡车运输的吨·公里运费较高，缩短台阶工作线长度可以减少卡车运距，对降低矿岩生产成本有重要作用。此外，工作线长度还影响基建工程量、生产剥采比、产量规模及投资等。

不同开采工艺对工作线长度最小值限制是不同的。与铁道、胶带运输不同，卡车运输因其机动性强而受限较小，最短工作线长度一般仅受限于采区长度，其值为 300~400 m。

影响工作线长度的主要因素如下。

（1）产量规模。在一定的工作线推进速度和分层矿量下，完成计划产量规模应有足够的工作线长度加以保证。当产量规模较大时，可采用单坑、双坑乃至多坑等模式来满足所需产量。由于单坑集中式开采可节约投资及作业成本，因此，应对长工作线的单坑方案与采用合理工作线长度的双坑或多坑方案应通过比较择优确定。

（2）推进强度。在一定的电铲规格与相应采区长度下，推进强度是从技术角度影响工作线长度的主要因素。因具体条件不一，工作线推进度可有很大差异，从国内外露天矿实际资料看，其值在 100~2000 m 之间。影响推进度的因素有岩性、工作线布置和发展方式等。在表土和软岩中，推进度受制于卡车道路的移设和维护频度；硬岩中，与穿爆工作和电铲的配合有关。采用雁行追踪式开采方式时，因追踪电铲间的最小间距 400~600 m，故单侧追踪时，工作线长度应为 800~1200 m，双侧追踪时则为 1600~2400 m，而台阶上配置电铲数相应为 1~2 台。

从经济角度分析，由于卡车运输时吨·公里运费较高，从降低台阶上卡车运距考虑，显然工作线长度短是有利的。从剥离量看，增加工作线长度可使端帮剥离量所占比重下降。以近水平矿床为例，其生产剥采比 n_s 可以下式表示：

$$n_s = \frac{H}{h\gamma} + \frac{H(H+h)\cot\beta}{h\gamma L} \tag{3-15}$$

式中 n_s——生产剥采比，m^3/t；

H——覆盖层厚度，m；

h——矿层厚度，m；

γ——矿石容重，t/m^3；

β——端帮边坡角，(°)；

L——工作线长度，m。

由式（3-15）可见，随工作线长度增加，生产剥采比值下降。

近水平矿层下，工作线长度还与条区划分方式有关。相邻条区接续开采时，可采用留沟或压帮内排方式，如图 3－12 所示。

采用留沟方式时，剥离物仅能单侧端帮运输，因而卡车运距显然大于可实现双侧运输的压帮方式。第Ⅰ条区留沟后，相邻的Ⅱ条区如继续采用留沟方式，剥离物的内排可有两种方式（图 3－13）：一是按绕帮方式实现内排，但显然会进一步增加卡车运距；二是通过在Ⅰ、Ⅱ条区间架设的“桥”实现运输，但在覆盖层厚时架“桥”工程量过大。

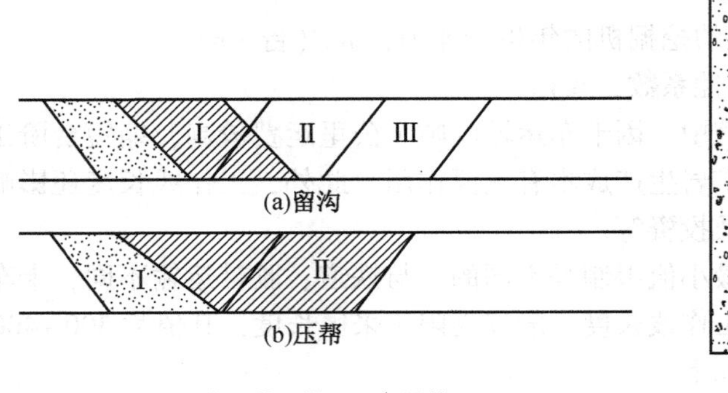

Ⅰ、Ⅱ、Ⅲ——条区号

图 3－12 留沟、压帮方式示意图

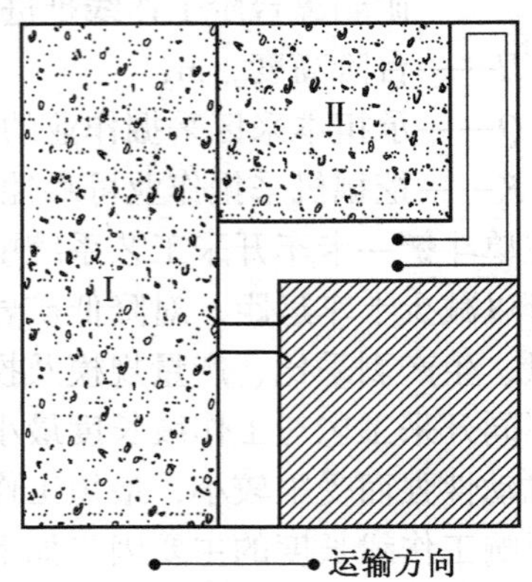

图 3－13 堆筑“桥”形成通路示意图

留沟方式的另一缺点：留沟使内排容积减少，从而增加外排量。在覆盖层厚度大时外排量更大。

留沟方式一般适用于以下条件：

①矿层厚而覆盖层较薄，留沟后仍可满足剥离物内排要求。

②留沟拟作为矿石运输通道，以降低运输费用。

③矿层埋藏深度较浅，从而有利于以架“桥”方式形成通道，实现留沟开采。

压帮方式的优缺点和适用条件：

①可借助于双侧内排而降低卡车运距。

②尽量增加内排以减少外排量。

③土岩的稳定性是压帮开采能否成功应用的重要条件。因稳定性影响到重复剥离量的大小和新形成的松散物边帮。后者将是后继条区实现内排时的运输通道。

从经济角度看，卡车运输费、端帮量以及重复剥离量可表达为工作线长度的函数，利用函数极值可求得不同条件下的合理工作线长度值。

四、生产能力

挖掘机生产能力是指在一定条件下单位时间内一台挖掘机所能采装矿岩的实方量，一般用 m^3/台 · a 或 t/台 · a 表示。它是确定采掘设备和运输设备，以及其他主要设备数量的基础，还在很大程度上影响着矿山生产能力、工人劳动生产率和矿山生产的经济效益等。

挖掘机生产能力一般分为理论生产能力 Q_1、技术生产能力 Q_j 和实际（工作）生产能力 Q_w 三种。

1. 理论生产能力 Q_1

理论生产能力只与挖掘机本身的机械性能和技术条件，如勺斗容积、电机的功率、工作机构的线性尺寸以及传动速度等有关，理想条件（每勺斗恰好装满，装卸不间断等）下的松方生产能力，可用下式计算：

$$Q_1 = 60nE \tag{3-16}$$

或

$$Q_1 = \frac{3600}{t_1}E \tag{3-17}$$

式中 E——勺斗的容积，m^3；

n——每分钟采装勺斗数；

t_1——挖掘机完成一勺采装的理论周期时间，s。

2. 技术生产能力 Q_j

挖掘机的技术生产能力，是指在具体矿山条件下（矿岩性质、工作面规格、装卸条件、技术水平等），挖掘机进行不间断作业所能达到的实方生产能力。通常用下式计算：

$$Q_j = \frac{3600E}{t_j}K_w k_f$$

$$K_w = \frac{K_m}{K_s} \tag{3-18}$$

式中 t_j——挖掘机完成一勺采装的技术周期时间，s；

k_f——电铲移动、处理大块、选采等因素形成的辅助操作系数，其值为0.5~0.9；

K_w——挖掘系数，也叫实方满斗系数；

K_m——满斗系数；

K_s——松散系数。

满斗系数 K_m 和松散系数 K_s 与矿岩的破碎程度、铲斗的形式、矿岩的块度级别、司机的操作水平等因素有关。

表3-2为不同矿岩块度、不同勺斗容积的 K_m 和 K_s 实际指标，可供参考。

表3-2 不同矿岩块度、不同勺斗容积的 K_m，K_s，K_w 实际指标

矿岩平均块度/cm	20			30			40			50		
勺斗容积/m^3	3~6	8~10	12~16	3~6	8~10	12~16	3~6	8~10	12~16	3~6	8~10	12~16
K_w	0.79	0.80	0.82	0.74	0.76	0.79	0.66	0.68	0.70	0.50	0.53	0.56
K_s	1.40	1.38	1.35	1.50	1.45	1.40	1.60	1.55	1.50	1.80	1.70	1.60
K_m	1.10	1.10	1.10	1.10	1.10	1.10	1.05	1.05	1.05	0.90	0.90	0.90

在实际工作或设计中，可用挖掘机的技术生产能力来分析和比较具体矿山条件下采掘设备的利用情况，确定实际生产能力的高低。

3. 实际生产能力 Q_w

挖掘机的实际生产能力 Q_w（也称工作生产能力）是指具体矿山在某段实际工作时间内，在各种技术和组织因素（包括爆破质量、运输设备和其他辅助作业）的影响下，挖掘机所能达到的生产能力，是矿山企业制定挖掘作业计划的基础。

挖掘机的实际生产能力，一般分为小时能力、班能力和月能力以及年能力（台班，台月和台年生产能力）。挖掘的班生产能力 Q_w(m^3/台班）为

$$Q_w = Q_j T\eta \tag{3-19}$$

式中 T——挖掘机班工作时间，h；

η——班工作时间利用系数，即装车时间与班工作时间之比。其数值与运输设备的类型、规格、工作面配线方式、空车供应率和内外故障率有关。铁道运输时，$\eta=0.4\sim0.5$；汽车运输时，$\eta=0.6\sim0.7$；带式输送机或机械铲直接倒堆作业时，$\eta=0.9\sim0.95$。

η 值亦可用下式计算：

$$\eta = \eta_0\eta_1$$

$$\eta_0 = \frac{t_z}{t_z + t_r + t_j} \tag{3-20}$$

式中 η_0——空车供应率（考虑了欠车时间 t_j）；

t_z——挖掘机装载时间；

t_r——汽车入换时间；

η_1——受辅助作业和内外障因素等影响的挖掘机时间利用率；

t_j——因空车供应不及时引起的挖掘机欠车时间。

表 3-3 和表 3-4 分别为阜新海州露天煤矿装一列车平均时间组成情况和抚顺西露天煤矿的挖掘机时间利用资料。

表 3-3 阜新海州露天煤矿装一列车平均时间组成情况 min

时间利用系数	装车时间	欠车时间	内障时间	移道时间	杂作业时间	其他时间	爆破时间	合计
0.49	47	31.2	5.5	3	3.7	2	4.6	97

表 3-4 抚顺西露天煤矿挖掘机时间利用与效率情况

挖掘机	装车时间/min	欠车时间/min	外障时间/min	内障时间/min	合计/min	效率/[万 m^3·(台·a)$^{-1}$]
120B	32	36	14	18	100	70.7
ЭКГ—4	33	30	14	23	100	89.0

由上述公式和表中统计资料可以看出，提高挖掘机生产能力的途径，应着重于提高空车供应和减少内外障时间。空车供应的好坏，除与工作平盘配线有关外，还与全矿生产管理水平有关。

每台挖掘机年效率 Q_{wn} 按下式确定：

$$Q_{wn} = Q_w m_w \tag{3-21}$$

或

$$Q_{wn} = Q_w m\eta_w \tag{3-22}$$

式中 m_w——挖掘机年实际出勤班数，班；

m——挖掘机年日历工作班数，班；

η_w——挖掘机年出动率,%；一般 $\eta_w \geqslant 80\%$。

上述挖掘机实际生产能力的计算，是针对挖掘机在正常工作面和正常生产期间作业

的。在掘沟（尽头式）工作面或露天矿基建期，挖掘机的生产能力都要比上述计算值低一些。

当开挖沟道或在三角台阶作业时，可用下式计算挖掘机生产能力 Q'_{wn}：

$$Q'_{wn} = \alpha Q_{wn} \tag{3-23}$$

在露天矿基建期，挖掘机生产能力 Q''_{wn}：

$$Q''_{wn} = \beta Q_{wn} \tag{3-24}$$

式中 α——挖掘机掘沟能力系数，一般 $\alpha = 0.75 \sim 0.85$；

β——挖掘机在基建期的能力系数，一般 $\beta = 0.60 \sim 0.70$。

表 3-5 为挖掘机实际生产能力参考值，表 3-6 和表 3-7 分别为挖掘机掘沟作业生产指标参考值和特殊条件下作业效率降低参考值。

表 3-5 挖掘机生产能力推荐参考指标

铲斗容积/m^3	计量单位	矿岩硬度系数 f		
		<6	8~12	12~20
1.0	m^3/班	160~180	130~160	100~130
	10^4 m^3/a	14~17	11~15	8~12
	10^4 t/a	45~51	36~45	24~36
2.0	m^3/班	300~330	210~300	200~250
	10^4 m^3/a	26~32	23~28	19~24
	10^4 t/a	84~96	60~84	57~72
3.0~4.0	m^3/班	600~800	530~680	470~580
	10^4 m^3/a	60~76	50~65	45~55
	10^4 t/a	180~218	150~195	125~165
6.0	m^3/班	970~1015	840~880	680~790
	10^4 m^3/a	93~100	80~85	65~75
	10^4 t/a	279~300	240~255	195~225
8.0	m^3/班	1489~1667	1333~1489	1222~1333
	10^4 m^3/a	134~150	120~134	110~120
	10^4 t/a	400~450	360~400	330~360
10.0	m^3/班	1856~2033	1700~1856	1556~1700
	10^4 m^3/a	167~183	153~167	140~153
	10^4 t/a	500~550	460~500	420~460
12.0~15.0	m^3/班	2589~2967	2222~2589	2222~2411
	10^4 m^3/a	233~267	200~333	200~217
	10^4 t/a	700~800	600~700	600~650

注：1. 表中数据按每年工作 300 d、每天 3 班、每班 8 h 作业计算。

2. 均为侧面装车，矿岩体重按 3 t/m^3 计算。

3. 汽车运输或上坡露天矿采剥取表中上限值，铁路运输或深凹露天矿采剥取表中下限值。

表3-6 挖掘机掘沟作业（正面装车）生产指标参考值

铲斗容积/m^3	年台班数/d	电动机车运输/($m^3 \cdot a^{-1}$)	自卸卡车运输/($m^3 \cdot a^{-1}$)
1.0	700	105000	143500
2.0	700	294000	416000
4.0	700	366000	475000
8.0	700	500000	650000
10.0	700	800000	950000

表3-7 挖掘机在特殊条件下作业效率降低参考值

挖掘机工作条件	运输方式	作业效率降低值/%
出入沟	机车运输	30
	汽车运输	10~15
开段沟	机车运输	20~30
	汽车运输	10~20
选择开采	机车运输	10~30
	汽车运输	5~10
基建剥离	机车运输	30
	汽车运输	20
移动干线	机车运输	10
三角工作面装车	机车运输	10

综上所述，影响挖掘机实际生产能力大小的因素很多，不同的露天矿，不同的作业条件，其实际生产能力差别较大。提高挖掘机生产能力的途径是多方面的，主要包括以下方面。

（1）采用合理的采装方式和工作面规格。实践证明，端工作面平装车时挖掘机效率最易发挥，而侧工作面和尽头式工作面要比端工作面的生产能力下降15%~40%。工作面太高对挖掘机作业安全不利，过低则不易满斗。窄采掘带会增加挖掘机的移动时间，太宽又不能有效的铲挖。

（2）合理配置工作面线路和合理调车。采用铁路运输与挖掘机配合作业时，应优化列车调度，合理组织运输，在工作平盘上合理配设线路，提高线路质量，适当加快运行速度，缩短列车入换时间；采用汽车运输与挖掘机配合作业时，在供车方式上，应注意汽车的停靠位置，尽量减少挖掘机装车时的回转角，缩短汽车在工作面的入换时间，有条件时可在工作面并列两辆汽车同时作业，使挖掘机不间断工作。

（3）合格的爆破质量和足够的矿岩爆破储备量。爆破质量对采装作业有很大的影响，从采装作业的角度出发，要求矿岩爆破后块度均匀适中，不合格大块少，爆堆不应过高或过散，没有根底和伞岩。若爆破后的矿岩块度大、根底多，将显著增加挖掘机的铲取难度，同时影响挖掘机的满斗系数，也增加设备磨损及故障率。另外，应保证爆堆有足够的矿岩储量，以减少挖掘设备的频繁移设，提高挖掘机的时间利用率。

（4）配备足够的运输设备，提高空车供应率。运输设备适当增大，可减少挖掘机等待时间，进而提高挖掘机的作业效率。

（5）提高司机操作技术水平，压缩采装周期时间。通过技术培训，提高挖掘机操作人员的技术水平和熟练程度，提高挖掘机的工作效率与生产能力。

（6）加强设备维修能力，减少机械故障率。

（7）加强各生产环节的配合，减少外障影响。

（8）按照矿山的实际情况，不断改进坑内运输系统。海州露天煤矿坑内线路系统改造后空车供应率提高了15.30%。

表3-8和表3-9为国内、国外部分挖掘机的台年生产效率，可作为参考。

表3-8 国内部分露天矿挖掘机的台年生产效率

矿山名称	挖掘机斗容/m^3	运输设备类型	矿岩硬度f	运输距离/km	线路坡度/%	挖掘机综合效率/($\times10^4$ t·a^{-1})
南芬露天铁矿	10 4 7.6	60~100 t汽车 27 t汽车 120 t电动轮汽车	14~18(矿) 8~12(岩)	1.3 1.5	6~8(下坡)	483.0 284.1 884.1
大孤山铁矿	10 4 7.6	80~150 t 电动机车	12~16(矿) 8~12(岩)	11.6 13.5	2.0(上坡)	306.3 190.7 890.7
东鞍山铁矿	4	80 t电动机车	12~16(矿) 6~8(岩)	7 7	3.5(下坡)	246.4
眼前山铁矿	4 6.1	80~150 t 电动机车 60 t汽车	12~16(矿) 8~12(岩)	2 11	2.5(下坡)	391.75 150.25
齐大山铁矿	4	20 t汽车 80 t电动机车	12~18(矿) 5~12(岩)	0.67 5.24	8(下坡) 2.2(下坡)	351.0 129.5
歪头山铁矿	4	80 t电动机车	12~15(矿) 8~10(岩)	1.0 1.3	3.7(下坡)	148.0
大宝山铁矿	4	12~15 t汽车	4~8(矿) 4~7(岩)	1.0 1.3	3.0(上坡)	76.1
白云鄂博铁矿	4 6.1	80~150 t汽车	8~16(矿) 6~16(岩)	3.0 4.0	3.5(下坡)	82.3 132.4
大石河铁矿	3 4	80 t电动机车 27 t汽车	8~16(矿) 8~10(岩)	1.0 1.6	6~8(上坡)	198.6 202.2
大冶铁矿	3 4	80~150 t 电动机车 32 t汽车	10~14(矿) 8~12(岩)	1.6 1.57	8(上坡)	101.3 109.7
德兴铜矿	16.8 4	100 t汽车 27 t汽车	6~8(矿) 5~7(岩)	0.43 0.91	0(平)	1673.2 88.7
铜绿山铜矿	10 4	100 t汽车 27 t汽车	6~15(矿) 4~12(岩)	2.1 3.1	6~8(上坡)	485.1 39.3
朱家包包铁矿	4	80~150 t 电动机车 25 t汽车	12~14(矿) 10~14(岩)	9 8	3.5(下坡)	81.3
海城镁矿	4 1	27 t汽车 窄轨电动机车	4~8(矿) 4~6(岩)	1.4 1.4	10(下坡)	114.3 37.3
水厂铁矿	4 10	27 t汽车 80 t电动机车	12~14(矿) 8~10(岩)	1.0 1.3	7(下坡) 1.5(下坡)	173.2 491.6

表3-8（续）

矿山名称	挖掘机斗容/m³	运输设备类型	矿岩硬度 f	运输距离/km	线路坡度/%	挖掘机综合效率/(×10⁴ t·a⁻¹)
柳河峪铜矿	4	27 t 汽车	8~12(矿) 8~10(岩)	1.0 1.3	6~8(下坡)	294.9
兰尖铁矿	4	20~27 t 汽车	12~18(矿) 10~16(岩)	1.0 1.3	8(下坡)	212.1
海南铁矿	4 3	80 t 电动机车 32 t 汽车	10~15(矿) 4~10(岩)	3.0 4.4	3.0(下坡)	122.6 69.7
乌龙泉石灰石矿	4 3	80t 电动机车 20t 汽车	6~10	2.6 3.5	1.2 (下坡) 2.5(上坡)	135.5 124.5
北京密云铁矿	4 2	25 t 汽车 15 t 汽车	10~12(矿) 8~10(岩)	0.6 0.7	8(上坡)	80.0 47.5
金堆城钼矿	4 3	25 t 汽车	6~10(矿) 6~8(岩)	3.0 5.0	6~8(上坡)	50.0 24.4
准格尔黑岱沟露天煤矿	32 26 23 35 58 90(拉铲)	154 t、185 t 汽车 154 t、185 t 汽车 154 t、185 t 汽车 185 t、220 t 汽车 220 t、290 t 汽车	2~5(岩)	3.9	8	1340 1600 1620 1915 2200 4685
平朔安家岭露天煤矿	35.2 55 58	200 t 汽车 300 t 汽车 300 t 汽车	6~8(岩)	3.1 2.3 2.3	8(上坡)	1867.6 1961.7 2875
胜利西一号露天煤矿	37 14 12	220 t 汽车 91 t 汽车 91 t 汽车	2(岩)	2.7(岩) 3.1(煤) 3.1(煤)	8(上坡/下坡) 8(上坡) 8(上坡)	1448.5 346.7 365.5
白音华一号露天煤矿	12	60 t	2~6(岩)	3.0	6	160
霍林河南露天煤矿	27 14	220 自卸车 108、90 自卸车	2~2.09	2.65	6~8	1158 540
元宝山露天煤矿	12~12.5	91 t 汽车	2~3(岩) 2~4(煤) 5~6(玄武岩)	1.8(岩) 1.7(煤)	8(上坡)	440 万 t/a(岩) 380 万 t/a(煤)
伊敏河露天煤矿	43 35 20 12	220 t 汽车 172~220 t 汽车 172~220 t 汽车 85~108 t 汽车	0.8~3(岩) 4~6(岩) 4~6(岩) 3~6(褐煤)	3.39 3.39 3.39 2.34	6~8(上坡) 6~8(上坡) 6~8(上坡) 6~8(上坡)	1808.1 1539.5 1009.7 380.3

表3-9 国外挖掘机采剥作业的台年生产效率

挖掘机型号	挖掘机斗容/m³	汽车实际载重量/t	最高台年生产率/(×10⁴ t·a⁻¹)
120B	3.4	85	200
150B	4.6	85	300
190B	6.1	100	470

表 3－9（续）

挖掘机型号	挖掘机斗容/m^3	汽车实际载重量/t	最高台年生产率/($\times 10^4$ t·a^{-1})
экг－4	4.6	75	400
экг－8	8.0	75	1000
280B	9.2	160	1032
P&H2100BL	11.5	116	1679
P&H2100BL	11.5	162	1679
P&H2300	16.8	120	2011
P&H2300	16.8	150	2011

注：矿岩硬度系数为 f=8~14、运距为 0.5~1.0 km。

第二节 拉 铲 作 业

一、工作规格

拉铲（也称吊斗铲或索斗铲）主要用来挖掘松散的或固结但不致密的松软土岩及有用矿物。在爆破质量较好、块度较均匀的条件下，也可用拉铲挖掘中硬甚至硬度很大的矿岩。

拉铲具有很长的臂架，能将挖掘物料自工作面直接排弃到一定距离以外的排卸地点，因此，在露天矿场中主要用以进行倒堆以及露天矿浅部的基建工作，亦可配合其他采掘设备进行露天矿深部有用矿物的开采。拉铲还广泛地应用于土方工程（如道路修筑、河床开挖等）和采砂场中。

神华集团黑岱沟露天煤矿采用拉铲倒堆配合抛掷爆破技术剥离煤层顶板岩石。图 3－14 为拉铲倒堆作业。

图 3－14 拉铲倒堆作业

图 3－15 是拉铲的主要结构及工作尺寸示意图。表 3－10 是拉铲主要工作参数的简要说明。

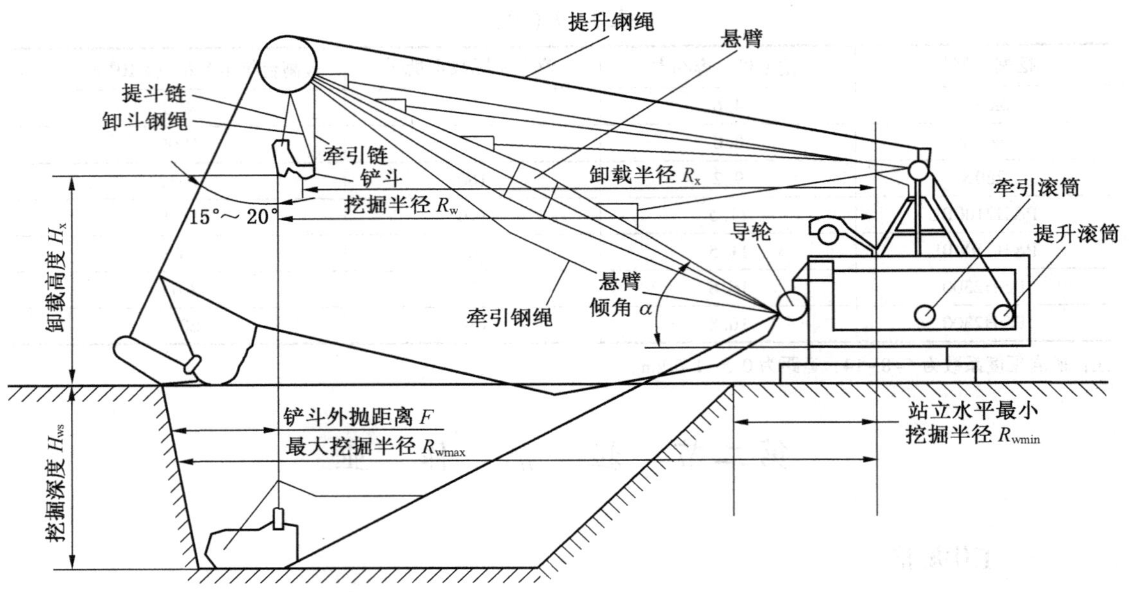

图 3-15　拉铲主要结构及工作尺寸示意图

表 3-10　拉铲主要工作参数及简要说明

工作尺寸	说　明
挖掘半径 R_w/m	挖掘机回转中心线至铲斗斗齿齿缘间的水平距离
最大挖掘半径 R_{wmax}/m	铲斗外抛后，铲斗的回转中心线至铲斗斗齿齿缘的水平距离，铲斗外抛距离取决于司机技术水平
站立水平最小挖掘半径 R_{wmin}/m	拉铲回转中心至工作面坡顶线的最小水平距离，取决于台阶的稳定性
卸载半径 R_x/m	拉铲回转中心线至卸载铲斗的水平距离
卸载高度 H_x/m	卸载时铲斗斗齿齿缘至拉铲站立水平的垂直距离
挖掘深度 H_{ws}/m	下挖时铲斗斗齿齿缘至拉铲站立水平的垂直距离，与岩石性质及挖掘方式有关

拉铲的工作规格除取决于设备本身的线性参数和悬臂倾角外，还与作业方式、挖掘物料性质以及操作人员的技术水平有关。

二、作业方式及工作面参数

拉铲的主要作业方式，是拉铲站立在台阶顶盘可能的塌落线以内，铲斗由下而上挖掘站立水平以下的物料（图 3-16）。采掘带宽度 A 按下式计算：

$$A = R_w(\sin\sigma_1 + \sin\sigma_2) \tag{3-25}$$

式中　σ_1——悬臂中心线相对于拉铲中心线向采空区一侧的回转角度，通常 $\sigma_1 = 30°\sim45°$；

σ_2——悬臂中心线相对于拉铲中心线向台阶内侧的回转角度，一般 σ_2 小于 35°，在设计时为了减少拉铲的作业循环时间，提高设备生产能力，通常使 $\sigma_2 = 0°$。

铲斗容积大的拉铲也可以站在台阶底盘上，铲斗由上而下挖掘站立水平以上的物料

(图 3－17)。

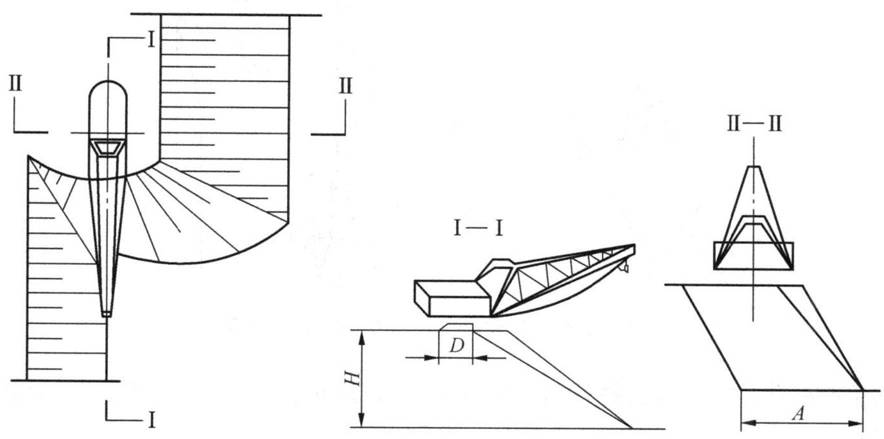

图 3－16 拉铲下挖作业时的工作面形状

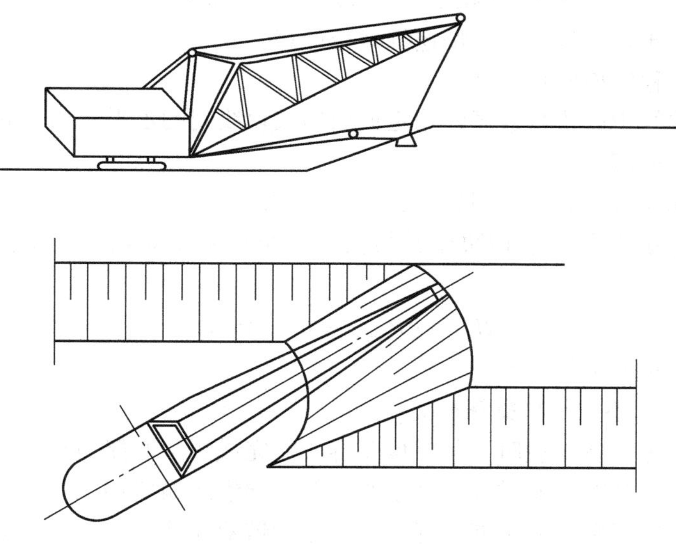

图 3－17 拉铲上挖作业时的工作面形状

拉铲上挖作业时，工作面坡面角不宜大于 25°，以防止因土、岩在挖掘过程中沿坡面滚落而影响满斗。

拉铲上挖时的工作面高度按下式计算：

$$H \leqslant (0.5 \sim 0.7) H_x \tag{3-26}$$

一般来说，当 $H > 0.4H_x$ 时，拉铲的生产能力较下挖时低。另外，只有在拉铲的铲斗容积大于 10 m^3 时才能有效地进行上挖作业。

为有效利用大型拉铲的线性参数，加大总体采掘高度，可将拉铲布置在中间平台上，交替进行上挖和下挖作业（图 3－18）。这种作业方式在剥离倒堆时经常采用。

在某些开采条件下，拉铲也可用来将挖掘物料直接装载于运输设备中。

直接向运输设备（自翻车、自卸卡车等）装载的拉铲，其铲斗容积一般为 4～15 m^3。

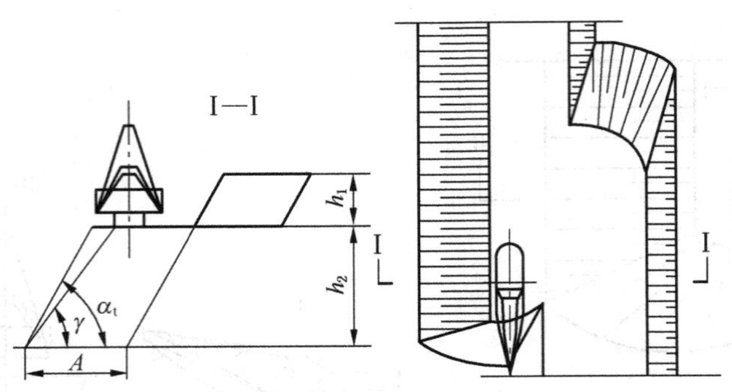

图 3-18 拉铲上挖和下挖交替作业时的工作面形状

这时拉铲通常采用下挖方式，将挖掘物料装载于和拉铲位于同一站立水平的运输设备中（图 3-19a）。

采用这种作业方式，拉铲采掘带宽度 A 可按下式计算：

$$A = R_x(\sin\sigma_1 + \sin\sigma_2) - (H\cot\gamma + G) \tag{3-27}$$

式中 R_x——卸载半径，设计时可按挖掘半径计算，m；

γ——台阶稳定坡面角，(°)；

G——运输线中心线与假想的稳定坡面的坡顶线间的水平距离，m；

其他符号意义同前。

当 $\sigma_1 = \sigma_2 = 90°$时，拉铲的采掘带宽度达到最大。

拉铲的可能挖掘深度 H_w，取决于其最大挖掘半径和站立水平最小挖掘半径以及工作面坡面角 φ，即

$$H_{ws} = (R_{wmax} - R_{wmin})\tan\varphi \tag{3-28}$$

式中 φ——工作面坡面角，(°)。

而台阶高度 H 应不大于挖掘深度 H_{ws}。

利用拉铲向运输设备装载时，其单位斗容所能完成的生产能力较相同条件下的机械铲低，但由于不存在物料在作业过程中因重心降低而导致运输费用相对地增加的缺点，故在条件适宜时，其总的经济效果可能更好，这点已为俄罗斯沙尔巴依斯克露天矿的实践所证明（该矿水文地质条件复杂，在开挖开段沟时采用 Эш6/60 型拉铲配合 100 t 自翻车进行装载作业，成本较用 Э КГ—4 型机械铲低 8%～10%）。

铲斗容积和线性参数较大的拉铲，由于受到运输设备容积及挖掘机司机直视条件的限制，一般不直接向运输设备装载，而采用先把土岩排卸在站立水平的临时排土堆内，再由其他装载设备向运输设备装载的方式（图 3-19b）。采用这种方式时，拉铲的卸载半径应满足下述关系：

$$R_x \geqslant A - 0.5D + L_0 \tag{3-29}$$

式中 D——拉铲的走行宽度，m

L_0——临时排土堆的坡面宽度，m。

临时排土堆的坡面宽度可按下式计算：

$$L_0 = \sqrt{HAK_s\cot\beta} \tag{3-30}$$

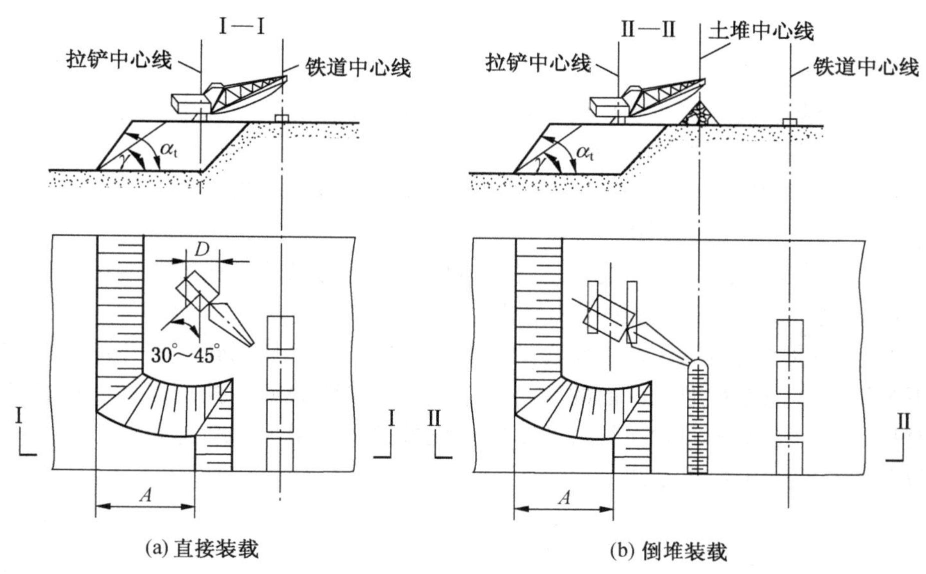

(a) 直接装载　　(b) 倒堆装载

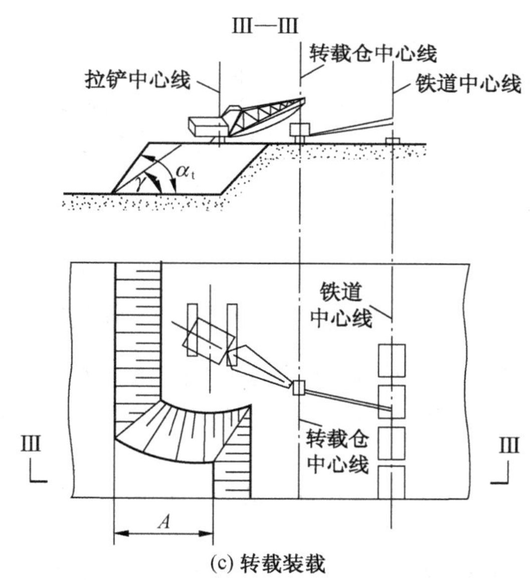

(c) 转载装载

图 3－19　拉铲进行装载作业时的工作面布置

式中　K_s——物料在临时排土堆中的松散系数；

β——临时排土堆的坡面角，(°)。

若式（3－30）得不到满足，则应减小拉铲的采掘带宽度。

大型拉铲也可通过转载设备（一般是带有卸载漏斗的矿仓），将挖掘物料装载到铁道、车辆、带式输送机或水力运输设备中（图 3－19c）。

三、生产能力

拉铲年实际生产能力的计算方法和机械铲基本相同，即

$$Q_{wn} = EK_w n T_N \eta_{OT} \tag{3-31}$$

式中　E——拉铲的额定斗容，m^3；

K_w——挖掘系数（铲斗系数），即满斗系数 K_m 和物料在铲斗内的松散系数 K_s 之比；

n——每小时的挖掘循环数，次/h；

T_N——年计划作业小时数（扣除了检修、节假日及气候等影响）；

η_{OT}——年作业时数的利用系数。

计算拉铲年实际生产力的关键，是尽可能根据实际情况及实践经验，正确地计算每小时的挖掘循环数 n 及年作业时数的利用系数 η_{OT}。

拉铲的挖掘循环包括铲斗在工作面的拉挖满斗提升、铲斗回转、铲斗卸载、卸载后的反转和下放铲斗并把它对准工作面的下一拉挖位置。实践表明，挖掘深度、回转角度、物料性质对拉铲每一挖掘循环时间长短的影响较机械铲大。图 3－20 为影响拉铲生产能力的主要参数及相互间的函数关系图。

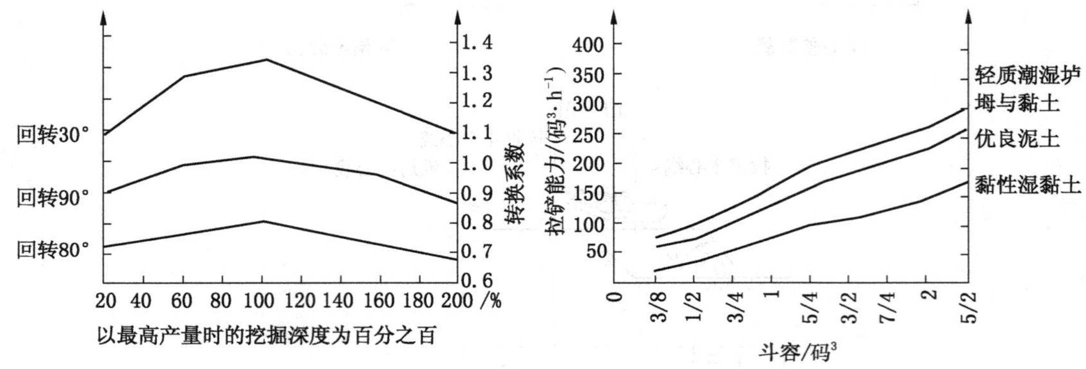

图 3－20　影响拉铲生产能力的主要参数及相互间的函数关系

在实际工作中，拉铲经常要用来整理和清扫工作面，并要在工作面定位而作短距离移动，加上司机的延误或因装斗不满而重复铲挖，这些都必须在计算产量时予以考虑，利用拉铲进行剥离倒堆时也不例外。

引起设备停止作业的主要原因是设备本身的故障、长距离空程走行、工艺系统中其他环节的影响等。

上述这些对拉铲生产能力产生的不利影响，只能在生产实践的基础上，用加强管理和改进技术工作的方法使之减轻。

第三节　多斗挖掘机作业

多斗挖掘机是一种连续挖掘作业设备，其作业效率较周期性作业的挖掘设备高，露天矿多斗挖掘机主要有轮斗挖掘机和链斗挖掘机。

一、轮斗挖掘机作业

1. 概述

轮斗挖掘机是 20 世纪 20 年代以来作为土方机械发展起来的一种采掘设备，开始仅用于土方工程和采砂场中。30 年代初，轮斗挖掘机开始用于露天矿的剥离工作。由于轮斗挖掘机具有冲击负荷小、消耗能量低、单位机体重量的小时能力高、线性参数大、能连续作业等优点，越来越多地应用到条件适宜的露天矿及土石方工程。

轮斗挖掘机利用安装在斗轮上的铲斗直接切割物料，并通过设备本身的带式输送机及卸载机构，将切割下的物料转载到工作面运输设备或直接向排土场排弃。轮斗挖掘机基本结构如图 3－21 所示。轮斗挖掘机的铲斗按其结构可分为有格式、无格式及半格式几种。斗轮臂架可根据作业需要设计成不可伸缩或可伸缩的。绝大部分轮斗挖掘机采用履带式行走，俄罗斯制造的大型轮斗挖掘机也有采用轨道—迈步式行走的。小型轮斗挖掘机都采用卸载悬臂直接卸载，大型轮斗挖掘机（包括一部分中型轮斗）大都经过中间连结桥或转载设备向工作面运输装置卸载。

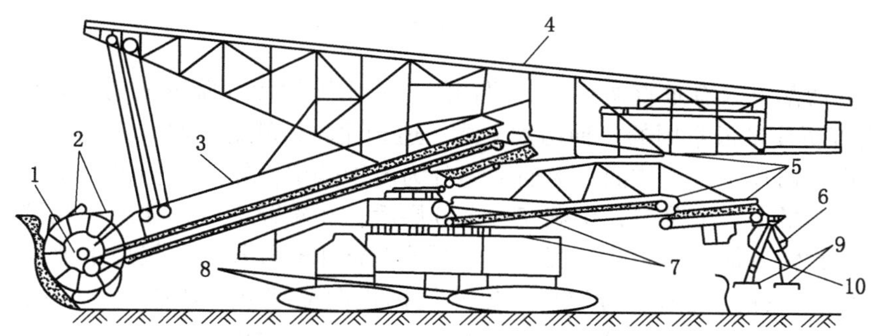

1—斗轮；2—铲斗；3—悬臂；4—上部机架；5—输送带；
6—卸车漏斗；7—转盘；8—履带；9—车辆；10—卸下的物料

图 3－21　轮斗挖掘机基本结构示意图

轮斗挖掘机主要用来挖掘松软的物料，如砂、表土、泥岩、风化的砂岩、石灰岩、磷灰岩及褐煤等。近年来，许多国家都致力于加大轮斗挖掘机切割力的研究，以扩大其使用范围，如俄罗斯在远东地区的埃基巴斯杜兹矿区采用了高切割力挖掘机（线切割力达 1.95 kN/cm）直接挖掘硬煤及胶结致密的夹层；印度涅维利褐煤露天矿成功采用了轮斗挖掘机挖掘爆破良好的泥质胶结砂岩。一些气候条件极为恶劣的严寒地区，如加拿大北部的阿萨巴斯卡油砂露天矿，也使用轮斗挖掘机作业。图 3－22 为轮斗挖掘机作业图。

轮斗挖掘机最早用在我国小龙潭露天煤矿，后来逐渐在内蒙古的黑岱沟露天煤矿、元宝山露天煤矿、扎哈淖尔露天煤矿等使用，基本用于剥离表土。

轮斗挖掘机作业效率高，但在下述情况不适于采用轮斗挖掘机作业：①硬度较大的均质物料（目前轮斗掘挖机的最大线切割力不超过 2.55 kN/cm）或爆破效果不好的中硬物料；②含研磨性矿物较多的物料，如石英砂岩；③硬度较大且致密的夹层；④物料中含有大量会堵塞铲斗、斗轮臂架、带式输送机和转载机的植物根系；⑤气温常年处于－35 ℃以下的严寒地区等。

目前，由轮斗挖掘机、带式输送机及悬臂排土机构成的连续工艺，是露天矿典型的连续开采工艺系统。

2. 切割方式

1）斗轮切割方式

图 3-22 轮斗挖掘机作业图

斗轮基本切割方式有垂直切片（分层切割）及水平切片（降落式切割）两种。

（1）垂直切片是最常用的一种切割方式，适于比较松软的物料或需进行选择开采的工作面。采用垂直切片时，工作面自上而下划分为若干分层，轮斗挖掘机先位于离工作面最近的位置，挖掘最上一个分层；挖掘完一个分层后，斗轮臂不可伸缩的斗轮挖掘机需后退一个距离，斗轮臂可伸缩的轮斗挖掘机可于原地调整斗轮臂长度，然后下放斗轮至新的位置挖掘第二分层。挖掘完所有分层后，轮斗挖掘机向前移动一段距离，开始新的挖掘作业。在挖掘每一分层时，斗轮自始端切入工作面，斗轮在垂面上回转使铲斗切割物料的同时，斗轮臂也沿水平方向以一定速度回摆，直至该分层终端位置而完成一个分层的挖掘工作。垂直切片如图 3-23a 所示。

（2）水平切片适用于台阶端面角允许较陡的坚硬物料（相对于垂直切片而言），并有利于挖掘薄层。水平切片基本上是平卧的，物料不能利用本身的重量进入铲斗，斗内物料还需上提至斗轮顶部再往下卸，故所消耗的功率较垂直切片大（图 3-23b）。采用水平切片时，斗轮从台阶顶面开始切割物料，因此，线性参数相等的轮斗挖掘机，台阶高度较垂直切片时小，且台阶底部会残留一定的三角体。为处理这部分三角体，相应地增加了辅助工作量。

垂直切片在铲斗初始切入处最薄，随着铲斗的向上切割，在斗轮轴同一水平上达到最大值。水平切片则相反，初始切入处最厚，切片终端最薄。

垂直切片的高度（相当于水平切片的长度）一般为斗轮直径的 0.5~0.7 倍。

在实际工作中，往往采用多列垂直切片（图 3-23c），或根据工作面的物料性质及具体地质条件采用混合切片（图 3-23d）。

图 3-24 为垂直切片和水平切片形状及要素示意图。切片几何要素主要有：切片宽度 b、最大切片厚度（切片的水平厚度）t_{max}、切片高度（对于水平切片则为切片长度）h、水平切片开始切入工作面的切片厚度 t_0、以斗轮垂直中线起始计算的斗轮回转角 β、与斗轮回转角 β 相对应的切片厚度 t_β、以斗轮垂直中心线起始的斗轮最大回转角 β'、斗轮半径 R_d。

2）切片厚度在平面上的变化规律

斗轮臂构造（指能否伸缩）不同，斗轮切片厚度在平面上的变化规律也不同。

（1）斗轮臂不可伸缩的轮斗挖掘机，无论是垂直切片还是水平切片，在斗轮臂回摆速

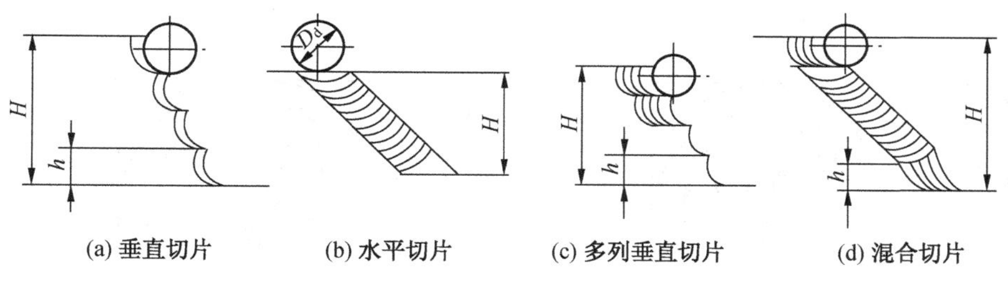

图 3-23 斗轮切割方式示意图

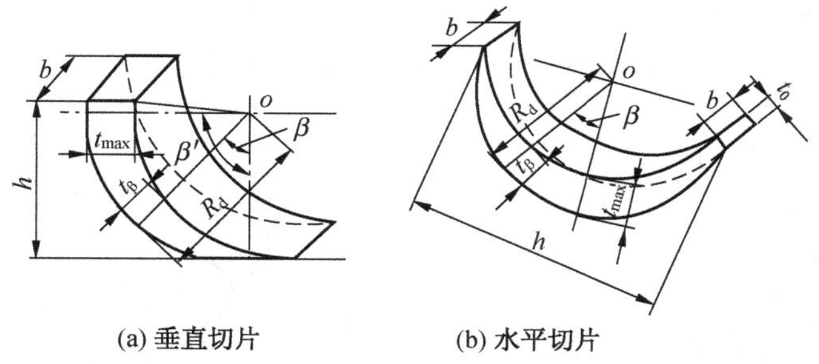

b—切片宽度；R_d—斗轮半径；β—以斗轮垂直中线起始计算的斗轮回转角；t_β—与斗轮回转角β相对应的切片厚度；t_{max}—最大切片厚度（切片的水平厚度）；h—切片高度（对于水平切片则为切片长度）；t_0—水平切片开始切入工作面的切片厚度；β'—以斗轮垂直中心线起始的斗轮最大回转角

图 3-24 切片形状及切片要素示意图

度不变的情况下，切片在平面上的厚度随斗轮臂回摆而发生变化（图 3-25a），即当斗轮臂和轮斗挖掘机走行中心线间的夹角 $\varphi=0°$时，切片在平面上的厚度最大，为 t_{max}，而斗轮臂在任一位置时的切片厚度 t_φ 为

$$t_\varphi = t_{max}\cos\varphi \tag{3-32}$$

斗轮转速在挖掘物料过程中基本保持不变，因此，当斗轮臂转速一定时，每一分层挖掘过程中，不同 φ 值下的瞬时生产能力是变化的。为获得均衡的生产能力。可按 $1/\cos\varphi$ 调整斗臂回摆速度。这时，斗轮臂在回转角为 φ（从轮斗铲走行中心线算起）的瞬时回转速度 V_φ 可按下式计算：

$$V_\varphi = \frac{V}{\cos\varphi} \tag{3-33}$$

式中 V——斗轮臂标准的回摆速度（$\varphi=0°$时的回摆速度），m/s。

（2）斗轮臂可伸缩的轮斗挖掘机可通过调整斗轮臂的长度，改变挖掘半径，来保证切片厚度在整个作业过程中保持不变（图 3-25b）。

3. *工作面布置方式*

轮斗挖掘机工作面布置方式可分为侧工作面、端工作面及半端工作面三种。

（1）侧工作面主要为铁道走行的轮斗挖掘机或轮斗挖掘机与运输排土桥配合作业时所采用。其他条件下履带走行的轮斗挖掘机很少采用侧工作面。

（2）端工作面是应用最广的一种轮斗挖掘机工作面，如图 3-26 所示。轮斗挖掘机采用端工作面时可以站在台阶底盘进行上挖，也可站在台阶顶盘进行下挖。斗轮臂可伸缩的

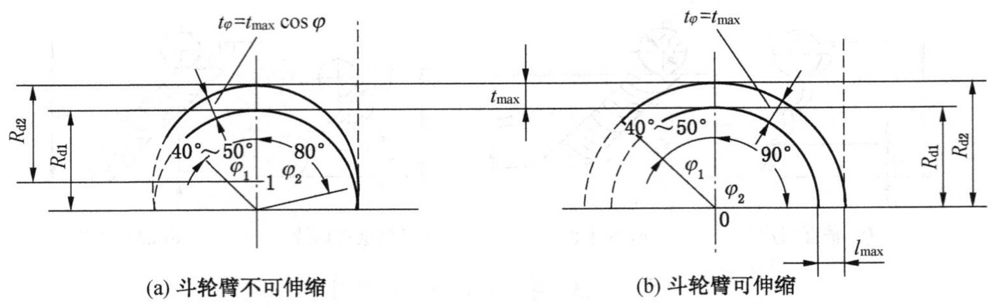

φ_1—臂架向外回转角；φ_2—臂架向内回转角；R_{d1}—臂架半径；R_{d2}—工作面平面半径

图 3-25 切片在平面上厚度变化示意图

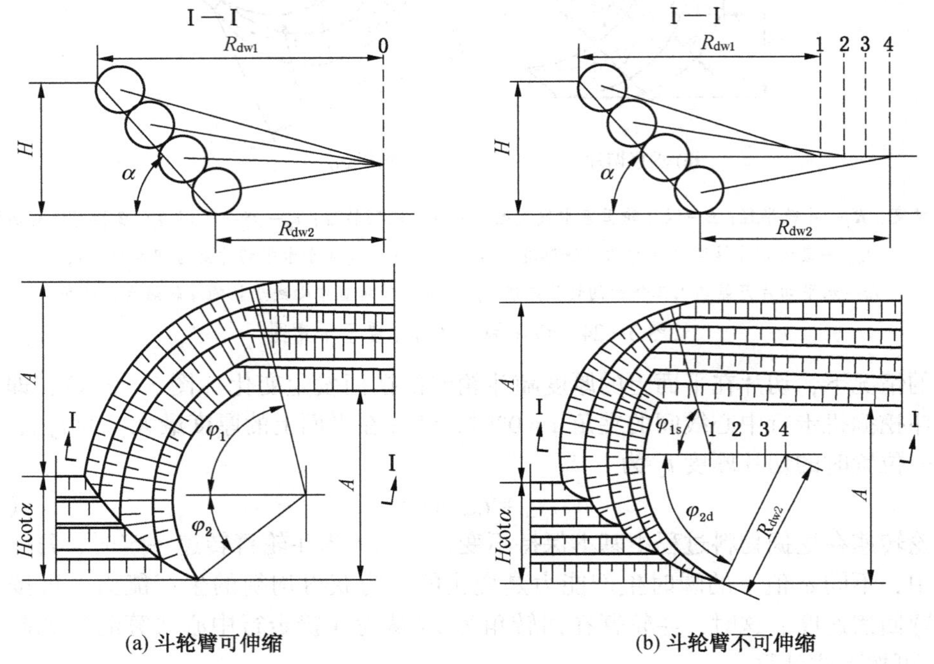

φ_{1s}—最上分层内侧臂架回转角；φ_{2d}—最下分层外侧臂架回转角；R_{dw1}—臂架在最下分层回转半径；R_{dw2}—臂架在最上分层回转半径；1、2、3、4—轮斗挖掘机自上而下挖掘各分层时其中心所处的位置

图 3-26 轮斗挖掘机端工作面示意图

轮斗挖掘机的机重比同等生产能力的斗轮臂不可伸缩的轮斗挖掘机大 30%。因此，除非站立水平的土岩承载力高，可承受轮斗挖掘机作业时在平盘上来回移动，或由于选采需要，一般都选用斗轮臂不可伸缩的轮斗挖掘机。

(3) 半端工作面主要在开采薄得多煤层（矿层）时采用，特别当煤层（矿层）呈水平或近水平时，选择开采效果较好（图 3-27）。由于轮斗挖掘机在半端工作面上的行程较端工作面长，故一般需配备斗轮臂可伸缩或长斗轮臂轮斗挖掘机。

4. 开采参数

轮斗挖掘机—带式输送机—胶带排土机连续开采工艺主要开采参数有：台阶高度（组

图 3-27　选择开采时的半端工作面示意图

合台阶高度)、工作平盘宽度、采掘带宽度、工作线长度、工作线水平推进速度。

1）台阶高度

（1）单台阶作业台阶高度。

轮斗挖掘机为紧凑型或中型轮斗挖掘机，采用单台阶方式作业时，台阶高度确定原则与单斗挖掘机基本相同，即台阶高度必须与挖掘机的最大挖掘高度相适应。台阶高度与轮斗挖掘机作业方式和切片类型有关。其作业方式及开采参数如图 3-28 所示。

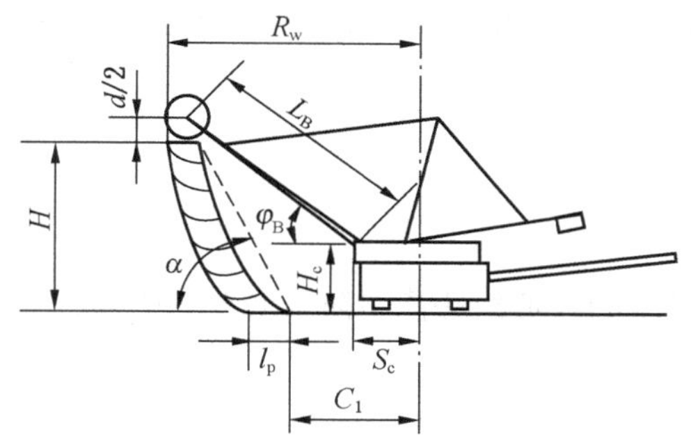

(a) 水平切片、端工作面或侧工作面作业

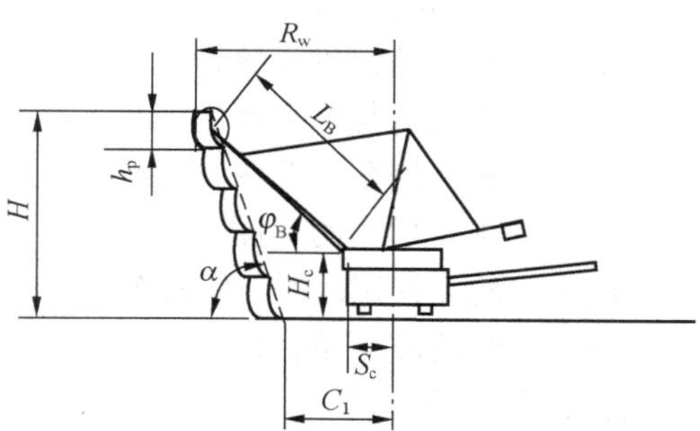

(b) 垂直切片、端工作面或侧工作面作业

(c) 垂直切片、端工作面作业

图 3-28　轮斗挖掘机单台阶作业方式及开采参数示意图

①轮斗挖掘机端工作面作业、水平切片时，受挖掘机最大挖掘高度限制：

$$H \leqslant H_c + L_B \sin\varphi_B - d/2 \tag{3-34}$$

②轮斗挖掘机侧工作面、水平切片时，既受挖掘机最大挖掘高度限制，也受挖掘机最大挖掘半径限制：

$$H \leqslant H_c + L_B \sin\varphi_B - d/2$$

且满足

$$H \leqslant (S_c + L_B \cos\varphi_B - l_p/2 - C_1)\tan\alpha \tag{3-35}$$

③轮斗挖掘机端工作面作业、垂直切片时，受挖掘机最大挖掘高度限制：

$$H \leqslant H_c + L_B \sin\varphi_B + h_p/2 \tag{3-36}$$

④轮斗挖掘机侧工作面、垂直切片时，既受挖掘机最大挖掘高度限制，也受挖掘机最大挖掘半径限制：

$$H \leqslant H_c + L_B \sin\varphi_B + \frac{h_p}{2}$$

且满足

$$H \leqslant \left(S_c + L_B \cos\varphi_B - \frac{d}{2} - C_1\right)\tan\alpha \tag{3-37}$$

式中 H_c——轮斗挖掘机斗轮臂与回转平台铰接点距离挖掘机站立平面的垂直高度，m；

S_c——轮斗挖掘机斗轮臂与回转平台铰接点距离挖掘机回转中心的水平距离，m；

L_B——轮斗挖掘机斗轮臂的长度，m；

φ_B——斗轮臂与水平面的夹角，(°)；

d——轮斗挖掘机斗轮直径，m；

h_p——垂直切片的高度，m；

C_1——轮斗挖掘机侧工作面作业时，挖掘机走行中心线距离台阶坡底线的距离，m；

α——台阶坡面角，(°)。

(2) 组合台阶高度。

当大、中型轮斗挖掘机与带式输送机配合作业时，由于轮斗挖掘机生产能力较大而承担较大的挖掘高度，受轮斗挖掘机机械规格限制（即最大挖掘高度限制），轮斗挖掘机不能一次挖掘全部采掘高度（即使在上下挖作业条件下），需要将所承担的挖掘高度划分成几个分台阶，形成一组台阶称为组合台阶。组合台阶的最大优点，可以充分利用轮斗挖掘机的线性参数，发挥轮斗挖掘机能兼作上挖及下挖及挖掘物料可通过转载机向上或向下转载的特性，尽可能地加大工作帮坡角，减少工作面带式输送机的条数，并相应地减少单位物料所负担的工作面胶带移设工程量和移设费用，提高整个工艺系统的作业效率。

组合台阶由三种组合方式：一是由三个上挖台阶组成（很少采用下挖台阶）；二是由两组上下挖台阶四个分台阶组成；三是由两到三个上挖台阶纵向追踪开采组成。组合台阶也可避免轮斗挖掘机因斗轮臂过长而致使挖掘机机构更复杂，同时也减少采场运输水平数，以降低轮斗挖掘机重量、减少带式输送机数量及其移设工程量。

①三个上挖台阶组成组合台阶。如图 3－29 所示，轮斗挖掘机首先站立在最上台阶（主台阶）底盘上（位置 1）进行上挖作业，挖掘物料经转载机（站立于位置 2）沿台阶横向转载到设置在中间台阶平盘上的工作面带式输送机上（位置 3），挖掘完一个采掘带

或采幅（2~3 个采掘带）后，轮斗挖掘机移动到中间台阶位置 1′处，上挖分台阶 H_2，挖掘完一个采掘带或采幅后，轮斗挖掘机移动到最下分台阶位置 1″处，上挖分台阶 H_3，挖掘物料通过转载机（站立于位置 2′）转载到工作面带式输送机，完成一个采掘带或采幅后，挖掘机完成一个采掘循环，轮斗挖掘机再返回到最上台阶上进行下一轮采掘作业。轮斗挖掘机在上下台阶移动时，需要做走行斜坡道，越过带式输送机时，需要将输送带落下，并用表土掩埋以防止破坏输送带。

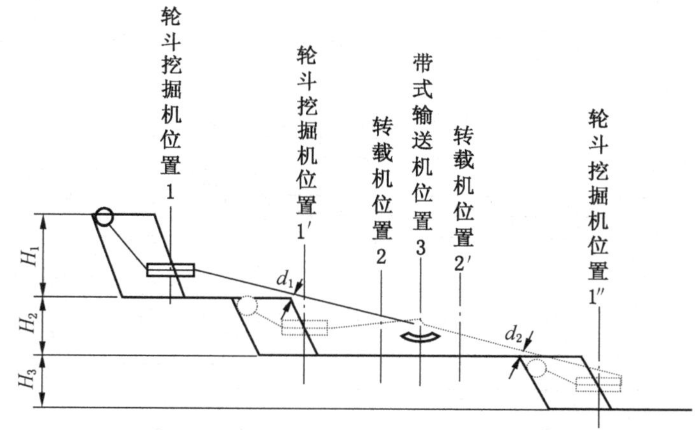

1、1′、1″—在 H_1、H_2、H_3 挖掘时挖掘机中心线；
2、2′—在 H_1、H_3 挖掘时连接桥卸载端行走机构中心线；3—工作面带式输送机中心线

图 3-29 三个上挖台阶组成的组合台阶示意图

组合台阶高度 H：

$$H = H_1 + H_2 + H_3 \tag{3-38}$$

式中 H_1——主台阶（上挖台阶）高度，由轮斗铲允许的上挖高度确定，m；

H_2、H_3——上、下分台阶（分别位于带式输送机水平之上及以下）高度，由轮斗挖掘机、转载机及带式输送机的结构类型及尺寸确定，一般不应超过轮斗挖掘机连接桥或转载机允许高度的 70%~80%，m。

在轮斗挖掘机及转载设备规格已定的情况下，H_2 及 H_3 的确定步骤：

a）选择组合台阶的组合方式（组合台阶数及每一采掘循环推进采掘带数）及组合台阶的采掘顺序（图 3-30 为一种方案），应做到各分台阶之间在平面上的适当位置（一般可在端帮附近）预留轮斗挖掘机升降台阶的上下坡道，要便于开切口作业，轮斗挖掘机规格充分利用，尽量减小带式输送机移设工作量，使输送机移设与挖掘机空行平行作业。

b）确定组合台阶的组成参数：台阶坡面角、安全平台及斜坡道宽度、工作平盘宽度及其上的设备布置方式等。

c）选择控制线性规格的典型工程位置（一般在台阶两端开切口处），在平面上用图解法确定 H_2，H_3。作图时，必须考虑充分利用设备规格及符合作业安全要求。在平面上求得的 H_2，H_3 必须在断面上进行验证，要使转载机胶带支撑桁架与台阶坡顶线之间留有必要的安全间隙（图 3-29 中的 d_1、d_2）。

②由两个上挖台阶与两个下挖台阶共四个分台阶组成组合台阶。如图 3-31 所示，台阶高度 H 为

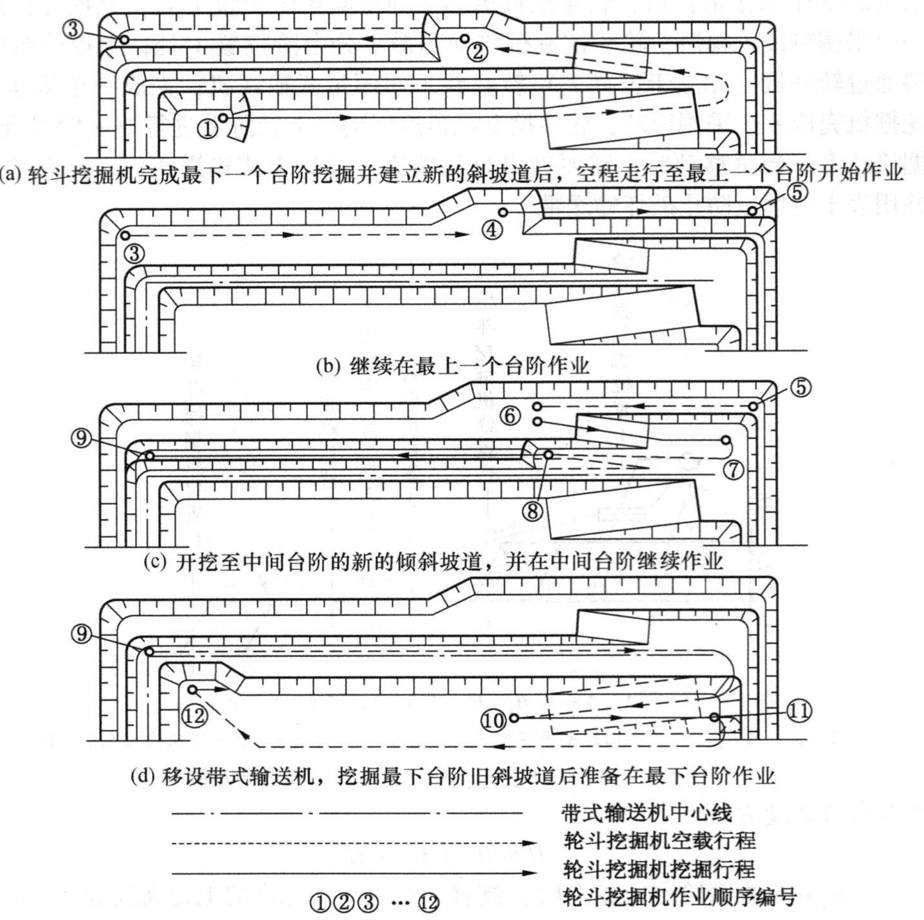

(a) 轮斗挖掘机完成最下一个台阶挖掘并建立新的斜坡道后，空程走行至最上一个台阶开始作业
(b) 继续在最上一个台阶作业
(c) 开挖至中间台阶的新的倾斜坡道，并在中间台阶继续作业
(d) 移设带式输送机，挖掘最下台阶旧斜坡道后准备在最下台阶作业
带式输送机中心线
轮斗挖掘机空载行程
轮斗挖掘机挖掘行程
①②③ … ⑫ 轮斗挖掘机作业顺序编号

图 3-30 组合台阶（三个上挖台阶）挖掘顺序示意图

$$H = H_1 + H_2 + H_3 + H_4 \tag{3-39}$$

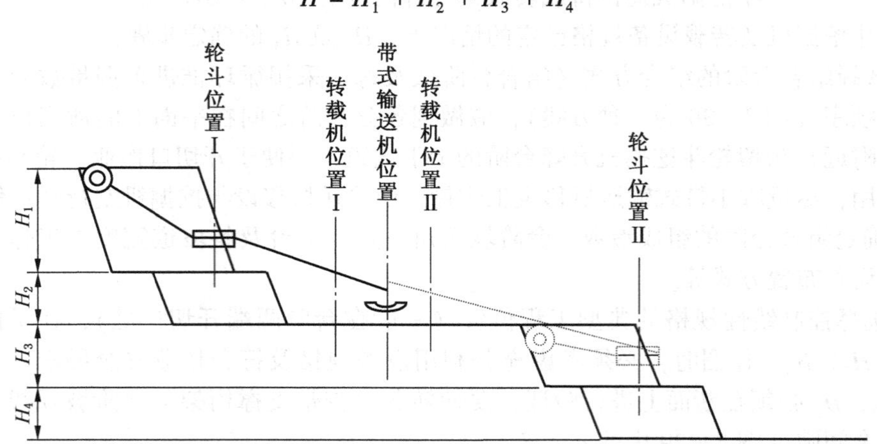

图 3-31 由两个上挖台阶两个下挖台阶组成的组合台阶示意图

a）上挖台阶高度 H_1 主要考虑因素：一是轮斗挖掘机允许的上挖高度限制，$H_1 \leqslant H_{ws}$；二是考虑台阶稳定性。

b）下挖台阶高度 H_2 主要考虑因素：一是挖掘机下挖深度，$H_2 \leqslant H_{wx}$；二是转载机转载高度限制（用图解法）；三是台阶稳定性。

c）上挖台阶高度 H_3 主要考虑因素：一是轮斗挖掘机允许的上挖高度限制，$H_3 \leqslant H_{ws}$；二是转载机允许的高度（用图解法确定 H_3）；三是考虑台阶稳定性。

d）下挖台阶高度 H_4 主要考虑因素：一是挖掘机下挖深度，$H_4 \leqslant H_{wx}$；二是台阶稳定性。

③由两到三个上挖台阶纵向追踪开采组合台阶。图 3－32 为三个上挖台阶组合追踪开采示例。轮斗挖掘机自上而下主台阶顺序开采。这种台阶组合方式使工作帮坡角更大，实现陡帮开采，有利于降低某时期的生产剥采比。一般工作面带式输送机布置在最下台阶平盘上，采用长臂架轮斗挖掘机（挖掘高度大）、侧工作面或半端工作面作业。分台阶开采的主要目的是选采和减少轮斗下放斗轮臂时间，多用于轨道走行的轮斗挖掘机。其组合台阶高度为

$$H = H_1 + H_2 + H_3 \leqslant H_{ws} \tag{3-40}$$

分台阶高度 H_1、H_2、H_3 取决于选采的矿岩层厚度。

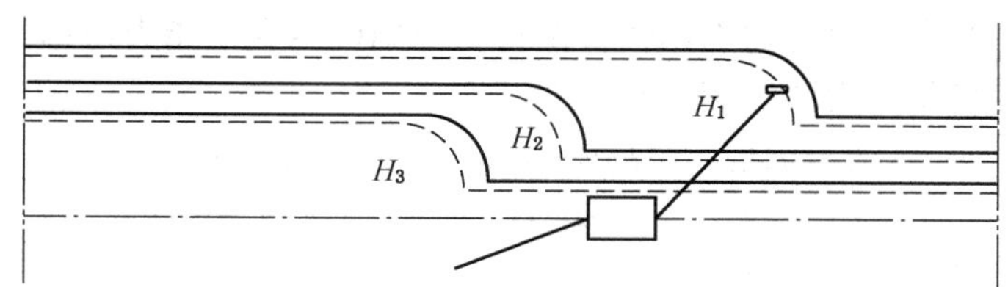

图 3－32　三个上挖台阶纵向追踪开采组合台阶示意图

（3）沿露天矿深度方向划分组合台阶高度。

由于轮斗挖掘机的结构庞大，机重大，走行速度慢，不适于常在采场内作大高差的调动，同样，带式输送机的移设也十分复杂且移设工作繁重。因此，应尽量减少轮斗挖掘机上下台阶间的调动，特别不宜进行长距离调动，每台轮斗挖掘机尽量长期固定在一个组合台阶内工作作业。

由于露天矿两个端帮帮坡角影响，造成矿坑浅部和深部台阶的工作线长度不一致（图 3－33），上部工作线长、下部工作线较短，而剥采工程又要求各台阶的推进速度一致，即

$$V = \frac{Q_1}{S_1} = \frac{Q_2}{S_2} = \cdots = \frac{Q_n}{S_n} = \frac{Q_1}{H_1 \times L_1} = \frac{Q_2}{H_2 \times L_2} = \cdots = \frac{Q_n}{H_n \times L_n} \tag{3-41}$$

式中　Q_i——第 i 个组合台阶上轮斗挖掘机年生产能力，m^3/（台·a）；

H_i——第 i 个组合台阶的总高度，m；

L_i——第 i 个组合台阶上工作线平均长度，m。

因而，当土岩均质且轮斗挖掘机类型规格一致时，应满足：

$$Q_1 = Q_2 = \cdots = Q_n$$

$$H_1 \times L_1 = H_2 \times L_2 = \cdots = H_n \times L_n$$

由此可见，组合台阶高度应与工作线长度成反比。因而，随着深度增大（其工作线长

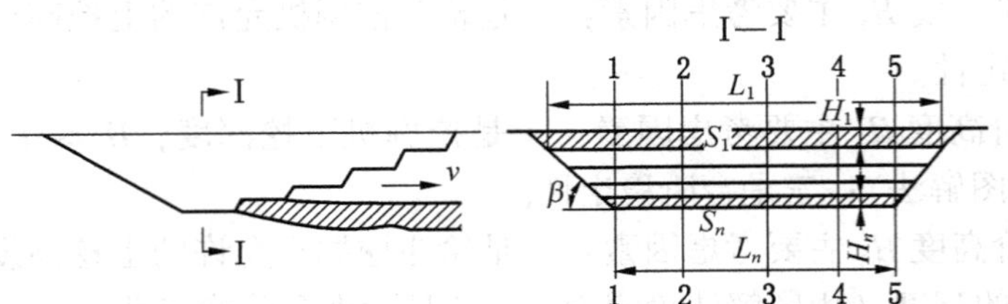

v—工作帮推进速度，m/a；1、2、3、4、5—地质横剖面线；L_1—第一组合台阶工作线平均长度，m；L_n—第 n 个组合台阶工作线平均长度，m；S_1—第一组合台阶工作线横断面上投影面积，m^2；S_n—第 n 个组合台阶工作线横断面上投影面积，m^2；β—端帮角

图 3－33 组合台阶划分示意图

度减小)，组合台阶高度应不断增大。

但采场内各台阶上的轮斗铲规格可能不一致。实际上，即使采用同型轮斗挖掘机，因岩性、气候影响及选采条件各异，Q 值也不可能一致，但仍可用式（3－41）确定各组合台阶的高度 $H_i(i=1,\ 2,\ \cdots,\ n)$。

具体计算步骤如下：

①估算各组合台阶的平均工作线长度及轮斗挖掘机年生产能力。

②求出下部各组合台阶平均工作线长及轮斗挖掘机年生产能力与第一组合台阶平均工作线长及轮斗挖掘机年能力的比例系数，即

$$L_2=u_2L_1 \qquad L_3=u_3L_1 \qquad \cdots \qquad L_n=u_nL_1$$

$$Q_2=v_2Q_1 \qquad Q_3=v_3Q_1 \qquad \cdots \qquad Q_n=v_nQ_1$$

将以上两组关系式代入式（3－41），可得：

$$\frac{Q_1}{H_1L_1}=\frac{v_2Q_1}{H_2u_2L_1}=\cdots=\frac{v_nQ_1}{H_nu_nL_1} \tag{3-42}$$

如露天矿开采总深度为 H，则可求出各组组合台阶高度 H_k：

$$H_1\left(1+\frac{v_2}{u_2}+\frac{v_3}{u_3}+\cdots+\frac{v_n}{u_n}\right)=H \tag{3-43}$$

$$H_1=\frac{H}{1+\dfrac{v_2}{u_2}+\dfrac{v_3}{u_3}+\cdots+\dfrac{v_n}{u_n}} \tag{3-44}$$

$$H_k=H_1\frac{v_k}{u_k} \quad k=2,\ 3,\ \cdots,\ n \tag{3-45}$$

③各组组合台阶高度确定后，在划分每组中的各个分台阶时，要校验轮斗挖掘机理论能力与线性尺寸间的最佳配合，包括转载机参数的合理性。在设计采用轮斗工艺的新露天矿时，往往要对不同的轮斗挖掘机台数（即不同的 Q 值）和不同的 H 值构成，进行开采技术条件与经济效果的全面对比，才能对轮斗挖掘机的主要参数作出选择。

在深度上划分组合台阶高度时，下部工作线长度较上部小得多，组合台阶高度的差距也很大，这可能导致所选轮斗挖掘机的主要参数（如理论能力与线性尺寸）匹配并非最优。这种情况下，对于深度若干工作线长度较短的区段，采用其他工艺方式（如吊斗铲倒

堆或单斗—汽车工艺系统）可能更为合理。

（4）台阶高度调整。

在矿层具有一定倾角的露天矿，一般均沿矿层浅部露头进行开拓拉沟开采，以减少矿山基建工程量。为了加快矿山建设速度，可以先采用单斗挖掘机—汽车工艺，待投产后再用轮斗胶带工艺；用轮斗挖掘机进行基建时，也可以先用较低的主台阶作业，以利尽快投入全部轮斗挖掘机，加快基建速度。在这两种情况下，转入正常生产时均需调整台阶高度。调整台阶高度的方法如图 3－34 所示。

①顺序调段。即由上到下逐个台阶由 h_1 过渡到 h_2，过渡阶段的横向坡度不得大于轮斗挖掘机的允许工作坡度，即工作平盘横向坡度 $i\leqslant(1:15\sim1:20)$。各过渡阶段的 i 均不相同，且下部台阶的过渡坡度较上部台阶为大。这就引起上部的台阶过渡台阶平均高度较相应位置的下部台阶要大，使推进速度不一致，致使整个过渡周期较长。

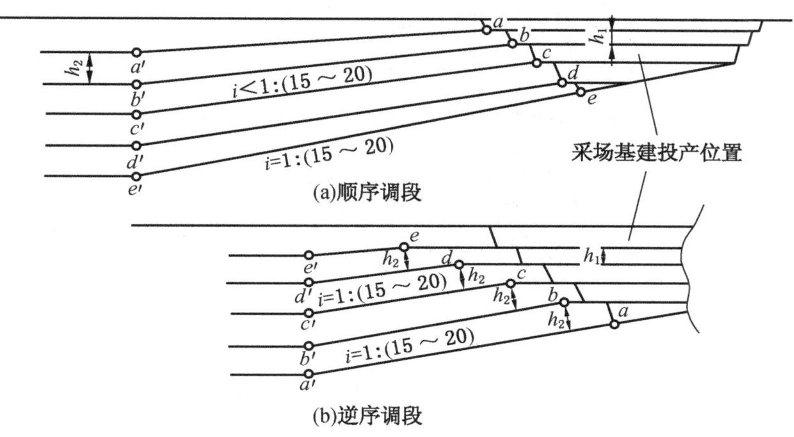

h_1—基建时台阶高度；h_2—正常生产的台阶高度；i—过渡时的倾斜坡度

图 3－34　台阶高度的调整方法示意图

②逆序调段。其特点为最下一个台阶先过渡，即图 3－34 中 a 点先过渡，当 b 点到 aa' 的垂线长度等于 h_2 时开始过渡。同样可以确定 c、d、e 等点开始过渡的位置。各过渡台阶的坡度相同，有利于上下同步推进，以缩短过渡周期时间。此法的缺点是必须在最下一个台阶的轮斗铲投入生产后方可开始过渡。

各台阶达到主台阶允许台阶高度后，仍可用上述方法继续形成组合台阶的上、下分台阶。

为形成台阶过渡的横向倾斜坡度，轮斗挖掘机在每个采掘带以端工作面上采时，最下一个切片要作局部下挖，实际上斜坡是由许多小阶梯构成的。

2）采掘带宽度

轮斗挖掘机端工作面作业时，采掘带宽度由轮斗挖掘机线性尺寸及其平面自由切割角确定。一般尽量用技术上可能的大采宽作业，这样可以减少移设工作面胶带对生产的影响及相应的费用损失，减少履带型轮斗挖掘机行走量，减少辅助作业时间和走行机构磨损。大采宽的主要缺点是：新采掘带的开切口工作量大，而开切口作业时设备效率较低，对倾斜煤岩夹层的选采不利。

端工作面采掘带宽度（图 3-35）和斗轮臂能否伸缩有关。当斗轮臂可伸缩时，采掘带宽度的最大值 A_{max} 可按下式计算：

$$A_{max}=(L_{DB}\cos\rho_{BS}+a+R_0)(\sin\varphi_{1s}+\sin\varphi_{2d})-H(\cot\alpha-\cot\alpha_k\sin\varphi_{2d}) \quad (3-46)$$

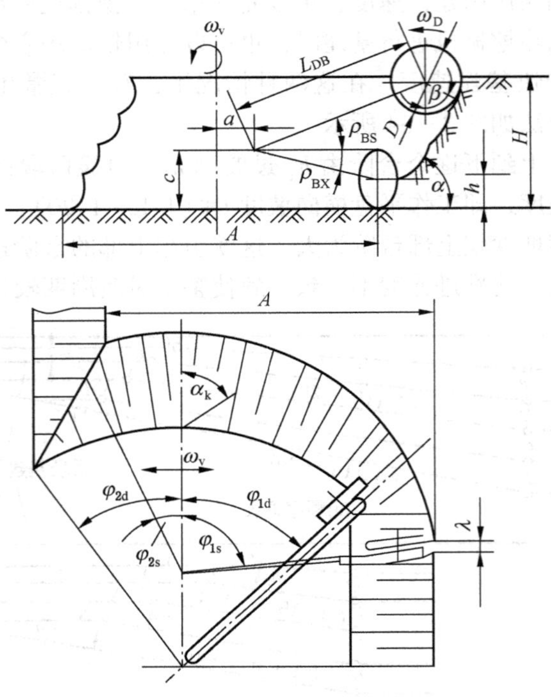

图 3-35 端工作面采掘带宽度参数示意图

当斗轮臂不可伸缩时，采掘带宽度的最大值 A_{max} 为

$$A_{max}=(L_{DB}\cos\rho_{BS}+a)\sin\varphi_{1s}+(L_{DB}\cos\rho_{BX}+a)\sin\varphi_{2d}-(H-h)\cot\alpha \quad (3-47)$$

式中 a——斗轮臂和机体铰接处距轮斗挖掘机回转中心线的距离，m；

φ_{1s}——轮斗挖掘机挖掘最上分层时，斗轮臂向台阶内侧的回转角，当斗轮臂可伸缩时，φ_{1s} 为 85°~90°；当斗轮臂不可伸缩时，φ_{1s} 约为 80°；

φ_{2d}——轮斗挖掘机挖掘最下分层时，斗轮臂向台阶外侧的回转角，一般 $\varphi_{2d}\leqslant\varphi_{2dmax}$，$\varphi_{2dmax}$ 在挖掘固结的软岩时为 50°~60°，挖掘褐煤时为 40°~50°，挖掘硬煤时为 30°或更小；

H——台阶高度，m；

α_k——工作面坡面角，(°)；

ρ_{BX}——挖掘最下分层时，斗轮臂和水平面的夹角，(°)。

台阶坡面角 α 取决于挖掘物料性质、台阶高度和轮斗挖掘机的线性参数。

工作面端面角 α_k 则比台阶坡面角大 5°~10°。

在确定采宽时还必须注意斗轮自由切割角的影响，即

$$\varphi_{1d}>\theta(\theta') \quad (3-48)$$

式中 φ_{1d}——挖掘最下分层时斗轮向台阶内侧回转角，(°)；

$\theta(\theta')$——相应为斗轮驱动侧（胶带侧）在平面上的自由切割角（图 3-36），(°)。

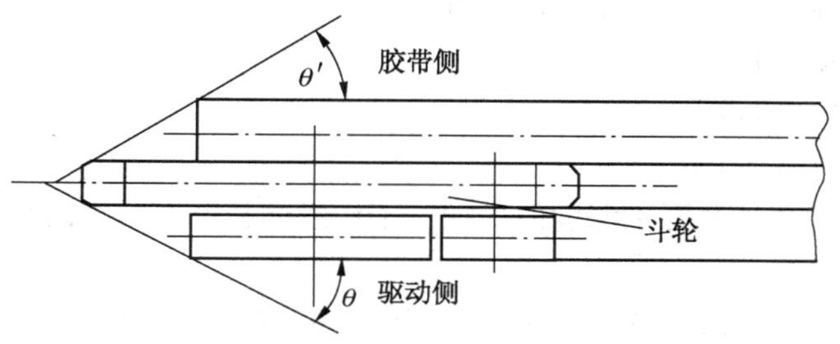

图 3-36 斗轮在平面上的自由切割角

如 $\varphi_{1d} \leqslant \theta(\theta')$，则斗轮受到夹制而无法正常作业。

3）工作线长度

轮斗挖掘机—带式输送机工艺系统中，可以根据所需开采强度（推进速度）确定轮斗挖掘机开采参数，一般采掘区长度即为台阶工作线长度（图 3-37）。当露天采场由于地形条件使上下各台阶工作线长度差别较大时，或露天矿在基建时期需要尽快投入设备以加快工程进度时，可在较长工作线的上挖台阶上设两台轮斗挖掘机及相应的两条工作面带式输送机。

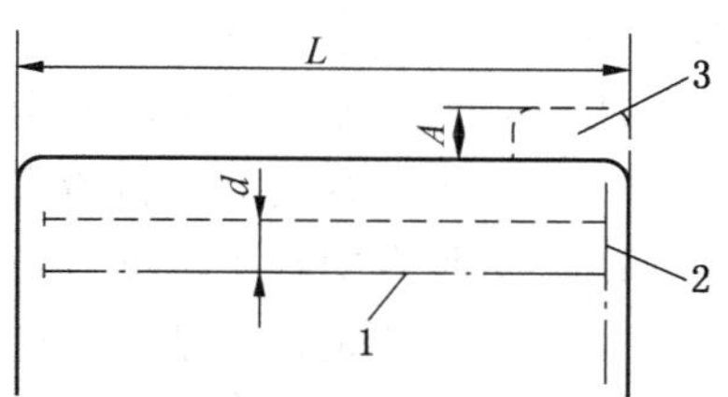

L—采掘区长度；A—采掘带宽度；
d—工作面胶带移设步距；1—工作面胶带；
2—端帮胶带；3—新采掘带开切口

图 3-37 轮斗挖掘机—带式输送机工艺的台阶工作线长度

一般轮斗挖掘机需要较长的工作线，长工作线具有如下优点。

（1）可减少带式输送机每年移设次数及由此引起的停止作业的时间，也就是减少了与移设、停机有关的费用。带式输送机的移位占用时间仅与移设步距有关，而准备及调整（包括调直对中等）时间与移设步距无关，仅与每年移设次数有关，一般约占移设总时间的 50%。

（2）可以减少端帮胶带的接长（或转载点移位）次数。

（3）可减少新采掘带开切口工作量和组合台阶内轮斗挖掘机升降段斜坡道工作量及其转向空程走行量。

（4）使采煤台阶工作线上有较多的露煤量。

但长工作线也有以下缺点（即短工作线的优点）：

（1）可减少带式输送机的总长度及内部排土的运距，节约胶带总投资并降低日常运输费用。

（2）在缓倾斜或近水平煤田，有可能减少外部排土场的容量及其基建工程量。

（3）便于选用拉力较小的单段驱动的工作面带式输送机，降低设备投资及生产费用。

综上所述，连续工艺也有采运设备利用的矛盾，带式输送机的投资及其利用率是重要因素。在设计露天矿的连续工艺系统时，确定台阶工作线长度实质上和开采境界、划分采区、选择首采区位置及开采顺序等密切相关，应与矿山基建工程量、外排土量、合理的总平面布置及开拓运输系统等重大技术问题联系起来，综合加以考虑，必要时，要通过多方案的技术经济比较，按综合经济效果最优的原则作出抉择。

根据国外采用轮斗挖掘机—带式输送机工艺矿山的经验，工作线的长度大致如下：

小、中型露天矿：1~2 km；

大型露天矿：2~3 km；

特大型露天矿：3~5 km。

随着露天矿采剥总量和开采深度的增加，工作线的长度有增加的趋势。

4）工作平盘宽度

为保证采运设备在台阶上的正常作业，需要一定的平盘宽度。组合台阶上既有轮斗挖掘机作业，又有带式输送机作业，如图 3－38 所示。

最小工作平盘宽度为

$$B_{\min} = A + C_1 + C_2 + D \tag{3-49}$$

式中　A——采掘带宽度，m；

C_1——带式输送机中心距台阶坡底线距离，m。C_1 与台阶高度和速度及卸载设备结构等有关，如台阶高度为 18~30 m 时，C_1 = 10~13.5 m；

C_2——胶带中心距辅助设备作业带距离，一般为 5.5~8.5 m，与胶带宽度、速度及卸转设备的结构等有关；

D——辅助设备作业占用宽度，一般为 6 m。

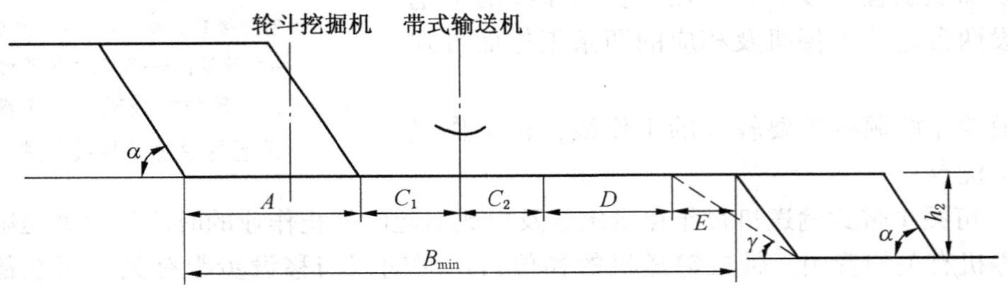

图 3－38　最小工作平盘宽度示意图

对于松软土岩，还要考虑工作台阶边坡的安全条件，因此，工作平盘宽度为

$$B = B_{\min} + E \tag{6-50}$$

$$E = h_2(\cot\gamma - \cot\alpha)$$

式中　E——台阶安全宽度，m；

h_2——分台阶高度，m；

γ——台阶塌落角，一般较边坡角小 5°~10°；

α——台阶坡面角，一般为 55°~65°。

（1）当平盘上不设带式输送机时：

$$B = A + E$$

（2）当平盘不作业时：

$$B = E \quad 或 \quad B = D + E$$

（3）当平盘上设有带式输送机，两侧需设转载机时：

$$B = B_{\min} + e_1 + e_2$$

式中　e_1、e_2——两侧转载机分别与带式输送机中心线距离，m。

实际工作平盘宽度 B 还应考虑台阶的上下斜坡道影响及轮斗挖掘机、转载机上下调动走行时所需要的平盘宽度。

工作平盘宽度与轮斗挖掘机的采掘及卸料端（包括向工作面胶带的转载设备）的线性尺寸密切相关，因此，确定时要在安全作业下力求紧凑。在端帮，还要注意使工作平盘宽度能满足轮斗挖掘机在组合台阶内各分台阶间上下调动，为新采掘带开切口作业创造方便条件。

5）工作线推进速度

连续开采工艺设备生产能力大，主要工艺过程为连续化生产，自动化程度高，辅助作业的机械化程度也很高，因而开采强度大（主要表现在工作线推进速度上），适用于采剥总量很大的露天矿。国外不少采用轮斗挖掘机—带式输送机工艺的露天矿，工作线推进速度可达 300~500 m/a，甚至更高，这比一般单斗挖掘机—铁道工艺露天矿高出 4~6 倍。轮斗挖掘机的推进速度主要受带式输送机每年移设次数的限制，据德国的经验，带式输送机移设频率一般以每年不大于 4~6 次为宜，移设次数过多，说明其开采强度（推进速度）是靠增大设备的理论能力来实现的，而生产过程的采、运、排设备每年技术停止作业的时间却较多，设备利用率并不高。

对于开采近水平煤层的露天矿，剥离台阶每年要求的推进量与采煤台阶每年的推进量应基本相同。设备规格的选择亦应与此相适应。

对于倾斜煤田，剥离台阶工作线推进速度 $V_{剥}$ 和采煤台阶工作线推进速度（水平方向）$V_{采}$ 是不一致的。$V_{采}$ 由年采煤产量确定，只有 $V_{剥}>V_{采}$ 才能保证每年露出的煤量满足采煤产量的需要（图 3-39）。

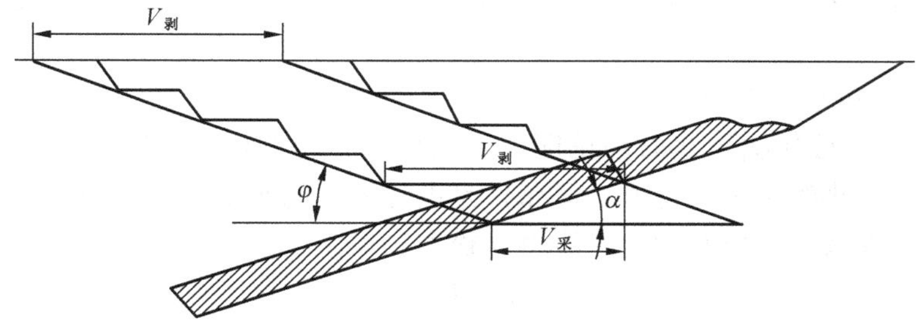

图 3-39 倾斜矿体剥离与采矿水平推进速度关系示意图

由图 3-39 可知：

$$\frac{V_{剥}}{V_{采}} = 1 + \tan\alpha\cot\varphi \qquad (3-51)$$

式中 α——煤层倾角，(°)；

φ——工作帮坡角，(°)。

根据式（3-51）可得出不同工作帮坡角 φ 条件下 $V_{剥}/V_{采}$ 比值与煤层倾角 α 的关系，如图 3-40 所示。随煤层倾角变陡，$V_{剥}/V_{采}$ 迅速上升，即剥离推进速度要比采煤推进速度加大很多。$V_{剥}/V_{采}$ 还随工作帮坡角 φ 的变缓而增大。如 $\varphi=12°$ 不变，当 $\alpha=8°$ 时，$V_{剥}/V_{采}=1.66$；当 $\alpha=12°$ 时，$V_{剥}/V_{采}=2.0$。

当剥离组合台阶与采煤组合台阶高度一致时，$V_{剥}/V_{采}$ 的值大，意味着剥离轮斗挖掘机

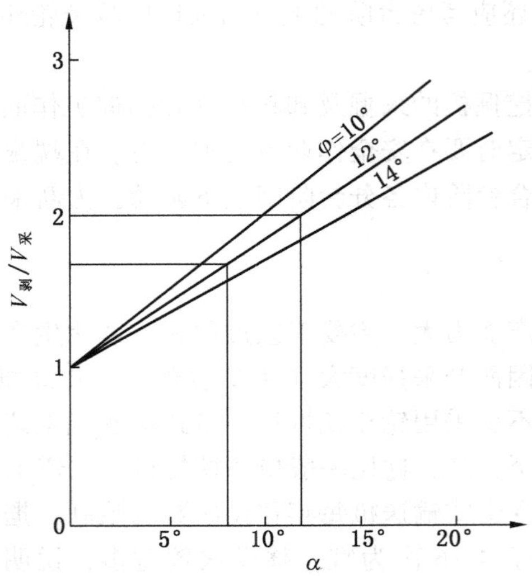

图 3-40 $V_剥/V_采$ 比值与 α、φ 的关系曲线

的规格要求大得多；当剥离与采煤的轮斗铲规格一致时，剥离组合台阶的总高度要比采煤组合台阶的总高度小得多。

5. 生产能力

轮斗挖掘机是整个工艺系统中起主导作用的一环，它能否正常地发挥作用，决定着整个工艺系统的有效性和生产能力。

轮斗挖掘机年实际能力（实方）的计算基础：轮斗挖掘机的小时实际能力及年实际工作小时数。

1）轮斗挖掘机小时能力

（1）小时理论能力 Q_L。小时理论能力是由设备本身的机械性能决定的，不因外界因素的影响而改变。小时理论能力 Q_L(m^3/h) 是设计铲斗的额定几何容积恰好装满及机器连续运转，达到的最大卸斗数时的生产能力（松方）：

$$Q_L = 60EN_x \tag{3-52}$$

式中 N_x——每分钟卸斗数；

E——铲斗的额定容积，m^3。对于有格式斗轮，铲斗的额定容积等于其几何容积；对于无格式斗轮，除铲斗本身在挖掘过程中装载物料外，其环状空间（或称导向槽）也起着装载物料的作用，因此，实际的装载容积为 $E=E_j+E_h$，其中，E_j 为铲斗的几何容积，E_h 为环状空间的容积，一般 $E_h=(0.25\sim0.50)E_j$，在设计时可按 $0.25E_j$ 计算。

德国工业标准推荐按下式计算小时理论能力（松方）：

$$Q_L = 0.8 \times 60t_{max}hV_s \tag{3-53}$$

式中 t_{max}——斗轮臂相对于走行中心线的回转角 $\varphi=0°$，且切片高 h 为斗轮直径 D 的 2/3 时，走行中心线上切片厚度，m；

V_s——斗轮臂基准回摆速度，m/min。

（2）小时技术能力 Q_j。小时技术能力是计算实际能力的基础。它表示轮斗挖掘机在具体露天矿挖掘条件下，不考虑工艺配合影响，连续运转所能完成的小时生产能力（实方）：

$$Q_j = Q_L \frac{K_m}{K_s} = Q_L K_w \tag{3-54}$$

式中　K_m——满斗系数。对于松散物料，$K_m = 0.85 \sim 1.0$，对于胶结致密的物料，$K_m = 0.8 \sim 0.85$ 或甚至更小；

K_s——物料在铲斗中的松散系数。一般松散的或较致密的物料，$K_s = 1.1 \sim 1.4$；煤，$K_s = 1.4 \sim 1.6$；胶结坚硬的物料，$K_s = 1.4 \sim 1.8$ 或更大；

K_w——挖掘系数，$K_w = \frac{K_m}{K_s}$。

（3）小时实际能力 Q_{sh}。小时实际能力是指在考虑了挖掘机按采装工艺本身的要求而进行调幅和短距离移动，以及考虑了工作面运输设备的影响所能达到的生产能力（实方）：

$$Q_{sh} = Q_j K_T$$

$$K_T = \frac{T_W}{T_W + T_B} \tag{3-55}$$

式中　K_T——工作面时间利用系数；

T_W——计算周期内用于挖掘物料的时间，min；

T_B——计算周期内因调幅、短距离移动及运输等因素的影响而没有用来挖掘物料的时间，min。

K_T 值与工作面运输方式有关。胶带运输时，$K_T = 0.8 \sim 0.85$；汽车运输时，$K_T = 0.6 \sim 0.7$；铁道运输（双线）时，$K_T = 0.75 \sim 0.8$。

小时实际能力（实方）也可采用生产能力有效利用系数 K 和小时理论能力 Q_L 进行计算，即：

$$Q_{sh} = KQ_L \tag{3-56}$$

一般在设计计算时，K 值可按 0.5～0.6 计算（表 3－11）。

表 3－11　轮斗挖掘机实际生产能力有效利用系数

国别	轮斗挖掘机型号	理论能力 Q_l/[m³(松方)·h⁻¹]	实际能力 Q_{sh}/[m³(实方)·h⁻¹]	K
印度	$S_{ch}R_s$ 700 20/30	2480	2050	0.82
	$S_{ch}R_s$350 12/5	1150	500～900	0.48～052
美国	$S_{ch}R_s$1500 30.5/5	1530	750	0.49
德国	$S_{ch}R_s$3800 52/25	8860	4900	0.56
法国	—	3150	2530	0.3

2）轮斗挖掘机年实际能力

轮斗挖掘机年实际能力（实方）可按下式计算：

$$Q_{NSh} = Q_{Sh} T_{NSh}$$

$$T_{NSh} = TK_{NT} \tag{3-57}$$

式中　T_{NSh}——轮斗挖掘机年实际工作小时数；

T——年日历小时数，8760 h/a；

K_{NT}——年时间利用系数，一般为0.4~0.6。主要根据气候条件、检修制度、生产组织等因素来确定。

在设计时，也可按式（3-58）较为精确地计算年实际工作小时数：

$$T_{NSh}=N_{NSh}T_{RSh} \tag{3-58}$$

式中 N_{NSh}——每年实际工作天数；

T_{RSh}——每天实际工作小时数。

计算每天实际工作小时数，应从日小时数中扣除每天平均用于：①交接班；②日检，包括清扫、注油和日常维护等；③周检，每周一次，主要用以修理及更换一般易损件等；④其他等所需要的时间。

根据德国、美国、俄罗斯、罗马尼亚等国经验，每天实际工作小时数约在15~18 h之间。设计计算时一般按18 h计。德国按日产能力为基准，进行轮斗挖掘机分类时，每天工作时间按19.2 h计算。这仅是分类时的一个计算标准，而并非在实际生产中能达到的工作时间。

轮斗挖掘机年实际工作天数为从日历天数中扣除了挖掘机不能出动进行作业的天数后的作业天数。影响挖掘机不能出动作业的因素，主要有非工艺性影响的停产因素和工艺性影响的停产因素。

（1）非工艺性影响的停产因素：

①法定假日 N_F，我国法定假日为11天（元旦1天，春节3天，清明节1天，劳动节1天，端午节1天，中秋节1天，国庆节3天）。

②设备定期检修时间 N_X，包括年修及月修。一般中型轮斗挖掘机的年修时间按15~21天计算，大型的按21~35天计算。月修时间全年累计按30天计算。

③气候影响的停产天数 N_Q，应根据当地完整气象年度资料进行计算。北方地区主要应扣除因大风及低温而影响的停产天数，在南方地区则主要扣除暴风、雷暴、台风等的影响天数。

④地质因素影响的停产天数 N_D，主要指因采掘工作面及排土场滑坡等引起的停产。

因此，挖掘机的年出动天数 N_C(d/a)：

$$N_C=N-N_{FK}$$

$$N_{FK}=N_F+N_X+N_Q+N_D \tag{3-59}$$

式中 N——日历天数，按365天计算；

N_{FK}——全年非工艺因素影响的停产天数，d/a。

（2）工艺性影响的停产因素：

①工艺系统影响的停产。即整个工艺系统中除轮斗挖掘机外，其他环节如带式运输机、排土机等故障引起停产时间和故障排除后整个工艺系统按一定程序启动而占用的时间。整个工艺系统中环节愈多（主要是带式输送机），停产的概率越大，影响时间也越长。工艺系统影响全年停产天数 N_{kx} 可按下式计算：

$$N_{kx}=N_c(1-y^n) \tag{3-60}$$

式中 n——整个工艺系统中的转载点数；

y——工艺系统各环节的有效利用系数，一般可按0.95~0.99计。

②工作面带式输送机移设影响的停产。带式输送机两次移设的间隔时间取决于轮斗挖

掘机的生产能力、工作面参数等。移设机（100~250 马力）的效率可按 7000~10000 m^2/台班计算。移设后带式输送机的检查、调整、对中等约需 0.5~1.0 d。一般尽量使工作面带式输送机和排土场带式输送机同时移设，否则影响停产天数将为这两种设备的移设天数之和。

③轮斗挖掘机长距离空载调动影响的停产。在实际工作中，特别在采用组合台阶时，轮斗挖掘机长距离空载调动是不可避免的。但轮斗挖掘机在上、下台阶调动时，其走行斜坡道都是由机器自行挖掘，虽然生产能力有所降低，但不属空载行走。

④由于处理硬岩、冻土造成的停产。停产天数主要取决于硬岩及冻土处理量的多少及采用的处理方式，一般可按设备出动天数的 2%~4% 计算。

⑤设备本身临时故障影响的停产。设备本身的临时故障主要是机械和电气故障。设备临时故障引起的停产天数最好参考运转多年的同类型设备的运转记录加以确定。一般可取设备出动天数的 7%~10%。

⑥其他因素影响的停产。主要包括矿内供电系统故障、清理底板及其他辅助作业影响的停产天数，一般可按设备出动天数的 4%~5% 计算。若下挖时需调换斗轮方向，则应计入由于调换斗轮方向而影响的停产天数。一般每次调换斗轮方向约需一个班。

工艺因素影响的停产天数 N_K 是上述六项的合计。轮斗挖掘机的年实际工作天数为

$$N_{NSH} = N - N_{FK} - N_K \tag{3-61}$$

根据德国、俄罗斯、美国等国的实践经验，在气候及开采条件较好的地区，年实际工作小时可达 5000 h（或更高），在气候及作业条件较差的地区仅为 3000~3500 h。

在基建时期或进行掘沟作业时，轮斗挖掘机生产能力一般按正常作业时的 70% 计算；开挖新工作面时按 50% 计算，下挖时则按相应条件下上挖时的 85% 计算。

6. 轮斗挖掘机选型

轮斗挖掘机除紧凑型以外，都是由制造厂根据用户需要专门设计制造的。在实际工作中，通常是根据具体的气候、地质、工艺方法及生产规模等条件，合理地选择轮斗挖掘机的结构类型和有关的技术参数。

设备选型的主要内容包括：选择合理的结构类型，确定轮斗挖掘机切割力值，确定拟选轮斗挖掘机生产能力，确定拟选轮斗挖掘机线性参数，其他。

1）选择合理的结构类型

（1）在无特殊要求时，一般都选用无格式斗轮，对于大型的轮斗挖掘机也有选用半格式的。挖掘坚硬或冻结物料的轮斗挖掘机，一般采用降低铲斗容积、减小切片厚度、增加铲斗数等技术措施以保证挖掘效果及生产能力。在挖掘含水的冻、黏物料时，一般选用链网斗底铲斗。

（2）一般情况下应首先考虑选用斗轮臂不可伸缩的轮斗挖掘机。但在需进行选择开采并对有用矿物品位及质量等级有严格要求时，或轮斗挖掘机站立水平的物料非常松散、耐压力很低，设备多次来回移动易造成沉陷时，应考虑选用斗轮臂可伸缩的轮斗挖掘机。

（3）与轮斗挖掘机配合作业的悬臂转载机，除运输能力应与轮斗挖掘机生产能力匹配外，其线性参数应保证轮斗挖掘机在开切新工作面或通过两节带式输送机连结处的“死区”时不影响正常作业。在确定轮斗挖掘机中间连接桥的长度时，除必须考虑上述因素外，还应考虑采掘带宽度、工作面带式输送机一次移设距离、组合台阶的基本参数、开切新工作面时的采掘要素以及季节性开采所要求的超前剥离量等因素。

2）确定拟选轮斗挖掘机生产能力

轮斗挖掘机的小时理论能力是设计轮斗挖掘机或在已有设备产品中选择适宜设备的依据。确定拟选轮斗挖掘机小时理论能力的步骤：

（1）按设计露天矿年生产能力要求的开采强度，计算单台轮斗挖掘机每年须完成的实际工程量（实方）。

（2）计算轮斗挖掘机年实际工作小时数。

（3）计算轮斗挖掘机小时实际须完成的工程量（实方）。

（4）计算与满足要求的小时实际工程量所对应的轮斗挖掘机小时理论能力（松方）。

3）确定拟选轮斗挖掘机线性参数

（1）确定露天矿最大开采深度。对于水平或近水平煤层可直接在地质断面图上确定境界范围内的最大开采深度 H_{Kmax}（图 3－41a）；对于倾斜或缓倾斜煤层（图 3－41b），这样确定的最大开采深度并不能确切地反映矿山工程在空间和时间上的关系。对确定轮斗挖掘机线性参数有意义的是露天矿最大发展期的开采深度，在这一时期以前或以后，露天矿实际工作台阶数均少于最大发展期工作台阶数。由于在计算 H_{Kmax} 时，轮斗挖掘机的线性参数尚待确定，故应根据拟选轮斗挖掘机的小时理论能力，大致选择与之相对应的轮斗挖掘机，并计算工作帮坡角。这种做法带有一定的假设性，但可通过逐次逼近的方法使最终选定的线性参数与假设的依据基本一致。

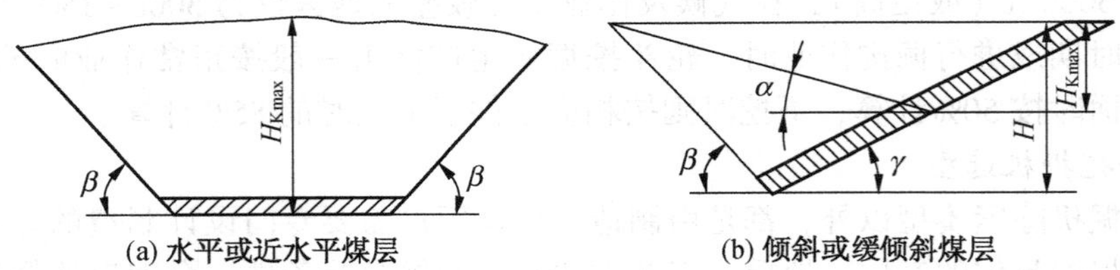

(a) 水平或近水平煤层　　(b) 倾斜或缓倾斜煤层

β—露天矿最终境界边坡角；γ—煤层倾角；α—工作帮坡角；H_{Kmax}—露天矿场最大深度

图 3－41　确定境界范围内最大开采深度示意图

（2）根据已确定的轮斗挖掘机小时理论能力和露天矿生产能力，计算所需的设备台数，初步计算拟选设备的线性参数；

$$H_j = N_D(H_S + H_x) \tag{3-62}$$

并使

$$H_j \geqslant H_{Kmax}$$

式中　H_j——按拟选与轮斗挖掘机台数及线性参数计算的计算高度（总挖掘高度），m；

N_D——轮斗挖掘机台数，台；

H_S——上挖台阶高度，m；

H_x——下挖台阶高度，m。

若计算结果不能满足 $H_j \geqslant H_{Kmax}$，则需调整计算参数或按组合台阶重新计算，务使满足此式。

（3）根据最终确定的 H_S 和 H_x，以及切割方式等，确定拟选轮斗挖掘机的线性参数。

国外的一些文献认为：轮斗挖掘机质量指标 K_{zh} 是衡量所选设备是否合理的一个重要因素，它可以预计轮斗挖掘机基本结构参数的合理应用程度。质量指标越小，表明所选设备的综合效果越好。轮斗挖掘机质量指标 K_{zh} 可用下式确定：

$$K_{zh}=\frac{G}{Q_L\sqrt{H_{ws}}} \tag{3-63}$$

式中 G——轮斗挖掘机服务重量，包括钢结构、带式输送机、电气部分、日常维修用起重设备、涂料及全部内部安装的固定设备重量和配重，不包括有效载荷，kg；

Q_L——小时理论能力（松方），m^3/h；

H_{ws}——上挖高度，m。

轮斗挖掘机质量指标并不能完全反映所选设备对露天矿整体的合理性，还需从基建工程量、剥采比、投资等多方面进行比较后，才能确定从露天矿整体衡量设备的合理性。表 3-12 为我国某露天煤矿在方案设计时曾进行比较的三种轮斗挖掘机质量指标值。显然，$S_{ch}R_s700\frac{20}{8}$型轮斗挖掘机的质量指标最低，但由于该挖掘机的挖掘高度较低，相应地增加了工作台阶及须铺设的带式输送机长度，减缓了工作帮坡角。故从总的技术经济效果选用 $S_{ch}R_s700\frac{20}{8}$不一定是合理的。

表 3-12 某露天煤矿三种轮斗挖掘机的质量指标值比较

设备型号	$S_{ch}R_s700\frac{20}{8}$	$S_{ch}R_s1400\frac{30}{7}$	SR_s7000(K)
小时理论能力 $Q_L/(m^3\cdot h^{-1})$	3560	3860	3600
上挖高度 H_{ws}/m	20	30	28
服务重量 G/kg	1250000	2750000	2150000
质量指标 $K_{zh}/(kg\cdot h\cdot m^{-3\frac{1}{2}})$	78.5	130.0	112.0

7. 特殊条件下的轮斗挖掘机作业

1）严寒地区作业

（1）物料冻结后的切割阻力急剧增大，可达未冻结时的 5~10 倍。图 3-42 为不同性质物料在不同冻结深度 h_d 下的相对密度 e 和单位面切割力 K_F 间的变化关系。显然，物料的切割阻力随冻结深度的增加而加大。

（2）作业过程中，含水量大的物料易冻结在铲斗、胶带、受料槽及履带板上，有时还发生因胶带冻结在滚筒上而将面胶撕裂的现象。

（3）当气温低于-25 ℃时，一些高应力金属构件及支承钢结构易发生脆裂。焊缝也易开裂而造成设备故障。据加拿大阿萨巴斯卡油砂矿资料，冬季机械故障比正常时多 15%左右。

（4）气温低于-10 ℃时，由于整个工艺系统各环节故障率增加，轮斗挖掘机生产能力急剧降低。例如德国巴燕省上普尔斯区一个露天矿，当气温降到-25 ℃，冻结深度为 1.2 m，轮斗挖掘机生产能力较正常时下降 48%。俄罗斯库尔斯克地磁异常区的谢列斯若果尔斯克露天锰矿规定，当气温低于-25 ℃、冻结深度为 0.2~0.3 m 时，停止作业。

德国、加拿大、俄罗斯等国的一些露天矿在低温作业时采取技术措施，改善轮斗挖掘机作业条件。这些措施主要有：

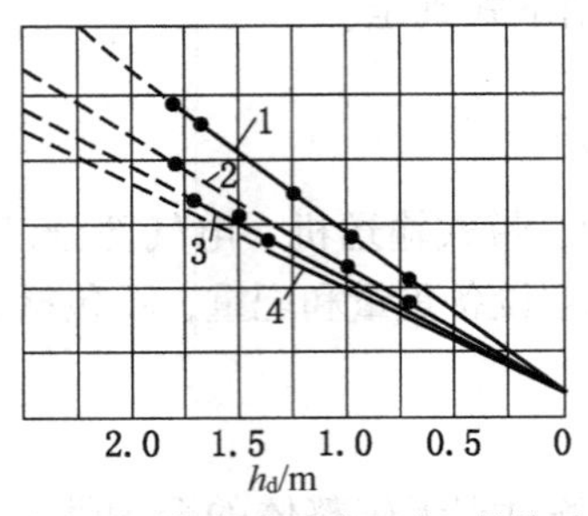

(a) 冻土相对密度e与冻土深度h_d的关系

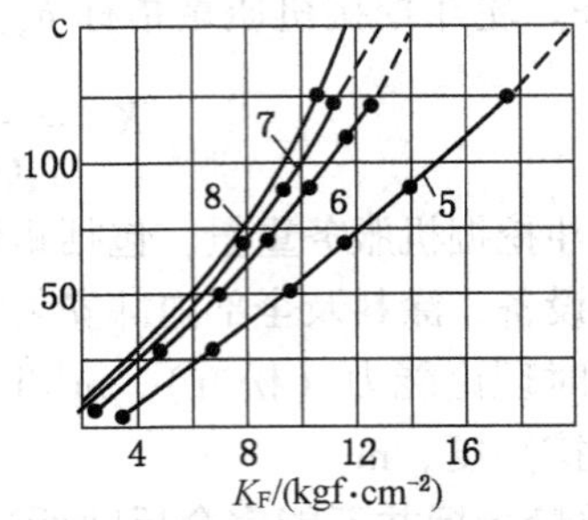

(b) 冻土相对密度e与单位切割阻力K_F的关系

1—Ⅲ级重黏土；2—Ⅱ级肥黏土；3—Ⅱ级致密黏土；4—全层平均；
5—切片厚度为 12 cm；6—切片厚度为 18 cm；7—切片厚度为 24 cm；8—切片厚度为 34 cm

图 3－42　不同冻结深度下物料的相对密实度和单位面切割力间的关系图

（1）增加斗轮线切割力及整机的机械强度，应力构件采用耐低温的低磷细晶粒合金钢材。作业时向铲斗喷洒热盐水，并在斗轮上安装消除冻结物料的旋转刮刀等。

（2）采用耐低温高强度胶带并在物料上喷洒防冻剂。在整个工艺系统停止运输时，利用专门配置的小马力电动机带动胶带空载低速运转，以避免因长时间停运而使胶带冻结在滚筒上。

（3）在夏季将作业区的表土层犁松以减缓冻结速度，也可以采用爆破法或在台阶顶盘喷洒防冻剂、覆盖黑色材料。

（4）在严寒地区可考虑在不影响总体安排的前提下，将工作面布置在向阳一侧，也可在冬季采用缩小采宽，加大工作面推进度的方法，以减少物料在大气中的暴露时间。采用季节性剥离制度也是一项可行的办法，表 3－13 为采用季节性剥离的一些相关资料。

表 3－13　苏联轮斗挖掘机采用季节性剥离制度的实际资料

露天矿名	一年的气候资料			土壤冻结深度/m	生产周期/月	
	平均/℃	最低/℃	0 ℃以下的天数/d		剥离	采矿
德聂伯德洛夫斯克	+8.0	−34	100	1.0~1.2	8.5~9.5	12
沃洛涅什	+5.6	−36	135	1.4~1.6	8.0~9.0	12
齐梁宾斯克	+1.8	−45	170	1.6~2.3	7.0~7.5	12
莱依齐辛斯克	−1.2	−50	230	2.4~3.0	6.0	—

2）硬岩采掘作业

在采用连续工艺的露天矿中，经常会遇到一些用轮斗挖掘机难以直接切割的硬岩层。对于硬岩的采掘，主要采用以下技术措施：

（1）对于厚层的硬煤或硬岩，可单独划分成一个台阶，预先爆破，使物料的切割阻力降低到 0.7 MPa 以下，采用轮斗挖掘机采掘。不符合块度要求的大块，由机械铲或前装机挖出，待破碎后再装上胶带。印度的涅维利褐煤露天矿，俄罗斯的埃基巴杜兹矿区均采用这种方法。表 3－14 为俄罗斯特洛雅宙伏二号露天矿采用 PC-1200 型轮斗挖掘机在有硬夹层台阶作业时的指标对比表。

表 3-14　PC-1200 型轮斗挖掘机挖掘硬层时的指标对比

指标	单位	未事先爆破	事先爆破
生产能力	m^3/h	842	961
空载时间	$min/10^5\ m^3$	50.1	19.6
铲斗消耗	个/$10^5\ m^3$	19	6

（2）对于结构复杂且硬层又较薄时，为避免因爆破造成煤岩混杂，可采用高切割力轮斗挖掘机。

（3）出现在台阶上的面积不大的硬层，可采用轮斗挖掘机迂回作业的方法，将硬层单独地暴露在台阶上另行处理，如图 3-43 所示。这时上、下平盘间应有足够宽度，以便铺设迂回作业时的带式输送机。

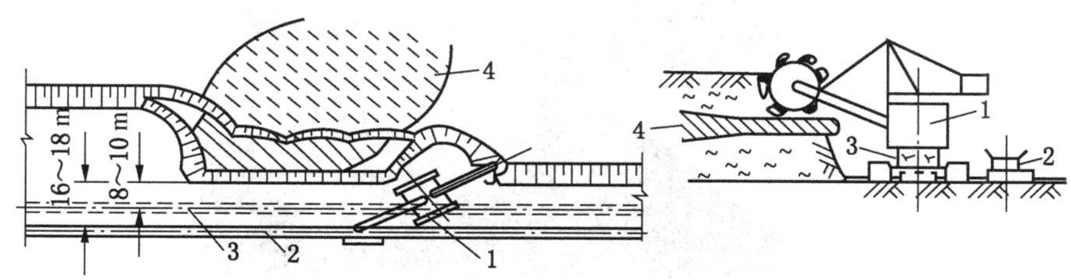

1—轮斗挖掘机；2—在移设位置的工作面带式输送机；3—在开始位置的工作面带式输送机；4—硬夹层

图 3-43　轮斗挖掘机迂回作业时的工作面布置示意图

二、链斗挖掘机作业

链斗挖掘机主要用来挖掘不含坚硬或半坚硬夹石的松软物料。它利用安装在斗链上的铲斗沿工作面挖掘物料，并通过安装在机体内的带式输送机将物料运送至卸载仓，然后经卸载漏斗将物料卸到运输容器中。图 3-44 是链斗挖掘机的主要结构及工作面布置示意图。

刚性斗架链斗挖掘机用以采掘松散或中等致密物料，可兼行上挖及下挖；斗链下垂式链斗挖掘机主要用于下挖工作面，这种挖掘机的安全性较好，当工作面有硬块时，铲斗可绕越而行，不致损坏铲斗；铰接式斗架链斗挖掘机适用于工作面选择开采。

链斗挖掘机的走行方式有铁道、履带及迈步式走行 3 种。铁道走行链斗挖掘机的机体一般不能回转，大都采用腹部卸载方式，并根据能力大小分为单跨门或双跨门卸载。履带走行链斗挖掘机的机体大都可以回转并采用侧卸方式。迈步式链斗挖掘机稳定性较好，对地比压小，但走行速度较低。

露天开采中应用最广泛的链斗斗容为 0.3~0.6 m^3（有的达 3.0 m^3），其小时理论能力最大可超过 1000 m^3，斗链计算速度 1.0~1.4 m/s，每分钟卸斗数为 25~60 个。德国最大型的 ER_S 3150·27/27 型链斗挖掘机，理论能力为 4330 m^3/h，实际年能力为 2755~2929 万 m^3。

链斗挖掘机的线切割力一般不超过 1 kN/cm，个别可达 1.4 kN/cm。

链斗挖掘机的切割方式主要有平行切片及三角形切片两种（图 3-45）。采用平行切片时，斗架固定在相同的角度下作业。采用三角形切片时，斗架从最初位置围绕一点呈扇

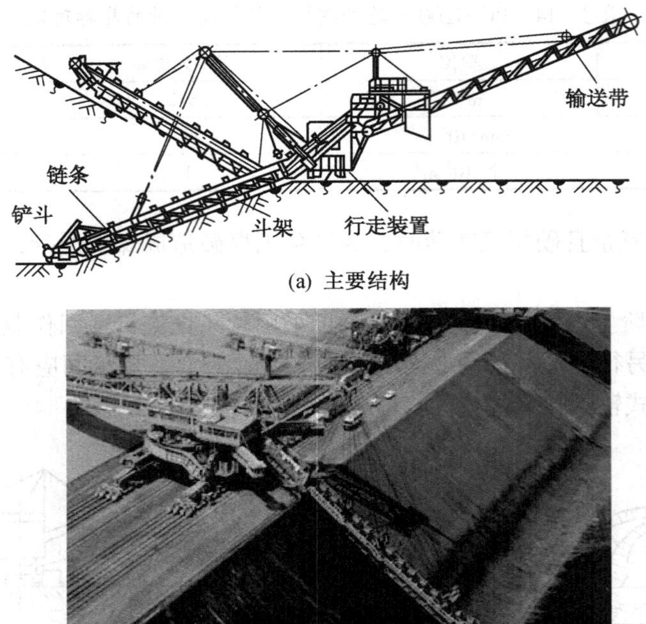

(a) 主要结构

(b) 工作面布置

图 3-44　链斗挖掘机主要结构及工作面布置示意图

形下放进行作业。三角形切片的长度不是固定的，为保证满斗需求调整斗架下放速度，其动力消耗也较平行切片时大。

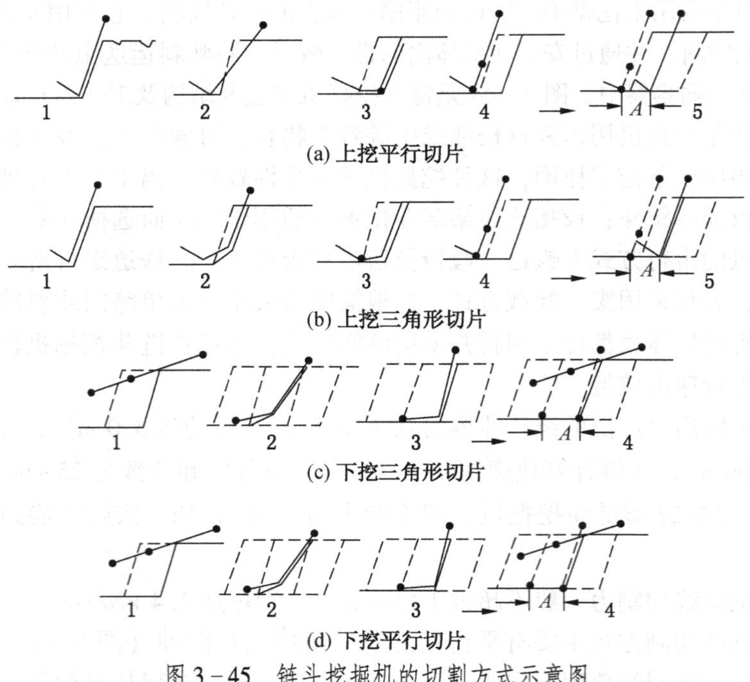

(a) 上挖平行切片

(b) 上挖三角形切片

(c) 下挖三角形切片

(d) 下挖平行切片

图 3-45　链斗挖掘机的切割方式示意图

轨道走行机体不可回转的链斗挖掘机主要采用侧工作面，用平行或三角形切片进行上挖或下挖。为加大线路移设距离，避免下挖时在台阶底盘剩有三角形土棱或在上挖时出现伞岩，可考虑采用带有平道节的链斗挖掘机。

履带（或迈步）走行机体可回转的链斗挖掘机，既可采用侧工作面，也可采用端工作面（兼行上挖及下挖），如图 3－46 所示。

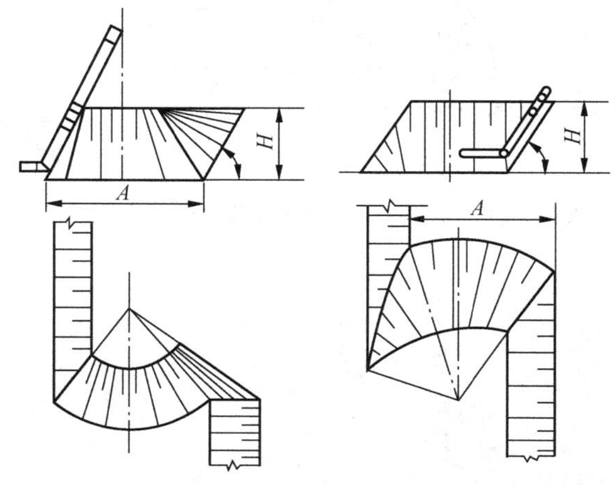

图 3－46　履带走行链斗挖掘机端工作帮布置方式示意图

链斗挖掘机采用端工作面时，其切片厚度在平面上的变化规律和轮斗挖掘机相似，最小切片厚度约为走行中心线处切片厚度的 0.2~0.3 倍，为保证均衡生产，斗架回摆速度也应随切片厚度变化。

链斗挖掘机的工作面高度取决于土岩性质、斗架长度和倾角，一般上挖时不大于 30 m，下挖时不大于 40 m。

第四节　液压挖掘机作业

近年来，液压挖掘机在露天矿广泛应用。这种设备轻便灵活，工作平稳，自动化程度高，特别是因为工作机构为多绞点结构，能形成完善的挖掘和卸载轨迹，为工作面选择开采提供了便利（图 3－47）。

液压挖掘机具有以下优点：①站立水平的挖掘半径伸缩量大，可以进行水平挖掘，且能获得较大的下挖深度；②勺斗可作垂直面转动，而使切削角处于最佳状态，有利于选择开采。缺点是液压部件精度要求高，易损坏，在严寒地区作业需特备低温油等。

液压挖掘机一般可分为全液压（所有机构都是液压传动），半液压（主要机构用液压传动）两种。图 3－48 为全液压型挖掘机。所谓半液压挖掘机，一般是指其工作装置为液压传动，而走行、回转等机构为机械传动。有的挖掘机仅个别机构为液压传动，主要用来控制勺斗的转动，以便改善挖掘动作，例如，俄罗斯制造的ЭВГ-4N 和ЭКГ-4.6A 型液压挖掘机。

国内外常用的单斗液压机的主要型号有：RH-75、RH-300、ЭГ-12、280B、150B、

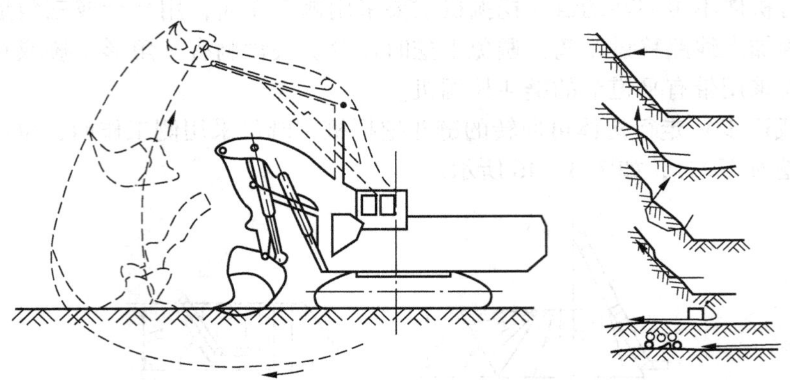

图 3-47 液压挖掘机结构及其作业方式示意图

图 3-48 O&K RH300 型液压挖掘机

190B 等。单斗液压挖掘的斗容目前多为 2~8 m^3，最大 40 m^3(日立 EX8000 型)。

“超级”机械铲也是一种半液压传动的挖掘机，如美国马利昂公司制造的 194M 型（勺斗容积 16 m^3）、240M 型（勺斗容积为 19.8 m^3）。这种机械铲的“超级”传动系统，可使推压力和提升力协调一致，在挖掘过程中使勺斗相对于斗杆转动。当挖掘下部工作面时，能保证最大的挖掘力，可达到电铲重量的 40%。依其特有的两组连杆机构配合动作，可有效地进行选择开采，其作业方式如图 3-49 所示。

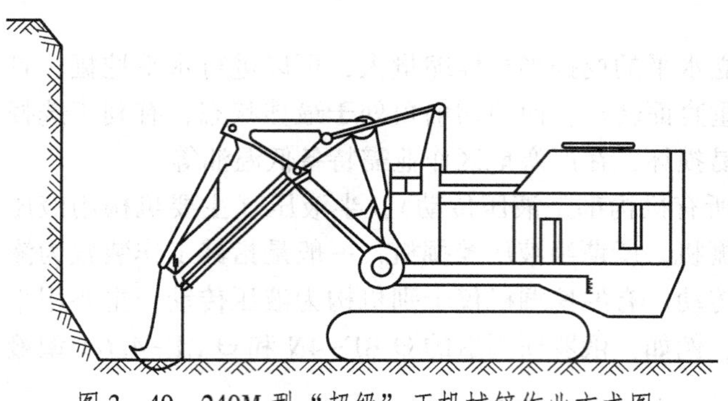

图 3-49 240M 型“超级”正机械铲作业方式图

液压挖掘机的基本参数包括整机质量、斗容量、发动机功率、液压系统形式、液压系统的工作压力、行走机构的行走速度和爬坡能力、作业循环时间、最大挖掘力、最大挖掘半径、最大卸载高度及最大挖掘深度等，其中整机质量、斗容量和发动机功率为液压挖掘机的主要参数。表 3-15 列出了几种液压挖掘机的基本参数。

表3-15 几种液压挖掘机基本参数

机 型			Robex 150LC-9 (HYUNDAI)	DH150LC-7 (DOOSAN)	EC140BLC/VOLVO	SK140 LC-8/KOBELCO	PC130-7/KOMATSU	ZAXIS 130H/HITACHI	SWE150LC (山河智能)	CLG915C (柳工)	SY135C-8
铲斗容量（标配）/m^3			0.58	0.28~0.75	0.52	0.57	0.53	0.59/0.65	0.56	0.36~0.73/0.55(ISO)	0.53
操作重量/kg			13980	13900	13800	13200	12600	12500	14000	13500	13500
作业性能	作业范围	最大挖掘深度/m	5550	4670/5630/6130	5530	5520	5520	5570	5452	5518	5500
		最大垂直挖掘深度/m	—	4170/5070/5660	5060	4880	4940	5020	4304	4770	4850
		最大挖掘半径/m	8330	7220/8260/8740	8330	8340	8290	8270	8249	8320	8290
		最大地面挖掘半径/m	—	7050/8110/8600	8190	8190	8170	—	8113	8195	—
		最大挖掘高度/m	8500	7890/8620/8950	8420	8500	8610	8570	8411	8620	8645
		最大卸载高度/m	6060	5440/6200/6530	5980	6090	6170	6160	6125	6180	6170
		最小回转半径/m	—	—	2630	2620	2640	2340	2508	—	2500
	斗杆最大挖掘力/kN		67	70/62/55	63.7/67.7	64.4	67.62	65	69	60.4(ISO)/57.6(SAE)	66.13
	铲斗最大挖掘力/kN		104	81	93.2/98.1	90.1	93.1	99	90	83.5(ISO)/72.2(SAE)	92.7
	回转速度/rpm		12	—	11	11	11	13.7	11.1	12.4	12
	最大牵引力/kN		133	—	109.8	139	—	—	96	—	—
	行走速度 Lo/Hi/($km \cdot h^{-1}$)		3.2/5.5	3.2/5.5	3.2/5.5	3.4/5.6	2.7/5.5	3.4/5.5	3.2/5.0	2.9/5.5	3.5/5.5
	爬坡能力/(°)		35	35	35	35	35	35	35	35	35
	尾部回转半径/m		2330	2330	2200	2190	2190	2130	2200	—	2205
	前端回转半径/mm		—	—	—	2620	2640	—	—	—	2500
	接地比压/KPa		36	36	34.6	45	39	39	36	—	41.7
	回转力矩/kN·m		—	—	—	39.9	—	—	—	—	—
	机外辐射噪声(Lwa)/db(A)		—	101	100	—	102	—	—	—	—
	驾驶员耳边噪声(Lpa)/db(A)		—	71	72	—	73	—	—	—	—
	工作装置	动臂 BOOM 长度/mm	4600	400/4600	4600	4680	—	—	—	4600	—
		斗杆 ARM 长度/mm	2500	1900/2500/3000	2500	2380	2500	2520	—	2500	—
		铲斗 BUCKET 宽度/mm	—	—	—	925(无边齿) 1000(有边齿)	—	—	—	770/1040/1300	—

表 3-15（续）

类别	机型	Robex 150LC-9 (HYUNDAI)	DH150LC-7 (DOOSAN)	EC140BLC/VOLVO	SK140 LC-8/KOBELCO	PC130-7/KOMATSU	ZAXIS 130H/HITACHI	SWE150LC (山河智能)	CLG915C (柳工)	SY135C-8
	系统形式	—	—	—	—	负载敏感	—	负流量	负流量	正流量
液压系统	系统压力/MPa	35	主安全阀+回转(26.5)+行走(32.4)+工作(32.4/34.3-增压)+先导(3.9)	32.4(im)+24.5(sw)	34.3(im)+28(sw)	—	—	31.4/34.3	主安全阀(31.9)+回转(25)+行走(31.9)+工作(36)+先导(3.9)	—
液压系统	泵形式		2V+1G	2V+1G	2V+1G	2V+1G	2V+1G	2V+1G	2V+1G	—
液压系统	最大流量/L	2×123.5	2×116+27.7	—	—	226	—	2×139	2×120(最大流量)	—
液压系统	动臂油缸（缸径-杆径-行程）/mm	—	—	2-105×980	2-100×1092	—	—	—	—	—
液压系统	斗杆油缸（缸径-杆径-行程）/mm	—	—	120×1045	115×1120	—	—	—	—	—
液压系统	铲斗油缸（缸径-杆径-行程）/mm	—	—	100×865	95×903	—	—	—	—	—
液压系统	推土油缸（缸径-杆径-行程）/mm	—	—	—	—	—	—	—	—	—
运输性能	全长（运输时）/m	7820	7700	7700	7790	7599	7610	7667	7726	7700
运输性能	全宽/m	2600	2600	2590	2490	2490	2500	2600	2600	2550
运输性能	全高（运输时）/m	2860	2830	2770（驾驶室）/2830（动臂）	2870（驾驶室）/2710（动臂）	2175	2740	2847	2760	2815
运输性能	最小离地间隙/m	440	410	430	440	400	440	410	400	420
运输性能	上部回转体下端高度/mm	—	920	900	910	855	890	916	876	—
运输性能	机器尾部高度/mm	—	—	2080（含机罩）	—	1885	—	—	—	—
主要参数 发动机	发动机名称	Commins 4BTAA 3.9-C	Commins 4BTAA 3.9-C	VOLVO D4D	Mitsubishi D04FR	Komatsu SAA4D 95LE-3	五十铃 CC4BG1TC	五十铃 4BG1 TCG-04	Cummins 4BTA 3.9	五十铃
主要参数 发动机	燃烧方式	直喷增压中冷	—	电控直喷增压中冷	直喷增压中冷（燃油冷却）	直喷增压中冷（燃油冷却）	直喷增压中冷	直喷增压中冷	直喷增压中冷	—
主要参数 发动机	排气量 L[cc]	3.9	—	4	4.249	3.26	4.329	4.329	3.9	—
主要参数 发动机	缸数	4	—	4	4	4	4	4	4	—
主要参数 发动机	额定功率/转速 kW/rpm	84/2100	84/2100	73/2100	74/2000	66/2200	66/2150	89.3/2200	86/2200 (net)	69.6/2200
主要参数 发动机	输出扭矩/(N·m)	45.6/1500	—	390/1500	375/1600	—	—	449/1800	511MAX	—
主要参数 发动机	排放满足法规	Ⅱ	—	Ⅱ	Ⅲ	Ⅱ	Ⅱ	Ⅱ	—	Ⅱ

表 3－15（续）

机 型		Robex 150LC－9 (HYUNDAI)	DH150LC－7 (DOOSAN)	EC140BLC/VOLVO	SK140 LC－8/KOBELCO	PC130－7/KOMATSU	ZAXIS 130H/HITACHI	SWE150LC（山河智能）	CLG915C（柳工）	SY135C－8
主要参数	履带长/mm	—	3495	3740	3750	3610	3580	3736	3759	3665
	履带节距/mm	—	—	—	—	—	—	171	—	—
	履带轴距/mm	3000	2780	3000	3040	2880	2880	3000	3010	2930
	履带两边全宽/mm	2600	2600	2590	2490	2490	2490	2600	2600	2490
	履带板宽/mm	600	600	600	500	500	500	600	600/800	500
	支重轮个数/个	7个/边	7个/边	7个/边	6个/边	7个/边	7个/边	7个/边	7个/边	7个/边
	托链轮个数/个	1个/边	1个/边	1个/边	1个/边	1个/边	1个/边	1个/边	1个/边	2个/边
	履带节数	—	—	—	46	43	—	—	45	—
	平台宽/mm	—	2490	2450	2490	2490	2460	2519	2440	2490
	液压油箱/L	124	—	100（205液压系统总量）	101（172液压系统总量）	90	130	152	150（180液压系统总量）	—
	冷却液/L	—	—	20.3	14	13.4	—	—	20	—
	燃油箱容量/L	270	—	260	275	247	250	245	275	—

第五节 前装机、铲运机和推土机作业

一、前装机作业

1. 前装机及其特性

前装机（也称前端式装载机）是一种具备采装、短距离运输、排弃和其他辅助作业能力的多功能工程机械。前装机可直接挖掘松散的非固结土砂或固结而松软的土及风化岩石，也可在爆破良好的爆堆中挖掘中硬甚至中硬以上岩石。前装机兼行运输作业时运输距离一般不超过 150 m。

前装机可根据需要装备前卸、后卸或侧卸的铲斗。有的前装机的工作部分和走行部分可相对转动 90°，有利于装载工作的顺利进行。前装机既有采用履带走行的，也有采用双轮或四轮驱动胶轮走行的。虽然同类轮式前装机的挖掘力较履带走行的前装机小，但由于它具有灵活机动、运行速度高、缓坡作业性能较好、维护费用相对较低等优点，80% 以上的前装机还是胶轮的。前装机的动力装置可以是柴油机－电动机组或柴油机－液压装置。目前，国外生产的特大型前装机的功率已达 1500 马力，铲斗容积达 22 m^3；我国生产一批小型的前装机，最大斗容已达 5 m^3。图 3－50 为前装机实物图。

前装机和相同斗容的机械铲相比，具有机体重量轻（仅为机械铲的 1/6～1/7）、价格低、操作简单方便等优点，但生产能力低（仅为机械铲的 1/2）、寿命短，并且要耗费大量的燃油和轮胎。

在一些中、小型露天矿中，可以使用前装机进行采装工作。但前装机的挖掘力及线性

图 3－50 前装机实物图

参数较小（允许安全作业的台阶高度一般不大于 6 m，个别可达 10 m 左右），限制了它作为主要采掘设备在大、中型露天矿中的应用。目前，前装机在露天矿场中的作业主要有：配合自卸载重卡车、带式输送机等进行采掘作业；担负工作场地的准备和平整，出入沟及运输道路的修筑和维护；配合机械铲、拉铲或轮斗挖掘机作业进行工作面集堆和选择开采，清扫或采掘大型采掘设备剩留的残煤（或其他有用矿物）；排土场辅助作业，地面贮矿场的装车外运以及移设水泵、移置涵洞管道、牵引损坏车辆等辅助工作。

图 3－51 为前装机在工作面向自卸卡车装载的作业方式示意图。

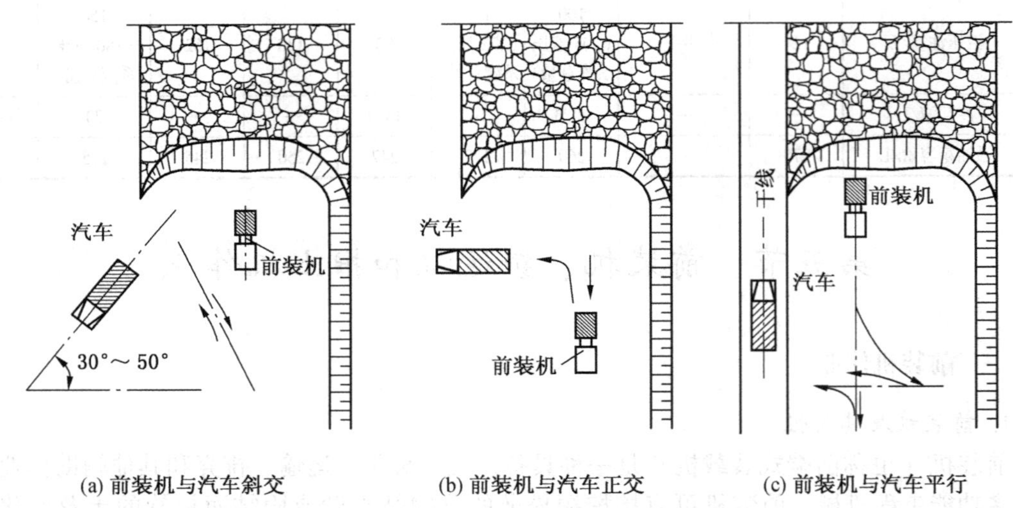

图 3－51 前装机向自卸卡车装载作业方式示意图

图 3－52 为作采运设备用的前装机在露天矿场中配合溜井、转载平台及破碎机等进行装载的示意图。

2. 前装机的生产能力

前装机的生产能力可按下式计算：

$$Q_c = \frac{3600EK_m T\eta}{tk_s} \tag{3-64}$$

式中 Q_c——前装机的生产能力，m^3/班；

E——铲斗额定容积，m^3；

K_m——铲斗满载系数，与物料铲挖的困难程度有关，一般在 1.1～1.25 之间变动；如物料最长边大于 35 cm，则 K_m 值较低；

k_s——物料在铲斗中的松散系数，一般在 1.2～1.35 之间；

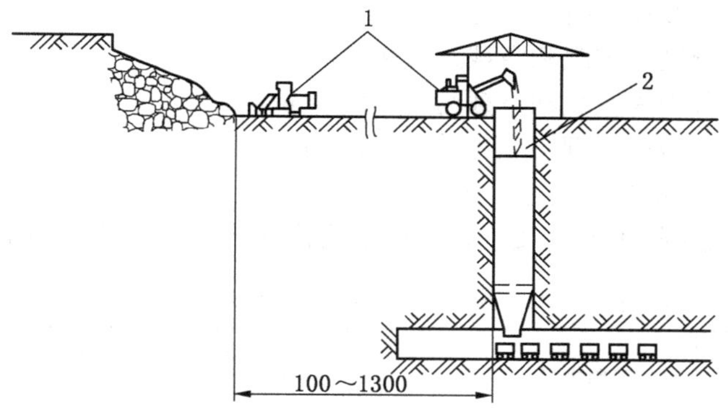

(a) 通过溜井转载

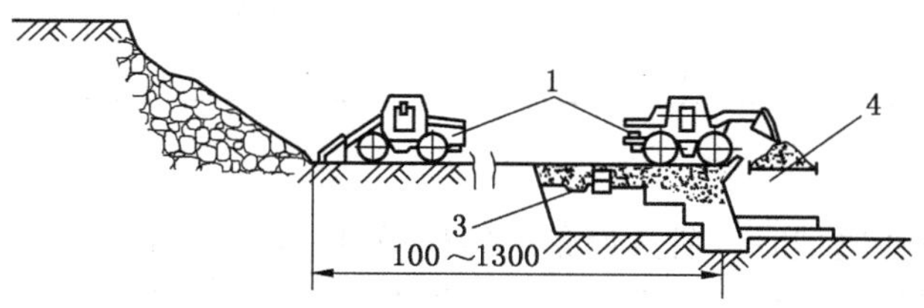

(b) 利用转载平台转载

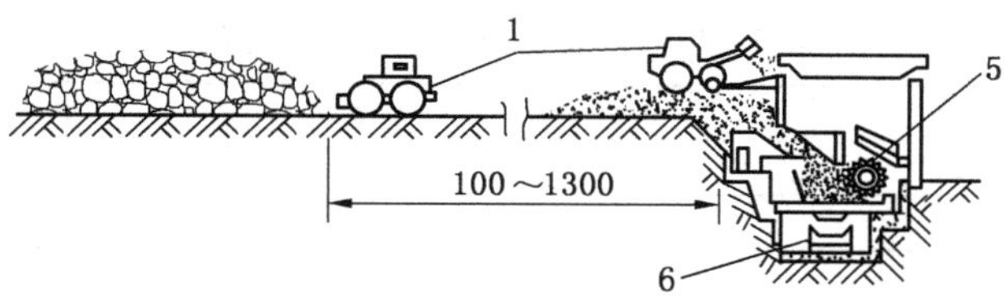

(c) 通过破碎机转载

1—前装机；2—溜井；3—转载平台；4—运输车辆；5—破碎机；6—胶带

图 3－52 前装机配合溜井、装车站台、固定破碎机等向运输设备装载示意图

T——班工作小时数，h/班；

η——班时间利用系数；

t——前装机的作业循环时间，s。

前装机的作业循环时间：

$$\begin{cases} t = t_z + t_x + t_{zy} + t_{ky} \\ t_{zy} = \dfrac{L_{zy}}{v_{zy}} \\ t_{ky} = \dfrac{L_{ky}}{v_{ky}} \end{cases} \tag{3-65}$$

式中 t_z——装载时间，一般为 10～12 s；

t_x——卸载时间，一般为 4～8 s；

t_{zy}——重载运行时间，s；

t_{ky}——空载运行时间，s；

L_{zy}、L_{ky}——分别为重载和空载运行距离，m；

v_{zy}、v_{ky}——分别为重载和空载运行速度，m/s。

运行速度和距离有关。一般当运距为20~30 m时，为1.0~1.7 m/s至2.2~3.0 m/s；在有路面层的道路上运行时空车可达3.6~4.2 m/s。

不同功率前装机铲挖不同性质物料时的平均指标参考值见表3－16。

表3－16 不同功率前装机的平均作业指标值

挖掘物料性质	挖掘物料的时间/s	不同功率前装机的运行速度/($m \cdot s^{-1}$)	
		250马力	大于300马力
砂和软岩	9~12	1.4~1.6	1.5~1.7
致密的砂砾岩	10~15	1.2~1.4	1.4~1.5
爆破粒度小的岩石	12~18	1.0~1.1	1.2~1.4

3. 前装机选型

在进行前装机设备选型时，所选设备的结构类型应满足工作性质的要求，线性参数不仅与工作面各项基本参数相符，还需与矿山规模及运输距离相适应。

表3－17~表3－19为有关文献推荐的前装机选型参考指标。

表3－17 前装机斗容与运距的关系

斗容/m^3	2.0	3.0	4.5	7.5	9.0
最大运距/m	120	150	170	250	300
合理运距/m	50	65	80	125	150

表3－18 大型露天矿采用轮胎式前装机的合理运距 m

年产量/10^4 t	挖掘机和自卸卡车规格		前装机载重量/t				
			2	4	5	9.9	16
100	2.3 m^3 挖掘机	10 t自卸卡车	70	120	150	380	430
100	4 m^3 挖掘机	27 t自卸卡车	60	110	140	350	390
150	3.1 m^3 挖掘机	27 t自卸卡车	70	100	120	150	200
150	4.6 m^3 挖掘机	40 t自卸卡车	50	80	90	100	150

表3－19 中小型露天矿采用轮胎式前装机的合理运距 m

年产量/10^4 t	挖掘机和汽车规格		前装机载重量/t				
			2	4	5	9.9	16
10	2.3 m^3 挖掘机	10 t自卸卡车	470	760	920	950	1100
	4 m^3 挖掘机	27 t自卸卡车	350	560	650	700	800
30	2.3 m^3 挖掘机	10 t自卸卡车	170	280	350	800	890
	4 m^3 挖掘机	27 t自卸卡车	260	450	540	1190	1330
50	2.3 m^3 挖掘机	10 t自卸卡车	110	190	240	560	630
	4 m^3 挖掘机	27 t自卸卡车	160	280	340	750	830
80	2.3 m^3 挖掘机	10 t自卸卡车	80	130	170	400	440
	4 m^3 挖掘机	27 t自卸卡车	110	190	230	520	570

二、铲运机作业

铲运机是重要的土方机械，能够完成物料的铲挖、运送及排弃等工作，通常被称为拖拉铲运机。

铲运机在露天矿中主要用于表土的剥离、运输和排弃，也用于采掘煤或其他松软有用矿物，并可用于复田工程。图 3-53 为铲运机实物图。

图 3-53 铲运机实物图

目前，铲运机主要有两种型式：配备一台柴油机的标准两轴四轮驱动型；配备一台（或两台）柴油机及一台提升运输机，能将物料从切割边缘推向铲斗的四轮型驱动提升型。图 3-54 为普通型铲斗和带有提升输送机的铲斗挖掘物料的示意图。

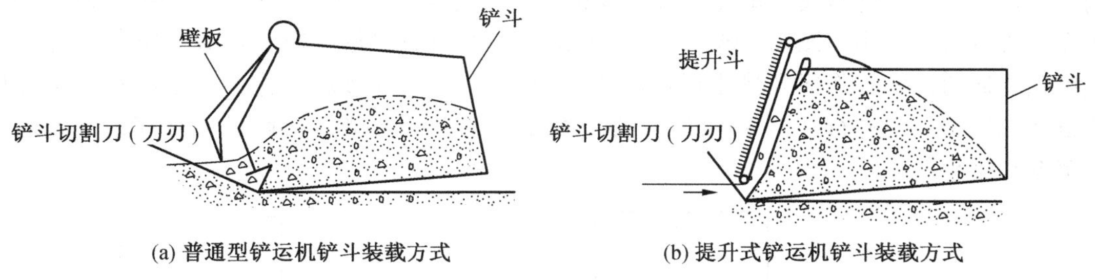

图 3-54 两种不同类型铲运机铲斗装载方式示意图

铲运机可以由拖拉机牵引作业，也可以自行（轮式）作业。目前，在国外大量使用的是斗容为 10~42 m^3、功率为 175~900 马力的铲运机。

铲运机在露天矿中使用具有以下优点：①机动性好；②既可完成剥、采工作又能担负筑路等辅助作业；③能有效地铲挖层间的软薄夹层，有利于选择开采；④对运输道路要求不高，并能在一定的斜坡上作业；⑤能有效地进行复田工作。其缺点：①作业受气候影响较大；②只能铲挖软的、不夹杂的砾石和含水量不大的土岩；③运输距离受一定限制。因此，铲运机能有效工作的条件为：①1~4 级不含集聚砾石的松散土岩，对于 3~4 级较致密的土岩需用犁土机预先松散；②物料含水不超过 15%，含水量过大，除会造成物料黏附于斗壁而不易卸出外，还会使铲运机黏、陷于土中；③铲运机的运距，斗容为 6~10 m^3 的不大于 600 m，斗容 15 m^3 的不大于 1000 m，斗容大于 15 m^3 的可达 1500 m；④作业区的纵向坡度：在拖拉机牵引时，空载上坡不大于 13°，下坡不大于 22°，重载上坡不大于 10°，下坡不大于 15°，侧向坡度不大于 7°；自行式铲运机上坡时不大于 9°，下坡不大于 15°，侧向坡度不大于 5°。

铲运机的工作循环：①下放铲斗铲运机在工作面慢速运动以铲挖物料，满斗后，将铲斗提升至运输位置；②重载运行；③下放铲斗，打开斗底，在慢速运动过程中将物料均匀地排弃在指定地点，物料卸尽后，将铲斗提升至运输位置；④空载运行返回工作面。

为了提高铲运机在挖掘比较致密物料时的有效性和生产力，可采用由轮式拖拉机助推的串联作业方式（图 3－55）。助推时，应使拖拉机和铲运机尽可能地保持接触，并在助推拖拉机上安装减震装置。

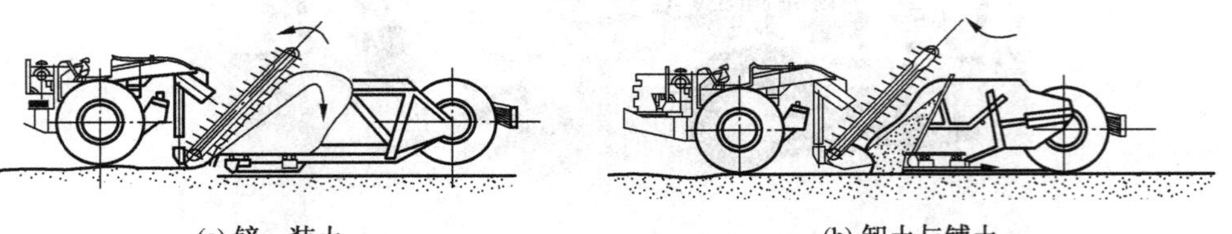

(a) 铲、装土　　(b) 卸土与铺土

图 3－55　轮式铲运机采用助推拖拉机配合作业

为了充分发挥串联机组的作业效率，铲运机在进入工作面前应处于进行装载的状态。拖拉机在铲运机完成铲挖并提起铲斗后应立即返回到助推的起始位置，并尽可能在转角平缓的条件下停于离下一台铲运机装载起始点对角距约为 15 m 的地方，以便拖拉机在最有利位置把铲运机引导至装载地点，并减少机组串联的对准时间。图 3－56 为铲运机典型工作面布置方式。其中，图 3－56a 为铲运机在水平工作面铲挖物料，重载及空载铲运机通过单独的通道出入工作区和排土场；图 3－56b 为铲运机在倾斜工作面铲挖物料，排弃作业也是在倾斜面上进行；图 3－56c 为排土场布置在采区两侧，铲运机采用穿梭方式进行物铲挖和排弃。

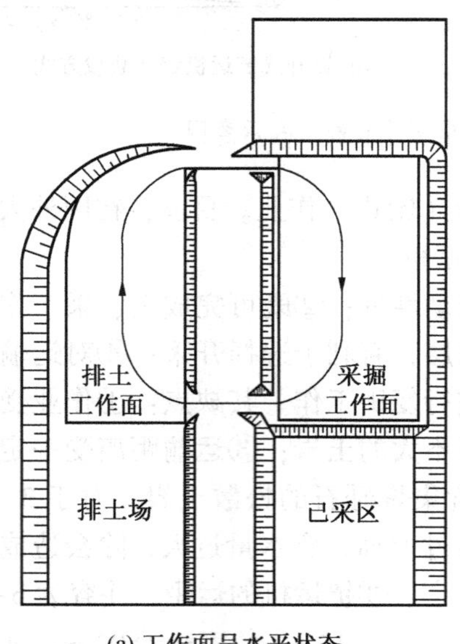

(a) 工作面呈水平状态

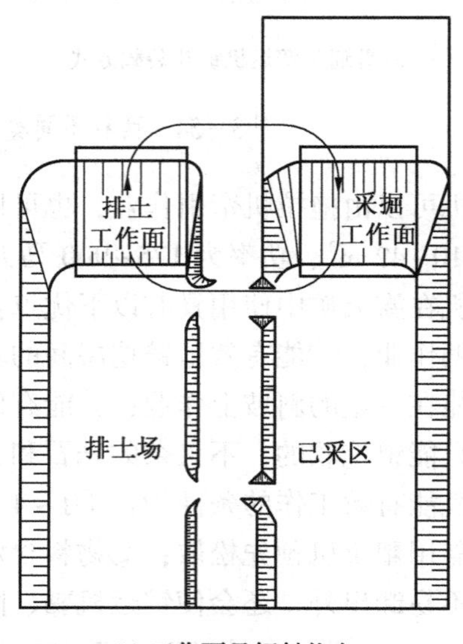

(b) 工作面呈倾斜状态

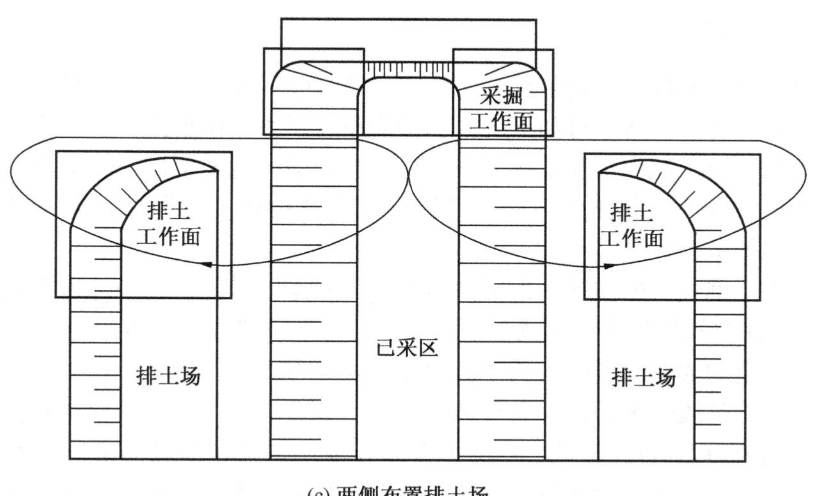

(c) 两侧布置排土场

图 3－56 铲运机典型工作面布置方式示意图

图 3－57 为铲运机交叉进行剥离及采掘砂矿时的布置示意图。

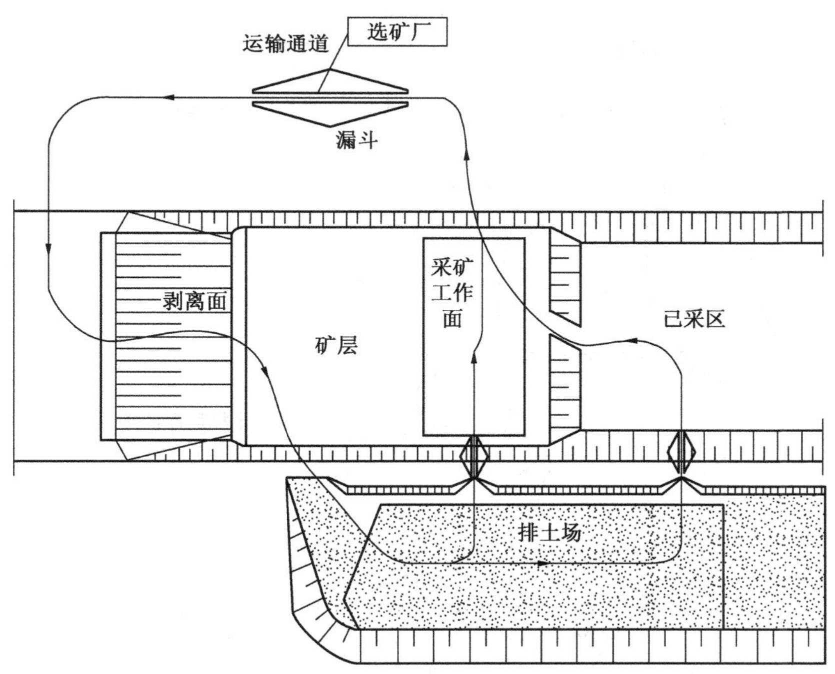

图 3－57 铲运机交叉进行剥离及采掘砂矿时的布置示意图

铲运机的生产能力可参照前装机生产能力公式计算，其班时间利用系数与露天矿工作制度有关，两班作业时为 0.85，三班作业时为 0.70。

三、推土机作业

推土机是一种既能进行物料铲挖，又能完成推运和排弃工作的多功能土石方机械，在露天矿中主要作为辅助设备进行如下工作：①清扫和平整工作平盘；②工作平盘标高的局部调整；③清扫矿层、配合主要采掘设备进行选择开采；④残留矿层的集堆；⑤出入沟和运输道路的修筑和维护；⑥作为牵引工具进行短距离拖运；⑦配合其他设备进行复田工作；⑧排土场的辅助工作。

推土机适用于推挖松软物料，也可推运经过预先爆破的矿岩。一般推土机的推运距离不大于 100 m。在松软物料作下坡或水平推运，且运距不超过 50 m 时，采用推土机极为有利。目前国外制造的大型推土机的功率已超过 300 马力。

推土机大部分是履带走行，而近年来轮式推土机发展也很快。由于轮式推土机运行速度较高（可高达 48 km/h），因此，在露天开采作业中，工作面之间的距离对轮式推土机不再是一个限制因素。图 3－58 为轮式推土机作业及调动的示意图。轮式推土机的机动性好，适用于作中等坡度长距离推土作业，而履带式推土机则适用于陡坡，短距离推土作业。

图 3－59 为履带式推土机和轮式推土机。

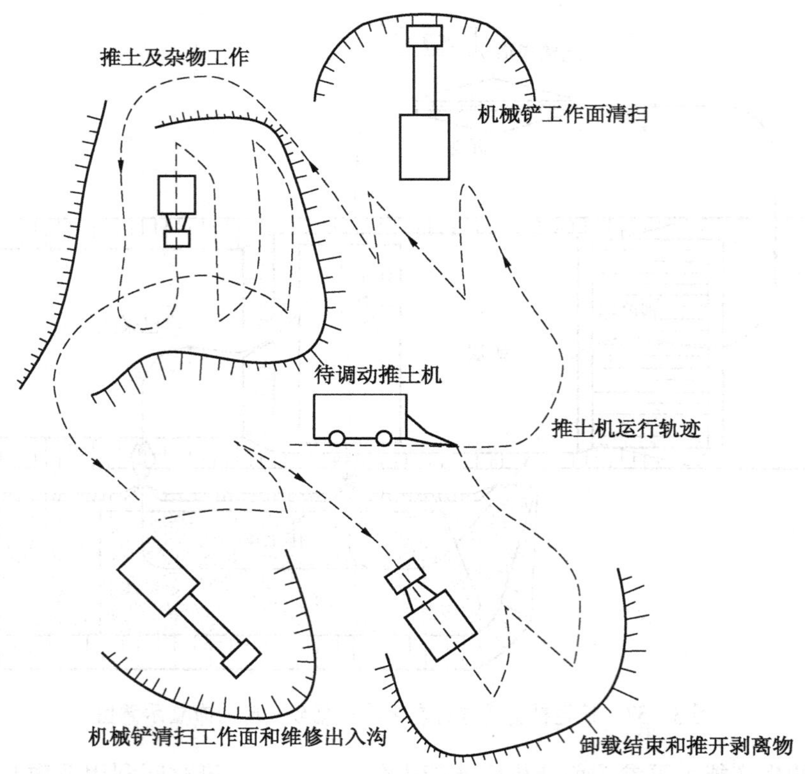

图 3－58 轮式推土机作业及调动的示意图

(a) 履带式推土机

(b) 轮式推土机

图 3-59　履带式推土机和轮式推土机

推土机的刮刀可用钢绳，也可用液压操纵，近年来大部分推土机的刮刀采用液压操纵。

推土机作业时先将刮刀放下，推土机慢速前进，刮刀切入并铲刮物料，在刮刀前的物料达到一定容积后，将物料推运至卸载地点并按要求将物料铺开。大部分推土机的刮刀仅能垂直升降，但也有能做水平侧向转动，将物料推向旁侧。

推土机的生产能力以单位时间内推运物料体积表示：

$$Q_t = 60q\frac{T_b}{t}\eta_b \tag{3-66}$$

式中　Q_t——推土机班生产能力，m^3/班；

q——每次推土铲刮下的物料体积，m^3/次，与物料性质及工作面坡度有关，下坡时推土量较平地时多；

t——每次作业循环时间，min，其值取决于推土距离和作业坡度；

T_b——班工作小时数，h/班；

η_b——班时间利用系数，一般为 0.80~0.85。

第六节　露天采矿机作业

露天采矿机是借鉴道路机械和井下综采机组而开发的一种新型露天采矿设备，采用分层铣削方法连续式开采矿石。自 1981 年在露天矿开始使用以来，露天采矿机在开采薄矿层及复合层状矿床的选采方面日益显示其优越性。它具有如下优点：①集开采、破碎、收集于一身，省去了钻孔、爆破及与之相关的辅助环节，简化了工艺程序，避免了爆破震动带来的不利影响；开采后的物料粒度适中，不需要二次破碎。②一次采厚小，选采性能好；刨采深度可以自由调整，实现精确选采；回收薄煤层，提高资源采出率；可减少废石混入，提高矿石质量。③机身质量轻，行走速度快，机动灵活。④作业坡度大，截割力强，对地质条件的适应力强。⑤连续作业，生产能力大。我国有丰富的适合露天开采的褐煤资源，其中大部分资源具有原煤硬度小、煤层结构复杂的特点，适合采用露天采矿机开采。

一、装载方式

采用卡车运输时，采矿机开采物料有两种装载方式：一种是采矿机直接装入卡车，另一种是采矿机侧面堆成料带，由前装机装入卡车。

1. 直接装入卡车（图 3－60）

露天采矿机相对电铲而言，具有机身质量轻，行走速度快，机动灵活的特点，加上卡车的高机动性，这套系统对地质条件的适应能力强，开采后的工作面无需平整就能满足汽车行驶的要求，而且轮胎损耗小，汽车运输效率高。

图 3－60　采矿机将物料直接装入卡车

该种装载方式主要存在两方面的问题：①当卡车被装满后，采矿机停机等待卡车的入换。采矿机工作的连续性受到破坏，生产能力不能得到充分发挥；②由于卡车爬坡能力的限制，当煤层倾角大于卡车最大工作角度时，该系统受到一定的局限性。针对这两个问题，提出对应的解决方案：①当卡车被装满后，采矿机不停机，新入换的卡车快速跟进对中，撒在工作面上的物料由前装机来处理；②采用水平分层，利用采矿机可自动识别岩性、滚筒可抬起放下的优势，遇煤采煤遇岩采岩。

2. 侧面堆成料带，由前装机装入卡车（图 3－61）

露天采矿机的装料胶带可实现上下左右摆动，可将单幅或者多幅开采下来的物料在采矿机侧面堆成料带，由前装机装入卡车。料带的堆砌高度和宽度与采矿机和前装机的尺寸有关，要本着发挥前装机最大生产效率的原则，决定料带的参数。该种方式中，前装机的

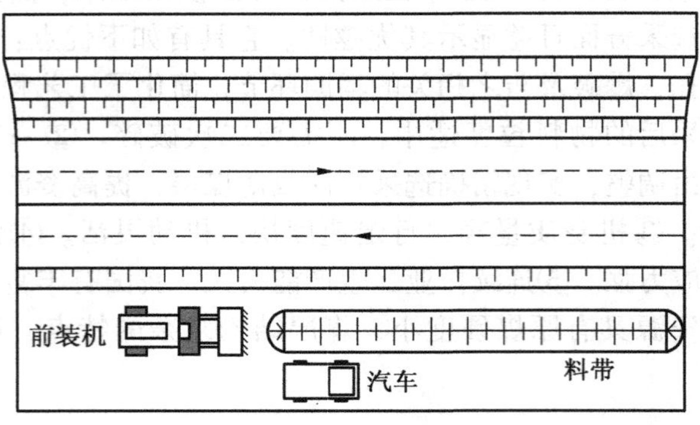

图 3－61　采矿机侧面堆成料带，由前装机装入卡车

工作能力要满足要求，设备的选型至关重要。

二、与带式输送机配合的方式与参数

露天采矿机依靠带截齿滚筒的转动实现对煤岩的连续性开采，带式输送机配合运输可以最大限度地发挥露天采矿机的生产能力，且运输成本会大幅下降。采矿机与带式输送机的配合可以分为直接搭接和使用转载机两种方式。

1. *采矿机直接与胶带搭接*

（1）台阶高度。台阶高度的计算方法与之前相同，但是要符合限制条件。

$$H \leqslant H_{采max} - H_{采-胶} \tag{3-67}$$

式中 $H_{采max}$——采矿机装料输送带以最大角度工作时，输送带顶端距离采矿机站立水平的高度；

$H_{采-胶}$——采矿机的装料输送带以最大角度工作时，输送带最高处距离输送带站立水平的高度。

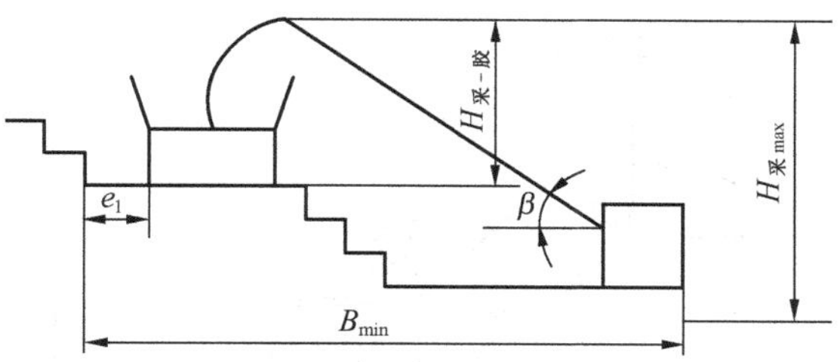

图 3-62 使用输送带运输时的台阶高度

使用输送带运输时的台阶高度如图 3-62 所示。

（2）最小工作平盘宽度 B_{min}：

$$B_{min} = B_{胶} + \cos\beta_{max} \times B_{采胶} + e_1 + B_{采} \tag{3-68}$$

式中 $B_{胶}$——输送带机的宽度；

$B_{采胶}$——采矿机装料输送带的长度；

β_{max}——采矿机装料输送带最大工作角度；

$B_{采}$——采矿机宽度；

e_1——带式输送机与上一台阶小分层之间的安全距离。

2. *采矿机—转载机—输送带的开采方式*

采矿机直接与输送带搭接，由于采矿机装料输送带长度的限制，不仅带式输送机必须进行频繁地移动，导致系统生产能力的下降，而且对台阶高度和平盘宽度有很大的制约。为了充分发挥采矿机的连续性和高生产能力，在采矿机和输送带之间使用转载机进行转载，减少了带式输送机的移设次数。使用转载机也有两种形式：1 台采矿机搭载 1 套输送带和 2 台采矿机搭载 1 套输送带。

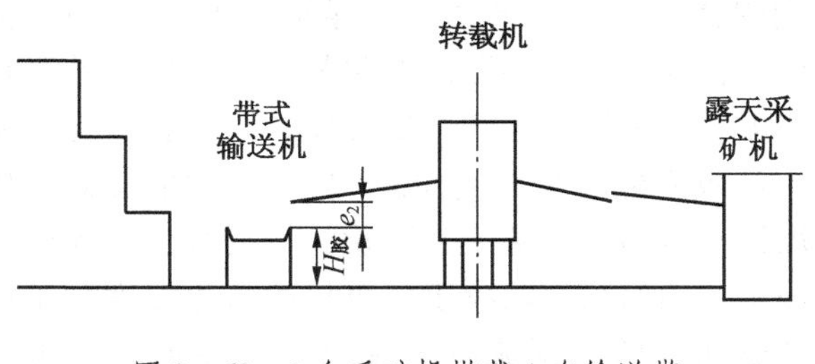

图 3-63 1 台采矿机搭载 1 套输送带

（1）1 台采矿机搭载 1 套输送带（图 3-63）。

台阶高度 H：

$$H \leqslant H_{转max} - H_{胶} - e_2 \tag{3-69}$$

式中 $H_{转max}$——转载机向上以最大角度工作时，输送带顶端距离转载机站立水平的高度，m；

$H_{胶}$——带式输送机的高度，m；

e_2——转载机卸料输送带到带式输送机的安全距离，m。

工作平盘宽度 B：

$$B \leqslant B_{胶} + L_{转max} + L_{采max} + B_{采} + e_1 \qquad (3-70)$$

式中 $L_{转max}$——转载机伸展最大长度，m；

$L_{采max}$——采矿机输送带在水平投影上最大长度，m。

（2）2 台采矿机共用 1 套输送带（图 3-64）

台阶高度 H：

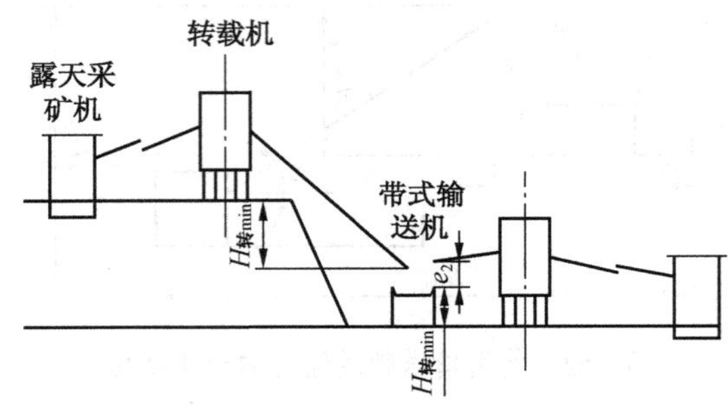

图 3-64 2 台采矿机共用 1 套输送带

$$H \leqslant H_{转min} + H_{胶} + e_2 \qquad (3-71)$$

式中 $H_{转min}$——转载机向下以最大角度工作时，输送带顶端距离转载机站立水平的高度，m；

其他符号意义同前。

工作平盘宽度：上台阶工作平盘宽度的计算与采矿机直接搭载输送带的方法一致，下台阶工作平盘宽度的计算与 1 台采矿机使用 1 套输送带的方法相同。

第七节 端帮采煤机作业

端帮开采技术发端于 20 世纪 40 年代，西方采矿业发达国家对端帮压煤的开采技术进行了研究。对于厚煤层，通常采用房柱法。该方法回采率低，但技术简单，相当于露井联采的生产工艺；对于薄煤层，通常采用螺旋钻开采方法。螺旋钻端帮采煤工艺在国外出现的较早，国内在 20 世纪 70—80 年代开始在一些矿山应用。由于受技术装备的限制，该工艺生产能力小，生产效率低，在露天煤矿的应用效果不太理想，但是由这项技术发展而来的螺旋钻采煤技术在国内井工矿薄煤层开采中得到了广泛的应用。

螺旋钻开采方法通过间隔布置钻孔、向煤体中打钻的形式采出煤炭（图 3-65）。该方法的回采率较高，弊端在于设备的灵活性差，为了与煤层厚度变化相适应，钻杆的直径参数需要不断调整，此外，钻杆钻进偏斜率大、钻进深度较浅、钻杆安装耗时长、螺旋钻整机移动不便，如此多的弊端导致螺旋钻生产效率低。20 世纪 80 年代，通过借鉴井工矿山房柱式采煤机的经验，露天煤矿连续采煤机应运而生。基于其平稳的操控性，在保留安全煤柱的基础上，其余煤炭均可以采出。该工艺的回采率取决于采煤机的行进深度和工作地点转移的效率。1994 年，在连续采煤机成功经验和螺旋钻开采技术的基础上，美国 SHM（Suprior Highwall Miner）公司研发了 SHM 端帮采煤机，该设备的问世为开采端帮煤炭及其他露天压覆露头煤带来了革命性的改变。端帮采煤机的切割部类似于井工矿的房柱式采煤机。端帮采煤机具有高安全性、高操控性、较强的灵活性、占用人员少、开采能力大等特点，大大提升了端帮煤炭的回采率，降低了吨煤生产成本。

端帮开采是将设备安置在待开采的煤层端帮前方的空地或台阶上，不需要单独进行剥

图 3-65 螺旋钻采煤机生产现场

离或基建即可对水平或倾斜等较复杂条件的煤层进行开采。截割头由液压缸通过推进臂推入煤层进行截割，被截割下的煤炭通过推进臂系统运出巷道，转至外部的旁侧地面堆放，最终在开采端帮形成一系列矩形断面的平行巷道（图 3-66）。以端帮采煤机为主的采煤工艺不仅设备灵活可靠，而且是一项环保高效的工艺形式。此工艺对地表的破坏远远小于传统露天开采工艺，山体植被不受破坏。

图 3-66 端帮采煤机生产现场

端帮采煤技术特征表见表 3-20。

美国 TEREX SHM 公司研发的露井联合端帮采煤机生产现场如图 3-66 所示。SHM 端帮采煤系统可以在浅地表、露头煤剥离露头盖层后所形成的台阶上进行开采，也可以根据煤层分布，在露头煤周围进行端帮开采，还可以沿着煤层的走向进行沟壑开采以及在螺旋钻开采过的煤层继续开采，进一步提高矿区、矿井的资源回收率。在煤矿端帮开采过程中，

表3-20 端帮采煤技术特征表

采煤工艺	优点	缺点	适用条件	应用前景
井巷工程	1. 工艺简单，便于管理。 2. 布置灵活	1. 端帮布置工作面安全性差。 2. 在端帮煤层布置巷道，对支护要求高。 3. 不利于端帮边坡稳定。 4. 独头采煤，生产效率低。 5. 生产连续性、适应性差	1. 煤层较厚，推进度不强。 2. 露天煤矿水文地质情况简单。 3. 边坡稳定性好	一般，不适应现代大型露天煤矿
螺旋钻采煤机	1. 设计先进，工作紧凑。 2. 无人工作面，安全性好。 3. 采出煤质好，含矸率低。 4. 资源回收率高。 5. 维修方便	1. 截割面积小，生产效率低。 2. 接卸钻时间长，生产效率低。 3. 采深浅，一般 60~90 m。 4. 地质条件要求高。 5. 设备体积大，场地要求高	1. 薄煤层开采。 2. 地质条件稳定。 3. 硬度不高的矿岩	1. 一般，不适应现代大型露天煤矿。 2. 经改进后，在部分井工矿薄煤层开采中应用广泛
端帮采煤机	1. 开采方案简单、环保，无须大量矿建、地下支护，没有塌陷危害。 2. 设备先进、智能化控制、无人工作面；安全性高。 3. 组合切割刀盘，适应不同煤层厚度。 4. 生产能力大，效率高，最大采深达 300 多米。 5. 操作人员、辅助设备少，便于管理。 6. 地质条件要求低	1. 设备成本高，初期投资相对前两种形式大。 2. 对设备操作人员要求高	1. 陡坡开采。 2. 薄煤层开采。 3. 破碎顶板、松软底板开采。 4. 倾斜、断层、波浪煤层开采	1. 应用前景广泛。 2. 适用于各种复杂地质条件

采煤机设备需要修建开采台阶，开采台阶的最小宽度为 12. 8 m。高效端帮采煤设备的采高范围为 0. 71~6. 40 m，并且开采深度可以达到 300 m 以上。根据煤层的不同厚度，可选用不同采高，且可快速更换电动截割头进行开采。SHM 端帮开采的三种典型方式：露头煤等高线开采、露天矿端帮资源回收、沟槽开采，如图 3-67 所示。

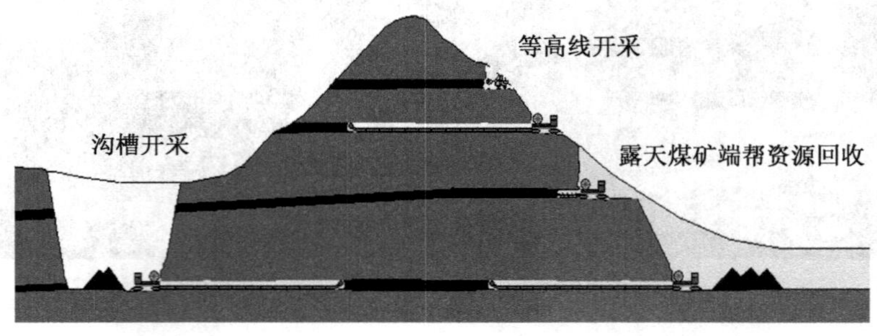

图 3-67 端帮采煤作业的典型开采方式示意图

TEREX SHM 端帮采煤系统的优点是：①技术成熟，系统可靠，已在世界 60 多个矿区成功使用；②生产能力大，月产可达 20 万 t；③开采煤房深度大，可达 300 m；④发生局部冒顶压机事故时，可强行拉出；⑤可露天作业，避免井工开采的不安全性。

第八节 采装设备选择

一、选择采装设备的主要影响因素

采装工作是露天矿工艺系统的核心环节，居于主导地位。采装设备的选择是否合理，直接关系到整个工艺系统的有效性、露天矿生产活动的可靠程度和经济效果。目前，国内外露天矿应用最多的主要采装设备包括单斗挖掘机（其中主要是机械铲）、轮斗挖掘机、拉铲。前装机、拖拉铲运机及推土机除在条件合适时担负部分采剥工作外，主要作为辅助设备完成一些辅助工作。

采装设备选择的内容包括设备的类型（如机械式单斗挖掘机、拉铲、液压挖掘机等）和规格（包括型号、生产能力、规格尺寸、机械性能等）。影响采装设备合理选择的因素主要有：

1. 挖掘物料性质及其地质条件

挖掘物料的性质是合理选择采装设备的主要依据。反映挖掘物料性质的各项物理力学指标，如岩石强度、硬度、韧性、物料组分、含水率、节理和层理等，都不同程度地影响所选设备作业的有效性和可靠性。标志着物料强度的切割力值，是能否有效地使用轮斗挖掘机的决定性因素。

物料的组分在很大程度上决定着采装工作的经济效果。例如，在采用轮斗挖掘机直接挖掘石英质等研磨性物料时，铲斗及斗齿的磨损极其严重，但在挖掘泥质物料时，铲斗及斗齿的磨损就极小。

物料中是否夹杂有呈不规则分布的坚硬块状物料、在多雨地区物料中的含水率等对能否采用拖拉铲运机有决定性影响。

2. 气候条件

气候因素对一般电力机械铲的影响并不严重，对轮斗挖掘机、液压挖掘机、拖拉铲运机等则有不同程度的影响。如我国北方有些褐煤田，因为风、冷、硬的影响，轮斗挖掘机作业仍存在一定的困难。在严寒地区采用液压挖掘机，除需耗费大量的耐寒柴油和液压油外，还常因严寒使液压油的黏滞度加大，造成高压油管爆破。

3. 工艺系统整体影响及外界条件

在露天矿设计工作中，有时需要对可能的工艺系统或外界条件进行技术经济比较，然后才能最终选定某一类型的采装设备。例如在一些边远缺电地区开发露天矿时，如采用柴油挖掘机可以省去一笔长距离输电线路的建设投资；但在日常生产过程中，会因耗费大量燃料油而增加采装成本。如采用电力挖掘机，虽需追加输电工程的建设投资，但长时期的采装成本较低。何者为优，就需在经济比较后才能确定。

4. 设备供应的可能性

设备供应的可能性往往涉及如何正确地处理发展国产设备和引进国外技术装备间的关系，能否利用国外资金引进国外设备，采用不同来源设备的投资效果等，这些问题政策性强，有时会成为选择设备的决定性因素。

选择采装设备时，应遵循以下原则：

（1）技术上满足露天矿开采要求，且能充分发挥采掘设备效率。

（2）力争节省投资费用，采掘设备能力满足露天矿生产需要，但不浪费，经济上合理。

（3）考虑设备寿命与开采年限合理配合。

（4）考虑设备的环保性，确保矿区生态环境不受破坏。

二、物料可挖性的确定

俄罗斯学者研究了机械铲挖掘自然状态下的物料或从爆堆中挖掘已破碎的物料，提出了以单位挖掘力来表示物料的可挖性，并进行土岩分级（适用于机械铲），见表 3－21。

表 3－21　适用于机械铲的以单位挖掘力为依据的岩石分级表

岩石分级	单位挖掘阻力 K_F/(N·cm^{-2}) 最小~最大/平均值	岩石状态和变形特征						
		整体状态				破碎后		
		岩石特征	结构–强度指标		岩石种类	不同块度的松散系数 K_s		
			抗压强度/MPa	整体凝聚力/MPa		非常小和小的块度 $d_p<20$ cm	中等块度 d_p= 20~40 cm	大和非常大的块度 d_p= 40~60 cm
Ⅰ	1.0~6.0/3.0	软的和松散岩石	＜3.0	＜0.02	煤 半坚硬岩石	1.3~1.35 1.35~1.45	1.35~1.45 —	— —
Ⅱ	6.0~12/9.0	足够强度的岩石，冻结的Ⅰ级岩石h_d=0.5~0.7 m	3.0~8.0	0.02~0.04	煤 半坚硬岩石 坚硬岩石	1.25~1.3 1.35~1.4 1.4~1.45	1.3~1.35 1.4~1.5	— —
Ⅲ	12~20/16	松软的煤 致密的岩石 冻结的Ⅰ级岩石（冻深h_d=1.3~1.6 m和冻结的Ⅱ级岩石）	8.0~10.0	0.04~0.07	煤 半坚硬岩石 半坚硬岩石 重矿石	1.15~1.20 1.3~1.35 1.35~1.4 1.4~1.45	1.25~1.3 1.35~1.4 1.4~1.5 —	— 1.4~1.5 1.5~1.6 —
Ⅳ	20~28/24	中等硬度煤 非常致密岩石 冻结岩石 Ⅰ级(h_d=2.4~2.6 m) Ⅱ级(h_d=0.7~0.8 m) Ⅲ级（h_d=0.2~0.3 m）	10.0~15.0	0.07~0.10	硬煤 半坚硬岩石 半坚硬岩石 重矿石	1.05~1.1 1.2~1.25 1.25~1.3 1.35~1.4	1.15~1.2 1.25~1.3 1.3~1.35 1.4~1.45	— 1.3~1.4 1.4~1.5 —
Ⅴ	28~38/33	硬煤 很小持久变形的半径硬岩石 冻结岩石 Ⅱ级（h_d=1.0~1.2 m） Ⅲ级（h_d=0.5~0.6 m） Ⅵ级（h_d=0.2~0.3 m） 极度裂隙的坚硬岩石 极度裂隙的重岩石	15.0~30.0 15.0~20.0 ＞60.0 ＞80.0	0.1~0.5	非常坚硬岩石 半坚硬岩石 Ⅵ~Ⅶ级 坚硬岩石 Ⅵ~Ⅶ级 重矿石	1.02~1.05 1.1~1.15 1.2~1.25 1.25~1.3	1.05~1.15 1.15~1.2 1.25~1.3 1.3~1.35	— 1.2~1.3 — —

表 3-21（续）

岩石分级	单位挖掘阻力 $K_F/(N\cdot cm^{-2})$ 最小~最大/平均值	岩石状态和变形特征						
		整体状态				破碎后		
		岩石特征	结构-强度指标		岩石种类	不同块度的松散系数 K_s		
			抗压强度/MPa	整体凝聚力/MPa		非常小和小的块度 $d_p<20$ cm	中等块度 $d_p=$ 20~40 cm	大和非常大的块度 $d_p=$ 40~60 cm
Ⅵ	38~50/44	非常坚硬的煤 有持久变形的半坚硬硬岩石 冻结岩石 Ⅱ级（$h_d=1.6\sim1.8$ m） Ⅲ级（$h_d=0.8\sim1.0$ m） Ⅵ级（$h_d=0.4\sim0.6$ m） Ⅴ级（$h_d=0.2\sim0.3$ m） 坚硬岩石和富有裂隙的重矿石	>30.0 20.0~30.0 >80.0	0.15~0.23	半坚硬岩石 Ⅶ级岩石 Ⅷ~Ⅸ级坚硬岩石 Ⅷ~Ⅸ级重岩石	1.1~1.15 1.15~1.2 1.2~1.25	1.15~1.2 1.2~1.25 1.25~1.3	1.2~1.25 1.25~1.3 1.3~1.35
Ⅶ	50~70/60	持久变形的半坚硬岩石 冻结岩石 Ⅵ级（$h_d=0.9\sim1.1$ m） Ⅴ级（$h_d=0.4\sim0.6$ m） Ⅵ级（$h_d=0.2\sim0.3$ m） 坚硬岩石和中等裂隙重矿石	>30 20.0~30.0 >80.0	0.23~0.35	坚硬岩石和Ⅷ~Ⅸ级重岩石	1.05~1.0	1.1~1.15	1.15~1.2
Ⅷ	70~100/85	冻结岩石 Ⅴ级（$h_d=1.0\sim1.2$ m） Ⅵ级（$h_d=0.8\sim0.9$ m） 坚硬岩石及很少裂隙的重矿石	>80.0	0.35~0.55	坚硬岩石和Ⅸ级重岩石	—	1.02~1.05	1.05~1.1
Ⅸ	100~150（有条件的）	坚硬矿石和实地的整块矿石	>80.0	0.55	—	—	—	—

对于单斗挖掘机，特别是机械铲，物料的可挖性表明是否需要爆破和需要爆破至何种程度。

物料的可挖性是能否采用轮斗挖掘机的决定性因素，也是轮斗挖掘机选型的主要依据。这时，一般用物料的切割阻力值表示物料的可挖性。

设备选型时，轮斗挖掘机的切割力值应大于物料的切割阻力值，按 1.10~1.70 倍选取。一般物料越软，增大的倍数越大。另外，还必须注意到，物料的切割阻力除与其物理力学性质有关外，尚与挖掘对象的赋存情况、切片方式、切割速度、铲斗及斗齿的安装位置等因素有关。垂直层理切割岩层时，切割阻力值要较平行层理切割相同物料时大，水平切片和垂直切片两者的切片形状基本相同，仅在位置上差 90°，但由于水平切片时物料进入导向槽前要改变重心位置，从而增加了摩擦力，使总的切割阻力加大。

在欧、美一些国家，物料的切割阻力多用线切割阻力（K_L）度量，而俄罗斯及东欧一些国家则习惯采用面切割阻力（K_F）。

线切割力 K_L 是指平均分配在斗轮有效切割弧全长上的切割阻力（kg/cm）。面切割力

K_F 是作用在月牙形切面平均截面上的单位面积阻力（kg/cm^2）。

研究表明，用圆唇形铲斗挖掘粒状或有黏性的松散岩石时，作用在斗齿单位长度上的切割力（线切割力）是一个仅仅取决于岩石性质的常数。这一论断对于切片横断面 $t=ab$ 的任何数值（t 为切片厚度，b 为切片宽度，a 为系数）都是适用的。因此，可以认为在松散、非塑性粒状的非胶结物料条件下，采用线切割力来度量是可取的。但在挖掘具有一定胶结程度的物料时，装有斗齿的铲斗破岩机理不同于圆唇形铲斗，这时线切割阻力不能明确地反映全部实际情况，因此，在轮斗挖掘机挖掘较坚硬的胶结物料时，采用面切割阻力能比线切割阻力更能反映实际情况。

在一定条件下，线切割阻力和面切割阻力之间有如表 3－22 所列的比例关系。

表 3－22 面切割阻力和线切割阻力间的比例关系

物料性质	系数 $a=t/b$	$k=k_L/k_F$
粒状松散物料	0.5～2.5	13.0
黏性松散物料	1.4～2.0	13.0

但是，上述关系不适用于胶结致密的挖掘物料，因为，这种情况下 K_L 和 K_F 间的关系除与岩性有关外，还与切片面积有关系（图 3－68）。

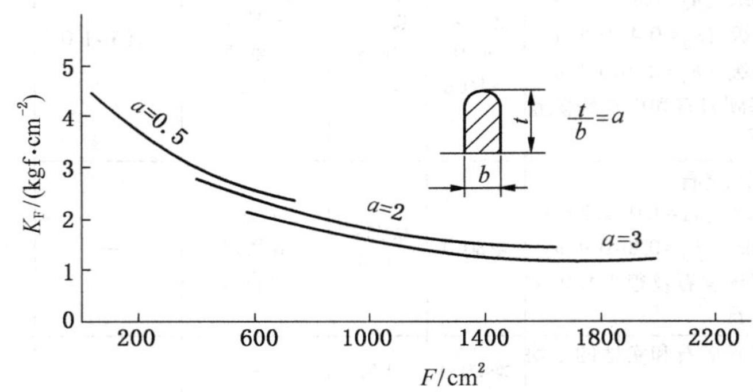

图 3－68 面切割阻力和切片面积间的关系图

对于同一种物料，切割阻力值还与切片规格有关。面切割阻力随着切片面积的增加而减少，线切割阻力则相反。图 3－69 为面切割阻力和切片厚度间的关系。

如果切片宽度 b 为常数（单位 cm），切片厚度 t 按平均值计算，则在实际工作中按以下关系换算：

$$K_L \approx K_F \frac{b}{2} \tag{3-72}$$

一般说来物料越致密、坚硬，K_L 与 K_F 的比值越小，在粗略计算线切割力时可按 10～15 倍的面切割力换算。图 3－70 为随生产能力及切片面积的变化，K_L 及 K_F 间的关系曲线。物料的切割阻力，都是根据室内及野外测定的指标计算确定的。

三、主要采装设备的适用条件

（1）单斗挖掘机，特别是电力机械铲，是一种适应性强的矿用采装设备，能可靠地在

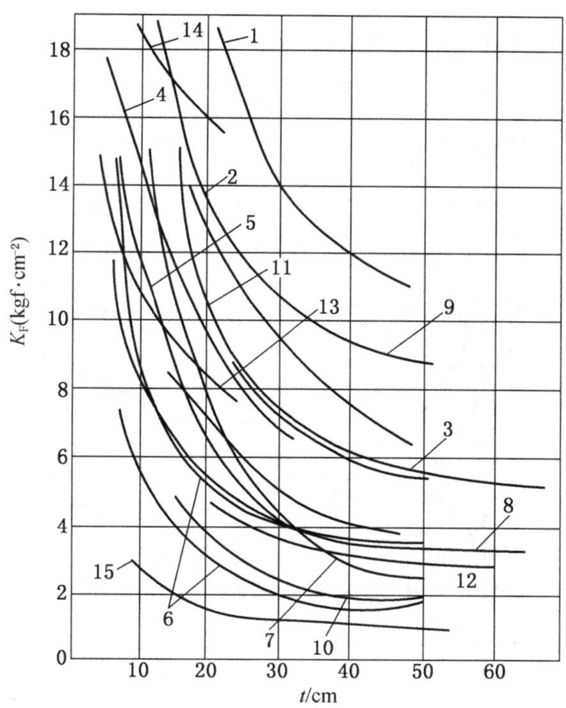

1—坚硬的碎石类砂；2—冻结黏土；3—煤；4—冻结的白垩（卡玛矿区）；5—白垩（卡玛矿区）；6—砂质黏土；7—碎石类砂；8—无光泽煤；9—埃基巴斯杜兹矿区的煤；10—煤；11—埃基巴斯杜兹矿区的煤；12—冻结的褐煤；13—冻结的含矿垆坶；14—油母页岩；15—含矿垆坶

图 3－69 面切割阻力与切片厚度间的关系图（对于不同岩石其切片厚度相同）

任何气候条件、任何物料性质和赋存情况、任何深度和海拔标高、任何生产规模的露天矿中应用，也能有效地与运输设备配合作业。因此，在设计露天矿时，机械式单斗挖掘机应是设备选型时首先考虑的采装设备。在缺电或少电地区可考虑采用液压挖掘机挖掘中硬物料（需预先爆碎），但在严寒地区选用液压挖掘机时应持慎重态度。

（2）拉铲，一般在物料松软或爆破效果良好条件下可选用，大多用于水平或近水平简单煤层的倒堆开采工艺中。

（3）轮斗挖掘机，是一种高效率的采装设备，适用于松散的土岩和矿物，可以在条件适宜的不同生产规模的露天矿中应用。

一般说来，气候条件适宜的褐煤田，特别是生成于第三纪的褐煤田，应考虑采用轮斗挖掘机的可能性。对于第三纪、第四纪的冲积、洪积层和风化程度较大的固结物料、硬煤也可考虑采用轮斗挖掘机。但这种采装设备受挖掘物料性质及环境气候影响较大，应予充分注意。

有些可能采用轮斗挖掘机的露天煤田，在地质勘探详查和精查阶段，务必查清矿岩的物理力学性质（包括物料的切割阻力值）、硬岩分布规律和赋存情况、工程地质及详细气象资料等，作为研究设备选型时依据。

（4）液压铲和前装机在露天矿作为辅助设备进行选择开采，集堆、整平场地等作业。在一些中、小型露天矿，可考虑选用前装机作为主要采装设备，在高度不大的台阶上挖掘

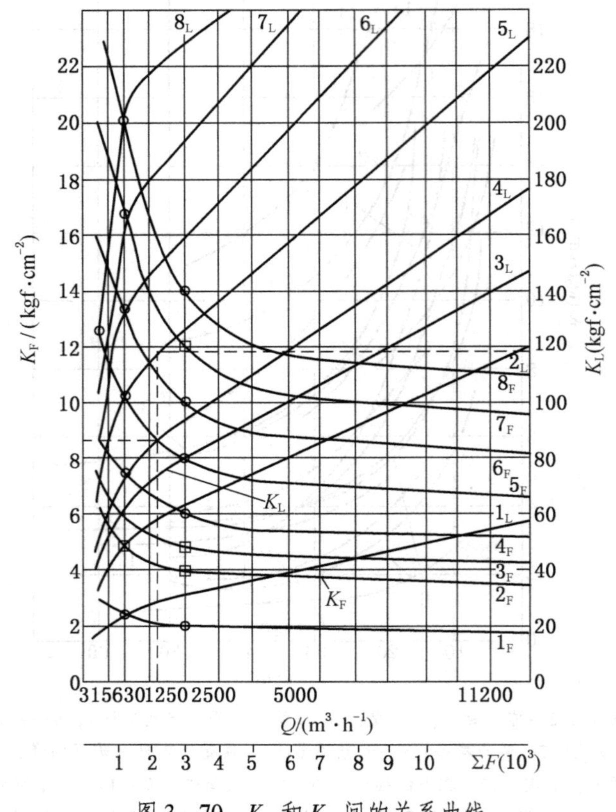

图 3-70 K_L 和 K_F 间的关系曲线

预先爆破过的中硬岩石或有用矿物。一般在缺电地区的软岩及中硬岩石（需爆破）可选用液压铲，但低温地区液压系统故障会增多。

（5）铲运机用以挖掘软岩和经破碎后的中硬岩石，当运距小于 3 km 时是经济合理的。目前多用于砂矿。大型拖拉铲运机，特别在基建期，可用于大型露天矿的剥离工作。但铲运机使用的季节性强，服务期限较短，随运距的增加生产能力急剧下降，岩石块度（大于 40 cm）和含水率（大于 10%）较大时，其生产能力亦显著下降。

当煤层上覆盖有松散的第三纪，第四纪厚层时（包括严重风化的矿岩），除可考虑选用轮斗挖掘机外，也可选用拖拉铲运机。特别是在挖掘工作面附近排弃剥离物时（一般不超过 1 km）拖拉铲运机的优越性就更为突出，在有复田要求的地区采用拖拉铲运机也非常有利。但在多雨地区且物料有湿陷性或黏结性时，采用铲运机应持慎重态度。

思考题

1. 影响台阶高度的主要因素是什么？
2. 采装工作设备类型包括哪些？简述影响采掘设备类型选择的因素。
3. 简述机械铲作业方式、工作面类型及工作面参数。
4. 轮斗挖掘机采用组合台阶的优点是什么？

第四章　运　输　工　作

第一节　概　　述

一、运输工作的作用

露天矿运输工作的任务，是将采场采出的矿石运送到选矿厂、破碎站或贮矿场，把剥离土岩运送到排土场，将生产过程中所需的人员、设备和材料运送到作业地点。完成上述任务的运输线路网络构成露天矿运输线路系统，运输线路系统和运输设备构成露天矿运输系统。

运输工作在露天矿各工艺环节中起着“动脉”和“纽带”的作用，其他工艺环节和管理工作中的存在各种问题，往往在运输环节中都能得到集中反映。

露天矿运输系统的基建（运输线路系统）投资及设备投资大、运输成本高，在矿山总投资、矿石总成本中，都各占很大比重。

在倾斜和急倾斜矿床的露天矿中，深部开采的运输条件显著恶化，运输成本急剧增加。据俄罗斯克里沃罗格矿区露天矿资料，开采深度每增加 100 m，运输费用增 50%～100%。

二、运输方式

为适应不同的矿床赋存条件和开采要求，露天开采中使用的运输方式多种多样。按作业特征，运输方式分类如下。

（1）独立式（单一式）运输，是指整个露天矿采用一种运输设备完成运输工作的运输方式。按运输设备又分为间断作业式运输和连续作业式运输：

①间断作业式运输主要包括铁道运输、自卸卡车运输、箕斗提升运输等。

②连续作业式运输主要包括带式输送机运输、水力运输、溜井运输、溜槽运输等。

（2）联合式运输，是指几种运输方式的联合运输方式，如自卸卡车—铁道联合运输、自卸卡车—带式输送机联合运输、自卸卡车或铁道—斜坡箕斗联合运输、自卸卡车或铁道—溜井（溜槽）联合运输，等等。按联合方式有如下分类：

①串联联合运输，由一种运输设备将物料运送到指定地点或转载到另一种运输设备上将物料运送到最终地点的运输方式。如自卸卡车铁道联合运输（坑内用汽车，地面用铁道）。

②并联联合运输，一部分物料用一种运输方式，另一部分物料用另一种运输方式。如自卸汽车带式输送机联合运输（自卸卡车运岩石，带式输送机运煤）。

③混合联合运输，串联方式和并联方式并存的一种运输方式。如铁道自卸卡车带式输送机联合运输（铁道用于上部剥离，自卸卡车用于坑内运煤，带式输送机地面运煤）。

铁道运输是早期露天开采广泛采用的一种运输方式，但由于铁道运输的局限性，目前在新建的露天矿中已经很少采用。

自卸汽车运输作业机动灵活，能简化开采工艺和减少基建工程量等。美、加、澳等国自卸卡车在露天采矿中的应用比重在90%左右，我国建材和有色金属露天矿、铁矿石产量的30%左右采用自卸汽车运输，大型露天煤矿，也采用自卸汽车运输。

带式输送机运输的适用条件较苛刻，可用于矿石松软的大型或特大型露天矿。为适应各种开采条件和不同的开采深度，单一运输方式在露天矿的使用日渐减少，各种联合运输方式正越来越多地获得广泛使用。

图4-1为典型露天矿运输线路系统图。

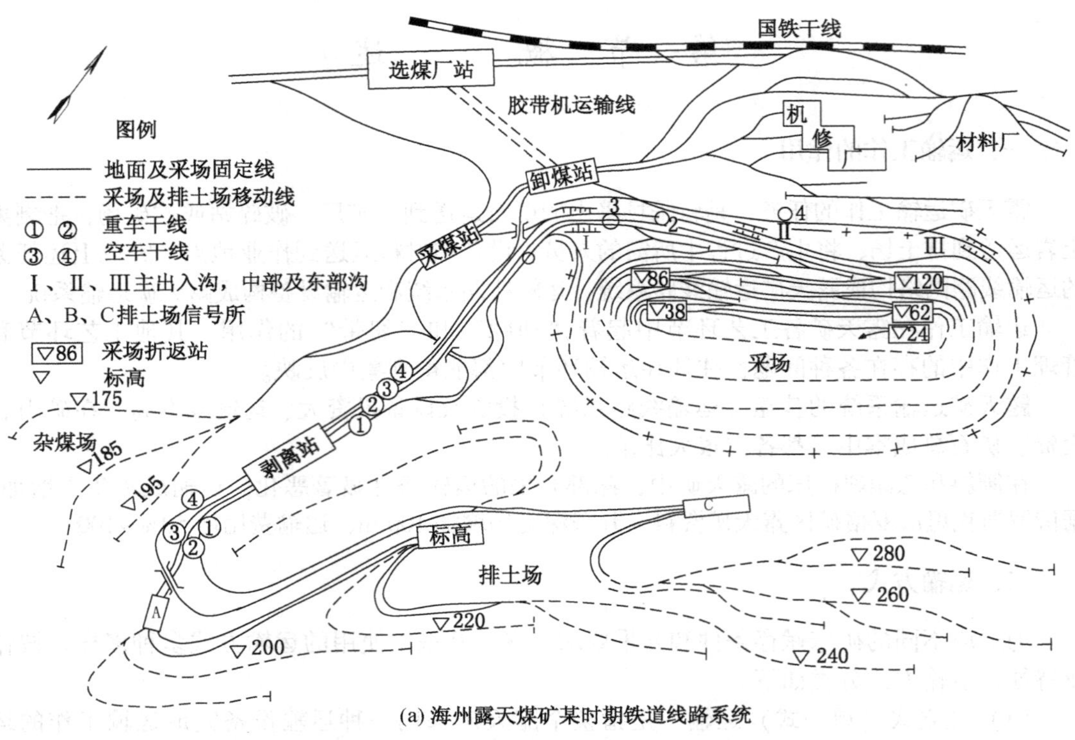

(a) 海州露天煤矿某时期铁道线路系统

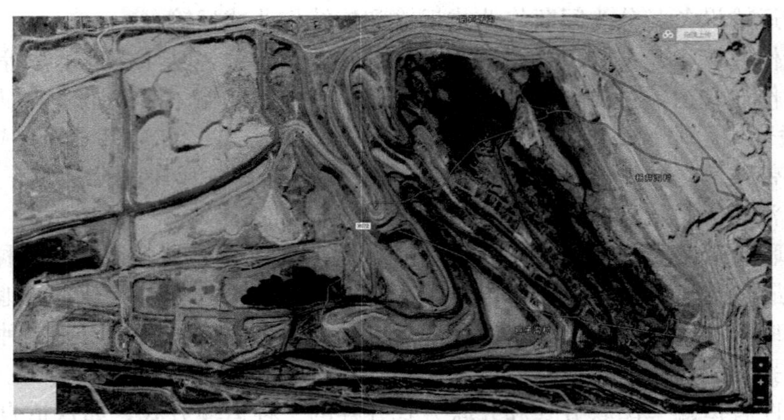

(b) 平朔安太堡露天煤矿某时期运输系统

图4-1 典型露天矿运输线路系统图

第二节 汽 车 运 输

自卸汽车运输是20世纪40年代发展起来的，也是国外露天矿广泛采用的运输方式，美国、加拿大、澳大利亚等国家90%的露天矿用汽车运输。目前我国绝大多数建材、铁矿石露天矿也采用汽车运输（如本溪南芬露天铁矿等），新建的几大露天煤矿也采用汽车运输。由于自卸汽车运输作业具有机动灵活、开采工艺简单、基建工程量小等特点，在露天矿中有广泛应用前景。矿用汽车随着露天矿开采规模的不断增大，其载重也不断增大，早期的露天矿用汽车载重为20~68 t，逐渐发展到108~154 t，进入21世纪后汽车载重逐渐达到230~320 t。图4-2为露天矿汽车运输作业图。

图4-2 矿用卡车运输作业图

一、汽车运输的优缺点及适用条件

1. 优缺点

汽车运输在露天开采中既可作单一运输方式，又可与其他运输设备组成联合运输方式。

1）优点

（1）机动灵活，调运方便。特别适于各种复杂的地形条件和多种矿岩的分采；在矿山生产作业中，可优先开采矿体的有利部分，加速矿山工程的延深和推进，便于采用近距、分散排土场，以缩短运距和减少排土场占地。

（2）使露天矿开采规模增大。只要矿床资源条件允许，采用重型汽车，可建设年能力达10~20 Mt矿石，甚至更大规模的露天矿山。

（3）爬坡能力强。一般汽车爬坡能力可达8%~12%。在高差相同的条件下，汽车实际运距较铁路短。

（4）转弯半径小。一般转弯半径为30~40 m；基建工程量小，建设速度快。

（5）运输组织简单。可简化开采工艺和提高挖掘机效率。

（6）露天矿深度较大时，易于向其他运输方式过渡。

（7）可实现高段排土，提高排土效率。

2）缺点

（1）运输成本高。由于汽车燃烧大量柴油、消耗大量价格昂贵的轮胎，导致吨公里运费高。

（2）经济合理运距短。由于汽车运输成本高，其经济运距受限，一般合理的运距不超过3.0 km。

（3）自卸卡车的保养和维修比较复杂。露天矿需设置装备良好的保养修理基地——汽车维修厂。

（4）受气候影响较大。在雨季、大雾和冰雪条件下，行车困难。

（5）污染环境。深凹露天矿采用汽车运输时，由于汽车排放烟气和道路产生灰尘，会造成矿坑内的空气污染。

2. 适用条件

鉴于汽车运输的优缺点，汽车运输在露天矿的适用条件如下。

（1）地形或矿体产状复杂的露天矿。

（2）生产年限不长或矿体分散的中小型露天矿。

（3）矿石选采要求较高的露天矿。

（4）要求矿山建设和开拓延深速度快或产量大、推进强度高的露天矿。

（5）采用分期开采、分区开采的露天矿。

（6）采用联合运输方式的露天矿。

（7）采场路基的土岩性质及水文地质条件较好的露天矿。

综上所述，地形复杂，山高坡陡，走向长度短小，矿体分散和不规则，矿石需分采以及要求加速矿山建设和加大开采规模等条件下，采用自卸汽车运输是适宜的。

二、设备选型

1. 汽车型式

矿用自卸汽车按卸载方式可分为后卸式、侧卸式、底卸式和推卸式等形式。

按车身结构形式可分为整体式和铰接式。与整体式汽车相比，铰接式汽车的转弯半径小，质量中心较低，而且各车轴之间可以有一定的相对扭曲，适合在多雨地区或道路条件很差的矿山和开发初期的矿山使用。

2. 汽车载重

矿用自卸汽车不断向大型化的方向发展，但是，大型载重车的动机传动系统，制动系统和轮胎等要求较高，轮胎费高昂，且由于载重量增大、设备台数减少、设备故障对生产的影响极大，目前应用较多的为27～320 t的汽车载重。

3. 传动

自卸汽车的传动方式有机械传动、液压传动和电力传动。机械传动系统：柴油发动机—变速机构—汽车行走部分；液压传动系统：柴油发动机—液压系统—行走部分；电力传动系统：柴油发动机—发电机（交流）—交流变直流（整流）—直流电动机—行走部分。

一般认为，载重小于30 t的自卸卡车，轮高不足以在轮内安设电机，只能采用机械传动；载重30～100 t的卡车，机械传动能满足对功率的要求，仍宜采用机械传动；载重大于100 t的卡车，适合采用电力传动。在两种传动都适用的条件下，应视矿山具体情况而定。采用电力传动的矿用汽车称电动轮自卸汽车，其传动系统如图4－3所示。

电动自卸汽车的主要优点是：结构简单、无机械传动中的离合器和液压变扭器部件，因而维修量少，牵引性能好，爬坡能力强（与机械传动比，爬坡能力约提高50%～60%）；

运行操作平稳，设备完好率高，维修费用低，技术经济效果较好。其缺点是同吨位的汽车自重大，涉水高度小。

4. 发动机

自卸汽车的发动机有汽油机、柴油机和燃气轮机等类型。载重 5 t 以上的露天矿自卸汽车，一般采用柴油机发动。

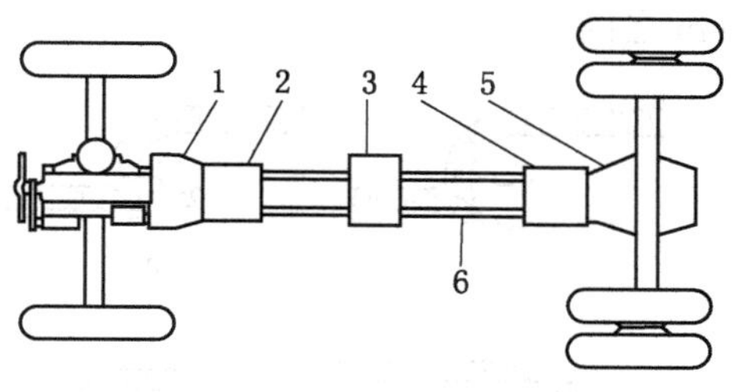

1—离合器；2—发电机；3—控制器；4—电动机；5—驱动桥；6—导线

图 4-3　电动轮传动机构示意图

5. 轮胎

轮胎类型应根据车型和作业条件等因素选择。选择得当与否，对汽车作业率、轮胎消耗和成本有很大影响。

子午线轮胎采用尼龙帘布或钢丝帘布层，经线顺子午线方向排列，胎面由钢质缓冲层或钢带支持。这种轮胎能减少胎面磨损，防止岩石扎刺和割裂，行驶和通过性能好。有条件时应尽量采用该种轮胎。

当岩石容易扎伤轮胎骨架、运距又短时，矿用汽车轮胎的主要问题是磨损而不是发热，这时宜用深纹胎面。轮胎分高压轮胎（压强 5~7 kgf/cm^2）和低压轮胎（压强 1.75~5.5 kgf/cm^2）。低压轮胎消震力强，黏着条件和通过性好，且轮胎和路面的维修费少，应用较为广泛。低压轮胎的缺点是阻力较大。

6. 车厢

汽车车厢容积应和汽车的载重及运输物料的容重相适应，以便有效利用汽车的载重。为了减少车厢自重，出现了铝质车厢。据加拿大资料，采用轻金属结构材料，汽车有效载重可提高 10%~15%。一般矿用汽车车厢容积按其额定载重和运输物料的松散容重进行设计。车厢容积分为平装容积和堆装容积，露天矿汽车装载物料一般采用堆装，以最大限度发挥汽车的运输能力。

三、工作平盘配线及汽车入换

汽车运输时，工作平盘的配线方式主要取决于露天矿坑内的运输系统（空重车对向或同向运行）。

图 4-4 为汽车运输时的工作平盘的几种配线方案。图 4-4a 中，空重汽车在台阶工作线都作同向运行。但汽车在工作面平行于工作线行驶，不转弯。该方式多用于采掘带宽度窄的情况下，而图 4-4b 中汽车在工作面附近作靠近挖掘机的转弯运行，这可减少挖掘机装车的回转角，在采掘带宽度较大时适用。

当空重车在工作台阶上对向运行时，可用回返式（图 4-4c，d，e）或折返式（图 4-4f，g）。一般回返式调车，入换时间短，但需要较宽的工作平盘。折返式调车则与之相反。在掘沟的尽头工作面入换，一般也可用回返式和折返式两种调车方式，但应用较多的是折返式（图 4-4f，g），因为这样的调车方式能大大减少沟底宽度，加速掘沟进度。在工作平盘较宽的情况下，为了减少电铲的等车时间和减少装车回转角，以最大限度地发挥电铲的生产能力，可采用双侧折返方式（图 4-4h），但要求有足够的数量的汽车，并架设电缆桥。电缆桥距电铲不得小于 50 m。

汽车在工作面的入换不受分界点的影响，入换时间较短，约为 0.5~2.0 min，一般在

1 min 之内。

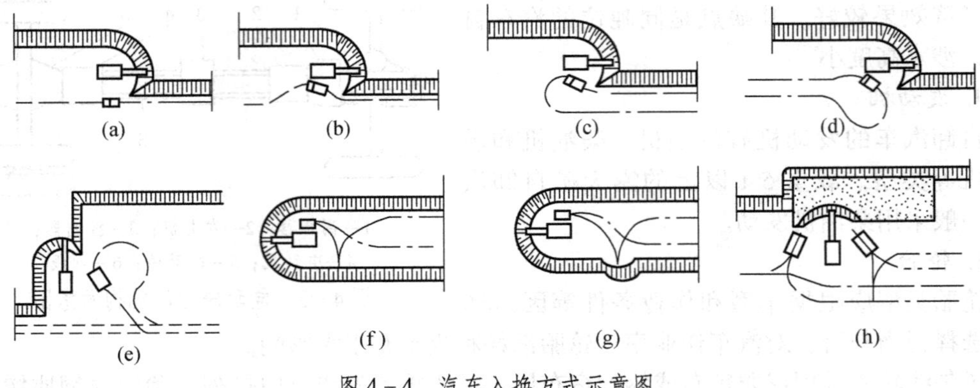

图 4-4　汽车入换方式示意图

四、汽车运行周期的组成及计算

露天矿汽车作业是周期性的，其作业过程由工作面装载、重车运行、卸载、空车运行及在装卸点等待与调车组成。汽车的运行周期时间和实际转载量决定了汽车的运输作业效率。汽车运行周期时间由装载时间 t_z、卸载时间 t_x、运行时间 t_y、调车时间 t_{d1}、等进时间 t_{d2} 及其他时间 t_0 组成。

$$t_{zq} = t_z + t_x + t_y + t_{d1} + t_{d2} + t_0 \tag{4-1}$$

（1）装载时间 t_z——主要与装载设备的斗容、汽车斗容、挖掘机作业效率和挖掘物料性质有关。一般挖掘机装满一车用 3~5 斗为宜。装车时间一般 2~8 min，实际计算时应现场实测统计。

装载时间 t_z，一般可取用表 4-1 中的数据。当物料坚硬、爆破不良时可适当增大，物料松散时适当减小。

（2）卸载时间 t_x——与车型、岩性和卸载条件有关，一般 1 min 左右。

（3）运行时间 t_y——包括空车运行时间、重车运行时间，与实际运输距离和汽车运行速度有关。一般露天矿汽车重车运行速度为 20~30 km/h，空车运行速度为 30~40 km/h，主要取决于露天矿所采用的汽车性能、道路质量（坡度、转弯半径、路面条件）、运输的安全性及车流密度等因素。

表 4-1　部分自卸汽车装载时间参考值　　min

挖掘机型号	斗容/m^3	自卸汽车载重量/t						
		25	32	60	100	136(150-C)	154(170-C)	190
W-4	4	2.5	30					
W-8	8		15	2.5	40			
W-10	12				30	45	5.1	
20 码^3	15.3					35	4.0	
25 码^3	19.1					2.7	3.3	4.0
30 码^3	23						2.7	3.3

运行时间 t_y 决定于运距和运行速度，可用下式表示：

$$t_y = 60\sum_{i=1}^{n}\frac{l_i}{v_i} \tag{4-2}$$

式中 l_i——各纵断单元上道路长度，m；

v_i——运行速度，km/h。

可将线路按坡度、转弯半径、路面等级等划分成若干段，每段道路长度为 l_i，汽车在各单元上的运行速度可按以下方法确定：

①按统计资料和经验值确定。

②按汽车在不同纵坡上的运行阻力和动力因素，由特性曲线确定。当缺乏动力因素特性曲线时，可按下式近似计算上坡时理论均衡速度：

$$V_c = \frac{270\eta N}{Q(w_0 + i)} \tag{4-3}$$

式中 V_c——理论均衡速度，km/h；

N——发动机功率，马力（1 马力≈735 W）；

Q——自卸汽车总重量，t；

w_0——单位滚动阻力，kgf/t；

i——道路纵坡,‰；

η——传动效率，0.78~0.85。

平均速度与均衡速度的差别：平均速度与前后纵坡单元的运行状况有关，它等于均衡速度乘以速度系数。速度系数可按表 4-2 选取。

表4-2 速 度 系 数

纵断单元长度/m	汽车由停车状态起动	汽车驶入该纵断时已有速度	短距离水平运距总距离 150~300 m
0~100	0.25~0.50	0.50~0.70	0.20
100~230	0.35~0.60	0.60~0.75	0.30
230~460	0.50~0.65	0.70~0.80	0.40
460~760	0.60~0.70	0.75~0.80	
760~1100	0.65~0.75	0.80~0.85	
>1100	0.70~0.85	0.80~0.90	

（4）调车时间 t_{d1}——指汽车在转载工作面、卸载点的调车时间，与调车速度、调车方式有关。一般在 1 min 以内。调车速度一般小于 8 km/h。

（5）等进时间 t_{d2}——指汽车等装、等卸、中途修车时间。等进时间包括等装、等卸和沿途停顿时间，其值与道路系统、车铲比等因素有关，随车铲比的增大而增加。与汽车的调配，采、排、运三者的合理匹配（车铲比）有关，可通过实测统计或计算机模拟获得。

以上列出的各种时间组成，可根据实测资料分析计算确定。

五、汽车运输能力

汽车运行周期时间确定后，即可计算汽车的台班运输能力 P_b。

$$P_b = \frac{60Tq}{t_{zq}}K_q \tag{4-4}$$

式中 P_b——自卸汽车台班运输能力，m^3(t)/(台·班)；

T——班作业时间，h；其值由班日历时间乘以作业率求得，通常一班作业时的作业率为0.9，两班作业时为0.8，三班作业时为0.75；

q——汽车容（载重）量，$m^3(t)$；

t_{zq}——汽车运行周期时间，min；

K_q——容积（载重量）利用系数。

计算自卸汽车的年运输能力 P_n 的公式：

$$P_n = T_n P_b \tag{4-5}$$

式中 T_n——汽车年工作班数，按年日历时间减去节假日、气候影响和检修时间乘以每天的工作班数确定。

提高汽车的运输能力的主要措施是做好汽车的维修保养工作，提高出动率和改善道路质量。

汽车的工作台数 N_g 和在籍台数 N_z 用下式确定：

$$N_g = \frac{KA_b}{P_b} \tag{4-6}$$

$$N_z = \frac{N_g}{\eta_c} \tag{4-7}$$

式中 K——产量波动系数，1.15~1.20；

A_b——露天矿班生产能力，$m^3(t)$/班；

η_c——汽车出动率，与矿山的管理水平、汽车类型、作业条件、故障修理、道路等有关，一般为0.5~0.8。

汽车的出动或故障是一种随机事件。因此，可用概率方法分析汽车的出动情况。n 台汽车中有 k 台可用的概率 $P_n(k)$ 可表示为

$$P_n(k) = C_n^k p^k q^{n-k} \tag{4-8}$$

式中 C_n^k——n 项中一次取 k 的组合数，$C_n^k = \dfrac{n!}{k!\ (n-k)!}$；

p——单台汽车可用的概率；

q——单台汽车不可用的概率，$q = 1-p$。

n 台车中至少有 k（$k \leqslant n$）台出动的概率为

$$\sum_{k=m}^{n} C_n^k p^k q^{n-k} \tag{4-9}$$

若 $k=16\sim n$，$p=0.80\sim0.90$，求得 $n=20\sim24$ 时，不少于16台车出动的概率值见表4-3。

表4-3 20~24台车至少16台汽车出动的概率

车队大小	可用概率		
	0.8	0.85	0.9
20	0.6296	0.8298	0.9568
21	0.7693	0.9173	0.9856
22	0.867	0.9632	0.9956
23	0.9285	0.9848	0.9988
24	0.9638	0.9941	0.9997

不同可用概率下有不少于16台汽车运行时所需车队规模，见表4－4。

表4－4 不同概率下不少于16台汽车运行时的车队规模

可用概率	不少于16台汽车运行的车队规模		
	时间的90%	时间的95%	时间的99%
0.8	23	24	26
0.85	21	22	24
0.9	19	20	21

六、道路质量和维护

道路养护是露天矿生产的一项日常业务，特点是工作量大，劳动强度高，采掘工作面和排土场内的道路易受爆破后抛石和重车上散落矿岩的影响。露天矿汽车运输道路通过能力是指在安全的条件下最大允许通过的汽车辆数或运输量。它主要取决于行车道的数目、道路状况和行车速度。道路能否提供经济、安全而良好的车辆运行能力，很大程度上取决于磨损道路路面材料的选择、应用和养护。汽车道路的状态对汽车的运行状况影响较大，道路养护不好，汽车运行条件差，不但影响汽车正常的运行速度，影响作业效率，而且容易发生故障，影响汽车出动率，并且增加了汽车的修理和维修费用，加剧轮胎的磨损。这样，就加大了运输成本。因此应加强道路养护，在经济合理条件下，尽量建设等级较高的路面。

矿山道路日常养护的主要内容是：修补路面坑槽、清扫路面的碎石等杂物、保持路面平整。道路养护与维修按其工作性质、工作量大小及养护频率分为3类。

（1）小修、保养：经常保持道路平整、坚实，并及时修补道路，使之处于完好状态。

（2）大修、中修：对损坏较大的道路进行修理，局部翻新或全部重建。

（3）改建：在采场或排土场内进行道路的移设或改道。

道路养护作业包括路基修筑和路面养护两方面。开采境界内的路基常采用爆破后原岩修筑；路面结构类型简单，修筑路基和路面养护的材料，应选择普氏硬度系数大于6，抗压强度大于66.9 MPa的石料。以前，我国露天矿山的道路状况一般较差，据多个露天矿山的统计，好路率约为52%。进入21世纪后，随着汽车运输在露天矿应用的增加，路面质量越来越受到露天矿的重视，设置了专门的道路养护队伍，配置了专门的道路修筑与养护设备，道路养护由原来的被动式养护转变到及时主动养护，道路养护已成为露天矿的一项重要工作，“修路即是修车”已被广泛认同。

国内外采用汽车运输的矿山，在搞好道路养护方面积累了许多行之有效的经验，主要经验如下。

（1）根据矿山规模、汽车类型、道路长度和地质自然条件，配备数量足够和类型齐全的养路设备。

（2）建立道路养护专业队伍，并辅以行之有效的管理制度。

（3）保证穿爆、采装正规作业，以保持道路的良好状态。

（4）用洒水车及时湿润路面，或用有机黏合剂（如乳化沥青）喷洒路面，以有效控制尘土飞扬，并使路面坚实。

（5）大雨后应停止作业，以免损坏路面。

（6）为克服冬季路面冻滑，可在路面上洒盐水，以减轻冰冻程度，也可采用防滑轮胎，即在普通越野花纹上，增加细沟槽，甚至在细沟槽上再镶上金属钉。

（7）对于采掘和排土工作面道路，采用三班制养护，确保道路经常处在良好状态。

第三节　带式输送机运输

带式输送机运输是一种连续运输方式，多与轮斗挖掘机组成连续开采工艺，或通过破碎机转载站配合运送有用矿物。这种运输方式适用条件较严格——要求物料硬度低且块度均匀，块度小。但由于作业连续，运输效率高，能力大，在露天矿中应用范围不断扩大，绝大多数露天煤矿的运煤系统均采用单斗汽车—半固定破碎站—带式输送机工艺。随着工作面移动式破碎机的技术成熟，单斗挖掘机—工作面移动式破碎机—带式输送机—输送带排土机半连续开采工艺已成为露天矿剥离工艺的发展方向之一。如我国内蒙古伊敏河露天煤矿于21世纪初率先采用连续工艺，大大提高了采煤作业的效率。图4－5为带式输送机在露天矿运输作业示意图。

图4－5　带式输送机运输作业图

一、带式输送机运输的优缺点、适用条件及发展趋势

1. 优缺点

带式输送机为连续作业式设备，具有以下优点。

（1）可以保证挖掘机连续作业。与间断作业式设备相比，挖掘机能力可提高10%～35%。

（2）运输能力大。带宽为1.8～2.0 m的带式输送机，其运输能力和标准轨铁道相当；带宽1.2～1.4 m的输送机，能力和900 mm轨距的铁道相当。

（3）爬坡能力大。坡度可达17°～18°，有时可达22°，而铁道一般为20‰～60‰，汽车为10%左右。

（4）易于实现自动控制，提高劳动生产率。

（5）运输成本低，经济效益好。一般带式输送机的运输成本约为汽车运输的50%～60%。

带式输送机的缺点。

（1）胶带投资高，需配备相应的破碎—筛分设备。

（2）对运送物料要求严格。一般输送带适合于运送物料松软，或爆破效果良好的中硬矿岩，且不含研磨性物料和含水率较高的黏性物料。

（3）受气候影响大，特别严寒地区和日照较多地区，输送带易损坏。

2. 适用条件及发展趋势

近年来，带式输送机在类型、规格和性能方面均得到迅速发展。如带宽达 3.2 m、带速为 5.2 m/s、每小时输送能力达 30000 t 的大型输送机，已在国外褐煤露天矿中应用；夹钢绳芯输送带抗拉强度已达 1000 MPa 以上，加以采用了多驱动装置，输送机的单机长度已可达到 15 km，输送带槽角已增至 30°~45°，出现了适应特殊需要的可弯曲、可运送大块硬岩或高倾角的输送机，在自动化和克服气候影响方面也取得了较大的成就。

带式输送机技术的发展,使其在采掘松软物料的露天矿中得到了广泛应用。在采掘坚硬物料时,带式输送机与汽车运输相结合的联合运输方式,也成为运输工艺的主要发展方向之一。

二、带式输送机主要参数和类型的选择

1. 带式输送机的主要参数

（1）输送带宽度。输送带宽度是带式输送机的重要参数。它决定着带式输送机的输送能力和输送带的费用。露天矿所采用的输送带宽度通常为 600~3400 mm，一般不宜小于矿岩块度的 3 倍。固定式带式输送机的输送带宽度可用下式计算：

$$B_d = \sqrt{\frac{Q_x}{k_\beta k_d v\rho}} \tag{4-10}$$

式中 B_d——输送带宽度，m；

Q_x——生产所需物料输送量，t/h；

v——输送带运输速度，m/s，一般取 1~2 m/s，最大为 5~6 m/s；

ρ——松散矿岩体密度，t/m³；

k_β——倾斜系数，带式输送机倾斜安装而减少运量的系数，取值参考表 4-5；

k_d——断面系数，与输送带断面形状和物料自然安息角有关，取值参考表 4-6。

表 4-5 倾斜系数 k_β 取值表

倾角/(°)	≤6	≤8	≤10	≤12	≤14	≤16	≤18	≤20
k_β	1.0	0.96	0.94	0.92	0.90	0.88	0.85	0.81

表 4-6 断面系数 k_d 取值表

槽角/(°)	动堆积角/(°)	带宽/mm		
		800~1000	1200~1400	≥1600
20	15	270	290	300
	20	300	315	330
	25	340	360	370
	30	380	400	410
	35	415	440	455
30	15	335	355	360
	20	360	380	395
	25	400	420	430
	30	435	455	470
	35	470	500	510

表4-6（续）

槽角/(°)	动堆积角/(°)	带宽/mm		
		800~1000	1200~1400	≥1600
45	15	400	420	430
	20	420	440	455
	25	450	475	490
	30	480	505	520
	35	505	535	550

（2）输送带速度。输送带速度是带式输送机的又一重要技术参数，它和输送带宽度一起决定着带式输送机的运输能力，是现代矿用带式输送机提高生产能力最活跃的因素。输送带运行速度的选择取决于岩石的物理力学特性、输送带宽度、装载点及转载点设备。一般在0.7~6 m/s内变化。提升带式输送机的输送带运行速度一般不超过4 m/s（带宽在2500 mm以内）。

（3）带式输送机倾角。带式输送机倾角取决于所运物料的性质。移动式带式输送机的最大上行倾角可达20°；运送经爆破或破碎的矿岩时，倾角宜为16°~18°；对于近圆形物料，如砂砾岩，倾角仅为13°~15°；物料下向运送的胶带机倾角一般较上向运送的小2°~3°。

2. 带式输送机生产能力

带式输送机的技术生产能力取决于输送带的宽度及物料断面形状、输送带运行速度、物料运输难度、装载均匀程度等。可按下式计算：

$$Q_j = B_d^2 v k_d k_j k_v \tag{4-11}$$

式中 Q_j——带式输送机技术生产能力，m^3/h；

B_d——输送带宽度，m；

k_v——速度系数，取值见表4-7；

其余符号意义同前。

表4-7 速度系数 k_v 的值

速度/(m·s⁻¹)	≤1.0	≤1.6	≤2.5	≤3.2	≤4.5
k_v	1.05	1.0	0.98~0.95	0.94~0.90	0.84~0.80

3. 选型

露天矿山采用的带式输送机的带宽度在600~3400 mm之间，具体选定取决于所需的运输能力、所用带速和运送物料的块度。不同物料下带宽与运送矿岩块度间的关系可参照表4-8确定。

表4-8 带宽与矿岩块度之间关系

物料种类	带宽与大块尺寸之比	托辊倾角	不同带宽下的最大块度/mm				
			600	900	1200	1500	1800
一般物料（大块量不超过1%）	2.25	20°~30°	275	400	525	675	800
一般物料（大块量在50%以下）	3	35°~45°	200	300	400	500	600
破碎后物料	3.5	任意	175	250	350	425	525
破碎物料连同筛分破碎	4	任意	150	225	300	375	450
筛分物料	4.5	任意	125	200	275	325	400

带式输送机的带速为0.7~7.2 m/s，带速的选择应考虑被运送物料的特性、输送带宽度和转载点处的设备条件，表4-9所列资料可供选择时参考。

表4-9 允 许 带 速

m/s

物料种类		输送带宽度/mm						
		600~650	800	1000	1200	1400	1600	2000~3000
砂和软岩		2.5	3.15	4.0	4.0	4.0	5.0	6.3
煤、砂砾岩		2.0	2.5	3.15	3.15	3.15	4.0	5
破碎矿岩	块度小于10 mm	—	2~2.5	2.5	2.5	2.5	3.15	3.15~4
	块度大于10 mm	—	1.6~2	2.0	2.0	2.0	2.5	3.15

带式输送机的倾角取决于所运物料的性质。移动式带式输送机的最大上倾角可达20°~22°，在运送破碎后的矿岩时倾角降到16°~18°；在运送近圆形物料（如砾岩等）时，倾角仅为13°~15°。向下运送物料时，倾角一般较上向运送时倾角小2°~3°。目前，许多大型深凹露天矿采用了大倾角输送机输送矿岩，其中影响较大的是压带式HAC(High Angle Conveyor，简称HAC)，如图4-6所示。

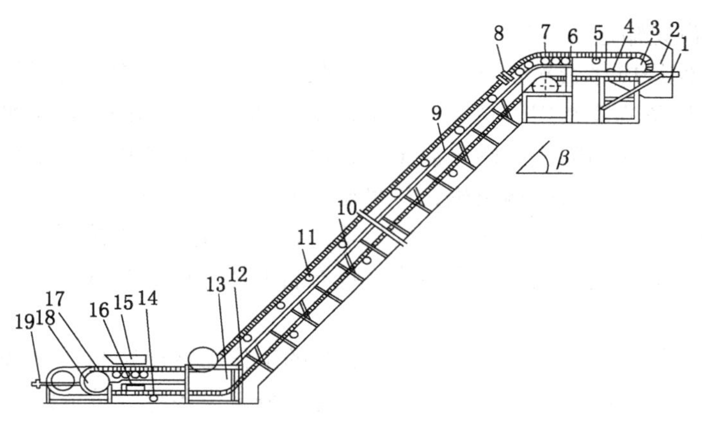

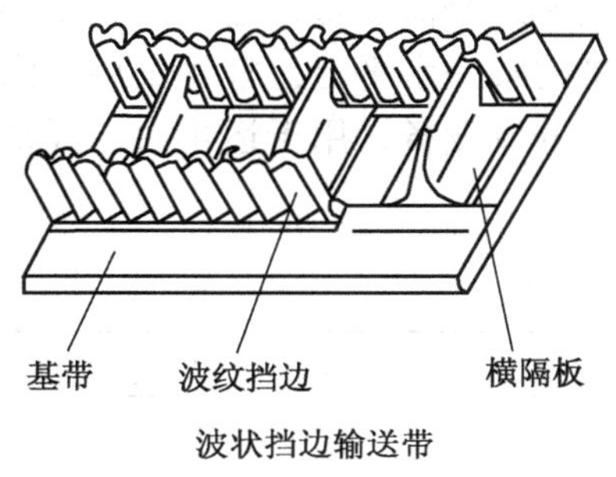

波状挡边输送带

1—卸料漏斗；2—头部护罩；3—传动滚筒；4—拍打清扫器；5—挡边带；6—凸弧段机架；
7—压带轮；8—挡辊；9—中间机架；10—中间架支腿；11—上托辊；12—凹弧段机架；13—改向滚筒
14—下托辊；15—导料槽；16—空段清扫器；17—尾部滚筒；18—拉紧装置；19—尾架

图4-6 大倾角带式输送机结构示意图

大倾角带式输送机是在普通带式输送机的基础上，采用下述两种方法之一来增大倾角的：一是使输送带工作面上具有花纹、棱槽或每隔一定距离安置横挡料板，以阻止货载在大倾角运输时从输送带上向下滑落；二是在普通带式输送机上面设货载夹持机构，将矿石夹在夹持机构与载荷输送带之间，从而增加矿石与输送带间的摩擦力，使货载在大倾角下运输不致滑落。货载夹持机构由金属带和辅助输送带组成。金属带是由许多环行链条彼此连接而成，其上段安放在辅助输送带的上段，而下段自由下垂地压在货载上，并与载荷输送带作同步运行，金属带的运行是由辅助输送带带动的，而辅助输送带具有独立的驱动装置。

大倾角输送机的倾角可达 35°~40°，最大可达 60°，所以，这种运输机在露天矿可直接布置在边坡上，从而大大缩短了运输线路长度，减少开拓工程量。

输送机所用输送带类型有普通的、合成纤维的、夹钢芯的及钢绳牵引等。当运量小、运距短（200~300 m 之间）时，可采用普通胶带或合成纤维胶带，钢绳牵引胶带适用于长距离（1.5 km 以上）和中等运量（运量一般在 1500 m^3/h 以下）的固定运输机；在运量大、运距长和物料坚硬等条件下，一般均使用夹钢芯胶带。

三、带式输送机的设置原则及分流设备

1. 设置原则

在露天矿内设置输送机时应注意以下原则。

（1）台阶工作线应尽量平、直。当矿场形状不规整时，边界部分需用辅助设备采掘。

（2）输送机设备购置费用较高，宜尽量减少采场与排土场的运输水平数。

（3）尽量增大工作面输送机的移设步距，以提高工艺系统中各环节设备的利用。

（4）选择单台长度较长的输送机，尽量避免同一运输水平有多台输送机串联作业。

（5）工作面输送机与端帮输送机或固定输送机间的交角应不成锐角，以直角为最优。

（6）当矿体走向变化较大，工作线作直线布置有困难时，折线段应尽量少。

2. 分流设备

带式输送机是连续运输设备，当从矿岩混杂的工作面运出物料或需调节各输送机间的运量时，需设置分流设备，设置分流设备的场地及分流设备称为分流站。

按分流设备的布置方式，分流站可分为分散式与集中式两类。分散分流站一般设在每一开采水平对应的干线输送带的位置上，多采用悬臂回转式分流设备，适用于运量小、赋存浅的露天矿；集中分流站一般设在出入沟干线输送带的某一水平上，宜尽量接近内排重心，以减小内排运距。集中分流站多采用滚筒台车作为分流设备，用于运量大、开采水平多的深露天矿。表 4-10 为两种分流方法对比情况。

表4-10 两种分流方法对比

序号	项目	分散分流	集中分流
1	建设时间	逐步建成	需一次建成
2	总装机功率	大	小
3	移设	转入内排时需经常改设	不需改设，或在改建时迁移
4	高程损失	无	内排时有高程损失
5	人员	多	少

四、工作面带式输送机的移设

工作面带式输送机须随采掘工作线的推进需定期移设。输送机一般按整机方式移动，不作拆卸，图 4－7 为移设输送机用的移设机。移设过程为：先将输送带放松，用移设机的夹轨器夹住输送带机架底座的钢轨轨头，借助于油缸的动作使夹轨器升高 15～20 cm，移设机回转某一角度使轨道向移动方向凸出 0.5～1.5 m，即为一个移动步距，而后移设机沿轨道作直线行驶，使钢轨带着下面的枕木朝移设机一侧移动。如此移完一个移动步距后，移设机按上述方法做第二个移动步距的移设，直到移设至设计位置。带式输送机移设前的位置与移设后的位置之间的水平距离称为工作面带式输送机移设步距。输送带机的移设步距由若干个移动步距（0.5～1.5 m）组成，一般等于一个或两个采掘带宽度（排土场为排土带宽度）。

图 4－7 胶带移设机作业图

带式输送机的机头,需与输送带机同步移动,移设方式视机头构造而定。装在滑橇上的无自备动力的驱动机头,利用移设机拖动;重量大的驱动机头,可安装在履带式、迈步式或轨道式的行走装置上,依靠自备动力移动。国外已制造出一种称为履带车的装置,可以用油缸把整个驱动机头托在一个圆盘上面作长距离走行。为减少移设时间,一般采用 2~3 台移设机同时进行移设。

五、移动式破碎机及其在工作面的配置

在矿岩较坚硬的露天矿中，需用单斗铲进行采掘。这时，若仍采用带式输送机运输，需在单斗铲后增加移动破碎机，使矿岩经过粗破碎后用输送机运送。目前，国内外常用的移动破碎机的能力为 400～1100 t/h，最大的达 3900 t/h 左右。

移动式破碎机一般由装载矿仓、给矿机、破碎机、带式输送机及走行机构等部件组成（图 4－8）。装载矿仓的作用，是暂存矿岩，用以解决单斗挖掘机不均匀供矿和破碎机连续工作之间的矛盾。矿仓容积一般为挖掘机勺斗容积的 2～3 倍以上。给矿多采用板式给矿机。破碎机有颚式、锤式、反击式及旋回式等多种类型。移动式破碎机的走行机构有履带式、迈步式、轮胎式、轨道式等多种类型。

据对露天煤矿生产的移动破碎机的统计分析表明：在移动破碎机组中，破碎机功率约占 70%，走行部分和辅助设备功率各占 15%；破碎机的功率与破碎机的生产能力、破碎比有关，可按以下经验公式估算，即

$$y = 225 + 0.09x \tag{4-12}$$

$$y = 42.3 + 1.35x \tag{4-13}$$

式中 x——破碎机能力，t/h；

y——破碎机的功率，kW。

式（4－12）适用于粗碎（破碎比大于 1:10），式（4－13）适用中碎和细碎（破碎比

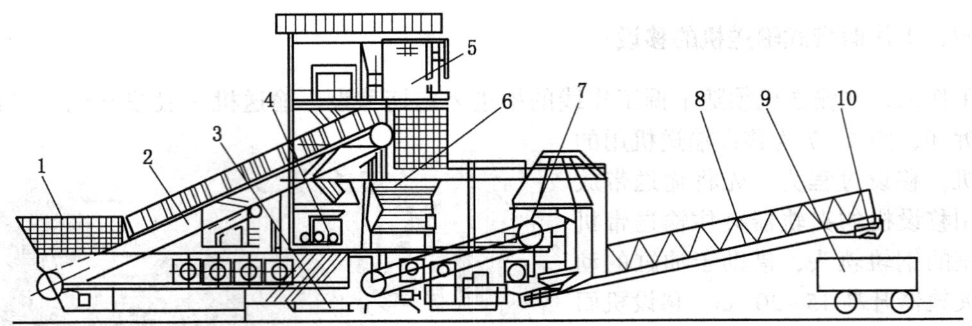

1—装料斗；2—上料带式输送机；3—行走机构；4—液压站；5—监控室；6—破碎机；7—中间输送机；8—末端输送机；9—运输车辆；10—装车料斗

图 4-8 移动式破碎机

小于 1:10)。

移动式破碎机在工作面的布置视具体情况而定。一般情况下，每台单斗挖掘机配有单独的移动式破碎机（图 4-9)，破碎机随挖掘机工作面的推进而移动。为减少工作面带式输送机的移设，可在移动破碎机和工作面输送机间增加转载机。当台阶上配设一台以上挖掘机时，各移动破碎机可共用一条带式输送机。

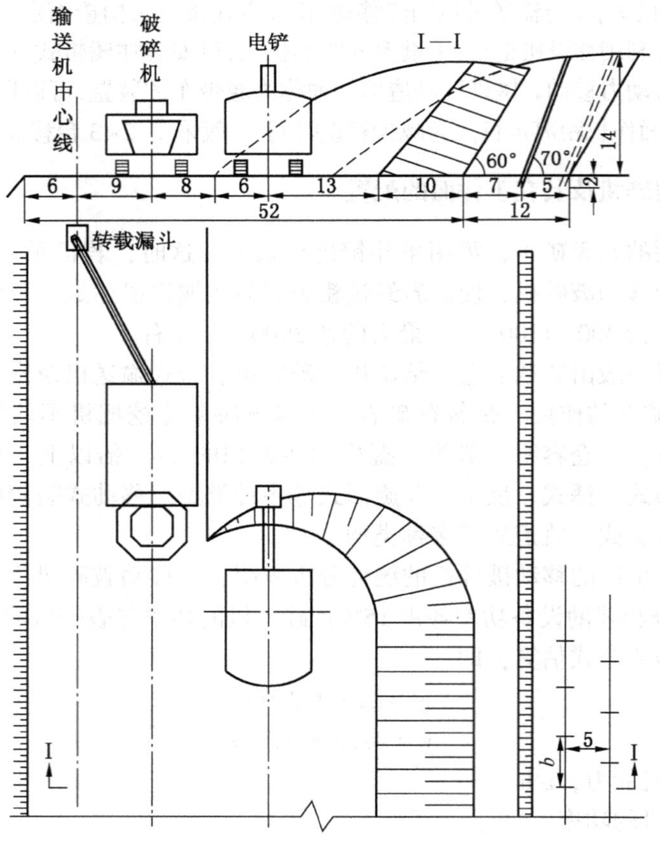

图 4-9 移动破碎机在工作面的布置图

移动破碎机的投资，约与同级半固定破碎设备的投资（包括土建费）相当。

第四节 铁 道 运 输

铁道运输曾是大型露天矿山普遍采用的主要运输方式，随着工业技术的发展，其他运输类型在露天矿得到了推广应用，铁道运输在新建矿山逐渐减少。但是，铁道运输以其运输能力大、运费低及适于长距离的特点，仍然在一些大型露天矿山承担着主要运输任务。

铁道按轨距分为标准轨与窄轨两种：标准轨距为1435 mm；小于标准轨距的铁轨统称窄轨，在露天煤矿中使用较少，一般为轨距600 mm、762 mm、900 mm。

一、铁道运输的优缺点、适用条件及发展趋势

铁道运输的优点：运输能力较大，每年可达20~30 Mm^3(50~80 Mt)；设备和线路比较坚固，备件供应可靠，运输成本低；对矿岩性质、块度以及气候条件的适应性强，在生产管理上已积累了丰富经验。

铁道运输的缺点：基建工程量和投资大，建设速度慢，受地形及矿体赋存条件影响较大，线路坡度小，曲线半径大；灵活性较差；线路系统和运输组织工作复杂。

铁道运输是一种通用性较强的运输方式，一般适用于运量较大、面积广、运距长的露天矿。目前，国内采用铁路运输方式的露天矿，主要是利用早期建矿时已形成的铁路运输系统。由于矿用自卸汽车的发展，铁路运输方式在新建大型露天矿中已很少出现，国内一些原先采用单一铁路运输的矿山，随着采场开采深度的增加，已将运输方式改造为采场下部采用汽车运输、上部采场仍延续铁路运输的联合运输方式。

二、铁道运输各牵引方式的特点及适用条件

铁道运输的牵引方式有蒸汽机车牵引、电力机车牵引和内燃机车牵引等。

1. 蒸汽机车牵引

蒸汽机车的主要优点：作业独立性强，不需液体燃料和电力，投资低。缺点：爬坡能力低，不能超过25‰；效率低，起动慢，特别是严寒地区更为突出；运营费和修理费较大，工人劳动强度大，劳动条件差。

蒸汽机车一般只适用于产量不大或开采年限不长的中型露天矿。大型露天矿的建设时期和辅助作业也常采用蒸汽机车运输。

2. 电力机车牵引

电力机车分直流工矿架线电机车和交流工矿架线电机车。直流电力机车在我国已得到了广泛应用，主要优点是牵引性能好，牵引力大，在同样线路条件下运行速度较蒸汽机车高，爬坡能力大，可达35‰~40‰，运营费用低，维修方便，司机劳动条件好。主要缺点是，需牵引电网，独立性较差，有色金属需要量大，基建投资大。

交流电力机车除了具有直流电力机车的优点外，因采用工频单相交流供电系统，电压可达6000~10000 V或更高，可减少牵引电网的电能损失和牵引变电所的数目，并且黏着系数高，起动时电能损失小、制动性能好。缺点是对通信干扰较大，价格昂贵。随着露天矿开采深度和生产能力的增大，单台机车有时不能满足需要，为此，发展了在主控机车后

加 1~2 台电动自翻车的牵引机组。

牵引机组具有以下优点。

(1) 电动自翻车的牵引能力与同轴数的电力机车相同，但黏着重量大部分由所运矿岩产生，每牵引吨位所需设备重量比同轴数的电力机车小。

(2) 电动自翻车除反向器和制动转换开关外，其余主要电器均装在主控机车上，成本约为电力机车的三分之一。

(3) 限制坡度可提高到 60‰，甚至到 80‰，从而可缩短运输距离，降低运输成本。

架线式电机车需有牵引电网，给采掘线、排土线的移设等增加了困难，且炸药库等场所禁用架线，交流牵引电网的旁架线不够安全。为了解决这些问题，出现了双能源电机车，即在主控机车上增设第二能源。第二能源有蓄电池和柴油发电机两种。采用双能源机车可使牵引电网长度减少 30%~40%，不仅降低了投资，并且扩大了电力机车在矿山内的使用范围。

3. 内燃机车牵引

内燃机车的传动方式有机械传动、液压传动和电力传动等三种。后两种功率较大，大型露天矿主要采用电力传动内燃机车（又称柴油电力机车）。

同其他类型牵引方式比较，内燃机车牵引具有如下优点。

(1) 不受外界动力供应的影响，工作独立性强，机动灵活。

(2) 热效率高，一般可达 25%~30%，而蒸汽机车仅为 6%~8%，电力机车也不到 20%。

(3) 工人劳动条件好。

(4) 机车整备设施较蒸汽机车简单。

内燃机车存在如下缺点。

(1) 过载能力差，不大适应露天矿长大坡道线路的运行。

(2) 运输成本高，价格贵。

(3) 消耗大量液体燃料。

(4) 与其他机车相比，内燃发动机维修、保养比较复杂，专用设备多，技术要求高。

由于露天矿山的工作条件差，内燃机车的应用受到较大限制，国外仅在美国露天矿山有所应用。但较小功率的内燃机车用作辅助设备还是很有前途的。

三、列车运输能力及提高

露天矿列车运输生产能力可按下式计算：

$$M = N\eta m \frac{T}{T_{zq}} nV \tag{4-14}$$

式中 M——N 列车总运输能力，m^3/a；

N——机车在籍台数，台；

η——机车出动率，%；

m——年工作日数，d；

T——每天工作小时数，h；

T_{zq}——运行周期，h；

nV——列车载重量，n 为列车中自翻车数，V 为车辆有效容积，m^3/列。

一般情况下，N、m、T 变化不大，因此，提高列车运输生产能力的途径：提高出动率 η、压缩运行周期 T_{zq}、提高列载实际装载量 nV。

1. 压缩列车运行周期 T_{zq}

列车运行周期是反映露天矿生产状况和组织管理水平的一项综合指标。列车运行周期可表示为

$$T_{zq} = t_x + t_y + t_z + t_d + t_0 \qquad (4-15)$$

式中，t_z、t_y、t_x、t_d、t_0 分别表示列车装载时间、运行时间、卸车时间、等进时间和其他时间。表 4 - 11 为我国某些露天煤矿的列车运行周期时间资料。

表 4 - 11 我国某些露天煤矿列车运行周期时间

露天矿	单位	T_{zq}	t_z	t_x	t_y	t_d	t_0
阜新海州露天煤矿	min	182	44	14	86	31	7
	%	100	24.2	7.7	47.2	17	3.9
抚顺露天煤矿	min	266.2	53.0	35.7	133.8	26.8	16.9
	%	100	20.2	13.4	58.1	11.0	5.3
阜新新邱露天煤矿	min	204	47.0	24.5	58.3	33.7	40.5
	%	100	23.0	12.0	28.6	16.5	19.9

在列车运行周期组成中，装车、卸车和运行时间是列车的有效作业时间，而等进和其他时间，除一小部分属辅助作业（列车日检、蒸汽机车上煤水等）外，均为非作业时间。

为压缩列车周期时间，可进行生产实测，并分析统计资料，找出薄弱环节，然后针对具体情况，采取有效措施。

列车运行时间决定于运输距离和运行速度。在凹陷露天矿和采用平地排土场的条件下，随着剥采工程的不断延深，采掘重心逐渐下降，排土重心逐渐上升，运距不断增加。如抚顺西露天煤矿，近年来平均运距每年增加 1.2 km，导致每列车效能每年约下降 20000 m^3。为缩短运距，可根据具体条件采用以下措施。

（1）在可能条件下，设置近距离局部排土场。

（2）对运输系统进行局部改造。例如，将坑内干线与平盘线路间的水平联络线改为倾斜线路，改设空车大坡道等。

为了提高列车的运行速度，关键在于提高露天矿铁道的质量，尤其是移动线的质量。非作业时间在列车运行周期中占有较大比重。从表 4 - 11 可看出，等进和其他时间约占列车运行周期的 16% ~ 36%，有些矿山甚至更高。

列车等进有以下特点。

（1）集中性。列车等进集中发生在车流交叉及汇集点，如线路咽喉区间，主要站所等。在一定的线路系统条件下，车流密度加大，列车等进率与等进时间均增加。图 4 - 10 和图 4 - 11 是抚顺西露天煤矿原十三段站列车等进规律实测资料。

（2）连锁性。在连贯的线路系统中，前方区间一旦闭塞，后方区间即相继停车，后方区间的列车需在前方区间列车起动后，方可相继依次起动，这种连锁反应影响很大。例如，当相继几个区间皆有列车运行时，若第一区间列车因故停车 $t_1 = 1$ min，则第 n 区间列

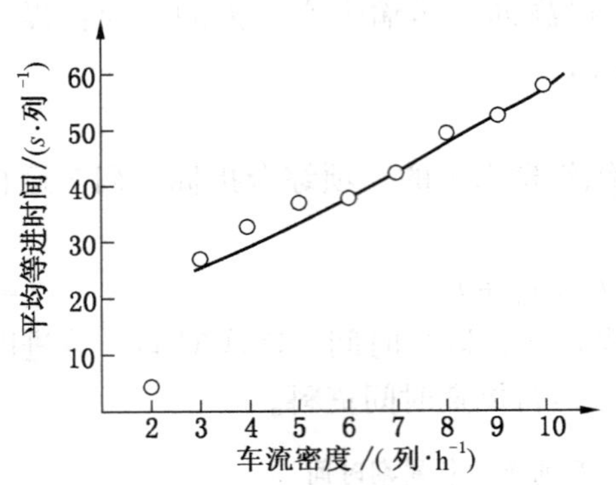

图4-10 列车等进率与车流密度关系

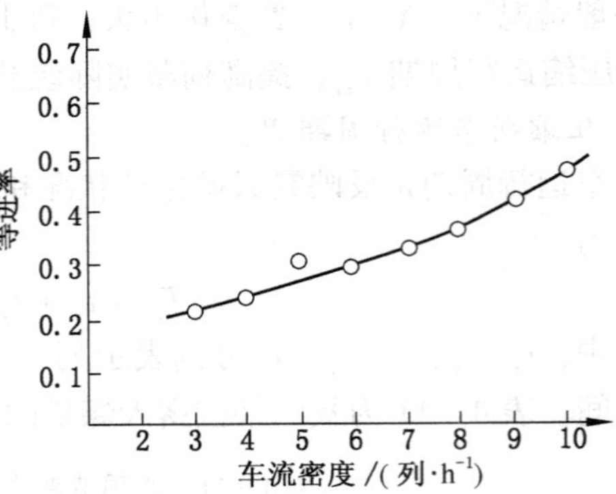

图4-11 车流密度与平均等进时间关系

车的等进时间 $t_n = t_1 + (n-1)(t^{(1)} + t^{(2)})$，$n$ 个区间列车的总等进时间为

$$\sum_{i=1}^{n} t = t_1 + \frac{n(n-1)(t^{(1)} + t^{(2)})}{2} \tag{4-16}$$

式中 $t^{(1)}$——办理闭塞时间，min；

$t^{(2)}$——列车起动时间，min。

造成列车等进的原因主要是线路系统不合理、通过能力不足、车流调配不当以及交接班影响等。为了减少等进时间，可按照矿山的具体条件采取相应措施。

（1）分析线路系统的布置是否合理，线路的通过能力是否足够，改善车站及区间的线路布置，加大通过能力和调整货流方向。在分析通过能力时，不仅要考虑平均日产量，而且要考虑产量因季节和其他因素而引起的波动，注意留有余地。

（2）合理调配车流，力求车流在线路系统上分布均匀。

（3）设置足够容量的储矿设施，避免因破碎和选矿设备故障造成矿石列车的集中等卸。

（4）改善交接班制度，减少交接班对车流密度不均的影响。列车运行周期中，各种故障、检修等所占时间统称其他时间。据一些矿山的统计资料，在其他时间中，机车和线路故障所占比重较大，一般达 30%~40%，故应注意加强设备的维护保养、改善线路及架线质量。

2. 合理提高列车载重量

（1）提高装载质量，充分利用车厢容积（或载重）。忽视装车质量，黏底车和坏车未及时摘挂等，对列车容积的利用影响很大。例如，平庄西露天煤矿每辆自翻车的装载量原为 20.3 m^3，在采取了一系列的技术组织措施后，每辆自翻车的装载量提高到 26.1 m^3，相应地提高了列车效率。

（2）充分利用机车的牵引力，提高列车载重量。在露天矿中，机车允许牵引的自翻车数，受黏着牵引力、电机牵引力、电机温升、制动条件以及站线的有效长度等制约，应分析具体矿山条件下的限制因素，并采取相应措施，增加牵引车数。例如，山坡露天矿重车下坡时，一般是制动条件限制了机车牵引数。这时，应采取各种能加大制动力的措施，如保持机车车辆制动系统良好、风闸电闸配合使用、调整制动管风压以及采用新型塑料闸瓦等。

四、技术经济指标

露天矿运输系统的主要技术指标有：运量、运距、吨-公里数、通过能力等。

在一个露天矿内，自深部向地面，货运量逐渐加大，在设置线路系统时应考虑到这一特点。露天矿的矿岩是从各不同标高的开采水平发送到不同标高的排弃地点和卸矿站。各水平的矿岩提升高度和运距各不相同。反映露天矿特定生产阶段运输特征的指标，是加权平均提升高度和加权平均运距。

加权平均运距可按下式计算：

$$L_Q = \frac{\sum_{i=1}^{n} L_i Q_i}{\sum_{i=1}^{n} Q_i} \tag{4-17}$$

式中 L_i——各水平至卸载点间运距，km；

Q_i——各水平运量，m^3 或 t。

当 $Q_1 = Q_2 = \cdots = Q_n$ 时

$$L_Q = \frac{\sum_{i=1}^{n} L_i}{n} \tag{4-18}$$

加权平均提升高度按下式计算：

$$H_Q = \frac{\sum_{i=1}^{n} H_i Q_i}{\sum_{i=1}^{n} Q_i} \tag{4-19}$$

表明露天矿运输特征的另一常用指标为每年运输的吨-公里数。运输吨公里指标可如下计算：

$$M = V\gamma L_Q \tag{4-20}$$

或

$$M = \gamma \sum_{i=1}^{n} Q_i L_Q \tag{4-21}$$

式中 M——露天矿年运输吨-公里数，t · km/a；

V——露天矿年矿岩总量，m^3/a；

γ——矿岩容重，t/m^3。

应当指出，克服高程与平道运输所需的功不同，对倾斜和急倾斜矿而言，吨-公里指标不能反映真实特征。较为确切的指标是年运输提运功 D_y，其值可按下式计算：

$$D_y = V\gamma(H_Q + L_Q W) \tag{4-22}$$

式中 D_y——年运输提运动，t · km/a；

W——列车运行阻力，kgf/t。

表明铁路有效的指标为铁路通过能力及其利用率。后者表示铁路可能通过能力和实际通过能力的比值。表 4 - 12 为抚顺西露天矿车站及区间通过能力查定情况。由表 4 - 9 可知：该矿上部车站和区间的通过能力较紧张。

表 4-12 抚顺西露天矿铁路通过能力测定情况

站或区间	通过能力/(对·昼夜$^{-1}$)	实际通过数/(对·昼夜$^{-1}$)	通过能力利用率/%
28 站	576	410	0.71
28~7 段站	388	364	0.91
9 段站	379	326	0.86
9~10 段站	310	287	0.93
13 段站	278	251	0.99
13~14 段站	230	207	0.90
15 段站	241	187	0.73
15~16 段站	245	168	0.69
20 段站	230	111	0.48

露天矿具有大量的移动线路。常用单位移设量 u 表示线路移设的频繁程度。即

$$u = \frac{L}{Q} \tag{4-23}$$

式中 L——所移设的线路长度，m；

Q——所完成的采掘量，m^3。

表明露天矿机车车辆作业效率的指标有：列车运行周期时间、日完成周期数、列车实际装载量 nv，以及台年效率等。

铁道运输的生产费用，由机车车辆、铁道线路及架线、车站及信号设备、牵引变电所、电力或燃料、车库及整备设备等费用组成。运输成本一般以元/m^3 或元/(t·km) 表示。

如露天矿耗费的年运输费用为 C 元，每年所完成的运量为 $V(m^3)$，则单位运输成本为

$$q = \frac{C}{V} \tag{4-24}$$

或

$$q_1 = \frac{C}{V\gamma L_Q} \tag{4-25}$$

上式中 q 和 q_1 随运距而变化。一般 q 随运距加大而增加，q_1 相反。

五、线路移设工作

据统计，露天矿移动线路的长度约占线路总长的 40%~50%。一个年产 1.5~4.0 Mt 煤炭的露天矿，线路移设量每月为 16~30 km。线路移设是铁路运输露天矿中最繁重的工作。标准轨铁路多采用吊车移道。一般分原地移设和远距离移设两种。远距离移设是将轨道节从原来的线路上拆下，用平板车运到另一地点重新铺设。

吊车原地移设时工作方式分为前进式（图 4-12a）及后退式（图 4-12b）两种。

移道工作方式的选择与工作面的配线方式有关。为减少移道对采掘工作的影响，当工作平盘上的采掘线作对向运行配置时，可采用以下的工作方式：采掘线 L_1 线段用后退式移道；为装载整列车所余留的采掘线 L_2 线段用前进式移道（图 4-13）。

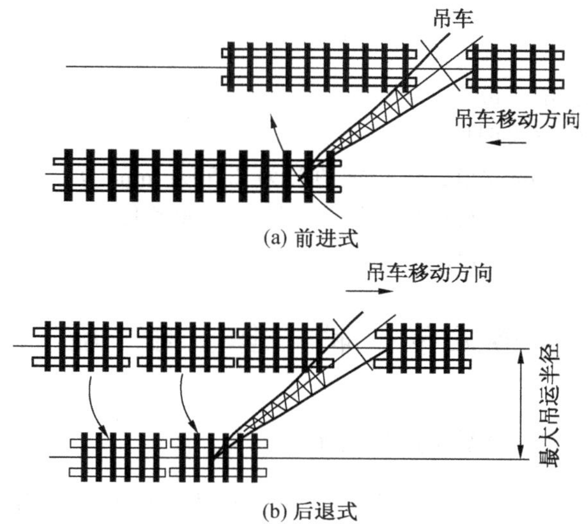

图 4－12 吊车移设工作方式示意图

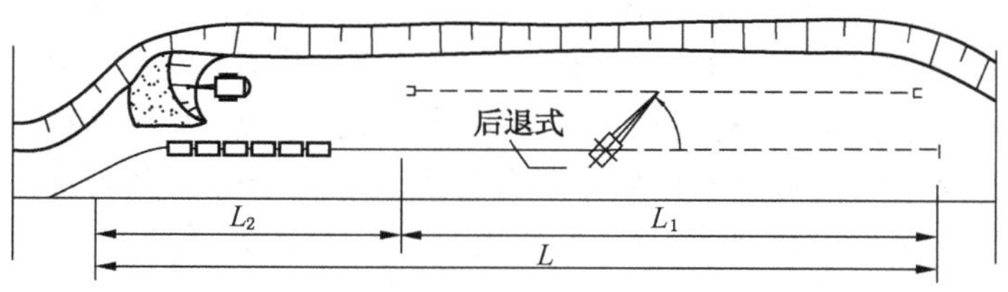

图 4－13 工作面单出入时采掘、移道平行作业示意图

如果工作平盘作顺向运行的配线，可采用分段移道。图 4－14a 表示在 L 长度内，先从道岔处移设 L_2 线段，而后移设剩余的 L_1 线段，这时挖掘机可利用 L_2 线段作业。图 4－14b 表示在可能条件下，移道前先准备出一定的可采爆堆，移设线路列车在 l_d 处按对向行车方式作业，待移设完毕，挖掘机再空程返回至新作业地点正常工作。

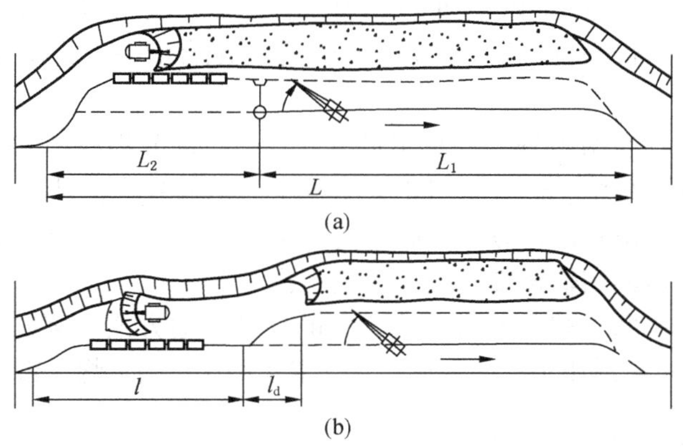

图 4－14 分段移设道路示意图

吊车移道的小时生产率 B 可以用下式计算：

$$B = \frac{60l}{t} \tag{4-26}$$

式中　l——一节铁道长度，m；

t——一节铁道的移设时间，h。

原地移设时可取 1.5 min/节，远距铺道时为 2.5~4 min/节。

吊车的台班能力取决于岩石性质、移道步距、气候条件、路面状况、组织管理水平等条件。一般地，煤矿在 1000~1500 m/台班左右，冶金矿山在 300 m/台班左右。

第五节　联　合　运　输

一、联合运输的特点、分类和适用条件

从采掘工作面到排土场（或卸载点）的运输过程，可分为工作面运输、克服高程的运输（提升）、地面运输 3 个区段。各个区段的运输方式可以是单一的，但采用单一式运输方式在经济上不合理且在技术上也难实现时，可以采用联合运输方式，即由两种或两种以上的运输方式分别完成各区段的运输（串联式联合运输）。联合运输还可以包括一些通常不能作单一运输方式的运输方法，如溜井（溜槽）运输、箕斗提升或下放、串车提升或下放、架空索道以及胶轮驱动运输等。各种运输方式的不同结合，形成了多种多样的联合运输方式。

联合运输的主要优点是可以根据矿床赋存特点、地形条件、开采深度等因素，采用不同的运输组合方式，充分发挥各种运输方式的优点，完成运输任务，获得较大的经济效益。联合运输的缺点是增加了运输环节，使运输工艺复杂化。由于露天开采深度不断增加和开采条件日趋复杂，联合运输方式的使用比重逐年上升。

联合运输方式是由几种运输方式联合而构成运输系统。按联合方式有如下分类。

（1）串联联合：由一种运输方式将物料运送到指定地点，转载到另一种运输设备上将物料运送到最终地点的运输方式。其特点是在由采掘工作面到卸载点的整个运输过程中由两种或两种以上的运输方式分别完成各区段的运输，各区段之间需要转载设备。例如：坑内用汽车运输，地面用铁道运输的汽车—铁道联合运输；坑内用汽车运输，地面用带式输送机运输的汽车—输送带联合；采掘工作面用汽车，配合溜井，山下地面用铁道的汽车—溜井—铁道联合。

（2）并联联合：一部分物料用一种运输方式，另一部分物料用另一种运输方式。其特点是在全部矿岩运输过程中，部分物料用某一种单一运输方式，部分物料采用另一种单一运输方式，这样由几种单一运输方式来联合完成全矿的运输。例如：煤炭运输用汽车，剥离运输用铁道；煤炭运输用输送带，剥离运输用汽车等。

（3）混合联合：串联方式和并联方式并存的一种运输方式。例如：铁道—自卸卡车—带式输送机联合运输。铁道用于上部剥离，自卸卡车用于坑内运煤，带式输送机地面运煤。

二、典型的联合运输方式分析

1. 并联式联合运输：汽车—铁道联合运输方式

汽车与铁道为两套独立的运输系统，不需要设转载设备，汽车用于下部煤炭运输，铁

道用于上部剥离运输。这种运输方式一般设两个出口，汽车与铁道分别有自己的出入口，铁道可采用移动坑线。

1）优点

（1）可充分发挥铁道运输合理运距长，汽车开拓延深简单，延深速度快的优点。

（2）克服了铁道运输开拓延深程序复杂及汽车运剥离物运距长的缺点。

2）缺点

（1）汽车和铁道分别设独立的出入口，基建工程量大。

（2）一般铁道运输部分采用移动坑线（铁道线路干线设在工作帮上），铁道线路干线质量不好，移设频繁。

（3）在煤岩交界处的台阶上，有时既要布置铁道运输，又要布置汽车运输，二者交叉时，相互影响，不利于安全。

3）适用条件

采用外部排土场且运距较长，开拓延深程序较复杂的深凹露天矿。

2. 并联式联合运输：汽车—带式输送机联合运输

汽车与带式输送机为两套独立的运输系统。这种运输方式，既可用汽车运煤，带式输送机运送剥离物，也可用带式输送机运煤，汽车运输剥离物（运距较短时）。

1）优点

（1）可充分发挥汽车作业灵活，带式输送机运输效率高、运输成本低的优点。

（2）汽车与带式输送机爬坡能力都较大，可缩短深凹露天矿的运距。

2）缺点

（1）二者价格昂贵，运输设备投资大。

（2）气候及物料性质对输送带运输工艺影响较大。

3. 串联式联合运输：汽车—铁道联合运输

铁道运输露天矿因深部采场窄小而不能布置铁路时，深部改用汽车；汽车运输露天矿，当高差较大（150 m 以上），运距过长时，上部剥离改用铁道运输；采场用汽车运输，而地表长距离运输用铁道；铁道运输露天矿，采用汽车作为加速新水平开拓的运输设备。

串联式联合运输需要增设转载环节，根据转载方式的不同，汽车—铁道联合运输又可分为直接转载、挖掘机转载和矿仓转载 3 种。

1）直接转载

直接转载是汽车在转载平台上直接往列车中卸载。其优点是无需转载设备，施工简单，转载简便可靠。缺点是汽车、列车车辆互相影响，降低了运输效率和设备周转率。转载过程中容易损坏车辆和出现偏载、跑矿情况。当汽车载重大于 20 t 时，一般不宜采用站台直接转载。

直接转载平台在大冶铁矿、白银厂铜矿、金川镍矿均使用过。大冶铁矿采用 12 t 汽车将岩石运到转载站内直接卸入铁路车辆，转载平台长 30 m，宽 18 m，可供 4 辆汽车同时往两辆 60 t 自翻车转载，转载台是用 25 号及 50 号水泥砂浆块石结构的挡土墙。

2）挖掘机转载

汽车将矿岩卸在卸载平台或卸载沟内，由电铲或前装机再将物料装入列车中。根据电铲或前装机向铁道卸载的方式，又可分为挖掘机平装车和挖掘机上装车两类。如图 4 – 15

所示。

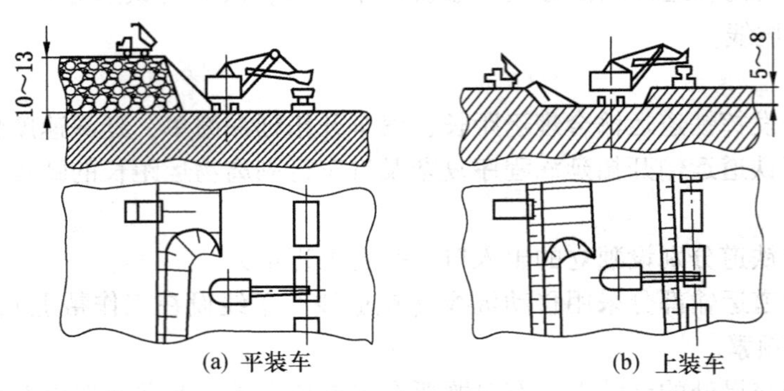

图 4-15 挖掘机转载示意图

（1）挖掘机平装车：汽车站在台阶的上部平盘上，将矿岩向下卸在台阶坡面上，挖掘机或前装机站在下部平盘上向铁道平装车。

平装车优点：①汽车与铁道运输互不影响，不存在相互等待问题；②卸载平台可临时存放部分物料，起缓冲作用，可调节和平衡汽车与铁道之间的运输能力的波动；③转载作业可靠。

平装车缺点：①需增加转载挖掘机，加大了设备投资和生产费用；②运输平台设在非工作帮某一台阶上，需要平盘宽度较大，因此，一是应考虑转载平台的稳定性，二是有可能引起剥离工程量加大或影响正常延深工程等；③转载时，损失了一个高程（运输）；④汽车卸载时，下滑大块易埋铁道，或下滑到下一个台阶上，不安全。

挖掘机平装车适用于汽车载重较大，非工作帮具有足够的位置布置平台时。

（2）挖掘机上装车：汽车向卸载沟（受料坑）卸载时，挖掘机站在沟底向铁道上装车。

上装车优点：①汽车卸载时，不会产生大块埋铁道现象，生产安全；②汽车与铁道运输相互独立，互不影响，不存在互相等待问题；③具有缓冲作用（从运输能力方面），转载可靠。

上装车缺点：①需采用上装电铲，降低电铲效率；②受料沟易积水，需做好排水工作。

上装车适用条件：汽车载重较大（>20 t），非工作帮具有足够的位置布置时。

3）矿仓转载

汽车将物料卸入矿仓，矿仓具有一定的贮存量，矿仓再向铁道装车。优点：装卸迅速，按要求设计一定的贮存量，提高设备的利用率；缺点：建筑费用较高。

矿仓转载多用于地面转载。矿仓位置设于开采境界以外的地平面，并可利用地形。可采用的矿仓形式如图 4-16 所示。

斜坡式矿仓宜在山坡脚下设置，矿仓底部坡度一般为 50°~55°。高架式矿仓宜在紧靠山坡脚或平地设置，铁路车辆在矿仓下面装车，汽车在卸车平台一侧卸车。半地下式矿仓宜选择适当的山嘴或山脊开凿隧道或硐室，铁路车辆在硐内装车，车在顶部一侧或两侧卸车。

在上述诸种转载形式中，电铲转载使用最为广泛。但开采露天矿深部时，在采区内布置宽为 75~80 m 的堆矿场困难，并导致大量的超前剥离量。俄罗斯研究了一种移动式的转

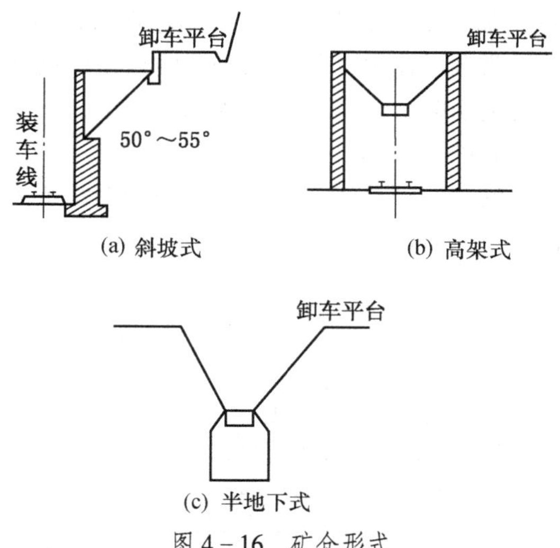

图 4-16 矿仓形式

载站，已在萨尔拜露天矿使用，它用一个年能力 1.0×10^7 m^3 的振动给矿机移动式倒装站代替一个年生产能力为 6.5×10^6 m^3 的电铲，每年可节约 42.7 万卢布。

4. 串联式联合运输：汽车—输送带联合运输

汽车和带式输送机联合运输，是把汽车运输和输送带运输联合起来，由汽车承担采场内工作平盘区段运输，利用带式输送机完成提升输送和地表运输的方式。它既具有汽车运输灵活性的特点，又可以利用输送带运输爬坡能力强、合理运距长、运营费用低的优点，但是，在坚硬矿岩中采用这种运输方式时，需预先经过矿岩破碎。

1）优点

（1）采场内部运输使用灵活的汽车可适应各种开采条件的要求，运输距离短，汽车的生产能力高。

（2）带式输送机运量大，可保证露天矿达到很大的生产能力，且不受露天开采深度影响。

（3）采用输送带后沿露天采矿场边帮的运输距离显著减小。

（4）运输成本低，劳动生产率高。

2）缺点

（1）在采场内设置的破碎设施，须定期移向深部新的水平，导致新水平准备工作复杂。

（2）运输废石时，增加预先破碎的费用。

3）适用条件

汽车和输送带联合运输适用于矿岩运量大、运距长的露天矿，尤其适用于深凹露天矿的深部。具体适用范围如下。

（1）山坡露天矿采场内用汽车运输，地表采用输送带运输。

（2）浅凹露天矿（深 60~100 m 时）采场内用汽车运输，地表用输送带运输。

（3）深凹露天矿的深部开采水平（超过 60~100 m 时）用汽车运输，上部及地表用输送带运输。

(4) 采场用汽车运输，溜井下口的平硐或斜井用输送带运输。

采用汽车—带式输送机联合运输时，须在两种运输设备中间增设转载环节，当汽车输出的矿岩不适于带式输送机运送时，还需增加破碎筛分环节。

5. 溜井（槽）—平硐（斜井）运输

采用溜井作为联合运输的中间环节时，联合运输系统的组成方式如图 4－17 所示。

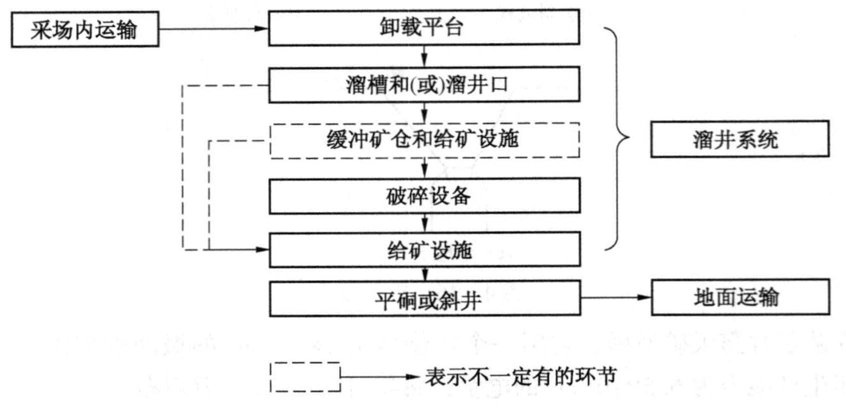

图 4－17　溜井（槽）—平硐（斜井）运输系统

采场内一般采用自卸汽车运输，中小型矿山也可采用窄轨铁道运输，此时须横跨溜槽设卸载栈桥，分水平卸载。地面多采用铁道和带式输送机运输，视具体条件也可采用箕斗提升和架空索道等。

在山坡露天矿采用溜井运输时，上部多用明溜槽，下部接溜井，以减少溜井开凿工程量。图 4－18 为兰家火山露天矿平硐溜井系统图。

溜井运输主要用于山坡露天矿，与铁道运输相比，一般设备重量可减少 25%～47%，投资降低 35%～56%，运输费用可降低 20%～54%。溜井运输的适用条件：与地面高差在 120 m 以上、地形复杂的山坡露天矿，或有地下井巷可供使用和宜于采用地下井巷运输的凹陷露天矿；开凿溜井的矿岩较为坚固稳定，并无构造破坏；矿岩的性质应适于溜放，含泥、含粉量高，易于再黏结的岩石，一般不宜采用溜井运输。

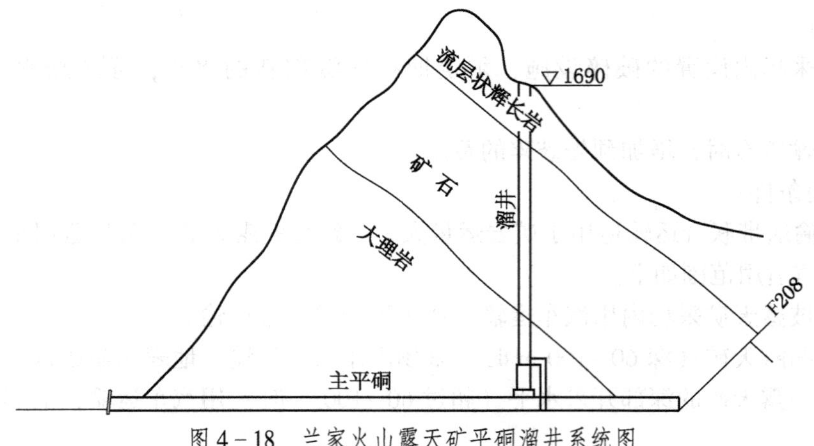

图 4－18　兰家火山露天矿平硐溜井系统图

1）溜井（槽）的形状和结构尺寸

溜槽的断面一般为倒梯形，槽底最小宽度应为最大矿岩块度的3倍，且不小于2 m，溜槽的断面深度应足以防止矿石在溜放过程中飞崩出来。溜槽底纵向坡度，粉矿含量低时为42°~50°，粉矿含量多和溜放黏结性矿石时为50°~55°。

溜井一般应采用圆形断面。与方形断面相比，圆形溜井的井壁稳定性、井壁磨损和断面利用均较优，但施工较困难。

溜井直径（或边长）应大于溜放矿岩最大块度的4倍。

溜井按其倾角不同分直井与斜井。一般应优先选择垂直溜井，以减少井壁磨损和开凿量，仅在为避开软弱岩层时可用坡度不小于60°的斜溜井。

在有可能施工和采取贮矿措施的条件下，溜井的深度可很大。兰尖铁矿的溜井深度达447 m，生产很正常。应当指出，采用深溜井时应注意贮矿高度，并尽量做到贮满矿。这样做可以达到：减少矿石的冲击和夯实作用，降低溜井发生堵塞的概率；减少矿石对井壁的冲击和磨损，保持井壁的稳定；减少粉尘和防止人员坠入溜井。

2）缓冲矿仓和溜口

大型溜井采用简单式溜口无法满足作业要求的情况下，大都采用缓冲矿仓结构，也叫副矿仓或称中国式溜口。

缓冲矿仓结构特点是矿石从溜井放出要经过两道溜口：一是矿仓溜口，其断面较大，用来防止溜井断面收缩过急、产生堵塞，此溜口不设控制闸门；二是给矿溜口。

缓冲矿仓的主要优点是可以减小溜门发生堵塞的概率，保护溜口和给矿设备免遭矿石直接冲击。

溜口型式较多，常用的溜口断面形状为矩形，溜口的结构为筒形结构。

放矿口设有闸门，用以控制溜井向列车（或破碎机）溜放的矿石。闸门常用指状、链式、板式等。指状闸门投资少，结构简单，应用较广，而后两者控制放矿更为可靠。若向带式输送机送料，以板式为佳。

3）上部受矿口和溜口的能力

溜井（溜槽）系统的生产能力，决定于上部受矿口、溜口放矿、破碎机碎矿以及平硐内运输能力等。

（1）上部受矿口每班的能力 P：

$$P=\frac{3600T}{t}nq\eta \tag{4-27}$$

式中 P——上部受矿口每班的能力，t/班；

T——班作业时间，h；

t——卸载一辆车所需要的时间（包括调车），s；

n——同时卸车数；

q——每辆车载重，t；

η——时间利用系数，$\eta=0.5\sim0.6$。

（2）每分钟溜口连续放矿能力 W：

$$W=\frac{60FV\gamma}{K_s} \tag{4-28}$$

式中 W——每分钟溜口连续放矿能力，t/min；

F——溜口横断面积，m^2；

V——矿石溜放速度，一般为 0.2～0.4 m/s；

γ——矿石容重，t/m^3；

K_s——松散系数，一般为 1.5～1.6。

与铁道、箕斗运输设备配合时，溜口放矿能力可按这些设备的作业特点进行计算。

考虑到溜井检修、处理故障和降段等需要，一般宜设两个溜井系统，以便相互调节和备用。但在确认一条溜井能够满足矿山生产的条件下，也可仅设一条溜井。

4）溜井降段工艺

山坡露天矿的溜井随矿山工程延深而下降。一般采用如下两种降段方法。

（1）贮矿爆破降段法。为了不使降段爆破产生的大块堵塞溜井，应先让溜井贮满矿石，而后对溜井井颈周围的岩石进行穿爆和抢运，使井口重新露出。这一降段工艺可靠，但需时约十到二十天，且费用较大。

（2）直接爆破降段法。通过改善井颈降段范围内的爆破参数，并适当加大药量，以减小矿石块度，使爆破后的矿岩直接溜入溜井。本法仅需时 3～5 天，适用于溜井周围矿岩可爆性较好或改变爆破参数可能降低块度、溜井断面较大、设施较好的溜井。

5）溜井生产管理

采用溜井运输的矿山，溜井是运输咽喉。为确保矿山正常生产，必须加强溜井的生产管理工作。主要有以下几方面。

（1）溜井一定要贮满矿。这对防止溜井堵塞，减轻井壁磨损和维护井壁稳定有较大作用。

（2）控制大块（岩）石入井。据德兴和南芬矿的经验，宜适当提高露天采场爆破的炸药量，降低大块率，这样做综合效益有利。

（3）加强对水和粉矿的管理。

①水的管理措施：进行堵水和排水，防止地下水流入，溜井井口应高出采矿工作面 0.5～0.7 m，以防止雨水流入，严禁从井口注水处理溜井堵塞。

②粉矿管理措施：溜井溜放粉矿最好安排在旱季。必须在雨季溜放粉矿时，要快卸、快放，缩短矿石在溜井内的贮存时间；要经常检查了解井中矿石性质、含水量、含泥量的变化，贮矿高度及放矿情况等。

6）加强溜井维修工作

溜井上部受矿口和放矿口的维修比较复杂，一般每次维修约需 20 天。如何减少维修时间是提高溜井生产能力的一个重要问题。不少矿山在多工序的溜井维修中采用统筹方法，合理安排各工序，抓紧关键路线，取得了良好效果。

6. 箕斗运输

露天矿可以借助箕斗运输克服高差，但箕斗不能作为单一运输设备使用，而要与其他运输设备配合，构成联合运输系统。工作平盘运输多为汽车，也可与窄轨铁道相配合，地面运输多为标准轨铁道或带式输送机。图 4－19 为汽车—箕斗—铁道联合运输系统示意图。

山坡露天矿，矿岩性质不允许采用溜井时，可用箕斗下放矿岩。如我国峨口铁矿的

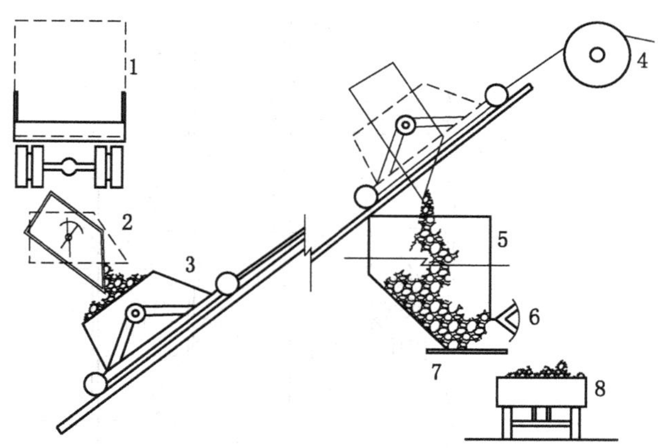

1—自卸汽车；2—转载仓斗；3—箕斗；4—天轮；5—地面矿仓；6—闸刀；7—板式给矿机；8—铁道车辆

图 4-19 汽车—箕斗—铁道联合运输系统示意图

50 t 的双箕斗道设在采场外东侧，采用 6 m 双筒卷扬机，采场用 20~27.5 t 自卸汽车运矿，经卸矿栈桥卸入矿仓，再装入箕斗，下放到破碎站卸载。

在凹陷露天矿中，箕斗联合运输用于高差超过 150~200 m，开采面积小和矿岩坚硬的矿场。

1）箕斗道的位置

山坡露天矿中，箕斗道一般应设置在采矿场外，顺地形坡度布置，以减少土方工程量。箕斗道上部开挖成一定深度的堑沟，以便于架设栈桥，并延长箕斗的使用年限。

凹陷露天矿中，箕斗道应布置在采矿场的非工作帮上，并垂直于边帮走向。

2）转载站

转载栈桥有钢筋混凝土结构和钢结构两种。钢结构简单，可拆装，但卸矿时震动大，钢板受冲击后易出现变形与开焊现象。钢筋混凝土结构与此相反。栈桥应考虑多水平（一般为 2~3 个水平）共用，并随工作水平的延深而定期移设。设于地面的转载设施，则为永久性结构。

运输设备向箕斗转载的方式有直接转载和经转载矿仓转载两种。直接转载时，箕斗载重应为自卸汽车载重的整倍数，矿岩经通过式漏斗直接卸入箕斗内。优点是栈桥结构比较简单，缺点是卸载时对箕斗的冲击力较大，箕斗易损坏，且箕斗等装和汽车等卸的时间较长，影响设备的利用。转载仓转载时，自卸汽车先把矿岩卸到转载仓中，然后再由闸门控制装入箕斗，矿仓容量一般为 1~3 个箕斗的容量。

3）地面卸矿站或卸载站

物料由箕斗运到地面后，可直接卸入破碎机的贮仓或者转载给铁道、带式输送机等运输设备。为减少箕斗提升与地面运输或破碎选矿系统的相互影响，转载站亦应设置中间贮仓。中间贮仓一般应有 20~30 min 的贮矿能力。

图 4-20 是抚顺西露天煤矿地面栈桥的布置情况。重载箕斗由采场提升至地面后，经卸载曲轨翻卸。栈桥下每组箕斗提升系统有 3 个矿仓，煤经带式输送机运到洗煤厂，岩石及杂煤经标准轨铁道列车运至排土场或杂煤线。

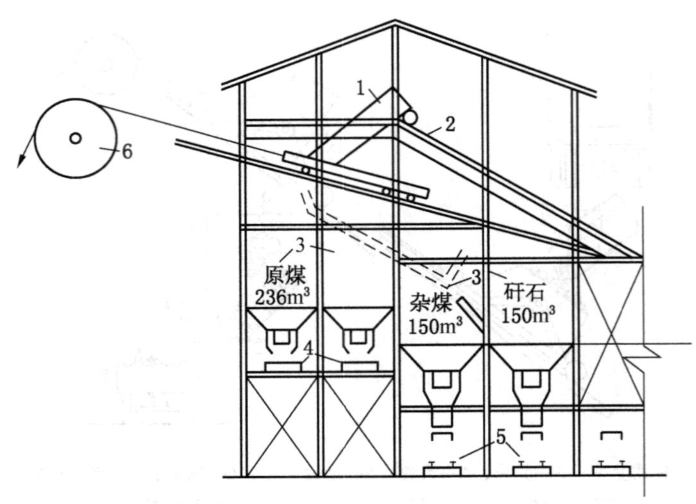

1—箕斗；2—卸载曲轨；3—转载仓；4—带式输送机；5—自翻车；6—天轮

图4-20 抚顺西露天煤矿地面栈桥布置情况示意图

第六节 运输方式的选择

一、矿岩运输难易性影响因素

按照矿岩与运载设备的适应性、运输容器的容积利用率、运行速度及运距等方面的要求，影响矿岩运输难易性的主要因素如下。

(1) 矿岩的容重、块度。矿岩的容重对运输容器的几何尺寸选择有决定作用，如运煤的运输容器通常需要加大车厢高度；块度大小对运输容器的抗冲击性及耐磨性具有决定性的影响。

(2) 矿岩中黏土微粒的含量和湿度。黏土微粒的含量和湿度决定了矿岩对运输设备黏结程度，对矿岩卸载难度具有决定性的影响。例如，黏结性大的矿岩，尤其在冻黏情况下将极大地降低带式输送机的效率，甚至导致设备的故障。

(3) 矿岩的运输时间及大气温度。运输时间越长，矿岩在运输设备中停留时间越长，造成黏结的情况就越严重。此外，冷冻低温是造成矿岩与容器冻结的因素。黏结、冻结的程度，对运输系统的清扫设备和防止运输容器有效容积减小方面提出了专门要求。

二、各种运输方式的适用条件

运输系统的完善程度是露天矿生产效率的决定性影响因素。而建立完善的运输系统，首先是根据露天矿不同工作区的开采条件正确选择运输方式和运输工艺流程，保证所选定的运输方式在适合的条件下运营，即符合运量、运距、矿岩提升高度及保持运输畅通稳定等方面的要求。

选择运输方式时，应综合考虑地形、地质、气候条件、露天矿生产能力、开采深度、矿石和围岩的物理力学性质等，经过全面技术经济比较后，确定适合于具体矿山的运输方式。方案初选可参考表4-13。

表4－13 各种运输方式的应用条件

运输方式	露天矿参数					适用条件
	面积	深度或比高/m	运距/km	坡度	曲线半径/m	
普通自卸汽车	受限	＜150	＜2～3	≤8%	≥15	任意地形，开采周期短，需配矿的露天矿
大型自卸汽车	受限	＜250	4～5		≥30	
准轨铁路运输	面积大	100～150	＞4	2%～4%	≥120	地形不复杂，规模大，运距长的露天矿
带式输送机运输	不限	＞800	＞3	28%～33%		深度大、运距长、运量大的露天矿。需预先破碎
汽车—箕斗提升	受限	300～400	汽车1.5	35%		深凹露天、高差大的山坡露天
平硐溜井		＞120		55°～90°		山坡露天矿。不适于粉碎矿多、黏性大的露天矿

技术经济指标也是选择运输方式重要的影响因素，露天矿三种主要运输方式的技术经济指标参见表4－14。

表4－14 三种主要运输方式技术经济指标比较表

项目	平均坡度/(°)	经营费		能耗	
		元/(t·m)	倍数	kW·h(t·m)	倍数
铁路运输	1.15	0.00526	6	0.01300	7
公路运输	3.5	0.01145	12	0.00540	3
带式输送机运输	18	0.00093	1	0.00187	1

为满足矿山生产能力的需要，可按表4－15考虑不同运输方式的装备水平。

表4－15 三种主要运输方式相对应生产规模的装备水平

运输方式	设备	矿山规模			
		特大型	大型	中型	小型
公路运输	汽车（吨级）	≥100 t	50～100 t	≤50 t	≤20 t
铁路运输	电机车	150 t	100～150 t	14～20 t	≤14 t
	矿车	100 t	60～100 t	4～6 m^3	≤4 m^3
带式输送机	胶带机（带宽）	1.4～1.8 m	≤1.4 m		

此外，在矿山运输工作中，还应重视以下几方面工作：

（1）适合生产规模的设备选型。

（2）因地制宜布置运输线路。

（3）合理配置运输系统的装、运、卸、储及转载各个环节的设施。

（4）加强对设备和线路的保养维修。

（5）提高运输效率，降低运输成本及能耗。

（6）实现矿山运输管理、调度、设备维修管理的计算机化，推进矿山运输管理的现代化。

思考题

1. 简述汽车运输的特点。
2. 如何计算汽车的运行周期和台班运输能力？
3. 简述带式输送机运输的特点。
4. 如何确定露天矿合理的运输方式？

第五章　排　土　工　作

第一节　概　　述

露天开采首先需要进行覆盖物的剥离作业，其产生的大量剥离废弃物（土岩）被称为剥离物。大量的剥离物从采场被移走，需要一个较大的场所存放。堆放剥离物的场所称为排土场。根据排土场的位置，可分为内排土场和外排土场。设置在露天矿采场境界内的排土场为内排土场，内排土场随工作帮剥采工程的推进而同步向前发展；设置在露天矿采场境界外的排土场为外排土场。外排土场用于排弃采场境界内容不下的剥离物，任何一个露天矿都需要设置外排土场，能够实现内排的露天矿在基本建设和开采初期也需要将剥离物外排，待露天矿坑内具备内排空间条件后才进行内排。图 5－1 所示为露天煤矿排土场。

(a) 准格尔哈尔乌素露天矿外排土场

(b) 平朔安太堡露天矿内排土场

图 5－1　露天煤矿排土场

一、排土工作的重要性

排土工作指利用排土设备按一定的要求向排土场堆弃剥离物，起生产保证作用。如果一个露天煤矿没有足够的排土场，或者排土设备生产能力不足不能满足排土生产的要求，就会因排弃物料无法及时排弃而影响生产，甚至导致停产。

排土工作在露天矿中极为重要，但是，在实际工作中往往会忽视排土工作。排土工作在露天矿需要有超前性，特别是外排土场购地，一定要从时间上提前规划、及时购地，在排土环节生产能力上应留有一定的富余系数，以保证排土环节不影响露天矿生产。排土工作的重要性具体体现在以下方面。

（1）排土工作是露天矿生产工艺中的最后一个环节，起保证作用。

（2）排土工作影响运输周期时间，影响采掘、运输设备效率。

（3）排土工作关系到露天矿剥离工程能否正常发展。

（4）排土费用影响露天矿生产成本和经济效益。

二、排土工作特点

(1) 排土工作与采装工作相似，其工作线及工作面都随着时间而不断推移，具有移动性；但两者发展方向相反。采装工作分布在采场工作帮上的各个平盘，其开采顺序是自上而下逐渐形成各个采掘平盘从而形成采场工作帮和矿坑。而排土场的排土作业是自下而上逐个形成排土平盘从而形成排土工作帮。

(2) 排土工作面与采掘工作面都具有一定的作业参数，如排土台阶高度、平盘宽度、排土带宽度、坡面角、排土工作帮帮坡角等，但排土工作面可采用较大的作业参数，如高排土台阶，一般排土场排土台阶可设置为剥离台阶高度的2~3倍，甚至更大。

(3) 排弃物料为松散物料，排土设备作业效率高。因此，露天矿排土设备数量一般不多（与采掘设备比较而言），往往一套排土设备可配合几台采掘设备作业。

(4) 由于排土场物料松散，排土台阶稳定性差。因此，排土场排土台阶的坡面角、排土工作帮帮坡角、排土场最终边坡角等都比采场相应各坡角要小。

(5) 排土工作是由下而上逐渐占用排土空间的。其作业程序是建设排土场运输线路系统后，先在最下一个排土台阶进行排土逐渐形成排土平盘，再在第二个台阶上排土形成第二个排土平盘，依次逐渐形成上面的排土平盘。

三、排土设备

露天矿排土设备主要与采掘运输设备有关，在设计露天矿开采工艺及设备类型时，根据已选择的运输设备类型，选择确定排土设备规格型号。常用的排土设备有以下几种。

1. 排土犁

排土犁（dumping plough）是配合铁道运输的一种排土设备，也称推土犁。在我国早期露天煤矿应用较多。排土犁在铁道线路上走行，由机车牵引沿铁道排土线排土作业。排土犁在设备两侧设有可以收起和下放的机翼，机翼作为刮板，下放后沿排土线铁道边走边将列车翻下的物料刮平排弃于排土平盘坡面上。图5-2为海州露天煤矿推土犁，其主要线性参数包括刮板长度、宽度、刮板伸展角、与水平面的夹角及作业时的走行速度等。

图5-2 海州露天煤矿推土犁

2. 单斗挖掘机和拉铲

排土单斗挖掘机（shovel）、拉铲（dragline）与用于采掘的挖掘机相同，是配合铁道运输或汽车运输的排土设备。单斗挖掘机排土沿铁路排土线将列车翻下来的物料铲挖后向排土台阶坡面一侧堆垒排弃，形成新的排土带和排土台阶。排土带宽度与挖掘机的卸载半径有关，海州露天煤矿 WK-4 电铲排土带宽度为 24 m。图 5－3 为抚顺西露天矿单斗挖掘机排土作业图，其主要线性参数有挖掘半径、下挖深度、卸载半径、卸载高度及斗容等。用于排土的拉铲一般采用较小型设备。

图 5－3 抚顺西露天矿单斗挖掘机排土作业

3. 推土机

推土机（bulldozer）排土主要配合汽车运输，也可配合铁道运输。根据露天矿开采规模，一般采用大型推土机排土作业。常用的推土机有履带走行和轮式走行两种（图 5－4），一般履带走行推土机的推力较大，轮式走行的推土机作业灵活。推土机功率一般在 100~500 马力，目前最大推土机功率为 575 马力。

图 5－4 履带式推土机和轮式推土机

4. 带式排土机

带式排土机（belt dumper）是露天煤矿连续或半连续开采成套设备的一部分，它与钢绳牵引带式输送机配套，适于露天矿排土场和料场疏松物料的排弃和堆集用（图 5－5）。排土机按行走装置分为履带式、步行式、轨道式、步行轨道式。排土机主要由排料臂、司机室、回转装置、下部钢结构、主机行走装置、维修室、支承车行走装置、受料臂、转载臂、配重臂等部分组成。履带式排土机应用最广泛，主要源于其移动性能较好。相对于其他排土方法，带式排土机排土作业是连续的，生产能力大，一次排弃宽度大，辅助作业时间少，自动化程度高。

(a) 带中间连接桥排土机

(b) 不带中间连接桥排土机

图 5-5 带式排土机

5. 前装机

前装机（front end loader）是一种多功能设备，作业灵活、对地形地质条件适应性强，可以集采、运、排三个环节于同一设备作业（图 5-6）。前装机排土一般用于中小型露天矿，或排土工作量较小的露天矿。

6. 铲运机

铲运机（scraper）是一种能完成挖掘、运输、排卸、填筑、整平的机械。按行走机构的不同可分为拖式铲运机和自行式铲运机（图 5-7）；按铲运机的操作系统的不同，又可分为液压式和索式铲运机。铲运机操作灵活，不受地形限制，不需特设道路，生产效率高。铲运机包括车轮、牵引梁、车架、液压装置、带铲土机构的铲斗、支架机构和车架升降调整机构，其特征在于所述的带铲土机构的铲斗，由斗体、滑动挡板、转动挡板、铲刃

(a) 正铲前装机　　(b) 反铲前装机(钩机)

图 5-6　前装机

(a) 拖式　　(b) 自移式

图 5-7　铲运机

和破土刀组成。

7. 水力排土设备

水力排土设备（hydranlic dumping machine）是配合水利开采工艺的一种排土设备，这种工艺在国内少见。

第二节　推 土 机 排 土

推土机具有作业简单灵活、适应性强、生产能力大、设备可靠等优点，在露天矿排土作业中被广泛应用，特别是汽车运输时，配合推土机排土是露天矿首选排土方式。铁道运输露天矿也可选用推土机排土。

一、汽车运输—推土机排土

1. 作业方式

汽车运输露天矿采用推土机排土时，推土机作业方式根据排弃物料性质和排土场稳定性，可采用边缘排土和场地排土两种作业方式。

1）边缘排土

汽车边缘排土作业方式：汽车以后退方式驶近排土台阶坡顶线翻卸土岩。在保证安全情况下，尽量使翻卸土岩翻入边坡上，使平盘上少剩或不剩土岩，以减少推土机推土工作量，如图 5-8 所示。

为了保证安全，防止汽车掉下去，在排土台阶坡顶线附近应设车挡。所谓车挡即在排土台阶坡顶线处用剥离物设置一条具有一定高度和宽度的挡墙，以防止汽车掉入台阶下

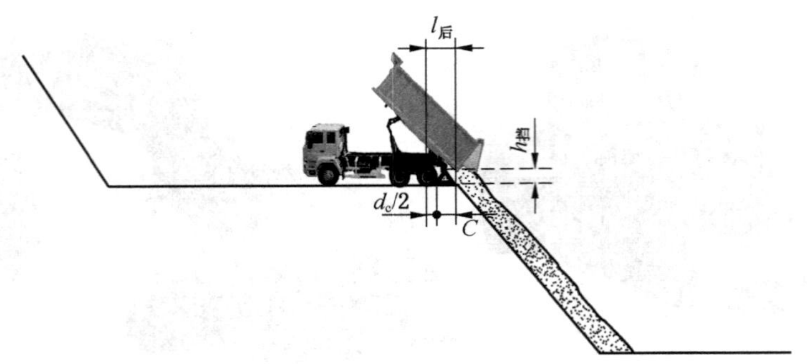

图5-8 汽车推土机边缘排土作业示意图

面。同时，排土台阶平盘设置不小于3%反向坡度（向内倾斜）。

车挡尺寸，与汽车的车型尺寸和物料稳定性有关，一般车挡高度0.6~1.0 m，车挡宽度（厚度，指底宽）1.0~2.0 m。考虑汽车类型尺寸时，其计算公式为

$$h_{挡} = \frac{2}{3}d_c$$
$$c = l_{后} - \frac{1}{2}d_c \qquad (5-1)$$

式中 $h_{挡}$——车挡高度，m；

d_c——汽车后轮直径，m；

c——车挡厚度，m；

$l_{后}$——汽车卸载（车斗举起）时后轴与车斗尾部的距离，m。

当排弃物料较为稳定时，在保证安全前提下，车挡尺寸可取较小的值。

边缘排土作业特点：推土机推土工作量小；汽车需后退式翻卸；但汽车作业不安全，易掉下去，特别是夜间和雨季。

适用条件：排土岩石较坚硬，排土台阶较稳定时。

2）场地排土

汽车场地排土作业方式：汽车将土岩翻卸到排土台阶平盘中间，然后由推土机将土岩推到坡下，如图5-9所示。

图5-9 汽车推土机场地排土作业示意图

特点：不需设车挡，汽车作业安全；推土机推土工作量大，需较宽的排土台阶宽度。

适用条件：松散物料，排土台阶稳定性差，以及夜间作业。

2. 排土线参数

推土机排土主要参数有排土台阶高度 H、排土线长度 L、排土台阶宽度 B_p。

1）排土台阶高度 H

排土台阶高度主要与岩性有关，在保证台阶稳定与安全条件下可采用较高的台阶高度。一般取剥离台阶高度的 2~3 倍，山坡条件下也可采用更大的排土台阶高度，甚至百米高台阶。

2）排土线长度 L

排土线长度是指划分为同一台排土设备进行排土作业的排土台阶长度。按同时翻车的汽车数量确定，同时考虑台阶平整作业和备用需要。

$$L = nb \tag{5-2}$$

$$n = N\frac{t}{T}$$

式中 b——每台汽车卸载时占用工作线长度，其值与汽车调车方式及转弯半径有关，一般 30~40 m。可按 $b \geqslant 2R_{min}$ 选取；

n——同时卸载汽车数（卸载点数），辆；

T——汽车作业周期，min；

t——每台汽车卸载时入换与翻车时间，min；

N——实动排土汽车台数，台。

汽车作业周期 T：

$$T = T_z + T_{yz} + T_x + T_{yk} + T_{dd} + T_q + T_d \tag{5-3}$$

$$t = t_x + t_r$$

$$t_r = t_{hd} + \frac{(3 \sim 4)R}{v}$$

式中 T_z——汽车装车时间，min；

T_{yz}——汽车空车运行时间，min；

T_{yk}——汽车重车运行时间，min；

T_x——汽车卸载时间，min，0.5~1.0 min；

T_{dd}——汽车等待时间，min；

T_q——其他时间，min；

T_d——剥离工作面调车入换时间，min；

t_r——排土工作面调车入换时间，min；

v——调车入换时汽车运行速度，m/min，60~120 m/min；

R——汽车转弯半径，m；

t_{hd}——汽车换挡时间，min，取 0.2 min。

则排土线总长度 L_0 为

$$L_0 = (2.5 \sim 3)L$$

3）排土平盘宽度 B_p

如图 5-10 所示，边缘排土和场地排土的排土平盘工作平盘宽度分别为

边缘排土时：

$$B_p \geqslant c + 2(R + L_1) + F \tag{5-4}$$

式中 L_1——汽车车长，m；

F——汽车后桥中心至台阶边线距离，m。

场地排土时：

$$B_p \geqslant c + 2(R + L_1) + E + G \tag{5-5}$$

式中 c——上一排土台阶堆弃宽度及大块滚落距离，m；

R——汽车转弯半径，m；

L_1——汽车长度，m；

E——卸载临时土堆宽度，m；

G——土堆外缘距坡顶线距离，m。

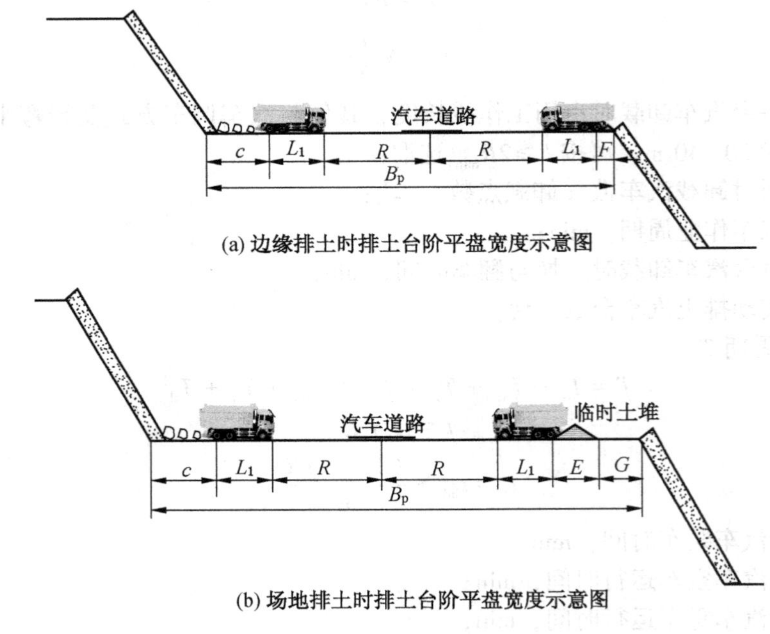

(a) 边缘排土时排土台阶平盘宽度示意图

(b) 场地排土时排土台阶平盘宽度示意图

图 5-10 排土平盘宽度组成示意图

4）推土机生产能力

推土机生产能力是指单位时间内推土机完成的推土工程量。其影响因素：一是功率，二是推运距离，三是岩性。一般用班推运物料体积表示，计算公式如下：

$$Q_T = 60q\frac{T}{t}\eta \tag{5-6}$$

式中 Q_T——班推运物料体积，m^3/班；

q——每次推土推运物料体积，m^3；

T——班作业小时数，h/班；

t——每次作业循环时间，min，其值取决于推运距离和作业坡度；

η——班时间利用系数，一般为 0.80~0.85。

边缘排土时，推土机应推的土岩量包括汽车卸载时残留在坡顶上的土岩量和为补偿排土场下沉所需的平整土岩量。一般推土机的推土量占排弃土岩总量的 20%~40%。对于载重较大的自卸卡车，为了避免发生翻车事故，倾向于卡车将大部分物料卸在平盘上，由推土机推倒坡面上。试验表明当土堆高度超过推土机推板高度的 1.5 倍时，推土机生产能力下降达 40%。推土机的功率直接决定了推土机的推送能力，推土机的设备选型就是根据汽车的载重等选取推土机的功率。载重大的汽车，挖掘设备的斗容也较大，物料的块度较大，推土机需要较大的功率。推土机选型可参考表 5－1 选择。

表 5－1 推土机选型参考表

汽车载重/t	推土机功率/马力	备　注
7~20	80~100	中硬岩且破碎较好时，可降一级选用推土机
32	120~180	
68	180~270	
100~120	270~340	
154	380~410	
170~200	500 以上	
200~300	550 以上	

推土机排土作业的效率很大程度上取决于排土场的道路状态。雨季排弃松软土岩时，恶劣的道路甚至使排土作业无法进行，所以应搞好道路的维护保养工作。在高段排土时，做好截流疏水工程，采取折线和多圆弧形的排土线等，以保证排土作业安全。另外，推土机有一个经济合理的推运距离，当推运距离太大时，推土机的效率和经济效果会急剧下降。直铲推土机经济作业距离见表 5－2。

表 5－2 推土机直铲作业时的经济作业距离

走行类型	机型	经济距离/m	最大距离/m	备　注
履带式	大型	50~100	150	上坡取小值 下坡取大值
	中型	60~100	120	
	小型	<50		
轮胎式		50~80	150	

二、铁道运输—推土机排土

推土机也可与铁道运输配合排土。

铁道运输—推土机排土作业方式如下。

（1）推土机站立水平低于铁道线路水平 1.5~1.8 m，推土机以端工作面方式堆垒（图 5－11）。特点：铁道线路不易维护；排土宽度小；每次翻 1~2 辆自翻车。

（2）推土机站立水平低于铁道线路水平 1.5~1.8 m；推土机以侧工作面方式分层堆垒（图 5－12）。特点：一次可翻一列车；土岩推运距离较大。

（3）两台推土机配合作业，推土机以侧工作面方式分层堆垒（图 5－13）。特点：增加排土场生产能力。

（4）推土机配合排土犁排土作业，列车在排土线上翻车卸载后，物料卸在铁道线所在的平盘上和坡面上。首先由推土犁沿排土线将平盘上的物料刮排至推土机所在的平盘上，再由推土机侧工作面进行堆垒排土。其推土机排土作业方式与图 5－12 相似。

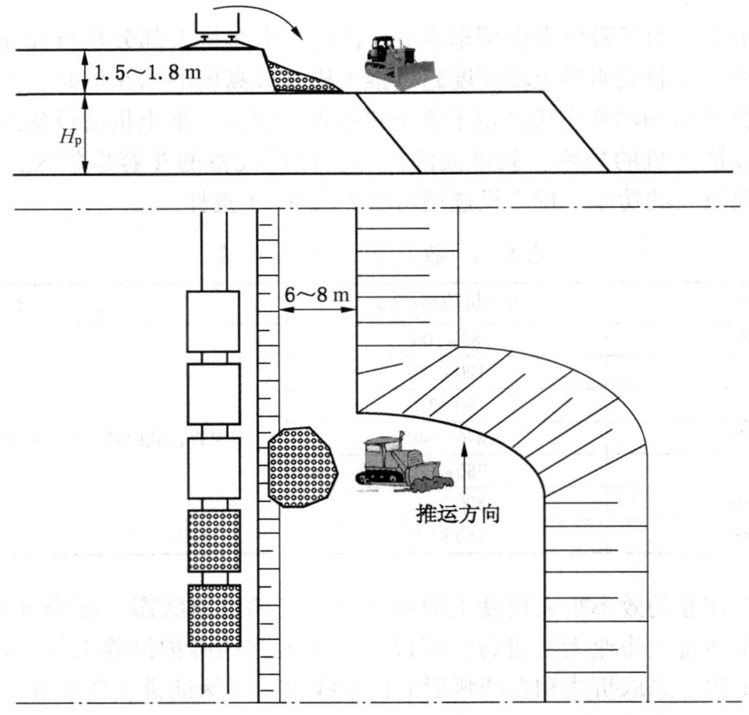

图 5-11 铁道运输—推土机端工作面排土作业示意图

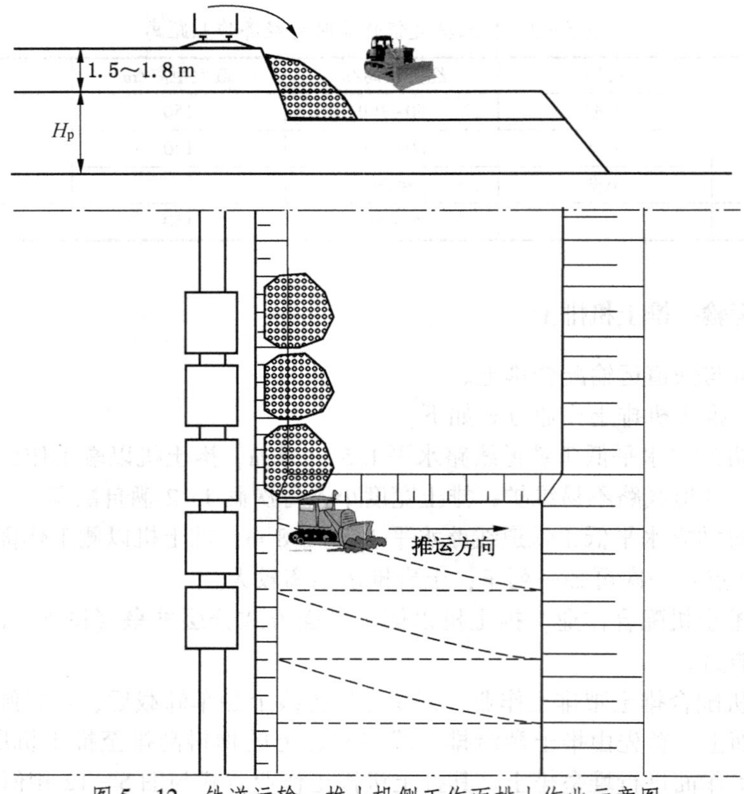

图 5-12 铁道运输—推土机侧工作面排土作业示意图

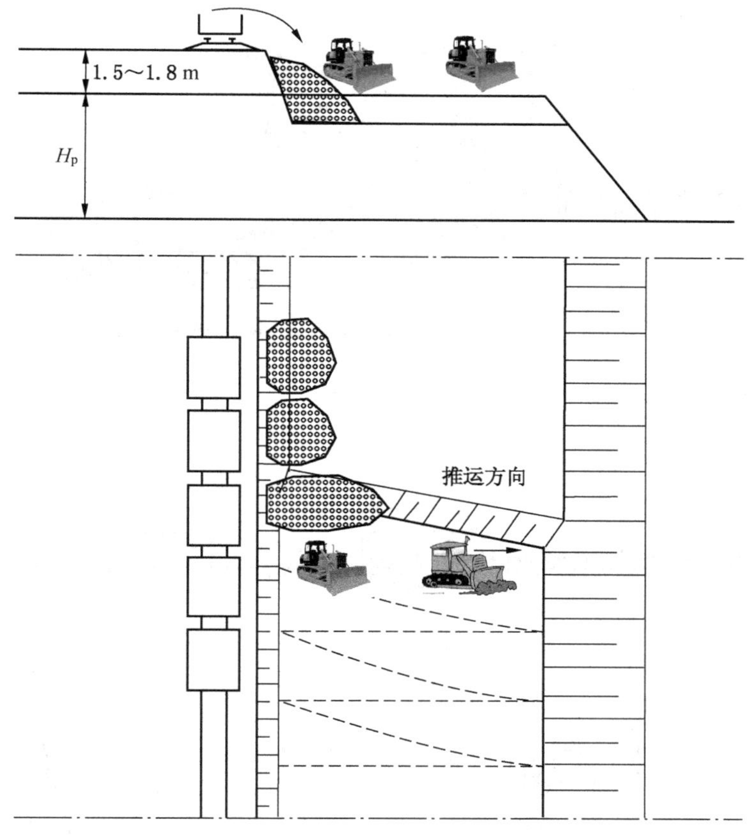

图 5-13　两台推土机配合排土作业示意图

第三节　排 土 机 排 土

排土机是一种连续排土设备，多用于连续、半连续开采工艺的露天矿中。这种排土方式在德国、澳大利亚、俄罗斯等国露天煤矿广泛应用；在我国，准格尔黑岱沟露天煤矿、平庄元宝山露天煤矿也有应用。

一、排土机类型、规格

排土机按结构分主要有两种类型：带中间连接桥的排土机和无中间连接桥的排土机，结构如图 5-14 所示。大型排土机是非定型设备，一般根据订货露天矿的具体情况和需要设计排土机的规格参数。排土机的规格主要取决于露天矿的土岩性质、工艺系统、排土场条件及排弃总高度等因素。

排土机的主要规格参数见表 5-3。

二、排土机排土作业方式

排土机排土作业方式分为三种基本作业方式：上排作业、下排作业、上排下排组

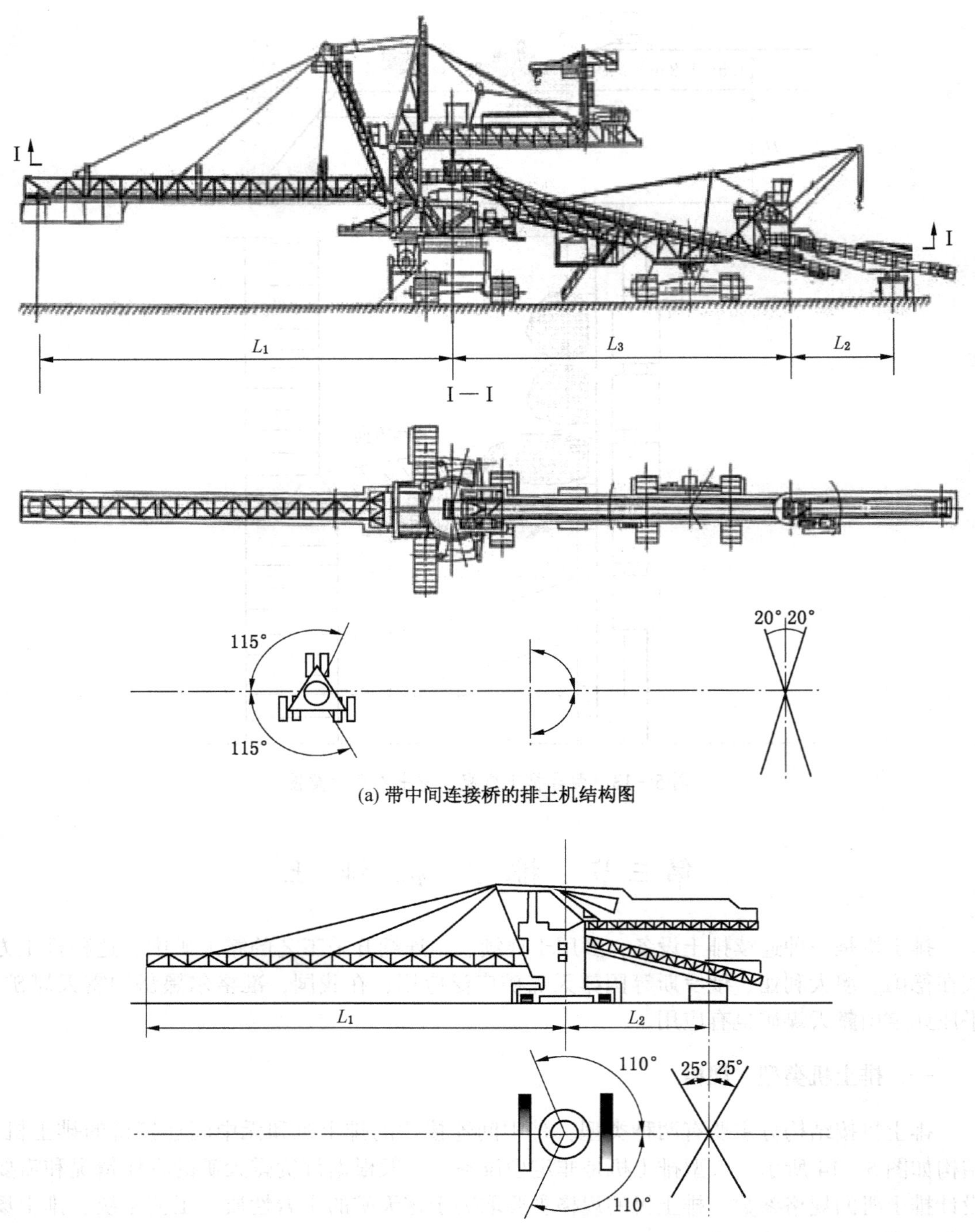

(a) 带中间连接桥的排土机结构图

(b) 无中间连接桥的排土机结构图

图 5-14 排土机结构图

合作业。排土机排土作业方式与排土机的结构类型密切相关。

上排作业——排土机站立于排土台阶底盘上，向上部坡面排土（图 5-15a）。

表 5-3 几种排土机的主要规格参数

排土机型号		理论能力(松方)/($m^3 \cdot h^{-1}$)	排土机重量/t		排土机各部分长度/m			最大上排高度/m	回转角度/(°)				对地比压/MPa	胶带宽度/m	胶带速速/($m \cdot s^{-1}$)
			结构重量	连接桥重量	L_1	L_3	L_2		机体	卸料臂	受料臂与转载机交角	受料臂与工作机交角			
无中间连接桥	PS-1000 型(中国)	1000~1500	150		32	18		13	360	±100			0.08	1.0	3.15
	ARS-B2000×50 型	2200	335		60	16+3.5 -2.5		17	360	±110		±25	0.07		
	$AR_S \frac{1600}{30+56} \times$ 12 型	5100	468		56	30±1.5		12	360	±100			0.075	1.6	5.2
	$AR_S \frac{1800}{35+60} \times$ 18 型	6500	858		60	35±2		18	360	±100				1.8	5.2
	$AR_S \frac{2200}{75+110} \times$ 30 型	10000	2880		110	62±3		30	360	±105			0.075	2.2	5.2~7.7
	$AR_S \frac{3200}{80+100} \times$ 41.5 型	19000	5246		100	65+9 -3		41.6	360	±90			0.113~0.188	3.2	6.2
带连接桥	A_2Rs-4400×60 型	4400	440	195	58	14±1.5	35	17	360	±115	±90	±20	0.079	1.4~1.6	4.2~6.2
	A_2Rs-B5500×100 型	5500	1150	445	100	15±2.5	50	31	360	±115	±90	±20	0.085	1.8	5.2
	ARs6300×90 型	6300	1150	465	90	15±1.5	50	31	360	±115	±90	±20	0.085		

下排作业——排土机站立于排土台阶顶盘上，向下部坡面排土（图 5-15b）。

上排、下排组合作业——排土机站立于排土台阶平盘上，向上部坡面和下部坡面排土。

1. 无中间连接桥的排土机作业方式

无中间连接桥的排土机排土台阶，一般由上排和下排两个分台阶组成，也可仅采用上排台阶或下排台阶。上排作业时，排土机一般采用端工作面或半端工作面，排土机随着排土工作面后退式走行（图 5-16a）。下排作业时，排土机采用侧工作面，当排弃物料较软时，为保证排土台阶的稳定性和排土机安全，先在排土带的下部外侧排弃一个小三角堆，然后再向上逐渐堆垒排弃形成排土台阶（图 5-16b）。当排土台阶由上、下两个分台阶组成时，排土机先下排作业形成下分台阶，再上排作业形成上分台阶，完成一幅作业后，排土机向前移动一个距离（一幅排土），进行下一循环的排土作业，为使排土机站立稳定，带式输送机设置在外侧，排土机站立在带式输送机内侧（图 5-16c）。

2. 有中间连接桥的排土机作业方式

带中间连接桥的排土机，由于连接桥加长了排土机排卸点与排土工作面带式输送机的

(a) 上排作业

(b) 下排作业

图 5－15 排土机排土作业图

距离，排土机一次可排卸较宽的排土带和更高的总排土高度，排土台阶由两组上、下排结合的 4 个分台阶组成组合台阶进行排土作业，可大大减少工作面带式输送机的移设次数，提高排土作业效率。组合排土台阶作业方式如图 5－17 所示。排土作业程序：工作面带式输送机设置在中间平盘 h_3 顶盘上，首先，连接桥站立在与带式输送机同一平盘的外侧，排土机站立在最下分台阶 h_4 顶盘上进行下排作业，排弃一个带宽，沿纵向工作线排弃作业长度为排土机卸料臂一次回转所排弃的距离。然后，排土机调整排土臂的倾角使之满足上排作业要求，排土机排料臂旋转 180°，向上分台阶 h_3 进行上排作业，其排土带宽度和纵向排土作业距离与下分台阶 h_4 相同。待分台阶 h_3、h_4 沿纵向工作线排完一个排土带后，将工作面带式输送机下放至地面，采取保护措施后，跨过胶带移至最上分台阶 h_1 底盘上，即排土机位置Ⅱ处，而连接桥也跨过胶带移至位置Ⅱ处（如果连接桥长度足够也可在原位置Ⅰ处不移动），排土机先下排分台阶 h_2，再上排分台阶 h_1（h_1、h_2 排弃作业工程与 h_3、h_4 相同）。待分台阶 h_1、h_2 沿纵向工作线排完一个排土带后，排土作业完成一个循环，此时需要将工作面带式输送机向前移设一个排土带宽度距离，进入下一循环的排土作业。

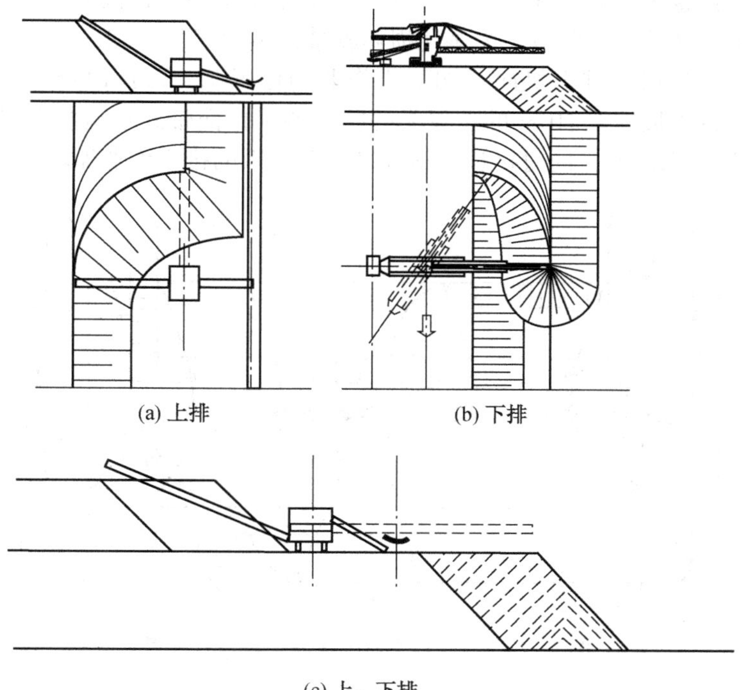

图 5－16　无中间连接桥的排土机作业方式示意图

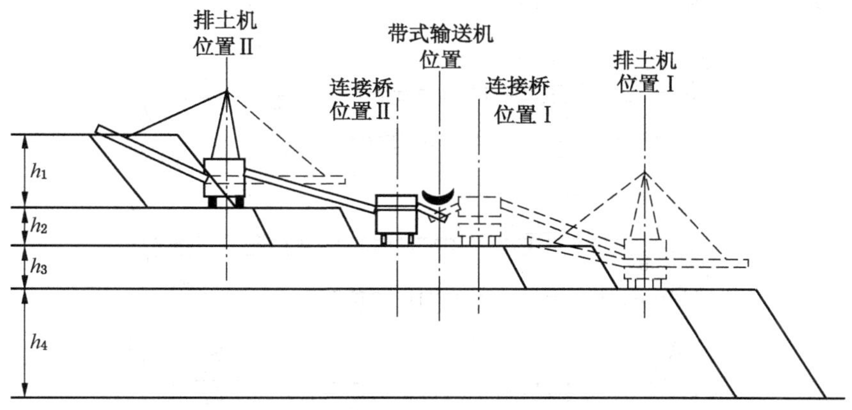

图 5－17　带中间连接桥的排土机组合台阶排土作业示意图

3. 排土机与带式输送机的位置及排土线发展方式

排土机既可位于带式输送机的内侧，也可位于外侧。为充分发挥排土机的线性参数，尽量采用较大的排土带宽度，一般应使排土机站立在带式输送机的外侧，但为保证排土机安全，下排时可位于内侧。

排土线发展方式有平行推进和扇形推进两种。图 5－18 为排土线平行发展作业程序示意图。排土机在位置①、②、③、④上排作业，上排结束后，拆除几节带式输送机机架，落下胶带，排土机从胶带上跨过，为避免损坏胶带，尽量直角跨越，不允许转弯，排土机移至位置⑤、⑥。然后，排土机向一端下排作业到位置⑦，再折回排至位置⑧、⑨。最后，排土机在距台阶坡顶线 30 m 的位置⑩等待，待工作面带式输送机移设后，排土机走行到输送机内侧位置①′处，同时接长端帮胶带，开始新的排土作业循环。

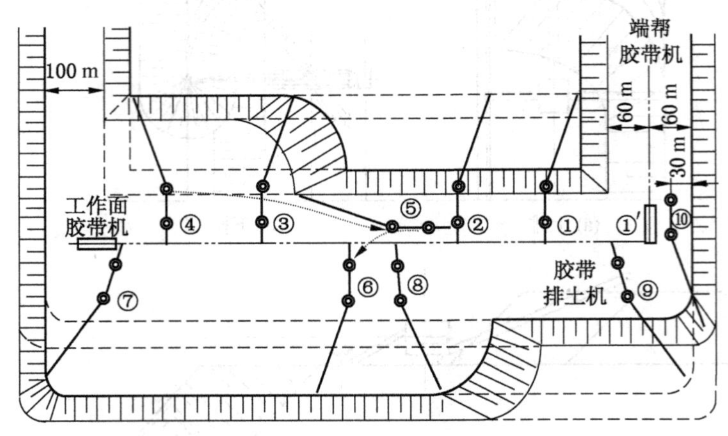

图 5－18　排土线平行发展作业程序示意图

图 5－19 为排土机排土线扇形发展作业程序示意图。排土机从位置①经位置②往位置③进行下排作业；再从位置③空程返回到位置②，沿箭头方向空走，经位置④到位置⑤；排土机从位置⑤至位置⑥上排作业；上排结束后，排土机空走并折返绕过机头驱动站至位置⑦；带式输送机作扇形回转 80 m 后，再重复下一排土作业循环。

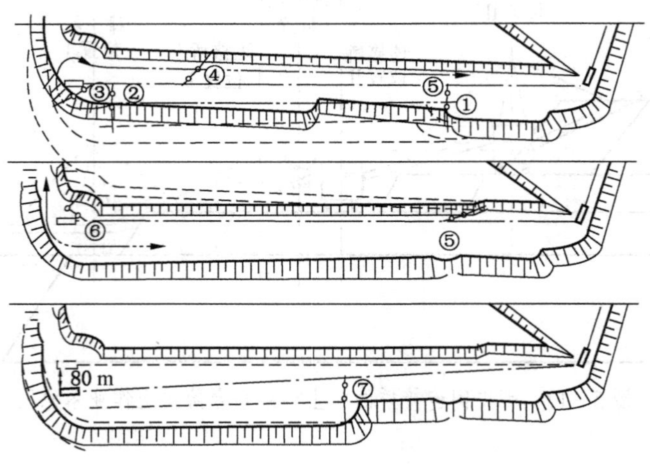

图 5－19　排土线扇形发展作业程序示意图

三、排土机排土作业主要参数

排土机排土作业主要参数为排土台阶高度 H、排土带宽度 A、工作平盘宽度 B_p。

1. 排土台阶高度 H

排土台阶高度由上排台阶高度 H_0 和下排台阶高度 H_1 组成。

（1）上排台阶高度 H_0 取决于排土机卸料臂的规格（图 5-20），按以下公式计算：

考虑 R_0 限制时

$$H_0 = (R_0 - C)\tan\beta \tag{5-7}$$

$$R_0 = a + L_k\cos\alpha + e$$

考虑卸料高度时

$$H_0 \leqslant L_k\sin\alpha + t - \Delta H \tag{5-8}$$

式中　R_0——排土机卸料半径，m；

C——排土机回转中心至台阶坡底线的距离，最小值 $C_{min}=0.5C_x+C_b$，m；

C_x——排土机走行部分宽度，m；

C_b——排土机外侧履带外缘与台阶坡底线间的安全距离，一般取 5~7 m；

L_k——排土机卸料臂的长度，m；

e——土岩卸载时水平抛出距离，m；

ΔH——卸料臂卸载滚筒轴线至排土堆尖间的安全距离，m；

β——排土台阶坡面角，(°)；

α——排土机卸料臂容许倾角，$\alpha \leqslant 18°$；

a——卸料臂枢轴至排土机中心距离，m；

t——卸料臂枢轴距排土机站立水平高度，m。

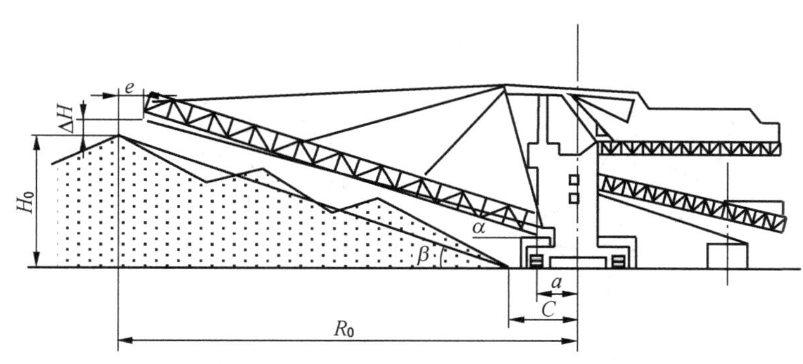

图 5-20　确定排土机上排台阶高度示意图

（2）下排土台阶高度 H_1 主要取决于物料性质、台阶稳定条件及卸料臂长。据褐煤露天矿资料，在排弃物料中含有较多黏土成分时，下排台阶高度不超过 20 m；当采取由外向里的堆垒方式时，下排台阶高度受限于卸料臂的长度。

2. 排土带宽度 A

排土带宽度与排土机和带式输送机在平盘上的布置、设备规格、排土方式及土岩性质等因素有关。以图 5-21 为例，当排土机位于带式输送机内侧时，排土机上排作业和下排作业的排土带宽度（$A_上$、$A_下$）为

$$A_下 \leqslant R_0 - e_1 - e_2 \tag{5-9}$$

$$A_上 \leqslant R_0 + D - H_0\cot\beta_0 - b \tag{5-10}$$

式中 e_1——排土机与胶带间隔距离，m；

e_2——带式输送机至下分台阶坡顶距离，m；

D——上排时排土机与带式输送机距离，m；

b——输送机中心至上分台阶坡底线距离，$b=0.5B_m+C_b$，m；

B_m——输送机驱动站宽度，m；

C_b——输送机与台阶坡底线间的安全距离，m。

当排土机上、下排作业时，排土带宽度应取两者中的较小值。所取用的 e_2 和 D 值应满足排土机与卸料悬臂间对容许接近角的要求。

当排土机多台阶同时排土作业时，相邻排土台阶间的距离也应满足稳定性要求，并保留一定的推进余量，以减少各排土台阶间的相互干扰。

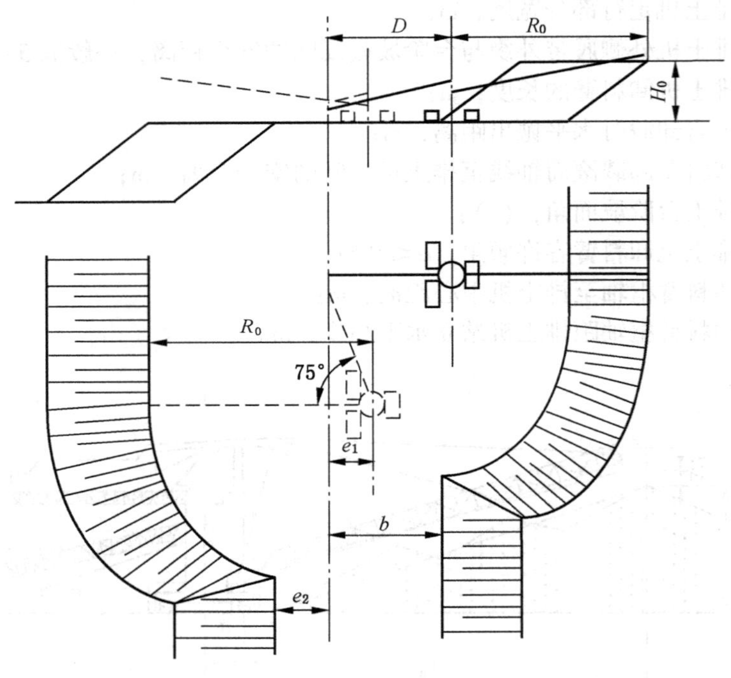

图 5-21 确定排土机排土带宽度示意图

当排土机位于带式输送机外侧时，下排排土带宽度为

$$A_{下} \leqslant R_0 - e_3 \tag{5-11}$$

式中 e_3——外侧排土机走行中心线距下排台阶坡顶线间的距离，$e_3=\frac{1}{2}B+c$，m；

B——排土机走行机构宽度，m；

c——排土机外侧履带外缘距下排台阶坡顶线间的安全距离，m。

3. 工作平盘宽度 B_p

排土机排土作业所需要的工作平盘宽度，应满足排土机排土作业和工作面带式输送机布置的要求，与排土机的排土作业方式、运输与排土设备规格、排弃物料的性质有关。

当排土机仅为上排作业时，排土机采用端工作面作业，带式输送机位于排土机外侧，

其站立水平所在的工作平盘宽度（含上排采掘带宽度）为

$$B_p \geqslant R_0 + e - H_0\cot\beta + D + e_2 \qquad (5-12)$$

当排土机仅为下排作业时，排土机位于带式输送机内侧，排土机采用侧工作面作业，其站立水平所在的工作平盘宽度（含下排采掘带宽度）为

$$B_p \geqslant R_0 + b \qquad (5-13)$$

当排土机仅为下排作业时，排土机位于带式输送机外侧，排土机采用半端工作面作业，其站立水平所在的工作平盘宽度（含下排采掘带宽度）为

$$B_p \geqslant R_0 + e_1 + b \qquad (5-14)$$

当排土机上、下排作业时，下排作业时排土机位于带式输送机内侧，其站立水平所在的工作平盘宽度（含上、下排采掘带宽度）为

$$B_p = R_0 - e_1 + b + A_{上} \qquad (5-15)$$

此时排土平盘宽度不能太大，否则排土机线性参数不能满足下排作业要求。

第四节 排土工艺的选择

排土工艺环节是露天开采的主要工艺环节之一，在露天矿中起到保证生产的作用。排土工艺设备的选择，主要取决于剥离工程中采运设备的类型，特别是运输设备的类型，即运输设备类型是排土设备的选择主要依据。

同时,排土工艺设备类型也受排弃土岩性质的影响。如拉铲适用于松软土岩且不含大块的土岩;推土犁适用于中硬和稳定性较好的土岩;在高台阶上排弃中硬以下且含水的土岩时，选用前装机、推土机、拉铲等排土设备,在保证排土场路基稳定性上可用机械铲和推土犁。

气候条件对排土设备的选择也有较大的影响。如在多雨地区，应选择可靠性较高的机械铲、拉铲、推土机或前装机等排土设备。

选择排土设备类型时，还应考虑所要求的排土能力。某种运输工艺所适合的排土设备类型可能有几种，同一排土设备与不同的运输方式匹配时的生产能力是不同的，同一运输工艺与不同类型的排土设备匹配时的生产能力也是不同的，因此，合理选择排土设备类型对露天矿排土工艺作业效率和经济效益具有重要影响。

选型原则：技术上能满足排土作业要求，设备效率能够充分发挥；经济上设备价格低，生产费用低；设备使用寿命与开采年限匹配。表 5－4 为与采运设备相匹配的排土设备选择方案。

表 5－4 与采运设备相匹配的排土设备选择方案

序号	采、运、排设备匹配				排土设备适用条件
	采掘设备	运输设备	主要排土设备	辅助排土设备	
1	轮斗或链斗挖掘机	运输排土桥、悬臂排土机		排土机	内排土、对矿床复存条件要求高，即水平近水平煤层，稳定性，无大断层
2	轮斗或链斗挖掘机	带式输送机	排土机	移设机 推土机	与采运设备匹配

表5-4（续）

序号	采、运、排设备匹配				排土设备适用条件
	采掘设备	运输设备	主要排土设备	辅助排土设备	
3	拉铲或倒堆用机械铲倒堆			推土机	内排土、对矿床复存条件要求高，即水平近水平煤层，稳定性，无大断层
4	机械挖掘机	工作面移动破碎机—带式输送机	排土机	胶带移设机 推土机	与采运设备匹配
5	机械挖掘机	准轨铁路	机械挖掘机	吊车、推土机、推土犁备用线	排土能力大，土岩松软或坚硬的大中型露天矿
6	机械挖掘机	准轨铁路	推土犁	吊车、推土机、机械铲备用线	土岩较稳定，气候条件好
7	机械挖掘机	准轨铁路	拉铲	吊车、推土机	松软土岩、含水土岩
8	机械挖掘机	准轨铁路	前装机	吊车	排土能力小，高台阶松软
9	机械挖掘机	准轨铁路	推土机	吊车	排土能力小，高台阶松软
10	机械挖掘机	准轨铁路	铲运机	吊车、推土机	松软土岩，平地或缓坡排土场
11	机械挖掘机	汽车	推土机		汽车运输
12	机械挖掘机	汽车	拉铲	推土机	排土能力大，土岩松软、含水土岩
13	铲运机			推土机	运距不大于1.5 km
14	前装机				运距不大于100~1000 m
15	前装机	汽车	推土机		汽车运输
16	水枪	管道	水力排土	推土机复垦	与采运设备匹配

第五节 排土场建设

排土场建设主要包括堆垒排土线初始路堤、修筑运输干线系统、供电工程等。排土场建设主要设备包括挖掘机、推土机、铲运机、推土犁、胶带排土机等。

地形条件对初始路堤的堆垒影响很大，在山坡坡度适宜时，不同标高的排土水平可同时建设，且建设工程量小。在平地或缓坡上建立排土线时，不同标高的排土水平只能由下而上建立，建设速度较慢。

一、山坡条件下排土场建设

一般沿山坡用挖掘机、推土机或人工开挖单侧沟，作为初始铁道线路的铺设平台，再铺设铁道或带式输送机。

单侧沟规格，取决于所铺设的运输设备类型和掘沟设备的作业要求。

（1）单斗铲掘沟时，单侧沟沟底宽度（铁道运输）应满足挖掘机作业要求（图5-22）。

$$b = R_k + S + C \qquad (5-16)$$

式中 b——沟底宽度，m；

R_k——挖掘机机体的回转半径，m；

S——挖掘机履带走行机构的半宽，m；

C——挖掘机距离台阶坡顶线的安全距离，m。

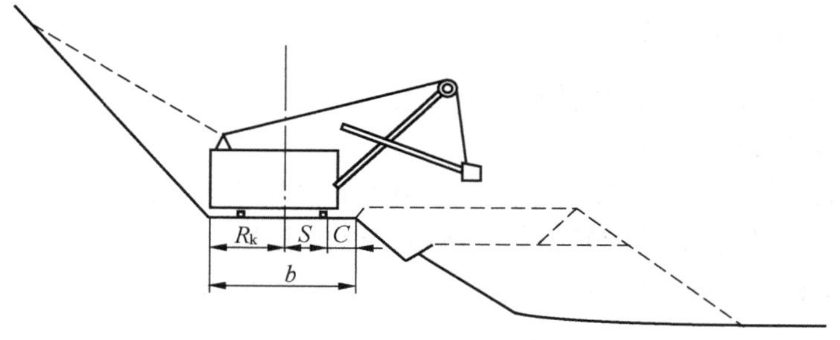

图 5-22 单斗挖掘机掘单侧沟作业及沟底宽度构成示意图

（2）用推土机排土时，单侧沟沟底宽度取决于运输平台宽度的要求，且汽车卸载处的路基宽度，应满足汽车会让和转向的要求。

$$b = B + C_1 + C_2 \tag{5-17}$$

$$B = nA + (n-1)D + 2Y$$

式中 B——行车道宽度，m；

A——汽车车体宽度，m；

D——不同行车道上运行的汽车，横行相邻汽车间的安全距离，m；

Y——汽车外侧距离路肩的安全距离，m；

C_1——一侧路肩宽度，m；

C_2——另一侧路肩宽度，m。

（3）带式输送机排土时，初始路堤的修筑常用单斗铲和汽车完成，应满足胶带直线布置的要求。若受地形限制无法依次按排土线全长修路堤时，可分段建设逐渐加长，如图 5-23 所示。

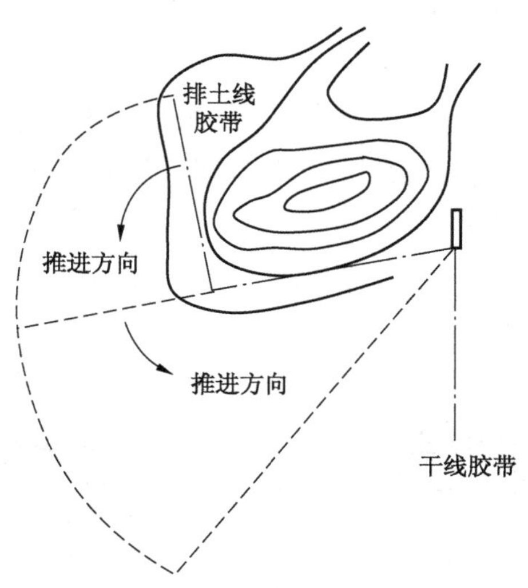

图 5-23 带式输送机排土时排土线的初始路堤及其发展示意图

二、平地条件下排土线建设

平地条件下排土线初始路堤的修筑较复杂，需分层堆垒至要求的高度。视工程量大小和具体条件可以采取以下几种方法。

（1）人工涨道法——每次涨道高度0.3~0.5 m（图5-24），涨道效率9~11 m^3/工。人工涨道在我国早期建设的露天矿中曾经使用，现在应用很少。

（2）推土犁涨道法——每次涨高0.4~0.5 m，如图5-25所示。

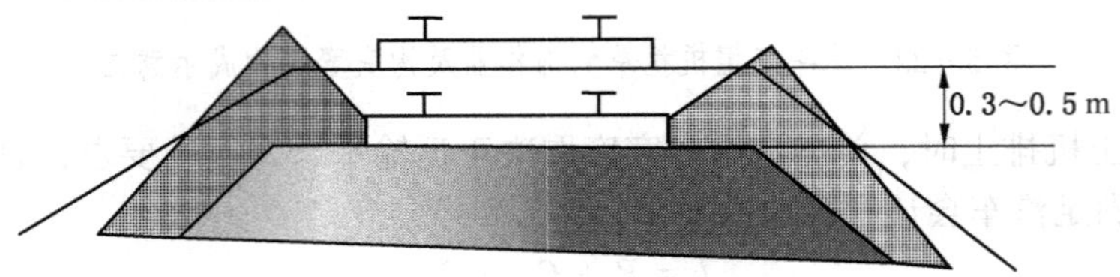

图5-24 人工涨道示意图

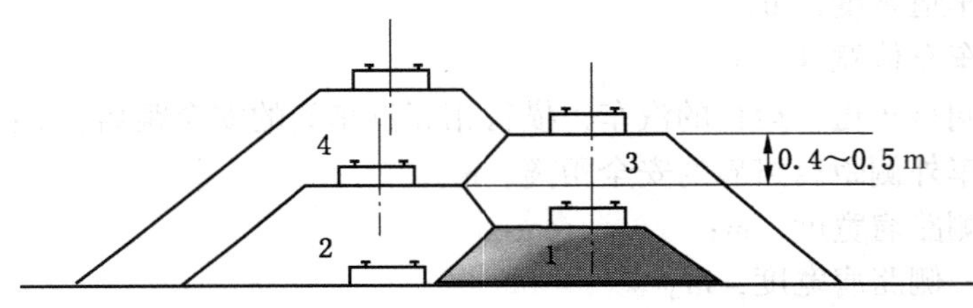

图5-25 推土犁涨道示意图

（3）推土机涨道法——初始路堤高度一般不超过5 m，如图5-26所示。

（4）单斗铲涨道法——每次涨高3~4 m，挖掘机堆垒作业程序分为交叉分层、顺序分层、混合分层，如图5-27所示。

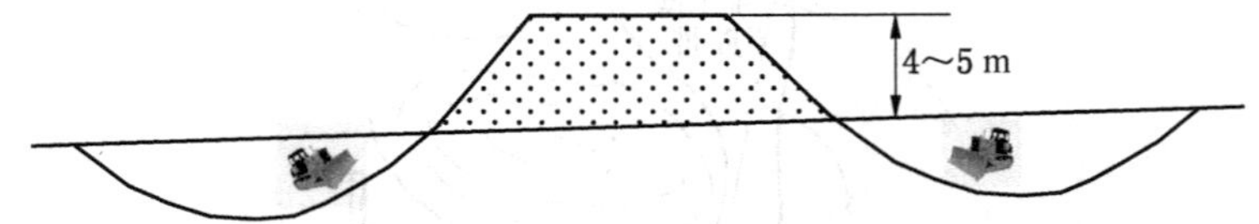

图5-26 推土机涨道示意图

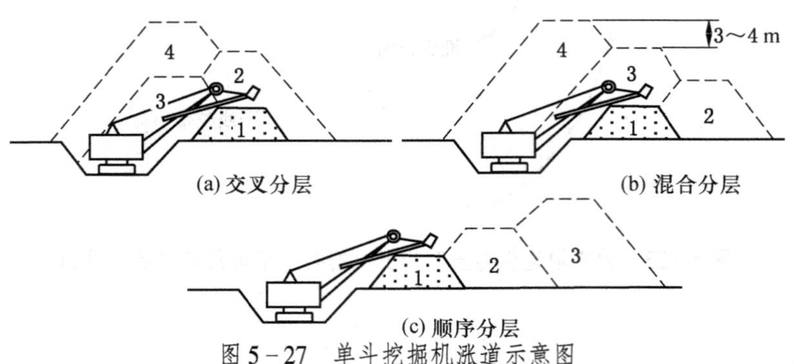

图5-27 单斗挖掘机涨道示意图

（5）拉铲涨道法——在排弃松软土岩时，用拉铲涨道可加大一次涨高，如图 5-28 所示。

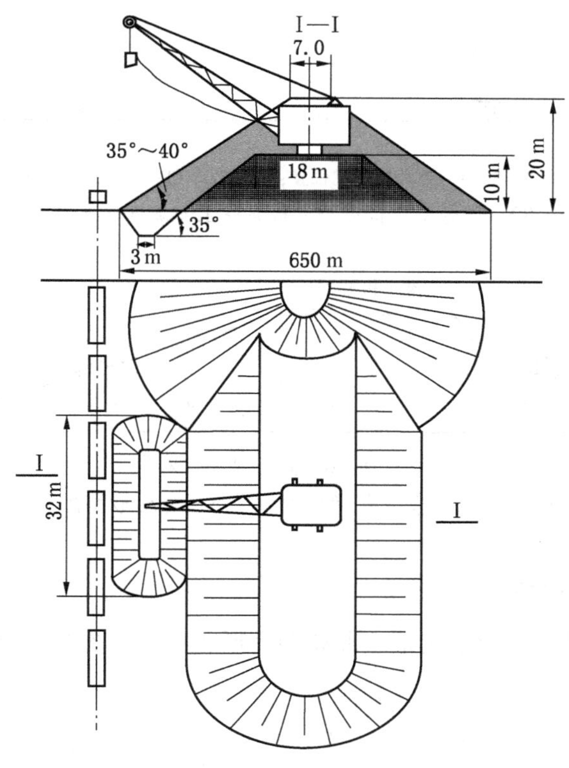

图 5-28　拉铲涨道示意图

（6）胶带排土机涨道有三种涨道方式。

①上排堆垒初始路堤法：适用于初始路堤工程量较小时，但存在带式输送机移设困难的缺点，如图 5-29 所示。

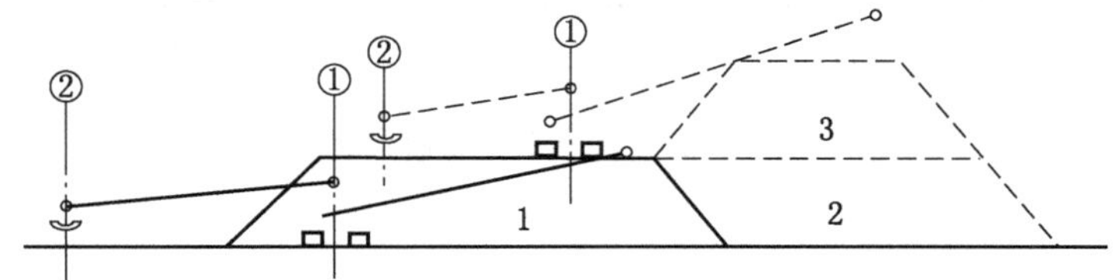

①、②—胶带排土机和带式输送机；1、2、3—土岩堆垒次序

图 5-29　胶带排土机上排堆垒初始路堤

②按排土机允许工作坡度修筑初始路堤法：排土机站立在带式输送机同一水平上，沿工作线修筑初始台阶①，然后将带式输送机移设到台阶①上，再继续按排土机允许工作坡度修筑初始排土台阶②，最后达到设计高度的台阶③，如图 5-30 所示。

③顺序堆垒多个三角堆形成初始路堤法：当排弃土岩不太稳定时，采用推土机按后退方式作业，由远及近（图5－31中1～10）和由下至上（图5－31中11～15）的顺序堆垒，再用推土机推平顶面。

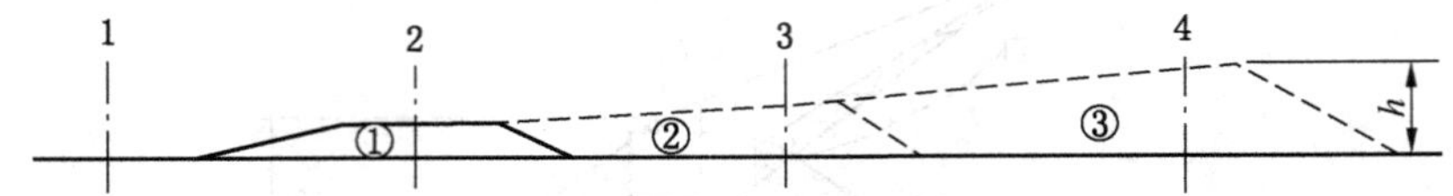

1、2、3、4—带式输送机位置；①、②、③—土岩堆垒次序

图5－30 胶带排土机按排土机允许工作坡度修筑初始路堤

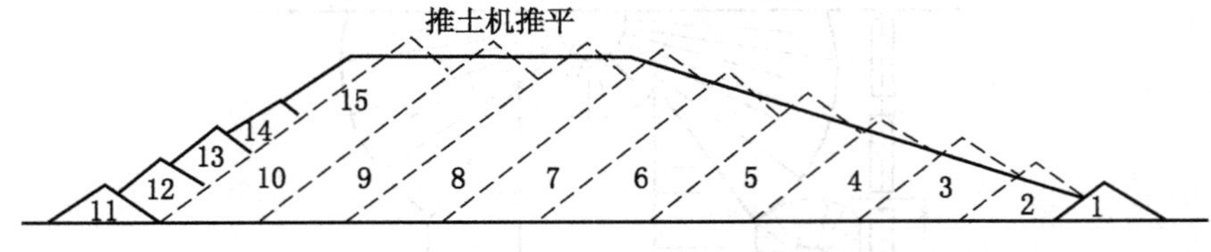

1、2、3、4…15—土岩堆垒次序

图5－31 胶带排土机顺序堆垒多个三角堆形成初始路堤

三、排土工作线的形状

排土工作线的形状有平行、扇形、曲线和环形4种，如图5-32所示。

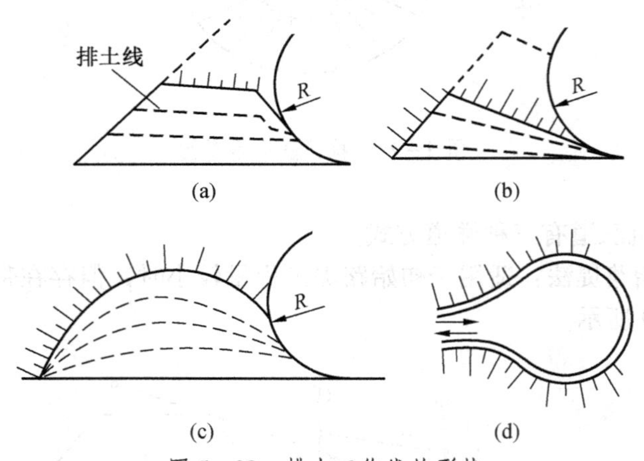

图5－32 排土工作线的形状

思考题

1. 常用的排土设备有哪些？
2. 卡车运输—推土机排土作业方式有什么？如何确定排土线参数？
3. 简述排土机的作业方式，如何确定排土机排土作业参数？
4. 排土工艺设备选型原则是什么？

第六章　露天开采工艺系统

第一节　概　　论

露天开采包括一系列生产环节，其中主要生产环节是：采掘、运输、排卸（排土、卸矿）。围绕这3个主要生产环节还有一系列辅助生产环节，如设备维修、动力供应、防排水、运输线路移设及维修、生态恢复等。露天开采各生产环节是一个统一的整体，既相互联系，又相互制约。因此，各生产环节所构成的整体形成了露天开采工艺系统。

露天开采工艺系统（surface mining technology system）即完成采掘、运输、排卸3个主要环节的机械设备和作业方法的总称。露天矿的开采工艺系统根据所使用的主要开采设备不同而有多种类型，不同类型的工艺系统的适用条件和作业方式差异性较大，开采工艺系统直接影响露天矿的经济效果，因此，合理选择开采工艺系统是露天开采设计的重要内容。

一、露天开采工艺系统分类

不同的组合形成不同的露天开采工艺系统，露天开采工艺系统分类见表6－1。

（1）按采、运、排三大环节中使用的设备类型或作业过程中矿岩流的特征，露天开采工艺系统可分为3类：

①间断开采工艺系统（discontinuous mining technology system）——采掘、运输和排卸作业均用周期式设备形成不连续物料流的开采工艺。

②连续开采工艺系统（continuous mining technology system）——采掘、运输和排卸作业均用连续式设备形成连续物料流的开采工艺。

③半连续开采工艺系统（semi-continuous mining technology system）——部分环节是间断的、部分环节是连续的，或者部分物料流是连续的，部分物料流是间断的开采工艺。

（2）按工艺环节中设备状况，可分为两类。

①独立式工艺系统——采掘、运输、排卸3个主要工艺环节各自有独立设备的开采工艺。

②合并式工艺系统——采掘、运输、排卸3个主要工艺环节中有两个或3个环节合并在一起，由同一种设备完成的开采工艺。

我国露天矿使用最广泛的是独立式间断开采工艺和半连续开采工艺，如单斗挖掘机—汽车—推土机工艺、单斗挖掘机—汽车—半固定式破碎站—带式输送机—胶带排土机工艺。2007年内蒙古伊敏河露天煤矿率先应用单斗挖掘机—工作面移动式破碎机—带式输送机—胶带排土机半连续开采工艺，并取得了良好的应用效果。轮斗挖掘机—带式输送机—胶带排土机开采工艺在德国应用广泛，我国云南小龙潭露天煤矿、内蒙古元宝山露天煤矿、准格尔黑岱沟露天煤矿等采用。拉铲倒堆工艺在美国、澳大利亚、印度等国应用较多，我国仅有黑岱沟露天煤矿于2006年引进一台90 m³斗容的大型拉铲进行剥离倒堆作业。单斗铲—铁道开采工艺在俄罗斯及我国早期开发建设的露天煤矿中应用较多，21世纪开发建设的露天煤矿已不再采用此工艺。

表6-1 露天开采工艺系统分类

工艺类型		系统构成	备注
间断开采工艺	独立式	1. 单斗挖掘机或前装机—铁道运输—推土犁或单斗挖掘机排土 2. 单斗挖掘机或前装机—汽车—推土机排土 3. 单斗挖掘机或前装机—联合运输—相应排土设备 如：单斗挖掘机或前装机—汽车+铁道运输—推土犁或单斗挖掘机排土 单斗挖掘机或前装机—汽车+箕斗+铁道—推土犁或单斗挖掘机排土 单斗挖掘机或前装机—汽车+溜井平硐+铁道—推土犁或单斗挖掘机排土	联合运输的排土设备与运输设备有关
	合并式	1. 单斗挖掘机倒堆 2. 拉铲倒堆 3. 拖拉铲运机开采	
连续开采工艺	独立式	1. 轮斗挖掘机或链斗挖掘机—带式输送机—胶带排土机 2. 刨煤机采煤—带式输送机—堆取料机 3. 水枪开采—水力运输—水力排土 4. 挖掘船采掘—水力运输—水力排土	工艺4露天煤矿应用较少，多用于采砂
	合并式	1. 轮斗挖掘机或链斗挖掘机—运输排土桥 2. 轮斗挖掘机或链斗挖掘机—悬臂式排土机 3. 带排土悬臂的轮斗挖掘机	
半连续开采工艺		1. 单斗挖掘机或前装机—汽车—半固定破碎机—带式输送机—胶带排土机 2. 单斗挖掘机或前装机—移动破碎机—带式输送机—胶带排土机 3. 轮斗挖掘机或链斗挖掘机—铁道运输—推土犁或单斗挖掘机排土 4. 轮斗挖掘机或链斗挖掘机—汽车运输—推土机排土 5. 上述间断工艺和连续工艺不同程度的组合工艺	
综合开采工艺		同一露天矿中采用两种或两种以上的开采工艺	

二、露天开采工艺系统影响因素及选择原则

1. 露天开采工艺系统影响因素

影响露天开采工艺系统的因素主要有以下几方面。

（1）矿床自然条件。包括矿岩性质、矿体埋藏条件和埋藏深度，地形、水文地质、地理位置、气候条件等。矿床自然条件是露天矿选择开采工艺的决定性因素。

（2）可供选择的设备的类型、规格和数量。选择设备时应注意以下几方面：

①各环节设备在类型、规格上要匹配。

②各环节设备数量能力匹配。

③同一环节的设备类型和规格应尽可能统一，以便于维修、生产管理。

④对设备维修、备件应作出切实可行的安排，有可靠保证（所选设备决不能是厂家淘汰产品）。

⑤辅助设备应与主要设备配套。

⑥及时培养人员（维修、操作与管理人员）。

⑦设备来源及可靠性。

（3）产量规模和对矿石质量要求。

（4）资金费用情况（考虑设备投资大小、生产费用问题及吨煤投资）。

（5）地区经济条件。

（6）环境保护因素。

矿岩性质，如岩石的可钻性、可挖掘性和矿岩块度等，对工艺设备的选择都有影响。对连续工艺和半连续工艺影响较大，对间断工艺影响较小。因此，如果露天矿拟采用连续开采工艺，就必须通过物理力学方法对矿岩的性质做全面试验，得到露天矿各种矿岩体的物理力学指标，如矿岩硬度、密度、抗拉强度、抗压强度、抗剪强度、凝聚力、内摩擦角、泊松比、含水性，以及矿岩体裂隙发育程度、岩体构造、是否含弱层、断层等。

土岩承压性能对工艺设备的选择也有较大的影响。我国茂名油页岩露天矿、姑山铁矿等，都曾遇到表土松软含水而致电铲下沉问题。内蒙古白音华四号露天煤矿由于含水量大土岩松软致使在建矿初期电铲无法作业，疏干排水成为该矿的重点工作。在这方面，多斗挖掘机的对地比压较小，比单斗挖掘机受限制小一些。3~4 m^3 的机械挖掘机的对地比压在 0.2 MPa 左右，而轮斗挖掘机仅为 0.07~0.09 MPa。一般履带走行机构的对地比压高于迈步走行机构，所以，对于软岩基底的露天矿应选用迈步走行机构的挖掘设备。带式输送机和铁道运输对松软岩性适宜性优于汽车运输。采用轮斗挖掘机在松软土岩上作业时，为避免由于挖掘各分层使挖掘机在工作面走行过多，往往采用可伸缩的臂架。

矿体埋藏条件对开采工艺的选择是一个根本性的限制条件。近水平矿层有可能采用剥离倒堆开采工艺或运输排土桥和悬臂排土机工艺。矿层复杂的多煤层或薄煤层，对选择开采提出了更高的要求，选采可选用较小型的采掘设备。当矿石需要进行品位中和时，机动灵活的汽车运输更为适合。矿床面积尺寸也影响工艺系统的选择，特别限制运输工艺的选择，如铁道运输转弯半径大（最小 120 m）、限制坡度小（20‰左右），在露天矿坑较小时难于使用，当地面运输距离较大且露天矿为长大矿坑时，采用铁道运输可降低运输成本。短小的露天矿坑适合于汽车运输。带式输送机运输适合于矿坑规整、工作面平直的露天矿，也可用于高差较大的露天矿提升运输。对于山坡露天矿采用溜井溜槽平硐运输具有很好的技术经济效果。

矿床埋藏深度对工艺设备选择也有重大的影响，主要影响运输工艺、设备，一般地，埋藏深度较浅露天矿对运输工艺设备的限制较小，埋藏深度较大时，应选择爬坡能力较强的运输方式，如带式输送机、汽车、箕斗等或采用联合运输方式。

地形对露天矿工艺系统的选择有着较大的影响。在地形高差较大的山区，采用汽车运输较为适合，铁道运输较为困难；对于冲沟发育的露天矿采用带式输送机和铁道运输困难较大，需要提前进行填沟作业。

靠近工业发达地区的露天矿山，对工艺设备选择的限制较小，矿山设备维修、配件供应较为便利，但环境保护要求高。而远离城市的边缘矿区，其供电、燃料供应、设备维修等条件差，有时会成为限制开采工艺选择的主要因素，如新开发的矿区供电问题会限制电铲和电机车运输或带式输送机运输。

气候，如严寒、暴雨、风沙等，对工艺设备的影响较大。一般轮斗挖掘机、带式输送机不适合于严寒地区和多雨地区含大量黏土的露天矿。大型采掘设备，如轮斗挖掘机和运输排土桥、悬臂排土机、大型拉铲等在大风天气较多的地区存在安全隐患。

在考虑可供选择的设备因素时，应充分考虑可供选择的设备类型规格和数量。特别应考虑所选设备是国外进口还是国产设备，供货周期时间，设备安装与人员培训，以及以后的设备维护维修与配件的供应问题。

考虑露天矿产量规模时，选择工艺设备的一般原则是，大规模露天矿选择大型工艺设备，小规模露天矿选择小型设备。对于采矿、岩石剥离和表土剥离，可分别选择工艺设备类型，工艺设备类型可一致也可不同。关于露天矿开采规模（采矿和剥离总规模）大小与工艺设备大小的匹配关系，主要考虑露天矿内采运设备的数量和密度，既不能使采掘设备太大而使采掘设备数量过少造成采掘设备频繁移动，也不能使采掘设备太小而使采掘设备数量过多造成采掘设备在露天矿中安排不下。据多年实际经验，采掘设备数量为每个剥采台阶设置 1~2 台为宜。

在考虑环保性时，主要考虑工艺设备对能源消耗、大气影响、生态环境破坏及矿区生态恢复方面的性能。如考虑能源消耗时，采用电气化铁道运输和带式输送机运输以及电力动力挖掘机，其能源消耗低、产生污染小。汽车运输需要消耗大量柴油和轮胎，尾气污染矿区大气环境，道路产生烟尘污染大气环境。溜井平硐运输可减少运输设备数量，降低地面烟尘污染。

2. 露天开采工艺系统选择原则

（1）技术上可靠。能满足露天开采要求，各环节设备配合，且设备效率能充分发挥。

（2）经济上合理。投资小，生产费用低。

（3）能够完成露天开采产量，并达到矿石质量要求。

（4）安全可靠，环保性好。

三、露天开采工艺系统的研究内容

露天开采工艺环节主要研究各环节（主要为穿爆、采掘、运输、排卸）的设备类型、作业方式、工作面规格（参数计算）、设备生产能力计算及各环节内工序间的配合等内容。而露天开采工艺系统着重研究各环节间的联系及配合，以及各环节形成的工艺系统的整体性能、系统、效率、协调性等，包括各环节设备类型、规格的配合，各环节设备数量、生产能力的配合，工艺参数和开采参数的综合确定（如台阶高度、采掘带宽度、工作平盘宽度、采区长度、线路坡度等），工艺系统的生产组织管理等。

露天矿开采工艺系统合理选择，就是在满足各种限制条件下所达到的目标最优。为此，要进行一系列的技术经济计算和方案比较。同时，必须对各种露天开采工艺的优缺点、适用条件，各环节构成、作业方式、开采工艺参数以及其技术经济效果等方面进行全面分析。

第二节　单斗挖掘机—汽车开采工艺系统

一、概述

单斗挖掘机—汽车开采工艺是广泛采用的露天开采工艺之一。早在20世纪初，汽车运输方式就开始在美国露天煤矿应用。随着露天开采技术和设备的发展，单斗挖掘机—汽车开采工艺也在不断发展：单斗挖掘机的勺斗斗容由最初的1~4 m^3，逐渐发展到十几立方米甚至几十立方米（目前世界上最大的矿用单斗挖掘机是我国太原重工股份有限公司制造的斗容75 m^3 的WK-75）；矿用卡车也经历了从最初的载重十几吨、几十吨，发展到目前的载重几百吨（白俄罗斯汽车制造厂生产的载重高达450 t BELAZ 75710型重型自卸卡车是目前世界上最大的矿用卡车），其传动机构也经历了由机械传动到电动轮传动，再到机械传动的发展历程。

1. 单斗挖掘机—汽车开采工艺的特点与适用条件

由单斗挖掘机与矿用重型自卸卡车组合而成的单斗挖掘机—汽车开采工艺兼具单斗挖掘机采装与汽车运输的特点，单斗挖掘机可提供较大的挖掘力，因此该工艺对矿床赋存条件、岩性等也具有较强的适应性；汽车运输爬坡能力强（最大可达10%~15%），转弯半径小（30~40 m），机动性强，使得该工艺较单斗—铁道工艺更为机动灵活，可实现横采、陡帮开采、宽采掘带开采等，此外，矿山公路修筑快速便捷，也使矿山开拓变得简单。但汽车运输存在燃油与轮胎消耗量大、经济合理运距短（3~5 km）、吨公里费用高［铁路：0.20元/(t·km)，汽车：1.0元/(t·km)］、对气候适应性差，以及由于汽车尾气及扬尘等原因造成对环境的严重污染等不足而成为该工艺应用的制约条件。

鉴于以上特点，单斗挖掘机—汽车开采工艺可适用于地形和矿体产状都比较复杂，矿场长度受限，经济合理运距不超过5 km，剥采总量大，要求建设快的露天矿，或者与其他开采工艺系统联合进行露天采场深部的开拓运输。另外，当剥离土岩为可塑性较大的含水软岩时，还应考虑土岩强度能否承受矿用载重卡车轮胎的对地比压。

图6-1为单斗挖掘机—汽车开采工艺系统作业示意图。

图6-1　单斗挖掘机—汽车开采工艺系统作业示意图

2. 国内外应用现状

由于汽车运输具有机动灵活、爬坡能力大、转弯半径小、便于选采、建设速度快、开采强度大等优点，伴随着矿用自卸汽车制造业的发展，单斗挖掘机—汽车开采工艺在国内外露天矿得到了突飞猛进的发展。

在国外，美国、加拿大、澳大利亚等国几乎所有的露天矿都采用单斗挖掘机—汽车开采工艺。近年来，单斗挖掘机—汽车开采工艺在俄罗斯露天矿的应用比例也在不断增加。

我国从20世纪50年代中期开始，在南芬、白银厂、张店、铜官山、青山怀等金属露天矿率先开始应用单斗挖掘机—汽车开采工艺，当时汽车载重仅为10~25 t。随着我国汽车工业的发展，在煤炭、建材、化工等行业的露天矿中也逐渐开始采用汽车运输方式，其中宁夏大峰露天煤矿（设计生产能力0.9 Mt/a，1970年5月1日开工建设，1973年9月20日移交生产）是我国第一个采用单斗—汽车开采工艺的露天煤矿。进入80年代以后，单斗挖掘机—汽车开采工艺在我国露天煤矿得到了广泛应用，其中14个生产能力达百万吨级及以上的露天煤矿（安太堡露天煤矿、伊敏河露天煤矿、霍林河南露天煤矿、黑岱沟露天煤矿、元宝山露天煤矿、安家岭露天煤矿、哈尔乌素露天煤矿、胜利一号露天煤矿、白音华一~四号露天煤矿、扎哈淖尔露天煤矿、新疆准东露天煤矿等）所采用的开采工艺系统中均含有单斗挖掘机—汽车开采工艺组成部分。

未来单斗挖掘机—汽车开采工艺将向着采运设备大型化、系列化发展，其应用范围也会越来越广。

3. 单斗挖掘机—汽车开采工艺系统设备选型

采用单斗挖掘机—汽车开采工艺的露天矿山，设备选型时应遵循以下原则。

（1）设备大型化、系列化，同时设备规格要与开采规模相适应。国内外露天矿山的经验表明，设备大型化是提高劳动生产率的主要手段，以单位矿岩量计的作业费用也随着设备规格的增大而下降，但设备规格也不能过大。目前，露天矿常用的单斗挖掘机斗容一般为4~55 m^3，勺斗过大则难以有效装载，同时也受到汽车几何尺寸的限制。表6-2为挖掘机斗容不同时的作业成本构成情况。

表6-2 挖掘机斗容不同时的作业成本

挖掘机规格/码^3	6		10		12		15		20	
车型（短吨）	50		85		100		150		180	
费用	美元/小时	美分/短吨	美元/小时	美分/短吨	美元/小时	美分/短吨	美元/小时	美分/短吨	美元/小时	美分/短吨
作业人员	18	3	18	1.8	18	1.44	18	0.9	18	0.57
润滑和动力	15.75	2.63	21.75	2.17	25.38	2.03	30.9	1.55	37.80	1.41
斗齿、钢绳	18	3	22.19	2.21	23.87	1.92	26.75	1.38	33.85	1.26
供电	1.12	0.19	1.35	0.14	0.43	0.11	1.50	0.08	1.86	0.07
机械维修人员	7.48	1.24	10.25	1.03	11.25	0.9	12.63	0.63	13.47	0.64
电气维修人员	1.82	0.3	2.18	0.22	2.18	0.17	2.63	0.13	3.02	0.11
合计	62.17	10.36	75.72	7.57	81.11	6.57	92.41	4.67	108	4.06

注：1短吨≈0.907吨，1码（yd）=0.9144 m。

（2）通常先选择挖掘机，再根据挖掘机类型选择自卸卡车类型。

（3）在挖掘机类型已确定情况下，选择自卸卡车类型与数量时，应在满足技术要求的前提下，拟定多个可行方案并进行经济分析，从中选择单位生产成本最低的方案。

（4）载重量不同的矿用自卸卡车其经济合理运距不同，在选型时应考虑运距影响。

（5）为便于维修管理，一个矿山的主要采运设备尽可能选用同一种型号。

根据国内外露天矿山生产与设计实践经验，矿石生产能力 1.5 Mt/a，年剥采总量 15 Mt 左右的露天矿，通常选用斗容 4~6 m^3 单斗挖掘机匹配载重 60 t 以下的矿用自卸卡车；矿石生产能力 1.5~10 Mt/a，年剥采总量 80 Mt 左右时，可选用斗容 8~14 m^3 单斗挖掘机匹配载重 68~108 t 矿用自卸卡车；矿石生产能力 12 Mt/a 以上，年剥采总量 120~160 Mt 时，宜选用 15~32 m^3 单斗挖掘机匹配载重 154~218 t 矿用自卸卡车。这里所提到的设备匹配关系是目前技术条件下的经验数值，实际露天矿设计时应进行科学的计算。

二、采掘、运输、排卸环节的匹配

单斗挖掘机—汽车开采工艺中，采掘、运输、排卸 3 个主要工艺环节分别由不同的设备完成作业，且设备数量较多，因此，各工艺环节之间必须合理匹配，以便各环节设备的作业效率得到充分发挥，从而实现高效生产的目标。各工艺环节之间的匹配包括设备类型的合理匹配、设备数量的合理匹配、各环节生产能力的合理匹配以及各环节生产管理与调度的合理匹配等。

1. 采掘与运输设备类型的匹配

（1）挖掘机与汽车在规格上应能满足作业要求，并保证作业安全，挖掘机最大卸载高度 H_{xmax} 与汽车高度之间应满足下式：

$$H_{xmax} \geqslant H_c + e \tag{6-1}$$

式中　H_{xmax}——挖掘机最大卸载高度，m；

H_c——汽车高度，m；

e——卸载时，挖掘机勺斗下缘与汽车堆装物料之间的安全距离，0.5~1.0 m。

（2）挖掘机斗容与汽车斗容积匹配。

挖掘机斗容与汽车车斗容积匹配用车铲斗容比表示。车铲斗容比的含义是装满一辆汽车需要挖掘机装载的斗数。车铲斗容比取决于技术和经济因素，从技术条件而言，车铲斗容比受限于物料块度、车体承载能力等。

从块度考虑，应满足以下关系：

$$b \leqslant 0.8\sqrt[3]{E} \tag{6-2}$$

$$b \leqslant 0.5\sqrt[3]{V} \tag{6-3}$$

式中　b——爆破后矿岩最大边长，m；

E——挖掘机勺斗容积，m^3；

V——自卸卡车车体容积，m^3。

按式（6-2）、式（6-3）计算，装载硬岩时，从物料块度分析，$V:E=4.1:1$。

从车体承载能力考虑，为避免装载物料大块砸车厢，一般 $V:E>2:1$。

因此，技术条件决定了 V/E 的最小值，V/E 的最优值则取决于挖掘机和自卸卡车的最佳利用。在设计实践中，可视设计阶段和具体条件的不同，分别采用以下方法确定 V/E 值：

①经验数值法。在初步选择中，可以取用相似矿山的实际数据。国内外露天矿山的经验均表明 V/E 值是比较稳定的，一般不应小于3:1，平均为4:1~6:1，最高可达6:1~7:1。

具体选取时，还应考虑 V/E 值随运距增加而加大（增大装车作业时间在汽车运行时间中的比重）；V/E 值随挖掘机勺斗容积增加而下降（提高装车作业效率）；同样的挖掘机勺斗容积下，岩石坚硬时，V/E 值应大些（减小对自卸卡车的冲击）。

我国采用单斗挖掘机—汽车开采工艺的露天煤矿铲车配合关系见表6-3，我国冶金露天矿山的铲车配合关系见表6-4，表6-5为美国露天矿山实际的铲车配合关系。

表6-3 我国露天煤矿的铲车配合关系

单斗铲斗容/m^3	1	2	4	6~8	10~15	20~25
卡车载重量/t	7~12	12~20	20~45	45~100	100~150	150~210
年剥采总量/($\times 10^4\ m^3 \cdot a^{-1}$)	<300		300~1500	1500~3500	3500~6000	6000~12000

表6-4 我国冶金矿山铲车配合关系

适用年运量/($\times 10^4\ t \cdot a^{-1}$)	单斗铲勺斗容积/m^3	卡车载重量/t
<70	0.5，1.0	3.5
60~150	0.5，1.0	5
100~250	1.0，2.0	7
150~400	1.0，2.0	10
250~600	2.0	15
400~800	2.0，4.0	20
600~1200	4.0	25
1000~1600	4.0	30
1500~2500	4.0，6.0	45
>2000	6.0	60

表6-5 美国露天矿山实际铲车配合关系

斗容/yd^3	6	10	12	15	20	35
车容/短吨	50	85	100	150	180	210~270

注：1 yd^3=0.7645549 m^3，1短吨=907.185kg。

②数学分析法。在可能获得较高的经济指标条件下，可按完成日（班）计划运量所需采运作业费用最低为准则计算车体容积。

③计算机模拟法。即对各种不同规格的单斗铲以及汽车配合条件进行计算机模拟，并按成本最小或利润最大选择最优匹配。

2. 车铲数量匹配——车铲比

1）车铲比的含义及影响因素

车铲比是指露天矿出动进行剥采作业的卡车数量与挖掘机数量之比，是单斗挖掘机—汽车开采工艺系统中最重要的匹配参数之一，可以用一台挖掘机固定配备的卡车数量表示（采矿挖掘机与剥离挖掘机应分别计算）。合理的铲车配合可降低电铲欠车待装时间，提高铲车利用率，从而达到整个工艺系统的优化。图6－2所示是不同车铲比条件下产量及车（铲）等待时间关系曲线。

影响车铲比的因素。

（1）作业条件。不同的装载工作面和道路条件，要求不同的卡车队规模，以达到铲车间的良好匹配，并降低装载和运输成本，图6－3～图6－6分别表示不同挖掘条件下的卡车队规模与装车数、装载和运输成本间的关系。

（2）卡车运距。

（3）车铲利用率。

（4）系统的组织管理水平。

车铲比主要取决于运距和装卸时间，理论上讲，应做到铲车综合效率最高或综合成本最低。

从图中可知，当挖掘条件较好时，配车数量应增多，有利于降低总成本；反之，当挖掘条件

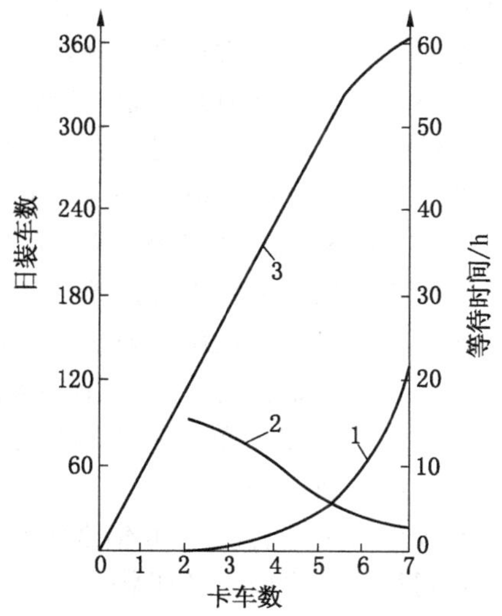

1—车等铲；2—铲等车；3—产量

图6－2　车铲比与产量及车铲等待时间的关系

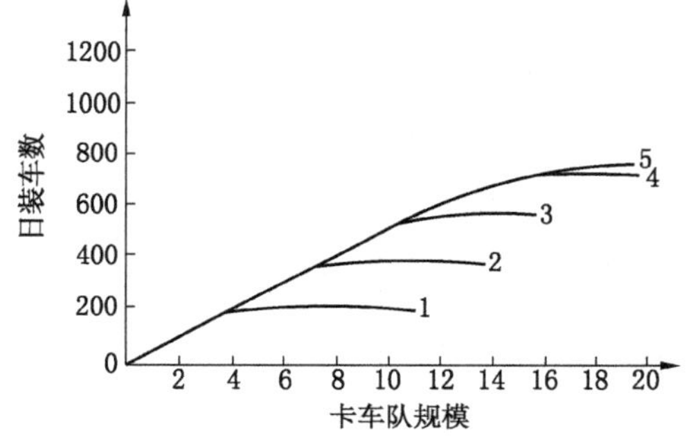

1、2、3、4、5—电铲数量

图6－3　不良挖掘条件下卡车队规模与产量关系

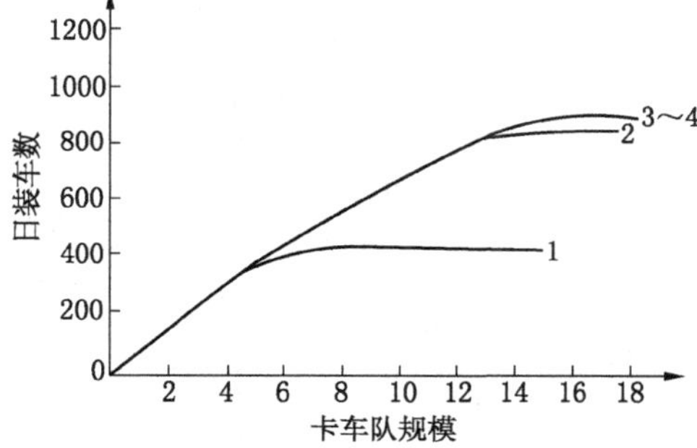

1、2、3、4—电铲数量

图6－4　良好挖掘条件下卡车队规模与产量关系

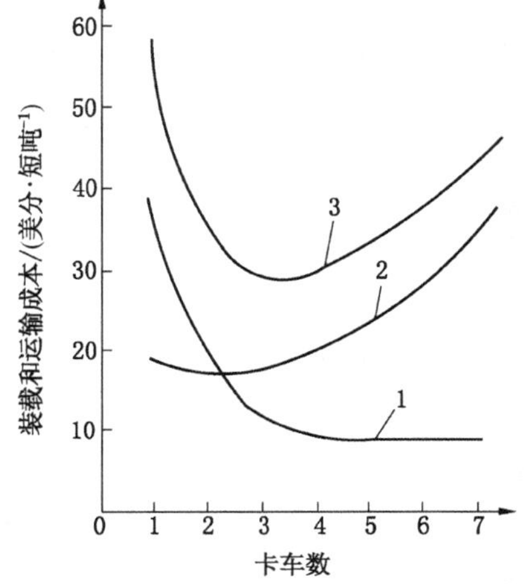

1—电铲费用；2—卡车费用；3—总费用

图6－5　不良挖掘条件下卡车队规模与费用关系

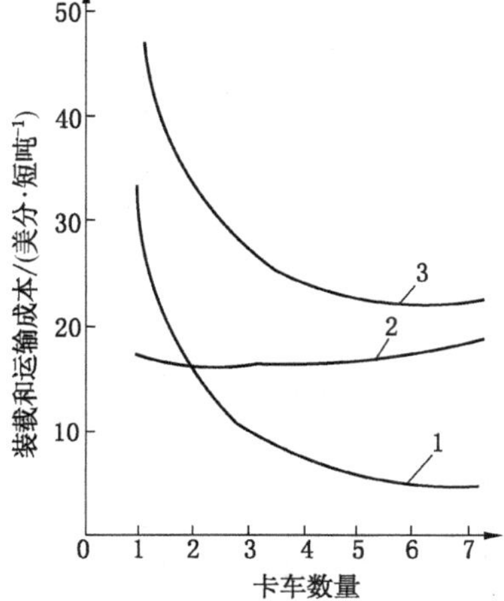

1—电铲费用；2—卡车费用；3—总费用

图6－6　良好挖掘条件下卡车队规模与费用关系

不好时，配车数量应适当减少，有利于降低总成本。

然而，在实际考虑这个问题时，国外总是把“充分发挥单斗铲效率”作为目标，配车数往往略为偏多。理由是，单斗铲价格远高于自卸卡车，从发挥效率角度讲，也以优先发挥单斗铲效率更显合理。另外，矿山的生产是从单斗铲挖掘开始的，只要单斗铲效率提高了，整个矿山的生产也就提高了。在这样的思路指导下，配车宁可多些，在工作面宁可“车等铲”也不愿让“铲等车”。为节约卡车在工作面的入换时间，通常采取双面装车，或采用计算机调度系统来确保单斗铲的高效率。

我国露天煤矿、铁矿和磷矿的车铲比分别见表6－6和表6－7。表中的车铲比用两种方式表示：一种是台/台，在煤矿大约是6~9台/台，在铁矿和磷矿大体为4~8台/台；另一种是t/m^3，这是把单斗铲斗容考虑进去的表示方法，在煤矿大体为40~50 t/m^3，铁矿和磷矿大约为20~35 t/m^3。

当按单斗铲斗容的4~6倍选定车型后，每台单斗铲所配的平均车数往往取决于运距、装卸时间和调度手段，各矿将会有所不同，表6－6与表6－7所反映的一般露天矿的情况，仅供参考。

表6－6 我国露天煤矿车铲比

露天煤矿	剥采量/（Mt·a^{-1}）	单斗铲斗容/m^3 / 台数/台	运距/km	自卸卡车载重/t / 台数/台	车铲比		采煤工艺
					t/m^3	台/台	
安太堡	煤15.0 岩58.5	19/3 25.2/13	3.5 3.0	154/140	56.1	8.8	
安家岭	煤15.0 岩66.6	19/3 25.2/12	3.4 2.3	154/125	53.6	8.3	
黑岱沟	煤12.0 岩56.4	12/5 25.2/6	2.80 2.51	108/20 154/59	53.2	7.2	半连续工艺
霍林河南	煤10.0 岩31.5	10/4 14/8	2.20 2.80	68/26 108/42	41.5	5.3	半连续工艺
伊敏一号	煤10.0 岩13.7	4.0/5 12.0/5	1.6 2.38	27/26 68/38	41.1	6.4	
大峰	煤0.5 岩4.8	1.0/4 3.0/3 4.0/3	3.1 0.54	27/75	106.6	7.5	
哈尔乌素	煤15.0 岩59.25	19/2 27.5/2	0.9 1.0	108/11 172/20	12.6	7.75	半连续工艺

平朔安太堡露天煤矿1986—1993年8年平均效率如下：25 m^{3}单斗铲实动率为

62.37%，台年效率为 $539\times10^4\ m^3$，自卸卡车实动率为 53%，台年效率为 $56\times10^4\ m^3$。

准格尔黑岱沟露天煤矿（设计）的在籍效率如下：25 m^3 单斗铲台年 $750\times10^4\ m^3$（黄土），$570\times10^4\ m^3$（岩石），19 m^3 单斗铲台年 4.8 Mt（煤），154 t 自卸卡车台年 $140\times10^4\ m^3\cdot km$。

霍林河南露天煤矿的在籍效率如下：14 m^3 单斗铲台年 $200\times10^4\ m^3$，12 m^3 单斗铲台年 $180\times10^4\ m^3$，68 t 自卸卡车台年 $18\times10^4\ m^3$(或 $60\times10^4\ m^3\cdot km$)，108 t 自卸卡车台年 $30\times10^4\ m^3$(或 $100\times10^4\ m^3\cdot km$)。

表 6-7　我国露天铁矿与磷矿的车铲比

项　目	开采量/($Mt\cdot a^{-1}$)	单斗铲 斗容/m^3 / 台数/台	平均运距/km	自卸卡车/载重/t / 台数/台	车铲比	
					t/m^3	台/台
大孤山铁矿	矿 3.92 岩 13.09	$\frac{6}{5}$ $\frac{4.6}{2}$	1.8	$\frac{100}{2}$ $\frac{20}{28}$	19.4	4.3
齐大山铁矿	矿 6.26 岩 5.75	$\frac{4.6}{12}$ $\frac{2}{1}$	0.65	$\frac{27}{20}$ $\frac{20}{5}$	18.2	3.5
南芬铁矿	矿 6.94 岩 19.63	$\frac{7.6}{3}$ $\frac{4.6}{18}$ $\frac{2}{2}$	1.35	$\frac{100}{10}$ $\frac{27}{101}$	34.0	4.8
南山铁矿	矿 4.32 岩 6.71	$\frac{4.6}{18}$ $\frac{2}{2}$	1.5	$\frac{32}{15}$ $\frac{20}{41}$	15.0	2.8
大石河铁矿	矿 6.36 岩 15.30	$\frac{4.6}{22}$	1.33	$\frac{27}{122}$	32.5	5.5
水厂铁矿	矿 5.79 岩 12.12	$\frac{4.6}{22}$ $\frac{2}{1}$	1.5	$\frac{27}{74}$	19.4	3.2
峨口铁矿	矿 1.22 岩 1.05	$\frac{19}{2}$ $\frac{27.5}{2}$	4.0	$\frac{20}{76}$	36.7	8.4
大冶铁矿	矿 19.2 岩 11.00	$\frac{3}{11}$	1.7	$\frac{32}{42}$ $\frac{20}{11}$	47.4	4.8
兰尖铁矿	矿 5.70 岩 6.62	$\frac{4.6}{15}$	0.9	$\frac{27}{15}$ $\frac{20}{61}$	23.6	5.1

表6-7（续）

项目	开采量/($Mt \cdot a^{-1}$)	单斗铲斗容/m^3 / 台数/台	平均运距/km	自卸卡车/载重/t / 台数/台	车铲比	
					t/m^3	台/台
朱家堡铁矿	矿 0.65 岩 5.64	4.6/28	1.2	20/68	10.6	2.4
海口磷矿	矿 1.50 岩 6.12	4/6 1/2	矿 3.5，岩 2.0	32/61 8/8	77.5	8.6
昆阳磷矿	矿 3.50 岩 12.80	4/14 1/2	矿 2.5，岩 1.5	27/76	35.4	4.8

以上资料虽比较粗略，却很符合实际，配套的指导思想仍是确保单斗铲的最高效率。为此，在工作面往往都配有相应数量的推土机和前装机来担负工作面的辅助作业。至于卡车运输矿山排土，大多用大型推土机，其型号趋于大型化，通常 108 t 卡车配 338 kW 型推土机，154 t 或 172 t 卡车配 456 kW 型推土机，排土场上推土机的数量大体与剥离单斗铲台数相当。

2）车铲比的确定方法

车铲比的确定方法较多，包括分析计算法、排队论法以及计算机模拟法等，但均不够完善。

（1）分析计算法。分析计算法是较常用的方法，其匹配卡车数可按下式计算。

$$匹配卡车数=\frac{卡车作业周期时间}{入换就位和装车时间}$$

或

$$匹配卡车数=\frac{电铲小时能力}{卡车小时能力}$$

$$卡车队规模=\frac{Y_z \times k}{卡车设备利用率}$$

式中 Y_z——车铲比，即匹配卡车数；

k——系数，考虑设备利用率波动等原因导致的设备闲置系数，取 1.1。

卡车作业周期时间变化越小，则所匹配的卡车数量越有效或者越接近于实际，反之，如装车时间、运输时间和翻车时间很不稳定，则势必造成在循环中的某些地方排队。因此，电铲的生产率比预计的要少。为了避免这一情况的发生，就要匹配比计算结果较多的卡车，以最大限度地发挥电铲的生产率，但这将导致运输车队的生产能力降低。反过来，较多的电铲配以较少的卡车，将减少电铲的生产率，但使得运输卡车的生产能力得以充分发挥。

由于卡车临时故障等原因，一台挖掘机所配备的卡车队实际出动卡车数量的概率估算如下：以由 10 台卡车组成的卡车队为例，如卡车的可用率为 70%，那么在任何一段时间可用的卡车数量即可用二项式分布法则计算。表 6－8 分别列出卡车车队出动卡车台数的概率。

表 6－8　10 台卡车可用率为 70% 时出动卡车台数的概率

出动卡车台数	概率/%	出动卡车台数	概率/%
0	0.00	6	20.01
1	0.01	7	26.68
2	0.15	8	22.35
3	0.90	9	12.11
4	3.67	10	2.82
5	11.30		

表 6－8 说明，由于作业卡车数波动，电铲和卡车的生产率也随之波动。如所需作业卡车数以 7 台计，而出动 7 台或大于 7 台的概率为 63.96%。但大于 7 台时，因受限于电铲而并不能增加能力，故按分析计算法直接计算的车队规模不能保证达到要求的产量水平。为此，需在系统中配置比计算结果更多的卡车，以满足要求的产量水平。

用分析法确定车铲比虽然较简易，但无法考虑不同的车铲匹配方案对欠车、等装以及装运总成本的影响。

（2）排队论法。采用排队论法确定合理车铲比时，把单斗挖掘机—汽车工艺系统看作是一个四级服务系统：第一级装载（Ⅰ）；第二级重载运输（Ⅱ）；第三级卸载（Ⅲ）；第四级空载返回（Ⅳ），如图 6－7a 所示。在每一级中，汽车作为“顾客”，受作为“服务台”的设备或设施服务。这些“服务台”，第一级是挖掘机，其台数有 N_1 台；第二级是运输道路，有 N_2 条；第三级是卸载设施，有 N_3 个；第四级又是道路，有 N_4 条。在这一服务系统当中，作为“顾客”的汽车有 M 台。

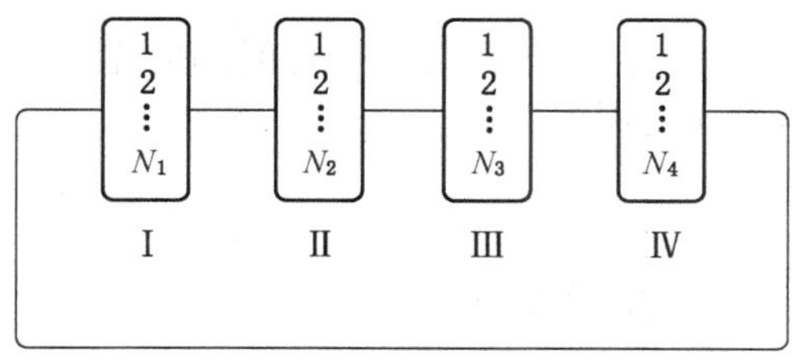

(a) 四级服务系统

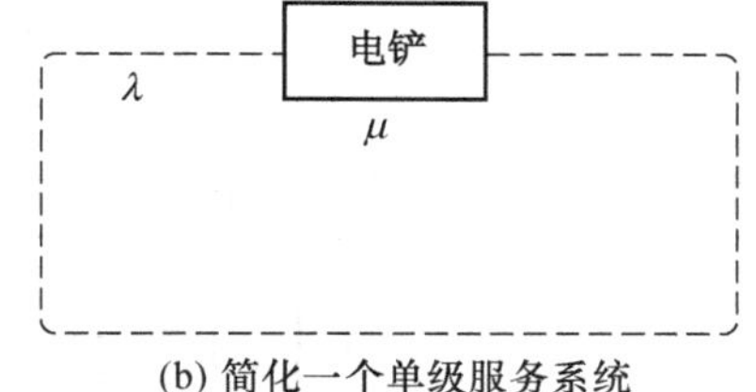

(b) 简化一个单级服务系统

图 6－7　单斗挖掘机—汽车工艺的排队系统示意图

这是一个多级、有限顾客的循环服务系统。首先考虑一台挖掘机作业，并把它简化为一个单级服务系统（图 6－7b）。在这个服务系统中，挖掘工作面的服务强度为 μ（即挖掘机每分钟能装载的汽车数），显然：

$$\mu = \frac{1}{t_z + t_r} \tag{6-4}$$

式中　t_z——装车时间，min/车；

t_r——入换时间，min/车。

车流来到工作面的车流密度，即每分钟到达工作面的汽车数量 λ，其值为

$$\lambda = \frac{Y_z}{T + t_d} \tag{6-5}$$

式中 Y_z——由该挖掘机服务的汽车台数，即车铲比，台/台；

T——汽车循环时间中不包括等装时间的各组成时间之和，min；

t_d——等装时间，min。

把车流看作是简单流，即汽车到达工作面的时间间隔呈负指数概率分布。同时，认为工作面服务时间（即 t_z+t_r），是具有标准差为 σ 的某种概率分布。对于这种排队系统，应用排队论理论，可推出汽车在工作面的等装时间 t_d(min/车）为

$$t_d = \frac{\lambda + \mu^2\lambda\sigma^2}{2\mu(\mu - \lambda)} \tag{6-6}$$

由式（6-5），可得：

$$Y_z = \lambda(T + t_d) \tag{6-7}$$

把式（6-6）代入式（6-7）：

$$Y_z = \lambda T + \frac{\lambda^2(1 + \mu^2\sigma^2)}{2\mu(\mu - \lambda)} \tag{6-8}$$

设一台挖掘机的单位时间的运营费为 F_z，一台汽车的单位时间的运营费为 F_y，则当车铲比为 Y_z 时，车铲配合的工艺系统的小时运营费为

$$F = F_z + Y_zF_y \tag{6-9}$$

令 $F_y/F_z=\beta_1$，则

$$F = (1 + \beta Y_z)F_z \tag{6-10}$$

按上述车铲配合，单位时间内完成的采运量用汽车数表示，就是 λ。这样，完成每车运量的费用为

$$f = \frac{F}{\lambda} = \frac{(1 + \beta Y_z)F_z}{\lambda} \tag{6-11}$$

合理的车铲比，应保证 f 值最小。

把式（6-8）代入式（6-11），得：

$$f = F_z\left[\frac{1}{\lambda} + \beta T + \frac{\beta(1 + \mu^2\sigma^2)}{2\mu\left(\frac{\mu}{\lambda} - 1\right)}\right] \tag{6-12}$$

将式（6-12）对 $\frac{1}{\lambda}$ 求导，得：

$$f'\left(\frac{1}{\lambda}\right) = \frac{F_z}{\left(\frac{\mu}{\lambda}\right)}\left[\left(\frac{\mu}{\lambda} - 1\right)^2 - \frac{\beta}{2}(1 + \mu^2\sigma^2)\right] \tag{6-13}$$

由于 $f''\left(\frac{1}{\lambda}\right)>0$，则从 $f'\left(\frac{1}{\lambda}\right)=0$，即

$$\left(\frac{\mu}{\lambda} - 1\right)^2 - \frac{\beta}{2}(1 + \mu^2\sigma^2) = 0$$

可解出 f 值最小时合理车流密度 λ^*：

$$\lambda^* = \frac{\mu}{1 + \sqrt{\frac{\beta}{2}(1 + \mu^2\sigma^2)}} \tag{6-14}$$

把式（6－14）代入式（6－8），得合理车铲比为

$$Y_z^* = \frac{1}{1 + \sqrt{\frac{\beta}{2}(1+\mu^2\sigma^2)}}\left[\mu T + \sqrt{\frac{1+\mu^2\sigma^2}{2\beta}}\right] \tag{6-15}$$

由式（6－15）可知，合理车铲比 Y_z^* 与参数 β，μ 和 T 有关，当 μ 作负指数分布时，其曲线如图6－8所示。从曲线可以看出，在一定条件下：

①当 μ 加大，即挖掘机加大，入换条件方便时，Y_z^* 应大一些。

②当 T 加大，即主要运距加大时，Y_z^* 也应加大。

③当 β 加大，即汽车单位费用相对于挖掘机单位费用加大时，如采用较大型汽车时，Y_z^* 有所减小。

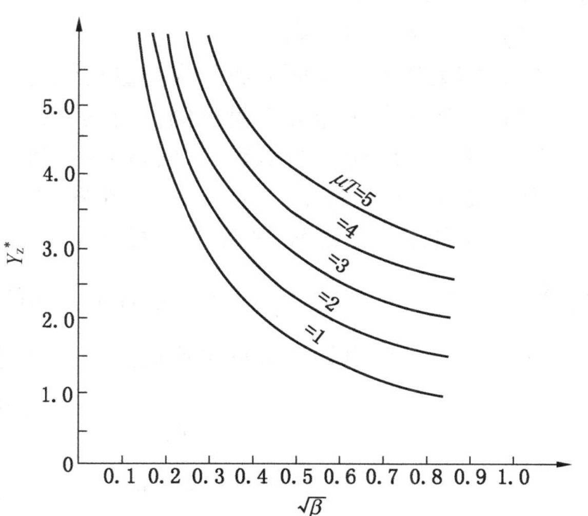

图6－8　合理车铲比与有关参数的关系

（3）计算机模拟法。利用计算机模拟法确定合理车铲比 Y_z，卸载点个数 N_3 及空、重车道路数 N_2、N_4。主要方法是建立单斗挖掘机—汽车开采工艺系统计算机模拟模型，并作多方案（不同车数 M，卸载点数 N_3，空、重车道路条数 N_2、N_4）模拟。对各种方案模拟结果进行分析，并按铲车综合效率最高，综合等待率最低，采、运、排综合费用最低原则从中选出最优方案。

三、采掘工作面汽车分配

1. 配车方法

在汽车运输的露天矿区，向工作面的配车方法基本上有两种。

（1）固定配车（定铲配车）。固定配车是把某些汽车长期固定地向某工作面配车或由调车员在每班之初确定每辆汽车所固定的工作面。一经确定，班内不变。这种方式的优点是简便。长期固定时，还可把挖掘机和汽车组成综合工作队，便于协作。另外，汽车运行线路固定，司机心中有数。缺点是不灵活，当某工作面发生故障时，不能及时把汽车调到其他工作面作业；且各工作面忙闲程度难以调整，设备利用率受到影响。

（2）机动配车（随机配车）。机动配车能克服固定配车方式缺乏灵活性的缺点，但需建立调度系统。其做法如下：汽车驶出停车场后，配车员指挥汽车运行。配车员在能看清全部汽车通过和多数挖掘机的地方，观察车、铲的通行和作业，审时度势，决定汽车调配。其考虑原则是：在保证各项矿山工程计划均衡、顺利完成的前提下，尽可能减小汽车的等待和工作面欠车。在公路分叉点设立色灯显示牌，标明汽车通往地点。显示牌由调度员操纵，也可用步话机指挥汽车运行。调车员还记录汽车和挖掘机的作业和产量完成情况。

从模拟结果和实际资料表明，实行机动调度，效果较好。

目前，国内外不少露天矿还使用计算机调度系统实现卡车自动实时调度。

2. 车流调配方向与数量

在机械铲和汽车相配合的工艺中，当有 N 个采装点和 K 个卸载点时，可用线性规划法确定合理的车流调配方向。在确定车流方向后，还需要确定在某方向上作业的汽车数。这时，可按如下准则优化。

（1）露天矿产量最高。

（2）露天矿各工作面完成的采掘量比例与计划比例尽量接近。

（3）在满足各工作面产量比例的前提下，全矿产量最高。

若一露天矿出动 N 台电铲，M 台汽车，各工作面的采掘物的运输方向已知，各工作面的装车强度为 $u_i(i=1,2,\cdots,n)$，装车时间和入换时间之和的标准差为 $\sigma_i(i=1,2,\cdots,n)$，汽车在各工作面运输的循环时间（不包括装车）为 T_i，各工作面产量比例系数为 $P_i\left(\sum_{i=1}^{n}P_i=1,\ 0<P_i\leqslant 1\right)$。求配给各工作面的汽车数。

从式（6-8）可知，采掘工作面产量 λ_i 和所分配的汽车数 Y_{zi} 有如下关系：

$$\lambda_i=\frac{-B_i+\sqrt{B_i-A_iC_i}}{2A_i} \tag{6-16}$$

$$A_i=\mu_iT_i-0.5\mu_i^2\sigma_i^2-0.5$$

$$B_i=-\mu_iY_{zi}-\mu_i^2T_i^2$$

$$C_i=\mu_i^2Y_{zi}^2$$

上述三种优化准则的数学模型：

模型1 按产量最高：

$$\max Z=\sum_{i=1}^{n}\lambda_i \tag{6-17}$$

满足

$$\sum_{i=1}^{n}Y_{zi}\leqslant M$$

模型2 按产量比例最符合计划要求：

$$\min\ \max\left\{\left|\frac{\lambda_i}{\sum_{i=1}^{n}\lambda_i}-P_i\right|\right\} \tag{6-18}$$

满足

$$0\leqslant\sum_{i=1}^{n}Y_{zi}\leqslant M$$

$$Y_{zi}\geqslant 0,\quad \text{整数}$$

模型3 按满足产量比例，产量最高：

$$\max Z=\sum_{i=1}^{n}\lambda_i \tag{6-19}$$

满足

$$\left|\frac{\lambda_i}{\sum_{i=1}^{n}\lambda_i}-P_i\right|\leqslant\alpha_i$$

$$\sum_{i=1}^{n} Y_{zi} \leqslant M$$

$$Y_{zi} \geqslant 0 \quad \text{整数}$$

第二种模型是一种非线性规划问题，而且是整数型的，可按以下步骤计算。

step1：输入各工作面的参数 u_i，T_i，$P_i(i=1,\ 2,\ \cdots,\ n)$。

step2：$Y_{zi}=1$，即给各工作面配一辆车。

step3：$\lambda_i = f(Y_{zi})$，计算各工作面的产量。

step4：$\alpha_i = \dfrac{\lambda_i}{\sum_{i=1}^{n}\lambda_i} - P_i$，计算各工作面当前产量比例与计划比例之差。

step5：K：$\alpha_k = \min[\alpha_i]$，是要确定配车电铲号。如果 K 也布置一台电铲，则可向车号最小者配车。

step6：向决定配车的电铲增加一台汽车，故 $Y_{zk}=Y_{zk}+1$。

step7：$\sum_{i=1}^{n} Y_{zi} < M$ 否，即检验汽车是否分配完，如未分配完，转 step3，否则转 step8。

step8：输出 Y_{zi}，λ_i。

step9：停止运算。

例：有 4 个工作面，21 台汽车，各工作面有关作业参数如下：

工作面	1	2	3	4
汽车运输循环时间 T_i/min	12	18	24	30
工作面装车强度 μ_i/(车·h^{-1})	17	15	12	12
标准差 σ_i/(车·h^{-1})	17	15	12	12
产量比例系数 P_i	0.25	0.25	0.25	0.25

试向采掘工作面分配汽车，使各工作面实际产量与计划产量比例最接近（模型 2）。

解：由公式 $\lambda_i = f(Y_{zi})$， 求出不同 Y_{zi} 值时的工作面产量 λ_i。

Y_{zi}	1	2	3	4	5	6	7	8
工作面 1	3.6	6.7	9.2	11.0	12.5	13.2	13.7	14.2
工作面 2	2.8	5.2	7.3	9.0	10.4	11.2	11.8	12.3
工作面 3	2.1	4.1	5.8	7.2	8.1	8.8	9.4	9.8
工作面 4	1.8	3.7	5.2	6.5	7.8	8.4	9.1	9.5

第一次计算，各工作面各配 1 台汽车，进行计算，结果如下：

工作面号 i	1	2	3	4
Y_{zi}	1	1	1	1
λ_i	3.6	2.8	2.1	1.8
$\lambda_i/\sum\lambda_i$	0.349	0.272	0.204	0.175
α_i	0.099	0.022	-0.046	-0.075
$\mathrm{Min}\{\alpha_i\}$				α_4

$K=4$， 已配车$\sum Y_{zi}=4<21$，决定对工作面 4 增加 1 台汽车。

第二次计算：

工作面号 i	1	2	3	4
Y_{zi}	1	1	1	2
λ_i	3.6	2.8	2.1	3.7
$\lambda_i/\sum\lambda_i$	0.295	0.229	0.173	0.303
α_i	0.045	-0.021	-0.077	-0.053
$\mathrm{Min}\{\alpha_i\}$			α_3	

$K=3$， 已配车$\sum Y_{zi}=5<21$，决定对工作面 3 增加 1 台汽车，进行第三次计算……经十七次计算后，最后的配车方案：

工作面号 i	1	2	3	4
Y_{zi}	3	4	6	8
λ_i	9.2	9.0	8.8	8.1
$\lambda_i/\sum\lambda_i$	0.252	0.248	0.247	0.253
α_i	0.002	-0.002	-0.003	0.003
$\mathrm{Min}\{\alpha_i\}$			α_3	

$K=3$， 已配车数$\sum Y_{zi}=21$，汽车完全分配完毕。

四、卡车调度系统

露天矿是一个以采掘为中心，以运输为纽带的大型生产系统，其生产计划指标和任务的完成、生产过程的组织和实施是通过对采运设备尤其是对运输设备的调配来进行的。国内外露天矿生产实践表明，露天矿运输设备的投资约占机械设备总投资的35%，单斗挖掘机—汽车工艺的运输成本占单位生产成本的40%~60%，而且随着开采深度的不断增大，这部分费用也将不断增加。因此车辆调度是否合理，将直接影响露天矿整个生产系统的生产效率和经济效益。

露天矿传统的运输调度方法一般采用固定配车、人工跑现场的方式进行。由于人工调度不易实时掌握采、运设备的位置、状态，以及工程发展和排卸点的生产情况，在生产指挥调度中盲目性较大，往往造成卡车赶堆，增加了电铲、卡车的非工作时间和卡车的空车行程，并难以实时监控设备运行和矿石质量，不利于设备效率发挥，不便于生产管理，制约着露天矿经济效益的提高。据统计，露天矿运输设备台班生产作业时间只占70%，非生产时间占30%，设备作业率较低，存在较大的优化空间。特别是大型露天矿采用的大型采运设备，设备投资和运行维护成本大幅增加，实际生产中的铲待车或车待铲现象，极大地限制了设备效率的发挥，同时也增加了对运输优化调度技术的需求。

合理调度露天矿山的装、运、卸、储及转载等各个环节对提高企业经济效益将起到决定性作用，露天矿生产的高效率很大程度上取决于采、运设备的高效率，对采矿生产的控制可转变为对采、运设备的控制，卡车优化调度系统是露天矿提高设备效率、节省投资、降低成本、提高矿山管理水平的有效手段，其应用效果主要体现在如下几个方面。

（1）通过优化调度车队运行，减少电铲、卡车的非作业时间，缩短卡车空车行程，提高作业效率。

（2）便于监控设备的运行和维修管理，对意外事件反应及时，降低事故发生，提高设备出动率。

（3）有利于矿石品位中和与搭配，提高矿山经济效益。

（4）提高了生产报表统计的速度和精度。

（5）通过对设备的作业过程的跟踪监测，提高了矿山企业的管理效率和技术水平。

近十年来，GPS、GPRS 和 GIS 等技术日趋成熟，如何利用现代信息技术对矿山运输系统进行调度管理，对露天采矿业的发展具有重要意义。

1. 卡车调度理论

露天矿的卡车运输调度工作，需要解决两方面的问题：一是最优调度计划的编制；二是对计划实施过程中发生的意外情况进行实时调整。前者实质上是一个多变量、多目标的决策过程，其数学意义上的最优解通常须借助计算机来完成；而后者则是对前者在求算最优解时所做的各种简化的补充。由于任何调度计划的编制都是在对客观系统进行简化后完成的，因此在实施中总会有计划之外，或与计划不相符的情况发生，例如，在产量(运输量)不变的情况下，某个生产班与上一个班出动的汽车数、装卸点的数量和位置都可能发生变化，就需要实时编制一个工作班、半个工作班甚至更少时间段的最优运输计划，须落实对某车辆的运输线路及趟次的指派，当系统中车辆数和装卸点数较多时也必须借助计算机完成。

露天矿卡车调度理论是实现露天矿计算机控制卡车调度系统的依据，主要由最优路线的确定、车流规划和实时调度 3 个模型组成。最佳路线模型提供运输系统的基本信息，车流规划进行宏观的车流调配，而实时调度则根据前两步的结果及系统实时情况给出卡车的具体调度方案。3 个模型各具特点又有机地结合为一个整体，其主要算法及作用如下。

（1）最佳路线确定。最佳线路计算模型是为适应矿山配置形态变化而进行的。根据矿山地形，运用图论、运筹学中最短路径的算法，如 Dijkstra、Floyd 算法等方法，计算出矿山道路网中的任意两点间的最短路径，其结果为调度系统提供两类信息：任意两点间的最短距离、任意两点间卡车应通过的位置点，即最优路径。

（2）车流规划。车流规划就是通过数学规划，在满足运输量、剥采比、车流连续性、产品质量搭配等约束条件下，对发往各装卸点的车流进行优化分配，其结果是对运输系统中卡车进行实时调度的基础。在市场经济的条件下，现代化露天矿常追求多种目标的实现，具体可分为：重车总运费最少、空车总运行时间最少、班盈利最大、完成一定产量的情况下出动的卡车最少、卡车电铲等待时间最少、班产量最大、矿石品位满足质量控制的需要、满足电铲生产的均衡性要求等。一个完善的智能调度系统，应能实现多种目标，因此采用目标规划更为确切。

（3）实时调度。实时调度即是在车流规划的基础上，应用适当的实时调度准则，根据当前系统的运行情况，对卡车进行实时调度，即从卸载点到电铲的任务分派。根据卡车及其目前的运行时间和距离，生成一个优化的卡车任务分派表。此阶段的核心是确定调度准则，调度准则是卡车调度理论的核心和调度算法的依据，根据不同的具体情况，使用不同实时调度准则，例如：

①最早装车法（Earliest Loading）：将汽车派往预计能最早得以装车的那台电铲。

②最大汽车法（Max Truck）：将汽车派往预计其等装时间最少的那台电铲。

③最大电铲法（Max Shovel）：将汽车派往预计电铲等车时间最长的那台电铲。

④最小饱和度法（MSD）：将汽车派往具有最小“饱和”程度的电铲。

2. GPS在卡车调度中的应用

GPS(Global Positioning System）即全球定位系统，具有定位精度高，不受天气、气候、昼夜等影响的特点，在露天矿需要精确定位和实时监控的卡车调度、测量验收、边坡监测等方面有广泛的应用。目前，随着北斗系统成熟与发展，也逐步运用于卡车调度中。

利用GPS进行定位的卡车自动调度系统可借助安装在卡车、电铲等设备上的终端设备收集时间和位置等信息数据，通过无线通信系统将这些数据实时地传送到调度中心，由计算机进行快速决策运算，并将调度指令发送给各装运设备。通过对采运设备的实时监测和动态的优化调度，可降低成本，提高生产效率，GPS卡车自动调度系统所需的投资，可由其产生的效益在较短时间内回收。

GPS技术在卡车调度系统中的主要作用如下。

（1）提供全面的移动设备跟踪。

（2）运行GPS轨迹或流动设备工作班记录，保证卡车在正确的位置卸料，尤其在夜晚更是如此。

（3）在任何时候都可以查询移动设备所处位置。

（4）历史数据的GPS轨迹和记录可以为一个指定的工作班或排班再现其采矿活动的实况。

（5）在每个工作班的基础上，提供有关各个设备活动的详细数据。

（6）管理部门可根据逐个工作班积累的统计基数，近似地估量整个运输工作，由此作出判断，并为今后的工作作出改进和规划，为矿山的不断发展做出决策。

第三节 轮斗挖掘机—带式输送机工艺系统

一、概述

20世纪30年代，以轮斗挖掘机—带式输送机—排土机（堆取料机）为代表的连续式开采工艺在德国褐煤露天矿得到广泛应用，继后在苏联、捷克和斯洛伐克、罗马尼亚、波兰、希腊等欧洲国家露天煤矿中应用，并扩展至北美、澳洲、亚洲等地区，从而在露天矿中形成了一种具有强大生命力的新型开工艺。我国小龙潭、元宝山、黑岱沟、扎哈淖尔等几个露天煤矿均采用轮斗挖掘机—带式输送机连续开采工艺进行表土剥离。其中扎哈淖尔露天煤矿从德国Tenova TAKRAF公司引进的SRS2000型轮斗挖掘机总重3100 t，斗轮臂回转半径44 m，小时理论生产能力高达6600 m^3/h，是目前亚洲地区最大的可移动式轮斗挖掘机。

与间断开采工艺相比，连续开采工艺具有系统生产能力高（同样功率下，一般为单斗挖掘机生产能力的1.6~2.5倍）、移运单位矿岩的能耗低（轮斗挖掘机为0.3~0.5 $kW\cdot h/m^3$，单斗挖掘机为0.6~0.87 $kW\cdot h/m^3$）、设备总重小（同样生产能力下，总重约为单斗挖掘机的1/2~1/3）、剥采成本低、工艺过程易于实现集中自动化控制、作业效率高等优点，但受轮斗挖掘机线性参数与切割力等条件的限制，该开采工艺对物料块度、硬度要求严格，作业机动性差，对系统可靠性要求较高，受气候和矿床赋存条件影响大，且初期设备投资较大。

对于连续开采工艺而言，矿床赋存条件，特别是矿岩硬度是连续开采工艺能否成功应用的基本条件。根据使用经验，用不同指标表示的轮斗挖掘机的适用范围见表6－9。

表6－9　用不同指标表示的轮斗挖掘机的适用范围

岩性	抗压强度		面切割强度/kPa	轮斗挖掘机能力
	kg/cm^2	kPa		
软	0～60	0～6000	0～300	100%
较软	60～100	6000～10000	300～600	不爆破降低能力
中	100～150	10000～15000	600～1200	爆破降低能力
硬	150～250	15000～25000	600～1200	爆破降低能力
特硬	＞250	＞25000		单斗挖掘机

根据国外露天矿实践经验，轮斗挖掘机的有利应用范围按岩性应为软到很软，克虏伯公司认为，一般大于10000 kPa的物料应不超过挖掘总量的40%～60%，奥凯公司则以爆破量不超过总量的60%作为可能应用轮斗工艺的极限条件。

我国露天煤矿对连续开采工艺的应用条件作如下规定。

（1）采用连续开采工艺的露天矿，设计前必须具有挖掘物料的切割阻力、地耐力、耐磨物料(石英等)含量、气象以及硬岩或硬夹矸(抗压强度超过10 MPa)结构与分布资料。

（2）凡具有下列情况之一者，必须采取相应技术措施并进行技术经济论证后，方可采用连续开采工艺：

①斗刃线切割力大于140 kN/m（140 kg/cm，相当于抗压强度6000 kPa），或切片面切割力大于150 N/cm^2，或存在不能直接挖掘而需要爆破的硬物料(抗压强度大于10 MPa)量达总采剥量的50%时。

②耐磨性矿物含量超过15%～30%。

③硬度大而致密的夹层，厚度超过0.3 m以上或厚度小而密集的硬夹层。

④地耐力不能满足轮斗挖掘机对地比压要求，换填物料量很大时。

⑤气候寒冷，冬季最低气温在−25 ℃以下的地区和大风超过30 m/s的地区。

轮斗挖掘机—带式输送机—胶带排土机连续开采工艺系统组成如图6－9所示。

二、连续开采工艺系统各环节之间的配合

1. 工艺系统的环节构成

轮斗挖掘机—带式输送机工艺通常由轮斗挖掘机、带式输送机、分流系统、胶带排土机、储煤及装车系统、转载机等构成，如图6－10所示。

对于采场剥离与采煤连续工艺系统，由于其物料流向不同，系统组成稍有区别。

1）剥离系统环节构成

轮斗挖掘机采掘→工作面带式输送机→分流站对煤、岩进行分流并向地面干线胶带集载→外部（或内部）排土场胶带排土机排弃。

2）采煤系统环节构成

轮斗挖掘机采掘→工作面带式输送机→分流站对煤、岩进行分流并向地面干线胶带集载→储煤场上的堆料取料机进行储煤或取煤（若无必要存储则继续向前运输）→坑口电站

(a) 轮斗挖掘机挖掘作业

(b) 集中分流站

(c) 胶带排土机下排土作业

(d) 胶带排土机上排土作业

图 6-9 连续开采工艺系统组成示意图

或向铁道车辆装车外运至用户。

无论是剥离还是采煤连续工艺系统，轮斗挖掘机完成矿岩采掘后都需向采场工作面移动式带式输送机装载，装载形式主要有以下 3 种。

（1）直接装载——利用设在工作面带式输送机上的漏斗车进行装载。这种方式的装载环节少，但转载时对中较困难，且轮斗铲与带式输送机之间要保持严格的间距，不能过大，作业灵活性较差。这种方式适用于小型轮斗铲单台阶采掘。

（2）悬臂转载机装载——利用设在轮斗铲与工作面胶带之间的悬臂式胶带转载机进行装载。这种方式可以使工作面带式输送机的移设步距加大，可利用组合台阶作业使采掘总高度加大；当工作面由两条以上带式输送机串联而成时，越过其搭接部位（死区）时装载方便，而且轮斗铲采掘时，对于工作面带式输送机的相对作业位置可以较为灵活机动。但在向漏斗车装载时，对中困难并且转载环节多。这种方式适用于中小型轮斗铲在组合台阶上作业。

（3）连接桥装载——利用轮斗铲带有的连接桥（一个支点在轮斗铲上，另一支点在靠近工作面带式输送机的履带支架上）向工作面带式输送机进行装载，由司机在履带车架上及时调整机头位置，向工作面胶带对中装载。这种方式带式输送机移设步距大（组合台阶总采高大）；轮斗铲作业时，它相对于工作面胶带的位置较为灵活机动，对中装载较准确。但轮斗铲在组合台阶中上下调动不方便，并使整个机组的设备重量增加。这种方式适用于大、中型轮斗铲在组合台阶中作业。连接桥的线性尺寸是针对露天采场的具体作业条件专门设计制造的。

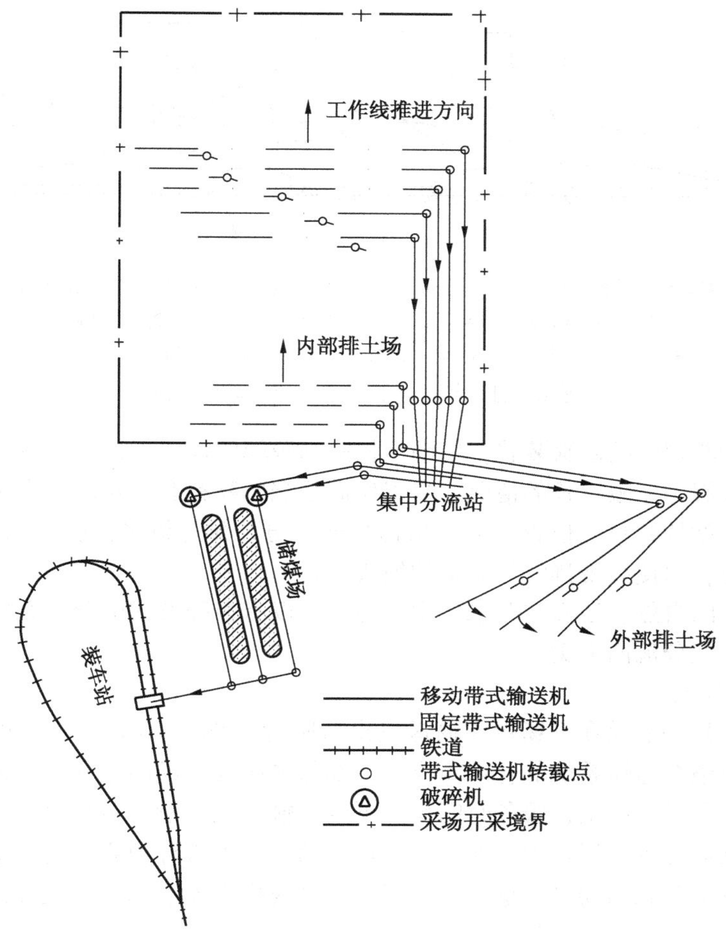

图 6-10 轮斗挖掘机—带式输送机工艺系统生产环节构成示意图

排土场内移动式带式输送机向排土机的卸料，大多采用双滚筒卸料车。大、中型排土机则常与履带走行的带有可回转悬臂式转载胶带的卸料车相配合进行作业（图 6-11），这种卸料车虽然设备重量较大，但履带的对地比压较小。悬臂式转载胶带机增加了排土作业的机动灵活性，并使排土场胶带机的移设较为方便。小型排土机也可与轨道走行的无悬臂式转载胶带机的卸料车配合作业，其优缺点与上述相反。

2. 分流系统

如果一个露天矿采场内有若干个胶带运输水平，而且在某些水平上煤和岩石（甚至多种剥离物）并存，不同物料需按照一定要求运往各自的排卸点。这就需要在适当地点建立胶带货流的分流系统，以调节整个干线胶带运输系统的煤、岩流向及流量，并提高采、运、排（卸）各环节设备的利用率和矿山开采的经济效果。

常用的分流设备有悬臂回转式及滚筒台车式（即伸缩头）两种。前者实际上是一种悬臂式输送机，是设置在来料输送机与后继输送机之间的转载设备。由于排料臂长限制，一般只在分流卸载点少和服务年限较短时采用。后者是同排土场输送机的卸料车类似的一种

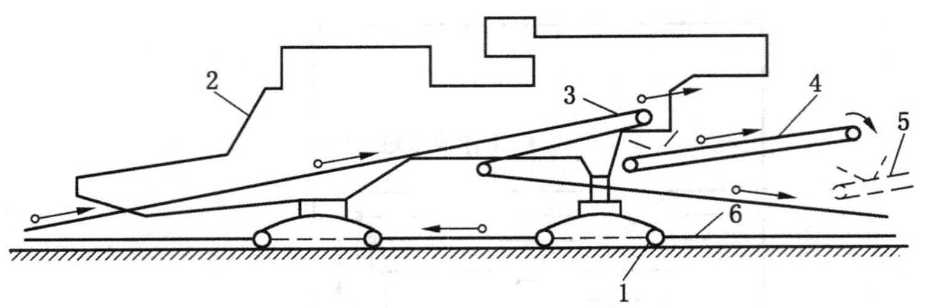

1—卸料车的履带走行机构（在排土场带式输送机的两侧）；2—卸料车的机体桁架结构；
3—双滚筒式卸料探头；4—平面上可回转的悬臂式卸载胶带机；
5—排土机的受料臂；6—排土场工作面移动式带式输送机的返空胶带

图6-11 排土场胶带机的卸料车示意图

卸载设备，属于胶带中间卸料装置，借助于机头卸载端的伸缩头来实现分流，它适用于多个分流卸料点且服务年限较长的情况。当工作面采掘的物料有变化时，可由轮斗挖掘机司机直接选择分流站的卸料点位置，或发出信息通知分流站操纵者选择卸料点位置。此时，挖掘机暂停作业，以便胶带排空和调整伸缩头位置。

根据露天矿的自然、地质与开采技术条件，可以有多种形式的分流系统。它们可归纳为集中分流与分散分流两大类。

1）集中式分流

集中式分流站一般设在采场带式输送机出口附近（图6-10），其平面位置及标高的确定要综合考虑整个运输系统的合理布局、外部与内部排土场的运量和运距等因素。集中分流的主要优点是设备固定，服务时间长，可减少输送机数量，节约投资，便于管理，需要的人员及辅助设备少。但集中分流站在内排期间，由于所有剥离物均需输送到分流站所在水平，而后有部分剥离物又要输送回采场采空区内排土场下部，存在反向运输，增加了功率消耗。

2）分散式分流

分散式分流站一般设于工作面带式输送机向半固定或固定干线带式输送机转载的地方（图6-12）。

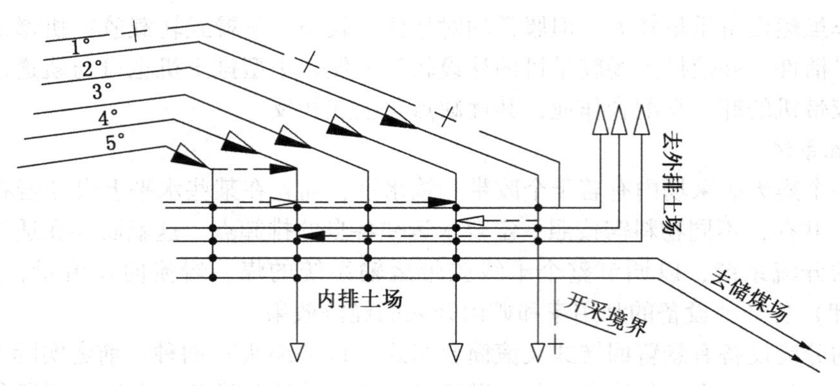

图6-12 分散分流系统示意图

分散式分流站可随露天矿新水平的开拓延深和轮斗挖掘机的逐步投入使用分期建成，初期工作量少；从外排土转为内排土后，基本没有反向运输损失。它的主要缺点是分流站的全部干线带式输送机需按最终开采水平考虑，在较长期间内不使用的胶带处于空转状态，增加电耗；设备分散，人员多，管理不便；转为内排土时，分流站干线系统需要进行改造（图 6－12 中虚线部分），且往往占用内排土空间较大；分流站分散在各倾斜带式输送机上，维修不便。

在露天矿生产实践中，特别是在外部排土场向内部排土过渡阶段，常用上部集中与下部分散相结合的分流系统，以改善开采经济效果。

分流站位置及形式的选择，是开采设计中的一个重要内容，要结合矿床条件、开采深度、境界尺寸、采区划分、开采程序以及总平面布置等因素周密考虑。服务年限长的矿山，还要考虑分流站的改造和拆搬的问题。

图 6－13 为两种典型的分流系统示例。图 6－13a 表示在开采水平不多，煤岩分别赋存于各自台阶的条件下，在端帮建立分流系统的方案。实现内排土前，煤岩均经端帮沟道外运。内排土时，只有煤需外运。这种系统各水平胶带保持一定的独立性。随着工作线的推进，端帮胶带要定期接长；为了减少接长次数，可在端帮挖掘超前沟。

图 6－13b 为赋存条件简单的煤矿使用扇形推进、内排土时在端部回转中枢位置建立的对角分流的系统。该系统的特点是在斜交露天采场的轴向建立纵剖面呈“V”形的一组胶带干线使其穿过各采掘水平的内排土水平，并在干线的采掘一侧设置分散的分流站。干线中还设有通往地面的运煤胶带。分流系统采用“对角”布置，可缩短由采掘工作面内至排土工作面的输送机长度及运距。

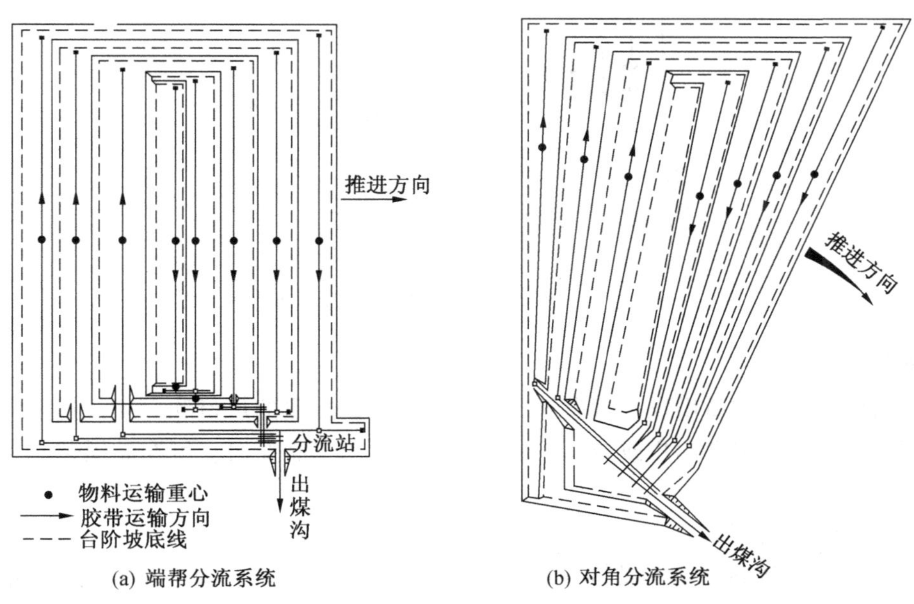

(a) 端帮分流系统　　(b) 对角分流系统

图 6－13　两种典型的分流系统示意图

布置分流站要有足够的空间。分流站内来料胶带和去料胶带间的水平间距，应满足维护和修理工作的辅助设备能够通过作业。确定去料胶带的分流卸料点的结构高度时，也要考虑吊车和其他辅助设备的通行高度。

分流站内部卸料伸缩头的移位行程及相应卸料点数目的确定，要考虑生产可靠性，兼顾分流站设施和采、运、排生产系统设备的利用率。图 6－14 为服务于 8 台轮斗挖掘机的分流站示意图，各轮斗铲同时进行采煤及剥岩作业，由相应的带式输送机输送到分流站，有两条运煤输送机将煤送到储煤场。分流之后由 4 条输送机将土岩运至相应的排土机。集中分流站允许每条来料输送机均可向两条运煤输送机卸料，使煤岩生产系统可靠性最大。每条来料输送机并可向 4 台排土机中的 3 台供料。上部 4 台轮斗挖掘机向 A_1，A_2，A_3 号排土机供料，下部 4 台轮斗挖掘机向 A_2，A_3，A_4 号排土机供料。这样，当分流站前的任何一个采、运生产系统或分流站后任何一个运、排生产系统的作业停顿时，都不致影响全矿生产计划的完成，并且分流站设施的利用率较高。

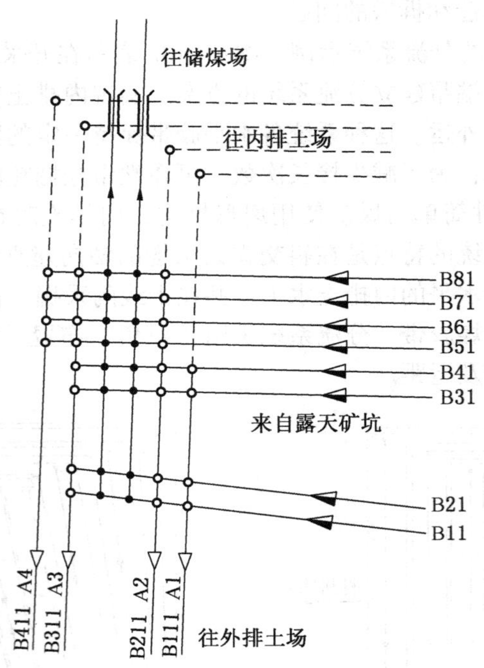

图 6－14 服务于 8 台轮斗挖掘机的分流站布置示意图

3. 储煤及装车系统

为了向用户定量均质供煤，可设储煤场，调节每天运出的煤量和煤质。运出的煤炭可由胶带秤自动计量。根据用户或装车对煤炭粒度的要求，必要时，可在储煤装车系统中设置破碎机。

1）储煤及装车设备

（1）堆料机。堆料机基本结构同悬臂式胶带排土机，在来料胶带外侧设置的钢轨上走行，沿胶带纵向移动进行堆料，如图 6－15a 所示。

（2）斗轮取料机。它实质是一种切割力很小的轨道走行式（挖取松散物料）斗轮挖掘机，如图 6－15b 所示。轨道设置于送料胶带的两侧，沿胶带纵向移动而挖取煤堆。

这种取料机再增加一些附属机构（主要是来料胶带与斗轮臂胶带间的接送设施），就可变为堆取料机（堆、取合一设备）。堆料的斗轮可停止转动，斗轮臂胶带需反转而向储煤场堆料。堆取合一设备，生产灵活性较差，且机体重量大，要求轨道基础结构强度大，仅用在储煤量和外运装车煤量均不大的情况下，但堆取合一可减少投资（堆取设备及输送机数量少）和经营费用。

（3）滚筒式取料机。在中空的大滚筒外壳周围上安装有许多勺斗，筒内有一条胶带沿轴向运转，可与滚筒外部的运煤胶带衔接。它靠滚筒两端上的轮子支撑在堆煤两侧的钢轨上走行，并借助于附着在煤堆端部斜面上的耙子运动使煤均匀塌下，让滚筒旋转前进而挖取煤炭装上胶带外运（图 6－15c）。

(a) 堆料机

(b) 斗轮取料机

(c) 滚筒式取料机

(d) 堆取料机

图 6－15　储矿场堆取料机示意图

滚筒式取料机的体积较小，机构较简单，检修工作量小，煤质混合均匀，不存在斗轮取料机在煤堆两端取煤时运煤胶带出现空隙或不满载现象，且投资较少。但其勺斗口不大，入储煤炭事先要经破碎机控制块度，且煤堆冻结时作业困难，不易处理自然发火的煤堆。因此，在储煤场较少应用。

（4）点装车设备。列车进入装车站后，用专用牵引小机车以等速慢行方式缓缓前进（一般牵引速度不超过 1 km/h）。由储煤场运来的煤进入胶带 *AB*，再转到装车胶带 *CD*（可沿 *CD* 方向来回运动，还可以 *C* 点为中心，以 *CD* 为半径做扇形移动），利用滑动鞍座 *EF* 对中装车（滑动鞍座为十字形，可沿铁道轴线滑移以挡住两节车厢之间的空隙）。撒漏到地面的煤，可通过地坑漏斗集载于煤胶带 *MN* 上，再运回到来料胶带 *AB* 上（图 6－16）。

（5）线装车设备。在斗轮取料机的机体下部走行铁道中间通过铁道列车，沿煤堆轴边挖边装，即在储煤场全长范围的铁路线上均可装车。

2）储煤及装车系统设计

（1）储煤量的确定。

储煤场内的储煤量及储堆面积决定于多种因素，主要有露天煤矿产量，铁路装车外运

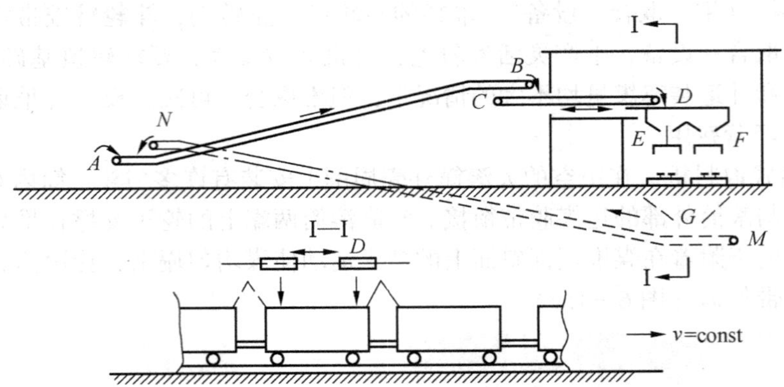

AB—来煤胶带；CD—装车胶带；EF—滑动鞍座；G—地坑漏斗；MN—回煤胶带

图 6－16 点装车站设备示意图

或固定用户（如电厂）要求的均衡供煤的数量或质量，气候（大风、暴雨、气温等）及主要设备检修周期对均衡产煤的影响天数，煤的自然发火周期及相应的允许煤堆高度，原煤或毛煤（混有矸石的原煤）质量品种及其混合配煤的要求，可供储煤的场地面积等。

煤质较均衡，无混煤要求，且气候条件较好的矿山，储煤量一般为日产量的 3～5 倍，否则需 7～10 倍。

（2）煤装车系统。

图 6－17 为大型储煤场系统，均有两套堆、取料及装车设备。若只保留一套，则构成中小型系统。

在进入储煤场的来煤胶带转载处，往往要根据用户对煤炭粒度的要求而设置破碎环节。

图 6－17a 中有两个方案，实线为煤炭全部落地储煤后再装车，有利于均衡配煤，保证用户对煤质的要求和装车站的煤流量均匀，也有利于保证装车质量，但是电耗增加。图中虚线为部分煤可不经堆储而直接装车的方案。采用这一方案，当采场能均衡供给一部分质量合格煤炭时，可减少储煤场的堆料设备的总能力，减少耗电量，并可减少因取料设备故障或检修对装车的影响。

在日产量不大的矿山，为了减少储煤场设备投资，也可以采用堆取料合一的斗轮式设备，同时可取消配合堆料机的胶带，但这时设备故障检修对全矿生产能力的影响很大。

图 6－17b 的储煤场系统不可能形成堆取合一方案。因为取料设备与铁道列车的装车设备合一。其主要优点是可以节省装车用胶带系统及装车站设施。缺点是全部煤炭均需落地后再取料装车；铁道与胶带平面上有交叉，要设立交桥；储煤场地的坡长受铁道装车线制约，一般不宜大于 2‰；该系统装车线上无地坑回煤设施，清扫洒落煤炭较困难。因此，生产实践中很少采用这种系统。

图 6－17a 系统中的输送机的数量与规格（如带宽）取决于煤炭产量、煤炭用量、品种及煤堆数量、装车站数目、堆取料设备类型等因素。可按照投资少，生产费用低，质量均衡供煤等条件综合权衡，经过技术经济比较后才能择优选用。

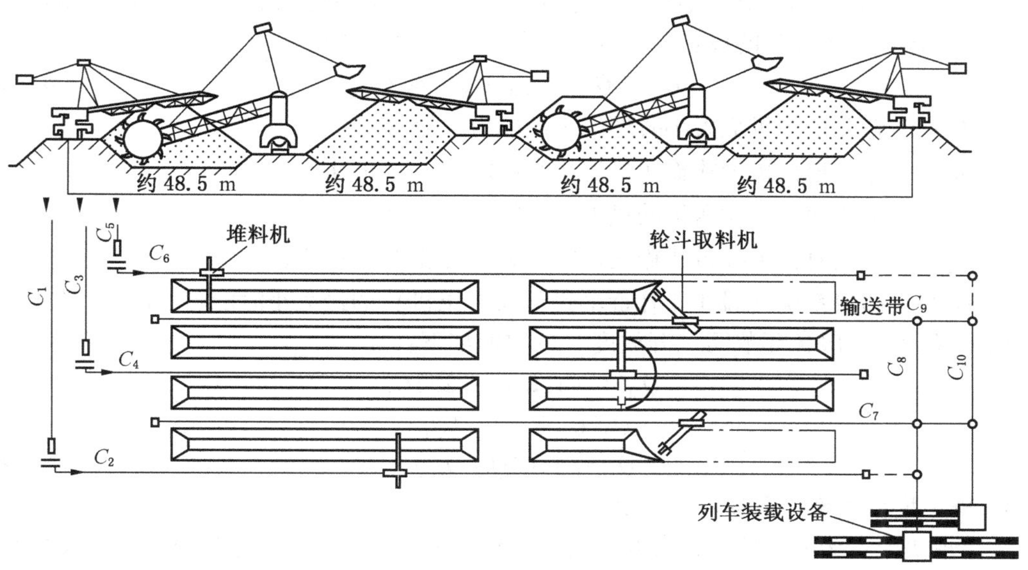

(a) 堆取分开式储煤及点装车系统（虚线为不经堆储而直接装车）

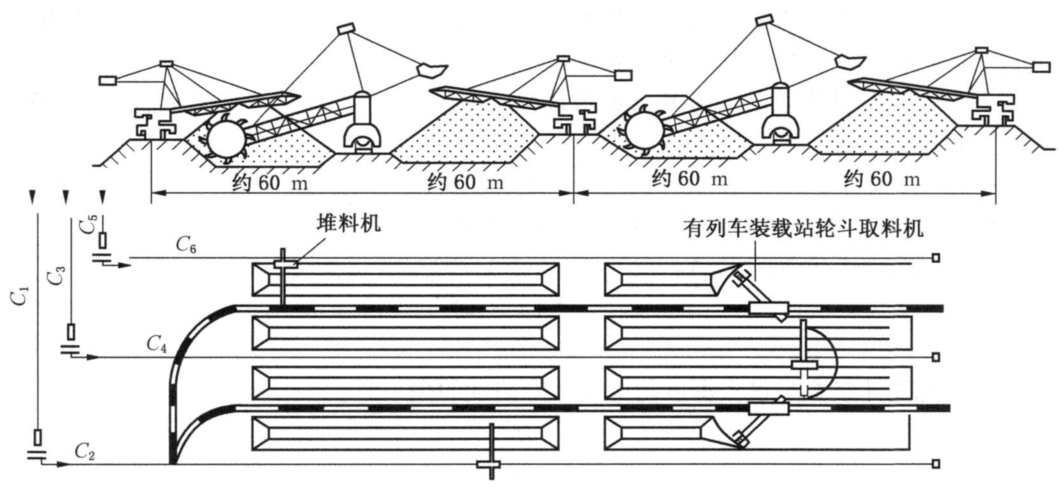

(b) 堆取分开式储煤及线装车系统

图 6-17　大型储煤及装车系统示意图

三、各环节设备和能力的匹配

与间断工艺系统不同，连续工艺系统采、运、排三环节呈串联结构而无相对独立性，各环节间能力的匹配既应使后继环节不限制先前环节能力的发挥，又应使系统得到合理利用。连续工艺系统在各环节设备与能力的选择匹配中，有以下特点。

（1）设备选择以采掘作为中心，以轮斗铲的选型作为工艺系统各环节的计算基础。

（2）能力匹配均以小时能力为单位。

（3）由带式输送机单元组成的整个系统中，后继环节不应限制先行环节能力的发挥，也就是采、运、排各环节的设备能力具有一个“开放度”，即

$$Q_l \leqslant Q_{ld} \leqslant Q_d(Q_{dk}) \leqslant Q_p \tag{6-20}$$

式中 Q_l——轮斗挖掘机最大小时理论生产能力，m^3/h；

Q_{ld}——轮斗挖掘机带式输送机的最大小时能力，m^3/h；

Q_d——工作面带式输送机的最大小时能力，m^3/h；

Q_{dk}——集载时，干线带式输送机的最大小时能力，m^3/h；

Q_p——卸料系统（排土工作面输送机及排土机）的最大小时能力，m^3/h。

根据经验，一般各环节间“开放度”的取值如下：

$$Q_{ld} \approx (1.2 \sim 1.25) Q_l$$
$$Q_d(Q_{dk}) \approx 1.1 Q_{ld}$$
$$Q_p \approx 1.05 Q_d(Q_{dk}) \tag{6-21}$$

1. 轮斗挖掘机的能力与线性尺寸的确定

主要取决于露天矿用轮斗铲所要完成的采剥总量及开采深度。通常确定的步骤如下。

（1）根据地质、气候条件及岩性，确定适于轮斗工艺开采的最大深度 H_{max}。它可能是开采境界的全深，也可能是一部分深度。

（2）根据开采境界范围和要求完成的年产量 A_p，并考虑工作面输送机的合理移设周期，初步确定轮斗铲采掘工作线的年推进强度 $V_{推}$。

（3）估计工作线平均长度 L 并设定组合台阶高度 $H_{组}$，初步计算每台轮斗铲每年需要完成的工程量 $Q_{年}(m^3/a)$：

$$Q_{年} = H_{组} L V_{推} \tag{6-22}$$

$L \times V_{推}$ 为每年露出煤量，两者可在一定的合理范围内调剂。

（4）所需轮斗挖掘机台数 N：

$$N = \frac{A_p(1+n)}{Q_{年}} \tag{6-23}$$

同时考虑轮斗铲开采最大深度与组合台阶高度的关系有：

$$N = \frac{H_{max}}{H_{组}} \tag{6-24}$$

式中 A_p——煤炭年产量，$t/a(m^3/a)$；

n——生产剥采比，$m^3/t(m^3/m^3)$；

H_{max}——用轮斗铲开采的最大深度，m。

根据采剥总量及开采深度，可以形成由 $Q_{年}$ 与 $H_{组}$ 不同数值配合的不同台数 N 的方案；这些方案的开采技术条件及经济效果均不尽相同。在进行轮斗工艺的开采设计时，往往要列出两个以上的不同台数方案进行比较。一般说来，采用的台数多（生产能力及线性参数均较小的轮斗），煤岩分采的效果较好。采用的台数少，则情况相反。更重要的是比较两者的投资及经营费用，同时还要考虑轮斗挖掘机本身的结构优化（生产能力与线性尺寸的最佳配合）问题。总之，轮斗挖掘机台数要适当，类型宜统一（或主要部件有互换性，便于维修与管理），国外全部（或主要）使用轮斗工艺的露天煤矿，一般轮斗挖掘机总台数

为 3~8 台，常见者为 4~6 台。

（5）计算轮斗挖掘机在本矿条件下的实际年工作小时数 T_s(h/a)。

（6）确定轮斗挖掘机的小时实方有效能力 Q_s(m^3/h)：

$$Q_s = \frac{Q_{年}}{T_s} \tag{6-25}$$

（7）估算所需要的轮斗挖掘机的理论能力 Q_L(m^3/h)：

$$Q_L = \frac{Q_s}{K} \tag{6-26}$$

式中　K——生产能力有效系数，它考虑了由挖掘工作面条件决定的松散系数、满斗系数以及挖掘时间的利用系数等因素，在不考虑进行煤岩分采时，一般 $K=0.5\sim0.6$。

（8）初定主要线性尺寸。根据已定的 $H_{组}$ 值，参考统计资料中一般理论能力与上挖高度间的关系，并考虑是否需要进行煤岩分采的要求，初定上挖主高度 H_1。再根据拟用的转载机的结构类型与尺寸，初定上分台阶高度 H_2 及下分台阶高度 H_3。除非 $H_{组}$ 很大，又要求轮斗挖掘机的线性尺寸及重量较小，一般不采用下挖方式。

（9）初步选择轮斗挖掘机的主要部件结构及材料。如斗轮卸料方式、勺斗形式、转载机构形式、履带板尺寸、允许工作坡度、主要受力部件的材质等，均应适应地质气候条件及开采技术要求。

（10）估算设备重量。根据切割阻力估算斗轮所需的挖掘力，考虑选用的挖掘高度及理论能力，然后按照公式估算设备重量。

2. 带式输送机能力

1）工作面带式输送机

一般情况下，每台大、中型轮斗挖掘机均有一台工作面带式输送机与之配合作业。

设备选型的主要内容是由带宽与带速决定的带式输送机的输送能力。其原则为保证昂贵的轮斗挖掘机能力得到充分发挥。实际设计工作中的计算方法很多，但基本上有两种：

（1）以理论能力为基础。设工作面带式输送机能力为 Q_d，则

$$Q_d = K_d Q_L \gamma_s \tag{6-27}$$

式中　Q_L——轮斗挖掘机小时理论能力（松方），m^3/h；

γ_s——物料在胶带上的松方容重，t/m^3；

K_d——考虑在满斗良好条件下瞬时超过 Q_L 值波动系数，目的是保证瞬时能力波动不致撒料，一般 $K_d=1.2$。

计算胶带装料断面的堆料角时要考虑矿岩性质（硬度与块度），一般取 10°~15°。物料在运输过程中经过振动颠簸，其堆料角将变缓甚至接近零度。若堆料角按不大于 5°计算时，则式（6-26）变为

$$Q_d = Q_L \gamma_s \tag{6-28}$$

（2）以实际能力为基础：

$$Q_d = K_{波}\, Q_s \gamma \tag{6-29}$$

式中　Q_s——轮斗挖掘机实际能力（实方），m^3/h（考虑了工作面调幅、移动及其他时

间损失）；

γ——物料实方容重，t/m³；

$K_{波}$——能力波动系数，一般为 1.3~1.5。

式（6－28）实际上是根据经验认为轮斗挖掘机的瞬时尖峰能力为实际能力的 1.3~1.5 倍。

在新建矿山设计时，常以小时理论能力为基础进行计算。

根据胶带宽度的计算结果，考虑装载偏心、大块冲击、震颤等因素，将之圆整成标准规格；最后按堆料角 0°并跑偏 100 mm 不撒料进行验算。

2）干线集载带式输送机

一般分流站输出侧的干线胶带数量较输入侧要少，而且煤岩是定向集载的。煤岩干线胶带总数的选取，应考虑为某一方向上个别干线因故障而停运时，仍能保证运出各台轮斗挖掘机正常作业的采掘量。运煤胶带条数要考虑选择合理的储煤装车系统，运岩胶带条数一般与选用的胶带排土机数目一致。集载带式输送机能力可按下式计算：

$$Q'_{d}=Q_{d}nK \tag{6-30}$$

式中 Q'_{d}——干线集载带式输送机能力，t/h；

n——通过分流站向同一干线胶带汇集的工作面胶带数目；

K——集载后的能力波动系数，一般情况下为 0.84~0.9。

集载后的能力波动系数 K 按下式计算：

$$K=K_{d}K_{t} \tag{6-31}$$

式中 K_{d}——挖掘机瞬时理论能力波动系数，一般为 1.2；

K_{t}——考虑波动尖峰不同时出现的系数，一般 $K_{t}=0.7\sim0.75$。

确定了带式输送机能力，就可以对带式输送机进行具体选型（结构、参数等）。带式输送机的数量要根据采掘、排土设备数量及生产系统的平面布置而定。

3. 排土机能力及台数

排土场上经常移置的排土工作面胶带是与干线集载胶带串接的，它又是排土机的来料胶带，设单台排土机能力为 Q_{p}，则有：

$$Q_{p}=Q_{d}nK \tag{6-32}$$

$$n=\frac{Q_{p}}{Q_{d}K}$$

n 值实际上反映了轮斗挖掘机与胶带排土机能力匹配的比例系数。

计算运岩干线胶带数目时要考虑采用的排土机台数，而排土机台数又与轮斗挖掘机的数目密切相关，两者的数量匹配是露天矿设计中的重要问题。

在新建露天矿设计中，轮斗挖掘机与排土机总台数的匹配原则如下。

（1）松软表土层若专作复田物料，则其所用轮斗挖掘机可与其他剥离轮斗挖掘机型号不同，一般自成独立系统。只有当表土剥离量很大，需采用 2 台以上轮斗挖掘机作业时，才需考虑排土机的台数匹配。

（2）剥离作业中（也可以包括表土在内），若无按岩种定位排弃要求，则应统一考虑匹配数量和采用同型设备，以利于维修与管理。

（3）当分流站可将带式输送机系统中任何一台轮斗挖掘机的剥离物分配到任何一台排

土机时，要考虑轮斗挖掘机与排土机每年计划检修时间和各自故障率的比例以及采掘台阶与排土台阶移设输送机的影响时间的比例。

（4）缓倾斜多煤层露天矿短期（班、日）内煤岩产量波动较大时，应配备较多排土机。

（5）胶带排土机总台数要适当，应考虑全矿均衡完成产量的可靠性、投资及经营费用的大小以及排土机本身结构的优化（生产能力与线性尺寸的最佳配合）等因素。

（6）大型轮斗挖掘机由于带式输送机能力所限，其台数往往与排土机台数成比例。国外全部（或主要）使用轮斗工艺的露天煤矿，一般排土机总台数为 2~5 台，个别矿为 6~8 台，轮斗挖掘机与排土机台数比例一般为 2:1 或 5:3，少数 1:1，个别也有 3:1 的。

第四节　半连续开采工艺系统

一、概述

从工艺系统各环节来看，连续开采工艺系统尽管具有效率高、生产能力大、成本低、自动化程度高等优点，但是，轮斗挖掘机价格昂贵，要求的作业条件苛刻，一般只适用于松软岩性、不太严寒的地区，以及不含有研磨性、易堵塞性的物料和赋存较规整的矿体开采。间断开采工艺系统虽然具有对岩性、气候等适应性强、设备价格低等优点，但是它的设备效率较低，致使开采成本较高（尤指汽车运输）。因此，无论是连续工艺系统还是间断工艺系统都有自身难以克服的缺点。

针对复杂多样的开采自然条件，出现了部分环节连续作业，部分环节间断作业的工艺系统，即半连续开采工艺系统，或称间断—连续开采工艺系统。这种工艺系统可以在具体条件下最大限度地发挥出连续工艺和间断工艺的优点，克服各自的缺点。半连续开采工艺在露天矿应用范围不断扩大。典型的半连续工艺布置及设备如图 6－18 所示。

(a) 伊敏河露天煤矿半连续采煤系统

(b) 工作面移动式破碎机

(c) 圆锥式破碎机系统

(d) 工作面移动式筛分机

图 6－18　典型的半连续开采工艺布置及设备

1. 半连续工艺系统分类

半连续工艺系统根据采掘、运输环节使用的设备类型及有无破碎筛分设备可分为以下三种类型。

（1）连续采掘，间断运输与排土，无筛分设备（见表6－10中1、2）。

（2）间断采掘，连续运输与排土，设有破碎筛分设备（见表6－10中3）。

（3）间断采掘，工作面间断运输，干线连续运输与排土，设有破碎筛分设备（见表6－10中4、5、6、7）。

第一种类型可用于松软或较松软土岩的开采，而后两种类型可用于坚硬岩石或松软土岩的多种组合开采方式。

表6－10　半连续工艺系统分类及构成

序号	采　掘	运　输		破碎筛分转载设备	排　土
		破筛转载前	破筛转载后		
1	轮斗挖掘机	铁道		—	推土机、挖掘机
2		汽车			推土机
3	单斗挖掘机或前装机	—	带式输送机	移动式破碎机	带式排土机
4		自卸汽车		筛分设备	
5				破碎设备	
6				筛分、破碎设备	
7		汽车、溜井		硐室破碎	

2. 半连续工艺系统的特点及应用注意事项

采掘连续、运输间断的半连续工艺系统，对发挥大型轮斗挖掘机的能力会有一定的影响，故只在特定条件下采用（生产露天矿改造、中小型土方工程、投资和设备供应受限时采用）；采掘为间断工艺，运输环节采用带式输送机，可实现中硬矿岩的采掘和运输连续化，扩大了连续运输的应用范围，是半连续工艺中的重点。

1）半连续工艺系统的优点

与其他工艺系统相比，使用带式输送机的半连续工艺系统具有如下优点。

（1）坚硬岩开采能使用连续运输，可提高单斗挖掘机利用率和生产能力。

（2）大型单斗挖掘机配合带式输送机，可扩大露天开采规模。目前，此类型露天矿年矿岩开采量可达近亿立方米，深凹露天矿年降深速度可达20~30 m。

（3）露天矿深部采用带式输送机实现陡沟开拓，可减小运距和开拓工程量，从而减小汽车需要量及燃油消耗。在相同规模条件下，若汽车只限于工作面运输，则半连续工艺需要的汽车数量较全汽车运输间断工艺可减少25%~40%。

（4）在露天矿边帮铺设带式输送机可减少开拓工程量。

（5）生产费用（成本）较间断式工艺低，可降低运输成本15%~40%。

（6）相互克服间断与连续式开采的缺点，发挥各自的优点。

2）半连续工艺系统的缺点

（1）因采用带式输送机运输，对矿岩块度有较严格的限制（一般≤400 mm），增加了穿爆工作的难度和费用。

（2）为保证矿岩块度，须在带式输送机前设筛分破碎设备，增加了生产环节，使生产系统复杂化。

（3）半连续工艺系统用于剥离时，岩石的破碎将增加生产费用。

（4）采用带式输送机或轮斗挖掘机，受气候影响大。

（5）采场内如采用半固定破碎站，破碎站需将随着采掘工作面变化进行移设，对剥采生产及工程发展产生影响。

（6）生产管理要求严格，若带式输送机出现故障停运，对生产影响大。

（7）地下硐室设置带式输送机时，井巷开凿工程量大。

3）应用注意事项

根据上述优缺点分析，采用半连续工艺的露天矿要注意因地制宜，扬长避短，充分发挥其优越性，做到以下几点。

（1）要注意破碎站设置深度，保证露天矿较长时期内有较好的经济效益。剥离系统采用半连续工艺应进行慎重分析比较。

（2）工作面采用移动破碎站时，铺设工作面带式输送机要注意工作线平面形状是否平直，以减少输送机的交接点，加大系统工作的可靠性。

（3）合理地确定带式输送机的坡度。一般胶带输送坡度较铁道、道路运输大。在采矿场与选矿厂高差较大重载下运时，带式输送机下坡运输可以反馈发电。如印度的巴苏铁矿下行高度为 390 m（坡度为 8°）可发出 600 kW 电能。

3. 半连续开采工艺系统的发展趋势

半连续开采工艺能解决中、硬岩石和冬季冻结软岩的开采，实现矿岩运输的连续作业，扩大生产规模和降低生产成本，因此，被国际采矿界公认为“最具生命力”的露天开采工艺。

半连续工艺系统的发展趋势如下。

（1）目前，我国正在建设与生产的大型、特大型露天煤矿采煤系统大多数采用单斗铲—汽车—破碎机—带式输送机半连续开采工艺系统，还可以将半连续工艺系统扩大到坚硬金属露天矿和露天煤矿深部应用，使破碎机、带式输送机等设备适用于坚硬岩石条件。

（2）研究生产能力更大的移动式破碎机。破碎机设于坑边，坑底采掘出来的煤炭运至地表运距一般在 3~4 km，基本达到矿用汽车合理运距的极限范围，如果运距继续增加，汽车运输成本会大幅度上升而使经济效果下降。因此，对于深度较大，运距较长的露天矿山，考虑把破碎机设于采场内部某个位置，且破碎机应尽可能实现自移。因此，需要加快大型自移式破碎机的研制工作。

（3）设置破碎硐室。我国冶金矿山，多年来广泛采用深孔、中深孔爆破采矿方法回采，矿石块度随之增大，因而对提升容器的有效容积和磨损影响较大。为改善提升条件、实现提升装置的完全自动化，可采用坑内破碎设施。

（4）各工艺环节的全面改进。如自移式破碎机在采场内部工作，造成外运带式输送机与内排土汽车平面交叉，进而影响汽车的内排运距。因此，需要寻求切实可行的外运带式输送机平面和立面布局或煤炭直接运往地面而尽可能减少与内排作业的相互干扰问题。

采用半连续开采工艺进行露天矿山剥离和采矿，是国际上露天矿的发展趋势，这种开采工艺可大幅度降低剥采成本，节约燃油消耗。因此，随着国内外大型露天矿的新建和改扩建项目的实施，半连续开采工艺系统将具有极其广阔的应用前景。

二、典型的半连续工艺系统分析

1. 连续采掘、间断运输的半连续开采工艺系统——多斗挖掘机—汽车或铁道开采工艺系统

连续采掘、间断运输的半连续开采工艺系统多用于剥离松软岩石的露天矿，且采用带式输送机运输不适合或不经济的情况下。采掘设备为多斗挖掘机（轮斗挖掘机或链斗挖掘机），运输设备采用铁道列车或汽车。此外，在矿床赋存条件复杂、运距不大和物料易黏结等情况下，也可采用这种工艺系统。

为确保工作面轮斗挖掘机连续作业，每个采掘工作面应配备足够的列车或汽车。当挖掘机向其中一侧的运输设备装车时，另一侧空车就作好装车准备等待装车；该侧装车完毕后，立即装另一侧车，同时正在等待装车的空车到该侧作好装车准备，如此交替进行。

在多斗挖掘机—汽车或铁道开采工艺系统中，首要的问题是保证挖掘机能连续进行装载。为此，除了充分向挖掘机工作面供车外，还须要设置分流装置。一般在工作面设置分叉溜槽式或十字鞍形式的装载装置。当轮斗挖掘机向汽车装载时，为解决卸载分流，在卸载臂架端安装有鞍形双边漏斗。当向列车装载时，常常在工作面布置两条铁路线。在一条线路上的列车装完前，另一条线路上即可停有空载列车。为解决装载时越过车辆和转换列车时洒料问题，在卸载臂端安装一个分流漏斗，并在两侧并列安装两台可逆转胶带。双线列车装载如图 6 - 19 所示。

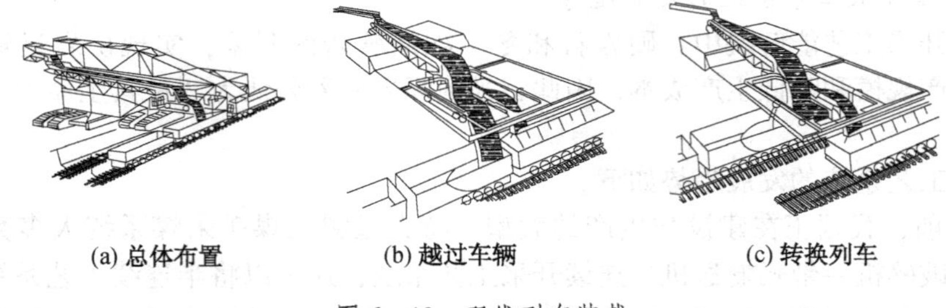

(a) 总体布置　(b) 越过车辆　(c) 转换列车

图 6 - 19　双线列车装载

排土工作根据运输设备类型分别采用不同设备：铁道运输时，可采用单斗挖掘机排土或推土犁排土；汽车运输，可采用推土机排土。

多斗挖掘机—汽车或铁道开采工艺系统没有破碎转载环节，工艺系统简单，可以避免采用胶带运输时移设胶带要求工作线形状平直等限制。但为保证采装作业的连续性，必须有足够的运输设备在工作面采装，这导致了运输设备效率低；若运输设备数量不充足，或在生产过程中由于车赶堆等原因造成采掘工作面空车供应不上，将使轮斗挖掘机被迫停止作业，影响效率的发挥。

2. 带筛分设备的半连续工艺系统

带筛分设备的半连续工艺系统主要是单斗挖掘机—筛分设备—带式输送机开采工艺系统或单斗挖掘机—汽车—半固定筛分设备—带式输送机工艺系统。

在半连续工艺系统中，设置筛分环节的目的是降低破碎费用，是否设置这一环节要看

爆破后矿岩的块度组成如何。一般认为，不适合输送机运送的块石比例小于10%～15%时，可仅设筛分设备；这种块石在15%～50%时，应同时设置筛分和破碎设备；大于50%时，宜仅设破碎设备。

在爆破后块度组成适宜的情况下，可以采用带筛分设备的半连续工艺系统。其主要工艺设备由单斗挖掘机、筛分设备、带式输送机和胶带排土机构成。

单斗挖掘机负责工作面采装作业，在单斗挖掘机与工作面带式输送机之间增设一台移动式筛装机，移动式筛装机结构如图6－20所示。筛装机是一钢结构，由悬臂筛、料仓、给料机和滑橇组成。条筛由10根长2.8 m的p-50型钢轨组成，轨面超下，间距300 mm。悬臂倾角可调整，当倾角$\alpha=31°$时效果最好。移动筛分装置可用挖掘机或推土机进行移设。

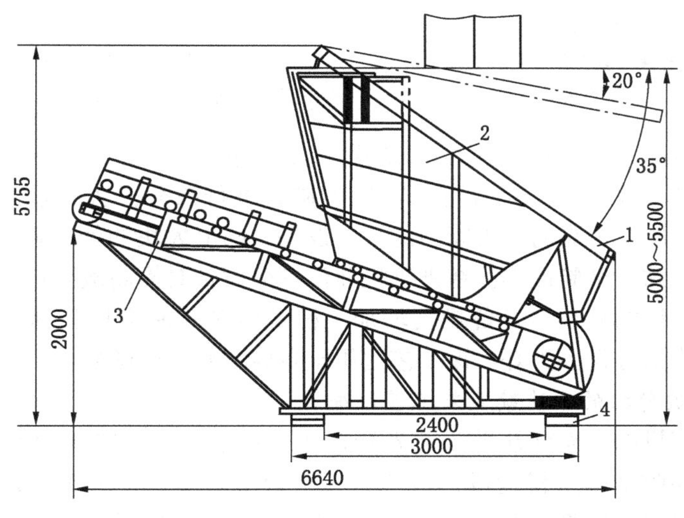

1—条式悬臂筛；2—10 m^3 料仓；3—胶带给料机；4—滑橇

图6－20　移动式筛装机结构示意图

筛下的物料由给料胶带通过悬臂卸载胶带向带式输送机装载。筛上物料由单斗挖掘机装入汽车运走，或用人工、机械破碎后再装入筛装机装载。

带式输送机主要用于运送筛子筛下物料。胶带排土机用来配合带式输送机形成连续作业。此时工作面不出现汽车。

若露天矿场平面弯曲，或选采原因不宜设工作面带式输送机，则也可在端帮设置固定或半固定筛装设备，工作面用汽车运输，筛分后再用带式输送机运送。露天矿边帮上的半固定或固定筛设备如图6－21所示。

美国的双峰露天铜矿和西班牙马克萨多露天铁矿应用此方式进行表土剥离。马克萨多露天铁矿自1976年起每年剥离冲积层17 Mt，表土冲积层厚40～80 m，按18 m高台阶用铲运机进行拖拉作业，然后用D-9型推土机将土下推，通过溜槽及250 mm筛子进入移动式带式输送机，并随开采而不断移设。美国双峰露天铜矿在采场东北部表土部分利用台阶开溜槽，推土机将冲积物推入溜槽滑入板式给料机，经过固定筛分机送入带式输送机，然后送入采场东部排土场。高度30～90 m的台阶上开有溜槽，台阶底部装设装置，并铺设5

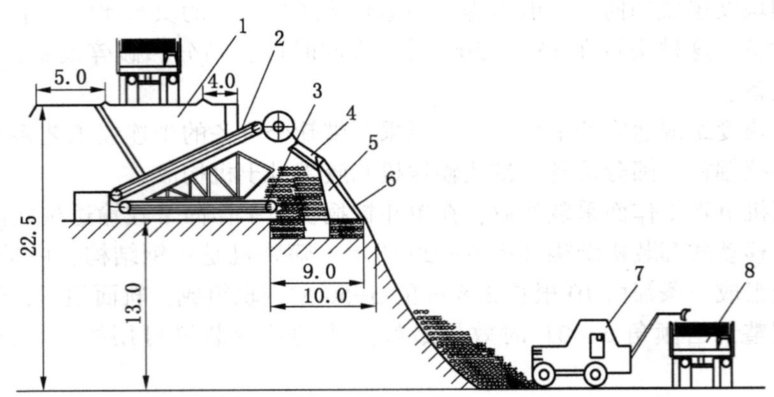

1—卸料仓；2—板式给矿机；3—清岩粉胶带；4—振动筛；5—运送筛下物料的胶带；
6—大块溜至下部台阶的板台；7—用挖掘机或前装机把大块装入汽车；8—汽车

图 6-21 露天矿边帮上的半固定或固定筛装设备

台短胶带，每小时运量为 2000 t，筛上大块用汽车运输。

带筛分设备的半连续工艺系统可以对爆破矿岩进行筛分，从而起到对胶带的保护作用。但该工艺系统缺乏可靠的、大能力的筛分设备，筛上大块的处理较困难。此外，带筛分设备的破碎转载站经试验证实，在破碎机前设筛分设备对提高破碎机的生产能力作用较小，却使转载站的结构复杂、设备投资增加、粉尘增多并使维护管理的工作量加大。所以，一般认为不设筛分设备为好。该工艺适用于爆破较好的中硬矿岩。

3. 带移动式破碎机的半连续开采工艺系统

带移动式破碎机的半连续开采工艺系统由单斗挖掘机、工作面移动式破碎机、转载机、带式输送机和胶带排土机构成，适合于开采台阶不多，且工作线较平直条件下的矿岩，特别是在石灰石、铝矾土等中硬岩露天矿中应用较多。带移动式破碎机的半连续开采工艺系统如图 6-22 所示。

带移动式破碎机的半连续开采工艺系统由单斗挖掘机负责工作面采装工作，为使物料块度适合于带式输送机运输，在工作面单斗挖掘机与工作面带式输送机之间加设一台移动式破碎机用于破碎物料，移动式破碎机的规格、类型、生产能力、性质应与整个工艺系统相匹配。在破碎机与工作面输送机之间加设一台转载机以增大挖掘机采宽、减小工作面输送机的移设次数。带式输送机主要用于运送破碎后的物料；胶带排土机用来配合带式输送机形成连续作业。

自移式破碎机本身具有行走装置，在采掘工作面由挖掘机或前装机直接给料，一般集给料、破碎、输送于一体，取消了汽车运输环节，提高装载设备效率，因此，自移式破碎机半连续工艺系统的生产费用较低。按行走装置不同，自移式破碎机可分为履带式、轮胎式、迈步式和轨道式。轨道式适用于开采工作面坡度小于 3% 的矿场，其承载能力和运行不受气候条件影响。迈步式可用于松软路面，移动方向灵活但行走速度低，只适用于中小型设备。履带式行走机构结构坚固，对地比压小，对地面的适应性强，但行走速度只有轮胎式的 1/3。履带式行走装置成为大型矿用自移式破碎站的发展趋势。

与坑内移动式破碎机相匹配的带式输送机布置方式主要有两种：一是大倾角带式输送

机，主要有花纹输送带式、横隔板输送带式、大槽角式、管形输送带式和压带式几种；二是巷道带式输送机布置方式，主要有坑底巷道、端帮巷道和掩埋巷道三种形式，坑底巷道运输方式前景较好。

单斗挖掘机—移动式破碎机—转载机—带式输送机开采工艺增大了带式输送机对岩性的适用能力，当硬岩或爆破效果稍差时，也可以通过破碎机破碎后装入胶带，而且转载机加大了的挖掘机采宽，减少了工作面胶带移动次数；但需要增设转载和破碎设备，增加了生产费用和设备投资，而且移动式破碎机与单斗挖掘机在规格上、能力上都应匹配。

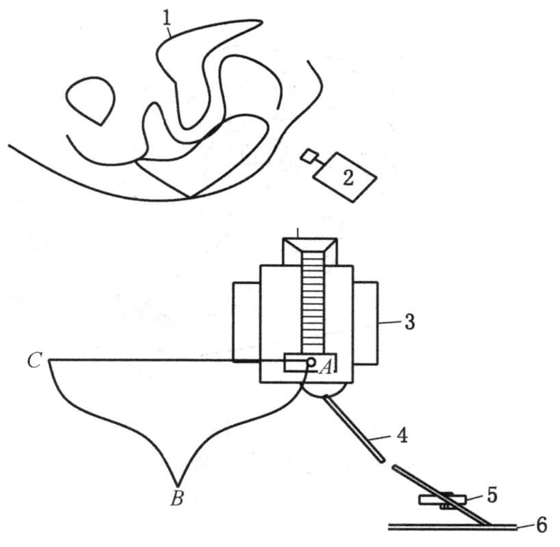

1—爆堆；2—挖掘机；3—移动破碎机；
4—移动破碎机的可回转输送机；5—转载机；
6—移动式带式输送机；A、B、C—破碎机移动轨迹

图 6-22　带移动式破碎机的半连续开采工艺系统

由中煤国际工程集团沈阳设计研究院设计的伊敏河露天煤矿二期矿建工程，创新性地采用单斗挖掘机—自移式破碎机—带式输送机的半连续开采工艺系统。系统由单斗挖掘机、自移式破碎机、A 型转载机、工作面移动式带式输送机、端帮 B 型转载机和端帮半固定式带式输送机组成。系统的自移式破碎机靠两条履带行走，整机无支腿，换位无须排空物料移动，机动灵活，生产效率高。该套系统可在含水率高达 39.5%、极端气温-48.5 ℃的条件下实现全年连续生产。

4. 带固定或半固定破碎机的半连续工艺系统

采用移动式破碎机可简化运输环节，取消汽车运输。但在矿岩坚硬和赋存条件复杂的露天矿中，采用移动式破碎机也存在不少问题。首先，带式输送机不如汽车作业的机动性强，难以适应复杂的开采条件；其次，移动式破碎机系统较难实现混矿、中和作业；第三，在采场内设置的输送机网络会给钻机和其他设备的移动带来困难。多数矿山工作人员认为，在上述条件下采用半固定式破碎机为佳。

1）带固定或半固定破碎机的半连续工艺系统的组成

带固定或半固定破碎机的半连续工艺系统由单斗挖掘机、工作面汽车、固定或半固定破碎机、带式输送机和胶带排土机构成，适用广泛。在美国西雅里塔露天矿，墨西哥卡纳尼亚铜矿，俄罗斯英古列茨铁矿，都是采用这种工艺的典型例子。1984 年，抚顺西露天煤矿首次采用半连续开采工艺。20 世纪 80 年代末期以后，我国安太堡露天煤矿、安家岭露天煤矿、宝日希勒露天煤矿、新疆准东露天煤矿、白音华一、二、三号露天煤矿等的采煤工艺设计均采用单斗挖掘机—工作面汽车—半固定（固定）破碎机—带式输送机工艺系统。霍林河一号露天煤矿、元宝山露天煤矿的剥离环节也采用了半连续工艺系统。带破碎设备的半连续工艺系统如图 6-23 所示。

该工艺由单斗挖掘机向工作面汽车装载，由汽车将物料运至半固定破碎站进行破碎，破碎后，物料经带式输送机运输。固定或半固定破碎机一般位于端帮或非工作帮的某一水

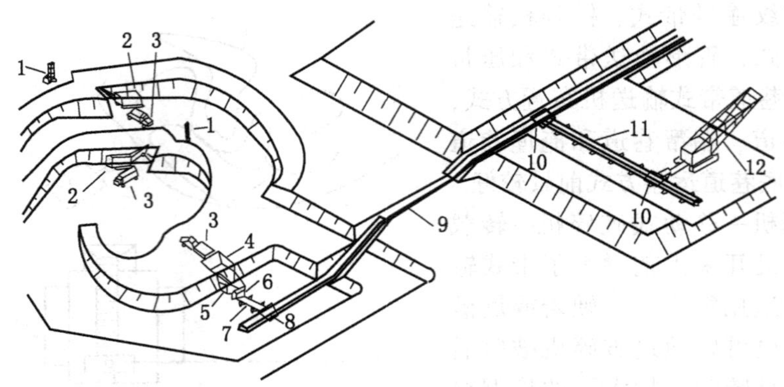

1—穿孔机；2—单斗挖掘机；3—汽车；4—料仓；5—给矿机；6—破碎机；7—排料输送机；8—转载机；9—干线输送机；10—卸料车；11—排土带式输送机；12—带式排土机

图 6－23　带破碎设备的半连续工艺系统示意图

平上，或设置在采场外。

2）破碎（机）站及其设置

固定式破碎站是金属露天矿在 20 世纪 80 年代以前普遍采用的破碎站形式。固定式破碎站需设置庞大的混凝土基础，并与之有坚固的连接，通常布置在采场境界外，与矿山同寿命。固定式破碎站作业可靠，生产能力大，给料方式多样（可以由汽车直接卸入，也可通过缓冲料仓由放矿装置给入），但固定式破碎站的投资大、基建时间长，更重要的是汽车运距会随露天矿采剥工程的推进而不断增大，导致生产费用不断升高。

半固定式破碎站是固定式破碎站向移动式破碎站发展的一个过渡方式，它仍需要一定的混凝土基础，机架与基础间通过螺栓等连接，破碎站可随采场推进和延深定期移设，而混凝土基础则废弃。

用于露天矿破碎矿石和剥离物的破碎机主要有颚式、圆锥（旋回）式、普通辊式和双齿辊式、锤式及反击式。锤式及反击式由于过于粉碎，粉尘和能耗大，一般使用不多。颚式系间断破碎，国内外产品均存在设备重量大、功耗大、生产能力小等问题，国内最大规格为 PJ－1500，也只能达到 600 t/h 的水平，满足不了生产要求。旋回式破碎机系我国冶金矿山广泛应用的一种粗碎设备，主要特点是连续破碎，生产效率高，能力大，使用可靠。普通齿辊式破碎机是前几年应用较多的破碎机，但该机对破碎岩石和大块物料适应性较差。双齿辊破碎机是英国 MMD 公司开发的一种新型破碎机，其特点有：①采用长齿、小辊径、螺旋布齿、多破碎盘 4 齿结构，特别适应于粗碎；②在两个破碎辊下设有破碎棒，形成破碎齿和破碎棒三级破碎过程，破碎比大，碎后粒度均匀，同时也可调整碎后粒度尺寸；③设备紧凑，所占空间尺寸小；④辊子转速低，因而磨损小，噪声低，灰尘少；⑤基础设计简单，由于采用整体式结构，驱动装置直接连接在破碎机框架上，使传递到基础上的力大大减少；⑥对物料适应性强，在破碎物料硬度上比普通辊式破碎机大，长辊齿的交叉布置起到相互梳理作用，可破碎黏性物料；⑦生产能力大。

根据矿山的具体条件，如矿岩性质、破碎块度、破碎能力、移动型式等，选择不同类型的破碎机。

计算破碎机的台数和设置其位置时应考虑以下因素。

（1）通过对破碎机能力及工作面汽车运距的分析，综合考虑决定破碎机台数。

（2）破碎机位置的确定，要综合考虑：汽车运距、破碎站所需平面尺寸、破碎站的稳定性三个因素。当破碎站设置在采场内时，还要考虑对露天矿剥采工程的影响。

（3）在下列条件下可考虑设置地下破碎系统：①在边帮设置破碎机有困难时；②矿体标高高于选矿厂或交接站标高时；③深部需开掘地下坑道时；④深部矿体窄小，设置运输线路有困难时；⑤因地面设施限制而不能在地面设置破碎站时。

3）带固定或半固定破碎机的半连续工艺系统坑内运输

带固定或半固定破碎机的半连续工艺系统坑内运输主要是指工作面运输及坑内干线运输两种。

工作面运输是指从采装机械到破碎转载站之间的矿岩运输。一般在深露天矿需要经过几个水平运到破碎站，较多情况下采用汽车运输，但也有深部水平采用铁路运输，将矿岩运到转载站。俄罗斯南方采选公司是年产 30 Mt 矿石的大型露天铁矿，坑底工作线长度为 1800 m，利用 3.0 kV 的 ПЭ- 2M 牵引机组将铁路运输的大量矿石从坑底运到离地表 100 m 的破碎站，破碎后运到地表。

坑内干线运输是指从破碎站将经过破碎后的矿石运到地表的运输路径。主要方式有两种：一是胶带设在边帮上，若边帮为非工作帮，则带式输送机为固定的；若边帮为工作帮，则要定期移设；若为过渡的非工作帮（分期境界）则需较长时间才移设带式输送机。二是将带式输送机设在地下巷道及硐室内，地下巷道有平巷、斜井。

三、半连续开采工艺的技术问题

半连续开采工艺具有明显的优越性，但是，半连续开采工艺环节多、工艺复杂，其应用效果受众多因素影响。成功应用半连续开采工艺首先必须解决好四个方面的问题：矿岩块度、矿岩破碎、破碎机固定方式及移设方式、破碎站的移设步距。

1. 矿岩块度

矿岩块度构成是决定半连续工艺系统可行性的重要指标。矿岩的块度组成与矿岩性质、结构、爆破时装药量及爆破方法、破碎机类型及破碎过程参数等因素有关。在半连续开采工艺的设计与计算中，矿岩的块度组成将影响系统的技术经济指标及破碎设备的选型和参数选择。

坚硬矿岩露天矿采用半连续工艺时，采掘环节通常采用单斗挖掘机，运输环节采用带式输送机，二者对矿岩块度要求差距大。

1）单斗挖掘机对矿岩块度的要求

矿岩的平均块度对单斗挖掘机的工作时间、挖掘系数都有影响。完成一斗铲装的时间包括挖掘、回转、打开斗门卸载，再回转到工作面上所需的时间。它受到矿岩平均块度的影响。单斗挖掘机的铲装效率也受到矿岩爆堆松散系数的影响。矿岩的块度和大块率不仅会影响单斗挖掘机挑出大块矿岩的时间，而且由于需要对大块矿岩进行二次破碎，造成单斗挖掘机频繁移动，致使单斗挖掘机的有效作业时间缩短，造成电铲的生产能力下降。

单斗挖掘机对矿岩块度要求：

$$d \leqslant (0.75 \sim 0.8)\sqrt[3]{E} \tag{6-33}$$

式中　d——单斗挖掘机对矿岩块的要求长度，m；

E——挖掘机斗容，m^3。

2）运输胶带对矿岩块度的要求

矿岩的平均块度对带式输送机也有较大影响。块度过大，容易造成带式输送机运输空间的利用率下降；大块也容易磨损胶带，造成带式输送机使用寿命的降低。

带式输送机对矿岩块度要求：

$$d \leqslant (0.4 \sim 0.43)B \tag{6-34}$$

式中 d——带式输送机对矿岩块的要求长度，m；

B——胶带宽度，m。

俄罗斯矿山设计规范规定，坚硬且有磨蚀性矿岩的限制块度为 300 mm，非磨蚀性矿岩块度为 400 mm。

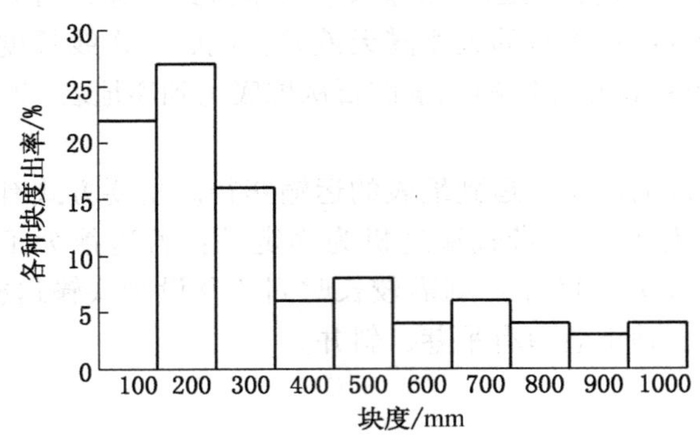

图 6-24 爆破后矿岩块度分布直方图

爆破后的矿岩块度取决于矿物成分、裂隙度及爆破方法等，变化甚大。但在一定条件下，它有一定的概率分布。据俄罗斯、美国等 33 个硬岩露天矿统计资料，爆破后的矿岩块度如图 6-24 所示分布，其中适合于胶带运输的块度（0~400 mm）占 71% 以上。但是仍有 29% 的超限大块矿岩不能直接用胶带运输。同时，运输不同矿岩块度时，胶带的使用寿命有较大的差别，其关系见表 6-11。

表 6-11 矿岩块度与胶带服务年限

矿岩块度 d/mm	500	400	300	200	100
胶带服务年限/%	100	133	167	200	217

由此可见，在设计和生产中，应该根据各种设备的线性尺寸合理确定矿岩块度的取值范围，严格控制大块率，保证爆破质量在合理的范围内，从而减少矿岩对胶带的磨损，增长胶带的服务年限，降低生产成本。

3）改善矿岩块度的措施

（1）采用压渣爆破，提高爆破质量，降低大块率。压渣爆破实质是进行深孔爆破时，在台阶面上保留厚度 10~30 m 的碎石层，从而使爆破在台阶坡面受到碎石层挤压的条件下进行。其主要目的是通过压渣体的约束将爆块获得的本来用于抛掷的动能转化为破碎岩块的做功，提高破碎效果，降低大块率，但压渣爆破炸药消耗量增加了 20%~30%。

（2）采用合理装药结构，如分段装药。常规的露天矿台阶爆破可视为两个自由面（台阶顶部自由面和台阶坡面）条件下的爆破。在分段装药技术中可以充分考虑台阶顶层自由面对顶部岩体破碎的有利作用，通过设置有效的分段药包，利用它的上向漏斗爆破作用来控制台阶顶层的大块产出。分段药包起爆后，爆破产生的高压气体推动从炮孔到台阶坡面部分的岩体，同时有向台阶顶部形成爆破漏斗的趋势。通过控制分段药包药量，控制顶部飞石，保证分段药包在顶部形成松动的爆破漏斗，保证爆破质量，降低大块率。

（3）采用合理起爆方法，如微差爆破。微差爆破是在群药包爆破时，以毫秒时间间隔严格控制按一定顺序先后起爆的爆破技术，通过合理的微差延时，保证两段（甚至多段）装药爆破后可相互作用，从而达到充分利用爆炸能，改善破碎块度，并且最大限度降低地震效应的良好效果。尤其是在专门设计的微差挤压爆破中，产生的碰撞挤压补充破碎使破碎质量得到改善，其效果更明显。

（4）适当增大炮孔装药量。

（5）高段爆破（并段）。高段爆破是采用上、下两相邻台阶同时穿爆技术。高段爆破采用逐孔起爆技术，由于岩石中裂隙发育与起爆微差技术有关，逐孔起爆每个起爆孔都为后起爆孔创造自由面。爆破裂隙呈“方格”状，横向、纵向全部发展，大大增加岩石的松散度。

（6）小孔径、密孔网爆破。

2. *矿岩破碎*

矿岩破碎问题主要有破碎方式、破碎比、能耗、破碎费用等。

1）破碎方式

破碎方式主要取决于破碎机类型。破碎机按其结构可分为颚式、圆锥式、辊式、锤式及反击式等。

2）破碎比、小时能耗与小时能力

各种类型破碎机的破碎比、小时能耗、小时能力见表 6－12。

3）破碎费用

半连续工艺系统的经济效果，应着重考虑以下情况：

表 6－12　不同破碎机的破碎比、小时能耗、小时能力

指标	破碎比			小时能耗/(度·t^{-1})			小时能力/($t\cdot h^{-1}$)		
破碎方式	最小	平均	最大	最小	平均	最大	最小	平均	最大
颚式		5:1	7:1		0.15			1200	
旋回式	5:1	10:1	15:1	0.2	0.26	0.40	400	200	1000
辊式	4:1	45:1	5:1	0.26	0.43	0.66	500	770	1200
反击式	5:1	30:1	60:1	0.7	1.35	2.1	325	550	1000
锤式	5:1	30:1	60:1	0.8	1.35	1.92	200	490	1800
单段颚式		5:1	6:1		0.15	0.5		1200~1500	1700

（1）将破碎机—带式输送机系统与全汽车运输系统进行投资、生产费用等方面的经济效果比较。破碎机—带式输送机系统投资大，增加了破碎费用，但它减少了车辆的使用台数、减少了汽车运距，从而节约了运输成本。不同的方案会产生不同的经济效果，需要通过比较选择最优方案。

（2）比较岩石破碎所增加的费用能否由采用胶带运输节约的运输费用予以补偿，或盈利。

（3）不同的破碎机，其价格和经营费用与生产能力之间的关系将影响到对破碎机的选择和矿山的生产的经济效果。需要对各种形式的破碎机的投资及经营费用进行比较，选取最优方案。

3. 破碎（筛分）转载站的固定方式、移设方式

1）破碎（筛分）转载站固定方式

破碎（筛分）转载站一般有三种方式：固定式、半固定式、移动式。固定式破碎站一般设在地表尽量靠近采场的地段或地下硐室中，也可设置在非工作帮上。半固定式破碎站一般设在端帮上，随开采深度加大，破碎机需定期拆移。

破碎站布置方式包括破碎站坐落位置、站场尺寸、汽车调车方式以及汽车向破碎系统转载形式等。

破碎站位置选择及其布置方式与破碎系统的型式、矿床埋藏条件、开采程序、开拓系统以及矿岩性质有关。

（1）固定式破碎站。固定式破碎站服务矿山整个生命时间。对于采用半连续工艺系统的新建矿山，固定式破碎站的位置视具体条件常选在地表采场附近或距采场一定距离的地方。其他技术决策，如站场尺寸及调车方式的确定较易。而对于拟采用半连续工艺系统的改扩建矿山，则视矿床埋藏条件的不同，固定式破碎站可设于不同的地点：

①当开采近水平矿床时，多数情况下可实现剥离物的内排，故固定式破碎站一般设于地表尽量靠近采场的地段，站场尺寸的选择同样有较大的余地。

②当开采倾斜特别是急倾斜矿床时，内排可能性不大，固定式破碎站可设于地表。当条件允许时，为减少汽车运距，也可设于采场固定帮的某一水平上，此时，破碎站设置需要一定尺寸的站场，代价是破碎站所在水平以上附加剥离量的采出或固定帮下部分矿石量被压而无法采出。不同方案的优劣要通过技术经济对比来决定。

（2）对于服务时间较长的半固定式破碎系统，系统初始建立及定期移设时，破碎站位置的选择原则与采用固定破碎系统时类似，不同的是这种选择不是一次。对于以上两种破碎站布置方式，一般情况下，随矿山工程的发展和汽车运距逐渐增加，半连续工艺系统的优势逐渐降低。对于倾斜矿床，如果矿山工程地质及水文地质条件允许，可以采用溜井一平硐（斜井）系统，在采场下部某一水平设置固定或半固定式破碎硐室，作为溜井和平硐内带式运输机的中间环节。此时破碎站的站场（受料场）实际已移至溜井口附近地段。这样，随着矿山工程的延深，汽车运距的增减幅度不大，开采效益较佳。不过，由于具体矿山条件不同，并不是所有类似矿山都能采用这种破碎系统。俄罗斯英古列茨铁矿，我国大孤山、东鞍山铁矿等矿山目前采用类似的半连续工艺系统。

（3）对于移动式破碎站系统，破碎站的“轮廓”并不十分明显。破碎站系统直接设在采掘工作面上，随采掘工作面的推进而移动；取消了汽车运输环节，采装设备直接将物料卸入破碎站，因此，破碎站的站场尺寸取决于采装设备及其在工作面的工作方式。采装设备与破碎站系统直接联系，使得半连续工艺系统的可靠性下降，破碎系统一旦发生故障，破碎站场无法起到“缓冲仓”的作用，采装设备势必要停产一段时间，直到破碎系统重新正常运转。另外，随破碎系统的移动，有时需要接长或缩短端帮或工作面带式输送机。采用半连续工艺系统时，系统布置主要是运矿带式输送机的设置位置，可选范围较大：

①带式输送机设于某一边帮上或边帮下平硐（斜井）内，相应地破碎站设于此边帮的某一水平上或矿场坑底。

②带式输送机设于底板下运矿巷道内，通过溜井与采场连接，视溜井位置不同，破碎站可设置于某边帮的某一水平上或采场坑底。

③带式输送机设于排土场下掩埋巷道内，破碎站设于矿场坑底。

在以上三种情况下，破碎站的可能布置方式有两种：布置于边帮上和采场坑底。由于采场非工作帮平盘尺寸小，不足以设置半固定式破碎站，因此，破碎站设于边帮一般是指设于工作帮或端帮的某个采矿水平上。在这种布置方式下，汽车矿石运距较小，可以利用采矿台阶作为卸载平台，稳定性较好，但被破碎站压住的矿体只能在将其移设后才能采出；并且在破碎站移设前，需加速新破碎站地段矿石的开采，使得采矿台阶的推进度难以保持一致。

在采场坑底设置半固定式破碎站，一种情况是利用最下部采矿台阶作卸载平台，破碎站可以设于工作帮或端帮底部，此时，汽车矿石运距略大，其他与在边帮上布置破碎站时类似；另一种情况是半固定式破碎站设于坑底某一空地上，此时，需专门构筑卸载平台，平台尺寸的选择余地较大，而且不存在压矿以致影响采矿工程推进的问题，但会出现另一问题，即随排土工作帮的推进，平台附近的区段无法进行内排，一直到新的破碎站建成运行。

特别需要指出的是，当矿山条件允许时，如内排剥离物透水性较好，有现成矿石运输通路等，除上述两种方案外，半固定式破碎站还可布置于内排土场上的某一水平上，并随排土工作帮的推进而移设。此方式的突出优点在于：不存在压矿问题，排土工作帮上任一水平都能为破碎站的布置提供足够的平面空间，不仅为选择最优调车方式，而且为必要时在破碎站设矿石缓冲堆提供了条件。这一突出优点在一定条件下可以弥补由于汽车矿石运距增加而导致的开采费用提高。

近年来，广泛应用的受料仓下卧式可移破碎站，其受料口和汽车卸载点几乎可以处于同一水平，可以大幅度减少半固定式破碎站设于边帮或坑底时卸载平台所增加工程量，减少对矿山工程的影响。

2）破碎站移设方式

固定、半固定破碎（筛分）转载站移设方式基本上有两种。

（1）将破碎机设置在采场专门开凿的机坑（井巷）中，每次移设需开挖新的机坑，井巷工程量较大。

（2）将破碎机安装在金属结构物中，全部机组可拆卸为若干部分，分别用履带运输车运输。

半固定破碎站一般需配备专门的移动设备——履带运输车或轮胎运输车。运输车可行驶到破碎站下面，用液压装置将破碎站顶起，并将其移至新的地点。这种破碎站多设置在采场内靠近开采工作面水平的端部。它可以根据需要几个月到几年移动 1 次，以便同开采工作面保持一定的距离和高差。整体半固定式破碎站能将整个机组整体搬运，其移设工作可在 48 h 内完成。将机组分成给料装置、破碎机和卸料装置 3 部分，也可拆卸成尺寸和重量更小的组件来搬运。拆卸和重新安装约需 30 天，每移设一次不超过 3~5 年。

移动式和自移式破碎机在采掘工作面一般随单斗挖掘机靠自身走行装置而移动。

移动式破碎站本身具有行走机构。它在采掘工作面内工作，由装载设备（如挖掘机）直接给料；当采矿工作面向前推进时，它随着装载设备一起向前移动。破碎站的移设频率取决于装载设备的推进速度。由于破碎站移动频繁，需要配置具有高度灵活性的带式输送机系统。

轨道式破碎站适用于开采工作面平直（坡度小于3%）的场合，其承载能力和运行不受气候条件影响。这种破碎站移动角度受到限制，因而适应范围较小。

轮胎式破碎站适用于路面坚实（对地压力 0.4~0.9 MPa），需要经常移动的场合，设备重量可超过 1500 t，道路坡度最大可达 10%，行走速度为 200~1000 m/h。使用这种破碎站时，道路投资费用较大，在岩石比较坚硬和磨蚀性较大时轮胎磨损严重，但破碎作业时轮胎无负荷。

履带式破碎站行走机构结构坚固，对地面不平度的适应性强，对地压力低（约为轮胎式 1/3），行走速度约达轮胎式的 1/3，道路坡度可达 10%。

迈步式可用于松软路面（对地压力 0.15~0.25 MPa），能向任意方向移动，但行走速度低（20~80 m/h），只适合于 1500 t 以下的设备和移动次数少的场合。

4. 破碎（筛分）转载站的移设步距

在半固定破碎（筛分）系统中，转载站移设步距是一个重要参数。移设步距的大小直接影响半连续开采工艺的使用效果。破碎站移设的目的是降低系统经营成本——工作面汽车的运输成本，常用的破碎站移设步距的确定方法有：移设费用补偿法、单位成本最小法、总成本最小法以及期望值补偿法等。

1）移设费用补偿法

对于矿体倾角比较小（<15°）的露天煤矿，破碎站移设表现形式主要是水平移设。典型半连续开采工艺系统的主要特征是：工作面用汽车运输，然后通过破碎站转载进入带式输送机系统。为了减少汽车的运距，破碎站需定期移设，破碎站每移设一次，服务于一个块段的采掘量，然后再移设一次，再服务于下一个块段的采掘量，破碎站的移设过程如图 6-25 所示。

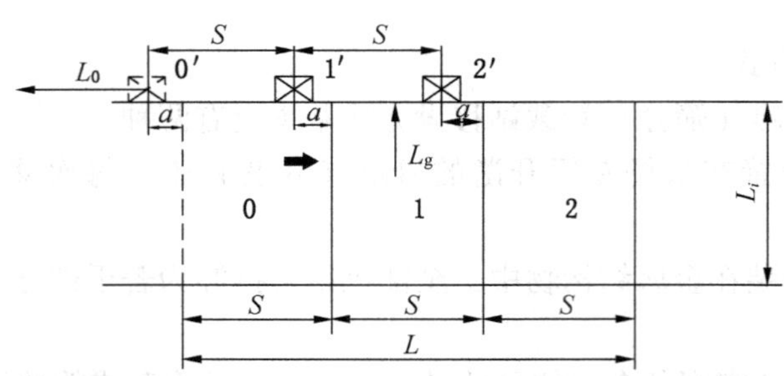

图 6-25 破碎站的移设过程示意图

设破碎站移设前的安装位置为 0′，服务的块段量是“0”，当采出一定距离，汽车运距增加过大时，破碎站移设至位置 1′，服务的块段量是“1”…以此类推。为了最大限度地减少汽车的运距，破碎站的安装位置应尽可能靠近工作帮。但由于安装工程、采掘作业及汽车回转卸载等的影响，破碎站的安装位置距工作帮应留有一定的距离。

根据以上分析，破碎站移设费用的补偿可以表示为

$$\begin{cases} Y = C_{\mathrm{Q}} - C_{\mathrm{h}} - C_{\mathrm{Y}} \\ C_{\mathrm{Q}} = C_{\mathrm{JQ}} + C_{\mathrm{QQ}} = c_{\mathrm{J}} L_0 \sum M_{si} + c_{\mathrm{q}} \left(S + L_{\mathrm{g}} + a + \dfrac{S}{2} \right) \sum M_{si} \\ C_{\mathrm{h}} = C_{\mathrm{Jh}} + C_{\mathrm{Qh}} = c_{\mathrm{J}} (L_0 + S) \sum M_{si} + c_{\mathrm{q}} \left(L_{\mathrm{g}} + a + \dfrac{S}{2} \right) \sum M_{si} \\ C_{\mathrm{Y}} = C_{\mathrm{ja}} + C_{\mathrm{J}} + C_{\mathrm{f}} = C_{\mathrm{ja}} + c_0 S + C_{\mathrm{f}} \end{cases} \tag{6-35}$$

式中　Y——破碎站移设费用的补偿效果，元；

C_{Q}——不移设破碎站时系统总成本，元；

C_{h}——移设破碎站后系统总成本，元；

C_{Y}——移设破碎站费用，元；

C_{JQ}——破碎站移设前服务 $\sum M_{si}$ 块段量时带式输送机的运费，元；

C_{QQ}——破碎站移设前服务 $\sum M_{si}$ 块段量时汽车的运费，元；

C_{Jh}——破碎站移设后服务 $\sum M_{si}$ 块段量时带式输送机的运费，元；

C_{Qh}——破碎站移设后服务 $\sum M_{si}$ 块段量时汽车的运费，元；

c_{J}——带式输送机的单位运费，元/($\mathrm{m}^3\cdot\mathrm{km}$)；

L_0——带式输送机的运输距离，km；

M_{si}——第 i 水平的块段量，m^3；

S——破碎站移设步距，km；

c_{q}——破碎站服务范围内汽车运送各水平块段时的加权平均单位运费，元/($\mathrm{m}^3\cdot\mathrm{km}$)；

L_{g}——汽车在工作帮上运行时的加权平均运距（取决于工作帮坑线布置），km；

a——破碎站初始安装位置距工作帮的距离，km；

C_{ja}——破碎站移设至新位置时的拆卸费、基础建设费、设备移设费、安装调试费等，元；

C_{J}——破碎站移设 S 距离时的胶带购置费、机架购置费、供电及安装费等，元；

c_0——带式输送机的单位延长费，元/km；

C_{f}——破碎站移设时的附加费，包括对露天矿生产造成的停产损失费、管理费等，元。

整理得：

$$Y = (c_{\mathrm{q}} - c_{\mathrm{J}}) S \sum M_{si} - C_{\mathrm{ja}} - c_0 S - C_{\mathrm{f}} \tag{6-36}$$

将块段量 $\sum M_{si}$ 表示成破碎站移设步距 S 的函数，即

$$\sum M_{si} = 1000 S \sum l_i H_i \tag{6-37}$$

式中　l_i——第 i 水平的工作线长度，m；

H_i——第 i 水平的台阶高度，m。

综合考虑破碎站年生产能力及露天矿工作帮年推进速，则

$$\begin{cases} Q = v\sum l_i H_i \\ \sum l_i H_i = \dfrac{Q}{v} \end{cases} \tag{6-38}$$

式中 Q——破碎站年生产能力，m^3；

v——露天矿工作帮年推进速度，m/a；

l_i——第 i 水平的工作线长度，m；

H_i——第 i 水平的台阶高度，m。

则有

$$Y = 1000(c_q - c_J)S^2\frac{Q}{v} - C_{ja} - c_0S - C_f \tag{6-39}$$

当破碎站的移设步距满足式

$$1000(c_q - c_J)S^2\frac{Q}{v} - C_{ja} - c_0S - C_f \geqslant 0 \tag{6-40}$$

移设费用才能得到补偿，否则将发生移设费用沉淀。

破碎站移设时，作业系统要停止工作，由此会对露天矿生产造成经济损失，损失程度要根据具体情况确定。例如，若破碎站承担的是露天矿全部煤炭生产任务，破碎站移设时运煤系统就要停止作业，由此对露天矿造成的经济损失可表示为

$$C_S = \frac{1}{12}tA(c_x - c_c)\gamma \tag{6-41}$$

式中 C_S——破碎站移设时对露天矿生产造成的经济损失，元；

t——破碎站移设时间，月；

A——破碎站作业系统的年能力，m^3/a；

c_x——煤炭销售价格，元/t；

c_c——煤炭生产成本，元/t；

γ——煤炭容重，t/m^3。

若破碎站作业系统运送的是剥离物，则破碎站移设时对露天矿生产造成的经济损失可通过剥采比等因素进行折算，管理费等主要考虑加班、用车、用电等。

2）确定破碎站移设步距的原则：

（1）破碎站移设费用应得到补偿及运输成本最小。当移设费用补偿法和单位成本最小法确定的结果不同时，应取较大者才能保证破碎站移设费用得到补偿和运输成本较小。

（2）破碎站移设步距的确定不应再考虑追加汽车的数量问题，原因如下。

①破碎站的建立和移设是两个不同性质的问题，破碎站作业系统所需汽车数量只能在建立破碎站时考虑。若破碎站移设前考虑追加汽车数量，则移设后必然存在汽车数量过多的问题。

②露天矿生产过程中存在许多不确定因素，如产量、覆盖层厚度、剥采比、设备状况、检修、气候和管理状况变化等，这些因素都会引起露天矿所需汽车数量的变化，因此确定某一破碎站移设步距时，不应再孤立考虑汽车数量变化。

③某一破碎站形成的生产作业系统只是露天矿整个生产系统的一部分，破碎站移设前后产生的运距变化所引起的汽车数量变化可通过整个露天矿生产系统调节。

（3）破碎站移设费用的性质应计为破碎站移设后其服务块段量的运输环节成本，破碎站移设费用应由所处位置服务块段量承担。服务的块段量大，则分摊至单位成本中的比例小，反之则大。

（4）破碎站移设时应考虑由于系统停顿对露天矿生产造成的经济损失。

（5）破碎站移设步距应随各种费用指标及工作面参数等因素的变化而变化。当破碎站进行下一次移设时，必须重新确定和计算破碎站移设步距的各项费用指标，以便获得最佳的移设效果。

（6）汽车单位运输成本随着运距的减少而降低，随着运距的增加而增加，在计算移设步距时应适当考虑。

转载站的移设步距的确定，应结合实际经济效果分析，可结合计算机模拟方法分析计算求解。在实际中可采用经验值，早期露天矿一般认为，合理的移设步距为开拓降深 4~6 个台阶或工作帮推进 60 m 移设 1 次。而新型露天煤矿破碎站合理移设步距一般在 100~500 m，大型露天煤矿移设步距可达 1000~2000 m（黑岱沟露天煤矿）。

3）移设步距的大小对生产的影响

（1）若移设步距大，则移设次数少，相应移设安装费用少。

（2）若移设步距大，工作面汽车运距加大，运输费用加大。

（3）若移设步距小，则移设次数多，从而占用场地大，增加了剥量工作量。

四、半连续工艺系统的生产能力

在半连续开采工艺系统中，破碎转载站是间断流和连续流的结合点，使得破碎转载站的生产能力成为系统生产能力的限制环节；而破碎转载站的生产能力又受限制于汽车卸载点的数量及能力、破碎机的生产能力、料仓系统的生产能力、筛分设备的生产能力等。

首先，破碎站的生产能力应满足露天矿生产系统要求；其次，破碎站的生产能力应与后续带式输送机运输系统能力匹配，即破碎站的理论能力应等于或略小于输送机的理论能力；最后，破碎站受料仓容积应与运输汽车能力匹配，满足物料缓冲要求。

1. 汽车卸载点的生产能力

汽车卸载点的生产能力常用分析法、排队论法以及依据破碎站能力等方法确定。

1）分析法

转载站的年卸载能力可按下式确定：

$$Q = \frac{3600kqnT_n \times 10^{-6}}{t_x k_1} \tag{6-42}$$

式中　Q——汽车卸载点的生产能力，Mt/a；

q——汽车载重量，t；

k——汽车载重利用系数；

T_n——工艺系统年工作小时数，h；

t_x——卸载时间，s；

n——卸载点个数，个；

k_1——汽车到达不均衡系数。

实际上，汽车在运行中会遇到各种管理和技术因素的影响，车流的到达是不均衡的。因此，用一般的分析法不能准确地选择卸料点的合理参数。

2）排队论法

国外试用排队论来分析上述问题。有多个卸料点的转运站可以认为是有几个“服务台”的平行服务系统。一个服务台就是一辆汽车的卸料区段，服务的内容是重车到转运站卸料。由此可知，多台系统包括一排待卸重车车队和平行布置的卸料区段（卸料点），这些区段的总和就形成转运站汽车卸料场。当一辆汽车卸完时，就算一次服务完毕。任意服务台服务完一辆汽车后空闲时，立即允许另一台排在队列前面的汽车进入此服务台服务（卸载）。

根据英古列茨露天矿对545辆车次自卸汽车的统计资料，自卸汽车到达转运站的密度符合普阿松分布。测出“服务时间”的概率分布，即可确定排队系统的主要参数、汽车因在卸料点待卸的停车时间、卸料点转运站因汽车未到达的停工时间等。用这些参数，即可按汽车和转运站停工损失费及投资确定卸料点的数量和布置。

3）依据破碎站能力确定

根据露天矿半连续工艺生产经验，破碎站设计的最大给料能力一般大于其通过能力，即

$$Q_{\mathrm{gmax}} \geqslant Q \tag{6-43}$$

式中 Q_{gmax}——破碎站设计的最大给料能力，m^3/h；

Q——半连续工艺系统设计生产能力，m^3/h。

实际上，汽车的理论给料能力非常大，可满足露天矿半连续工艺系统需要，造成破碎站给料能力不足的主要原因是汽车的载重利用系数或卸载平台利用系数过低。

实际生产中，制约汽车装载量的因素主要有载重、车厢容积和车铲匹配。我国露天煤矿的原煤容重一般为1.3~1.5 t/m^3，剥离物容重多为2.2~2.6 t/m^3，而汽车车厢一般按1.8 t/m^3 的标准设计，导致露天矿多数物料的松散容重小于该值。所以，车厢装满时汽车载重能力也不能完全利用。

车铲匹配不合理也是造成汽车载重利用不足的一个重要原因。当车厢容积不等于单斗挖掘机一次有效装载量的整数倍时，挖掘机司机可能选择少装一斗，导致汽车欠装。

露天矿生产经验表明，造成卸载平台利用系数低的主要原因是系统配车不足和车流不均。导致系统配车不足的原因有三：一是系统设计时考虑不足，导致半连续工艺系统欠车。出现这种情况的主要原因是汽车运输能力设计过大，而实际生产过程中达不到设计要求。二是汽车故障导致半连续工艺系统欠车。从短期看，设备的故障是不可避免，因此多台设备同时故障导致的系统瞬时生产能力不足是无法避免的；从长期看，汽车故障率高导致系统长期欠车就需要考虑设备质量或服务年限问题。三是露天采剥工程发展导致汽车运距增大，作业循环时间变长，设备生产能力降低，表现为系统配车不足。车流不均对汽车给料能力的影响主要表现：欠车时，破碎环节空转，系统生产能力降低；车辆集中达到时，在卸载平台产生拥堵，增加了车辆的待卸时间。引起车流不均的原因很多，包括车辆运行过程中的速度变化、挖掘机的走行、车辆入换失误等。根据露天生产经验，缓解车流不均的主要办法是在破碎站前设置缓冲仓，当缓冲仓足够大时即可抵消车流变化的影响。

2. 破碎机破碎能力

破碎机破碎能力的主要影响因素有入料口块度、出料口块度、入料口宽度、出料口尺寸。当排矿口宽度一定时，入口物料块度的变动对破碎机的生产能力影响较小。例如，当入口物料块度下降33%，破碎机生产能力仅增加14%。但排矿口尺寸对破碎机生产能力影响大，若排矿口宽度增加75%，破碎机能力可增加80%以上。所以要进行排料口尺寸优化。为调节块度尺寸，可考虑在破碎机上装备出口调节设备，以适应不同需要。此外，还应注意破碎机给料块度与入料尺寸及排料块度与排料口尺寸间的关系。

$$d_{入} \leqslant C_{入口}$$

$$d_{排} \leqslant \frac{C_{排口}}{1.5 \sim 3} \tag{6-44}$$

式中　$d_{入}$——入料块度，m；

$d_{排}$——排料块度，m；

$C_{入口}$——破碎机入料口尺寸，m；

$C_{排口}$——破碎机排料口尺寸，m。

1）颚式破碎机生产能力

对于简单摆动的颚式破碎机，理论上计算的生产率，是以动鄂每摆动一次，就有一个棱柱形的松散体自破碎腔中排出为出发点。但实际上，由于给矿粒度和块度的不均匀以及破碎产品松胀状态变化很大，故以此导出的公式只是近似值。所以，颚式破碎机生产能力常采用经验公式经计算求得。

$$Q = \frac{1}{1000}kqeL\gamma \tag{6-45}$$

式中　Q——颚式破碎机生产能力，t/h；

k——破碎难易程度系数；

q——单位生产率，一般取400~500 $m^3/(m^2 \cdot h)$；

L——破碎腔的长度，m；

e——排矿口宽度，mm；

γ——矿石的松散容重。对于含石英的矿石或接近它的矿石，$\gamma = 1.6\ t/m^3$；对于铁矿石，$\gamma = 2.1 \sim 2.4\ t/m^3$。

2）旋回式破碎机生产能力

旋回式破碎机的生产能力计算一般采用经验公式：

$$Q = kqe\frac{\gamma}{1.6} \tag{6-46}$$

式中　Q——旋回式破碎机生产能力，t/h；

k——破碎难易程度系数，k 值按表6-13选取；

q——单位排矿口宽度的生产率，$t/(mm \cdot h)$；

e——排矿口宽度，mm；

γ——矿石的松散视密度，t/m^3。

表6-13 矿石特性系数 k

矿石硬度	抗压强度/MPa	普氏系数 f	k
硬	160~200	16~20	0.9~0.95
中硬	80~160	8~16	1.0
软	<80	<8	1.1~1.2

3）辊式破碎机生产能力

辊式破碎机的生产能力可按下式计算：

$$Q = 188\mu ndLDR_0 \tag{6-47}$$

式中 Q——辊式破碎机的生产能力，t/h；

R_0——破碎产品的松散容重，t/m³；

L——转子长度，m；

n——转子转速，r/min；

d——给料粒度，cm；

D——转子直径，cm；

μ——转子长度利用系数和排料松散系数，中硬物料 $\mu=0.2\sim0.3$，黏性和潮湿物料 $\mu=0.4\sim0.6$。

4）锤式破碎机生产能力

锤式破碎机的生产能力可按下面的经验公式进行估算：

$$Q = KDLR_0 \tag{6-48}$$

式中 Q——锤式破碎机的生产能力，t/h；

R_0——破碎产品的松散容重，t/m³；

L——转子长度，m；

D——转子工作直径，cm；

K——系数，取30~45，大型破碎机取上限，小型破碎机取下限。

另一种估算锤式破碎机的生产能力的公式：

$$Q = 60KZ(h+\delta)Bdn\gamma \tag{6-49}$$

式中 Q——反击式破碎机的生产能力，t/h；

K——系数，可取1；

Z——转子上板锤数目；

h——板锤高度，m；

δ——板锤与反击板间隙，m；

B——板锤宽度，m；

d——排料粒度，m；

n——转子转速，r/min；

γ——矿石的松散容重，t/m³。

5）反击式破碎机生产能力

反击式破碎机的生产能力可按小时估算：

$$Q = 60\pi nDB\delta\gamma\mu \tag{6-50}$$

式中　Q——反击式破碎机的生产能力，t/h；

D——转子工作直径，cm；

B——板锤宽度，m；

n——转子转速，r/min；

δ——板锤与反击板间隙，m；

γ——矿石的松散容重，t/m^3；

μ——物料沿转子长度和圆周的充填系数，取 0.018~0.02。

3. 料仓容积

由于汽车卸料是间断作业，而破碎机作业是连续流，因此，破碎站必须设置一定容量的受料仓以满足物料缓冲需要。根据矿山生产经验，受料仓应能够容纳 3~5 车物料。对于可移动式破碎站，破碎设备自重小，料仓内储存的物料重量可接近甚至超过破碎机自重，因此，进行受料仓结构优化，使仓内物料重力均匀分布于破碎站基础上，可有效降低破碎站的对地比压，降低破碎站对地基基础的要求和移设费用。

受料仓的设计应达到如下目的。

（1）便于拆装移设。为提高破碎站移设的灵活性，受料仓应采用中空的钢结构件铆接而成，在破碎站移设时能够快速拆解、搬迁、组装。

（2）便于清理、检修。受料仓应便于清理，保证输送机正常给料；同时还应为输送机检修留有通道，避免设备故障造成系统长时间停机。

（3）对给料输送机的冲击保护。汽车卸载时，物料冲击对输送机产生的动载荷可能达到物料自身重力的数倍，卸料冲击对输送机的稳定运行危害很大。如果卸料冲击与破碎冲击叠加，则对输送机的危害更大，因此，料仓设计时应考虑物料的缓冲。

（4）保证料仓容积。料仓容积应满足工艺缓冲要求，提高系统可靠性。

为调节卸载与破碎机能力之间的均衡，可设置较大容量的料仓。确定料仓容积时要考虑汽车卸载间的不均匀性及物料块度的波动性。一般可按 0.5 h 的设计处理量计算。如按卸载汽车计算，一般不小于汽车容积的 4~6 倍。特殊情况下还可考虑设置储矿场。

4. 物料条件和系统可用度

计算半连续工艺生产能力时，还应考虑物料条件和系统可用度。所谓系统可用度，是指半连续开采工艺系统中由于某个环节设备故障或停产时其他环节设备调整调度到另一系统中继续进行作业的可行程度，一般可用系统的可靠性指标衡量。

1）物料条件影响

与单纯的汽车运输不同，半连续工艺系统（尤其是破碎环节）对开采物料有较严格的要求，露天矿开采的物料条件变化可能导致系统能力长时间达不到设计要求。物料条件变化影响半连续工艺系统生产能力的原因如下。

（1）露天矿生产能力降低，导致系统能力利用不足。对于采煤半连续工艺系统而言，社会需求不足等原因导致矿山生产能力下降，直接影响半连续工艺系统能力发挥；对于剥离半连续工艺系统而言，矿山生产能力下降导致露天矿推进度和剥离量降低，或剥采比下降引起的剥离量降低，都有可能影响剥离半连续工艺系统能力发挥。

（2）物料性质不适应。由于前期工作不到位，导致半连续工艺建成投入使用后不能适应物料性质的破碎和运输要求，因而影响系统能力发挥。

（3）地质条件变化。随着露天采剥工程发展，露天矿开采的物料类型可能发生变化，导致半连续工艺系统的入料量不足，从而影响系统生产能力。

（4）物料用途变化。随着国民经济和加工利用技术发展，露天矿开采物料的用途可能发生变化，导致半连续工艺系统入料不足。例如布沼坝露天矿剥离的泥灰岩，除大量运至外排土场排弃外，部分用于铺路、排土场压脚等工程，预计年消耗 1.0 Mm^3 左右，因此，工程用岩量的变化会影响到半连续工艺系统的生产能力。

2）系统可用度影响

仅就汽车运输环节而言，在露天矿生产能力远大于单台汽车运输能力的情况下，其系统可用度由汽车自身的可靠性决定。但对于半连续工艺系统而言，其破碎、带式输送机运输等环节相对固定，且单套系统的生产能力占设计开采物料的比重较大，因此，影响系统可用度的因素较多。

（1）进行半连续工艺系统可用度分析时，不能忽略单斗挖掘机采装环节的影响。因为，对于单斗—汽车间断工艺系统而言，当某台挖掘机发生故障时，运输汽车可以灵活调度到矿山其他挖掘机处待装，对系统生产能力的影响较小；但对于半连续工艺系统而言，它针对的是特定的开采物料，系统中对应的挖掘机较少，挖掘机的故障可能直接导致系统停机或能力大幅度降低。

（2）露天矿用破碎站一般由给料、破碎、排料三部分构成，其中的薄弱环节将成为系统能力的制约因素。实践表明，破碎机是系统理论能力的制约因素，汽车给料是破碎站实际生产能力的制约因素。

（3）半连续工艺系统中，破碎站和带式输送机运输系统串联，其系统可靠性是决定整个系统年出动时间重要因素。根据串联系统模型，其可靠度计算方法：

$$R_C = \prod_{i=1}^{n} R_i \quad (i = 1, 2, 3, \cdots) \tag{6-51}$$

式中 R_C——串联系统可靠度；

n——串联系统环节数；

R_i——串联系统第 i 环节可靠度。

5. 挖掘机生产能力

半连续工艺系统的小时生产能力通常指挖掘机的技术生产能力。挖掘机的技术生产能力是指挖掘机在具体矿山条件下（矿岩性质、工作面规格、装卸条件、技术水平等），进行不间断作业所能达到的生产能力，用下式表示：

$$Q_j = 3600\,\frac{E}{T_j} \times \frac{K_m}{K_s}\gamma \tag{6-52}$$

式中 Q_j——挖掘机技术生产能力（实方），t/h；

E——挖掘机斗容，m^3；

T_j——挖掘机完成一勺采装的周期时间，s；

K_m——满斗系数；

K_s——松散系数；

γ——矿岩容重，t/m^3。

满斗系数和松散系数与矿岩的破碎程度、铲斗的形状、矿岩的块度级配、司机的操作水平等因素有关。

挖掘机挖掘物料时，决定电铲能力的参数主要有满斗系数和电铲循环时间，其中影响这两个参数的因素主要有以下几个方面。

（1）爆破效果的影响。岩石爆破质量直接影响挖掘机的挖掘周期。爆破效果好的物料，在挖掘时，铲斗基本处于水平位置，就可装满物料，并且在挖掘过程中，松散的物料会自动滑落到铲斗里；相反，爆破效果不好或没有爆破的物料，在挖掘过程中，需要铲斗慢慢地去挖掘物料，并且必须完成全部挖掘曲线或经多次挖掘，铲斗才会装满物料。有时，在挖掘中碰到大块物料，为避开大块，铲斗会沿斜线完成挖掘曲线并常伴有回勺动作。这样，对挖掘时间也有影响。不同的物料，对挖掘时间的影响很大。

（2）挖掘机铲斗结构的影响。铲斗的斗容大小和结构形状对于挖掘机的生产能力影响较大：斗容太大，挖掘机动作迟缓，满斗系数不高，导致实际生产能力下降很多；斗形结构不合理，卸料不畅，容易积料和偏载，影响生产效率。

（3）回转角度的影响。对于同样的机型，挖同样的物料，同样的操作司机，在挖掘时回转角度大的比回转角度小的所用时间长。

（4）操作因素。对于同一台铲，挖同样的物料，配同样的运输规格，不同熟练程度的司机操作电铲的工作循环时间是不一样的。

半连续工艺系统的生产能力通常指年实际生产能力。计算方法如下：

$$Q_n = Q_j \times T_j \times \frac{\eta_f}{\gamma} = Q_j \times (T_r - T_{jt}) \times \frac{\eta_f}{\gamma} \tag{6-53}$$

式中　Q_n——系统年实际生产能力，t/a；

Q_j——系统技术生产能力（挖掘机小时生产能力），t/h；

T_j——系统年计划作业小时数，h；

T_r——年日历小时数，h；

T_{jt}——系统年计划停机时间，h；

η_f——系统利用率；

γ——物料实方容重，t/m^3。

①系统年计划作业时间与露天矿生产组织方式、检修制度、气候条件等因素有关，其值为日历时间减去计划停工检修时间后剩余时间，即

$$T_j = T_r - T_{jt} \tag{6-54}$$

式中　T_j——系统年计划作业时间，h；

T_r——年日历时间，$T_r = 8760$ h；

T_{jt}——系统年计划停机时间，h。

②系统利用率即系统可靠度，与系统中各个设备单元的可靠度相关，或者说与设备的临时故障和维修而造成停机的影响程度有关。设备的可靠度是指设备在一定时间内不发生故障的概率。

根据可靠性理论和原理，串联系统的可靠度等于各组成单元可靠度的连乘积，实际意义是半连续工艺系统在一个时间段内能够保持有效运行状态的概率，反映在时间上就是有效运行时间所占计划工作时间的比例。可靠度的理论取值范围为：$0 \leqslant \eta_f \leqslant 1$，显然 η_f 越大越好。

$$\eta_f = R_S(t) = R(1) \times R(2) \times \cdots \times R(t) \tag{6-55}$$

式（6-55）是目前常用的计算生产系统利用率的基本公式。但是，现实情况和统计资料显示，对于多设备单元的半连续工艺系统，由基本公式计算的利用率值比实际统计值偏小。出现偏差主要是由于设备单元可靠度的取值上，或对露天矿半连续工艺系统设备单元故障发生规律的认识和实际情况有差距。理论上各组成设备单元是完全独立而且故障发生完全随机的。实际中，设备故障的随机性并不是完全随机的，而是经过人工干预的。

6. 带式输送机生产能力

露天矿用自卸汽车投资与额定载重成正比，也就是说系统的投资、折旧费用等与生产能力成正比。但是，对于半连续工艺系统的主要运输设备带式输送机而言，其投资的增长速度小于生产能力增幅。根据相关研究成果，带式输送机的生产能力可按下式计算：

$$Q_g = Q_j k_T \tag{6-56}$$

式中 Q_j——带式输送机技术生产能力，m^3/h；

k_T——时间利用系数。

端帮带式输送机与工作面带式输送机的关系：

$$Q_d = nkQ_g \tag{6-57}$$

式中 Q_d——端帮带式输送机能力，m^3/h；

n——向同一条端帮带式输送机汇集的工作面带式输送机数；

k——同时性系数，表示端帮带式输送机负担的工作面带式输送机实际运量达到同时满载运量的百分比，$k=0.84\sim0.90$；

Q_g——工作面带式输送机能力，m^3/h。

7. 排土机生产能力

排土机的实际能力 Q_{sh} 按下式计算：

$$Q_{sh} = \frac{24k_1k_2Q_L}{K_s}T \tag{6-58}$$

式中 k_1——考虑排弃工作规格、排弃物料性质、排弃工艺组织等因素而取得理论能力转为有效能力的系数，一般取 0.7；

k_2——考虑因排土机走行、变幅等自身产生的无产量影响因素而取得有效能力为实际能力的系数，取 0.7；

Q_L——排土机理论能力，m^3/h；

K_s——土岩松散系数；

T——年实际工作日数，$T=T_1+T_2+T_3$，d；

T_1——年日历日数，d；

T_2——非工艺影响日数，包括法定假日、检修、气候和地质滑坡影响等，d；

T_3——工艺影响天数，$T_3=t_1+t_2$，d；

t_1——各工艺环节间相互影响的时间，一般占出动天数的 15%，即 $t_1=0.15(T_1-T_2)$；

t_2——排土工作面带式输送机移设影响天数，移设长度为 1.5~2 km 时，移设时间视排土带宽、气候、地基、设备及人员条件不同为 3~8 d。

t_2 也可通过下式计算：

$$t_2 = \left(\frac{Lb}{nw} + t_0\right)N \tag{6-59}$$

式中　L——带式输送机长度，m；

b——带式输送机移设步距及排土带宽度，m；

n——移设机台数，一般 2 台或多台，m；

w——移设机台数效率；

t_0——带式输送机移设后检查、调整、对中时间，一般取 0.5 d；

N——带式输送机每年移设次数。

8. 半连续工艺系统生产能力及其匹配

整个半连续系统工艺中，位于矿岩流下游环节的生产能力不应小于上游各环节的生产能力，同时，采、运、排各环节的设备能力应具有一定的开放度，以便各环节间能力的匹配。即胶带运输系统的能力不小于破碎系统的能力；破碎系统的能力不小于采装环节的能力；有排土机时，排土机的能力应该最大。只有这样才能保证整套系统各环节结合处不发生矿岩堆积现象。但是，后续环节生产能力也不能远远大于紧前环节的生产能力，否则后续环节设备效率得不到充分发挥，造成设备浪费。合理的环节能力匹配原则是后续环节能力略大于紧前环节能力，可用能力富余系数表示。合理确定各环节之间能力富余系数是半连续工艺和连续工艺的设计的主要内容之一。

五、半连续开采工艺系统经济效果评价

与间断工艺系统相比，半连续工艺系统除了有一系列技术上的优点外，还表现在经济合理性上。图 6-26 为各种运输方式的单位运输费用（苏联）。

实践表明汽车运输的吨公里费用较胶带运输高 60%～200%，对矿石而言，不论是水平运输还是斜坡运输，采用半连续工艺从胶带运输来看是有利的，因为，矿石最终需要进行较细的破碎，采用半连续工艺在运输环节中增加破碎环节，只是将矿石破碎环节提前而已。对于废石剥离物，由于硬岩破碎费用是纯增加生产成本，不能创造价值，所以，只有当胶带运输费用的节约能补偿破碎费时，才认为半连续工艺是合理的、有效的。

(1) 对于近水平矿床，只有水平运距时，允许使用半连续工艺的条件：

$$L \geqslant \frac{c_g}{q_1 - q_2} \tag{6-60}$$

式中　L——水平运距，km；

q_1——汽车运输费用，元/(t·km)；

q_2——胶带运输费用，元/(t·km)；

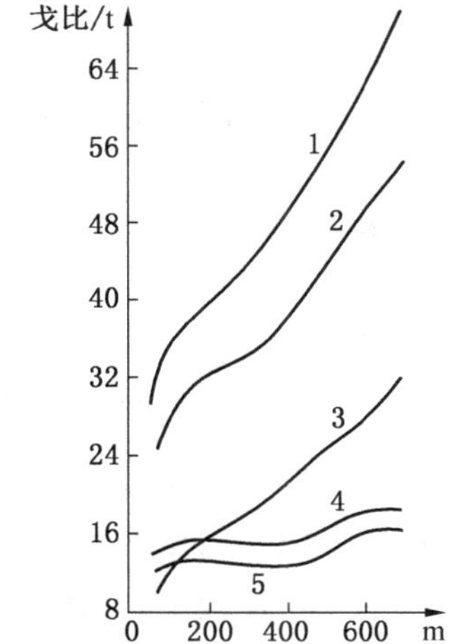

1—27 t 汽车；2—75 t 电动轮汽车；
3—铁路运输；4—胶带机运输；
5—汽车—胶带机联合运输

图 6-26　各种运输方式的单位运输费用

c_g——破碎费用，元/t。

（2）对于倾斜矿床，有高差时，允许使用半连续工艺的条件：

$$H \geqslant \frac{c_g - L_1 q_1 + L_2 q_2 \pm \Delta K \cdot E}{\dfrac{q_1'}{i_1} - \dfrac{q_2'}{i_2}} \tag{6-61}$$

式中 H——允许克服高差，m；

i_1——汽车道路坡度，%；

i_2——带式输送机坡度，%；

q_1'——汽车在坡道上的单位运输费用，元/(t·km)；

q_2'——带式输送机在坡道上的单位运输费用，元/(t·km)；

L_1——汽车水平路段运距，m；

L_2——半连续工艺时，转载站前汽车的水平路段运距，m；

q_1——汽车平道上的单位运输费用，元/(t·km)；

ΔK——间断工艺与半连续工艺投资差值，元。如间断工艺投资大，取“+”号，反之取“-”号；

E——投资效果参数；

c_g——破碎费用，元/t。

另外，露天矿实际生产中，由于半连续工艺系统环节较多，且存在众多的串联环节，所以系统可靠性一般较低，导致半连续工艺系统难以达到设计能力（尤其是瞬时能力）。所以，还需要分析在半连续工艺系统已建成条件下系统运行的边界条件，即最小系统产量规模。主要内容包括：系统固定成本、系统运行条件、系统效益条件、系统报废条件。

（1）系统固定成本包括两部分：一是指半连续工艺系统建成后无论是否开机都会发生的费用，如折旧、人员工资等，与前述汽车运输的固定成本类型相同；二是系统开机后与瞬时运量无关的生产成本，即破碎转载、带式输送机运输等环节空转时的成本，主要表现为能耗。

（2）在系统运行条件方面，研究认为半连续工艺系统运行的经济合理条件为运营成本较间断工艺低，即

$$c_{ck} + c_{nk} + c_{rk} \geqslant c_{cb} + c_{nb} + c_{rb} \tag{6-62}$$

式中 c_{ck}——汽车运输的材料费用单价，元/(m^3·km)；

c_{nk}——汽车运输的能源动力费用单价，元/(m^3·km)；

c_{rk}——汽车运输的人员费用单价，元/(m^3·km)；

c_{cb}——半连续工艺系统运行的材料费用单价，元/(m^3·km)；

c_{nb}——半连续工艺系统运行的能源动力费用单价，元/(m^3·km)；

c_{rb}——半连续工艺系统运行的人员费用单价，元/(m^3·km)。

对于半连续工艺系统而言，系统匹配人数是相对固定的，因此，人员成本可以看作相对固定值；同时假设破碎与排弃环节的能源成本也相对固定。据此，整理求解得半连续工艺系统应用的边界产量规模为

$$q_1^* \geqslant \frac{\left(c_{ns} + c_{np} + n_r k_r A + \frac{n_{bj} + 2}{q}\right) q_h}{(c_{nk} + c_{ck})(s - s_k) + n_r k_r A - [(c_{cj} + c_{nj}) s_j + c_{cs} + c_{cp}]} \tag{6-63}$$

$$A = \frac{\frac{T_c + t_x}{3600} + \frac{s_k}{v_z} + \frac{s_k}{v_k}}{v_c T_K}$$

式中　q_1^*——维持系统运行的最小产量规模，m^3/h；

c_{ns}、c_{np}——分别为半连续系统破碎、排土单位费用，元/m^3；

n_r——根据矿山工作制度一个岗位匹配的人数，人；

k_r——在岗人员的年工资福利总费用，元/人；

A——汽车的年费用，元/m^3；

n_{bj}——半连续工艺系统匹配带式输送机数量，台；

q——系统生产能力，m^3/a；

q_h——系统小时生产能力，m^3/h；

s——间断工艺条件下（指单一汽车运输工艺）汽车运距，km；

T_c——匹配汽车的装载时间，s；

t_x——汽车卸载时间，s；

s_k——半连续工艺条件下汽车运距，km；

v_z——汽车载重平均运行速度，km/h；

v_k——空车平均运行速度，km/h；

v_c——匹配汽车的载重量，m^3；

T_K——汽车设计年作业时间，h/a；

c_{cj}——带式输送机运输的材料费用，元/(m^3·km)；

c_{nj}——带式输送机运输的能源动力费用，元/(m^3·km)；

s_j——半连续工艺条件下带式输送机运距，km；

c_{cs}——剥离物破碎的材料费用，元/m^3；

c_{cp}——带式排土机作业的材料费用，元/m^3；

（3）在系统效益条件方面，根据式（6-64）计算的产量规模，是维持既有半连续工艺系统运行的最小产量规模，可以看作是满足系统开机条件的最小瞬时产量；对于新建系统或露天矿工艺改造系统，满足系统运行的最小产量规模（即敏感性分析的最小产量），应保证半连续工艺系统的全成本低于间断工艺系统全成本。

$$c_{qb} \geqslant c_{qk} \tag{6-64}$$

式中　c_{qb}——半连续工艺系统全成本（含投资、运行、人员等成本），元/m^3；

c_{qk}——单斗汽车间断工艺系统全成本（含投资、运行、人员等成本），元/m^3。

将各项成本分解后整理可得：

$$q_2^* = c_{qb} \frac{q_y}{c_{tk} - c_{tb}} \tag{6-65}$$

式中　q_2^*——维持系统盈利的最小产量规模，m^3/h；

q_y——半连续系统年能力，m^3/a；

c_{tk}——间断系统运输成本，元/m^3；

c_{tb}——半连续系统运输成本，元/m^3。

（4）在系统报废条件方面，半连续工艺系统建成后，如果达不到设计生产能力，且小于边界盈利能力，则可能出现相对于间断工艺系统运行亏损的情况。根据系统运行情况分析，如果由于系统本身存在缺陷而应用效果不佳，则半连续开采工艺应报废停用。半连续工艺系统应用的边界条件（报废的判断标准）：新增单斗汽车工艺系统的全成本小于半连续工艺的运行成本。即

$$C_{cb} + C_{nb} + C_{rb} \geqslant C_{qk} \tag{6-66}$$

式中 C_{cb}——半连续工艺的材料费用，元/m^3；

C_{nb}——半连续工艺的能源动力费用，元/m^3；

C_{rb}——半连续工艺人员费用，元/m^3。

分解各项费用并整理求解，得：

$$q_3^* \leqslant (C_{ns} + C_{np} + C_r)\frac{q_y}{C_k - C_j} \tag{6-67}$$

式中 q_3^*——半连续工艺系统停止应用的最大产量规模，m^3/a；

C_k——汽车系统费用，元/m^3；

C_j——带式输送机系统费用，元/m^3。

式（6-67）是分析半连续开采工艺是否报废的判断标准之一。

第五节 剥离倒堆开采工艺系统

一、概述

1. 发展现状及趋势

所谓剥离倒堆工艺（Casting technology）就是用挖掘设备铲挖剥离物并直接堆放于旁侧的采空区，从而揭露出煤炭的开采工艺。这是一种合并式开采工艺，采掘、运输、排土三个环节合并在一起由同一种设备（挖掘设备）来完成。

由于剥离作业没有独立的运输、排土环节，故与其他露天开采工艺相比，具有剥离成本低，劳动效率高的优点。

剥离倒堆工艺系统在美国得到了广泛应用。这与美国的煤田赋存条件密切相关，美国的露天煤田主要集中在四大地区：东部的阿伯拉契山区露天煤田、中西部平原地区露天煤田、西部落基山区露天煤田、西南部四角地带露天煤田。这些地区煤层赋存简单，多为水平、近水平煤层，开发条件好，适宜采用剥离倒堆开采工艺。在20世纪60年代以前，美国主要开发煤层赋存简单、埋藏浅的东部煤田，发展了简单的剥离倒堆工艺系统。由于剥离物较松软，一般无须进行爆破，直接用拉铲进行倒堆作业，对于较难挖掘的物料主要采用单斗挖掘机进行倒堆。与拉铲相比，单斗挖掘机同样生产能力的机体重量大，所以，一般都尽量选用拉铲。20世纪60年代以后，美国大规模地开发西北部落基山区的露天煤田。

这个地区的煤层埋藏深度较东部地区深，剥离厚度增大，同时剥离物也较坚硬，一般需爆破后方能挖掘。因此，其开采工艺的发展趋势是，用拉铲对爆破后的物料进行倒堆，即发展了用拉铲进行复杂倒堆工艺系统。

俄罗斯是另一个用剥离倒堆开采工艺系统较多的国家。由于俄罗斯露天煤田的剥离物坚硬，剥离厚度大，煤层厚，因此，其倒堆设备的特点是铲斗容积小，线性参数大。后来也开始生产铲斗容积及线性参数数都较大的倒堆设备。

1）国外露天煤矿拉斗铲应用情况

根据有关资料可知，露天煤矿采用拉斗铲倒堆剥离的国家有美国、澳大利亚、俄罗斯、南非、加拿大、印度、巴西、哥伦比亚、墨西哥、土耳其、英国、赞比亚等国家。

美国已有100多台大型拉斗铲在露天煤矿中使用，其完成的煤产量占全美煤炭总产量的1/3。美国西部波德河煤田是世界上最大的煤炭产区，为了降低成本，至1994年已有19台斗容为23~122 m^3 拉铲在作业，矿区露天煤矿全员效率达243 t/工。

澳大利亚目前拥有60台以上大型拉铲，其勺斗容积范围在23~90 m^3，完成的煤炭产量占全国煤产量的1/3多。其开采深度达60 m，卸载半径达100 m，剥离采宽为40~90 m。澳大利亚最大的昆士兰煤田选用了斗容为45~52 m^3 拉铲剥离岩石，其台年能力达13~14 Mm^3/a。

2）我国露天煤矿采用拉铲倒堆剥离的情况

我国已经或将要开发的10多个适宜露天开采的大型、特大型露天煤田及矿区，大部分具有采用拉铲剥离的有利条件（表6-14）。从表中可以看出：①煤层埋藏倾角多数在10°以下，属近水平或缓倾斜煤层，这是采用拉铲倒堆剥离最必要的也是最重要的赋存条件；②煤层数目不多，主采煤层多为1~3层，煤层结构不复杂，煤层厚度不太大，不致成为限制采用拉铲倒堆剥离工艺的因素；③剥离物岩性多在中硬度以下，岩层厚度各煤田大小不一，各自具备全部或部分剥离物采用拉铲倒堆剥离的条件；④多数煤田面积大，储量丰富，可有足够空间安排必要的工作线长度并充分发挥拉铲生产能力。

表6-14　露天开采煤田赋存条件

矿区	平均煤层厚/m	主采层数/层	煤层倾角/(°)	煤层结构	覆盖层厚/m	剥离物岩性	平均剥采比/($m^3 \cdot t^{-1}$)
平朔	30	3	<10	较简单	100~200	f=4~6	5.59
准格尔	33.65	3	5~10	简单	0~110	f=3.4~6	5.59
神府	17.73	3	1~2	简单	23~60	中硬	6.16
东胜	17.7	2	1~2	简单	<70	中硬	2~5
胜利	34.23	5	3~4	较简单	0~200	中硬	2.5
河保偏	34.7	1~6	5~10	简单	100~170	中硬	4~6
伊敏河	42	2~3	3~6	简单	5~20	f=1~2	3.13
霍林河	38.9	4	5~15	复杂	5~250	f=4~5	4~5
元宝山	76.7	2	3~8	较复杂	3~350	软~中硬	3.96
宝日希勒	44.82	5	5~10	较简单	20~100	中硬	3.87
昭通	12.6	3	3~10	简单	1~200	软	1.6
小龙潭	70.3	1~3	8~20	简单	50~150	软	0.84
乌鲁木齐	62.52	2	24	复杂	100	软	3~5

3）黑岱沟露天煤矿应用拉铲工艺条件分析

黑岱沟露天煤矿开采深度达百余米，其表土厚度约 49 m，岩层厚度约 56 m，煤层厚度约 28.8 m。表土剥离现为轮斗—胶带连续工艺系统，岩石剥离及采煤采用单斗—卡车工艺系统。单斗—卡车工艺方式虽有其机动灵活的特点，但单位运输费用很高。在黑岱沟露天煤矿运量巨大、运距远的条件下，生产成本居高不下，阻碍着企业经济效益的提高。从矿床的埋藏条件来看，煤层倾角 3°~5°、岩层厚度、煤层结构、岩石性质 $f=3\sim5$ 等方面，均具有采用拉铲剥离倒堆工艺的条件。为扩大露天矿产能，黑岱沟露天煤矿于 2006 年引入一台大型拉铲用于煤层（6 号煤层）上部 40~50 m 厚度岩石剥离物的倒堆作业，采用“抛掷爆破+拉铲倒堆”开采工艺，倒堆设备为比塞洛斯 Bucyrus 公司 2570 型拉铲，半径为 100 m，斗容为 90 m^3，如图 6－27 所示。

图 6－27 Bucyrus 公司 2570 型拉铲

2. 剥离倒堆设备、工艺特点及适用条件

1）倒堆设备

从设备作业原理划分，用于露天矿倒堆作业的设备分为以下两大类。

（1）大型倒堆用单斗挖掘机。

（2）大型倒堆用拉铲。

2）优点

（1）将采掘、运输、排土三个环节合并在一起，使工艺系统简单化，生产管理简单化。

（2）剥离成本低。

（3）劳动效率高，可采用特大型设备；单台设备生产能力大。

（4）剥采比较大，可达 10~18 m^3/t，个别达 30 m^3/t。

3）缺点

（1）适用条件严格（一般适用于水平、近水平煤层，剥离厚度不太大时）。

（2）用于剥离倒堆的设备一般是大型设备，当设备发生故障时，对露天矿剥离生产影响较大。

（3）大型倒堆设备投资大。

4）适用条件

（1）水平、近水平或缓倾斜煤层（$\leqslant 12°$），以保证提供足够的内排土场空间和排土场的稳定性。

（2）倒堆剥离物厚度不太大（$\leqslant$50 m）。

（3）煤层厚度不能太大（煤层厚度每增加 1 m，倒堆设备线性参数也增加 1 m）。

（4）剥离物一般应为松散土岩，易于用拉铲铲挖，坚硬岩石爆破后爆破效果好（块度均匀、大块少）。

3. 剥离倒堆开采有关概念

（1）剥离倒堆（Casting）：用挖掘设备铲挖剥离物并堆放于旁侧的作业。

（2）再倒堆（Over-casting）：挖掘设备将已倒堆的剥离物再次倒堆的作业，即二次倒堆。

（3）再倒堆系数（f）：再倒堆量与剥离总量之比（实方量之比）。

（4）简单倒堆工艺：用倒堆设备将剥离物直接倒排至采空区的开采工艺。

（5）复杂倒堆工艺：需要进行二次倒堆作业的剥离倒堆开采工艺。

二、剥离倒堆方案

根据露天矿矿岩赋存情况（单煤层、多煤层、倒堆剥离物厚度等），以及所采用的倒堆设备（单斗挖掘机、拉铲）不同，可采用不同的倒堆方案。倒堆方案分类如下：

（1）根据所用倒堆设备类型可分：①单斗挖掘机倒堆；②拉铲倒堆；③单斗挖掘机与拉铲相结合倒堆。

（2）根据剥离物被倒排的次数分：①简单剥离倒堆——剥离物被倒排一次；②复杂剥离倒堆——剥离物被倒排两次或两次以上。

（3）按煤层数分：①单煤层倒堆；②多煤层倒堆。

（4）将各种因素综合起来，剥离倒堆方案：①单煤层拉铲简单倒堆方案；②单煤层拉铲复杂倒堆方案；③多煤层拉铲复杂倒堆方案；④多煤层拉铲简单倒堆方案；⑤单煤层单斗挖掘机复杂倒堆方案；⑥多煤层单斗挖掘机复杂倒堆方案。

这些倒堆方案无论多么复杂，都是由几种基本的作业方式组合而成的。下面我们讨论剥离倒堆工艺的基本作业方式及其开采参数确定方法。

1. 大型倒堆用单斗挖掘机上挖作业方式

由于单斗挖掘机主要为上挖作业，因此，其基本作业方式仅有一种。

1）基本作业方式

大型倒堆用单斗挖掘机站立在煤层顶板上挖掘站立水平以上剥离物，并直接排弃到采空区。作业方式如图 6-28 所示。

2）开采参数

主要开采参数有：采掘带宽度 A，排土带宽度 A_p，剥离倒堆台阶高度 H，挖掘机卸载半径 R_x，卸载高度 H_x，排土高度 H_p，单斗挖掘机走行中心线距采煤台阶坡顶距离 L，运

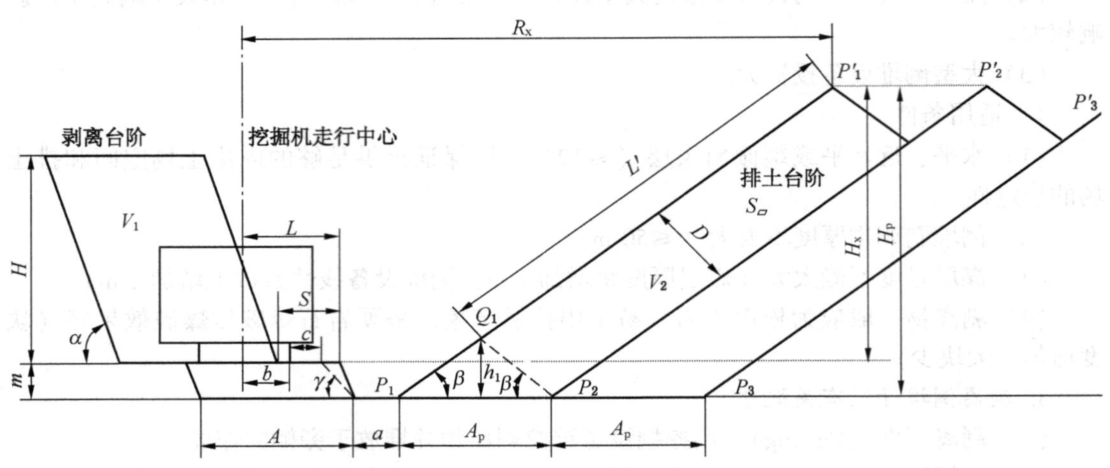

图 6－28　大型倒堆用单斗挖掘机上挖作业方式示意图

煤平台宽度 S。

倒堆开采参数主要受倒堆设备的线性尺寸限制，与内排土场排土空间有关。确定开采参数的方法有分析计算法和图解法。

（1）分析计算法：即根据倒堆挖掘机的线性参数、剥离台阶与排土台阶的关系确定各开采参数的表达式从而计算开采参数值的方法。具体计算方法如下：

①排土带宽度 A_p：为使剥离倒堆作业与排土作业协调一致，排土带宽度应与采掘带宽度相同，即

$$A_p = A \qquad (6-68)$$

②排土高度 H_p：挖掘机沿台阶工作线方向剥离单位长度（1 m）物料体积（实方）为

$$V_1 = HA \times 1 = HA \qquad (6-69)$$

剥离物料在内排土场占用内排空间（松方）为

$$V_2 = \left(H_p A_p - \frac{1}{4}A_p^2 \tan\beta\right) \times 1 = H_p A - \frac{1}{4}A^2 \tan\beta \qquad (6-70)$$

由 $V_2 = V_1 k_s$ 得：

$$H_p = Hk_s + \frac{1}{4}A\tan\beta \qquad (6-71)$$

式中　k_s——剥离物料松散系数，取值>1；

β——排土台阶坡面角，(°)。

③卸载半径 R_x：

$$R_x = H_p \cot\beta + a + m\cot\gamma + c + b \qquad (6-72)$$

式中　a——排土台阶与采煤台阶的追踪距离，m；

m——煤层厚度，m；

γ——采煤台阶稳定坡面角，(°)；

c——挖掘机走行机构外侧与采煤台阶稳定坡面坡顶线间的安全距离，m；

b——挖掘机走行机构半宽，m。

④单斗挖掘机卸载高度 H_x：

$$H_x = H_p - m \tag{6-73}$$

⑤倒堆单斗挖掘机走行中心线距采煤台阶坡顶线距离 L：

$$L = m(\cot\gamma - \cot\alpha) + b + c \tag{6-74}$$

式中　α——采煤台阶坡面角，(°)。

⑥当采煤用运输通道布置在煤台阶顶盘时（底盘中 $a=0$），则剥离台阶坡底线距采煤台阶坡顶线间最小距离（最小平盘宽度）S 为

$$S = B + 2C + m\cot\gamma - m\cot\alpha \tag{6-75}$$

式中　B——运煤通道宽度，m

C——安全距离，一般取 1～3 m。

（2）图解法：即依据倒堆设备的线性参数，通过按一定比例绘制剥采台阶和排土台阶作业方式断面图，从而在断面图上量取开采参数的方法。具体图解步骤如下。

①选择采掘带宽度 A、排土带宽度 A_p，使 $A_p = A$。

②选择确定 α，β，k_s 值，按采掘带宽度绘制剥离和采煤台阶断面图。

③依据计算 S，L 值，自采煤台阶坡顶线量取距离 L，画出单斗挖掘机走行中心线位置。

$$S = B + 2C + m(\cot\gamma - \cot\alpha)$$

$$L = b + c + m(\cot\gamma - \cot\alpha)$$

④确定排土场排土台阶坡底线距采煤台阶坡底线间距离 a。

⑤按追踪距离 a 和排土台阶坡面角 β 画出排土场坡面线 P_1P_1'，P_2P_2'，P_3P_3'，…，并使 $A_p = A$。

⑥按 β 角画出等腰三角形 $\triangle P_1P_2Q_1$，量出小三角形 $\triangle P_1P_2Q_1$ 的高 h_1；并计算小三角形面积：

$$S_{\triangle} = \frac{1}{2}Ah_1 \tag{6-76}$$

⑦计算除三角形以外还需要排土面积 $S_{\square}$：

$$S_{\square} = HAk_s - S_{\triangle} \tag{6-77}$$

⑧量出两相邻排土坡面线间垂直距离 D，并计算出长度 L'：

$$L' = \frac{S}{D} \tag{6-78}$$

⑨自三角形顶点 Q_1 起量出长度 L'，得排土顶点 P_1'。

⑩量出倒堆卸载半径 R_x，及排土高度 H_p。

⑪求出卸载高度 $H_x = H_p - m$（或在图上量出）。

2. 拉铲站立在剥离台阶上部平盘进行下挖作业

1）作业方式

拉铲下挖、直接排弃于排土场，如图 6－29 所示。

2）开采系数

主要开采参数有：采掘带宽度 A，排土带宽度 A_p，剥离台阶高度 H，排土台阶高度

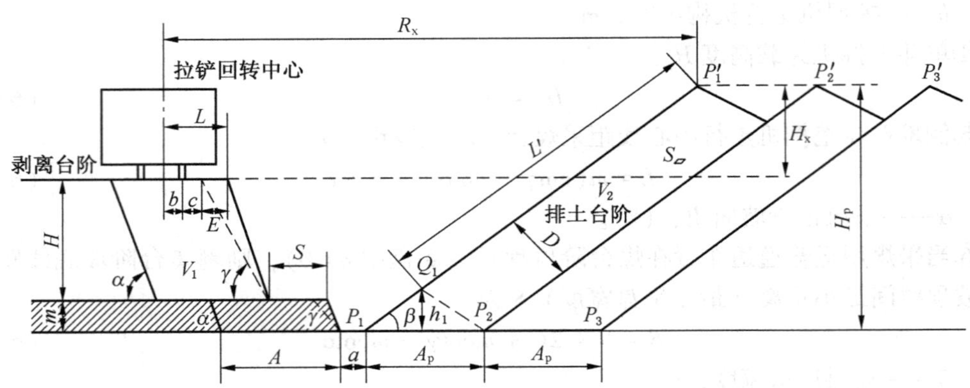

图 6-29　拉铲站立在剥离台阶顶盘进行下挖作业示意图

H_p，卸载高度 H_x，运煤平台宽度 S，拉铲卸载半径 R_x，排土台阶与采煤台阶追踪距离 a。

拉铲剥离倒堆作业开采参数主要受剥离物在内排土场排土空间和拉铲作业线性参数制约，与拉铲作业方式有关，其确定方法分为分析计算法和图解法。具体确定方法与步骤如下：

（1）分析计算法：即根据倒堆挖掘机的线性参数、剥离台阶与排土台阶的关系确定各开采参数的表达式从而计算开采参数值的方法。

①排土带宽度 A_p：为使剥离倒堆作业与排土作业协调一致，排土带宽度应与采掘带宽度相同，即

$$A_p = A$$

②排土高度 H_p：如图 6-27 所示，拉铲沿台阶工作线方向剥离单位长度（1 m）物料体积（实方）为

$$V_1 = HA \times 1 = HA$$

剥离物料在内排土场占用内排空间（松方）为

$$V_2 = \left(H_pA_p - \frac{1}{4}A_p^2\tan\beta\right) \times 1 = H_pA - \frac{1}{4}A^2\tan\beta$$

由 $V_1k_s = V_2$ 得：

$$H_p = Hk_s + \frac{1}{4}A\tan\beta$$

式中　k_s——剥离物料松散系数，取值>1；

β——排土台阶坡面角，(°)。

③卸载半径 R_x：

$$R_x = H_p\cot\beta + a + m\cot\alpha + S + H\cot\gamma + b + c$$

式中　a——排土台阶与采煤台阶的追踪距离，m；

m——煤层厚度，m；

γ——采煤台阶稳定坡面角，(°)；

c——挖掘机走行机构外侧与采煤台阶稳定坡面坡顶线间的安全距离，m；

b——挖掘机走行机构半宽，m。

④拉铲卸载高度 H_x：

$$H_x = H_p - m - H \tag{6-79}$$

⑤铲回转中心与剥离台阶坡顶线间距 L：

$$L = b + c + H(\cot\gamma - \cot\alpha)$$

⑥当采煤用运输通道布置在煤台阶顶盘时（底盘中 $a=0$），则剥离台阶坡底线距采煤台阶坡顶线间最小距离（最小平盘宽度）S 为

$$S = B + 2C + m\cot\gamma - m\cot\alpha$$

式中 B——运煤通道宽度，m；

C——安全距离，一般取 1~3 m。

（2）图解法：依据倒堆设备的线性参数，按一定比例绘制剥采台阶和排土台阶作业方式断面图，从而在断面图上量取开采参数的方法。与倒堆用单斗挖掘机上挖作业方式图解法类似。

3. 拉铲站立在剥离台阶中间平盘进行上下挖作业

1）作业方式

拉铲站立于中间台阶上、上下挖作业，如图 6－30 所示。

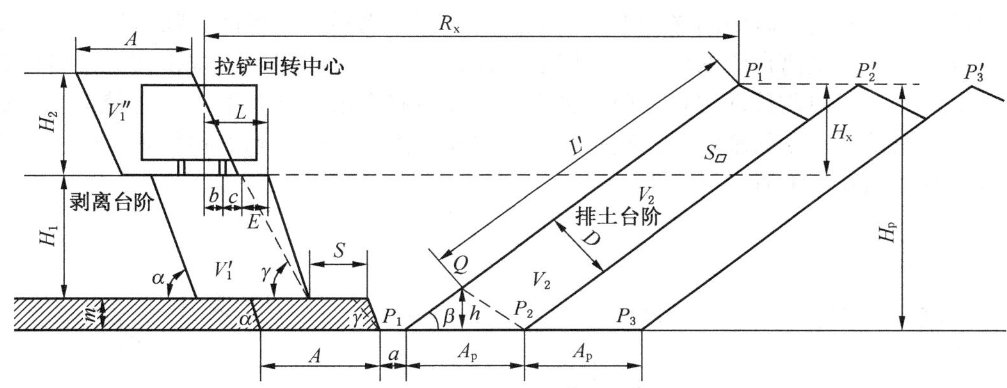

图 6－30 拉铲站立剥离台阶中间平盘上下挖作业方式示意图

2）开采参数

主要开采参数有：采掘带宽度 A，排土带宽度 A_p，剥离台阶高度 H（下分台阶高度 H_1，上分台阶高度 H_2），排土台阶高度 H_p，卸载高度 H_x，运煤平台宽度 S，拉铲卸载半径 R_x，拉铲回转中心距离下分台阶坡顶线安全距离 L，排土台阶与采煤台阶追踪距离 a。开采参数确定方法有分析计算法和图解法。

（1）分析计算法：

①排土带宽度 A_p。由剥、采采掘带宽度确定排土带宽度：

$$A_p = A$$

②排土台阶高度 H_p。

由关系式：

$$V_1 k_s = V_2 \qquad V_1 = V_1' + V_1''$$

得排土台阶高度：

$$H_p = Hk_s + \frac{1}{4}A\tan\beta = (H_1 + H_2)k_s + \frac{1}{4}A\tan\beta \tag{6-80}$$

③卸载半径 R_x：

$$R_x = H_p\cot\beta + a + m\cot\alpha + S + H_1\cot\gamma + c + b \tag{6-81}$$

④拉铲卸载高度 H_x：

$$H_x = H_p - m - H_1 \tag{6-82}$$

⑤拉铲回转中心距离下分台阶坡顶线安全距离 L：

$$L = H_1(\cot\gamma - \cot\alpha) + b + c \tag{6-83}$$

⑥运煤平台宽度 S：

$$S = B + 2C + m(\cot\gamma - \cot\alpha)$$

式中 B——运煤通道宽度，m；

C——安全距离，一般取 1~3 m。

（2）图解法：与倒堆用单斗挖掘机上挖作业方式图解法类似。

4. 拉铲站立在临时平台（扩展平台）进行下挖作业

1）作业方式

拉铲站立于剥离台阶中间平盘上，以下挖方式挖掘物料，并将部分物料排弃在拉铲工作面前进方向一侧剥离台阶的坡面上，以加宽拉铲站立平台的宽度，拉铲站立于自己拓宽的临时平台上，边向前移动边将后面的剥离物以及不起作用的临时平台一起挖走，并倒排至排土场，拉铲所站立的临时平台随拉铲一起移动。因此，存在剥离物料重复倒堆。作业方式示意图如图 6－31 所示。

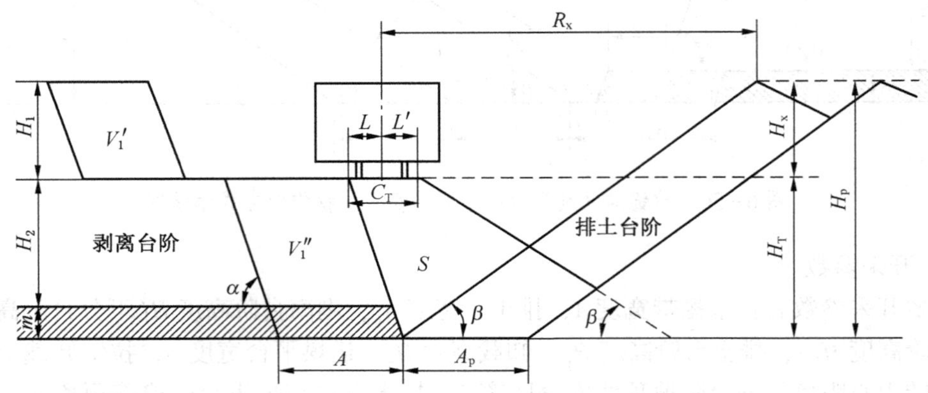

图 6－31 拉铲站立临时平台进行下挖作业方式示意图

2）开采参数

主要开采参数有：剥离台阶高度 $H(H=H_1+H_2)$、采掘带宽度 A、排土带宽度 A_p、排土台阶高度 H_p、拉铲临时平台高度 H_T、临时平台顶宽 C_T、拉铲回转中心距离临时平台外侧坡顶线距离 L、距离剥离台阶下分台阶坡顶线距离 L'、再倒堆系数 f。

此作业方式一般是在露天煤矿已有确定拉铲类型、线性参数（主要指卸载半径）条件下，设计确定拉铲的作业方式、开采参数，因此，其开采参数易用图解法。

用图解法确定参数，其步骤如下。

（1）计算剥离倒堆物料松散体积（松方）：$V_1 = V_1' + V_1'' = AHk_s$。

（2）在断面图上确定临时平台位置及形状，步骤如下。

①计算所需排土高度 H_p：$H_p = Hk_s + \frac{A}{4}\tan\beta$。

②根据所选择拉铲类型确定拉铲卸载高度 H_x。

③求出临时平台高度 H_T：$H_T = H_p - H_x$。

④在断面图上量出临时平台高度，并画出临时平台。

同理可求出剥离台阶上、下分台阶高度：$H_1 = H_T - m$，$H_2 = H - H_1$。

⑤按排土高度 H_p，坡角 β 及排宽 A 值画出排土带。

⑥根据所选拉铲类型确定拉铲的卸载半径 R_x（从设备本身角度考虑）。

⑦从排土带顶点向采掘侧量取 R_x，此位置即为拉铲站立中心线，量出距离 L'；根据拉铲走行宽度 b 及安全距离 C 求出 $L=b+C$，确定临时平台宽度（顶宽）$C_T = L + L'$。

⑧画出临时平台断面形状，量取断面图面积 S_T，并验证是否满足 $S_T \leqslant H_1Ak_s$（即上分台阶的剥离量是否满足临时台阶所需的体积量），否则改变参数采掘带宽度 A，重新确定。

（3）计算再倒堆系数 f。

①图解法：可从图上直接量取面积 S_T 及 V_1（$V_1 = V_1' + V_1''$）。

②计算法：

$$S_T = \frac{1}{2}H_T[H_T(\cot\beta - \cot\alpha) + C_T + C_T] - \frac{1}{4}\tan\beta[C_T + V_2H_T(\cot\beta \pm \cot\alpha)]^2 \tag{6-84}$$

$$f = \frac{S_T}{V_1k_s}$$

5. 拉铲站立在排土台阶中间平盘上进行作业

1）作业方式

拉铲站立于排土台阶中间平盘上将其站立水平之上的小三角物料 $V_\triangle$ 倒堆在另一侧的三角坑内填平，并将其下分台阶掩埋煤层的物料 V_2'' 倒排形成上分排土台阶（图 6 - 32）。一般需与拉铲其他基本作业方式配合作业，可组合成拉铲掩埋煤面再倒堆方案。

2）开采参数

主要开采参数有：下分排土台阶高度 H_{p1}、上分排土台阶高度 H_{p2}、拉铲走行中心线距离排土台阶坡顶线距离 L、拉铲卸载半径 R_x、卸载高度 H_x、掩煤量 V_2''、再倒堆系数 f。

H_{p1} 即为拉铲站立水平高度，H_{p2} 即为拉铲卸载高度。

用分析计算法确定开采参数，步骤如下：

（1）排土带宽度 A_p：

$$A_p = A$$

（2）排土高度 H_p：

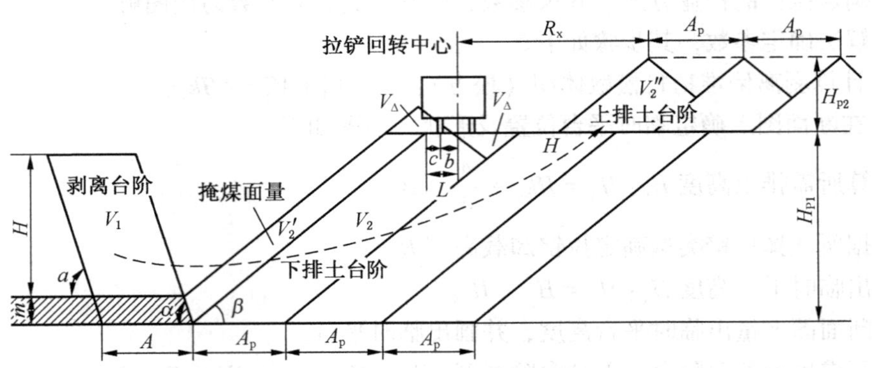

图 6-32 拉铲站立在排土台阶中间平盘上进行作业布置示意图

$$H_p = Hk_s + \frac{1}{4}A\tan\beta$$

其中，$H_p = H_{p1} + H_{p2}$。

(3) 下分排土台阶高度 H_{p1}：

掩煤量 $V_2'' = H_{p1}m(\cot\alpha + \cot\beta) - \frac{1}{2}m^2(\cot\alpha + \cot\beta)$（$V_2''$不含 V_Δ 部分），而 $V_2' = AH_{p1}$（V'_1含 V_Δ 部分），则

$$V_2 = V_2' + V_2'' = AH_{p1} + H_{p1}m(\cot\alpha + \cot\beta) - \frac{1}{2}m^2(\cot\alpha + \cot\beta)$$

又因 $V_1 = AH$，且满足关系式 $V_2 = V_1 k_s$，则

$$HAk_s = AH_{p1} + H_{p1}m(\cot\alpha + \cot\beta) - \frac{1}{2}m^2(\cot\alpha + \cot\beta)$$

$$H_{p1} = \frac{HAk_s + \frac{1}{2}m^2(\cot\alpha + \cot\beta)}{A + m(\cot\alpha + \cot\beta)} \tag{6-85}$$

此外，还需要用拉铲的下挖深度 H_{wx} 验证，应满足：

$$H_{p1} \leqslant H_{wx}$$

否则应调整有关开采参数，直至满足上式要求。

(4) 下分排土台阶高度 H_{p2}：

$$H_{p2} = H_p - H_{p1} \tag{6-86}$$

并用拉铲卸载高度进行验证，应满足：

$$H_{p2} \leqslant H_x \tag{6-87}$$

(5) 拉铲卸载高度 H_x：

$$H_x = H_p - H_{p1} \tag{6-88}$$

(6) 再倒堆系数 f（为松方量之比）：

$$f = \frac{V_2'' + V_\triangle}{V_2} \tag{6-89}$$

体积 $V_\triangle$ 值可用图解法求出，也可用下式求出，即

$$V_{\triangle}=\frac{1}{4}[A+m(\cot\alpha+\cot\beta)]\times\left\{\frac{HAk_s+\frac{1}{2}m^2(\cot\alpha+\cot\beta)+\frac{1}{4}\tan\beta[A+m(\cot\alpha+\cot\beta)]}{m(\cot\alpha+\cot\beta)}-H_{p1}\right\} \tag{6-90}$$

（7）拉铲走行中心线距离排土台阶坡顶线距离：

$$L=b+c \tag{6-91}$$

6. 拉铲站立于抛掷爆破爆堆上进行下挖作业

中硬以上岩石采用倒堆工艺时，需要对岩石进行爆破。为减少拉铲倒堆工作量，采用抛掷爆破使部分剥离物抛掷到采空区而无须进行倒排作业。这种工艺需要合理地设计抛掷爆破方案，使抛掷爆破尽可能多地将爆破物料抛掷到采空区，形成有效抛掷量（无须倒堆的量），有效抛掷量与总爆破量的比值称之为有效抛掷率。同时还要求爆堆形状合理、块度均匀、大块率低。为使拉铲在爆堆上站立平稳，抛掷爆破后需要用大功率推土机对爆堆上部进行平整，推土机在平整爆堆时又将部分物料推入采空区形成部分有效排弃量。

1）作业方式

（1）抛掷爆破的目的是将尽可能多的剥离物抛向采空区，成为有效抛掷量而无须拉铲倒堆，同时又必须使爆堆形成良好的形状（梯形爆堆），有利于倒堆拉铲站立和挖掘作业。

（2）抛掷爆破后，用大功率推土机将爆堆上部推平形成易于拉铲站立的平台。

（3）拉铲站立在推土机形成的爆堆平台上进行倒堆作业，拉铲采用后退式下挖倒堆作业，将站立水平以下的剥离物（除有效抛掷量及推土机有效推排量以外）倒排至内排土场。

（4）随着拉铲沿工作线方向倒堆作业的推进，采煤电铲沿采煤台阶工作线方向紧随其后纵向进行追踪式采装。采用后退式通道运煤。

（5）拉铲倒堆完成一个采幅（采掘带）后，开始下一循环倒堆作业。有两种作业方式：

①拉铲空程返回起点，返回路线设在预留的采煤台阶顶盘上。拉铲到达起点后进行必要的检修保养，然后对下一采幅进行开切口挖掘，待开切口结束便开始新一循环的剥离倒堆作业。在拉铲空程返回或开切口作业期间，采煤作业还在继续，采煤作业结束后，采煤挖掘机空程返回到起点，待新一循环具备采煤作业条件后（达到规定的剥采追踪距离）开始新一循环的采煤作业。

②拉铲在终点等待采煤挖掘机作业，等到本采幅采煤作业结束采煤挖掘机到达终点后，拉铲在终点对下一采幅进行开切口挖掘（此时采煤挖掘机在终点等待），待开新切口结束，开始新一循环的倒堆剥离作业。此作业方式需要拉铲和采煤挖掘机在起点和终点相互等待，但节省了空程返回时间。

拉铲站立于抛掷爆破堆上进行下挖作业布置示意图如图 6－33 所示。

2）开采参数

主要开采数有：倒堆台阶高度 H，采掘带宽度 A，排土台阶高度 H_p，排土带宽度 A_p，

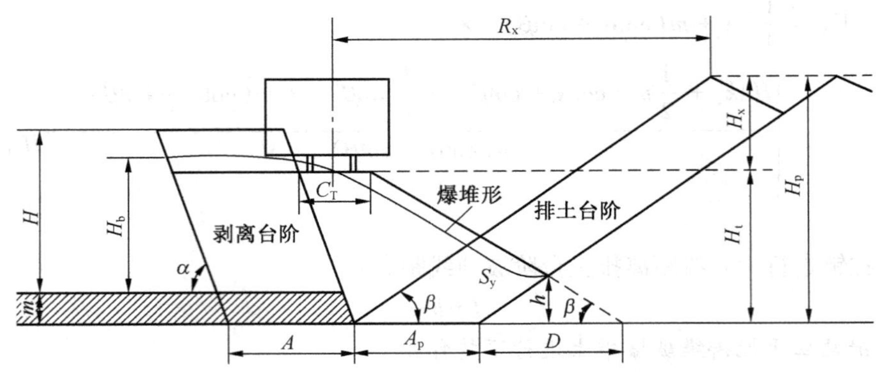

图 6-33 拉铲站立于抛掷爆破堆上进行下挖作业布置示意图

拉铲扩展平台宽度 C_T，扩展平台高度（站立水平高度）H_t，拉铲卸载半径 R_x，卸载高度 H_x，抛掷爆破有效抛掷率 f_p，爆堆高度 H_b，再倒堆系数 f 等。

采用分析计算法确定开采参数，步骤如下。

（1）依据拉铲的生产能力和煤层厚度、工作线长度、设计煤炭产量等确定拉铲的合理采掘带宽度 A 和台阶高度 H：

$$H=\frac{Q_w N_w m\gamma}{Q_p} \tag{6-92}$$

式中 H——剥离倒堆台阶高度，m；

Q_w——剥离倒堆挖掘机年生产能力，$m^3/(a\cdot 台)$；

N_w——剥离倒堆挖掘机台数，台；

m——采煤台阶高度（煤层厚度），m；

γ——煤层密度，t/m^3；

Q_p——设计煤炭年产量，t/a。

综合考虑拉铲下挖作业方式、拉铲生产能力、线型参数、剥离推进速度、穿孔爆破与剥采作业效率等确定采掘带宽度 A，一般取 20~80 m。

（2）排土带宽度 A_p：

$$A_p=A$$

（3）排土台阶高度 H_p：

$$H_p=Hk_s+\frac{1}{4}A\tan\beta$$

（4）爆堆高度 H_b：

$$H_b=K_c H \tag{6-93}$$

式中 K_c——爆堆沉降率，与抛掷爆破质量有关，准格尔黑带沟露天煤矿为 $K_c=25\%$。

（5）拉铲站立平台高度 H_t：

$$H_t=m+H(1-K_c) \tag{6-94}$$

（6）拉铲扩展平台宽度 C_T：

$$C_T\approx\frac{HAk_s}{H_t}-\left(1-\frac{m}{H_t}\right)A-\frac{1}{2}H_t(\cot\beta-\cot\alpha) \tag{6-95}$$

（7）拉铲卸载半径 R_x：

$$R_x = H_p\cot\beta + H_t\cot\alpha - C_T + \frac{1}{2}b + c \tag{6-96}$$

（8）有效抛掷率，即直接抛向采空区无须倒堆的剥离物比例 f_p：

$$f_p = \frac{\frac{1}{4}A\tan\beta[2AH_t(\cot\beta - \cot\alpha) - A + C_T]}{AHk_s} \times 100\% \tag{6-97}$$

（9）再倒堆系数 f：

$$f = 1 - f_p \tag{6-98}$$

三、采煤作业与工作线布置

1. 采煤作业

1）采煤工艺

布置剥离倒堆方案时，一定要考虑采煤作业，采煤作业一般采用独立式开采工艺，如单斗—汽车、单斗—铁道、单斗—胶带、单斗—卡车—胶带等工艺。准格尔黑岱沟露天煤矿实施拉铲倒堆工艺后，与其配合的采煤工艺为单斗挖掘机—坑内卡车—端帮破碎站—胶带输送机工艺。

2）运煤线路设置

（1）运煤线路既可设在煤层底板上，也可设在煤层顶板上。

（2）运煤线路设在煤层底板上时，在采煤台阶与排土台阶之间应留出运输通道宽度 a。

（3）运煤线路设在煤层顶板上时，剥离台阶坡底线与采煤台阶坡顶线间最小间距 S（即保留的最小平盘宽度），应满足运输通道的宽度及安全要求。

3）运煤出口布置

如图 6－34 所示，运煤出口一般都设置在排土场内，在排土台阶某一位置留有运煤线路出口，可根据采煤工作线长短设置一个、两个出口或三个出口。运煤出口的设置往往会影响排土场的排土空间和排土作业。设在排土场内的运煤出口是一个敞露的沟道，占用较大的排土空间，一是减少了排土场容量，二是倒堆设备在运煤出口处倒堆作业时，为向出口两侧排弃物料，需要较大的卸载半径。解决此问题的方法：①选择卸载半径较大的拉铲；②在不增加拉铲卸载半径条件下，选用其他辅助设备处理运煤出口处的剥离物；③拉铲在运煤出口处进行二次倒堆作业。

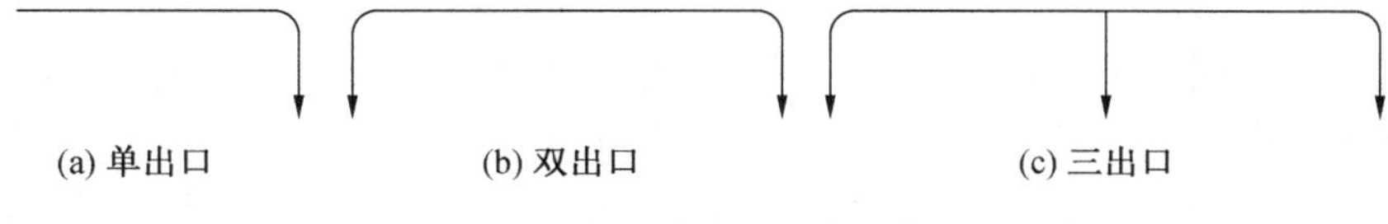

图 6－34　运煤出口方式示意图

工作线较短时，可设一个运煤出口，出口位置可设在工作线中部，以缩短运距；也可设在端部，绕一个端帮运出煤炭。运煤出口设置在端帮时，按运煤设备要求在端帮设置折返坑线。

工作线较长时，可设两个运煤出口，两端帮各设一个出口。运煤出口设置在两个端帮时，两个端帮均需设置较缓的帮坡角，并且随着工作帮的推进需要不断的移动，增大了端帮剥离量和运输线路移设次数。

工作线特别长时，可设三个运煤出口，中间及两端各设一个出口，以缩短煤运距。此时，运煤系统较为复杂，运煤线路与剥离工作面有交叉，存在一定的安全隐患，必须合理安排剥离与采煤设备作业程序，以尽量消除安全隐患。

运煤口的宽度取决于运煤设备的尺寸和运输线路数目（单行道、双行道）。当运煤采用带式输送机时，运煤通道可设置在排土场底部的平硐内，运煤平硐在煤层底板出露时用预制混凝土板随工作线推进而接长，然后被所排土岩掩埋。

以准格尔黑岱沟露天煤矿“抛掷爆破—拉铲倒堆剥离工艺”“单斗挖掘机—坑内卡车—端帮破碎站—胶带输送机采煤工艺”为例，其运煤出口三种设置方式分述如下。

（1）中部沟方案。

中部沟运煤系统如图 6－35 所示。运煤出入沟设置于采区中部内排土场内，吊斗铲在出入沟的一侧进行倒堆作业时，单斗—卡车系统在另一侧进行采煤作业。卡车在工作面装完车后，沿煤台阶斜坡道到煤层底板，再沿运煤出入沟爬升到倒堆排土台阶顶面+60. 8 m 水平运行至临近工业场地侧采场端帮，由+60. 8 m 水平爬升到倒堆台阶顶板 75 m 水平，再由上部运输系统将煤运到破碎站。

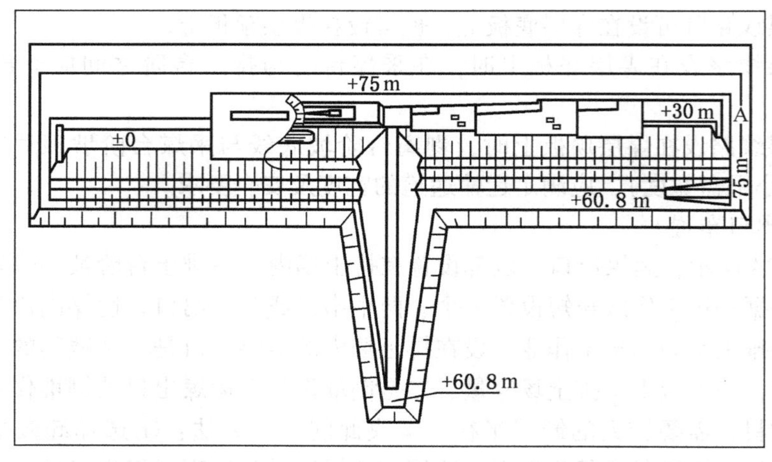

图 6－35　中部沟运煤系统示意图

双车道沟道宽 30 m，限制坡度 8%，高差 60. 8 m，出入沟沟道长 760 m，经计算倒堆排土场沟道所占空间为 $159.2\times10^4\ m^3$；单斗—卡车系统采掘工作面按两个 15 m 标准台阶考虑，内排土场排弃空间损失 $460.3\times10^4\ m^3$；上部轮斗—胶带—排土机内排土场总排弃高度按 35 m 考虑，内排土场排弃空间损失 $4389\times10^4\ m^3$，三者合计损失内排空间 $5008.5\times10^4\ m^3$。计算到倒堆台阶顶板 A 的卡车运煤运距为 2954 m。

（2）端帮单沟方案。

端帮单沟运煤系统如图 6－36 所示。运煤出入沟设置于临近工业场地侧采场端帮，而上部轮斗—胶带—排土机系统端帮带式输送机设置于另一端帮。运煤卡车由煤层底板经设置于端帮内排土场上的出入沟升至煤层顶板，折返后经设置于倒堆台阶上的斜坡道爬升至倒堆台阶顶部，再经上部运输系统将煤运到破碎站。

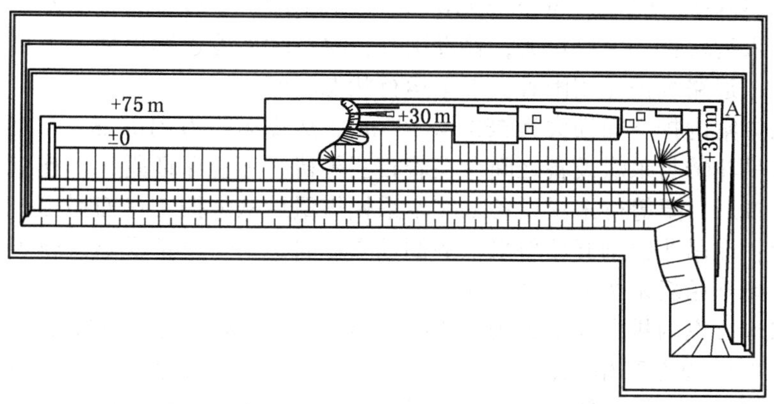

图 6-36　端帮单沟运煤系统示意图

双车沟道宽 30 m，限制坡度 8%，高差 30 m，出入沟沟长 375 m，经计算沟道所占空间为 $103.4\times10^4\ m^3$；单斗—卡车系统采掘工作面按两个 15 m 标准台阶考虑，内排土场排弃空间损失 $480\times10^4\ m^3$；二者合计损失内排空间 $583.4\times10^4\ m^3$。上部轮斗—胶带—排土机内排土场内排空间基本没有损失。计算到倒堆台阶顶板 A 的卡车运煤运距为 2100 m。

（3）两端帮双沟方案。

两端帮双沟运煤系统如图 6-37 所示。运煤出入沟不仅设置于临近工业场地侧采场端帮，而且在上部轮斗—胶带—排土机系统设置带式输送机的另一端帮同时也布置出入沟，形成两端帮双运煤出入沟方案。运煤卡车在一段时间内主要用一侧端帮出入沟，另一段时间内主要用另一侧端帮出入沟，两端帮出入沟有时也同时使用。

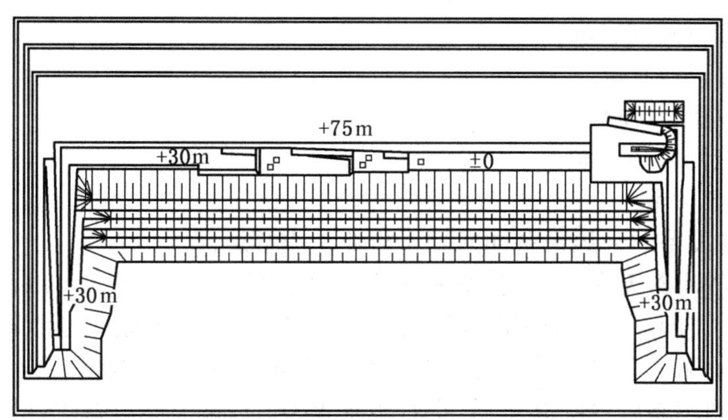

图 6-37　两端帮双沟运煤系统及剥采追踪作业示意图

倒堆排土台阶出入沟道所占空间和单斗—卡车系统内排土场排弃空间损失为端帮单沟方案的两倍；上部轮斗—胶带—排土机内排土场总排弃高度按 35 m 考虑，内排土场排弃空间损失 $3080\times10^4\ m^3$；三者合计损失内排空间 $4246.8\times10^4\ m^3$。计算到倒堆台阶顶板 A 的卡车运煤远距为 2630 m。

（4）黑岱沟露天煤矿运煤出口方案优选。

中部沟方案内排空间损失 5008.5×10^4 m^3，煤的运距为 2954 m。二者在三个方案中均最大，而且出入沟较长，工程量大，移设困难，移设时不能连续出煤；运煤道路多设置在倒堆排弃物上，道路维护比较困难，卡车运行状态不好。

端帮单沟方案内排空间损失为 583.4×10^4 m^3，运煤运距为 2100 m，二者在三个方案中最小。但倒堆吊斗铲与采煤设备之间存在着相互等待，不能保证露天矿连续出煤。在吊斗铲采完一个采幅后，要等待采煤设备采完本采幅煤量后从采掘工作面撤出，才能开始新采幅的倒堆作业；在吊斗铲刚开始新采幅的倒堆作业时，采煤设备要等待露煤长度满足采煤作业需求后才能开始新采幅的采煤作业。

两端帮双沟方案内排空间损失为 4246.8×10^4 m^3，运煤运距为 2630 m，二者在三个方案中居中。与中部沟方案相比，因两沟不同时使用，单沟长度较短，工程量小，移设简单；而且在运输系统使用一侧出入沟时，或吊斗铲倒堆作业影响一侧出入沟使用时，可使用另一侧出入沟，保证了煤的连续生产。运煤道路设置在排弃物上的长度较短，道路维护简单，卡车运行状态好。与端帮单沟方案相比，双沟方案以增加一条出入沟的代价，解决了倒堆吊斗铲与采煤设备之间的相互等待，保证了煤炭生产的连续性。

综上所述，设计采用两端帮双沟方案运煤方案。

2. 剥采设备间距（安全距离）

剥离倒堆工艺各倒堆设备之间，以及与采煤设备之间在工作线方向应保持一定间距。间距大小应根据工作线长度、各台设备的安全间距等综合确定。此外，对采煤还应有足够的备用煤量（可采煤量、开拓煤量），主要通过剥离设备与采煤设备间距来实现。按以上要求，剥、采设备实际最小间距为 L，剥、采设备间的最小安全距离为 L_{min}，则备用煤量 P（可采煤量、开拓煤量）为

$$P=(L-L_{min})Am\gamma\eta \tag{6-99}$$

式中 A——采掘带宽度，m；

m——煤层厚度，m；

γ——煤容重，t/m^3；

η——煤炭回采率，%。

3. 工作线布置方式

1）剥离倒堆设备、采煤设备同向剥采作业，空程返回

以准格尔黑岱沟露天煤矿为例，剥采作业程序如图 6－38～图 6－40 所示，剥离倒堆设备从剥离台阶一端（起点）开始倒堆作业，沿台阶工作线方向作业一定距离（达到剥采设备最小追踪距离）时，采煤设备从采煤起点开始采煤作业，采煤设备与倒堆设备同向追踪作业。当剥离倒堆设备到达剥离台阶终点后，空程返回起点，此时采煤设备仍在继续作业，倒堆设备回到起点维修保养后，在起点开始下一采掘带的倒堆作业。待采煤设备到达终点后，也空程返回采煤台阶起点，具备采煤作业条件后开始下一循环的采煤作业，如此循环往复。

这种工作线布置方式的优点是剥离设备与采煤设备在起点和终点不存在互等现象。但是，均需空程走行返回，空程走行需要较长的时间，影响设备作业效率，尤其工作线长度较长时。

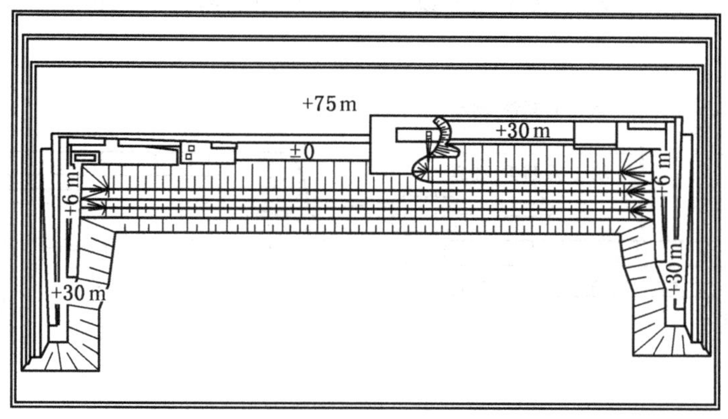

图 6-38 拉铲和挖掘机追踪作业开采示意图之一

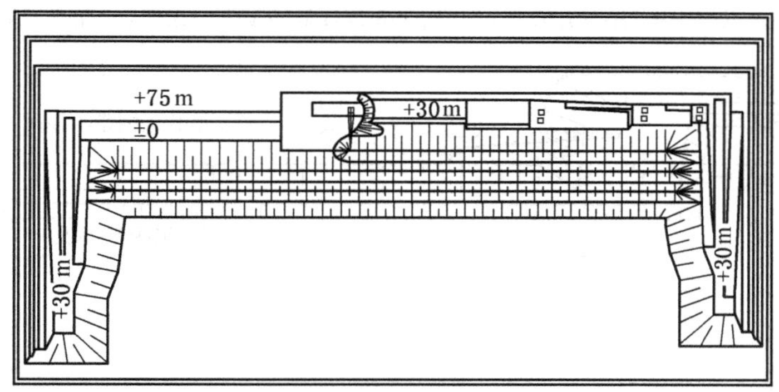

图 6-39 拉铲和挖掘机追踪作业开采示意图之二

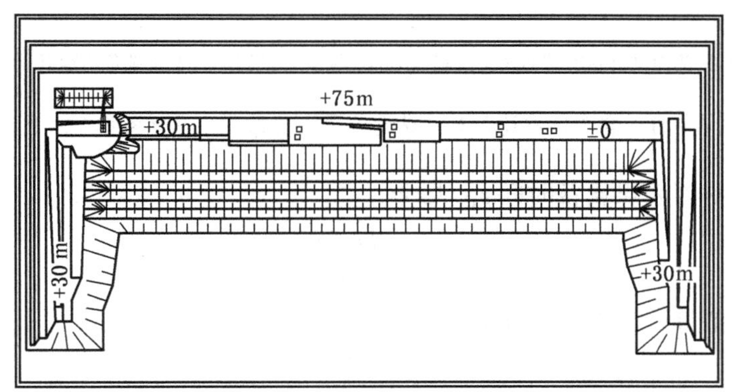

图 6-40 拉铲和挖掘机追踪作业开采示意图之三

2）剥离倒堆设备、采煤设备同向往复剥采作业，不空程返回

为避免剥采设备空程走行，当剥离设备作业到工作线端部（终点）时，剥离设备在终点等一段时间，待采煤设备到达端部（终点）时，剥离设备在终点开始切入新采掘带进行返回作业。这时，采煤设备需等剥离设备返回一定距离后，方能开始返回采煤作业，以确

保剥、采设备间的安全距离，这样剥采设备都有一段互等时间。如图 6-41 所示。

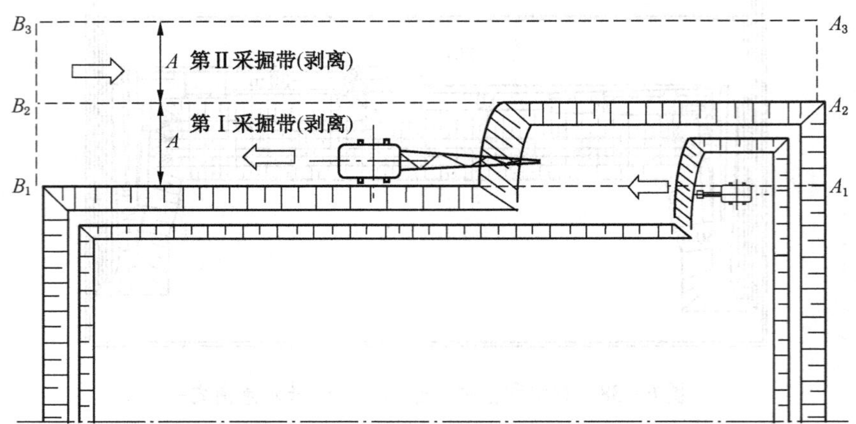

(a) 拉铲由剥离台阶起点A_1A_2向终点B_1B_2倒堆第Ⅰ采掘带、采煤设备追踪开采作业

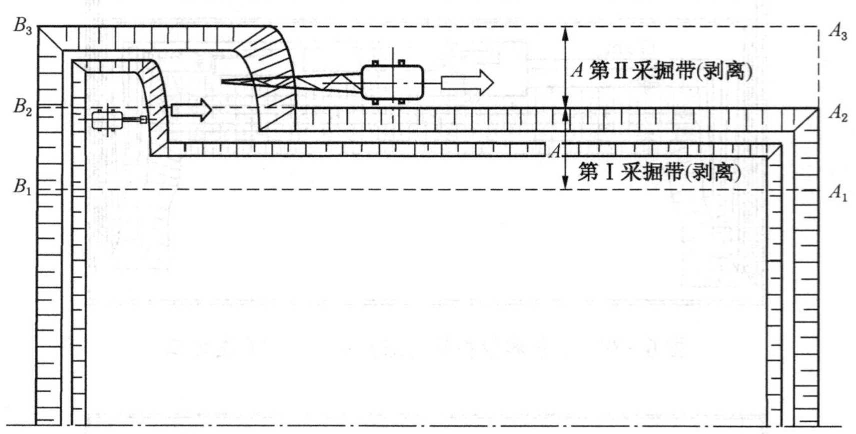

(b) 拉铲由剥离台阶终点B_2B_3向起点A_2A_3倒堆第Ⅱ采掘带、采煤设备追踪开采作业

图 6-41　剥离倒堆设备与采煤设备同向追踪不空程返回作业示意图

（1）剥离设备等采煤设备时间 t_d(天/次)：

$$t_d = \frac{LmA\gamma}{Q_c} \tag{6-100}$$

（2）采煤设备等剥离设备时间 t'_d(天/次)：

$$t'_d = \frac{LHA}{Q_b} \tag{6-101}$$

式中　Q_c——采煤设备日产量，t/d；

Q_b——剥离设备日能力，m^3/d。

3）工作线分为两翼，剥采分区，交替地从工作线中间向两侧推进

以准格尔黑岱沟露天煤矿为例，其作业程序如图 6-42~图 6-45 所示，沿工作线方向平均分成两个采区，拉铲交替作业。首先从左采区端帮开始，对已由辅助设备开完切口

的倒堆台阶进行穿孔抛掷爆破，然后吊斗铲站在经推土机整平的爆堆上进行倒堆露煤作业。此时，采煤作业在右采区正常进行，运煤自卸卡车由右端帮出入沟将煤运出（图 6－42。随着采剥工程的进行，左采区逐渐露出部分煤量，右采区采煤台阶逐渐采完，移至左采区采煤。此时，在两个采区内都有采煤作业，两端帮运煤通路同时使用（图 6－43）。当采煤作业已完全转至左采区后，运煤卡车由左端帮出入沟将煤全部运出，此时在开完切口的右采区进行抛掷爆破。待左采区吊斗铲倒堆露煤作业到两采区分界线后，由爆堆顶部空行至右端帮，开始右采区的倒堆露煤作业。直至采区中央露煤完成，再空程至左端帮开始下一循环倒堆作业（图 6－44～图 6－45）。

该布置方式适用于工作线较长的露天矿，可兼顾考虑剥采设备互等和空程走行时间，充分发挥剥采设备作业效率。

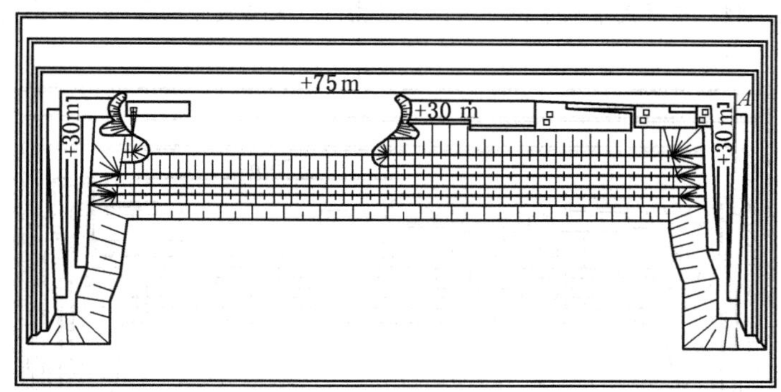

图 6－42　拉铲倒堆从中央分区，分别由左右两端向中央开采示意图之一

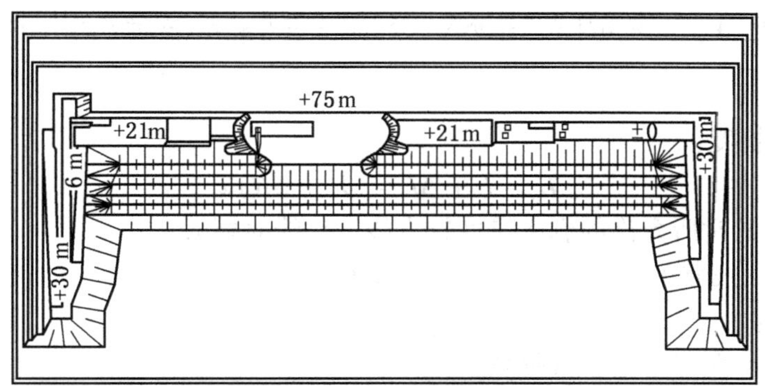

图 6－43　拉铲倒堆从中央分区，分别由左右两端向中央开采示意图之二

4. 曲工作线时剥离倒堆作业

当工作线为曲线时，剥采工作线与排土工作线长度不相等（即 $L_c \neq L_p$），将会影响排土空间，从而影响剥离倒堆的厚度。曲工作线剥离倒堆作业如图 6－46 所示。

1）当工作线为凸工作线时（向排土侧凸出）

如图 6－46a 所示，剥离工作线长度

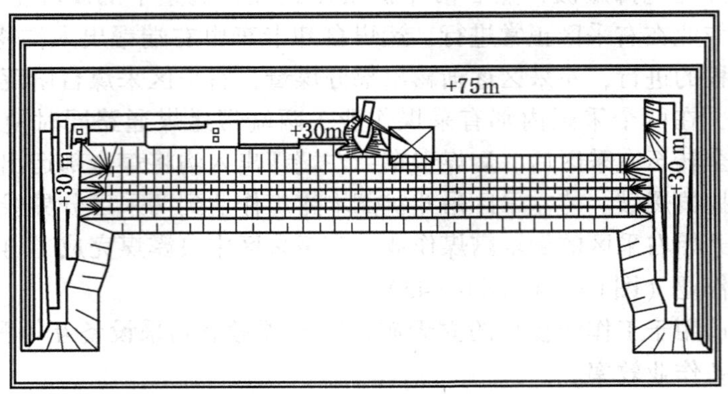

图 6-44 拉铲倒堆从中央分区，分别由左右两端向中央开采示意图之三

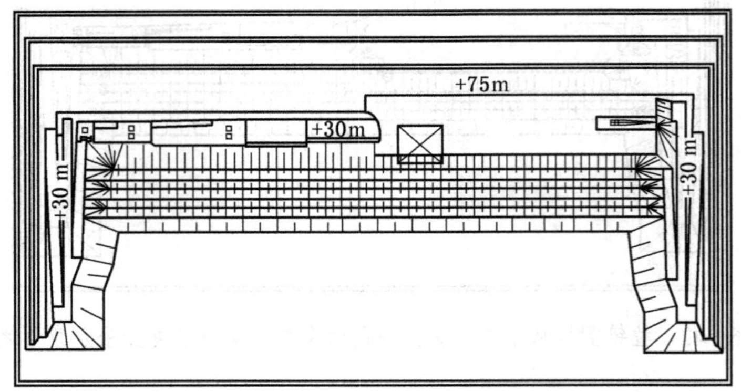

图 6-45 拉铲倒堆从中央分区，分别由左右两端向中央开采示意图之四

$$L_c = L = R\varphi \tag{6-102}$$

排土工作线长度：

$$L_p = L + \Delta L = (R + \Delta R)\varphi \tag{6-103}$$

则 $L_p > L_c$，此时所允许的剥离厚度较直线工作线时要大。

又剥离体积（松散）： $V_1 = AHL_ck_s$

排土场容积： $V_2 = AH_pL_p$

由 $V_1 = V_2$ 得出允许的倒堆台阶高度：

$$H = \frac{H_pL_p}{L_ck_s} = \frac{H_p(R + \Delta R)\varphi}{R\varphi k_s} = \frac{H_p}{k_s}\left(1 + \frac{\Delta R}{R}\right) \tag{6-104}$$

2）当工作线为凹工作线时（向剥采侧凸出）

如图 6-46b 所示，剥采工作线长度为

$$\begin{cases} L_c = L + \Delta L = (R + \Delta R)\varphi \\ L_p = L = R\varphi \end{cases} \tag{6-105}$$

则 $L_p < L_c$，此时所允许的剥离厚度较直线工作线时要小。

同理可得出允许的倒堆台阶高度：

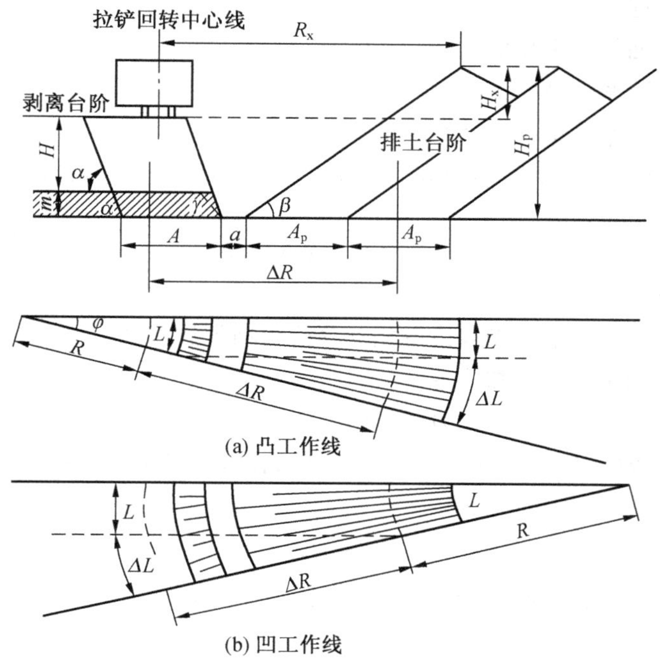

图 6－46　曲工作线剥离倒堆作业示意图

$$H=\frac{1}{1+\dfrac{\Delta R}{R}}\cdot\frac{H_p}{k_s} \tag{6-106}$$

式中　φ——曲工作线时圆弧角，弧度；

R——采掘带重心的圆弧半径，m；

ΔR——采掘带重心与排土带重心的距离，m。

四、倒堆工艺剥、采设备能力

1. 剥离倒堆设备生产能力

（1）班生产能力 Q_b（m^3/台班）：

$$Q_b=\frac{3600T_bEK_w}{t_{sh}} \tag{6-107}$$

$$t_{sh}=t+\frac{2(\alpha_{sh}-\alpha)}{\omega}$$

式中　T_b——班作业小时数，h/班；

E——拉铲斗容，m^3；

K_w——拉铲挖掘系数，$K_w=\dfrac{K_m}{K_s}$，K_m 为满斗系数，K 为松散系数；

t_{sh}——实际挖掘循环时间，s/次，一般为 45～60 s；

t——理论挖掘循环时间，s/次；

α——理论回转角，(°)；

α_{sh}——实际回转角平均值，(°)；

ω——回转速率，(°)/s。

（2）年生产能力 Q_n[m^3/(a·台)]

年生产能力应考虑新采掘带切入的能力降低、挖掘机走行、剥采设备相互等待时间损失等影响。

$$Q_n = (N - N_d) K_T Q_b \tag{6-108}$$

式中 N——拉铲年出动班数，班；

N_d——拉铲走行、端帮剥采设备相互等待影响班数，班；

K_T——新采掘带切入系数（≤1）。

2. 倒堆工艺剥、采设备生产能力的匹配

（1）按班生产煤的产量 Q_c(t/班)，生产剥采比 n_s(m^3/t) 的要求，剥离设备能力 Q_b(m^3/班) 应满足：

$$Q_b = n_s Q_c \tag{6-109}$$

（2）按再倒堆系数 f，则再倒堆设备能力 Q_z(m^3/班) 应为

$$Q_z = f Q_b \tag{6-110}$$

（3）若倒堆与再倒堆设备为同一台设备，则其班能力 Q_{bz}(m^3/班) 应为

$$Q_{bz} = Q_b + Q_z = (1 + f) n_s Q_c \tag{6-111}$$

3. 剥离倒堆设备的选型

1）选型的主要内容

（1）倒堆设备类型（拉铲、单斗挖掘机）。

（2）主要线形参数（R_x、H_x、H_w、R_w）。

（3）斗容 E。

2）设备类型选择

露天矿倒堆设备主要有拉铲、倒堆用挖掘机。根据露天矿地质条件、设计规模，以及倒堆设备的适应条件和投资等，合理选择倒堆设备。一般当露天矿剥离倒堆的物料为较坚硬的岩石，需要较大的挖掘力，且所需要倒堆半径不大、倒堆工程量不太大时，选择倒堆用单斗挖掘机进行倒堆。由于拉铲生产能力大、倒堆半径大、作业较灵活、拉铲可靠性高，所以，倒堆作业首选设备为拉铲。当拉铲不能满足岩石挖掘要求，或矿区气候条件恶劣，为严寒或大风气候时，才考虑采用倒堆用单斗挖掘机。由于倒堆用单斗挖掘机多为长臂架、小斗容（俗称“长脖颈、小脑袋”），可适用于坚硬岩石、严寒气候条件，但是，其倒堆生产能力相对较小。

3）线性参数确定

无论是拉铲还是单斗挖掘机进行倒堆作业，剥离倒堆设备的主要线性参数有卸载半径、勺斗容积、挖掘高度、下挖深度、卸载高度、走行机构宽度、机体尺寸等，这些参数可以用图解法或分析计算法确定。

4）倒堆设备合理斗容 E

倒堆设备的斗容决定了倒堆设备的生产能力，因此，合理确定倒堆设备的勺斗容积是

倒堆设备选型的重要内容。影响倒堆设备生产能力的主要因素有斗容、作业循环时间、时间利用率、作业方式等。一般先根据露天矿需要倒堆的剥离物的厚度、工作线长度和剥离推进速度确定露天矿剥离倒堆工作量，从而确定倒堆设备所需要的生产能力，然后再确定其勺斗容积。也可先计算出勺斗单位容积的生产能力，再根据倒堆设备的年生产能力要求确定勺斗容积，准格尔黑岱沟露天煤矿拉铲斗容设计就是利用这种方法计算的。

（1）计算每台倒堆设备年实际应完成的工作量 Q_{sh}。

（2）由设备年生产能力公式求出斗容 E：

$$Q_n = (N - N_d) K_T \frac{3600 T_b E K_w}{t_{sh}} \tag{6-112}$$

$$E = \frac{Q_{sh} t_{sh}}{3600 T_b k_w (N - N_d) K_T}$$

式中符号含义同前。

5）拉铲单位斗容生产能力计算法

（1）拉铲需完成的年工程量。按剥采工程要求，拉铲完成的年工程量 Q_n 为

$$Q_n = L \times V \times H \times (1 - K) \tag{6-113}$$

式中　L——吊斗铲负责的工作线长度，m；

V——倒堆台阶年推进强度，m；

H——倒堆台阶高度，m；

K——抛掷爆破有效抛掷系数。

（2）拉铲单位勺斗生产能力。单位勺斗容积每年完成的工程量 Q_d 为

$$Q_d = 3600 \times T \times \frac{K_m}{T_z \times K_s} \tag{6-114}$$

式中　T_z——吊斗铲一个挖掘周期的循环时间，s；

T——吊斗铲年纯挖掘时间，h；

K_m——满斗系数；

K_s——剥离物在勺斗内的松散系数。

（3）拉铲勺斗容积 E：

$$E = \frac{Q_n}{Q_d} \tag{6-115}$$

考虑到煤层厚度、煤层倾角、工作线长度和露天矿年推进强度等诸多因素的变化，确定勺斗容积应留有一定的系数，作为实际生产备用系数。

倒堆设备台数、生产能力、勺斗斗容三者之间相互影响、相互依赖，在露天矿剥离倒堆工作线长度和倒堆台阶高度一定条件下，每年需要倒堆完成的剥离量一定，这时如果选用较大斗容的倒堆设备，所需要的倒堆设备数量将会较少，反之，如果选择较小斗容的设备，其数量将会较多。但是，为了使倒堆作业程序简单化，一般尽量选取较大斗容的倒堆设备，以减少设备数量，同时，也应考虑倒堆设备空程走行距离不能太长，在同一台阶上作业的倒堆设备数为1~2台较宜。

思考题

1. 露天开采工艺系统按采、运、排三大环节分为哪几类？
2. 简述露天开采工艺系统选择的影响因素。
3. 连续工艺系统各环节设备和生产能力的匹配原则是什么？
4. 常用的破碎站移设步距确定方法有什么？

第二篇　露天矿矿山工程

露天矿矿山工程包括剥离工程和采矿工程。为了揭露和采出矿石，露天矿除剥离矿体的上覆土岩外，还需剥离部分围岩，以确保采场边帮的稳定和作业安全。

露天矿矿山工程是一种作业较集中、垂深（高）或面积或规模较大及工程持续时间较长的土石方工程。通常配备有一定数量的专用设备。为适应现代化工艺设备的作业要求和提高开采强度，将开采境界内的矿石和土岩划分成一定高度的台阶进行开采。各台阶通过掘沟进行开拓准备，建立该水平与矿岩卸载点的运输通道和形成工作线，然后以一定的采掘带宽度继续推进以完成本台阶的全部矿山工程（剥离和采矿工程）。前者叫掘沟工程，后者称扩帮工程。掘沟和扩帮是露天矿矿山工程的两种主要形式。为改变现有开采境界而进行境界外扩的推帮工程亦称扩帮工程，初始工作平盘宽度较窄，其作业条件比正常扩帮条件差。此外，露天矿矿山工程还包括为建立露天矿开拓运输系统所需的井巷工程和硐室工程。

本篇内容包括露天矿开采程序、露天矿开拓及掘沟工程。

露天矿开采程序主要研究矿山工程的发展顺序，即研究剥离工程和采矿工程的合理安排，以及掘沟工程和扩帮工程的协调发展，以保持露天矿持续生产，达到要求的产量，提高矿石质量，减少矿产资源损失，降低投资和成本，特别是降低前期成本，使露天矿的建设和生产取得最佳的经济效益。

露天矿开拓是建立露天采场各开采水平与矿（岩）卸载点之间的运输通道，以适应矿山工程不同发展时期矿岩运输的需要，是保证矿山工程按一定开采程序发展的必要条件。运输通道也称开拓运输系统，它随矿山工程的发展而变化。在一定的开采工艺和开采程序的条件下，最佳的开拓运输系统有利于降低开拓工程费用（包括设置开拓坑道引起的扩帮费用），减少运费，确保作业可靠和安全。

掘沟工程包括各种倾斜和水平沟道的掘进，它是保证新水平开拓延深、矿山工程不断发展的重要因素。主要研究沟道参数、掘沟工艺和掘沟方法，以及提高掘沟速度的措施。掘沟速度是确保露天矿达到一定延深速度和缩短矿山基本建设时间的重要条件。

第七章　露天矿开采程序

第一节　概　　述

露天矿开采程序是指在既定的开采境界内完成露天矿采场内岩石剥离和矿石（煤炭）采出的程序，或称剥采程序，即采剥工程在时间和空间上的发展变化方式及其相互关系，诸如采剥工程台阶划分，采剥工程初始位置确定，采剥工程水平扩展、垂直降深方式，工作帮构成特征等。

开采程序对基建工程量的大小、矿山建设速度、矿山生产能力及其能否均衡持续生产、生产剥采比的大小及其发展变化方式、矿产资源的合理利用等都有重要影响。开采程序与生产工艺系统和开拓运输方式有密切联系，往往会影响生产工艺系统和开拓运输方式的选择与确定。

在露天矿开采境界的范围内，矿石的品位、品种、有害物质含量、厚度及覆盖岩石的厚度等，或多或少分布不均匀。因此，不同的开采程序将影响到露天矿基建工程量，逐年的矿石产量、质量和生产剥采比，开拓运输系统和矿石的运输距离，从而影响露天矿的矿岩运输费用和经济效益。影响露天矿开采程序的因素很多，其中主要有以下几个方面：

（1）矿体埋藏条件。采矿工业与其他工业相比，显著的特点是开采对象具有各自不同的特征。世界上没有埋藏条件完全相同的两个露天矿，因此，因地制宜地安排露天矿的开采程序非常必要。当然，个性中寓有共性，要善于研究和归纳一般性的规律，用以指导解决各个露天矿特殊的开采程序问题。

（2）露天矿场的空间几何形态，即露天矿场的长度、宽度、深度、高度，以及形状的变化。露天矿场的空间几何形态是由矿体埋藏条件和有关技术经济因素所决定的。

露天矿场的空间几何形态和矿体埋藏的条件，决定了不同类型的岩石和不同品种、品位的矿石在空间上的分布。

（3）露天矿开采工艺。露天矿开采工艺在技术上对开采程序有一定的要求。一般情况下露天矿开采工艺影响露天矿开采程序。由于露天矿场的空间形态、矿体埋藏的条件、气候条件等影响，趋向于采用某种合理的露天矿开采程序。同时，露天矿开采程序也会影响到露天矿开采工艺的选定。两者互为联系，相辅相成。

（4）露天矿开拓运输系统。一般情况下，露天矿开拓运输系统应确保露天矿按一定开采程序发展过程中各个时期的运输通路和运距最短。但是，设置运输通路的可能性和合理性，以及缩短运距的要求，也会反过来影响露天矿的开采程序。因此，研究和确定露天矿开采程序时，必然要考虑露天矿的开拓运输系统和合理的开拓运输系统对开采程序的影响。内排土场更应如此。在内排土的情况下，露天矿开采程序和内排土场的发展，相互合理配合，将会减少外排量和缩短运输距离。

（5）露天矿的生产能力和建设速度的要求，一定程度上也影响到露天矿的开采程序。

（6）矿石质量。一方面不同的开采程序会影响到露天矿采出矿石的贫化率；另一方面，当矿石质量在露天矿场空间范围内有显著变化时，不同的开采程序也将影响到露天矿逐年采出矿石的平均品位、品位波动及有害物质含量等指标，从而影响露天矿的生产效果。

露天矿合理的开采程序应使露天矿生产达到安全、经济、持续高产和使有用矿物得到充分的利用。然而，对露天矿生产效果的影响，露天矿开采程序虽然是一个重要的因素，有时甚至是主要的因素，但它并不是唯一的，也不是孤立的。在一定的矿体埋藏条件和露天矿开采境界的条件下，开采程序与开采工艺、开拓运输系统等一系列技术因素综合决定露天矿的生产经济效果。而经济效果的大小，又将影响最初圈定的露天开采境界。一般情况下，一个好的开采程序应该具有以下特征。

（1）建设速度快、基建工程量小、组织管理简单方便。

基建时间长短和基建工程量的大小，是评价一个露天矿开采效果的主要技术经济指标之一。考虑开采程序时，特别要注意缩短基建时间和减少基建工程量，认真细致地研究初始拉沟位置，选择有利部位优先进行开采。采用分期开采和分区开采等往往可以取得显著效果。

（2）生产剥采比的发展变化要合理。

对于同一矿山、同一开采境界，采用不同的开采程序时，各个时期的生产剥采比的数值和发展变化也不同。当矿石产量一定时，生产剥采比的大小决定矿山年采剥总量的大小，而露天矿的主要生产设备及辅助设备的装备水平和设备数量、生产公用设施，人员编制和生活福利设施等，都是根据矿山年采剥总量确定的。这些又直接影响矿山的基建投资和生产经营费，影响矿山开采的技术经济效果。因此，在确定开采程序时，必须注意不同开采程序引起的生产剥采比的变化。

生产剥采比的数值及其发展变化怎样才算合理，这是比较复杂的问题，应根据每个矿山的具体条件，通过经济分析来确定。一般宜选择初期生产剥采比较小，后期逐新增大和波动较小的开采程序方案。它能使露天矿得到较大的净现值、经济效果较好。

研究生产剥采比对开采程序的影响，需要注意以下问题：

①要避免用加大基建剥离量的办法来减小生产剥采比，因为减少基建剥离量往往要比降低生产剥采比的经济效益要大。

②生产剥采比应尽可能按由小到大的趋势发展变化。

③生产剥采比的数值不宜变化太大，也不要过于频繁，不然会给生产管理造成困难，并造成经济上的不合理。

④在必须对生产剥采比做人为均衡时，要注意均衡的时间不要过长，因为长时间的均衡生产剥采比的实质就是提前剥离。

（3）保证矿石的产量、品种和质量能均衡生产。

露天矿生产时，在满足矿石数量要求的同时，一般要求矿石质量波动越小越好。当生产多品种矿石时，则要求按比例均衡生产。一般情况下，垂直矿体走向布置工作线，沿走向推进可以有较多的采矿工作台阶，因此对配矿和质量中和是有利的。铁矿床和铜矿床的上部水平往往是氧化矿石，深部水平是原生矿石，这两种矿石的选矿方法是不同的。为了使初期处理氧化矿的选矿厂规模不至于太大，必须考虑采用初期多生产原生矿石，并把上部水平部分氧化矿石留到后期去开采的开采程序。沿矿体走向分期或分区开采的程序往往可以取得比较好的效果。

（4）充分回收矿产资源，减少损失贫化。

充分回收矿产资源，这是采矿技术的基本原则之一。不同的开采程序，其资源的回收程度是不一样的。例如对于缓倾斜或近于水平的薄矿体，采用与矿层倾角一致的倾斜台阶开采，较之分水平台阶开采，可以显著减少开采过程中的矿石损失与贫化。

当用水平台阶开采倾角不太陡的矿体时，采矿工作线推进方向和矿层倾向的关系，也会影响矿石的开采损失与贫化。当采用沿矿体走向布置工作线、垂直走向推进时，矿体倾角及倾向往往是决定采矿工作线推进方向的主要因素。

（5）有利于运输线路设置，缩短采场内的运距。

采场内运输线路条件的好坏和运距长短直接影响运输设备的数量、效率和运输成本。

不同的开采程序、采场内的运输线路条件和运距是不同的。例如有的开采程序要求大量采用移动干线，线路质量差，线路的移设和维护工作量也大。开采程序不同，端部绕行的距离不同，图7-1和图7-2分别表示沿走向布置工作线垂直走向推进和垂直走向布置工作线沿走向推进时采场内运输绕行的距离，从图中可以看出，后者较前者的水平绕行距离要短。

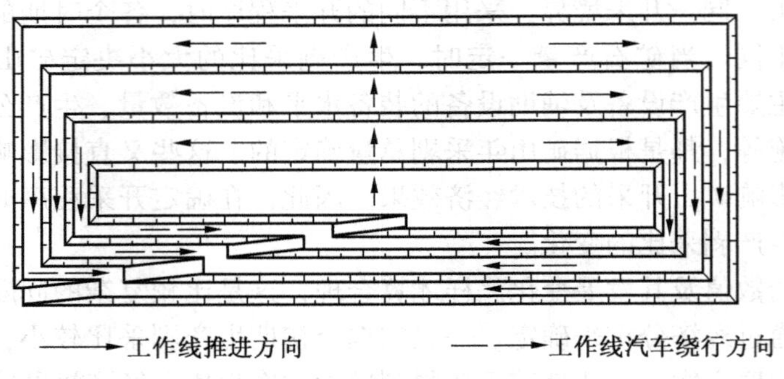

图7-1 采场汽车运输绕行示意图（沿走向布置工作线）

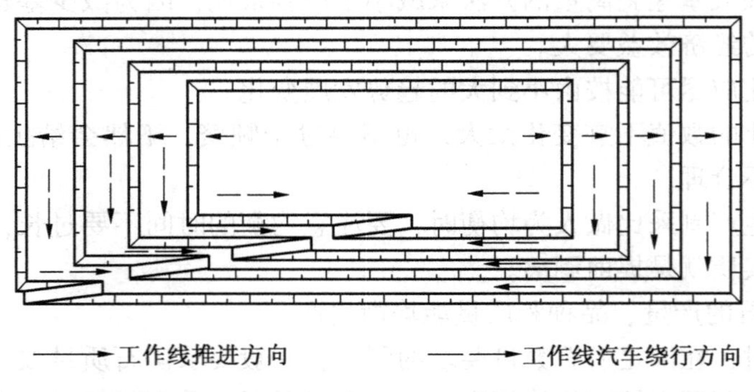

图7-2 采场汽车运输绕行示意图（垂直走向布置工作线）

第二节 台阶划分和台阶的开采程序

在露天开采过程中，为了适应工艺设备的作业要求，提高开采强度，将开采境界内的矿石、土岩划分成具有一定高度的台阶进行开采，各台阶的矿山工程包括掘沟、扩帮工程，通过台阶的掘沟实现矿山工程的延深，并建立运输联系和形成台阶工作线，然后以一定的采宽进行扩帮推进，完成台阶开采的全部矿山工程。掘沟和扩帮是露天矿山工程发展的主要方式。

一、台阶形式与高度的确定

开采台阶的划分，主要解决两个问题：一是确定台阶形式，即划分水平台阶还是倾斜台阶或者二者兼有；二是确定台阶高度。

在一般条件下采场被划分为水平台阶。但在某些特殊条件下，如倾斜或缓倾斜的单层或多层薄矿体，也可以划分为若干个高度不相等的倾斜台阶，还可以水平台阶和倾斜台阶二者兼有。为了某种工艺上的需要，有时还要把一个台阶再划分成若干个分台阶。

台阶形式和台阶高度的确定，应满足以下基本要求。

（1）生产作业安全。

（2）主要生产设备正常作业，并获得高效率。

（3）有利于合理利用矿产资源，减少矿石损失及贫化。

影响确定台阶形式和台阶高度的因素是多方面的，在不同条件下起决定作用的因素也不相同，要根据每个矿山的具体条件经分析比较确定。

台阶形式可分为水平台阶和倾斜台阶，也称水平分层和倾斜分层。

1. 水平台阶

为便于主要采、装、运输设备作业，一般是把采场划分为具有一定高度的水平台阶。

台阶高度主要取决于采掘设备的挖掘高度、装载方式（平装车或上装车）和穿爆等因素。除技术因素外，还受工作线推进方式、推进速度及选采等条件限制。

当矿体倾角较缓、厚度较薄、品级和夹层较多时，为减少开采损失贫化、台阶高度不宜过大。因为矿岩接触的断面积 BH（即发生矿石损失和岩石混入的开采地段）和台阶高度平方（H^2）成正比，如图 7－3 所示。

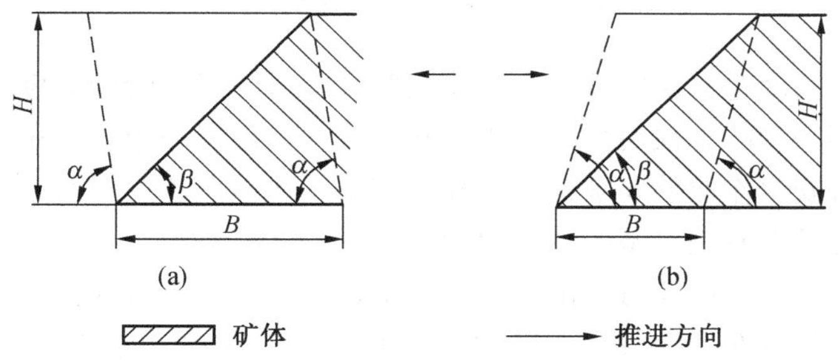

$$BH=H^2(\cot\beta\pm\cot\alpha)$$

H—台阶高；β—矿体倾角；α—台阶坡面角；B—矿岩混合带宽度

图 7－3　缓倾斜薄矿体划分水平台阶状态图

同一矿山采矿和剥离台阶高度可以不一致，不同开采时期（不同开采位置）台阶高度也可以不一致，这些都应根据具体条件和实际需要确定，但是台阶高度不同，水平推进速度就不同，不要使这种速度上的差异影响正常生产。

2. 倾斜台阶

缓倾斜单层或多层薄矿体的露天矿，划分水平台阶时，在划定的开采台阶高度内往往由两种以上的矿岩组成，如图 7－4 所示。

在这种情况下要实现矿岩分采，以减少开采损失贫化是极为困难的，甚至无法采出质量合格的产品。因此在采矿地段可以考虑采用如图 7－5 所示的倾斜台阶开采，而在覆盖层中仍采用水平台阶开采。

倾斜台阶的倾角应与矿层的倾角一致，倾斜台阶的高度应与矿层及岩石夹层的厚度一致，以保证每一个倾斜台阶高度内矿石或者岩石单一化，即全部为矿石或全部为岩石。主要设备的选择要与按上述原则确定的台阶高度及倾角相适应。当矿层或岩层的厚度超过设

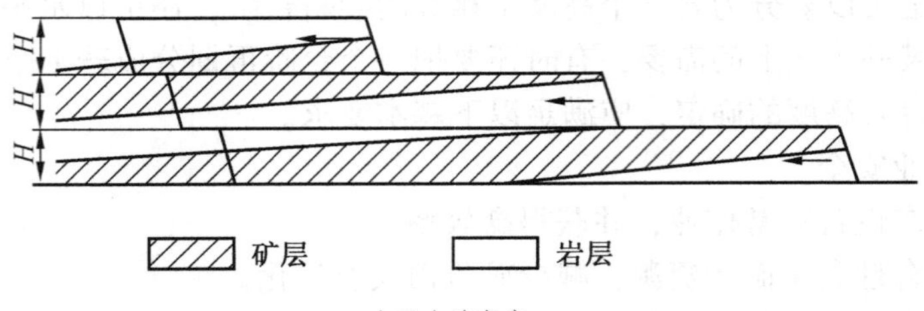

H — 水平台阶高度

图 7-4 缓倾斜薄矿体矿岩互层划分水平台阶时矿岩组成状态图

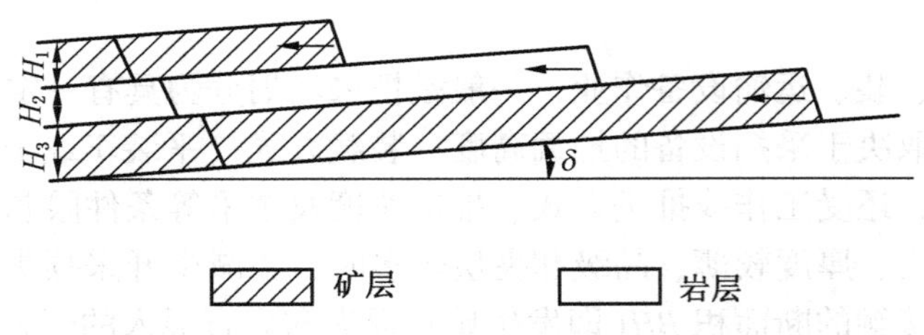

H_1、H_2、H_3 — 矿岩倾斜台阶高度

图 7-5 缓倾斜薄矿体矿岩互层采用倾斜台阶开采状态图

备正常安全作业的高度时，应按设备安全作业要求确定倾斜台阶的高度，将矿层或岩层划分成两个或数个倾斜台阶。很明显，采用倾斜台阶开采还有一个先决条件，就是矿层倾角必须满足主要设备安全作业的要求，即穿孔、挖掘、运输设备在斜面上作业的最大允许角度。其允许坡度可参考有关设备的使用说明。

在开采缓倾斜多层薄矿体时，由于采用倾斜台阶在减少矿石的损失贫化方面具有突出的优越性，所以，尽管在生产管理上要复杂一些，设备效率可能要受些影响，也尽量采用。有些生产矿山为了扩大倾斜台阶开采的应用范围，采取了某些技术措施，如在倾斜台阶上留临时的三角平台或铺设临时的水平垫层，以保持设备作业场所呈水平状态，然后在非作业区再把临时的三角平台或水平垫层清除，或沿伪倾斜方向布置采剥工作线，以减少纵向坡度，或尽可能采用能克服较大坡角的带式输送机等机械设备。

台阶式开采是露天开采的主要特征，台阶的划分应利于发挥设备效率，提高矿石质量和保证作业安全。对勺斗斗容 3~4 m^3 的单斗挖掘机，台阶高度一般为 10~15 m；大规格的挖掘机，台阶高度可达 20~25 m；大型倒堆挖掘机，台阶高度可在 30 m 以上；轮斗挖掘机，组合台阶高度可达 40~50 m。

二、台阶的开采程序

台阶的开采程序一般为：开掘倾斜的出入沟，开掘开段沟，进行扩帮，如图 7-6 所示。

（1）首先开掘自地表±0 标高到第一台阶下部平盘的出入沟 AB（图 7-6a）。

（2）沿台阶全长开掘开段沟 BC（图 7-6b）。

（3）在开段沟旁建立采掘工作面，在工作面推进过程中，逐条开采采掘带，每采一个

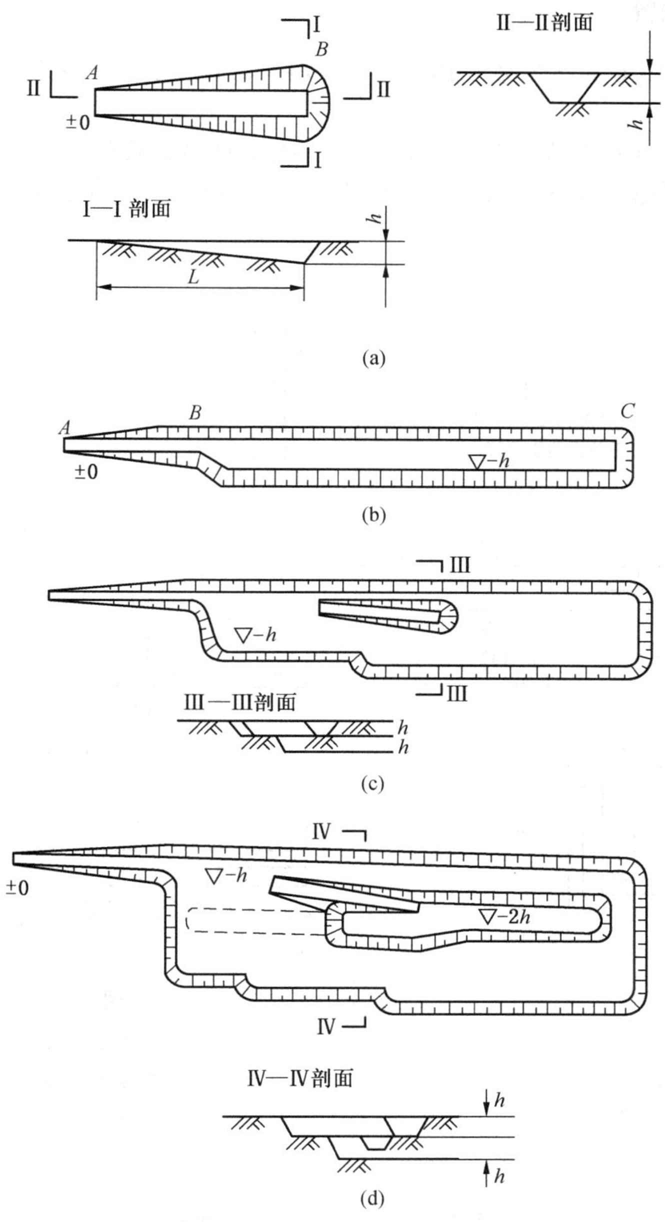

图 7-6　相邻两个台阶的开采程序示意图

采掘带，使工作线推出一个采宽。在上部台阶工作线推出一定宽度后，下部台阶才能开掘出入沟和开段沟（图 7-6c），然后下台阶工作线则相应地继续推进。

出入沟—开段沟—扩帮，这是露天矿剥采工程发展的一般程序，也是台阶的一般开采程序。相邻台阶的工作线发展在空间上存在一定的制约关系。

三、工作线布置

工作线可沿露天矿走向布置、横向布置、斜向布置，以及L形和U形布置或圈形布置等。

（1）工作线沿走向布置（图7-7a、图7-7f），即沿露天矿纵向布置，简称纵采。这时工作线沿倾向或横向推进。沿走向布置时工作线较长，适合于露天矿各种开采工艺系统。

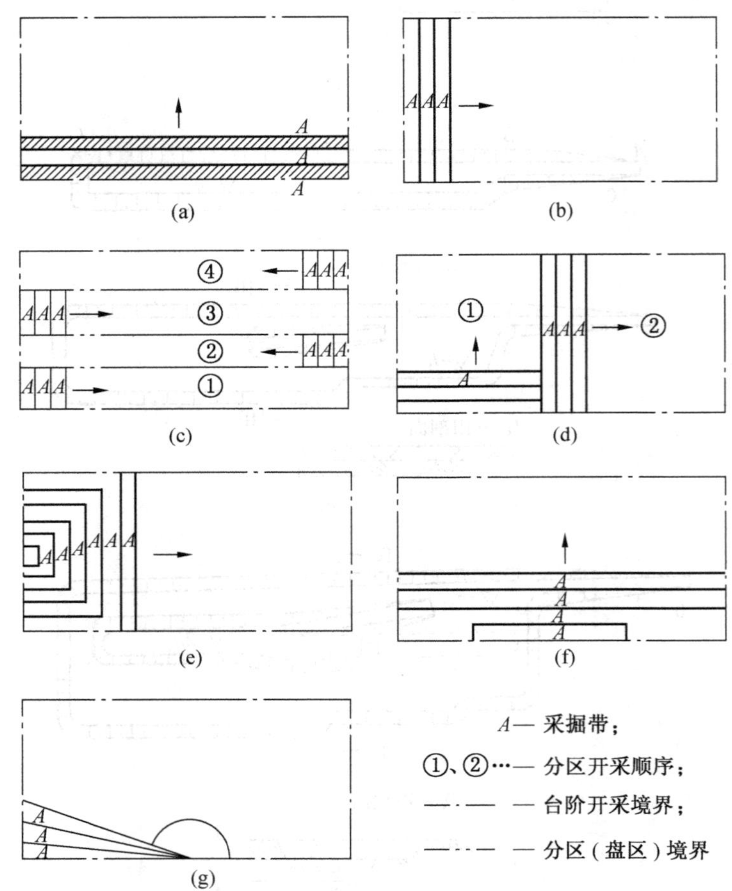

图7-7 台阶开采程序示意图

（2）工作线沿横向布置（图7-7b），即垂直于露天矿走向布置，简称横采。这时工作线较短，主要适应于汽车运输的开采工艺，也可用于采用带式输送机的开采工艺条件，不适于要求有较长工作线和线路平、纵断面要求较严格的铁路运输的开采工艺。

沿露天矿斜向分期（区）、横向布置工作线实行横采（图7-7c），主要是随着汽车运输的广泛使用而发展起来的一种开采程序，与纵向布置工作线的纵采相比，具有下列优点。

①适于露天矿开采境界分期扩大的技术要求。初期可以在较浅的境界范围内开采矿石，与大境界相比，可以降低初期生产剥采比，降低初期成本和投资，因而增加总盈利额的现值，经济上是有利的。

②在水平和近水平矿体条件下，可利用邻近分区的采空区就近排土，缩短运输距离。

③由于横采时工作线较短，因而质量较差的、移动的平盘运输道路较短，相应地增加了半固定的运输道路长度（图 7－8），有利于提高运输道路的质量，提高运输效率，减少轮胎磨耗和设备检修费用，从而减少运输费用。

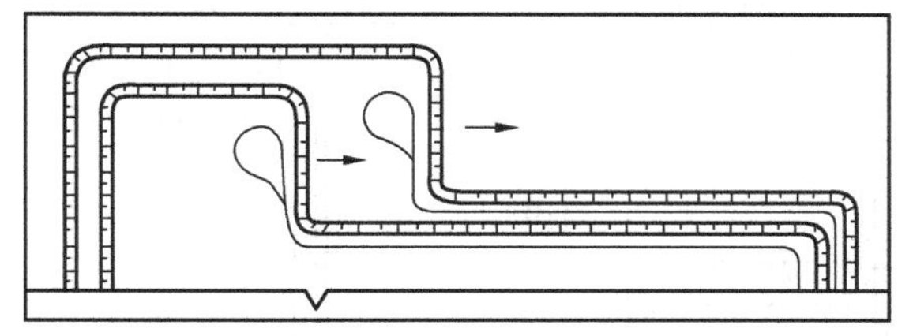

图 7－8　沿倾向分区横采的平盘汽车运输线路示意图

④便于采用多排孔压碴微差爆破，提高爆破效果，减少爆破次数。

（3）工作线斜向布置，指工作线与露天矿走向保持一定的交角，是为了达到某种目的而采取的措施。例如：用以增长工作线；使工作线保持一定的纵坡；调剂一定时期的矿石质量和品种，以及品位中和等。

（4）工作线 L 形和 U 形布置（图 7－7e），是开段沟采取基坑形式的工作线发展方式。它是适应于采用汽车运输的开采工艺条件下的开采程序，包括汽车—箕斗，汽车—带式输送机等联合运输的开采工艺；它也可适用于窄轨铁道运输—提升机的联合运输形式。U 形工作线布置形态，在工作线的发展初期比较明显，而推出一定距离之后仍将转变为直线形工作线。当基坑靠近固定帮及端帮时，工作线呈 L 形布置。

（5）工作线圈形布置，指将工作线布置成封闭圈的形态，逐步加大或缩小封闭圈，其工作线长度是不断变化的。

工作面：每条采掘带是在工作面推进中采尽的，工作面的布置和采掘方式已经在前面的采掘和开采工艺部分阐述过了，概括起来，工作面的采掘方式有以下几种：

（1）全层端工作面（图 7－9a），应用最广，适用于机械铲、拉斗铲挖掘机和轮斗挖掘机等主要设备。

（2）全层坡工作面（图 7－9b），适用于链斗挖掘机、推土机、铲运机等设备，前者的坡度较陡，后两者的坡度较缓。

（3）分层工作面（图 7－9c、图 7－9d），适用于推土机、铲运机、前装机等设备，以及满足分层选择开采的需要。分层选采时，也可在工作平盘范围内由上往下逐层开采，滚筒式露天采煤机多采用这种方式选采煤和夹矸。

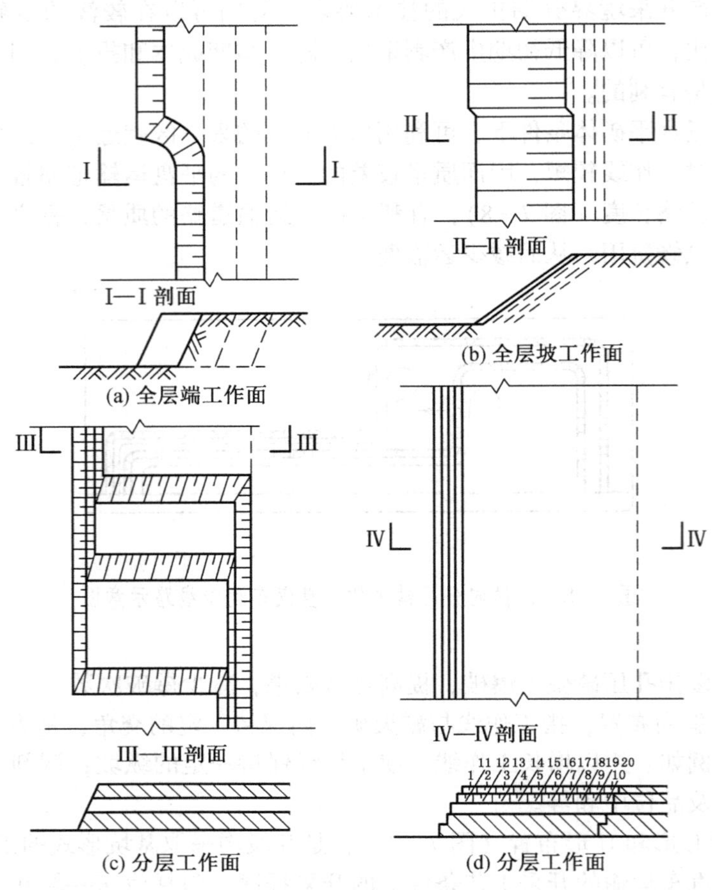

图 7－9　采掘带采掘方式示意图

第三节　工作帮及其推进

一、开段沟初始位置确定

第一个台阶的开段沟位置为初始拉沟位置，一般选在覆盖物薄、矿体厚度大、工程地质水文地质条件简单的矿体露头处，可设在矿体底板，也可设在矿体顶板。沟道可以平行矿体走向，也可以平行矿体倾向，如图 7－10a、图 7－10b 所示。沟道亦可呈圈形布置，如图 7－10c、图 7－10d 所示。

二、工作帮构成

露天矿通常以多个剥离台阶和采矿台阶进行开采，工作帮由一些开采台阶的坡面和平盘构成。工作帮形态决定于组成工作帮的各台阶之间的相互位置，亦即决定于台阶高度、平盘宽度等开采参数，通常可用工作帮坡角的大小来表示。工作帮坡角为通过工作帮最上和最下一个台阶坡底线的平面与水平面的夹角（图 7－11），工作帮坡角 φ 的计算如下：

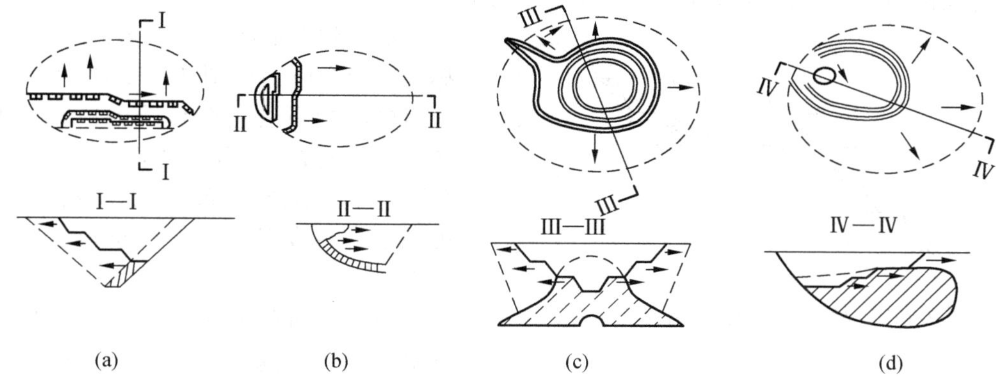

图 7－10　开段沟位置示意图

$$\varphi = \arctan \frac{h_2 + h_3 + h_4 + h_5}{B_1 + h_2\cot\alpha_2 + B_2 + h_3\cot\alpha_3 + B_3 + h_4\cot\alpha_4 + B_4 + h_5\cot\alpha_5} \quad (7-1)$$

或

$$\varphi = \arctan \frac{\sum_{i=2}^{n} h_i}{\sum_{i=1}^{n-1} B_i + \sum_{i=2}^{n} h_i\cot\alpha_i} \quad (7-2)$$

式中　φ——工作帮坡角，(°)；

h_2、h_3、h_4、h_5——各台阶高度，m；

B_1、B_2、B_3、B_4——各台阶工作平盘宽度，m；

α_2、α_3、α_4、α_5——各台阶坡面角，(°)。

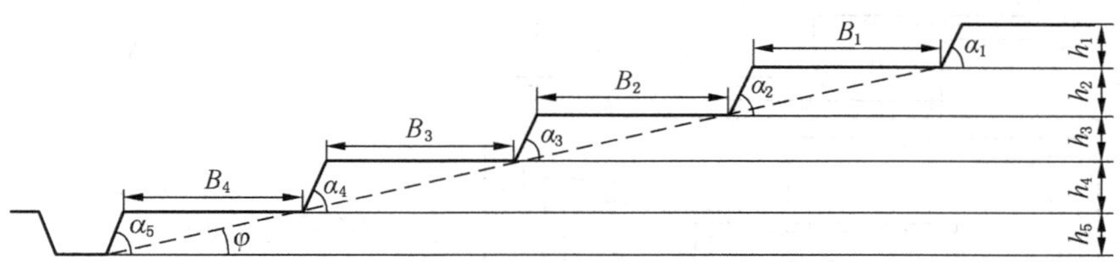

图 7－11　工作帮坡角示意图

当各台阶的高度、平盘宽度和台阶坡面角均相等时，则

$$\varphi = \arctan \frac{h}{B + h\cot\alpha} \quad (7-3)$$

工作帮坡角是工作帮形态的集中表现，对露天矿开采的经济效果有重大影响。工作帮坡角变缓，意味着上部水平推进量加大，矿山基建工程量和初期生产剥采比加大，投资和初期成本增大，从而恶化经济效果。

通常认为，工作帮各工作平盘均不应小于按相应的开采工艺进行正常生产所要求的最小工作平盘宽度。为了避免上下台阶推进过程中相互影响和保证露天矿持续生产，还应在最小工作平盘宽度的基础上留有一定宽度的采掘富余。

加大工作帮坡角，有利于提高露天开采经济效益。为此可采取组合台阶和宽采掘带工作面（或横向工作线）雁形推进等工作帮结构形式。

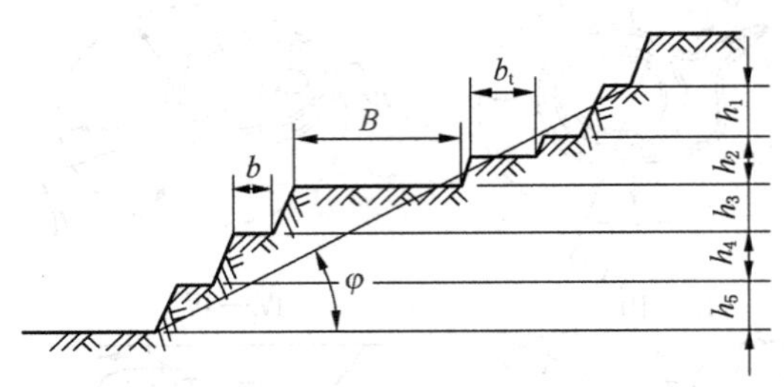

图 7-12 组合台阶的工作帮坡角示意图

从上到下依次进行开采的一组台阶，称为组合台阶，如图 7-12 所示。这时，一组台阶中只有一个台阶保留较宽的工作下盘宽度 B，因而使工作帮变陡。组合台阶一般仅配备一台采掘设备，有时也可配备数台设备，一般要求设备的生产能力较大。

组合台阶的开采方式，采用轮斗挖掘机时比较普遍。这时组合台阶可由多达 4 个分台阶组成，其中只有 1 个平盘设有带式输送机。

沿倾向分期横采（图 7-13），宽采掘带工作面（或横向工作线）雁形推进，亦可达到加大倾向方向工作帮坡角 φ_1 的同样效果，即 $\varphi_1 > \varphi_2$。

组合台阶的一次推进宽度和上述宽采掘带的宽度（或横向工作线长度）A_z，可按下列公式确定。

$$A_z = n_y h(\cot\varphi + \cot\theta) \tag{7-4}$$

式中 h——台阶高度，m；

φ——工作帮坡角，(°)；

θ——矿山工程延深角，(°)；

n_y——与一次推进宽度相应的延深台阶数。

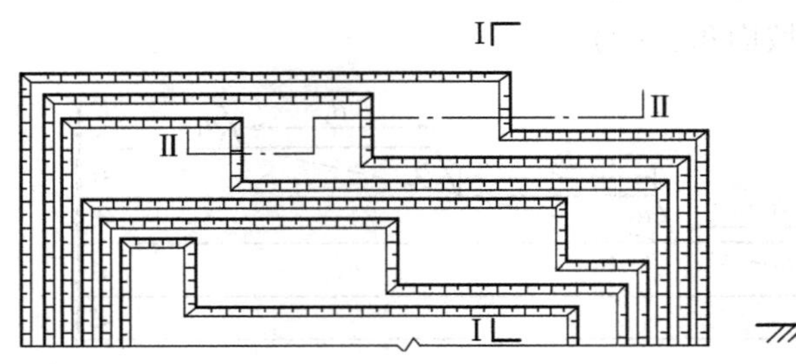

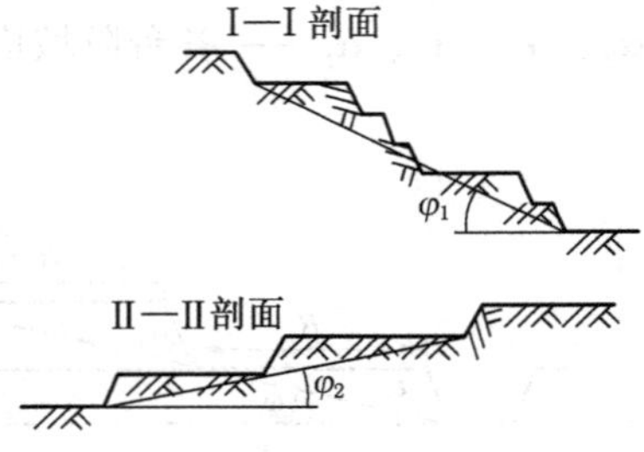

图 7-13 沿倾向分区横采工作帮示意图

工作帮各台阶长度内，具备正常开采条件的部分称工作线。组成工作线的条件是，在开采工艺方面具备采掘、运输、供电等条件，在工程方面则必须使工作平盘宽度大于最小工作平盘宽度。

组合台阶的工作帮坡角 φ_z 计算如下：

$$\varphi_z = \arctan\frac{\sum_{i=1}^{n} h_i}{\sum_{i=1}^{n-1} b_i + B + b_t + \sum_{i=1}^{n} h_i\cot\alpha_i} \tag{7-5}$$

或

$$\varphi_z = \arctan\frac{nh}{(n-1)b + B + b_t + nh\cot\alpha} \tag{7-6}$$

$$B=b+A_z$$

式中　n——构成组合台阶的分台阶数；

b——非作业台阶的平台宽度，m；

B——工作平盘宽度，m；

A_z——组合台阶每推进一次的实体采宽，m；

b_t——开拓坑线宽度，m；

h——台阶高度，m；

α——台阶坡面角，(°)。

构成组合台阶的台阶数 n 主要决定于设备的生产能力和要求的工作线推进速度。即

$$n=\frac{Q}{l_{kl}Lh} \tag{7-7}$$

式中　Q——组合台阶中设备的生产能力，m^3/a；

L——工作线平均长度，m；

l_{kl}——要求的工作线推进速度，m^3/a；它决定于达到一定的生产能力所要求的开采强度。

提高设备的生产能力有利于增加组合台阶中的分台阶数和加大工作帮坡角。因此趋向于选用大型设备和增加在组合台阶工作平盘同时作业的设备数量。

对于很深和很大的露天矿，为了调节剥采关系，也可以在一段时间内使工作帮部分地段的平盘宽度小于最小工作平盘宽度 B_{min}，如图 7－14a 中的 2、4 水平和图 7－14b 中 bc 工作帮上的 1、2、3 水平。这些地段在工程上不具备构成工作线的条件。这时由于露天矿又长又深，工作帮的范围很大，工作帮的其余部分仍保持有足够配置采掘设备的工作线，能保证露天矿持续生产。

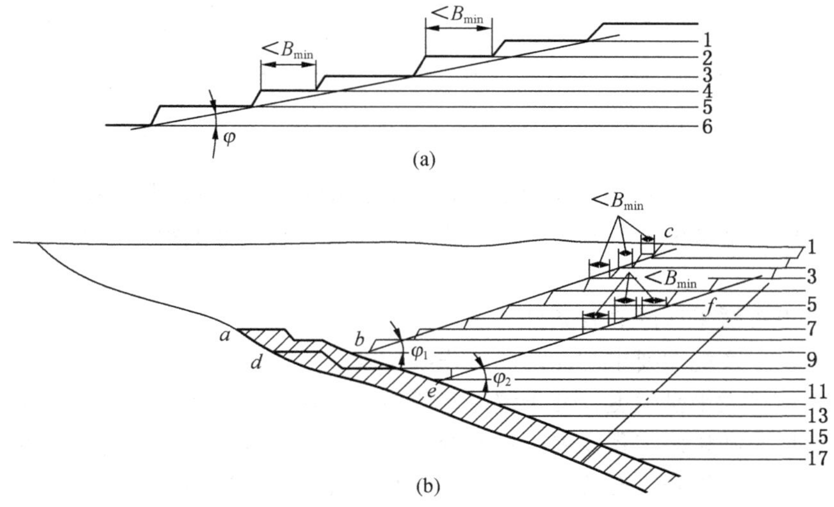

图 7－14　生产区段和缓采区段沿深度分布的工作帮构成示意图

工作帮上由工作线构成的区域称生产区段，不具备工作线条件的区域称缓采区段。生产区段和缓采区段在空间上的相互关系，具有下列基本形式。

（1）生产区段和缓采区段沿深度间隔分散分布（图 7－14a），出现在露天矿工作线较长，采掘设备数量少，采掘设备在上下台阶之间调动依次开采的情况下，此时缓采区工作线推进的停顿时间短暂。组合台阶即属此形式。

（2）生产区段和缓采区段沿深度集中分布（图 7－14b）。例如：上部为缓采区段（图 7－14b 中 *bc* 工作帮位置上的 2、3 水平），下部为生产区段；或者中部为缓采区段（图 7－14b 中 *ef* 工作帮位置上 5、6、7 水平），而其上下均为生产区段等等。这种工作帮结构形态，主要出现在分期境界的情况下。前者为上部台阶工作线暂停推进的情况，后者为上部台阶工作线恢复推进的情况。在这种情况下，缓采区工作线推进的停顿时间，比上述第 1 种情况长。

（3）生产区段和缓采区段沿走向分布（图 7－15），是一种较易实现的形式。在走向较长，剥采比和矿石的品种、品位沿走向变化较大的露天矿，亦能取得较好的经济效果。缓采区工作线推进的停顿时间可长可短，从数十年、数年到数月不等。

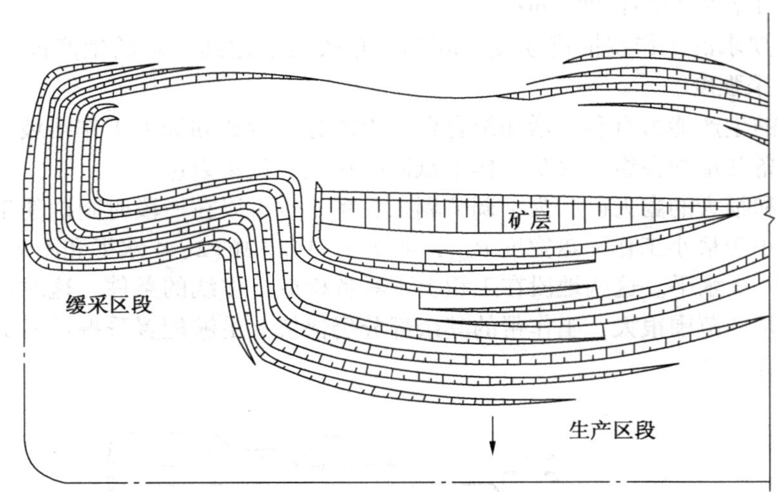

图 7－15　生产区段和缓采区段沿走向分布的工作帮构成示意图

（4）生产区段和缓采区段沿深度和走向分布，例如，上面提到的沿倾向分期横采的形式（图 7－13）就是这种分布形式之一。其缓采区在平面位置上沿走向变化，在横剖面上则沿深度变化。

工作帮上设置缓采区的必要条件：

①具有满足生产能力要求的充足的工作线长度。

②便于日后扩大平盘宽度，便于缓采区段易于重新具备生产条件，过渡为生产区段。

工作帮的形态随矿山工程发展而不断变化。工作平盘宽度有的加宽，有的缩小，有的取消；台阶高度有的加高，有的降低，有的合并，有的则保持不变，等等。台阶间的相互位置因而发生变化。这些变化常常带有周期的性质，例如，有的以新水平开拓和准备时间为周期；有的以移动坑线移设一次的间隔时间为周期；严寒地区利用非冻季节加强表土剥离，冻季停止表土剥离的季节性剥离作业，则以一年为周期，等等。

工作帮的数量，因矿床埋藏条件和开段沟位置不同，在一个露天矿内可以有一个或两个（图 7－16），两个以上工作帮的情况比较少见。

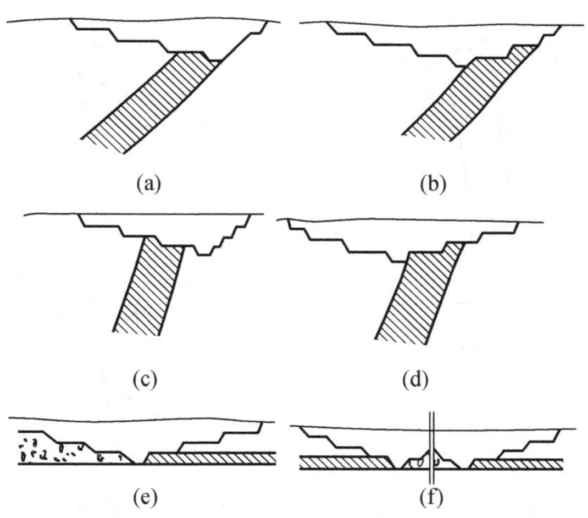

图 7－16　不同矿床埋藏条件和开断沟位置情况下的工作帮示意图

三、工作帮推进

工作帮为工作台阶的总体，其推进与台阶开采程序密切相关。工作帮的推进方式，体现了各工作台阶的推进和台阶之间相互配合相互制约的关系。

1. 工作帮推进的动态变化和约束条件

工作帮正常推进时工作平盘宽度 B 不得小于最小工作平盘宽度 B_{min}，工作帮坡角 φ 不得大于最大工作帮坡角 φ_{max}。因此，工作帮正常推进的必要条件为

$$B \geqslant B_{min} \quad 或 \quad \varphi \leqslant \varphi_{max}$$

工作帮可以平行推进或扇形推进，工作帮平行推进时，通常各台阶的工作线接近于平行，推进方向亦接近一致，使得工作帮上各台阶相互协调推进。

工作帮扇形推进时，各台阶工作线通常围绕一个回转中枢旋转，工作线呈放射状（图 7－17），工作平盘宽度由小到大不等。但是最窄处仍不小于最小工作平盘宽度。

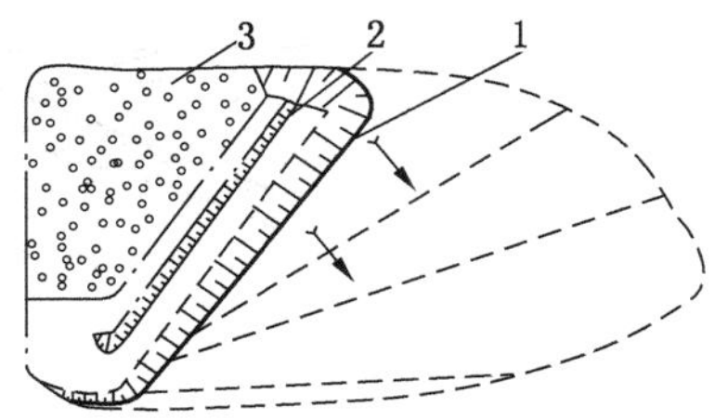

1—剥离台阶；2—采矿台阶；
3—内部排土场
图 7－17　工作帮扇形推进示意图

2. 工作帮推进方向

工作帮的推进方向与矿山工程的起始位置有关，亦即与各台阶的开段沟位置有关。

工作帮扇形推进时，推进方向是变化的。通常绕某一回转中枢旋转，逆时针或顺时针推进，如图 7－17 所示。

工作帮平行推进时，则有一定的推进方向，可能的推进方向如下。

（1）工作线沿走向布置，工作帮向一侧推进。

①工作帮向顶帮推进。图 7－18a～图 7－18c 表示在底帮拉沟，向顶帮推进的情况。

②工作帮向底帮推进。图 7－18d 为顶帮拉沟，工作帮由顶帮向底帮推进的情况。

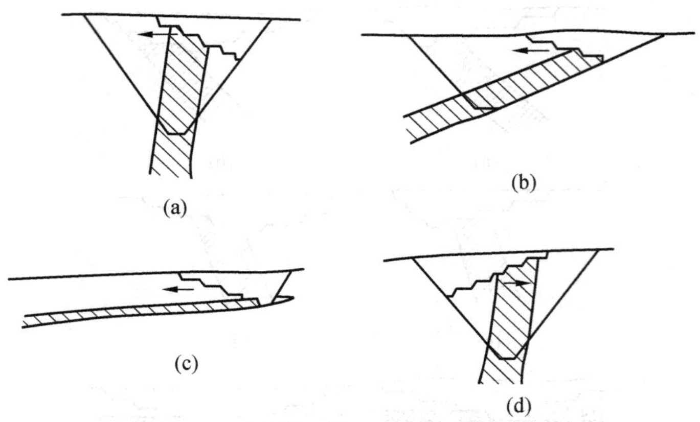

图 7－18 工作帮沿走向布置，工作帮向一侧推进示意图

（2）工作线沿走向布置，在露天矿中间拉沟向两侧推进。

①沿矿体顶板拉沟，向两侧推进，如图 7－19 所示。

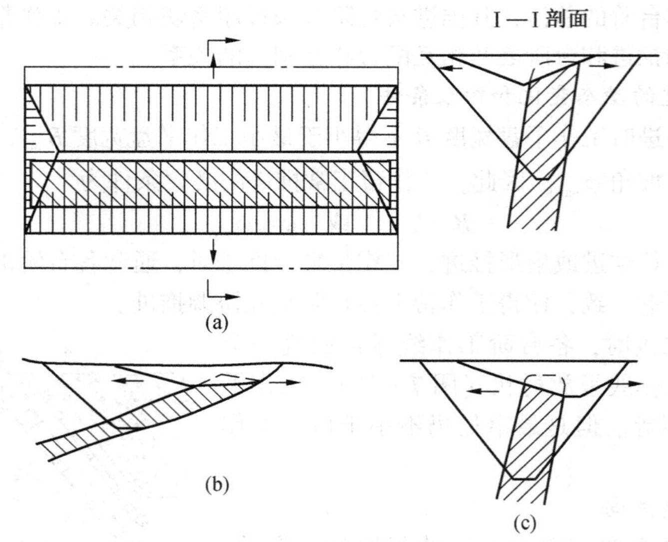

图 7－19 工作线沿走向布置，中间掘沟，工作帮向两侧推进示意图

②急倾斜矿体，沿底板拉沟，工作帮往两侧推进，较底帮拉沟单向推进矿山基建量少，建矿时间短，有一定使用价值。

③急倾斜矿体，沿矿体中间拉沟，矿山基建工程量最小，特别是矿体较厚的情况下经济效果比较好。

（3）工作线横向布置，在露天矿一侧端帮掘沟，工作帮向另一侧推进，图 7－20 分别为急倾斜、倾斜和缓倾斜矿体露天矿的工作帮推进情况。

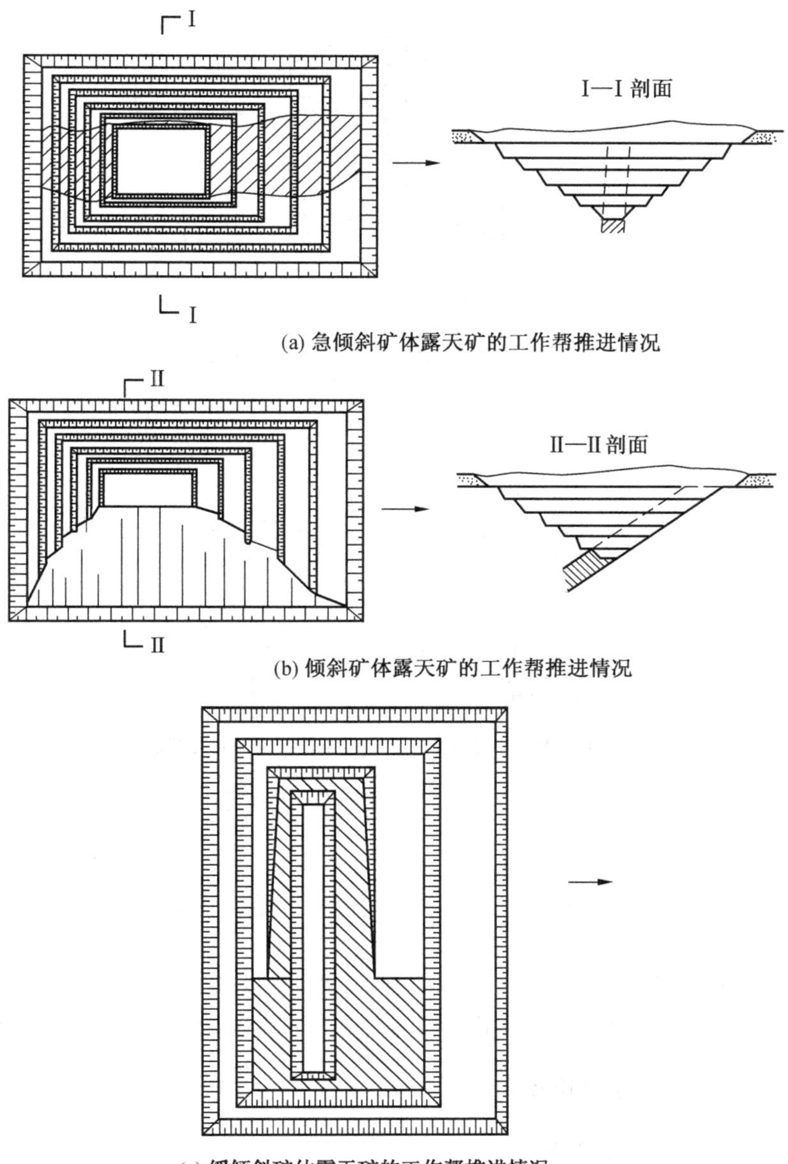

(a) 急倾斜矿体露天矿的工作帮推进情况

(b) 倾斜矿体露天矿的工作帮推进情况

(c) 缓倾斜矿体露天矿的工作帮推进情况

图 7－20　工作线横向布置、工作帮一侧端帮向另一侧推进示意图

（4）工作线横向布置，在露天矿中间拉沟，工作帮向两侧端帮推进（图 7－21）。这种推进方式可利用露天矿中间覆盖层薄、矿体厚和品位高的部位掘沟建立工作线，工作帮向两侧推进，以提高经济效益。它也有利于提高露天矿开采强度，增加矿石产量。在一定条件下，也可在两端掘沟，工作帮由两侧向中间推进。

（5）工作线圈形布置，工作帮由外向内或由内向外推进，如图 7－22 所示。这种工作帮推进方式主要用于特定的矿床地质条件下，如露天矿平面形状近似圆形，周边的覆盖层较薄，工作帮可以由外向内推进，而中间覆盖层较薄或矿石集中在中间的柱状矿体，则可以采取由内向外推进。

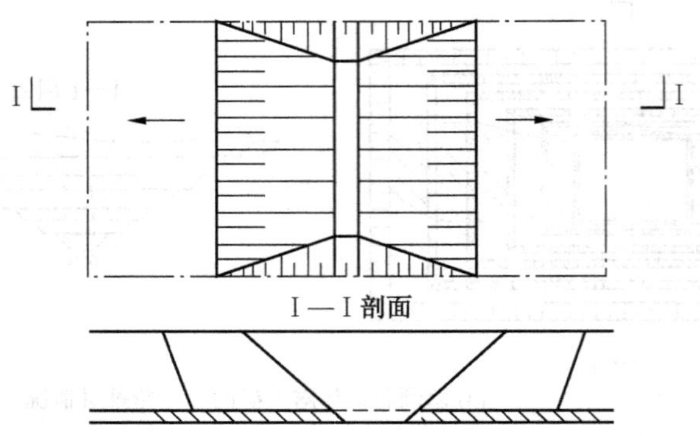

图 7-21 工作线横向布置、中间拉沟向两侧推进示意图

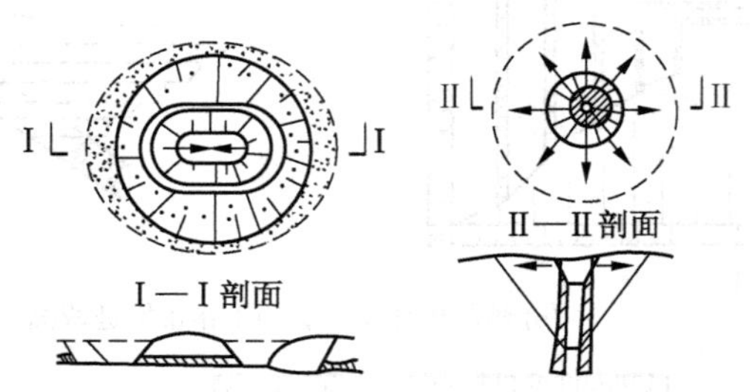

(a) 工作帮由外向内推进 (b) 工作帮由外向内推进

图 7-22 工作线圈形布置示意图

第四节 开 采 程 序

露天矿开采程序和矿体埋藏条件、露天矿形状、开采工艺及开拓运输系统等密切相关。下面以矿体埋藏条件和露天矿形状为主要特征，分别阐述各种条件下的开采程序。

一、水平和近水平矿体窄长露天矿

1. 纵采剥离物倒堆开采程序

纵采剥离物倒堆开采程序，采用倒堆工艺时沿露天矿纵向布置工作线，由覆盖层较浅的矿体露头部分向覆盖层较厚的露天开采境界推进，开辟初始采掘带（沟道）的剥离物可用倒堆方式沿露天矿的矿体露头在边界外堆置，或用运输设备运往外排土场，随后各采掘带的剥离物则依次倒入前一采掘带的采空区。

露天矿较长时，可采取分区纵采，使工程相对集中。

这种开采程序以美国的所谓等高线开采为代表。美国大部分煤层近水平，山区的煤层露头与地形等高线相一致，覆盖层厚度由露头向内逐渐加厚。由于煤层较薄，覆盖层厚度很快达到经济界限，因而露天矿较窄，形成窄长的露天矿，其纵向与地形等高线相一致。当煤层露头沿山峰的周围山坡出露的情况下，露天矿围成圈，形成所谓“领子”开采。

这种开采程序的主要缺点是，开采之后将许多剥离物堆在山坡上，沿山坡破坏了许多植被，山坡较陡，破坏更严重。这些堆在山坡上的剥离物，受雨水冲刷，将进一步毁坏下方的土地，形成更大的破坏面积。如剥离物含有酸性物质，则危害更大。

2. 横采和剥离物回填采空区的开采程序

为避免纵采对环境的影响和危害，已较广泛地采用横采和采空区回填的开采程序。

窄长露天矿，工作线横向布置的情况下，除初始有些外排土量外，大部分剥离物都可以内排，回填采空区，并且可以有计划地将含有有害物质的剥离物排在下部，上面依次覆以无有害物质的剥离物和表土。适当平整之后，可以迅速恢复农业种植，造林和发展牧场等需要。

由于工作线短，推进速度很快，这种开采程序较适应于机动灵活的设备和开采工艺。

为减少含酸物质的危害，将含酸物与其他覆盖物分采分运，回填时酸性物质埋在下部。此外，还将表土分采，将表土层铺在平整后的剥离排弃表面上，以利植物生长。

露天矿除采出由剥离覆盖岩石出露的煤炭之外，在采空区被剥离物重新回填之前，还用螺旋钻从边帮下部采出露天矿开采境界之外的一部分煤炭。

从工作帮到采空区回填覆土，总的程序如下：场地准备→表土剥离→覆盖层剥离→含酸覆盖物剥离→清理煤面→前装机采煤→螺旋钻采煤→回填含酸剥离物→回填剥离物→铺表土→最终整平→种植和绿化。

这种开采程序也适用于其他开采工艺，例如，单斗铲—带式输送机车（装在行走台车上的带式输送机）—带式排土机开采工艺，单斗铲—汽车运输开采工艺等。

分区横采就近回填，是横采和采空区回填的另一种形式。这种开采程序能大大缩短剥离物的运距，可以采用推土机或前装机、铲运机等设备直接进行回填，取消汽车和带式输送机等运输环节。

如图 7－23 所示，初始第 1 采区的剥离物，以临时外部排土场的形式，就近排在其下部的山坡上，并临时加以绿化，以减少剥蚀和危害环境。第 2 采区的宽度等于第 1 采区的 1/3～1/2。当第 1 采区中靠近第 2 采区的煤采完之后，便开始将第 2 采区的剥离物就近排入第 1 采区的采空区。与此同时，在第 1 采区继续开采另一半的煤层。当第 1 采区的煤全部采完时，第 2 采区结束剥离工作，开始转为采煤，同时第 3 采区开始剥离，仍就近排入第 1 采区的采空区。随后按照图上标明的开采程序，分两翼依次交替进行剥离和采煤，保证生产持续进行。

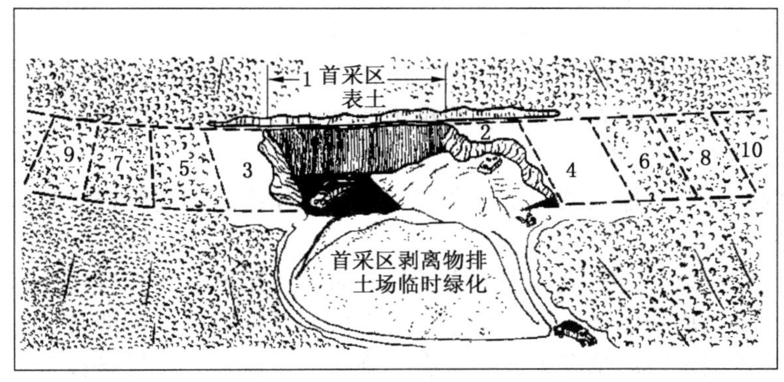

图 7－23 分区横采剥离物就近回填采空区的开采程序示意图

为了使土地尽快恢复种植，将表土单独剥离，沿露天矿上侧边界堆存。当第2和第3采区的剥离物排入第1采区之后，就可以加以平整，上覆以表土，然后进行耕种或造林、种植牧草等绿化工作。这些工作亦按采区顺序依次进行。

近水平窄长露天矿的开采程序的一般程序是采区横向工作线、内排土，即所谓横采回填采空区的开采程序。因为这种开采程序可以将大量土地复原，恢复种植，有利于环境保护，运输距离亦不大。当采取分区横采剥离物就近回填采空区的开采程序时，运距更短，费用更低。

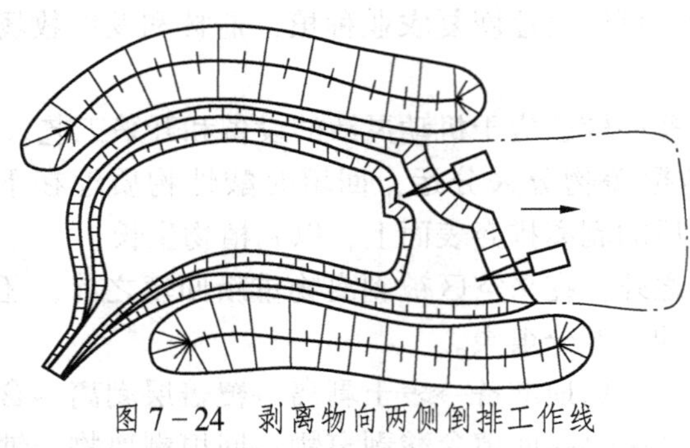
图7-24 剥离物向两侧倒排工作线横向布置纵向推进的开采程序示意图

将剥离、采矿和采空区的覆土工作有机结合在一起，有利于提高覆土效果和降低费用，并可有计划地改造土壤，使土地比受采矿破坏前的质量更好，更有利于发展农业、林业、牧业以及其他用途。

在条件许可的情况下，窄长露天矿亦可采用拉斗铲将剥离物倒排在露天矿边界的两侧，采用工作线横向布置的开采程序进行采矿，如图7-24所示。

二、水平和近水平矿体宽形露天矿

1. 纵采倒堆开采程序

纵采倒堆开采程序指纵向工作线，剥离物依次倒入前一采掘带采空区的开采程序。

由于露天矿较宽，可以划分成许多纵长采掘带，便于采用较经济的倒堆开采工艺依次将剥离物倒入前一采掘带的采空区，随后进行整平覆土，如图7-25所示。除开辟初始采掘带的剥离物就近沿露天矿边界外侧倒堆以外，以后的剥离物均可实现内排土。剥离覆盖物以后出露的煤层，与剥离工作面相隔一定距离，随后布置采矿工作面进行采矿。

为了避免剥离倒堆设备在完成一个采掘带的剥离作业之后，因需等待该采掘带采矿作业结束后再进行下一采掘带剥离作业而引起的停顿时间，一般采用双翼工作线形式。这种形式要求有较长的工作线，故适宜采取工作线纵向布置。

图7-25表示采用剥离机械铲倒堆的情况。这种开采程序同样也适用于拉斗铲倒堆开采工艺、多台铲配合的复杂的倒堆开采工艺和多斗（或单斗）铲—悬臂排土机和运输排土桥开采工艺。采掘带宽度决定于采掘和排土设备的规格。

悬臂排土机和运输排土桥能适应较厚的覆盖层厚度。采用运输排土桥时，为适应季节性剥离的条件，剥离采掘带宽度和工作线推进速度可以不同于采矿。

2. 条区横向内排开采程序

条区横向内排开采程序指划分走向条区，横向工作线，剥离物横向运入前一条区采空区排弃的开采程序。

上述纵向工作线以一定宽度的采掘带进行开采，采用倒堆、悬臂排土机和运输排土桥排土等开采工艺将剥离物倒排入前一采掘带采空区的开采程序，都涉及大型的采掘和运输设备，特别是覆盖层较厚的情况下，要求有大规格的设备。因而设备投资很大，要求有一定的矿石储量以便有足够的开采年限对投资进行折旧回收。而条区横向内排开采程序，则

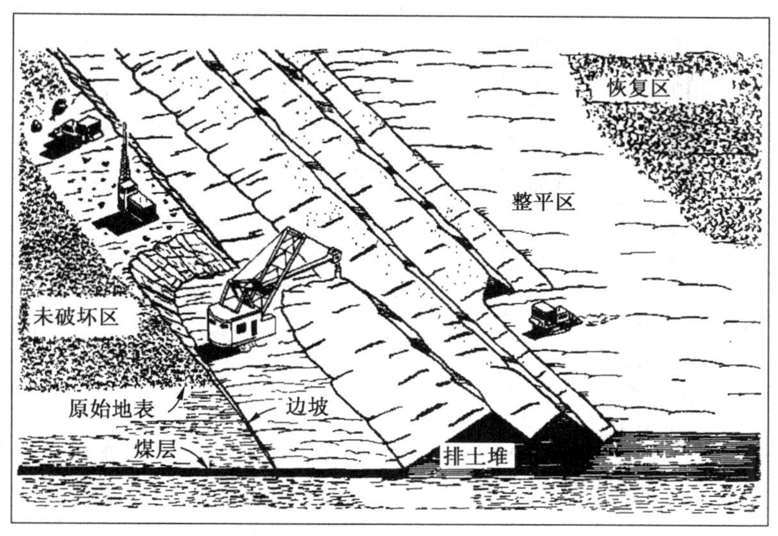

图 7－25　纵向采掘带剥离物倒入采空区的开采程序示意图

可以采用普通的采运设备实行剥离物短距离横向运输内排，甚至利用推土机、前装机和铲运机等机动灵活的设备直接推排或运入采空区，而达到较好的经济效果。

图 7－26 表示采用推土机将剥离物横向直接推入前一条区采空区的开采程序，也适应于采用前装机或铲运机剥离。

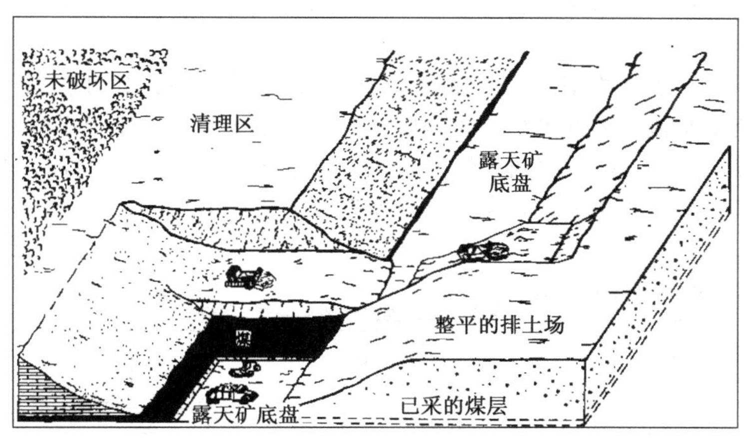

图 7－26　划分走向条区、横向工作线剥离物用推土机横向推入采空区的开采程序示意图

在该开采程序和开采工艺条件下，采空区的回填、平整和覆土是采用与采掘和运输工序同样的设备完成的，设备机动灵活，投资少，有取代部分倒堆开采工艺的趋势。它可用于开采极薄的煤层。

图 7－27 表示采用轮斗和链斗挖掘机—带式输送机—带式排土机开采工艺的条区横向内排开采程序。露天矿划分为纵向条区、工作线横向布置，剥离台阶划分为两个分台阶，上分台阶采用轮斗挖掘机，下分台阶采用链斗挖掘机，上下分台阶的剥离物运输共用一条设在剥离工作平盘上的带式输送机，经联络带式输送机与相邻前一已采条区的排土带式输

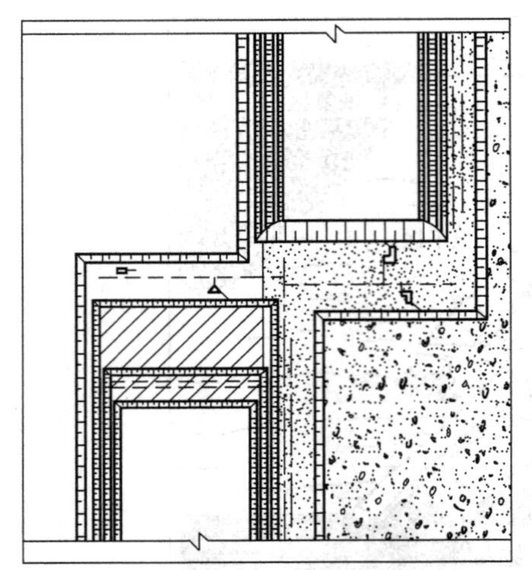

图 7-27 划分走向条区、横向工作线剥离物用轮斗和链斗挖掘机—带式输送机开采工艺排入临近已采区的开采程序示意图

送机相连，用带式排土机实行上排和下排，横向工作线的推进速度与排土线推进速度相一致。

煤层亦分为上下两个分台阶，分别用轮斗挖掘机和链斗挖掘机采掘，经工作平盘运煤带式输送机和倾斜带式输送机运至主要剥离台阶水平，装入铁道车辆，运往用户。

这种开采程序的生产条区与排土条区相邻，运距较短。但是，相邻接有一些重复剥离量，亦即有一部分排土量在剥离下分台阶时，需重新挖掘运往排土条区排弃。此外，也会有一些矿石损失。

采用单斗铲—汽车运输开采工艺时的工作线和排土线亦可采取类似的布置。

条区的宽度决定于采用的开采工艺和设备选型。采用轮斗铲—带式输送机开采工艺时，为减少带式输送机的移设和设备调动次数，宜采取较宽的条区；单斗铲—汽车运输开采工艺比较机动灵活，可以采取较小的条区宽度；而采用推土机、前装机和铲运机等开采工艺，因运输距离对设备效率的影响很大，则宜采取更窄的条区宽度。具体宽度可通过技术经济分析确定。轮斗铲—带式输送机开采工艺时，一般可按一年的采掘量确定条区宽度，亦即相当于纵向工作线一年的推进量，使得整个设备系统每年移设一次。

划分条区横采，剥离物横向运入邻近采空条区的开采程序，其可能剥离的覆盖物厚度受采掘设备规格的限制。由此产生一种设想：如果将工作平盘和排土平盘做成具有一定横坡的形式（图 7-28），这时虽然覆盖物较厚，但仍能以较低的台阶高度进行剥离，从而有利于缩小设备规格，可以采用规格小、重量轻，但生产能力很大的设备。

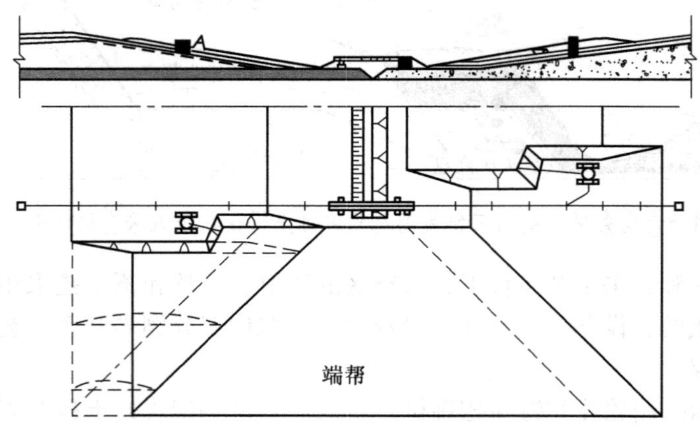

图 7-28 横向工作线倾斜平盘开采程序示意图

图 7-28 表示采用轮斗铲—带式输送机—走行式带式输送机桥—排土机开采工艺的轮

斗挖掘机工作面和排土机的布置。倾斜工作平盘和倾斜排土平盘的带式输送机通过走行式带式输送机桥相连接。图上还表示端帮的挖掘情况。

上述开采程序要求设备能克服较大坡度，要求达1:7~1:4。其主要优点是：剥离物运距短，作业集中，可以采用小规格设备剥离较厚的覆盖层，并达到较大的生产能力。

3. 剥离物沿工作平盘纵向运入采空区内排的开采程序

在覆盖层较厚的情况下，当上述纵采倒推开采程序，以及条区横向内排开采程序，配合相应的开采工艺，均不能顺利地进行开采时，就要考虑采用将剥离物沿工作干盘纵向运入采空区的开采程序。这种开采程序，虽然剥离物需经端帮运入采空区，运距长，费用高，但能适应各种条件。例如覆盖物厚、岩石坚硬、煤层复杂等均可采用，使用较广泛。

采用这种开采程序时的台阶划分和高度，除决定于采掘设备的规格、岩性、选采、推进速度要求等条件外，还要考虑工作帮的平盘标高与排土平盘标高之间的配合，以利剥离物运输和平盘线路移设。

铁道运输情况下，应尽量使剥离物运往内排土场的线路保持较缓的坡度。在可能的情况下，应保持水平运输或重车略带下坡运输。

例如：图7－29a中，工作帮划分两个剥离台阶，台阶高度分别为H_{y1}和H_{y2}，均采用平装车，矿石台阶高度为h，两个排土台阶的高度分别为H^0_{y1}和H^0_{y2}，相互关系如下：

$$
\begin{aligned}
h + H_{y2} &= H^0_{y1} + H^0_{y2} \\
K_p H_{y1} &= H^0_{y1} \\
K_p H_{y2} &= H^0_{y2}
\end{aligned}
\qquad (7-8)
$$

式中　K_p——排土场剥离岩石松散系数。

图7-29b中只有一个排土台阶，其高度为H^0，则

$$
\begin{aligned}
h + H_{y2} &= H^0 \\
K_p(H_{y1} + H_{y2}) &= H^0
\end{aligned}
\qquad (7-9)
$$

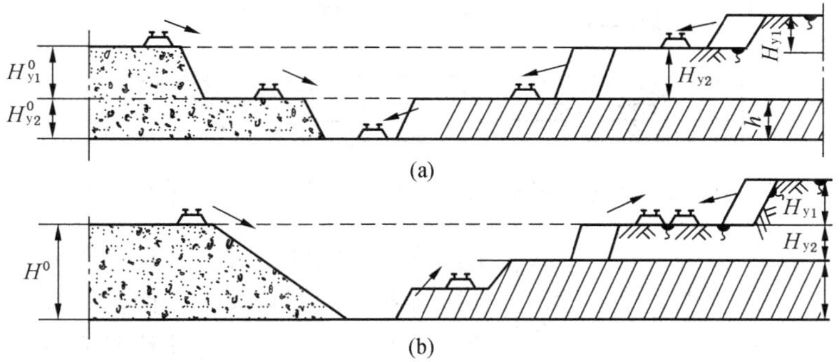

图7－29　铁道运输时工作帮台阶划分与内排土台阶的关系图

工作线可以平行推进或扇形推进。

图7－30中的上部水平表示工作线平行推进，纵向运输内排（采用轮斗挖掘机—带式输送机—排土机开采工艺）的开采程序。

图7－31表示工作线扇形推进，纵向运输内排（采用链斗挖掘机—铁道运输—排土机开采工艺）的开采程序。

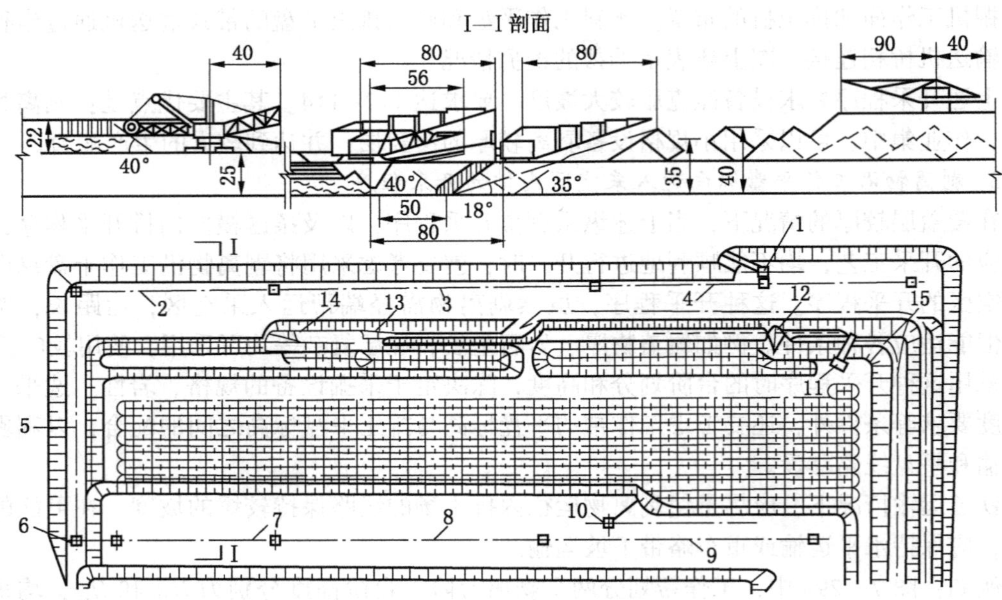

1—轮斗挖掘机；2、3、4—工作面带式输送机；5—端帮带式输送机；6—转载机；
7、8、9—排土场带式输送机；10—排土机；11、12、13、14—拉斗铲；15—挖掘机

图 7－30 工作线平行推进、上部剥离水平用纵向运输内排的开采程序示意图

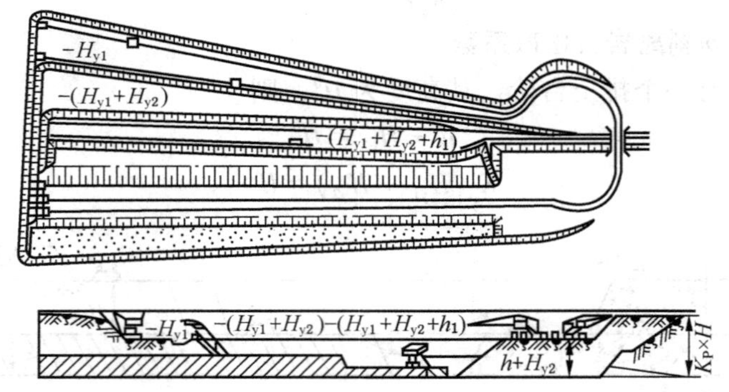

图 7－31 工作线扇形推进、剥离物纵向运输内排的开采程序示意图

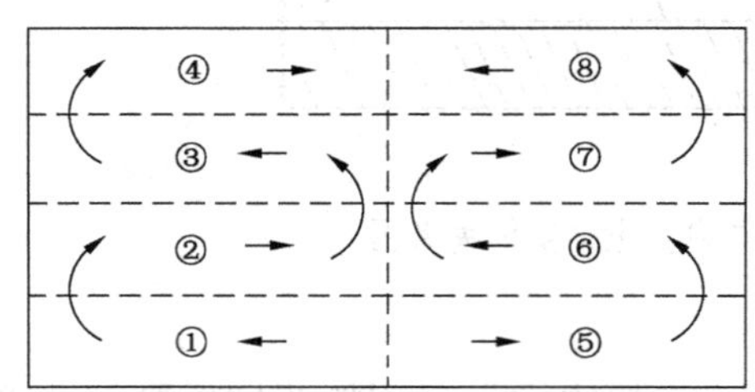

图 7－32 露天矿划分条区及其开采顺序示意图

采用汽车运输的条件下，运输距离对运输设备效率和运输费用的影响较大，而汽车运输设备较机动灵活，因此采取较短的工作线是有利的。所以，采用汽车运输的露天矿，也可以划分成条区依次进行开采。条区的开采顺序如图 7－32 所示。

条区中工作线横向布置沿纵向推进。①区由中间向边界推进，接近边界时，工作线扇形回转 90°进入②区；然后再转动 90°，②区工作线由边界向中间推进；推到中间又转动两个 90°，③区工作线

由中间向边界推进……划分的 8 个条区可以接续开采，也可以分组同时开采以增加产量。为了缩短汽车运距，在①区和②区，③区和④区，⑤区和⑥区，⑦区和⑧区之间，以及两翼中间均可以设置带式输送机运输矿石，剥离物则用汽车运入采空区排弃。根据矿床埋藏条件不同，可以采取不同的条区划分方式。

条区宽度影响剥离物绕端帮运往内排土场的距离和条区之间的重复剥离量。剥离物绕一翼端帮运往内排土场时，每两条区之间有一重复剥离带；剥离物绕两翼端帮往内排土场排弃时，各条区之间都有重复剥离带，重复剥离量增加但运距缩短。按重复剥离费和运费之和最小，条区宽度可计算如下。

单翼内排时：

$$L_c = \frac{B}{n_{e1}} \tag{7-10}$$

$$n_{e1} = \sqrt{\frac{4cB^2 - cBK_pH_B(\cot\beta + \cot\gamma) + 2cBH_B\cot\gamma}{K_pH_B(\cot\beta + \cot\gamma)(cL_{zd} + 1000Q)}} \tag{7-11}$$

式中　L_c——条区宽度，m；

B——露天矿田宽度，m；

n_{e1}——单翼内排时的合理条区数，取整数和偶数；

c——剥离物单位运输费，元/(m³·km)；

K_p——排土场剥离物松散系数；

H_B——剥离物平均厚度，m；

β——端帮松散剥离排弃物的稳定边帮角，(°)；

γ——端帮实体矿岩的边帮角，(°)；

L_{zd}——重复剥离物在端帮的运距，m；

Q——重复剥离物的采掘和排土费用，元/m³。

双翼内排时：

$$L_c = \frac{B}{n_{e2}} \tag{7-12}$$

$$n_{e2} = \sqrt{\frac{4cB^2 - cBK_pH_B(\cot\beta + \cot\gamma) + 2cBH_B\cot\gamma}{4K_pH_B(\cot\gamma + \cot\beta)(cL_{zd} + 1000Q)}} \tag{7-13}$$

式中　n_{e2}——双翼内排时的合理条区数，取整数；

其余符号同上。

由式（7－12）、式（7－13）得出，$n_{e2}=\frac{1}{2}n_{e1}$。双翼内排时，合理条区数比单翼内排少一半，而其合理条区宽度则为单翼内排时的一倍。

采用单斗铲—汽车运输开采工艺的情况下，将露天矿划分条区顺次开采，横向工作线，剥离物运至采空区内排的开采程序，具有投产和达产迅速、基建剥离量少、外排量少、覆土方便和费用少、运距短等优点。但是，随着开采深度增加，运距和重复剥离量都将增加，从而降低了经济效果。

上述各种开采程序，在实现全部内排土之前，有一部分剥离量是必须外排的。外排量的大小，与初始工作线的位置、工作线长度和推进方向、覆盖层厚度、工作帮和排土场的帮坡角等因素有关。工作线沿倾斜推进时，工作帮每推进一定距离所剥离的岩石松散体积通常要大于采空区可能形成的排土空间的体积。

如图 7－33 所示，设工作帮坡角为 φ，内排土场的帮坡角为 φ'，矿体倾角为 γ，排土场上部标高与工作帮一致时，则工作帮沿倾向每推进一定距离的剥离物松散体积 LFK_p：

$$LFK_p = \frac{n}{n+1}LHB\sin\gamma(\cot\gamma + \cot\varphi)K_p$$

式中　K_p——排土场剥离物松散系数；

B——工作帮沿倾向的推进距离，m；

F——工作帮沿倾向推进 B 距离时横剖面图上的剥离面积，m^2；

H——工作帮深度，m；

n——开采深度 H 时的生产剥采比，m^3/m^3；

L——走向长度，m。

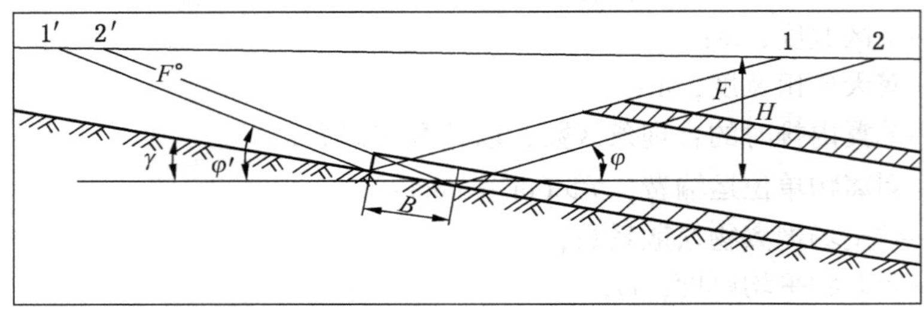

图 7－33　剥离量和内排量计算示意图

排土场可能容纳的体积 LF° 为

$$LF^\circ = LHB\sin\gamma(\cot\gamma - \cot\varphi')$$

式中　F°——工作帮沿倾向推进 B 距离时，横剖面图上的排土面积，m^2。

两者的比值为

$$\frac{LFK_p}{LF^\circ} = \frac{n}{n+1}K_p\frac{\cot\gamma + \cot\varphi}{\cot\gamma - \cot\varphi'} = \frac{n}{n+1}K_p\phi$$

$$\phi = \frac{\cot\gamma + \cot\varphi}{\cot\gamma - \cot\varphi'} \tag{7-14}$$

当 $n=6\ m^3/m^3$，$K_p=1.15$，$\varphi=15°$，$\varphi'=12°$时，其比值如下：

γ	10°	8°	6°	4°	2°	0°
ϕ	6.69	4.49	2.75	1.88	1.35	1.0
$\frac{LFK_p}{LF^\circ}$	9.55	4.43	2.71	1.85	1.33	0.986

由上列比值可见，随着矿体倾角增大，工作帮每推进一定距离的剥离物松散体积要超过排土场所能容纳的体积许多倍，说明矿体倾角较大和工作帮沿倾向推进的情况下，全部实现内排是比较困难的。提高内排土场高度，可以增加内排量。一定条件下，例如覆盖层薄，矿体厚，倾角不太大等，可以实现全部内排。

当工作线横向布置沿走向推进的情况下，这时 $\gamma=0°$。在完成一定外排量之后，全部实现内排是可能的。因而从内排土角度看，横向工作线有其一定的优越性，但是基建剥离量可能增加。有鉴于此，霍林河露天煤矿方案设计中的开采程序，就考虑了首采区采用纵向工作线沿倾向推进，全部外排，其余部分改为横向工作线沿走向推进，剥离物全部内排的方案。

三、倾斜和急倾斜矿体窄（浅）长露天矿

这类露天矿的特点是开采深度不大，宽度较窄，但是走向较长。

1. 分区内排纵采开采程序

分区内排纵采开采程序指露天矿沿走向分区开采、工作线沿走向布置的开采程序。

鉴于露天矿较长，沿走向分区开采具有一系列优点：如生产作业集中，减少运输线路和供电线路等的敷设和维护费用，减少基建剥离量，缩短投产和达产时间，可利用已采区进行内排土，减少外排量和对环境的影响等。

沿走向分区开采，工作线沿走向布置的情况下，利用采空区进行内排的缺点是，剥离物运输比较复杂。第一区采空后系由下往上建立排土台阶，而第二区的剥采工程则由上往下发展（图 7－34），因而形成初期剥离物往下运，而后期则需往上运的局面。

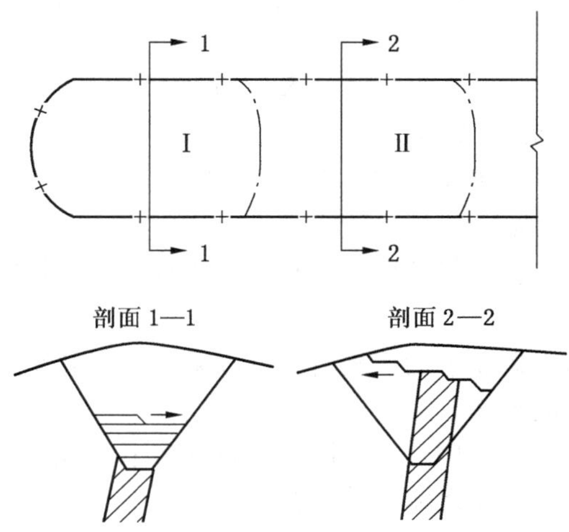

图 7－34　沿走向分区开采、采空区内排纵向工作线开采程序示意图

沿走向分区纵向布置工作线的情况下，还存在剥采比很不均衡的缺点。

由于纵向布置工作线存在上述缺点，开采效果不够理想。除采用铁道运输的条件下，受敷设运输坑线的限制，不得不采取这种开采程序外，其他开采工艺条件下较少应用。

2. 横采内排开采程序

横采内排开采程序指工作线横向布置沿纵向推进采空区内排开采程序。

矿山工程通常沿露天矿的一端延深，沿走向向另一端推进。初期剥离物运往外排土场排弃，当露天矿降到最深水平和工作帮推出一定距离之后，就可利用采空区从下向上逐步建立排土段进行内排土。设在顶帮的运输道路随排土工作线推进而逐渐被埋没，因而随工作帮推进，需要不断建立新的运输道路。为了减少道路工程量，该矿最下两个水平用拉斗

铲往上倒装。

在实现内排土之前，露天矿首采区的工作线可以横向布置，也可以纵向布置。我国新疆铁厂沟露天煤矿首采区工作线采用纵向布置，首采区采到最终深度后，改为横采内排。采用汽车运输条件下，矿山工程通常沿矿体延深横采，以缩短矿建时间和减少矿建工作量。

与上述纵向布置工作线相比，横采内排开采程序具有以下优点。

①剥离物从工作面到内排土场，基本上可以实现水平运输，避免纵向布置工作线所存在的剥离物往内排土场运输复杂的缺点。此外，由于运距短、货流分散、纵断好、速度快，有利于提高运输效率。

②减少矿山基建工程量。

③减少新水平开拓准备工程量，加速延深。

④生产剥采比均匀。

⑤减少矿石损失和贫化。

可能条件下也可以采用较大型的采、运设备，采取组合台阶形式，以便加大工作帮坡角，缩短往内排土场的剥离物运距。此外，也有利于减少排土量和加速露天矿矿山工程延深速度。

能实现全部内排土的必要条件为（假定内排后，上部保持原始地形高度）

$$n_p \leqslant \frac{\gamma}{K_p - 1} \tag{7-15}$$

式中 n_p——露天矿平均剥采比，m^3/t；

K_p——排土场岩石残余松散系数，1.08～1.05；

γ——矿石容重，t/m^3。

通常内排土场高度较大，为保证稳定性和有利于复田，应将黏土物质排到外部排土场或内排土场的上部排土台阶。

单翼开采不能满足露天矿要求的产量时，可以采取双翼开采，横向工作线，由中间和两端推进，或由两端向中间推进。

由上所述，横采内排开采程序，对于倾斜和急倾斜窄（浅）长露天矿来说是比较可取的。它主要适用于单斗铲—汽车运输开采工艺。

四、倾斜和急倾斜矿体宽深露天矿

1. 全境界纵向工作线开采程序

倾斜矿体露天矿矿山工程一般沿矿体底板延深，工作线向顶帮推进，为减少矿石损失和贫化，可以配合采取顶板露矿。急倾斜矿体通常沿矿体延深，或者沿顶板延深以减少矿石贫化和损失。工作线向两侧推进。由于露天矿较深和较宽，矿山工程沿底帮或顶帮延深会导致基建剥离量过大和建矿时间过长，不常采用。沿顶帮延深尤其少见。矿体倾角较小时，矿山工程沿底帮延深是可能的。

全境界纵向工作线开采程序适于各种开采工艺。当矿山工程沿矿体延深时，亦能达到基建剥离量少和建矿快的目的。其主要缺点是前期剥离量太多。如图 7－35 所示，顶底帮工作帮坡角分别为 φ_1 和 φ_2，从 H_1 到 H_2 深度范围的生产剥采比，较 H_2 到终了深度 H_k 范围的生产剥采比大得多，生产剥采比大意味着成本高，前期成本高对露天矿投资的回收是很不利的，不利于扩大再生产。山坡露天矿的情况通常要好一些，转入凹陷部分之前，经济效果一般是比较好的，如图 7－36 所示。

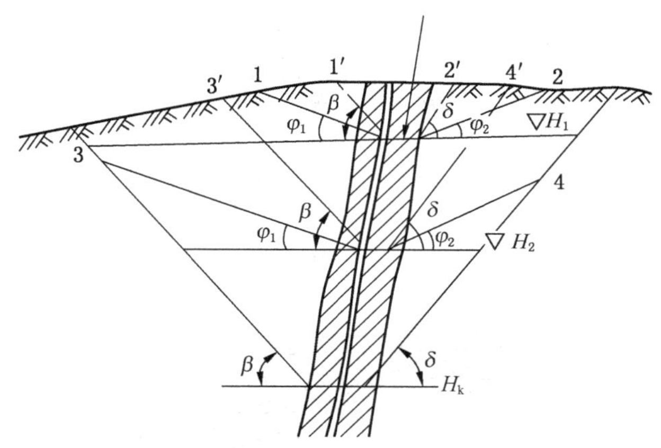

图 7－35　急倾斜矿体露天矿矿山工程沿矿体延深时工作帮发展示意图

产生前期生产剥采比大、经济效果不好的主要原因，是由于近代露天矿机械化剥离和采矿要求有较大的工作平盘宽度，从而导致工作帮坡角过小的缘故。

如图 7－35 所示，如果工作帮坡角等于露天矿的边帮角，$\varphi_1=\beta$，$\varphi_2=\delta$，则工作帮 1、2、3、4 分别改变为 1′、2′、3′、4′，这时，露天矿的生产剥采比显然将随开采深度的增加而增加，亦即前期小，后期大。这对投资回收和扩大再生产是十分有利的。工作帮坡角实际上不可能加大到等于边帮角的程度，而是 $\varphi_1<\beta$，$\varphi_2<\delta$。但是，只要能把工作帮坡角加大一些，通常对于剥离量的时间分配是有利的，可以提高露天矿的经济效果。

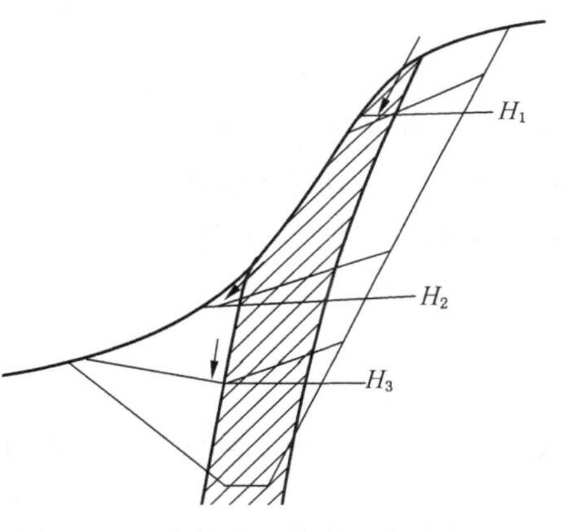

图 7－36　山坡和凹陷露天矿矿山工程沿矿体延深工作帮发展示意图

在工作线纵向布置的情况下，可以采取组合台阶的形式加大工作帮坡角。前面已谈到，组合台阶中只有一个台阶保持正常的工作平盘宽度，其他台阶不留采宽，以加大总的边帮角。

为了保持正常生产，发挥设备的效率，工作平盘宽度的缩小和工作帮坡角加大是有限度的，工作平盘过小也会给生产带来不利的影响，特别是铁道运输的露天矿。

鉴于纵向工作线布置时工作帮坡角加大的有限性，在加大工作帮坡角的同时，还可采取分期境界的方式降低露天矿前期的生产剥采比。例如，在图 7－35 中，设想先以 H_1 深度的开采境界进行开采，然后再按扩大的 H_2 深度的开采境界开采。

2. 分期境界纵向工作线开采程序

图 7－37a 表示急倾斜露天矿分期开采的开采程序。露天矿开采深度分为二期，第一

期深度开采境界以Ⅰ表示，第二期开采境界以Ⅱ表示。

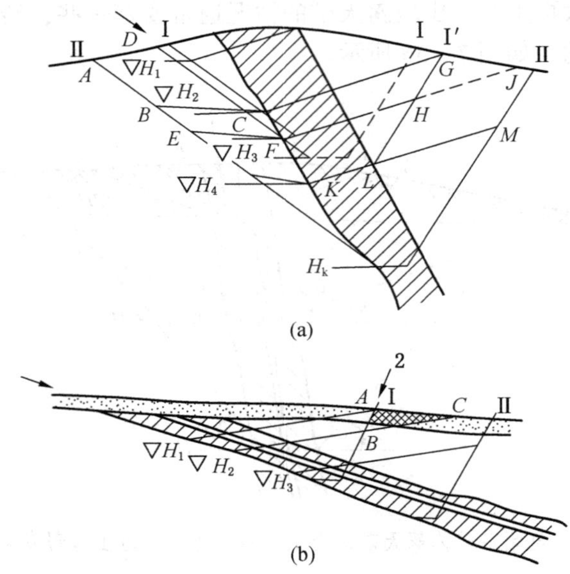

图 7－37 倾斜和急倾斜矿体露天矿分期境界纵向工作线开采程序示意图

第一期开采境界的矿山工程沿底帮延深。矿山工程延深到 H_3 之后，若不改变延深方向，则采矿台阶数目将逐步减少，影响露天矿的采矿工作线和产量。因此，自 H_3 深度开始，矿山工程延深方向改为沿矿体底板延深，这时底帮的工作帮坡线为 EF。假定矿山工程延深到 H_2 时，开始将第一期的底帮境界Ⅰ扩到第二期的开采境界，则在矿山工程衔接上应具有下列关系：

$$\frac{H_2 - H_3}{V_{d1-2}} \leqslant \frac{H_0 - H_3}{V_{d1}} \tag{7-16}$$

式中 H_0——第一期底帮境界的地面标高，m；

V_{d1}——矿山工程沿第一期底帮境界的垂直延深速度，m/a；

V_{d1-2}——从露天矿第一期底帮境界往第二期境界过渡时，底帮外扩的矿山工程垂直延深速度，m/a。

由式（7－16）可得出开始扩底帮时的矿山工程深度的标高 H_2：

$$H_2 \geqslant \frac{V_{d1}}{V_{d1-2}}(H_0 - H_3) + H_3$$

第一期底帮境界开始外扩之前，工作帮可按正常帮坡角发展，底帮开始往第二期扩帮时，因为增加很多扩帮量，这时应适当增加工作帮下部的帮坡角，按分期境界Ⅰ′进行开采（不一定按第一期深度相应的顶帮境界Ⅰ），以减少这个时间的剥离量。矿山工程继续沿矿体底板延深到 H_4 时，要求第一期顶帮缓帮到正常的工作帮坡角 KLM 位置（其上部已靠到第二期境界），否则，如果顶帮继续按第一期境界Ⅰ′发展，采矿台阶数目将逐渐减少，影响矿石产量。采用上述原则，同样可计算出露天矿顶帮开始由第一期往第二期境界扩帮过渡的矿山工程深度。一般在底帮过渡结束时开始顶帮扩帮过渡，亦即从矿山工程深度 H_3 开始。

按上述分期境界的开采程序进行开采时，底帮可推迟剥离量 $ABCD$，由原在矿山工程 $H_e \to H_2$ 期间剥离，推迟到 $H_2 \to H_3$ 期间进行剥离。顶帮推迟剥离量 HGJ，由原来的 $H_2 \to H_3$ 期间推迟到 $H_3 \to H_4$ 期间剥离。

矿山工程沿底帮延深的条件下，分期境界对推迟剥离量的效果，底帮较顶帮显著。但是，底帮扩帮过渡时往往涉及运输坑线的挪动，比顶帮复杂。

分期境界的目的是推迟剥离，使露天矿生产的初期能达到较好的经济效果，以利投资回收。在图 7－37a 的情况下，对矿山工作下降到 $-H_2$ 之前经济上是有利的。

倾斜矿体（图 7－37b）条件下，分期境界的效果相当于图 7－37a 中顶帮境界分期的效果。如果用露天矿矿山工程深度达 H_2 以后开始由第一期境界往第二期境界扩帮过渡，那么，在矿山工程深度 $H_1 \to H_2$ 期间可以推迟剥离 ABC 所包含的岩石量，效果不显著。

纵向工作线情况下，分期境界的主要缺点是开采境界由小到大扩帮过渡对生产的影响。由于分期境界边帮上保留较窄的平台宽度，扩帮过渡时，只能由上到下逐个水平进行恢复（图 7－38）。像端工作面掘沟一样，设备效率较低。采用铁道运输的情况下，较汽车运输严重。此外，扩帮工程对下部正常生产亦有一定影响。

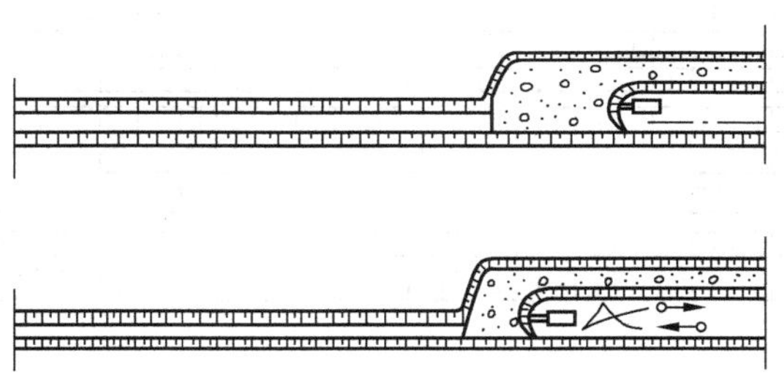

图 7－38　分期境界纵向工作线扩帮示意图

为了解决铁道运输条件下扩帮效率低、扩帮速度慢的问题，可以采取上装，清理铁道路基的爆堆后敷设线路进行侧装，以及加宽分期边帮上保留的平台等措施。这些虽能起到一定效用，但是仍然不够理想。加宽平台反过来又减缓了分期境界的边帮角，影响效果。

鉴于铁道运输条件下，纵向工作线分期境界开采程序的扩帮工程存在的缺点和效果不佳，未能得到推广应用。

采用汽车运输条件下，情况要好得多，尤其是出现采用横向工作线进行扩帮以来，分期开采在技术上有了重大突破。而在汽车运输的露天矿得到推广，并有所发展。

3. 分期境界横向工作线开采程序

工作线横向布置沿纵向推进的开采程序，是在采用单斗铲—汽车运输开采工艺条件下发展起来的一种开采程序，也称划分倾斜条带开采或陡帮开采，如图 7－38 和图 7－39 所示。它主要利用汽车运输机动灵活的特点，不按露天矿全宽布置横向工作线，而仅在接近矿体的部位以基坑形式进行新水平的开拓准备，然后以横向布置的短工作线沿露天矿纵向推进。如前所述，也可不用横向工作线，爆破后以若干纵向采掘带用一台或数台设备采掘。

图 7－39 表示露天矿有 11 个开采水平，横向工作线由露天矿的一端沿纵向向另一端雁形推进。为保证作业安全，相邻分组台阶的工作线不能位于一个倾斜剖面上，相互间沿

纵向应错开一定距离，通常不得小于 100 m。上下工作线之间若间隔有较宽的工作平盘时，则可不受限制，如图 7-39 中的第 1 和第 11 水平的工作线。

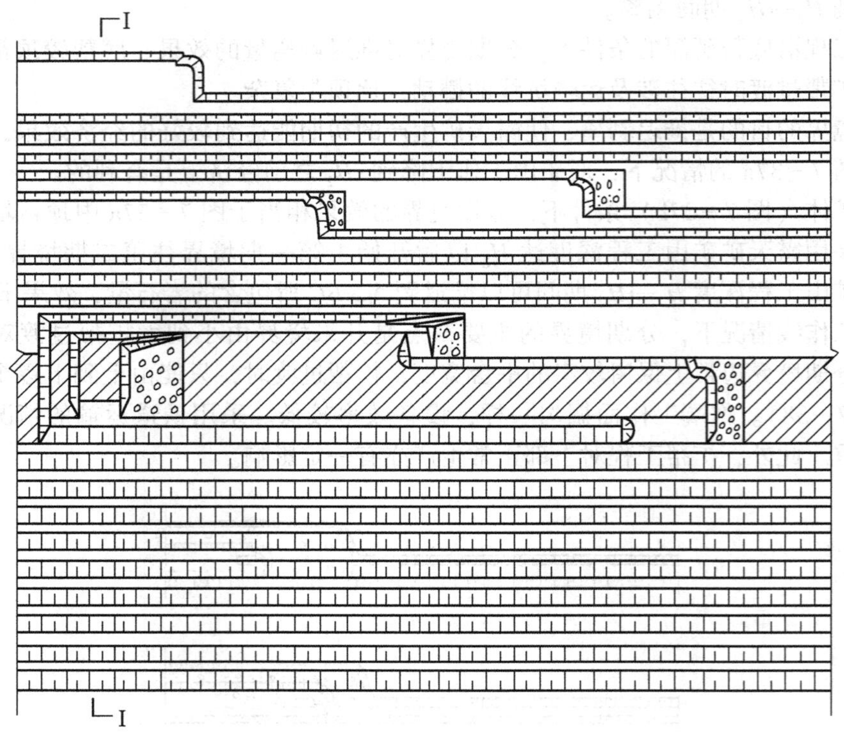

I—I 剖面

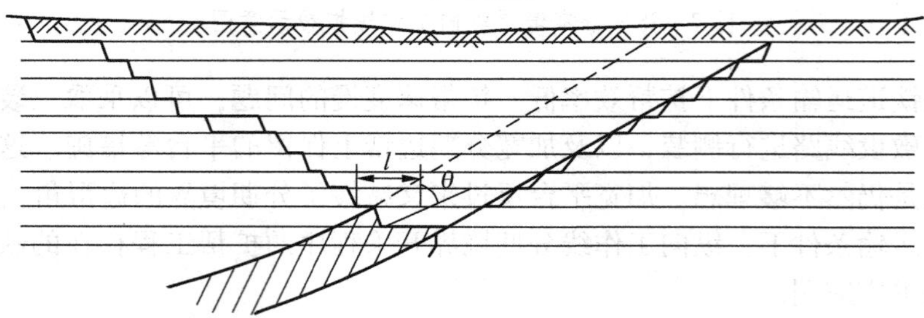

图 7-39 倾斜煤层分期境界横向工作线开采程序示意图

分组中台阶数目按下式计算：

$$N_g = \frac{L}{l_s} \tag{7-17}$$

$$l_s = l_w + l_z + l_b + l_T$$

式中 L——露天矿走向长度，m；

l_s——露天矿横工作线沿纵向的间隔距离，m；

l_w——采掘区长度，m；

l_z——穿孔区长度，m；

l_b——富余区长度，m；

l_T——运输调车配车区长度，m。

分期境界的数量，关系到扩帮过渡的次数，影响采出的矿岩量和生产剥采比的时间分配。

在工作线横向布置条件下，主要采用多排孔微差压碴爆破，抵抗线方向主要为纵向，因而对下部台阶的生产影响较小。此外，采用单斗铲—汽车运输开采工艺条件下，设备调动比较方便，因而趋向于多分期，以便加大工作帮坡角，减少初期剥离量。

由分期境界数所决定的每次扩帮推进距离，亦即横向工作线长度 l，其大小可按式（7－4）或下式计算：

$$l = n_y\left[h(\cot\theta + \cot\alpha) + b + \frac{b_t}{n}\right] \qquad (7-18)$$

式中　n_y——分期境界每次扩帮延深水平数；

h——台阶高度，m；

θ——倾向方向的矿山工程延深角，(°)；

α——台阶坡面角，(°)；

b——运输或安全平台宽度，m；

b_t——坑线平台宽度（工作帮上不设移动坑线时，$b_t=0$），m；

n——开拓坑线折返一次直进通过的台阶数。

图 7－40 表示每次延深三个台阶的推进量。

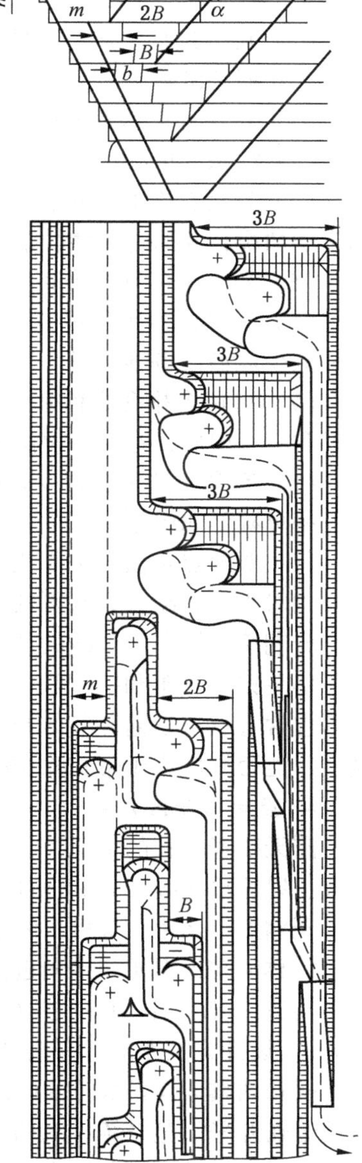

图 7－40　横向工作线纵向推进开采程序示意图（每次延深三个台阶的推进量）

分期境界横向工作线沿纵向推进的情况下，沿纵向推进的工作帮坡角是比较缓的，沿倾向推进的工作帮坡角则比较陡，可达到 20°以上。所以，分期境界横向工作线的开采程序，与组合台阶类似，实质上就是加大工作帮坡角，以达到较有利的剥离量分配。组合台阶开采时，采掘设备作业集中在每组台阶中的一个台阶上，设备不宜多。当分期境界横向工作线开采时，采掘设备分散配置在各台阶上，可设置较多设备。

横向工作线可以从露天矿的一端向另一端单向推进，也可以从露天矿中间某一有利位置向两端双向推进，或者由两端向中间推进。双向推进时布置工作线较多，开采强度较大。

以上阐述的是有关倾斜矿体露天矿分期开采横向工作线的情况，这时矿体的底板为露天矿的底帮，是固定帮和非工作帮。工作帮由矿体底板向顶帮推进。在急倾斜矿体情况下，通常在矿体内以基坑形式开拓准备水平，以横向工作线沿纵向推进。在矿山工程延深过程中，由顶帮和底帮分别向两侧推进，每侧的开采程序与上述倾斜露天矿的单侧是相类似的。

为了缩短运距，通常采用移动坑线，或把开拓坑线设在端帮。

倾斜和急倾斜矿体的宽深露天矿，采用分期境界横向工作线的开采程序，集中了分期开采和横采的主要优点。具体包括以下优点。

（1）露天矿倾向方向工作帮能保持较大的工作帮坡角，有的矿其值与最终帮坡角接近相等，因而使露天矿的剥离量能较合理地分配，以较有利的生产剥采比进行生产，从小到大逐步增加。初期基建工程量也较小。露天矿投产后能迅速盈利，投资回收较快，利于扩大再生产。

（2）可以选择矿体厚、质量好和覆盖层薄的有利部位开始发展矿山工程，进一步提高露天矿初期经济效果。

（3）在深部矿床勘探程度不够的情况下，不影响露天矿开发，可以在露天矿生产过程中继续弄清深部情况，不致造成因上部台阶推进超过开采境界线而引起无谓的剥离损失。

（4）边帮存在时间短暂，比较稳定，可以采取较陡的边帮角。可以根据分期境界边帮稳定的情况，并通过实践摸清岩性和构造，得出经济合理的边帮角。

（5）新水平的开拓准备工程量少，延深速度快，有利于加大露天矿开采强度。

（6）采场内运距较短，采场汽车道路使用时间较长，维护质量好，有利于提高运行速度和减少运输设备维修量。

（7）可用多排孔毫秒微差爆破，穿爆作业集中，爆破次数少，设备作业率高，爆破质量好和减少根底，有利于提高采掘设备效率。

（8）有利于选采，减少矿石损失和贫化。据矿山统计资料，矿石贫化率可降低 45%，损失率可降低 30%。

其主要缺点是横向工作线较短，设备调动频繁，以及上部台阶的作业对下部有些影响。相对来说，缺点是次要的，是可以设法克服或减轻的。

分期境界横向工作线的开采程序，目前还只适用于单斗铲—汽车运输开采工艺条件，对于单斗铲—汽车和铁道联合运输开采工艺，单斗铲—汽车和带式输送机联合运输开采工艺等包含有汽车运输环节的开采工艺系统来说，也是不成问题的。鉴于这种开采程序的优越性，能否推广用于带式输送机运输、铁道运输或其他运输形式的露天矿是值得研究的。

4. 沿走向分区开采

露天矿场较长的情况下，沿走向分区，初期集中发展剥采比和矿石品位等条件有利的区段，以后再接续开采其他部分，经济上是有利的。此外，还可以利用已采区作为内排土场，既缩短了运距，又可以缩小外排土场的占地面积。

霍林河露天煤矿，走向近南北，浅部为单斜构造，倾角 5°～16°，向西倾斜，深部有向斜构造，可采煤层有 9 层（有的局部发育），走向长近 10 km，终了开采深度预期 300～500 m。设计方案考虑首采南区，然后向北推进，利用采空区内排。

抚顺西露天煤矿长近 6 km，煤层走向近东西，向北倾斜，煤层厚，主要采用单斗铲—铁道运输开采工艺系统，纵向工作线，顶板露煤，工作帮由底板向顶帮推进的开采程序，鉴于煤层西厚东薄，差别很大，改建后改为集中开采西区并利用西区采空区内排的方案，显示出经济上有很大的优越性。

五、近圆形露天矿

露天矿场的平面形状接近圆形，它是由一定的矿体埋藏条件造成的。例如，出露在孤立山峰周围山坡上的近水平矿体、盆形矿体，以及柱状矿体等。

1. *近水平矿体或盆形矿体的露天矿*

当露天矿周边的覆盖层较薄时，通常采用工作线圈形布置，工作帮由外向内推进，反之当中间的覆盖层较薄或矿体较厚时，工作帮也可以从内向外推进。

排土线亦相应地以圈形布置，随着工作帮的推进向前发展。

根据不同的覆盖层厚度和埋藏条件，也可以采取前面谈到的倒堆，划分条区剥离物横向运输等开采程序。

2. *急倾斜柱状矿体露天矿*

由于矿体集中在露天矿场中间，通常宜采取工作线圈形布置，矿山工程沿矿体延深，工作帮由内向外推进的开采程序，如图 7－22 所示。矿石可经位于矿体中间的溜井向下运输。

当露天矿较深时，也可采取分期境界、横向工作线沿露天矿周边推进（亦即以露天矿中心为回转中心的扇形推进）的开采程序。

这种露天矿通常不宜采取工作线由外向内推进的开采程序，因为周边都是岩石，基建剥离工程量太大，经济上不合理。但是，在露天矿较浅或矿体呈上大下小的形态等条件下，由外向内推进也许是可取的。这时可沿四周边帮设置开拓运输坑线，各水平的工作线围绕各自的回转中心扇形推进。

第五节　矿山工程延深方向及程序

一、矿山工程延深方向

在露天矿场达到最深水平之前，随着工作帮的推进，矿山工程不断延深。延深方向可以因延深水平不同而有所变化。

露天矿某开采水平的延深方向，是指该水平开段沟相对于上一水平开段沟位置的错动方向，可用延深角 θ 表示。延深角即延深方向与工作线推进方向的夹角，如图 7－41 中，第二水平的延深角为 θ_1，第 5、6 水平的延深角为 θ_2。

在山坡部分延深时（图 7－41），延深方向通常与山坡倾斜方向相一致，以便减少新水平的开拓准备工程量。这时延深角随山坡坡角的变化而变化。

倾斜与缓倾斜矿体的凹陷露天矿，以矿体底板为露天矿的底帮，通常可沿矿体延深，延深角等于矿体倾角，并随矿体倾角的变化而变化。图 7－42 中第 6 水平的延深角 θ 等于该水平的矿体倾角 γ。为了减少矿石损失和贫化，也可采取剥离工程沿矿体顶板延深（如图 7－42 中延深角 θ'），采矿工程沿矿体延深的程序进行开采。

急倾斜矿体的露天矿，为减少矿山基建剥离量和加速建矿，也常沿矿体延深，延深角与矿体倾角一致。

露天矿采取分期境界时，在改变境界的过程中，往往涉及延深角的重大改变。图 7－43 表示露天矿境界分为二期进行开采，从第 3 到第 13 水下的延深角与露天矿第一期境

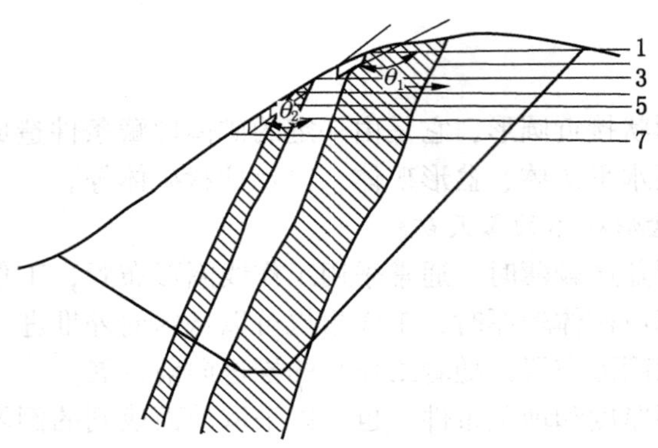

图 7－41 剥采工程延深方向（山坡部分）示意图

界的底帮边帮角 β 相一致，$\theta_1=\beta$。为了向第二期境界过渡，从 14 水平以下改变延深方向，加大延深角，其值 θ_2 大于 θ_1。

当延深角与露天矿边帮角一致时，如图 7－43 的 $\theta_1=\beta$，可利用该边帮设置固定的开拓运输线，亦即可在底帮设置固定坑线，工作帮向顶帮单侧推进。向二期境界过渡时，延深角大于露天矿边帮角，$\theta_2>\beta$，在此之前需对上部边帮进行削帮，将原先固定的非工作帮转变为工作帮，以双工作帮同时向两侧推时，因而要涉及上部边帮上大量线路的移设问题。

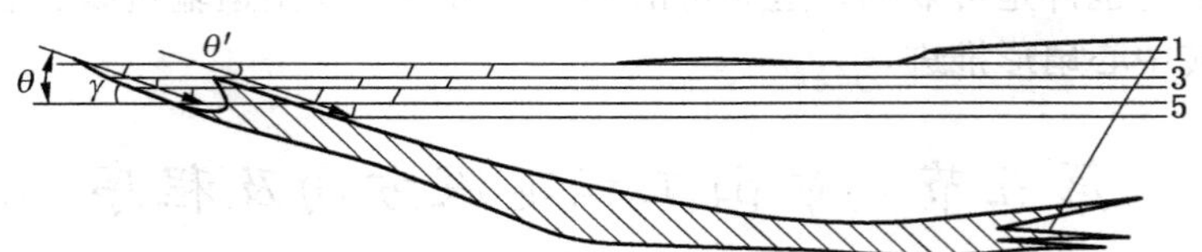

图 7－42 倾斜矿体露天矿的剥采工程延深方向示意图

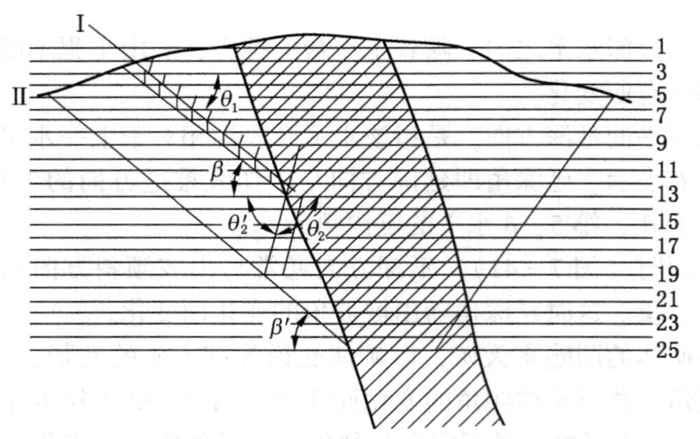

图 7－43 剥采工程延深方向（凹陷部分和分期境界）示意图

二、矿山工程延深程序

露天矿矿山工程延深程序，也就是露天矿新水平的开拓准备程序。它决定于矿床埋藏条件、露天矿形状、采用的开采工艺和开拓运输系统等因素。下面着重分析铁道运输和汽车运输条件下的新水平开拓准备程序。

1. 铁道运输的露天矿

1）固定坑线开拓运输系统

图 7-44 所示为铁道固定折返坑线开拓运输系统，设有运输坑线的一侧边帮是固定的，另一侧为工作帮，其工作线不断推进。当 $-h$ 工作水平的工作线推出一定宽度以后，可以掘进从 $-h$ 水平到 $-2h$ 水平的出入沟和 $-2h$ 水平的开段沟（图 7-44b），掘完 $-2h$ 水平开段沟的全部长度后（图 7-44c），就完成了 $-2h$ 水平的开拓准备工作。

其一般程序如下。

（1）上部水平工作线向前推进，通常称推帮，为掘进新水平的出入沟和开段沟创造条件。工作线的推进量 l 由图 7-44 中 Ⅰ—Ⅰ 剖面可求得为

$$l \geqslant B_{min} + h(\cot\theta + \cot\alpha)$$

式中 B_{min}——最小平盘宽度，m；

h——新开拓准备水平的台阶高度，m；

θ——剥采工程延深角，(°)；

α——台阶坡面角，(°)。

（2）新水平（图 7-44c 中的 $-2h$ 水平）开段沟全长拉通之前，需创造其上部 $-h$ 水平的平盘线路与固定干线的连接条件，因而应加大 $-h$ 水平一端扩帮推进量，以建立从固定干线 $-h$ 水平平盘的端部环线。

（3）掘进新水平的出入沟和开段沟。

当露天矿较长时，为保证新水平出入沟和开段沟的掘进，上部水平的工作线推进可先集中在某一段上，随着新水平开段沟延长，然后再推进其他部分工作线。

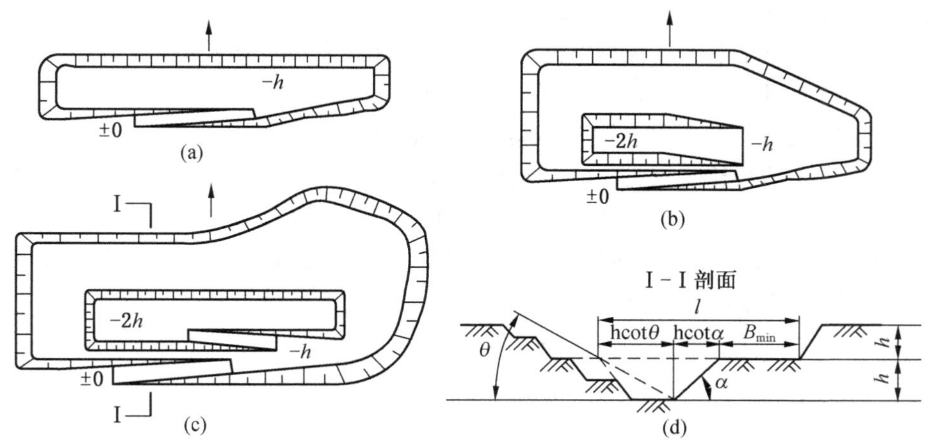

图 7-44 固定坑线条件下的新水平开拓准备程序示意图

2）移动坑线

图 7-45 中，工作帮一侧设有运输坑线，整个台阶被划分为两个分台阶，俗称三角掌子。随着工作帮上、下两分台阶工作线推出一定距离之后，开始掘进 $-h$ 到 $-2h$ 水平的出入沟和 $-2h$ 水平的开段沟（图 7-45b）。接着将上述沟道位于工作帮一侧的工作线推进一

定距离后，开始向着反方向延长$-2h$水平的开段沟，如图7－45c所示。

在移动坑线开拓运输系统情况下，由于存在干线平盘，上部水平为保证新水平开拓准备所需的工作线推进量较大，其值可计算如下（图7－45剖面Ⅰ—Ⅰ）：

$$l \geqslant B_{min} + B_{Tmin} + h(\cot\theta + \cot\alpha)$$

式中 B_{Tmin}——干线平盘最小允许宽度，m；

其他符号含义同前。

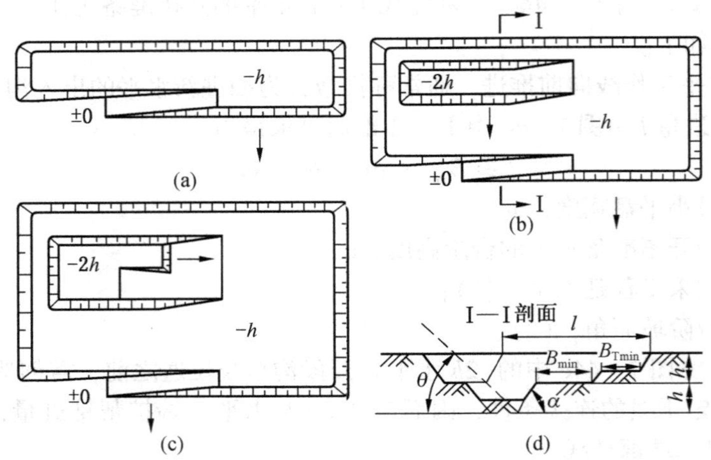

图7－45 移动坑线开拓时的新水平开拓准备程序示意图

2. 汽车运输露天矿

由于汽车运输机动灵活，具有爬坡能力大、曲线半径小、线路敷设方便和要求的工作线短等优点，因而与铁道运输条件相比，其新水平延深程序具有以下特点。

（1）掘沟多用于平装车，因汽车运输时平装车亦能发挥设备效率。

（2）不存在因设置环线而加大推帮量的问题。

（3）可在爆破后松散矿岩上设置移动坑线（图7－46）。

（4）开段沟无须很长，仅掘出一基坑即可建立台阶工作线（图7－46）。由于汽车运输要求的工作线短，还可设置多出入沟和工作面，加快延深。

图7－46为分期扩帮横采时的新水平延深程序。为保证新水平开拓准备，上部水平的工作线应有一纵向推进量l_x和横向推进量l_y，其值可按下式计算：

$$l_x \geqslant \frac{2h}{i} + D + l_b + h\cot\theta_x$$

$$l_y \geqslant b_y + h(\cot\theta_y + \cot\alpha)$$

式中 i——公路纵坡，%；

D——平台长度，$D \geqslant 2R+B+2c$，m；

R——汽车转弯半径，m；

B——汽车车体宽度，m；

c——汽车距坡底距离，m；

θ_x——纵向延深角，(°)；

l_b——超前富余量，m；
θ_y——横向延深角，(°)；
b_y——运输平台宽度，m。

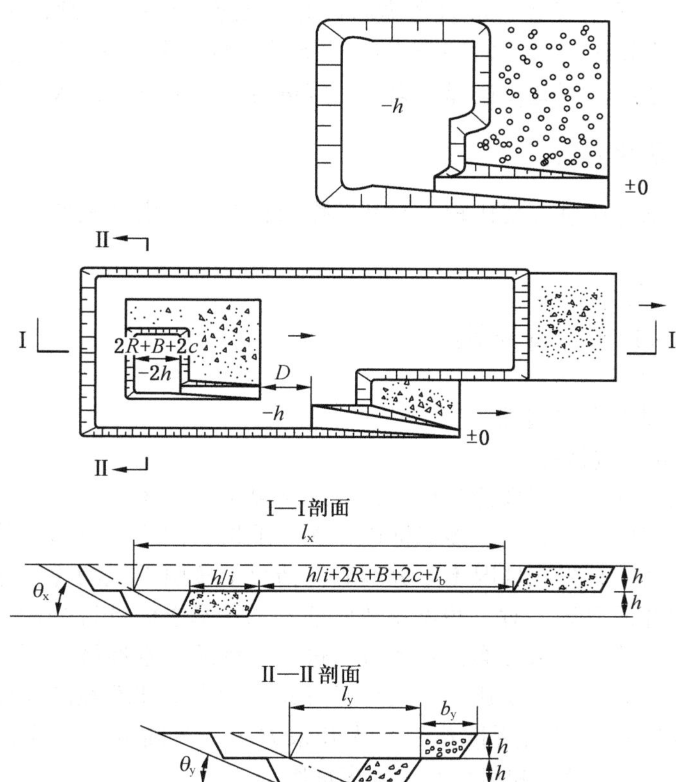

图 7-46　横采分期扩帮时的新水平延深程序示意图

图 7-47 为某露天矿采用基坑形式开拓准备新水平。

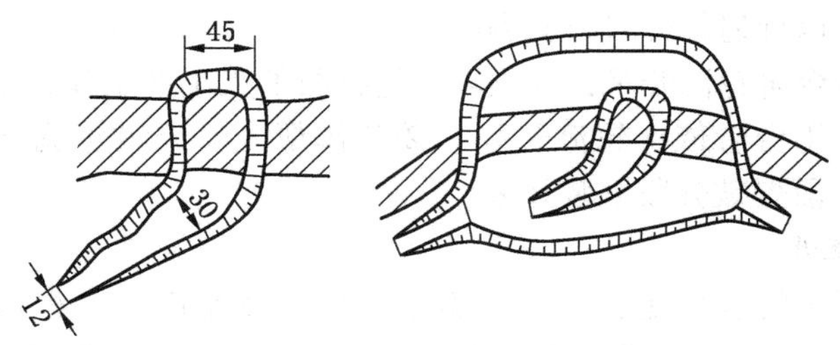

图 7-47　横采分期扩帮时的新水平延深程序示意图

第六节　开采程序优化

影响开采程序选择的因素有：煤岩赋存条件；露天矿场的尺寸和几何形状；工艺类型；开拓方式以及煤产量、质量、投产时间、达产时间等。

煤岩赋存条件主要有：煤层倾角大小；覆盖层厚薄；走向长度等。在开采程序选择时，应考虑可否形成内排土场，因为这既是近距离排土，又是减少占地的措施。走向长度（或倾向长度）与工作线长度、产量有关。

根据赋存条件和矿场尺寸，可以考虑台阶划分及台阶高度、设备选型、开拓运输系统，以及确定第一个拉沟位置。同一个矿山选择不同的开采程序、工艺系统、开拓方式，将产生不同的经济效益。因此，选择方案时，应进行多方案对比，从中择优。

一、开采程序优化方法

开采程序一般都是经过方案比较，对利弊作出权衡后产生结论性的技术决定。评价优劣包括如下指标。

（1）基建工程量。

（2）各期生产剥采比及开采期。

（3）外排量和外排运距。

（4）稳定生产期与条区过渡。

（5）总投资和吨煤投资。

递阶优代方法以系统工程理论为指导，借助于复杂大系统的研究方法——定性和定量相结合的方法，分范围、分层次、多目标逐步深入地进行优化。应用递阶优化方法进行露天矿开采程序优化时，首先在情况不十分明确的情况下按照常规的优化方法，选择若干不同工作线长度下的开采方案，对一些重要地质信息和技术指标进行分析，然后根据具体的优化目标和原则提出若干开采方案，对各方案进行详细的技术经济分析，剔除明显劣势的方案，筛选出较优方案参与方案比选。最后通过建立动态的技术经济评价模型对较优方案进行多目标评价与决策，提出所推荐的最优开采方案，并确定相关的技术经济指标。图 7－48 为应用递阶优化法设置和优化开采程序框图。

二、陡帮开采技术方案

在工作帮上部分台阶作业，部分台阶暂不作业，作业台阶和暂不作业台阶轮流开采，使工作帮坡角加陡，以推迟部分岩石的剥离。

陡帮开采主要指台阶轮流开采，根据剥岩挖掘机的大小及工作帮上的台阶数目，陡帮开采的作业方式有：①台阶依次轮流开采；②工作帮台阶分组轮流开采；③台阶（挖掘机）尾随开采；④并段爆破分段采装开采。

1. 台阶依次轮流开采

台阶依次轮流开采的实质是：露天矿整个剥岩工作帮由一台挖掘机自上而下轮流开采，先第一个台阶，再第二个台阶，依次类推，采完最后一个台阶后，挖掘机再返回到第一个台阶，重新开始下一个条带的剥离工作，如图 7－49 所示。

采用这种作业方式时，剥岩带内只有一个台阶在作业，其余台阶均处于暂不作业状态，所留平盘宽度较窄，故能最大限度地加陡工作帮坡角，获得较好的经济效益。

采用这种作业方式时，工作台阶也可以由一组（两台）挖掘机进行采掘，它们在同一个台阶上作业，一前一后，间隔一定距离，并同向采掘；也可以从端帮向中央作对向采掘。

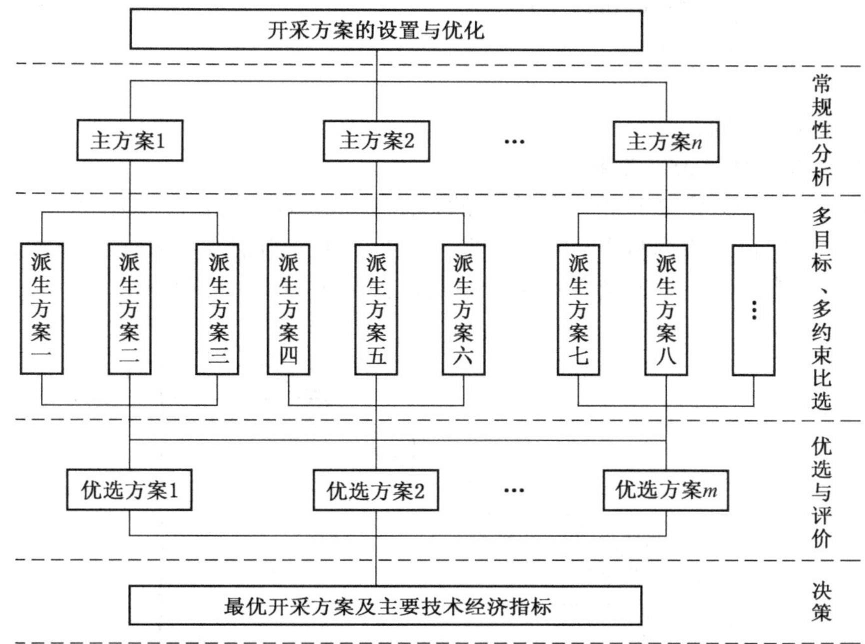

图 7-48 递阶优化法设置和优化开采程序框图

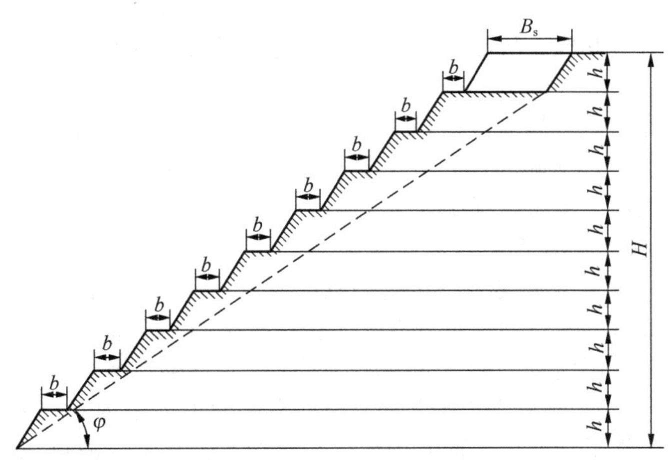

图 7-49 工作帮台阶依次轮流开采示意图

采用这种作业方式时，工作帮坡角可以陡到 25°~35°或更大，但必须保证以下条件：

$$Q \geqslant \frac{B_s H l}{T} = \frac{B_s n h l}{T}$$

式中 Q——挖掘机生产能力，m^3/a；

B_s——剥岩条带宽度（爆破进尺），m；

l——露天矿的走向长度，m；

n——剥岩帮上台阶数目，个；

h——台阶高度，m；

H——剥岩帮高度，m；

T——剥岩周期，a。

2. 工作帮台阶分组轮流开采

台阶分组轮流开采实质是将工作帮上的台阶划分为若干分组，每组 2~5 个台阶，每组台阶由一台挖掘机在组内从上而下逐个台阶进行开采，当挖掘机采完组内最下一个台阶后再返回第一个台阶作业，剥离下一个岩石条带，如图 7-50 所示。

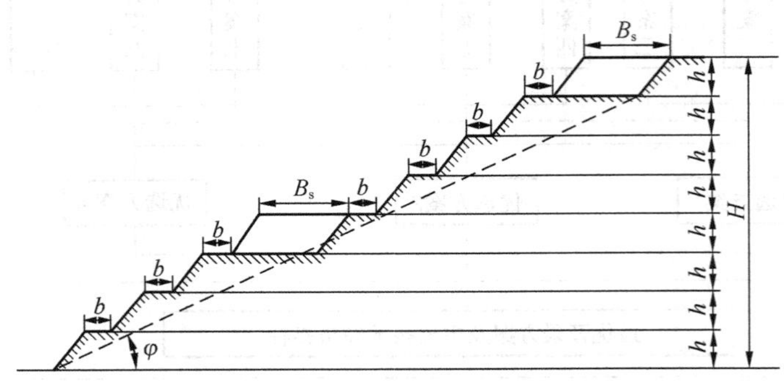

图 7-50 工作帮台阶分组轮流开采示意图

台阶分组轮流开采时，组内除正在作业的台阶外，其余台阶均处于暂不作业状态，所留平台宽度小或者直接并段，故能加陡工作帮坡角，但加陡的工作帮坡角比台阶依次轮流开采的要小。

台阶分组轮流开采时，只要与相邻组的挖掘机之间保持一定的水平距离，就可以保证安全生产。非相邻组之间挖掘机有一个或多个宽 30~50 m 或更大的平盘隔开，挖掘机即使在同一条垂直线上工作，也可以保证安全生产。

3. 台阶（挖掘机）尾随开采

台阶（挖掘机）尾随开采是指一台挖掘机尾随另一台挖掘机向前推进，如图 7-51 所示。向前尾随的挖掘机构成一组，组内有若干台挖掘机同时作业，如果一组挖掘机的生产能力尚不能满足露天矿剥岩生产能力的要求，则可以布置第二组、第三组。

采用台阶尾随开采时，各工作帮任何一个垂直剖面上，组内只能有一个台阶在作业。作业台阶保留最小工作平盘宽度，而其他台阶只保留运输平台，故可以加陡工作帮坡角实施陡帮开采。

如果露天矿有几组挖掘机同时作业，则上下不同水平的挖掘机很可能在一条直线上工作。为保证生产安全，组与组之间必须有一条宽平台隔开。

台阶尾随开采的主要优点：利用规格小的采运设备也能加陡工作帮坡角，并能产生一定的经济效益。

台阶尾随开采的主要缺点：每一个台阶要布置一台挖掘机，并且上下台阶互相尾随，必然相互影响，降低了挖掘机生产能力，因而对提高陡帮开采的经济效益不利。

4. 并段爆破分段采装开采

这种作业方式的实质是将工作台阶并段进行穿孔爆破，然后在爆堆上分段进行采装，

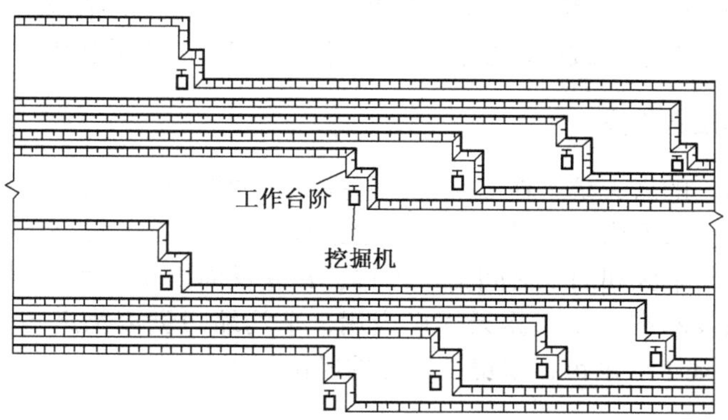

图 7－51　工作帮台阶（挖掘机）尾随开采示意图

它靠减少爆堆占用的宽度来加陡工作帮坡角。

三、端帮靠帮开采技术方案

靠帮开采是指通过底部境界外扩或地表境界内缩来提高边坡角度，通过提高资源回收率或降低剥离量，实现提高经济效益或降低成本投入的目的。

1. 靠帮开采的实施条件

（1）边坡稳定性较高，边坡角有增大的可能，这是靠帮开采的必要条件。

（2）靠帮开采部分要能增加煤炭采出量或减少剥离量，有较好的经济效益；

（3）靠帮开采时的工作平盘宽度、工作线长度能够满足设备布置和物料运输的要求。

2. 靠帮开采方式

靠帮开采通常有以下两种方式。

（1）下部境界外扩法。上部境界不动，下部境界向外推进，如图 7－52a 所示，*AE* 为原设计边坡，*AD* 为靠帮后边坡。此方法能够多采出煤炭，同时采出该部分煤炭的剥采比小于正常的生产剥采比，有较好的经济效益。下部境界外扩法需要从最上部平盘到最下部平盘依次扩帮，而上部平盘宽度较窄，设备作业效率降低，影响整个工作线推进强度。

（2）上部境界收缩法。下部境界不动，上部境界向内缩进，如图 7－52b 所示，*AD* 为

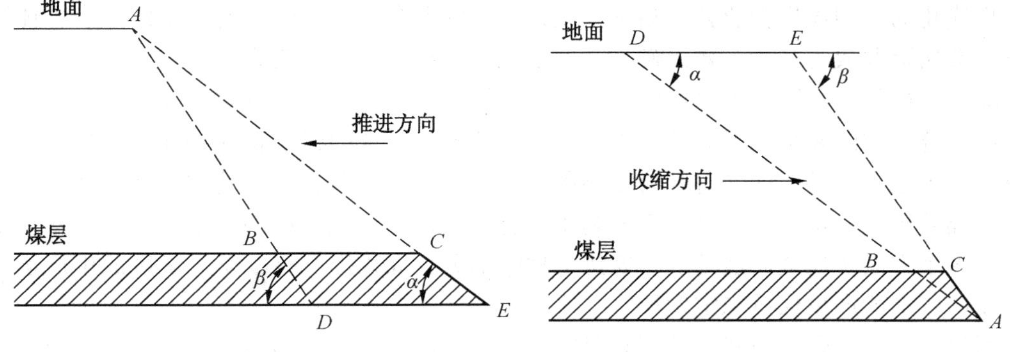

图 7－52　靠帮开采示意图

原设计边坡，*AE* 为靠帮后边坡。该方法在边坡上部没有到界的情况下才可以采用，在丢弃一部分煤炭资源情况下，减少较多剥离量，并且该部分的剥采比大于正常剥采比。

四、反向内排技术方案

对于采区式划分的露天矿，在旧采区向新采区转向期间，常规方法是剥离物绕新旧采区运输通道运送至旧采区内排土场，此时的运距较长。为了减少运距，节省内排时间，如图 7－53 所示，在新采区和旧采区间搭桥内排，建立反向内排土场，剥离物沿中间桥运送至内排土场，此项技术在安太堡露天煤矿应用，平均缩短剥离物运距 2.1 km，节约运费 9450 万元，节约土地 150 余亩，取得了较好的经济效果。

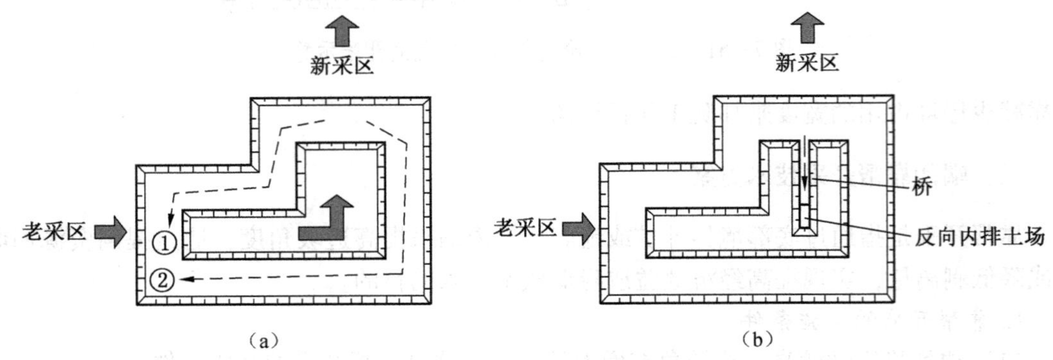

图 7－53 反向内排示意图

五、露天矿群协调开采技术方案

我国早期煤田开发受地质勘探程度、开发主体投资实力、基础建设条件、社会经济环境等因素综合影响，矿田边界的划分不完全合理，经常出现多个主体同时开发一块煤田的现象，后继出现了煤炭资源浪费、产业布局不合理等问题。20 世纪 90 年代后期，国家对资源的系统开发越来越重视，矿区总体规划成为煤田开发的必要条件，矿区开采方式和矿区资源划分更加科学，同时，国民经济的快速发展对能源尤其是煤炭资源的需求急剧增加，极大加快了煤炭工业的发展。目前，国企深化改革，煤炭企业实施兼并重组与资源整合，现代化的大型煤炭企业公司陆续成立，丰裕的资金和充足的前期工作使一个主体同时开发一整块资源成为可能，露天矿群开发模式开始出现并成为趋势。

露天矿群是对在同一个煤田或矿区内，由同一个法人主体对空间上邻近、开采时间上同步或重叠开发的多个露天矿的总称。露天矿群开发模式的典型特征是在同一矿区内，一般只有一个法人，矿区内同时开设多座露天煤矿，相互协调，共用基础设施；在产能产量安排、煤质搭配、排土场利用、土地利用和复垦、资金调配、设备调度、人员安置、安全生产等多个方面实现全局性的统筹安排与战略部署，大幅提升整个露天矿区的生产运营效率，使矿区产能产量保持稳定发展。

通过露天矿群开采空间的共享和时间上的协调可以实现相邻露天矿开采的资源回收率最大化、效益最大化。

露天矿群相邻露天煤矿若不能进行开采方案上的协调，将各自形成一个端帮压煤区域，导致煤炭资源呆滞损失。在实际开采过程中，可能遇到边界开采同步和不同步两种情况。

两个煤矿边界端帮相邻，开采进度和内排土场排土进度基本一致即为边界同步开采。两矿可通过双方的共同测量、施工方案上的协调、安全措施的共同制定，将相邻的边帮土方剥离掉，然后将煤沿着境界划分开采。受不同煤矿生产能力、工程推进进度等条件的制约，在实际开采过程中相邻露天煤矿能够实现同步开采的情况不多。

大多数相邻露天煤矿采掘场剥离、内排土场内排工作是不同步的。为了回收端帮压煤，多数煤矿采用陡帮开采，即加大帮坡角回收更多的煤炭资源。但帮坡角不能无限增大，仍有端帮煤无法采出。一旦内排工程跟进，压埋端帮，就造成端帮压煤永远呆滞，并给相邻煤矿边界处的端帮资源回收作业带来巨大困难。为此，采取相邻露天矿边界开采不同步的边帮压煤回收方案进行端帮压煤回收。当甲矿剥离时，剥离工程预先进入乙矿矿田境界内，为乙矿保留稳定的剥离台阶，同时将甲矿境内的煤采出。甲矿内排工程不得排至矿界，须预留一定宽度安全通道，为乙矿的下一步施工保留作业空间。当乙矿开采甲矿留设的作业台阶时，可以沿着甲矿留设的剥离台阶继续作业，以较少的剥离量回收到界边帮可能损失的煤。在端帮煤炭资源回收过程中，先行剥离到矿边界的一方工程会跨入临矿矿田施工，但也为临矿下一步剥采工程减少剥离量。此过程会涉及土方量的计算和征地费用问题，相邻两矿可通过协商解决。露天矿群各个相邻边界区域均可采用此方案进行端帮资源的回收。

露天矿排土工作是露天矿整个生产工艺过程中的一个重要环节。受露天矿生产成本、土地使用等影响，排土空间紧张是大部分露天矿山所共同面临的问题。相邻露天矿回采边帮压煤的同时，也增加了露天矿的排弃量，使得相邻露天矿从独立开采状态向协调开采状态过渡期间的排土空间更加紧张，可通过整合相邻排土场为一个排土场或优化排土场几何形态对设计的排土场进行扩容。

这种模式可以减少煤炭资源的浪费，避免矿区资源的无序混乱开采，提高资源采出率及资源利用效率，有效降低经营风险，使露天煤矿企业抵御市场风险的能力得以全面提升。

典型露天矿群如图 7－54 所示。

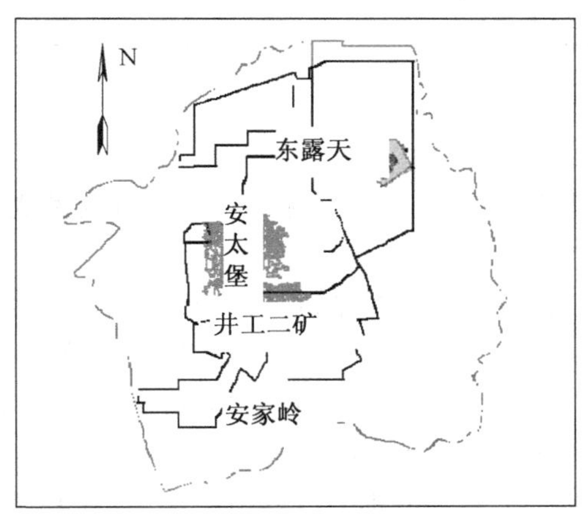

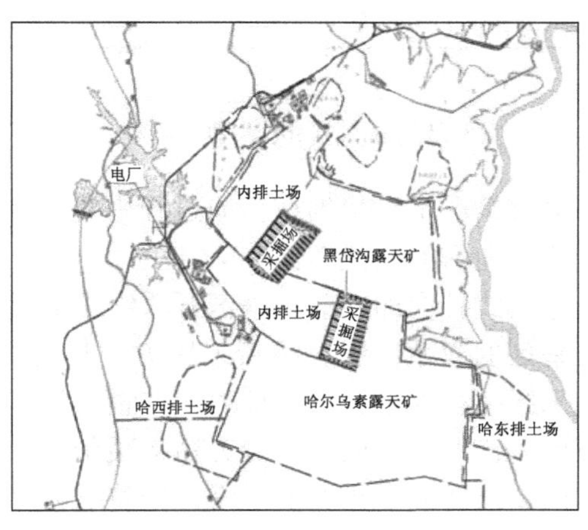

图 7－54　典型露天矿群示意图

第七节 采区转向方式

一、采区转向方式概述

大型露天煤矿煤田面积较大，在进行开发时受限于产量规模、开采强度、设备规格及使用经济性等因素，同时考虑有利于复垦和生态重建作业，根据矿床的地质条件，在技术可行和经济合理的前提下将被开采的矿田划分为若干采区，从首采区开始按照既定的开采顺序依次开采各采区，直至全矿开采结束。

分区开采转向过渡期间，剥采程序、内外排程序、内外排土场参数等问题对生产成本有很大的影响，采场变换、运输开拓系统的布置、设备调动等问题使生产管理更加困难。对于复杂地质条件下露天矿转向问题，还需要考虑具体情况，合理选取评价指标进行综合比选。

目前国内部分露天矿采区转向方式见表7-1。

表7-1 国内部分露天矿采区转向方式表

露天矿山	开采工艺		采区划分数目	目前工程采区	转向方式
	剥离工艺	采煤工艺			
安太堡露天煤矿	单斗—卡车	单斗—卡车—半固定破碎站	3	三采区	扇形推进
安家岭露天煤矿	单斗—卡车	单斗—卡车—半固定破碎站	3	一采区后期	L形转向（研究）
黑岱沟露天煤矿	轮斗—胶带—排土机（黄土） 拉斗铲倒堆和单斗—卡车（岩石）	单斗—卡车—半固定破碎站	3	二采区	留沟缓帮
霍林河南露天煤矿	单斗—卡车—半固定破碎站	单斗—卡车—半固定破碎站	3	一采区	—
伊敏河露天煤矿	单斗—卡车	单斗—自移式破碎站	3	二采区	扇形推进
胜利西一露天煤矿	单斗—卡车	单斗—卡车—半固定破碎站	3	一采区	—

二、采区转向方式的类型

通常情况下，根据在转向过程中是否需要重新开掘出入沟，将转向方式分成两大类：连续式转向和间断式转向。

连续式转向即在前一采区开采终了的基础上，利用形成的靠帮工作面或端帮自由面作为新采区的起始位置，沿新采区方向进行扩帮工程。连续式转向因不需要重新开掘出入沟，采区接续性好，可保证煤炭产量的均衡性。根据新采区工作面的位置及新采区开采准备方向，连续式转向又可分为留沟缓帮连续式和扇形推进连续式两种。

间断式转向是指在前一采区即将靠帮到界时，在下一相邻采区重新开掘出入沟并形成新工作面的过渡方式，也称重新拉沟转向方式。因新采区要重新拉沟，基建工程量大，相当于重新建矿，新、旧采区之间相互影响小甚至无干扰。

1. 留沟缓帮连续式转向方式

留沟缓帮连续式转向方式指将开采方向一次改变 90°，其本质是将原采区的端帮采用缓帮的方式逐渐变为新的采场工作帮。如图 7－55 所示，在Ⅰ采区开采终了前，在要转向的一侧留沟内排，当Ⅰ采区最上部台阶到界后，将采矿设备调到原留沟的端帮进行恢复工作帮剥离，到界一个调走一个，依次调离。Ⅰ采区全部到界时，Ⅱ采区已逐步将原端帮恢复成工作帮，完成了 90°转向过渡。

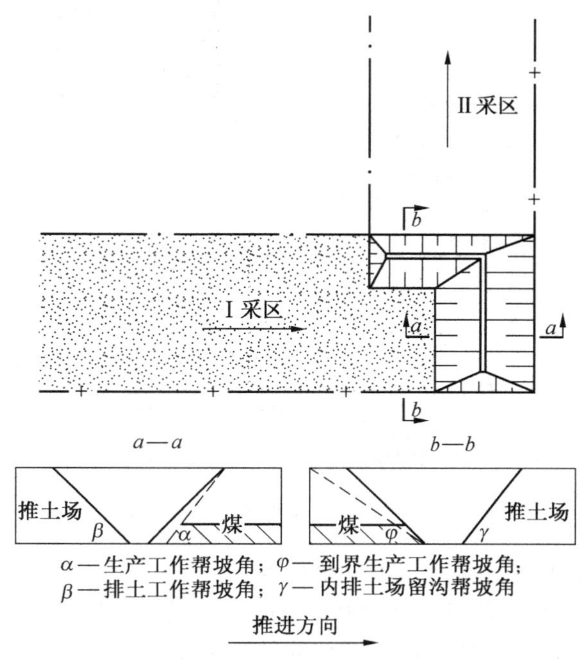

图 7－55　直角留沟缓帮采区转向方式

留沟缓帮连续式转向方式有以下特点。

（1）由于需要留沟内排，旧采区一侧端帮将无法布置运输通道，矿山运输将变双环运输为单环运输，增加卡车的内排运距（一般情况下双环运输变单环后增加运距为 1/2 工作线长度），从而增加运输费用。

（2）由于留沟，内排空间减少，相应的剥离量需加高内排土场或外排来解决，加高内排土场需要增加剥离物运输的高程，运输成本高，增加外排量需增加征地费用。

（3）随着运距的增加，在运输能力不能满足生产的情况下，需增加运输设备投资。

（4）由于旧采区终了与新采区缓成工作帮需同时完成，旧采区的采空区不能充分得到利用，因而会造成内排空间的浪费。

（5）转向前后工作面位置接近，一般不需另做延深来保证开拓储量，因此在矿石品质、产品供应等方面容易保证。

（6）转向过程中采运设备逐台调动，而且调动距离不大，因此设备管理较简单。

2. 扇形推进连续式转向方式

扇形推进连续式转向方式指各剥离采装工作线以各自的回转中心朝同一方向呈扇形状

旋转推进，直至原采区工作面与新采区推进方向垂直。如图 7－56 所示。其本质是通过调整工作线内外两侧推进强度，使工作线向预定方向旋转。

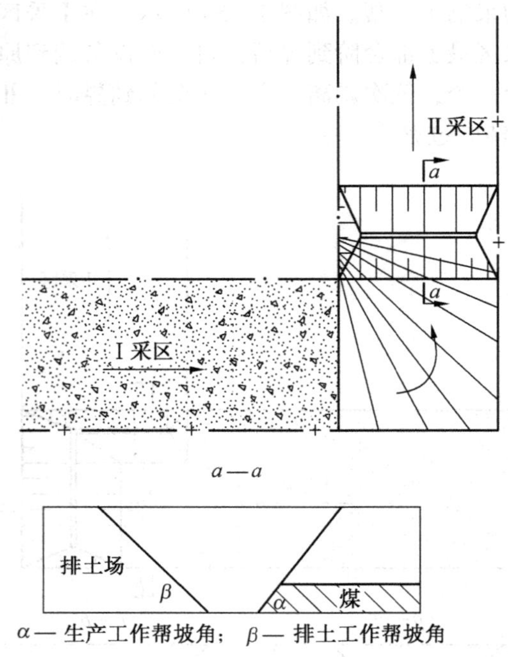

α— 生产工作帮坡角；β— 排土工作帮坡角

图 7－56 扇形推进采区转向方式

扇形推进连续式过渡方式具有以下几个特点：

（1）转向期间外侧工作面需超前剥离，超前剥离量需通过加高内排土场或排往外排土场来解决，但与留沟缓帮连续式相比，增加的外排量要小得多。

（2）由于转向期间采场工作线两侧的推进强度不同，所以在煤质搭配方面可能出现问题。

（3）采掘台阶内外采用不等幅开采，生产管理较复杂。

（4）转向期间剥离物料仍可实现双环运输，但运距由于外侧端帮的加强推进而有所增大，但该方式对剥离物运距的整体影响不如留沟缓帮方式大。

（5）开拓运输系统连贯，有利于提高开采系统的生产效率。

3. 重新拉沟转向方式

重新拉沟转向方式指原采区到界前，在露天开采境界初期剥采比较小、煤质较好的位置重新拉沟基建，形成新的采场与工作线，如图 7－57 所示。

重新拉沟转向方式具有以下特点。

（1）新、旧采区之间接替过程中，重新开掘出入沟，剥离工程量较大，前期外排量巨大。

（2）新、旧采区同时作业过渡期剥离量增大，引起设备数量增加。

（3）因重新拉沟，采区间相互影响小，采区可实现全压帮内排，采用双环运输，减小运输距离。

（4）新采区初始拉沟位置可按建矿首采区拉沟原则选取，可选剥采比小、煤质好、距

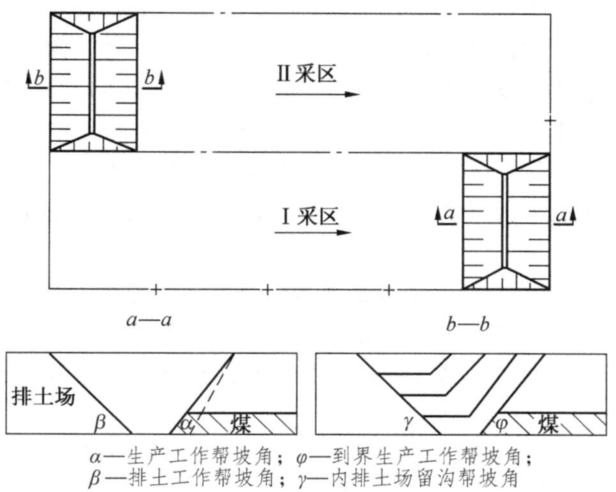

图 7－57　重新拉沟转向方式

工业广场近等有利条件处开掘，可根据具体情况调整，较灵活，可以保证前期良好的经济效益。

三、转向方式选择的影响因素

露天矿采区转向方式选择关系到转向期间和转向后采区开拓运输系统布置、生产剥采比等指标，直接影响到露天矿的经济效益。对于资源和生产条件一定的露天矿，全面研究影响露天矿采区转向方式选择的各种因素具有十分重要的意义。

（1）露天矿生产工艺。露天矿生产工艺的确定，尤其是矿山物料的运输方式选择对采区转向方式选择至关重要。不同生产工艺对转向方式的适应程度见表 7－2。

表 7－2　不同生产工艺对转向方式的适应程度

开　采　工　艺	留沟缓帮	扇形推进	重新拉沟
单斗—铁道间断工艺	较高	中	高
单斗—卡车间断工艺	高	较高	高
轮斗挖掘机—带式输送机连续工艺	较高	高	中
单斗—可移式破碎机—带式输送机半连续	较高	高	中
单斗—卡车—半固定式破碎机—带式输送机半连续	高	高	中
拉斗铲无运输倒堆工艺	较高	低	中

（2）露天矿内排方式。按照内排土场与采场边帮之间的关系，露天矿内排方式分成不压帮、半压帮和全压帮三种内排方式。如前所述，扇形推进转向方式相对于留沟缓帮方式的主要优势为留沟会导致内排运距和外排量显著增加，但对于正常生产时期即采用不压帮内排方式的露天矿来说不存在上述优势。

（3）接续采区资源赋存情况。由于间断式转向方式可选择具有初期剥采比小、煤质好、距工业广场近、有利于外排土场布置等有利条件的位置拉沟，因而在一定程度上可以弥补重新拉沟带来的基建工程量大、外排量大等不足。因而对于以单斗—卡车工艺为主的露天矿而言，可以充分利用设备机动灵活的优势考虑采用上述转向方式。

（4）外排土场选择及露天矿总平面布置。为降低采区转向期间投资和生产管理难度，一般要求尽量利用已有生产条件，如外排土场、开拓运输系统等。然而，不同转向方式在采区转向期间产生的外排量不同，可形成的开拓运输系统也不同，因此能否找到合适的外排土场和开拓运输系统的布置是否能满足开采工艺的要求也是影响采区转向方式选择的重要因素。

（5）运煤干道布置。运煤干道布置是露天矿开拓运输系统的重要组成部分，露天矿采区转向研究的一个重点就是必须保证运煤通道的畅通。运煤工艺选择和运煤干道布置关系到露天矿内排方式和内排通道选择，因而对采区转向期间的剥离物外排量、内排运距等指标均有很大影响。

（6）其他因素。端帮采煤系统布置也是制约采区转向方式选择的因素之一。在存在端帮采煤系统的露天矿，采区转向期间不仅要考虑露天矿开拓运输系统的布置，而且必须考虑转向期间端帮采煤系统作业时间、运输通道、临时储矿场等坑内生产环节的布置。另外，采区转向方式选择还必须考虑征地等外部因素的限制，如果征地等外部环境准备不到位，可能限制露天矿采掘作业的开始和推进，影响矿山生产的稳定。

思考题

1. 台阶的开采程序是什么？
2. 如何计算工作帮坡角？生产中有哪些调节工作帮坡角的方法？
3. 露天矿生产现场可以采取哪些开采程序优化的方法？
4. 采区转向方式有哪些？

第八章　露天矿开拓

第一节　概　　述

一、露天矿开拓的目的和意义

露天矿开拓的目的是要开辟从地面到各开采台阶的矿岩运输通道，以建立采矿场与受矿站、排土场和工业场地的运输联系，及时准备出新的工作水平，形成合理的矿床开发系统。

露天矿开拓主要工程是掘沟或拉沟，有出入沟和开段沟两种，这里主要指的是出入沟，掘沟的主要目的是开辟运送矿岩的通道。

开拓系统是露天矿采场内运送矿岩的干线、沟道系统的总称，即出入沟系统的总称。开拓系统与运输有关，所以也将开拓系统叫作开拓运输系统。

露天矿开拓所涉及的对象是运输设备与运输通道。研究的内容是针对所选定的运输设备及运输形式，确定整个矿床开采过程中运输坑线的布置形式，以建立起开发矿床所必需的运输线路，确保矿山工程的合理性和安全性。

矿床开拓设计是露天开采设计中带有全局性的大问题，一方面受露天开采境界的影响，另一方面它影响着基建工程量、基建投资和基建时间，影响着矿山生产能力、矿石损失和贫化、生产的可靠性与均衡性，以及生产成本。

露天矿开拓系统布局要有利于开采工艺设备效能的发挥，要与全矿的总平面布置统筹安排，要能实现最合理的矿山工程发展程序。开拓方式与露天矿的技术经济指标的优劣紧密相连，它影响矿山的基本建设工程量、基建投资、矿山投产和达产期限，此外，还影响矿山的生产能力、矿石贫化、矿石损失指标和矿石成本等。开拓运输系统一旦建成，将较长期使用，不宜经常改变。因此，正确选定合理的开拓方式是十分重要的。

二、露天矿开拓分类

开拓坑道有露天坑道和地下坑道两种基本形式。根据矿床赋存条件、露天采矿场的平面尺寸、开采深度、生产规模和运输方式的不同，有不同形式的通道及其空间位置。关于露天矿开拓的分类，目前各国虽无公认统一的标准，但均以开拓坑道的某些特征作为分类依据。具体来说有如下特征。

（1）坑道坡度的陡缓——取决于采用的运输与提升方式（铁路、公路、带式输送机、提升机、溜道及联合运输）。

（2）坑道的形式——露天坑道（沟道）、地下坑道（井巷、隧道）。

（3）坑道与开采境界的相对位置——坑道设置于境界外（外部沟）或在境界内（内

部沟），坑道设置于露天矿的顶、底或端帮。

（4）坑道服务的台阶数目——单台阶（单沟）、多台阶（组沟）或全部台阶（总沟）。

（5）坑道数目——单出口、双出口（或对沟）、多出口。

（6）坑道的平面形状——直进式、折返式、回返式、螺旋式、联合式。

（7）坑道的主要用途——通过重车和空车（双向通行沟）和只通过重车或空车（单向通行沟）。

（8）坑道的固定性——空间位置是永久的（固定沟）或空间位置是暂时的（半固定或移动沟）。

上述各特征实际上存在相互联系与制约的关系。坑道坡度的陡缓，是由开采工艺系统的运输方式所决定的。陡沟开拓（坡度18°~90°）适于带式输送机和提升机运输，下分胶带运输开拓、斜坡提升开拓、溜井或竖井开拓；缓沟开拓（坡度小于6°）适用于铁路和公路运输，下分铁路运输开拓和公路运输开拓。坑道坡度的陡缓往往制约着坑道的形态、位置及数量等，因而是坑道最主要的特征，用该特征对露天矿开拓进行基本分类是科学的，也是实用的。其他坑道特征可以作为进一步分类的特征。露天矿开拓的分类见表8－1。

表8－1 露天矿开拓分类表

开拓基本分类		开拓亚类及其分类坑道特征					
		坑道形式	坑道数量	坑道位置	服务水平数	平面形状	固定性
缓沟开拓	铁道开拓 公路开拓	沟道 井巷 隧道	单出口 双出口 多出口	顶帮沟、底帮沟、端帮沟（内部沟、外部沟）	单沟 组沟 总沟	折返式 回返式 直进式 螺旋式	固定式 半固定式 移动式
陡沟开拓	运输机道开拓 提升机道开拓 溜道开拓						
联合开拓							

注：溜道是重力溜放矿岩的坑道总称（包括明槽和溜井）。

表8－1中，开拓运输系统可按开拓坑道特征及运输类型命名。在露天矿开拓的分类中，通常以运输方式为主并结合开拓坑道的具体特征来划分。例如：底帮固定（或顶帮移动）折返铁道开拓（坑线）系统、上部顶帮回返及下部螺旋固定公路开拓（坑线）系统、端帮带式输送机斜井开拓运输系统、两端帮斜坡箕斗提升开拓系统、外（内）部溜井—平硐开拓系统等。

1. 按运输形式分类

按运输形式不同，开拓方式可分六大类，见表8－2。

表8－2 按照运输形式不同对开拓方式的分类

序号	开拓方式	应用矿山实例
1	铁路运输开拓	歪头山铁矿、眼前山铁矿、抚顺西露天矿、义马露天矿、依兰露天矿、海州露天矿、新邱露天矿
2	公路运输开拓	黑岱沟露天煤矿、安家岭露天矿、胜利东二露天矿
3	带式输送机道开拓	黑岱沟露天矿、元宝山露天矿、小龙潭露天矿

表 8-2（续）

序号	开拓方式	应用矿山实例
4	提升机道开拓	峨口铁矿、大宝山铁矿、黑旺铁矿、金岭铁矿
5	平硐溜井（槽）开拓	南芬铁矿、兰尖铁矿、德兴铜矿、西沟石灰石矿
6	联合开拓	国内多数矿山都采用联合开拓的开拓方式

2. 沟道特征作为开拓方式的补充分类

根据运输形式和沟道的特征，可确定矿山开拓运输系统（表 8-3）。例如海州露天矿，采用固定折返沟道，沟道布置在采场底帮，采用铁路运输，故该矿的开拓运输系统称为底帮固定折返铁路开拓。

表 8-3　沟道的特征作为开拓方式的补充分类

分类标志	分类根据	开拓沟道名称
按坑道的形式	露天坑道 地下坑道	沟道 井巷、隧道
按沟道与开采境界的相对位置	在境界线外 在境界线内	外部沟 内部沟
按沟道所服务的台阶数目	一个台阶 多个台阶 全部台阶	单沟 组沟 总沟
按沟道数目	单出口 双出口 多出口	单出入沟 双出入沟（对沟） 多出入沟
按坑线平面形状	直进式 折返（回返式） 螺旋式 联合式	直进沟 折返（回返）沟 螺旋沟 各种平面形状的联合
按沟道主要用途	通过重车和空车 只通过重车或只通过空车	双向通行沟 单向通行沟
按沟道的固定性	沟的位置是永久的 沟的位置是暂时的	固定沟 半固定或移动沟

1）外部沟与内部沟

外部沟是指开拓沟道在地表境界之外的沟道，内部沟是指开拓沟道在地表境界之内的沟（图 8-1）。外部沟的沟道平直，对运输有利，沟道不受境界形状的影响，同时外部沟道比内部沟道在坑内运输距离缩短。

2）坑线服务水平数及每个水平沟道数

（1）单沟——一个沟道只服务一个水平，外部单沟（图 8-2）。

（2）总沟——一个开拓坑线系统服务于露天矿全部开采水平（图 8-3）。

（3）组沟——每个出入沟服务于部分台阶（图 8-4）。

（4）对沟——坑道系统的一侧通空车，另一侧通重车（图 8-5）。

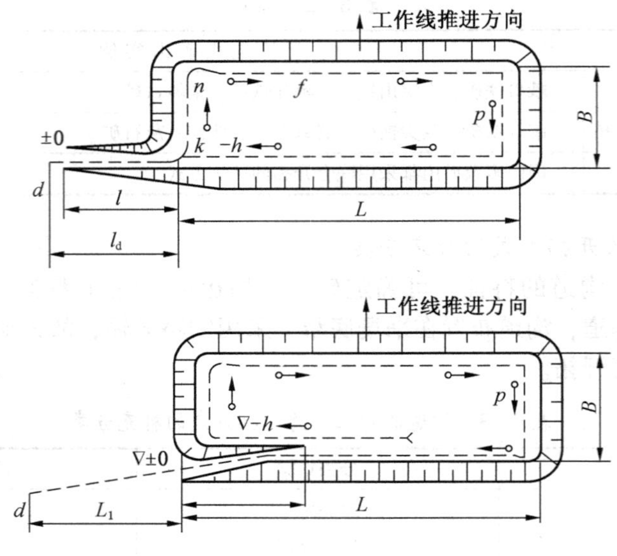

图 8－1 外部沟与内部沟比较示意图

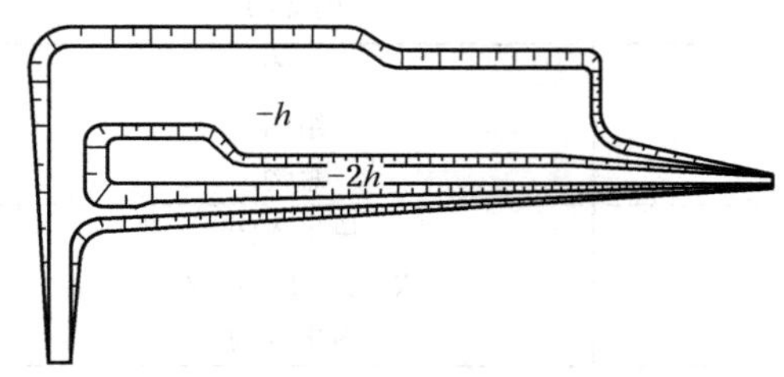

图 8－2 外部单沟开拓系统示意图

3. 坑线的固定性

（1）固定坑线：开拓坑线设在非工作帮，在开采过程中，不受工作帮推进的影响，其位置始终不变。与移动坑线相比，固定坑线的干线维护质量较好，不存在影响生产的干线移设工作，工作帮均为完整的台阶高度，穿爆、采装、运输等设备效率能得到发挥，工作帮坡角 φ 较大。其缺点是：由于非工作帮有干线存在，对于水平或缓倾斜矿层的露天矿不能进行内排排土，采场内至地表出口的平均运距较移动坑线为长，所需铁道及架线数量亦多；延深新水平的周期时间长，使露天矿的产量受到限制。

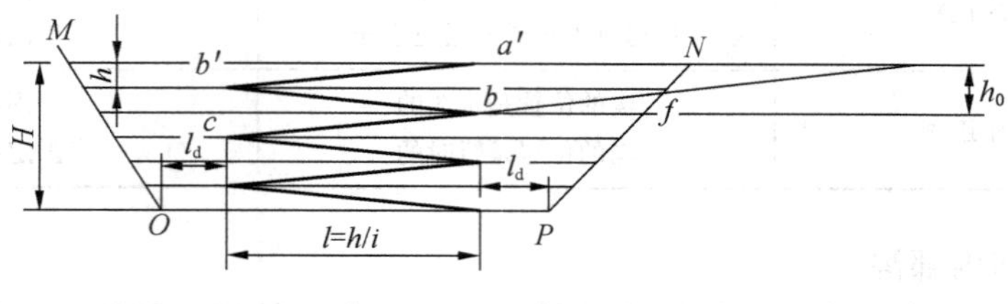

图 8－3 总沟开拓系统示意图

（2）移动坑线：开拓坑线因某种需要而设在工作帮，则随工作帮的推进而不断改变位置。对于移动坑线，工作帮上既有运输干线，又有采掘线，其所穿过的台阶被斜切成上、下两段，其高度由零变至台阶全高，在纵断面上呈三角形，俗称“三角台阶”或“三角掌子”，如图 8－6 所示。

移动坑线的优点如下。

（1）能适应各种开采程序的需要，例如用于倾斜或急倾斜露天矿矿山工程沿矿体延深的

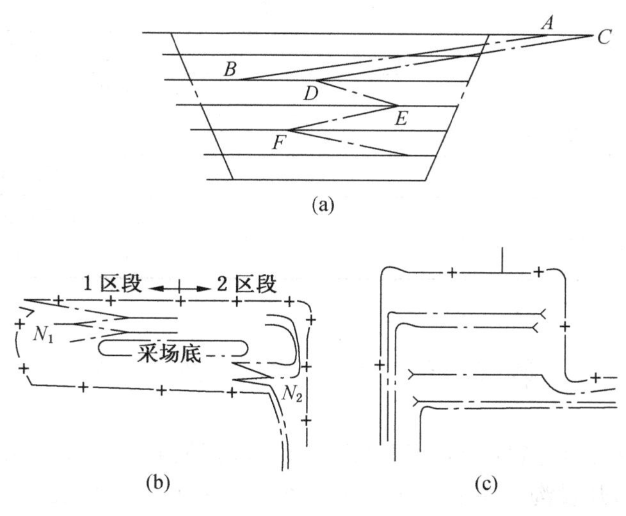

图 8－4 组沟开拓系统示意图

开采程序，有利于减少矿建工程量和减少初期生产剥采比，用于缓倾斜矿层露天矿，以便利用底板出露的采空区进行内部排土等。

（2）能适应开采境界的改变。

（3）新水平开拓延深程序简单，不必设置端帮环线，延深速度较快。

（4）可由干线车站直接向工作面配线（不需经端帮环线联络），缩短了运距及减少铁道和架线工程量与设备数量。

固定坑线跟移动坑线对比表见表 8－4。

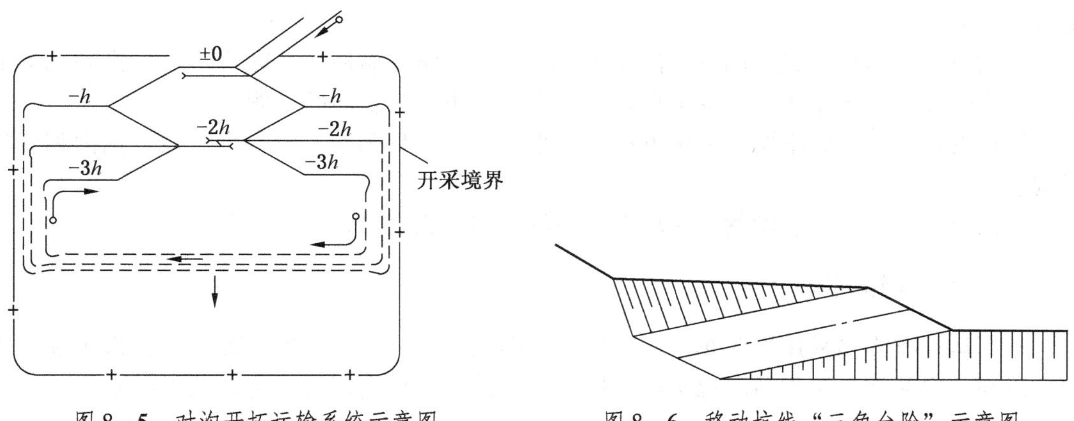

图 8－5 对沟开拓运输系统示意图

图 8－6 移动坑线“三角台阶”示意图

表 8－4 固定坑线与移动坑线对比表

项目名称	固定坑线	移动坑线
矿建工程量	大	小（可以位于矿体附近掘沟）
初期生产剥采比	小	大（由于工作帮坡角缓）
内排适应性	不	可（非工作帮没有干线，可以内排）

表8-4（续）

项目名称	固定坑线	移动坑线
适应境界变化	差	好（客观上干线就是动的）
延深速度	慢（有端帮环线影响）	快
线路质量	好	差（因经常移设造成）
设备效率	高	低（三角掌子造成）
选采条件（矿石质量）	差	好（顶板露矿）

第二节 掘沟工程

掘沟（trenching），是指露天采场延深，为准备新的开采台阶而开挖沟道的工程。掘沟包括掘进出入沟和开段沟，是露天矿新水平准备工程的重要组成部分。在露天开采过程中，无论是水平矿层的基建期间或倾斜矿层的整个生产期间，都要进行掘沟延深工程。各矿山要按照自然条件及技术条件，选择经济有效的掘沟方法。确定合适的掘沟工艺和掘沟方法，提高掘沟速度，是露天矿正常延深和持续生产的重要保证，对于急倾斜矿体的露天矿尤其重要。

露天矿的沟道有出入沟和开段沟。为建立地表与台阶或者台阶与台阶之间的通道而挖掘的沟道叫作出入沟；为建立新水平初始工作线而挖掘的沟道叫作开段沟。上述沟道掘在地表以下者为双侧沟，掘在山坡上者为单侧沟，如图8-7所示。出入沟设在边帮上可能引起扩帮，为减少扩帮量，有时可以采用倾斜巷道代替出入沟。为便于排水，开段沟一般带有纵向坡度。出入沟的坡度取决于使用的运输设备，沟道坡度不同，所采用的掘沟方法也有所不同。

掘沟方法按运输方式不同分为汽车运输掘沟、铁路运输掘沟、联合运输掘沟和无运输掘沟。无运输掘沟多用于山坡露天矿掘进的近于三角形横断面的单侧沟。

按挖掘机装载方式不同，掘沟方法分为平装车全段高掘沟、上装车全段高掘沟和分层掘沟。

掘沟应使沟底宽度、沟的纵深坡度和沟深、沟的长度符合生产要求。

一、汽车运输掘沟

汽车运输掘沟多采用平装车全段高掘沟，即在沟的全段高一次穿孔爆破，汽车驶入沟内全段高一次装运。个别情况也采用分层掘沟，由于堆积高度大，为装载设备安全，采用分层装载。

汽车运输掘沟的掘沟速度主要取决于汽车在沟内的调车方式。汽车运输调车方式有三种：回返式调车（又称环形调车）、单折返线调车、双折返线调车，如图8-8所示。

回返式调车掘沟时，空、重车入换时间短，挖掘机和汽车的装运效率最高。

折返式调车是汽车以倒退方式接近挖掘机。单折返调车时，空、重车入换时间比回返式调车多2~4倍，因而装运效率低；双折返调车是当一辆汽车装载结束时，另一辆汽车已入换完毕等待装车，因而可缩短挖掘机等车时间，提高装载效率，其掘沟速度最快，但

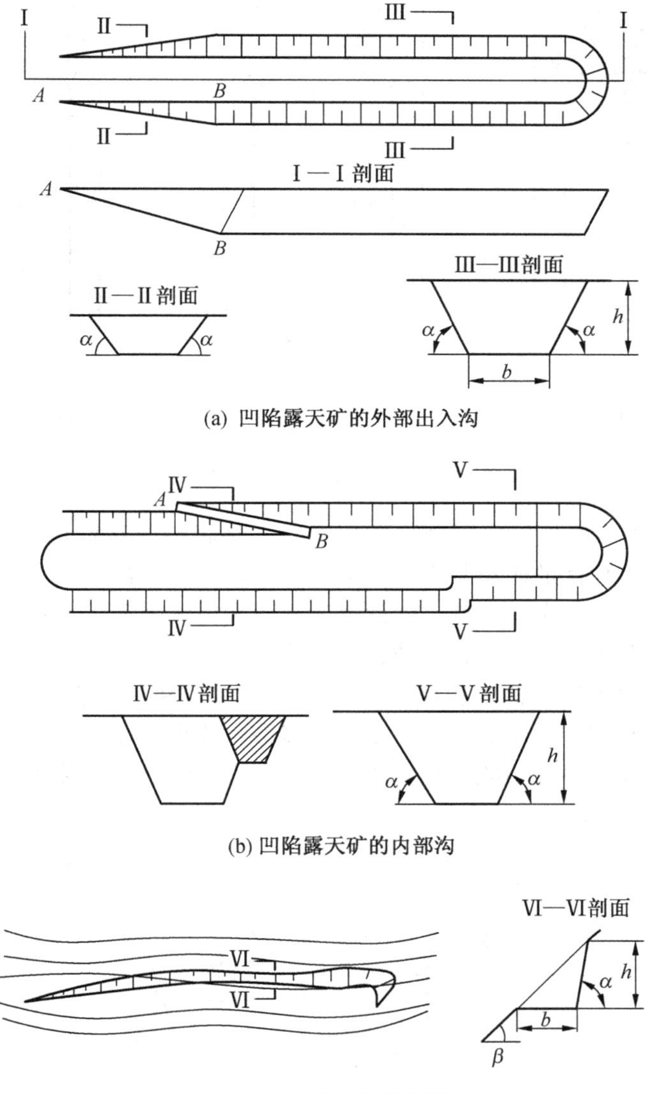

(a) 凹陷露天矿的外部出入沟

(b) 凹陷露天矿的内部沟

(c) 山坡露天矿的沟道

图 8－7　露天矿沟道的种类

所需汽车数量较多。当汽车数量供应充足时，可采用双折返调车方法掘沟，否则宜采用回返式调车法掘沟。

为加速新水平准备，可将堑沟分成几个区段同时掘进；为方便汽车出入工作面，在每个区段设置临时斜沟，而临时斜沟一般应为堑沟的一部分，待各区段堑沟掘完后再处理临时斜沟。

二、铁路运输掘沟

1. 全断面掘沟

全断面掘沟有平装车和上装车两种。

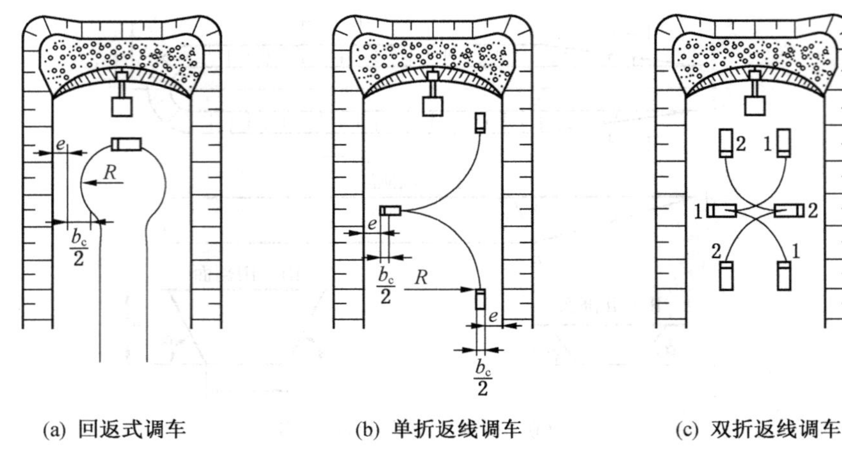

图 8-8 汽车运输掘沟调车方式示意图

（1）如图 8-9 所示，平装车全段高掘沟时，将路铺设在沟内，空列车驶入装车线，挖掘机向靠近尽头工作面的矿车装载，每装完一辆车，列车被牵出工作面，将重车甩在调车线上，空列车再进入装车线装载。如此反复直到装完整个列车，重载列车驶向沟外会让站后，另一列空车驶入装车线进行装载，即梭式调车法。

这种掘沟方法由于列车解体和调车频繁，空车供应率低，在掘沟过程中线路工程量大，装运设备效率和掘沟速度低，虽然创造了多种平装车作业方法，使装运设备效率和掘沟速度指标有所提高，但远不能满足强化开采的要求。因此，平装车全段高掘沟方法在生产中应用渐少。

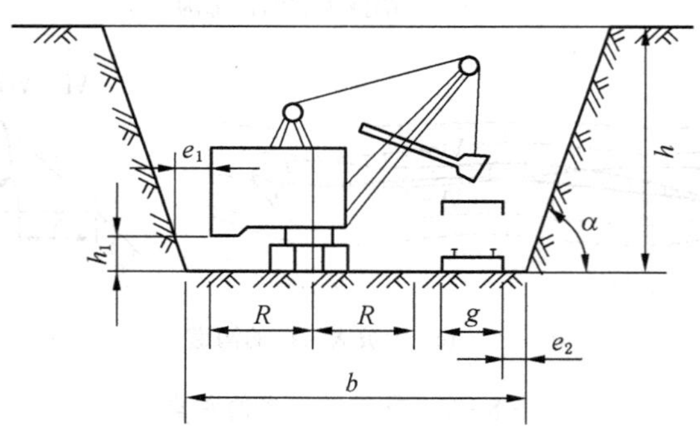

图 8-9 铁路平装车全段高掘沟示意图

（2）为克服平装车的不足，将装车线铺设在沟帮的上部，用长臂铲在沟内向上部的自翻车装载，此即上装车全段高掘沟，如图 8-10 所示。

长臂挖掘机在沟内向上部的列车装载，每装完一辆矿车，列车向前移动一次，逐个装完整列矿车。这种掘沟方法列车不需要解体，可缩短调车时间，沟内不铺设铁路，工作组织比平装车掘沟简单，挖掘机利用率较高，掘沟速度较快。

2. *分层掘沟*

在没有长臂铲的情况下，为提高掘沟速度，可用普通规格的挖掘机或半长臂挖掘机进行上装车分层掘沟，如图 8-11 所示。图中数字为掘进分层的顺序，随着分层的掘进，线

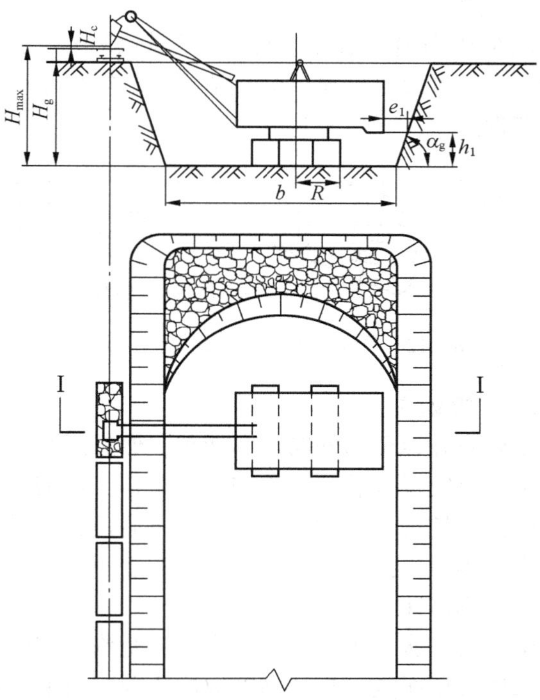

图 8-10　铁路运输上装车全段高掘沟示意图

路向图中箭头所示位置移设。

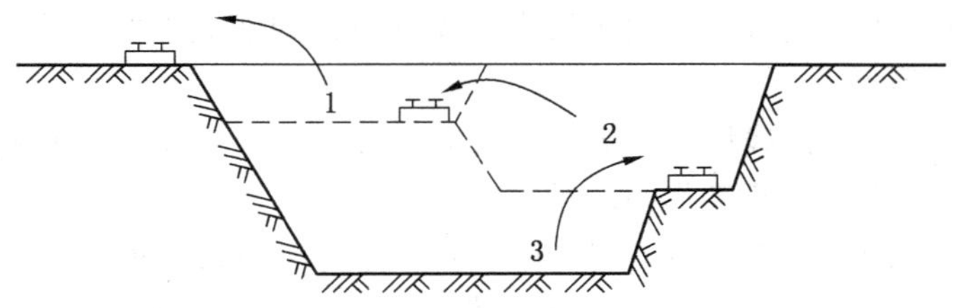

图 8-11　上装车分层掘沟示意图

采用分层掘沟时，列车也不需解体调车，因而装运设备效率较高。必要时可增加装运设备，在上分层超前下分层的情况下，几个分层可同时作业，以加快掘沟速度。但分层掘沟的掘进断面较大，掘沟工程量增加；线路工程量大，必须在所有分层掘完，堑沟才能交付使用；若采用分层爆破时，钻孔较浅，孔网较密，每米炮孔爆破量较少。

总之，采用铁路运输掘沟时，不论哪种掘沟方法均比汽车运输掘沟速度慢，掘沟工程量大，新水平准备时间长，因而不利于强化开采。

三、联合运输掘沟

在铁路运输开拓的露天矿，为提高掘沟速度，加快新水平的准备，可采用汽车—铁路联合运输掘沟。在汽车运输开拓的露天矿，当掘沟的岩土松软或者爆破后的岩块较小时，也可采用前装机—汽车运输掘沟。

1. 汽车—铁路联合运输掘沟

如图 8-12 所示，汽车在沟内平装车，运至沟外转载平台上，将岩石卸入铁路车辆后，运往排土场。转载平台位置应尽量靠近会让站，以缩短列车会让时间，其结构形式不宜复杂，应有利于设置和拆除。

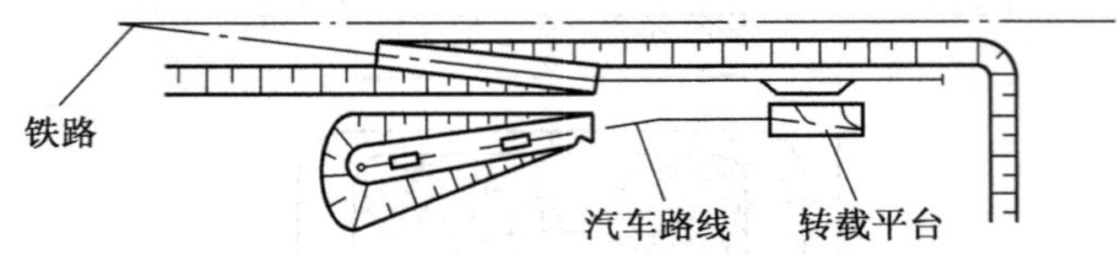

图 8-12 汽车—铁路联合运输掘沟示意图

2. 前装机—汽车联合运输掘沟

在沟内用前装机挖掘岩石并运至沟外向汽车转载，然后运往排土场。当堑沟距地表和排土场很近时，前装机可独自完成采装、运输和排弃工作，不需汽车转运。

前装机在倾斜堑沟内向下挖掘岩石时，可阻止机体后退，能减少铲斗挖取时间，提高生产能力；前装机在沟内可倒退出沟外，故所需沟底宽度小。由于设备效率的提高和掘沟工程量的减少，因而能加快掘沟速度。

前装机掘沟可分为全段高一次掘进和分层掘进。当堑沟较浅时，可采用全段高一次掘进；当沟道较深时，宜采用分层掘进，分层高度取决于前装机的工作参数。

四、无运输掘沟

无运输掘沟也称倒堆掘沟，是采用机械铲、拉斗铲和轮斗铲—悬臂排土机等设备，将剥离物就近堆排的一种掘沟方法。由于没有运输环节，因而成本低，效率高。

1. 拉斗铲倒堆掘沟

拉斗铲挖掘机的特点是线性尺寸大，掘沟时站在沟道上部水平，将物料卸于沟道一侧或两侧。通常有端工作面和侧工作面两种方式。

端工作面掘沟如图 8-13a 所示，拉斗铲挖掘机站在偏离沟道中心线一边，距坡顶线有一定距离的走行线上工作，向一侧排土。其堆排断面 S_p 与沟断面 S_j 之间有如下关系：

$$S_p = S_j \cdot K_n \tag{8-1}$$

式中 K_n——岩石在排土带中的松散系数。

拉斗铲规格应达到：

$$R_x \geqslant m + C + H_p \cot\beta \tag{8-2}$$

式中 R_x——拉斗铲卸载半径，m；

C——排土堆坡底线至沟道坡顶线的安全距离，m；

H_p——排土高度，m；

β——排土堆稳定角，(°)；

m——拉斗铲走行线至堆排一侧的沟道坡顶线距离，m。

通常：

$$0 \leqslant m \leqslant \frac{b}{2} + h\cot\alpha$$

式中 α——排土一侧的沟道坡面角，(°)；

b——沟道底宽，m；

h——沟道深度，m。

当 $m=\dfrac{b}{2}+h\cot\alpha$，即拉斗铲站在沟道中心线上工作时，可向沟道两侧排土，如图 8-13b 所示。其设备规格应满足：

$$R_x \geqslant m + C + H_p\cot\beta \tag{8-3}$$

$$S_j = h(b + h\cot\alpha) \tag{8-4}$$

$$H_p \geqslant \sqrt{\frac{K_n \cdot S_j}{2\cot\beta}} \tag{8-5}$$

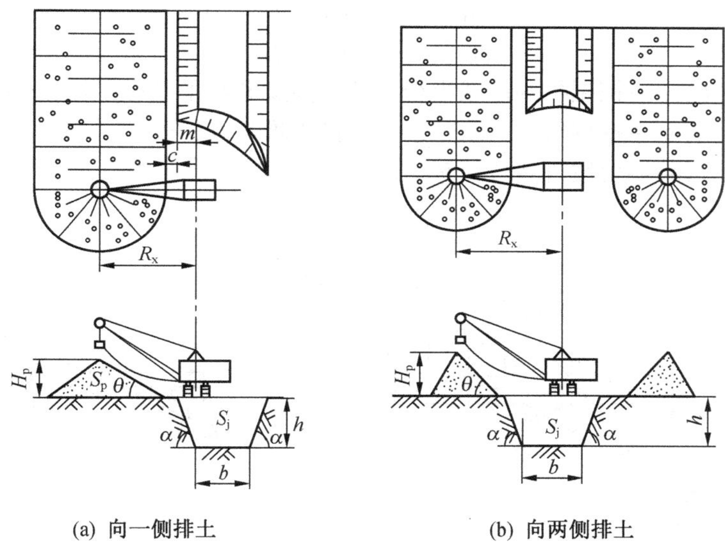

图 8-13　拉斗铲端工作面掘沟示意图

拉斗铲站在沟道中心线向两侧排土的方法，通常仅应用于掘进外部沟。

侧工作面掘沟，拉斗铲站在沟道一侧，物料卸于机体后面，如图 8-14 所示，其规格与沟道尺寸的关系如下：

$$R_w \geqslant b_s + C \tag{8-6}$$

$$R_x \geqslant b_p \pm C_1 - H_p\cot\beta \tag{8-7}$$

$$H_x \geqslant H_p + e \tag{8-8}$$

式中　R_w、R_x、H_x——拉斗铲的挖掘半径、卸载半径和卸载高度，m；

b_s——沟道上部宽度，m；

C——排土堆坡底线与沟道坡顶线的安全距离，m；

C_1——排土堆坡底至拉斗铲中心线距离，m；

b_p——排土堆底宽，m；

e——拉斗铲排土时铲斗与排土堆的安全高度，m。

其余符号同前。

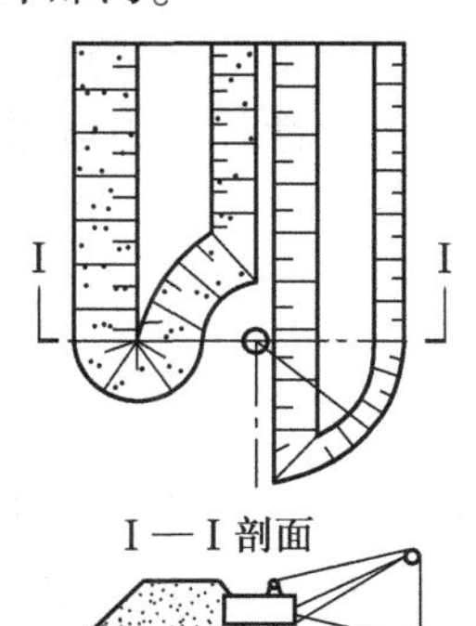

图 8-14　拉斗铲侧工作面掘沟示意图

2. 机械铲倒堆掘沟

沿山坡挖掘单侧沟，有时用机械铲将岩石堆放在沟底以下的山坡上，可采取全挖方和半填半挖方两种形式，如图 8－15 所示。

全挖方的优点是沟道建在未松动的土岩中，较为安全稳定；缺点是挖方量大，掘沟速度慢。其设备规格与沟道尺寸应保持如下关系：

$$H_x \geqslant H_p \tag{8-9}$$

$$H_p = \sqrt{\frac{c_2 \cdot b^2 \cdot K_n}{2\cot\beta}} \tag{8-10}$$

$$R_x \geqslant b - R_{wp} + H_p \cot\beta \tag{8-11}$$

$$c_2 = \frac{\sin\alpha \cdot \sin\gamma \cdot \sin(\beta - \gamma)}{\sin(\alpha - \gamma) \cdot \sin(\beta + \gamma)} \tag{8-12}$$

式中　R_x、H_x、R_{wp}——挖掘机的卸载半径、卸载高度和水平挖掘半径，m；

H_p——挖掘机站立水平以上的排土堆高度，m；

γ——山坡自然坡面角，(°)；

其余符号同前。

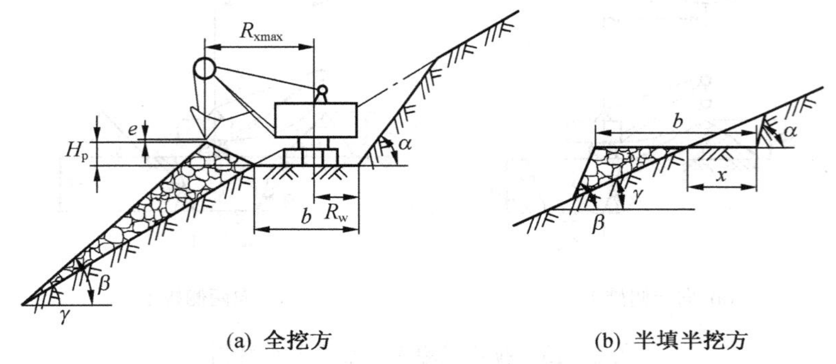

(a) 全挖方　　(b) 半填半挖方

图 8－15　机械铲倒堆掘沟单侧掘沟示意图

半填半挖的优点是掘沟工程量小，速度快，但填方部分稳定性差，适用于山坡较缓、土岩稳定性好的山坡露天矿。其规格与沟道尺寸关系为

$$x = \frac{b}{1 + c_3} \tag{8-13}$$

$$c_3 = \sqrt{\frac{K_n \cdot \sin\alpha \cdot \sin(\beta - \gamma)}{\sin\beta \cdot \sin(\alpha - \gamma)}} \tag{8-14}$$

式中　x——挖掘机实体掘沟宽度，m；

b——沟底总宽度，m。

3. 定向抛掷爆破掘沟

在一定条件下，采用定向抛掷爆破可以简化掘沟环节，节省设备投资，加快掘沟速度。根据工程的需要，可以采用单侧和双侧定向抛掷爆破（图 8－16）。

单侧定向爆破的特点是借助于自然地形标高差异及药室装药量不同，用控制起爆顺序来达到单侧定向抛掷爆破的目的。双侧定向抛掷爆破是将岩石抛掷于沟道两侧的

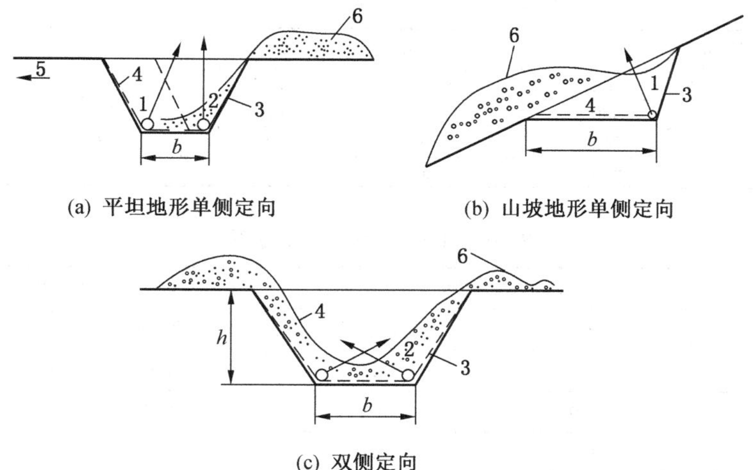

1、2—药室；3—设计断面；4—爆破断面；5—推进方向；6—爆破物

图 8-16　定向爆破无运输掘沟示意图

上部。

第三节　沟道尺寸及掘沟方法选择

一、沟道参数

露天矿沟道参数主要有沟底宽、沟道深度、纵向坡度、长度及坡面角等。

1. 沟底宽

出入沟底宽需满足掘沟作业、运输线路和有关设施的位置，以及推帮作业（移动坑线条件下）的要求；开段沟沟底宽则需满足掘沟作业及推帮作业的要求。

（1）设置运输线路和有关设施要求的沟底宽度，由路基、水沟、架线等宽度组成。图 8-17 为双线铁道运输条件下的出入沟沟底宽度。铁道、汽车及带式输送机运输条件下的沟底宽度见表 8-5~表 8-7。

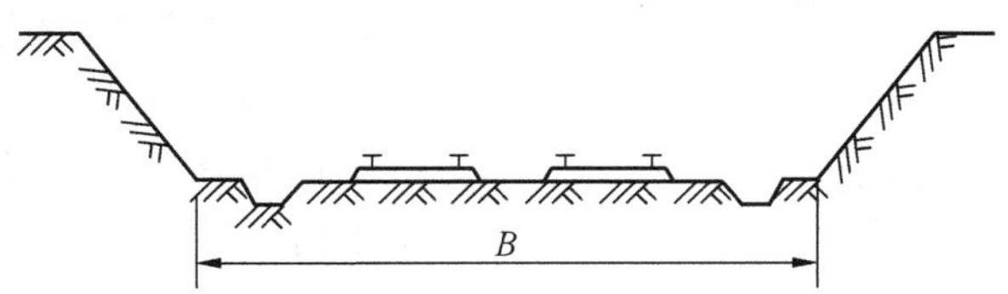

图 8-17　双线铁道运输的出入沟沟底宽

（2）推帮作业要求的沟底宽度，应满足第一次推帮爆破之后能在爆堆旁侧保留必要的线路宽度，如图 8-18 所示，沟底宽度 b 可计算如下：

$$b = B - A + c + d \tag{8-15}$$

表 8-5　铁道运输出入沟底宽

轨距/mm		单线/m	双线/m	三线/m	四线/m
电力机车	1435	9.0	13.0	17.0	21.0
	900	7.5	11.5	15.0	18.5
	762	7.0	10.4	13.4	16.4
	600	5.5	9.0	11.0	13.0

表 8-6　汽车运输出入沟宽度　m

汽车宽度 B	路面宽度		出入沟宽度	
	单车道	双车道	单车道	双车道
≤2.6	3.5	7.0	7.0	11.0
2.7~3.1	4.0	8.0	8.0	12.0
3.2~3.6	4.5	9.0	9.0	13.0
3.7~4.1	5.0	10.0	9.0	14.0
4.2~4.6	5.5	11.0	10.0	15.0

表 8-7　带式输送机运输出入沟宽度　m

胶带宽度 B	路基宽度		水沟及安全距离	出入沟宽度	
	单线	多线		单线	多线
1.0~1.2	5.0~6.0	$n(B+4)$	3.0	8.0~9.0	$n(B+4)+3$
1.4~1.8	5.5~6.5	$n(B+4)$	3.0	8.5~9.5	$n(B+4)+3$
2.0	6.5~7.0	$n(B+4)$	3.0	9.5~10.0	$n(B+4)+3$
3.2	7.8~8.5	$n(B+4)$	3.0	10.5~11.5	$n(B+4)+3$

注：B 为胶带宽度，n 为带式输送机数目。

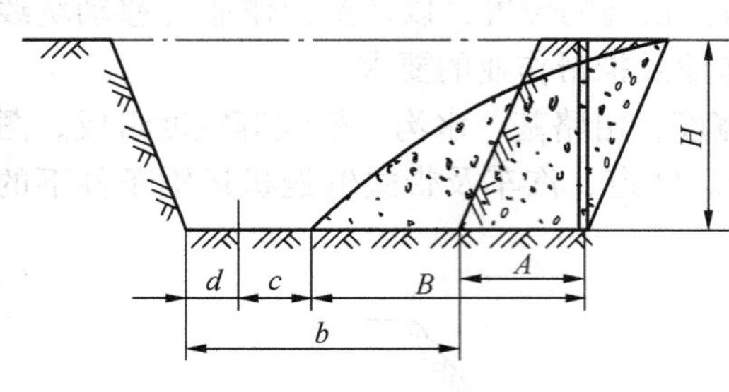

图 8-18　开段沟底宽

式中　b——岩石需爆破时的开段沟底宽，m；

B——爆堆宽度，m；

A——实体采掘带宽度，m；

c——自爆堆坡底线至线路中心线距离，m；

d——沟道坡底线至线路中心线距离，m。

汽车运输条件下，爆堆旁侧无设备通过时，可不留通道。

不需爆破时：

$$b = d + d_e \tag{8-16}$$

式中　d_e——挖掘机一侧的沟道坡底线至线路中心线距离，m。

（3）掘沟作业条件要求的沟底宽度，包括采掘和运输设备作业要求的最小沟底宽度。

①挖掘机在沟内作业时回转的要求：

$$b_{min} = 2R_k - 2h_k\cot\alpha + 2e_k \tag{8-17}$$

式中　R_k——挖掘机尾部回转半径，m；

h_k——挖掘机尾部距站立水平的净空高度，m；

α——台阶坡面角，(°)；

e_k——挖掘机尾部与坡底的安全距离，m。通常 $e_k = 1$ m。

轮斗挖掘机作业时，还受自由切割角的限制：

$$b_{min} = 2R_w \sin\theta \tag{8-18}$$

式中　R_w——轮斗挖掘机挖掘最下分层时的挖掘半径，m；

θ——轮斗挖掘机在平面上的自由切割角，(°)。

②汽车运输时按调车要求的沟底宽度（图 8-19）。

回返式调车：

$$b_{min} = 2(R_{min} + e) + B \tag{8-19}$$

折返式调车：

$$b_{min} = R_{min} + \frac{1}{2}(B + L) + 2e \tag{8-20}$$

壁槽式调车：

$$b_{min} = R_{min} + \frac{1}{2}(B + L) + 2e - c \tag{8-21}$$

式中　R_{min}——汽车道路最小回转半径，取汽车最小曲线半径的 1.2 倍，m；

B——汽车车体宽度，m；

L——汽车车体长度，m；

e——汽车距沟道坡底线安全距离，一般取 0.5～1 m；

c——壁槽深度，一般取 4 m。

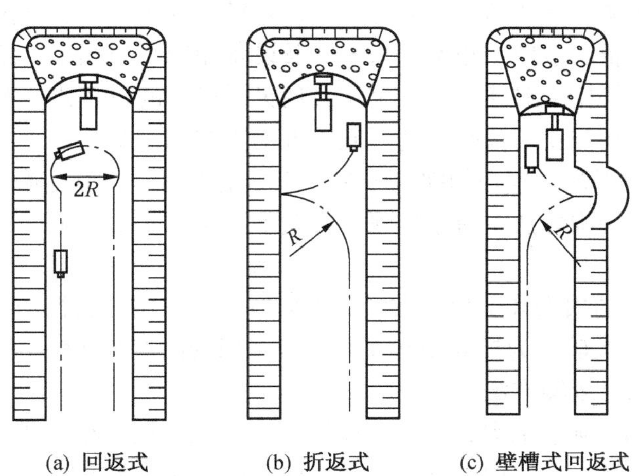

图 8-19　汽车运输掘沟调车方式与沟底宽度

根据上述制约条件，取其中较大的沟底宽度，然后根据沟道深度和两侧坡角，计算沟道上宽 b_s：

$$b_s = b + h(\cot\alpha_1 + \cot\alpha_2) \tag{8-22}$$

式中　　　b——沟道底宽，m；

h——沟通深度，m；

α_1、α_2——分别为沟道两侧坡面角，(°)。

2. 沟道深度

沟深一般等于台阶高度，主要取决于露天矿的台阶划分。分层掘沟时，分层高度小于台阶高度。在一定掘沟工艺和掘沟方法条件下，采掘设备规格应满足一定深度沟道的掘进要求。

3. 沟道纵坡、长度及坡面角

（1）出入沟长度 L 为

$$L = \frac{h}{i} \tag{8-23}$$

式中　h——沟深或台阶高度，m；

i——沟道纵坡，决定于运输设备。

（2）开段沟长度，纵向掘沟时一般等于新水平（或台阶）的长度；横向掘沟时，等于新水平（或台阶）的宽度。根据开采程序要求，有时开段沟不是一次掘完全长，而是分阶段逐步加长。开段沟的纵坡一般仅保持水能自流的坡度。有时为了克服运输高程也可采取较大坡度。

沟道坡面角取决于岩石性质和沟道坡面存在的期限。采用固定坑线开拓时，沟道的一侧构成露天开采境界的最终边坡，其坡面角按边坡稳定条件确定，进行扩帮的一侧其坡面角按工作台阶坡面角确定。

二、掘沟方法选择

掘沟方法决定于矿山地质地形、岩性、矿山规模、开采工艺和开拓运输系统等条件。

掘沟工艺及其设备一般应与正常开采工艺及设备相同。但当采用组装时间较长的大型和专用设备时，为加快露天矿建设，常采用其他灵活机动的设备进行掘沟和矿建。为适应掘沟的需要，也可采用与正常开采工艺不同的掘沟工艺和设备。

（1）铁道运输时平装车掘沟的缺点较多，应尽量少用。铁道运输的大中型矿山，宜采用长臂挖掘机上装车掘沟方法；对于延深速度要求不快的矿山，可采用普通型挖掘机上装车分层掘沟方法。

（2）为减少矿石的损失和贫化，在缓倾斜矿体中可采用分层掘沟和顶板露矿。

（3）铁道运输露天矿，为提高掘沟速度，可采用沟内汽车运输，运到上部平盘转载站向铁道车辆转载的联合运输方法。

（4）汽车运输露天矿，若延深速度不受限，可采用回返调车方式，以利于提高设备效率；若延深速度要求高，可采用折返式调车或壁槽折返式调车方式。

（5）采用倒堆开采工艺的矿山，一般可用拉斗挖掘机倒堆掘沟，以利于简化设备类型，加速矿建和提高经济效果。条件合适的山坡露天矿，可采用抛掷爆破掘沟。

（6）若供货及时，轮斗—带式输送机开采工艺设备可直接用于掘沟，以减少设备类型，以及提高掘沟和矿建速度。否则，需采用其他辅助设备进行掘沟和矿建。

第四节 开 拓 方 式

一、铁路开拓

准轨铁道运输是一种运营费用低的运输方式，新中国成立初期到20世纪80年代在大中型露天矿中广泛应用，现逐渐被公路开拓所代替。其运输设备及线路结构坚实，工作可靠，易于维修，作业受气候条件影响较小。但存在线路坡度小及曲率半径大，基建工程量大，建设时间较长，运输设备的投资较多，日常生产中的线路移设、维修工程量大，运行管理复杂，新水平开拓延深工程缓慢等缺陷。

窄轨铁道虽然线路曲率半径较小，对采场尺寸要求不大，但是运量小，运营费高，因此仅适用于运量及运距都不大的中小型矿山。

由于铁道运输比其他运输方式在线路的平面曲线及纵向坡度上要求严格，对矿山工程发展有一定制约。因此，铁道坑线开拓系统无论从形式到内容都是复杂的。其开拓坑线布置的特征与矿床埋藏条件、地形条件等均有密切关系。

铁路运输的运输能力大，运输设备坚固耐用，吨公里运输费用比汽车运输低，约为汽车运输的1/4~1/3。但铁路运输开拓线路较为复杂，开拓展线比汽车运输长，转弯半径大（准轨铁路运输转弯半径不小于100 m），灵活性低；由于牵引机车的爬坡能力小，从一个水平至另一个水平的坡道较长，因而掘沟工程量大，新水平准备时间较长，境界边帮的附加剥岩量增加。

铁路运输开拓在采场内多采用固定式坑线、折返式布线。若采用移动坑线，则存在线路移设工作量大、线路质量差、开采三角台阶时设备效率低等缺点。图8－20为直进—折返坑线联合布置。

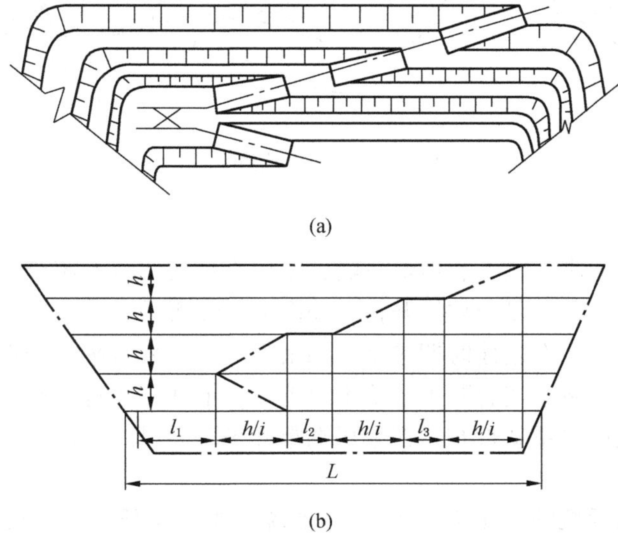

图8－20 直进—折返坑线联合布置示意图

二、公路开拓

公路开拓最常用的运输设备是自卸汽车，所以也称作汽车运输开拓。它是国内外的煤炭、冶金、建筑材料现代露天矿广泛应用的一种开拓方式。

公路开拓灵活性大，便于采用移动坑线开拓；能加速露天矿的新水平准备，有利于强化开采，提高露天矿的生产能力；可以方便地作为露天矿联合开拓方式的一个环节。根据我国矿产资源的特点和汽车运输机动灵活、电铲装载效率高、运输工作组织简单等优点，我国的露天矿很少采用单一的公路开拓，一般与其他开拓方式结合形成联合开拓。

1. 坑线布置方式

坑线布置形式有直进式坑线、回返式坑线、螺旋式坑线、多种形式相结合的联合坑线布置形式。

1）直进式坑线

当山坡露天矿高差不大、地形较缓、开采水平较少时，可采用直进式坑线开拓，如图8－21所示。运输干线一般布置在开采境界外山坡的一侧，工作面单侧进车。

当凹陷露天矿开采深度较小，采场长度较大时，也可采用直进式坑线开拓。公路干线一般布置在采场内矿体的上盘或下盘的非工作帮上。条件允许时，也可在境界外用组合坑线进入各开采水平。但由于露天矿采场长度有限，往往只能局部采用直进式坑线开拓。

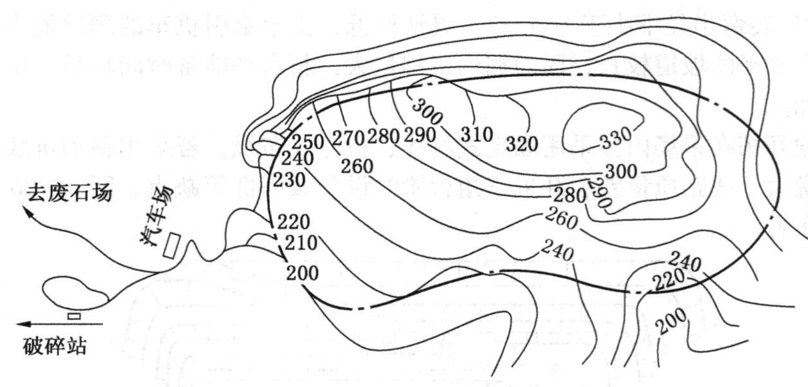

图8－21 直进式坑线示意图

2）回返式坑线

当露天矿开采相对高差较大、地形较陡，采用直进式坑线有困难时，常采用回返式坑线开拓，或采用直进—回返联合坑线开拓，如图8－22所示。

山坡露天矿开拓干线在基建时期应修筑到最上一个开采水平。开拓线路一般沿自然地形在山坡上开掘单壁路堑，随着开采水平不断下降，上部坑线逐渐废弃或消失。在单侧山坡地形条件下，坑线应尽量就近布置在采场端帮开采境界以外，以保证干线位置固定且矿岩运输距离较短。

凹陷露天矿的回返坑线一般布置在采场底盘的非工作帮上，可使开拓坑线离矿体较近，基建剥岩量较小，可缩短基建时间，节约投资。

重载汽车在坡度较大的开拓坑线上长距离下坡或上坡运行时，易使制动装置和发动机

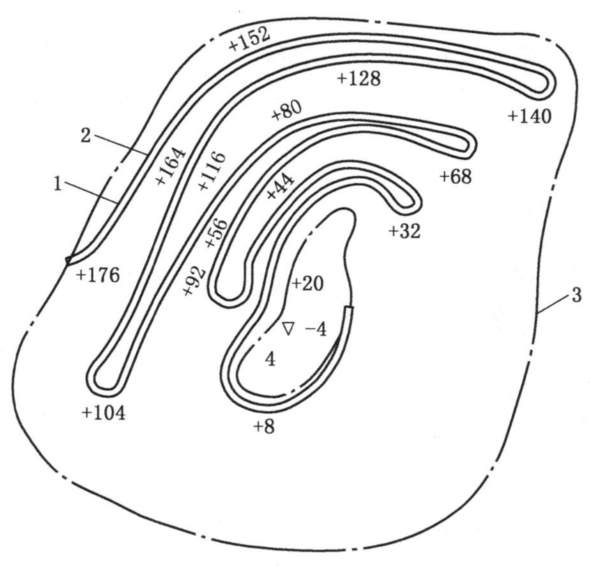

1—出入沟；2—连接平台；3—开采境界

图 8-22 回返式坑线示意图

过热而降低其使用寿命。为使汽车得以缓冲，同时便于从坑线通往各工作水平，设有减缓坡道与坑线相连，该减缓坡道称之为连接平台。

连接平台可以是水平的，也可以是不超过 3% 的缓坡，其值应根据汽车的技术性能选取。连接平台的长度，一般不小于 40 m。

回返坑线开拓适应性较强，应用较广。但由于回返坑线的曲线段必须满足汽车运输要求（如线路内侧加宽等），使最终边帮角变缓，从而使境界的附加剥岩量增加。因此，应尽可能减少回头曲线数量，并将回头曲线布置在平台较宽或边坡较缓的部位。

3）螺旋坑线

螺旋坑线开拓一般用于深凹露天矿。坑线从地表出入沟口开始，沿着采场四周最终边帮以螺旋线向深部延深（图 8-23）。由于没有回返曲线段，扩帮工程量较小，而且螺旋线的曲率半径大，汽车运行条件好，不必因经常改变运行方向而不断变换运行速度，因而线路通过能力大。但回采必须采用扇形工作线，其长度和推进方向会经常变化，各个开采水平相互影响，使生产组织工作复杂。

当采场面积较小，且长、宽尺寸相差不大，同时开采的水平数较少，以及采场四周岩石比较稳固时，可采用螺旋坑线开拓。

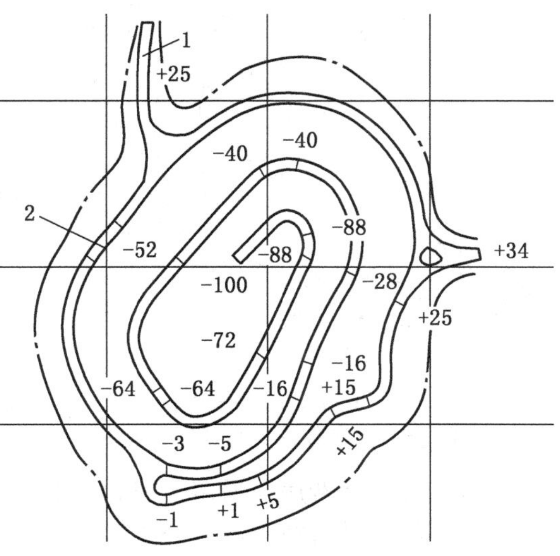

1—出入沟；2—连接平台

图 8-23 螺旋式坑线示意图

4）联合开拓坑线

由于露天采场空间一般是变化的，坑线往往不能采用单一的布置形式，而多采用两种或两种以上的布置形式，即联合坑线。图 8－24 为直进—回返—螺旋坑线联合布置的开拓方式。

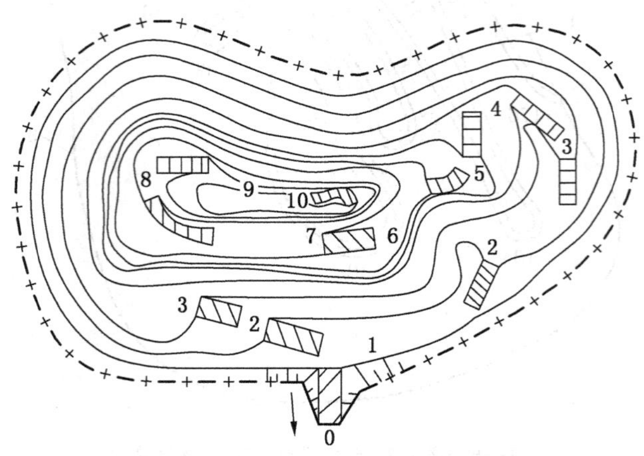

→—排土、卸矿方向；1，2，…，10—开采水平号

图 8－24 直进—回返—螺旋坑线联合开拓系统

2. 出入沟口位置

露天矿公路开拓的出入沟口位置是采矿场与外部联系的重要咽喉要道，需要根据地表地形、工程地质条件、公路工程量大小、受矿点和排土场的位置等因素进行选择，以保证运输安全、公路运输量少、矿岩运输功最小。当矿岩生产能力较大或受矿点与排土场的位置相反，为缩短运输距离，可考虑设计多个出入沟口，如图 8－25 所示。

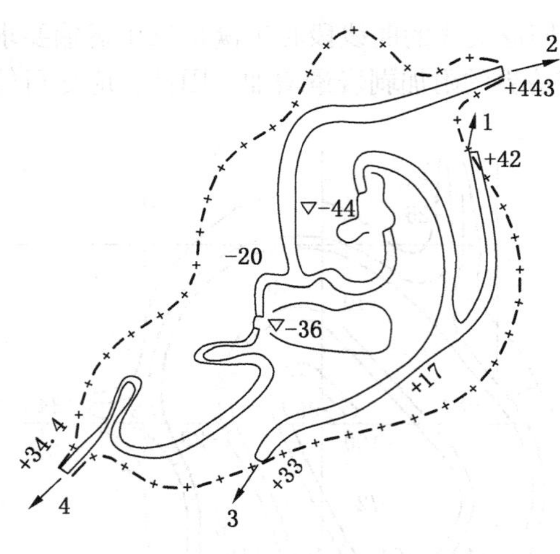

1，2，3，4—汽车出口编号

图 8－25 汽车多出入沟口坑线系统

公路开拓的坑线出入沟口应尽量设置在工程地质条件较好，地形标高较低，距工业场地及矿岩接受点较近的地方。应避免和减少重载汽车在采场内作反向运行及无谓增加上坡距离，尽可能使矿石及岩石的综合运输功小，所需运输设备数量少。

当废石场的位置分散和为了保证露天矿的生产能力，以及为使空、重车顺向运输时，在服务年限较长的露天矿可采用多出入沟口。

多出入沟口会使坑线增多，附加剥岩量加大，掘沟工程量及费用也增多，因此，出入沟口的数目应根据矿山规模、矿山总平面布置及生产需要综合进行技术经济分析后确定，一般数目不宜过多。

3. 公路固定坑线

1）直进式或回返式公路坑线的形成

在采矿场最终边帮按确定的沟道位置、方向和坡度，从地表向下台阶掘进出入沟，自出入沟的末端掘进开段沟，以布置初始工作线。

当垂直走向采剥时，沿矿体走向掘进开段沟，如图 8－26a 所示。

当沿走向采剥时，垂直或斜交矿体走向掘进开段沟，如图 8－26b 所示。

无段沟采剥时，直接在出入沟末端扩帮进行采剥作业，如图 8－26c 所示。

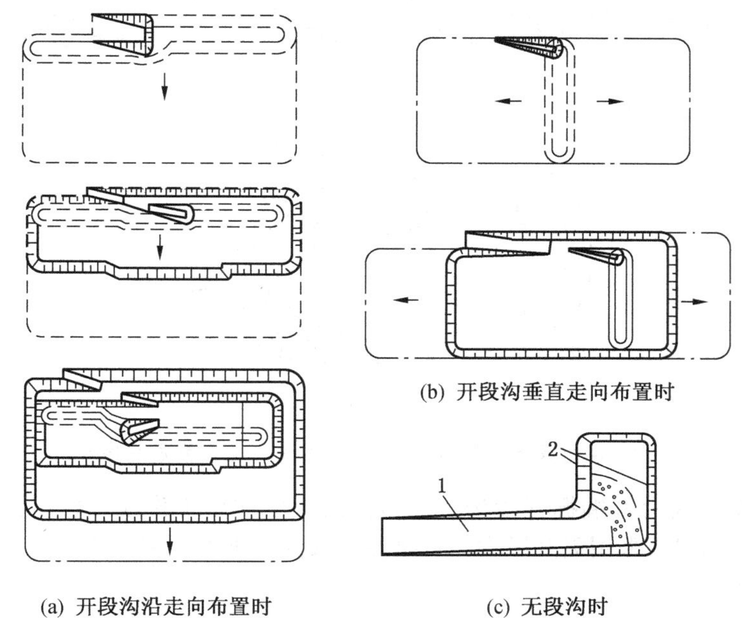

(a) 开段沟沿走向布置时

(b) 开段沟垂直走向布置时

(c) 无段沟时

1—出入沟；2—横向工作面

图 8－26 深凹露天矿公路固定坑线开拓时矿山工程发展程序示意图

当扩帮工作线推进到一定宽度，即台阶坡底线距新水平出入沟的沟顶边线不小于最小工作平盘宽度时，又可按上述程序开始向下部新水平掘沟及进行扩帮作业，公路开拓坑线自上而下逐渐形成。

2）公路螺旋坑线的形成

沿采矿场最终边帮上确定的沟道位置、坡度和方向，从地表向下水平掘进出入沟，自出入沟的末端沿采矿场边帮掘进开段沟，布设初始采剥工作线。

螺旋坑线开段沟的方向与出入沟的延伸方向一致，以便上、下台阶出入沟能顺向连接。扩帮与采剥工作线均以出入沟末端为固定点呈扇形方式推进，工作线的推进速度在其全长上是不等的，工作线的长度和推进方向也经常发生变化。

当工作线推进到一定距离，即达到保证该台阶采剥作业能正常进行的平台宽度时，在该台阶出入沟末端留长度为 40～60 m 的连接平台，再按上述程序沿采矿场边帮开始下部新水平的掘沟和扩帮。最后形成环绕采矿场四周边帮的公路螺旋坑线，如图 8－27 所示。

4. 公路移动坑线

公路移动坑线设置于露天采矿场的工作帮，在爆堆上或工作面推进较慢的基岩段修筑。爆堆上修筑简单，是公路移动坑线开拓广泛应用的一种方式。

根据采矿工艺要求，首先从地表沿矿体的上盘或下盘矿岩接触处掘出入沟，当达到新

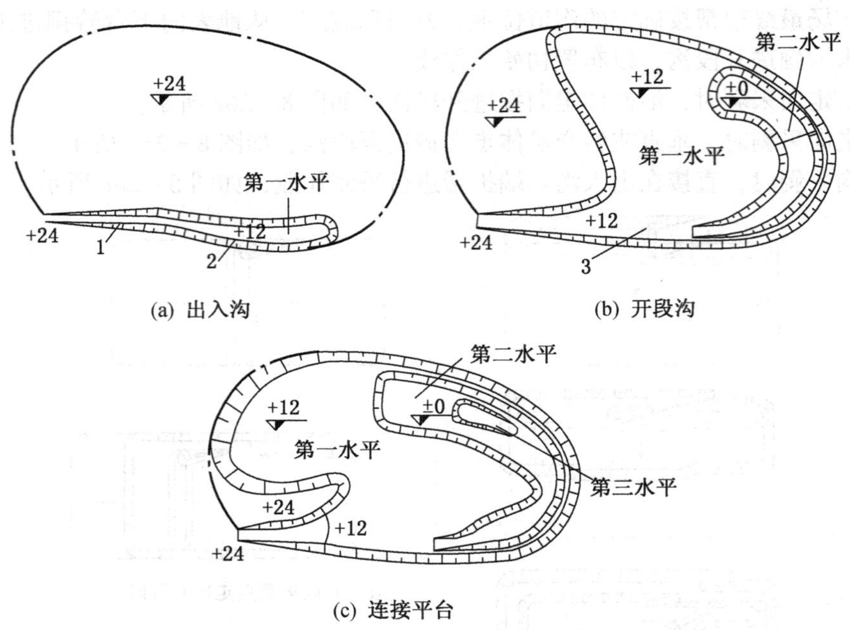

(a) 出入沟 (b) 开段沟

(c) 连接平台

图 8-27 深凹露天矿公路螺旋坑线开拓矿山工程发展程序示意图

水平标高后，在出入沟末端掘开段沟、扩帮，以形成初始工作线。然后，分别向两侧推进，进行采矿与剥岩或采用无开段沟，直接在出入沟的末端扩展工作面。公路移动坑线的形成如图 8-28 所示。

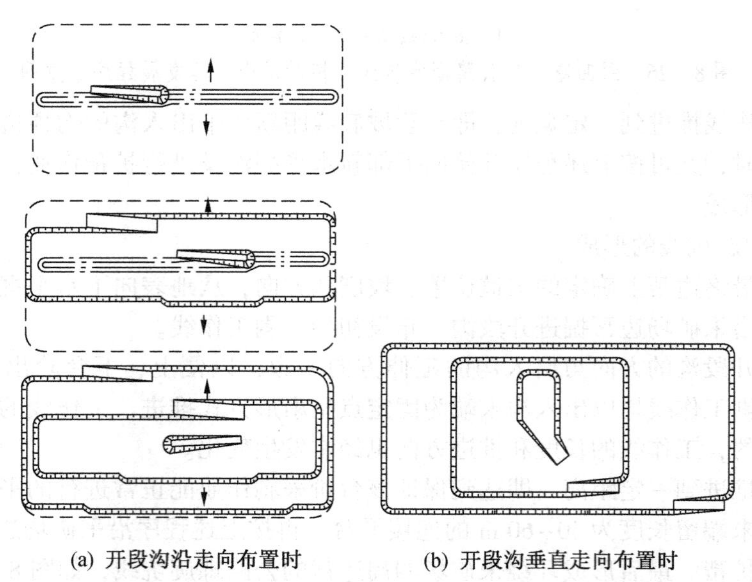

(a) 开段沟沿走向布置时 (b) 开段沟垂直走向布置时

图 8-28 深凹露天矿公路移动坑线开拓的矿山工程发展程序示意图

公路移动坑线开拓的特点。

(1) 能加快露天矿的建设速度。在矿体倾角较陡时接近矿体布置移动坑线，能较快地建立起采矿工作线，提前出矿。

（2）能减小基建剥岩量和新水平准备工作量。

（3）公路移动坑线设置在采矿场工作帮上，随着剥采工程的发展，最后固定在采矿场的最终边帮上。因此，当矿床地质勘探与工程水文地质情况尚未完全探明，最终开采境界与帮坡角都有待最后确定或由于技术、经济发展等原因需要改变开采境界时，采用公路移动坑线开拓对采矿场的正常生产不致产生很大影响。

（4）采用公路移动坑线开拓时，开段沟的位置与工作面推进方向可以根据采剥工作的需要确定，而且易于调整和改变。

（5）移动坑线布置在矿体上盘，采矿工作面自上盘向下盘推进，有利于减少矿岩接触处矿石的损失与贫化。

（6）移动坑线开拓时，可提前准备新水平，增加同时开采的台阶数。

5. 中间迈步式搭桥

在水平或近水平露天煤矿采用单斗挖掘机—汽车开采工艺内排条件下，传统运输系统布置方式通常是采用绕两侧端帮内排（双环内排）或绕一侧端帮内排（单环内排）。这种运输方式虽然能够完成内排任务，但汽车的运距长，运输成本高，最重要的是其下部水平的运输通路造成端帮压煤，既影响了露天开采的经济效果，又浪费了大量的煤炭资源。

露天煤矿迈步式搭桥是指开采过程中采用中间迈步式搭桥贯通内排运输通路，在露天煤矿工作帮的推进过程中，对采场下部水平两侧端帮含煤台阶按边坡稳定条件开采靠界，下部水平内排土的通路用横跨采空区的中间桥连接。

迈步式搭桥贯通内排运输通路，搭桥方式有：中间搭单桥、中间搭双桥和混合式搭桥。

（1）中间搭单桥：在露天煤矿采掘工作帮 1 的推进过程中，对下部水平内排土场 3 的运输通路通过横跨采空区连接一个中间桥 4，如图 8－29a 所示。当横跨采空区的中间桥 4 连通后，采两侧端帮 2 含煤台阶并靠界，然后用剥离物回填，连接贯通两侧端帮 2 位置的运输通路，在推进过程中连通端帮运输通路，然后采断中间桥，如图 8－29b 所示。当端帮运输通路连通后，开采横跨采空区中间桥 4 所压的滞后煤，随着工作帮的推进，如此交替连接贯通向前推进。

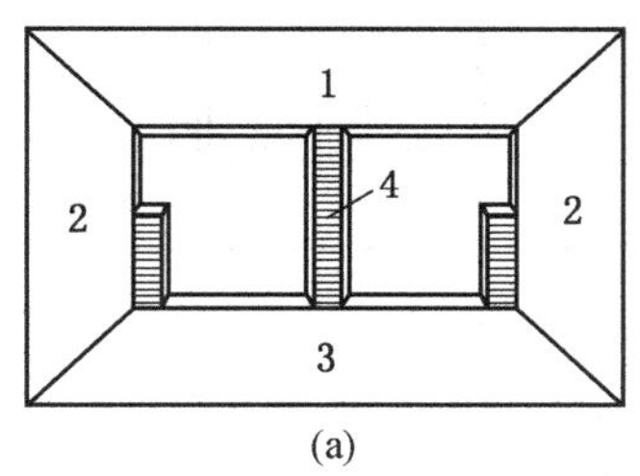

(a)

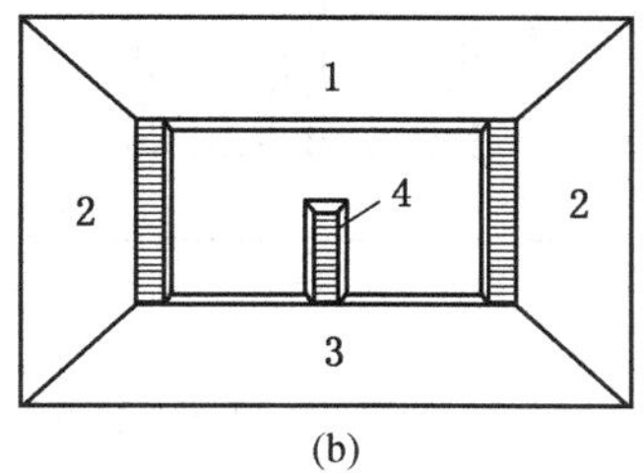

(b)

1—采掘工作帮；2—端帮；3—内排土场；4—中间桥

图 8－29 中间搭单桥迈步推进演化示意图

（2）中间搭双桥：在露天煤矿采掘工作帮 1 的推进过程中，下部水平内排土场 3 的运输通路通过横跨采空区的左右两个中间桥 4 交替连接贯通，采场下部水平两侧端帮含煤台阶按边坡稳定条件采靠界后不是回填建立内排运输通路，而是当左侧桥连通后，将右侧所压的滞后煤采出（图 8 - 30a），或当右侧桥连通后，将左侧桥压的滞后煤采出（图 8 - 30b）；随着工作帮的推进，双中间桥交替连接贯通向前推进。双桥的间距越靠近越好，可以是并排桥，左右侧迈步式间断采。采掘工作帮 1 和内排土场 3 下部水平开拓运输系统的沟口一旦形成后就是固定的，开拓运输系统的沟口应正对着两侧桥头，这样不会增加平面对准距离，增加运距。

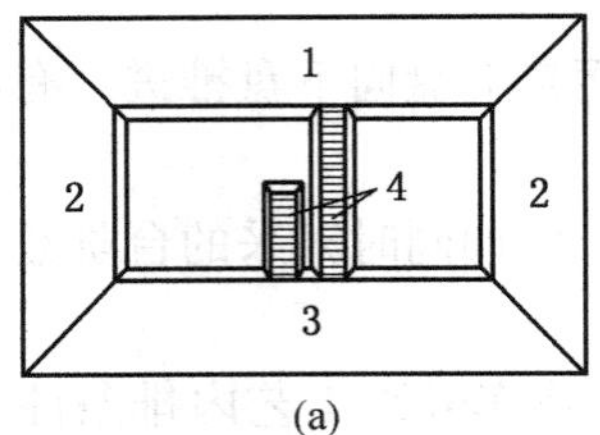

(a)

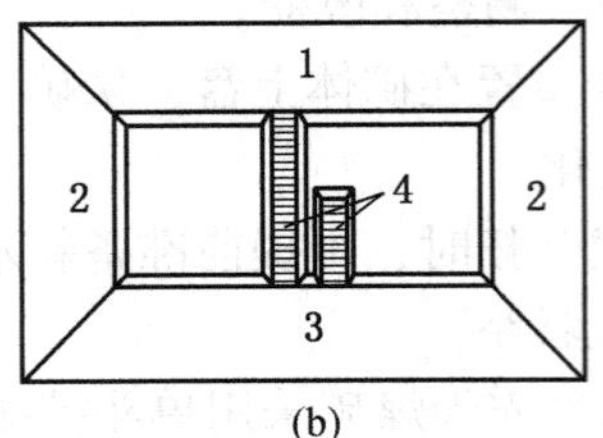

(b)

1—采掘工作帮；2—端帮；3—内排土场；4—中间桥

图 8 - 30　中间搭双桥迈步推进演化示意图

（3）混合式搭桥：根据现场实际情况，采用两侧端帮 2 与单个中间桥 4 交替连接贯通和横跨采空区设置两条交替连接贯通的中间桥 4 的组合迈步式通路。

上述中间桥 4 宜设在通过连接桥运送物料的最短路径位置。当露天煤矿采场 1 最下部水平的工作线长度较短时，桥体宜设在采场中部；桥面高度的控制以最下一个煤层或次下煤层 5 的煤面作为桥面高度；若桥面高度是次下煤层 5 的煤面时，则在采掘工作帮侧对次下煤层 5 预留煤鼻子 6 作为引桥，内排土场 3 侧和采空区位置用剥离物回填贯通搭桥。以中间搭单桥为例，采掘过程中预留煤鼻子连接中间桥，如图 8 - 31a 所示，迈步推进采断煤鼻子，如图 8 - 31b 所示。以中间搭双桥为例，预留左侧煤鼻子连接右侧中间桥，如图 8 - 32a 所示，预留右侧煤鼻子连接左侧中间桥，如图 8 - 32b 所示。

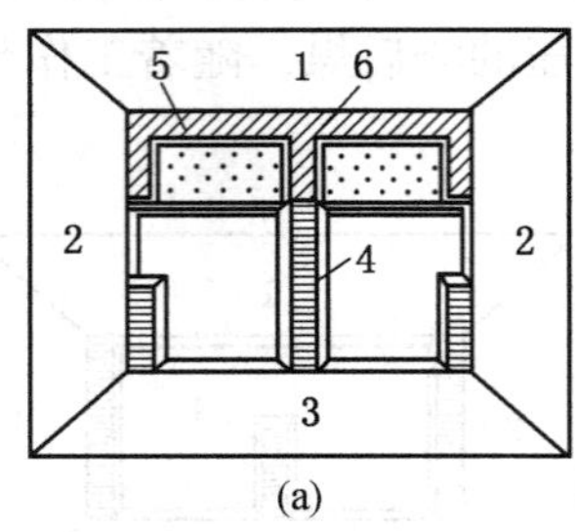

(a)

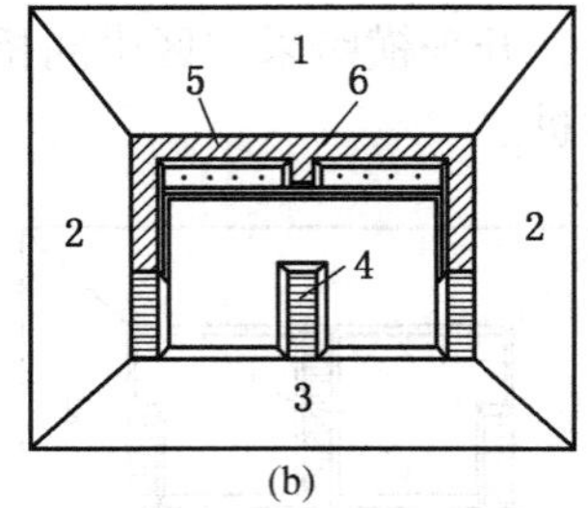

(b)

1—采掘工作帮；2—端帮；3—内排土场；
4—中间桥；5—次下煤层；6—煤鼻子

图 8 - 31　中间搭单桥形成演化示意图

该技术方法简单，可减少汽车运距、降低运输成本，回收露天煤矿端帮残煤，增加经济效益。

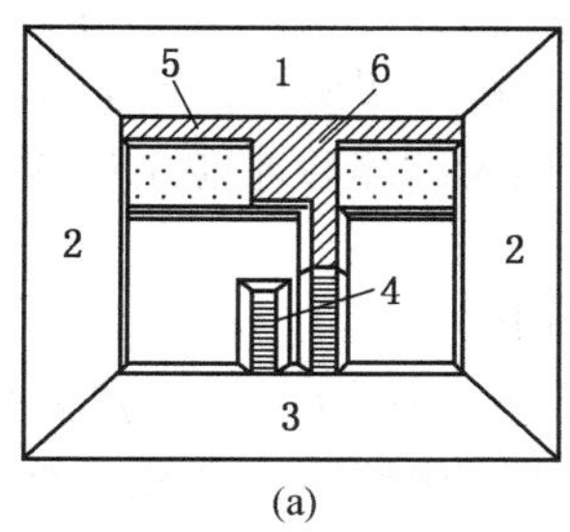

(a)

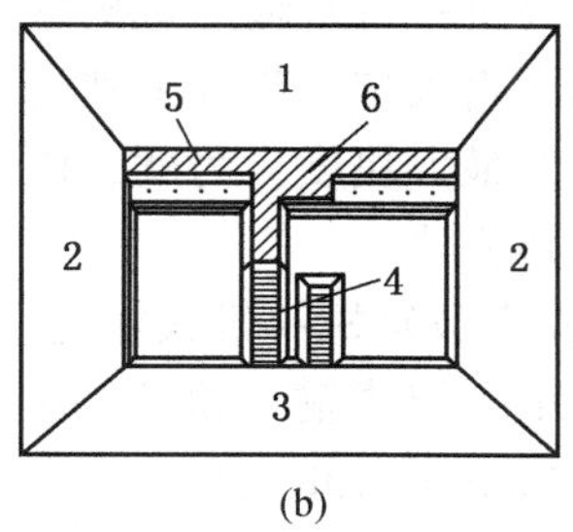

(b)

1—采掘工作帮；2—端帮；3—内排土场；4—中间桥；5—次下煤层；6—煤鼻子

图 8－32　中间搭双桥形成演化示意图

三、带式输送机机道开拓

带式输送机机道开拓是利用带式输送机为主体建立露天采场的矿岩运输通路，它是国内外煤矿、冶金、建筑材料露天矿广泛采用的一种开拓方式。这种开拓方式生产能力大、爬坡能力强、运费低，能强化开采作业，可以作露天矿联合开拓方式的一个环节。它多用于开采深度大的凹陷露天矿，也可用于高差大的山坡露生矿。

1. 开拓坑道特征

由于带式输送机的安装、调试及拆卸转移的工作量大，对生产影响时间长，趋于采用固定坑线，它随矿山工程延深定期延长。因此，带式输送机机道一般布置于采场的非工作帮或端帮上，其具体位置要考虑围岩的稳固性，与合理开采程序相适应，以及与各开采台阶运输联系方便，运距短等。

提升带式输送机坑线在边帮上的平面形状取决于边帮坡角、带式输送机允许坡角及单机长度，可能有正倾斜、伪倾斜、单折交和多折交四种情况（图 8－33）。

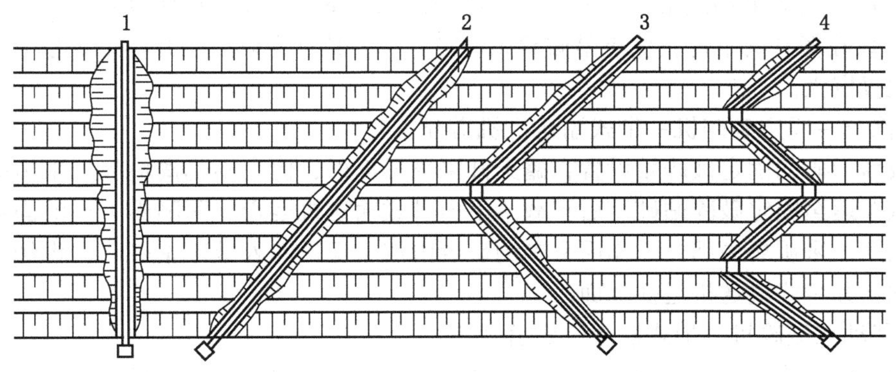

1—正倾斜；2—伪倾斜；3—单折交；4—多折交（之字形）

图 8－33　带式输送机坑线在边帮上的布置示意图

2. 常用带式输送机机道开拓方法

根据露天矿的生产工艺流程，常用的带式输送机机道开拓方法分为单一带式输送机机道开拓、汽车—半固定破碎机—带式输送机机道开拓、汽车—固定破碎机—带式输送机机道开拓、移动式破碎机—带式输送机机道开拓。第一种开拓方法适用于采用轮斗或链斗挖掘机开采松软矿岩的露天矿。当开采硬岩矿床时，由于爆破后的矿岩块度一般均大于带式输送机运输所允许的最大块度，为此，矿岩必须预先破碎后才能用带式输送机运输。下面分别介绍后三种开拓方法。

1）汽车—半固定破碎机—带式输送机机道开拓

如图 8－34 所示，带式输送机机道和半固定破碎站均布置在露天采矿场的非工作帮上。采出的矿石和岩石用自卸汽车运至半固定破碎站破碎后，经板式给矿机转载给带式输送机运至地面，再由地面带式输送机或其他设备转运至卸载地点。

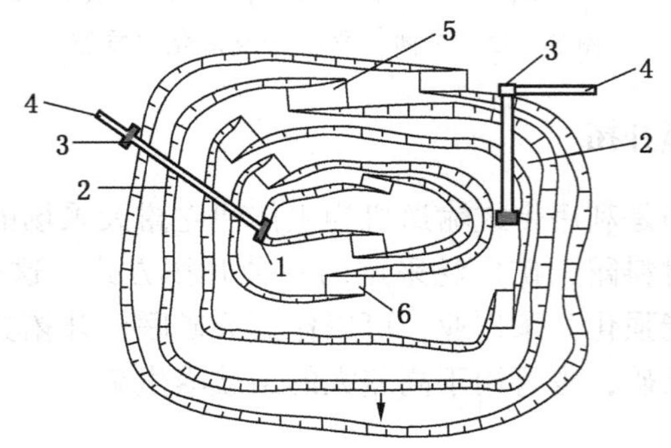

1—破碎机；2—边帮带式输送机；3—转载点；4—地面带式输送机；
5—辅助运输坑线；6—汽车移动坑线

图 8－34 公路—带式输送机机道开拓运输系统示意图

破碎站的设置有三种位置。

（1）设在露天矿境界外，当露天矿深度不大时使用。

（2）设在露天采场边帮上，随着露天矿的延深而下移，露天矿深度较大时使用。

（3）设在溜井的下部，优点是破碎站不需移动，缺点是硐室、井巷工程量大，通风困难，一次投资大。

2）汽车—固定破碎机—带式输送机机道开拓

山坡露天矿的固定破碎站设置在露天开采境界以外，但又不远离境界。采出的矿石或岩石由汽车运至固定破碎站破碎后转载给下向带式输送机运走。凹陷露天矿的固定破碎站可设置在露天采矿场底部，工作面采剥的矿岩由汽车运送卸入破碎站破碎，再经板式给矿机转载到斜井带式输送机运往地面。

3）移动式破碎机—带式输送机机道开拓

这种开拓方法是在开采台阶上布置移动式破碎机，挖掘机或前装机采剥的矿石或岩石卸入移动式破碎机内，经破碎后的矿岩用带式输送机从工作面运出采矿场。在开采过程中，破碎机随工作线的推进而移动，工作台阶上的带式输送机也随工作线的推进而移设。

四、斜坡提升机机道开拓

除常见的带式输送机开拓系统外，还有提升机—溜道开拓系统。使用提升机可以克服较大的开拓通道高差，建立工作面与地表的运输联系。提升容器有箕斗、串车等。提升机—溜道开拓系统不能直达工作面，需用汽车或铁路等与之构成完整的运输系统，实际上它是联合开拓运输系统的中间环节。

提升机能以最短运距克服大的高差，减少运输设备，节约能耗，运营费用低，扩帮量少。但运输环节多，衔接点相互制约较大，生产能力受限。在山坡陡峻，相对高差较大的地形条件下，为降低费用，常用放矿溜道作为中间环节建立开拓运输系统。

溜道和平硐应开凿于岩石坚固性系数 $f \geqslant 5$，且没有较大断层破碎带和软岩夹层中的岩层中。

常用的斜坡提升机道开拓方式有斜坡箕斗开拓、斜坡串车开拓、重力卷扬开拓三种。

斜坡箕斗开拓以箕斗为主要的运输容器，整个开拓系统包括矿岩转载站、箕斗斜坡道、地面卸载站和提升机装置等。其采场内部需用汽车或铁路与斜坡箕斗建立起运输联系。采场内采剥下的矿岩用汽车或其他运输设备将其运至转载站装入箕斗，提升（对于深凹露天矿）或下放（对于山坡露天矿）至地面卸载点卸载，再装入地面运输设备运至破碎站或废石场（图 8-35）。

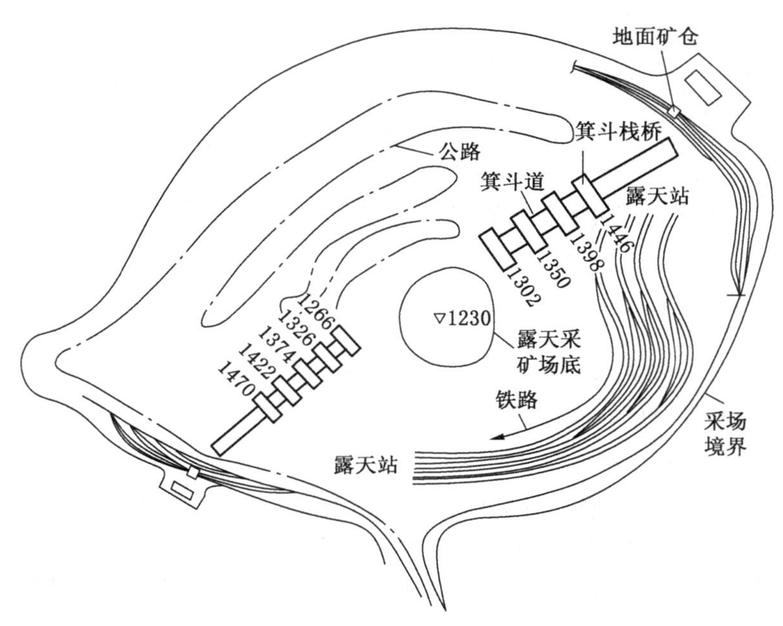

图 8-35　斜坡箕斗开拓系统示意图

采用斜坡箕斗提升的露天矿，斜坡箕斗只能运送矿岩。采矿场的人员、材料及设备的运送，箕斗设施及箕斗道的维修，都必须有专门的辅助运输系统。常用的辅助运输方式有公路运输和斜坡卷扬运输。为了箕斗设施及箕斗道的维修，可在斜坡道一侧设斜坡卷扬机道。大中型露天矿，采矿场与工业场区间的联系，还须采用公路作辅助运输，以保证采场大型设备上山及设备检修的需要。

五、平硐溜井(槽)开拓

平硐溜井（槽）开拓是通过开拓溜井（槽）和平硐来建立露天采矿场与地面之间的

运输通道与运输联系。工作面的矿岩运至溜井口卸载，沿溜井自重溜放，装入平硐的运输设备，运至卸载点的一种联合开拓方式。其开拓坑道主要特征是地下坑道的形式。

1. 平硐溜井（槽）开拓的形式

平硐溜井（槽）开拓方式主要应用于山坡露天矿。图 8－36 的开拓运输系统由采矿场、溜井（槽）和平硐内溜井下口到地面破碎厂或卸矿点三段所组成，基本上是由采场、平硐、地面的水平运输与溜井（槽）垂直或急倾斜重力运输所组成。

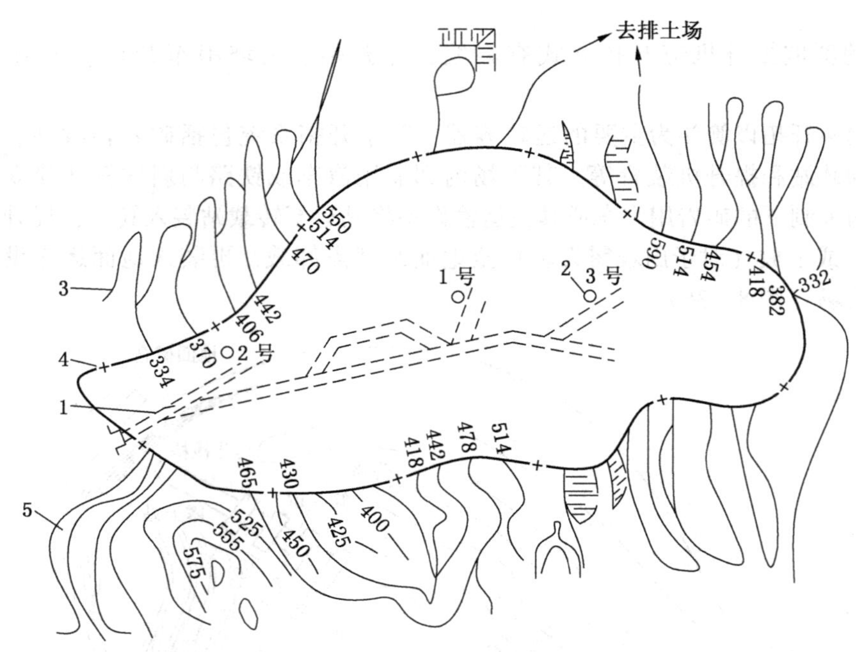

1—平硐；2—溜井；3—公路；4—露天开采境界；5—地形等高线

图 8－36 采场内部集中布置的溜井—平硐开拓运输系统示意图

2. 平硐内运输方式

露天矿采用平硐溜井（槽）开拓时，矿石（或废石溜井溜放的岩石）都必须经过溜井下口的放矿闸门或给料机放到其他运输设备中，再转运到破碎厂（排土场）或其他指定的卸矿地点。铁路是露天矿平硐内应用比较广泛的运输方式。根据露天矿规模的大小，有准轨铁路运输及窄轨铁路运输。此外，平硐内还有采用水平箕斗运输及带式输送机运输将矿石运至破碎车间。随着露天矿钢芯输送带的发展，带式输送机运输方式在平硐内的应用逐步增加。

3. 辅助运输系统

采用平硐溜井（槽）开拓的露天矿，它的开拓运输系统（平硐、溜井及溜槽）只能供运输矿石（废石溜井系统运输岩石）。采矿场的人员、材料及设备的运送都有专门的辅助运输系统。目前，我国露天矿采用的辅助运输方式有公路运输和斜坡卷扬运输。在采用辅助运输方式时，要特别注意大型设备上山及设备检修的可能性。一般情况下，当采矿场与工业场地间高差不大时，以采用公路运输为宜。由于斜坡卷扬克服高差的能力比公路大，线路工程费及经营费比采用公路汽车运输方式便宜，因此，当采矿场与工业场地高差大时，则可同时采用公路与斜坡卷扬两种方式。利用斜坡卷扬日常运送上下班人员及零星工具材料；用公路运输大型设备和材料。

应注意的是：斜坡卷扬不宜布置在采矿场内，因为斜坡卷扬机房及斜坡线路随开采台阶的下降而经常移动，在技术和经济上都是不合理的。因此，当露天采矿场地形是孤立山峰时，不能采用斜坡卷扬作为辅助运输设施。这时，采用公路汽车运输方式是合理的。目前，多数平硐溜井开拓的露天矿采用公路作为辅助运输方式。

六、联合开拓

当开采某些特殊条件的露天矿田时，出于技术上或经济上的原因，往往采用两种或多种开采工艺和运输（提升）设备，进而形成联合运输开拓系统。

联合运输开拓一般用于复杂地形条件：①高而陡的复杂山坡地形；②高差大的深露天矿；③凹陷露天矿深度不大，但底部境界狭小或岩性差别大。

联合运输开拓的选择，应力求经济效果最佳，一般正常形式的露天矿也可合理采用联合运输形式，以发挥各种设备的长处和优点。

可以采用多套相互独立的开拓运输系统，在不同时间、空间，运输不同的或相同的物料称为并联系统。并联的联合开拓方式一般比较简单，其坑线系统布局除考虑某种单一运输方式本身的技术可行和经济合理性之外，还要考虑各坑线系统间避免相互干扰。

也可以采用接力作业形式建立运送物料的通道，在相同的时间、空间接力运输同种物料，这时各开拓运输系统相互间密切联系，称为串联系统。串联的联合开拓方式，其坑线系统应结合地形、矿体埋藏条件及采用的运输设备类型，参照前面讲过的不同开拓坑线的运用条件，因地制宜地进行布置。

常见串联式联合开拓方式：①公路—铁路（图 8 - 37）；②公路—带式输送机道；③公路（铁路）—斜坡箕斗提升机道—铁路；④铁路—提升机道（箕斗或串车）—铁路（或带式输送机道）；⑤公路（或铁路）—溜道（溜槽及溜井）—平硐或斜井（不同运输形式）等。

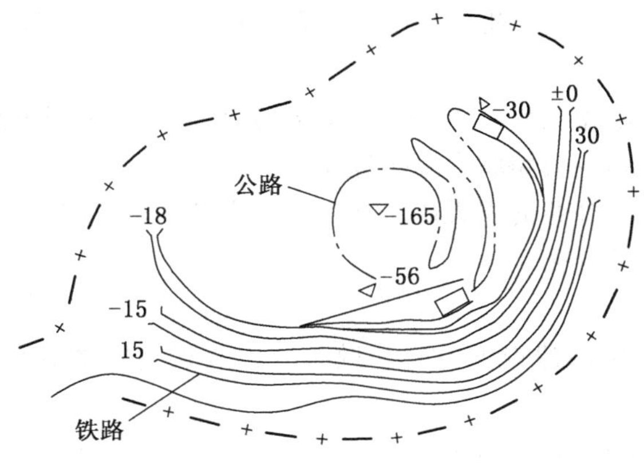

图 8 - 37 铁路—公路联合开拓运输系统平面图

第五节 开拓系统的确定

一、影响开拓方式的主要因素

1. 矿床赋存自然条件

自然条件包括地形、气候、矿体埋藏条件（矿体倾角、埋藏深度、层数、构造、覆盖层厚度、矿体形状及分布情况）、矿岩性质、水文及工程地质条件、矿床勘探程度及储量等。

对矿体埋藏深度浅、平面尺寸较大的矿床，优先考虑采用铁路运输开拓；而埋藏深度大、平面尺寸较小的矿山，可采用箕斗提升或斜坡串车提升开拓方式；沿走向较长的层状矿体宜用直进—折返式铁路运输。

山坡露天矿，若比高较大且矿岩较稳固应优先采用平硐溜井开拓运输运送矿石，并充分利用附近山坡作排土场。

山坡较陡、产量不大的小型矿山可采用重力卷扬开拓运输，以节省电力，节省投资。

黏结性大、含黄泥多、溜放过程易堵塞的矿石，一般不宜用溜井开拓运输。

矿石易粉碎、粉碎后严重降低其价值者，一般不宜用溜井运送。对矿石的质量要求很严格时，沟道位置及工作线的推进方向应考虑选采的要求，工作线由顶帮向底帮推进可减少矿石的贫化和损失。

对于深部勘探程度不够的矿床，不能确定露天采场的最终境界，宜采用移动坑线开拓。

用轮斗铲能直接挖掘的较软的矿岩应采用连续开采工艺，宜采用胶带输送机道开拓。

2. 开采技术条件

技术条件包括露天开采境界尺寸、生产规模、工艺设备类型、开采程序、总平面布置及建矿前开采情况等。

生产规模较大的露天矿宜用准轨铁路或公路运输，而生产规模较小的露天矿可用窄轨铁路运输。

采用铁路运输的凹陷露天矿，由于矿山深部境界尺寸变小，铁路展线困难，故可从单一铁路开拓运输改为铁路—公路联合开拓运输。

对建矿前已开凿地下井巷的露天矿，在考虑矿山开拓方式时，为了充分利用已有的井巷工程，常采用地下坑道开拓。

3. 经济因素

经济因素包括国家矿山建设的方针、政策，以及设备购置费用及供应条件、矿岩运费等。

国家要求建设速度较快时，倾斜的矿床采用沿矿体顶、底板移动坑线开拓运输，可显著减少基建工程量并加快投产、达产时间。

综上，露天矿开拓方式的选择应因地制宜，针对矿山具体条件，既要综合考虑各种因素，又要抓住主要影响因素。

二、开拓运输系统的确定原则

（1）矿山建设速度必须满足国家的要求，保证投产早，达产快。

（2）生产工艺简单可靠，经济效果显著，设备选择应因地制宜。

（3）运输距离短，联系方便。

（4）生产剥采比变化小。

（5）开拓坑道工程量少，施工方便。

（6）不占良田，少占土地，并有利于改造良田。

（7）基建投资较少，特别注重减少初期投资。

三、开拓沟道定线

开拓沟道定线（即确定沟道的空间位置）分室内图纸定线和室外现场定线。室内图纸定线是露天矿设计中通常采用的方法，所需基础资料有矿区地质地形图、露天矿总平面布置图和主要开采技术参数，如露天开采境界、台阶高度、沟道几何参数和线路技术参数以及连接平台长度等。

现以公路直进—回返坑线开拓为例，说明凹陷露天矿开拓沟道定线，步骤如下。

（1）在已初步确定露天采矿场底平面周界和各水平开采境界的平面图上，根据废石场、卸矿点和地质地形条件等确定出入沟口的位置，再按沟道各要素，自上而下初步确定沟道中心线位置。

（2）检查初步确定的出入沟在采矿场底的位置是否满足下部运输线布线及工作线推进方向的要求，如不合适，再自下而上、自上而下进行调整。若采用铁路开拓，出入沟在露天采矿场底的位置应满足运输布线及设置折返站的要求。在复杂情况下，铁路开拓合适的坑线位置有时需调整数次才能确定。

（3）根据初步确定的沟道中心线位置、出入沟要素和各种平台宽度，在平面图上自下而上绘出开拓沟道和开采终了时台阶的具体位置。

思考题

1. 露天矿开拓的目的是什么？
2. 露天矿沟道掘沟方法有哪几种？
3. 露天矿开拓方式有哪几种？各有什么特点？
4. 影响开拓方式的主要因素是什么？

第三篇 露天矿设计原理

按一定程序进行露天矿设计是确保设计质量和避免决策失误的重要措施。按不同阶段的设计深度进行设计，也可以减少设计工作量，加快设计进度。

露天矿设计中的主要参数包括：露天开采境界，矿石和矿岩生产能力，不同时期的生产剥采比，设备配套及数量，矿山基建和达产年限等。

露天开采境界决定于露采和地采的技术发展和经济效益，也决定于矿产品的价值。这些指标的相对变化，导致露天开采境界的变化。为此，既要研究当前合理的开采境界，又要预测今后开采境界可能的变化，以及因开采境界变化出现的开采境界过渡问题。露天开采境界的合理确定，对露天开采的经济效果有重大影响。

露天矿矿石生产能力要考虑社会需求、技术上可能和经济上合理。它与露天开采工艺、设备选型、开采程序、开拓运输系统等主要技术问题密切相关，受这些技术问题制约，也影响这些技术的决定。露天矿生产能力的经济合理性，决定于国民经济发展的宏观经济效益和矿山自身的经济效益。由于露天矿的矿产资源的有限性，露天采矿的边际成本随矿石产量的变化而变化，因此，经济上限定了露天矿的合理生产能力。

生产剥采比决定于露天矿的开采程序，同时也是研究和选择露天矿开采程序的重要指标。在一定的开采程序下，生产剥采比也存在可调性。为此，需要研究确定生产剥采比的简便和精确计算方法，以及研究调整生产剥采比的合理方法。

矿石生产能力、生产剥采比、投产和达产时间，以及矿山基建工程量等，较准确的值是通过编制矿山工程发展进度计划得出的。它是计算露天矿的设备、人员、投资、成本和进行财务分析的基础。

露天矿总体规划和地面设施总图布置不仅影响生产，还影响矿山职工的生活，必须遵循布局合理、有利生产、方便生活的原则，是露天矿设计必须认真解决的问题。

露天矿设计中还有一个重要问题就是安全与环境保护。安全是一个企业对从业者的基本保护义务，也是我国法律规定的一项责任。露天矿的生产对生态环境造成了一定的破坏，随着社会的发展，环保问题越发引起公众和社会的关注。露天矿设计应重视环保问题，研究各种有利于环境保护的措施，自觉维护人类赖以生存的生活环境。

露天矿建设是一项风险性较大的投资项目，因此需要对露天矿建设的经济效益和风险性进行充分的分析研究，以便做出正确的决策。

露天矿设计中涉及的各种问题形成了一个密切联系的整体。露天矿设计是在局部优化的基础上达到总体优化的。既要研究个别的技术问题，又要研究其相互关系，从系统工程的角度研究和解决露天矿设计中的各种问题，这是始终贯彻本篇的指导思想和方法论。

第九章　露天开采境界

第一节　概　　述

露天开采境界指露天采场开采结束（或某一时期）时的空间轮廓，又称最终开采境界（分期境界）。它由采矿场的地表境界、底部境界和四周帮坡组成。

露天开采境界横剖面与边坡面的交线称为边坡线（图 9-1 中 ab 和 cd），露天采场最终边帮与地表的交线称为地表境界（ad），露天采场最终边帮与其底面的交线称为底周界（bc），凹陷露天采场内开采水平最高点至露天采场底面的垂直深度 H 称为开采深度，当露天开采结束时，通过非工作帮最上一个台阶坡顶线和最后一个台阶的坡底线所作的假想面与水平面所成的夹角称为最终帮坡角（γ 和 β）。

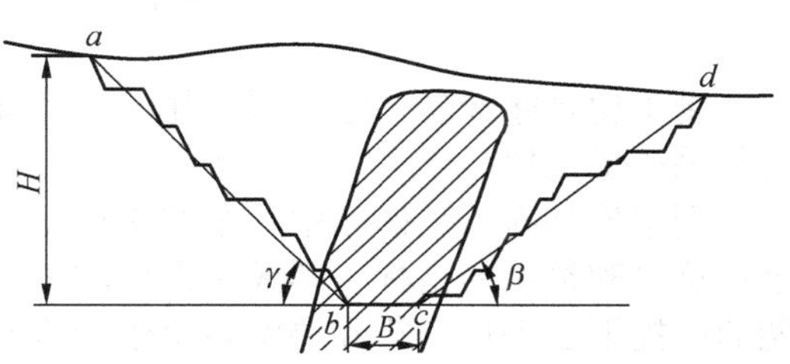

图 9-1　露天开采境界横剖图

一、确定开采境界的重要性

（1）露天开采境界的大小直接影响着露天矿场内的矿岩量，进而影响露天矿的规模及服务年限、基建工程量、建设年限及达产年限、设备选型配套、劳动定员和效率、基建投资额及其合理利用。

（2）影响开采程序，为合理分区和优化拉沟位置提供基础，还有境界确定后才能布置合理的开拓运输系统。

（3）影响开采工艺，进而影响着设备的选型及其配套、露天矿的成本及盈利、劳动生产率等。

二、影响露天开采境界的主要因素

影响露天矿开采境界的因素是很多的，可归纳为下列 4 类。

（1）国家的方针政策。如劳动保护、农业为基础的方针、经济政策、综合利用及环境保护法等。

（2）自然因素。包括矿床埋藏条件（矿体在空间的分布、倾角、厚度等）、矿石及围岩性质、地形、地表河流、冲沟、水文工程地质条件等。

（3）技术经济因素。包括采用的开采工艺及设备，矿山的基建投资，矿石成本和销售价格，矿石质量，开采中的贫化和损失，基本建设年限及达到设计产量的期限，设备供应情况及国民经济发展水平等。

(4) 其他因素。矿山附近的公路、铁路，主要建（构）筑物，城市村庄等，此外，露天矿开采境界有时受勘探深度及范围的限制，由勘探程度来决定。

露天矿开采境界必须在综合考虑上述因素基础上确定，但各因素对不同矿床的作用不同，要抓住主要的限制性因素。在矿床勘探范围（深度、长、宽）很广的情况下，通常首先确定露天矿开采的最终境界。若此最终境界较大，初期经济指标（投资、成本及盈利等）欠佳，为改善前期经营效果，可以初期以较小的境界（开采矿床浅部或其走向长度的一部分）进行生产，以后再扩大到最终的开采境界。设计的最终境界又称远期境界；近期境界又称分期境界、小境界。从露天开采的发展史看，随着露天矿开采机械化水平的提高，露天开采优越性愈显著，露天开采境界不断扩大，地下开采改为露天开采日益增加。

第二节 经济合理剥采比

剥采比是露天矿一定开采范围（自然剥采比）或生产时期内（生产剥采比）的剥离量与采矿量之比。

剥采比是露天采矿学中一个非常重要的概念，也是评价露天矿规划、设计、生产的一个很重要和常用的指标。露天矿设计的主要任务就是针对设计矿山的具体条件，在技术可能的前提下合理地安排和调整各个生产阶段的剥采比。

一、常见的五种剥采比

1. 平均剥采比

指露天开采境界内的剥离总量与矿石总量之比，计算公式：

$$n_p = \frac{V_p}{A_p} \tag{9-1}$$

平均剥采比反映的是露天矿总的剥采比例，标志着总体经济效果，常作为衡量设计质量的对照指标。平均剥采比如图 9-2 所示。

2. 分层剥采比

指露天开采境界内开采某一水平分层所发生的剥离总量与采出矿石量的比值，相当于某一分层的平均剥采比（图 9-3），计算公式：

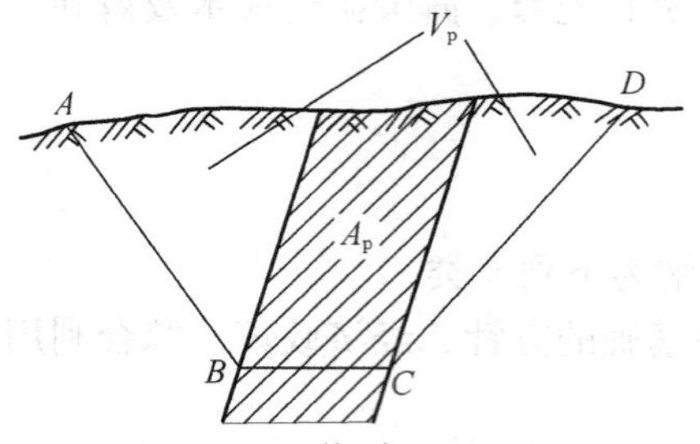

图 9-2 平均剥采比示意图

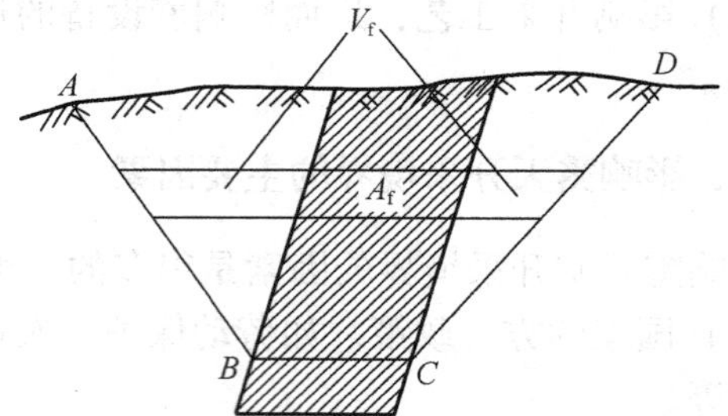

图 9-3 分层剥采比示意图

$$n_f = \frac{\sum_{1}^{i} V_i}{\sum_{1}^{i} \Delta P_i} = \frac{V_f}{A_f} \tag{9-2}$$

开采境界内最深一层矿床的剥采比就是总的平均剥采比。通常在圈定露天矿境界时，用分层剥采比来衡量该层矿床划归露天开采的合理性。

3. 生产剥采比

指露天矿在一定生产时期内（一般以年或月为单位）实际完成的剥离量与矿石量的比值（图9-4），计算公式：

$$n_s = \frac{V_s}{A_s} \tag{9-3}$$

生产剥采比是露天矿实际发生的一种剥采比。对于一个露天矿来说，生产剥采比是一个不断变化的，用它与计划生产剥采比的接近程度，来检验露天矿生产情况的优劣。

4. 境界剥采比

指露天矿增加单位深度后所引起的剥离增量与矿石增量之比，是露天开采境界的一种边界值（图9-5），计算公式：

$$n_j = \lim_{\Delta H \to 0} \frac{\Delta V}{\Delta A} \tag{9-4}$$

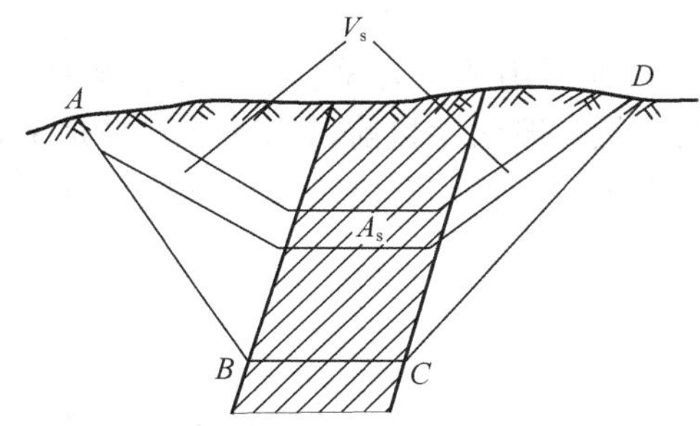

图9-4 生产剥采比示意图

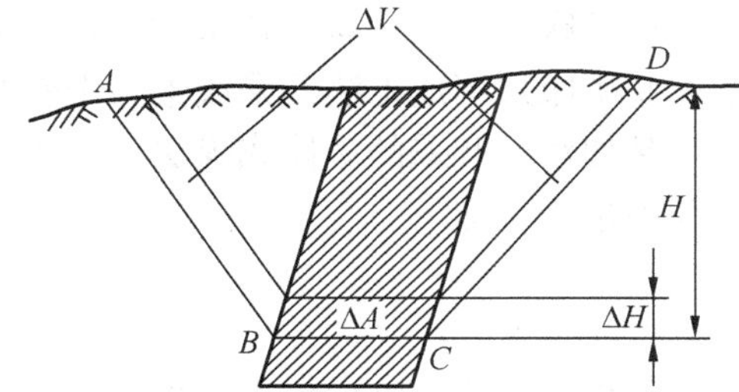

图9-5 境界剥采比示意图

境界剥采比反映露天矿境界变大后，比原境界增加的剥离量和矿石量的关系。一般矿床都赋存在地表以下，故开采深度愈大，境界剥采比愈大。

5. 经济合理剥采比

指当前技术经济条件下经济上允许的最大剥采比，计算公式：

$$n_{jH} = \frac{c_井 - a}{b} \tag{9-5}$$

式中 $c_井$——类似地质条件下井工开采吨采矿成本；

a——露天开采吨纯采矿成本；

b——露天开采立方剥离成本。

二、经济合理剥采比的确定方法

经济合理剥采比是由经济因素决定的经济上合理的、最大的剥采比。它是确定露天开采境界的重要指标，是与确定露天开采境界的经济原则相联系的。

确定经济合理剥采比的方法基本上可分两类：一类是以比较露采和地采的合理性为基

础，即对于浅部露采、深部地采的矿床，按地采的成本、单位工业储量盈利或加工的产品成本相比较确定经济合理剥采比。另一类是以矿石允许价格为基础，对于目前仅用露天开采浅部而深部暂不开采的矿床，可根据矿石价格或加工产品的价格确定经济合理剥采比。

1. 部分宜用露天开采、部分宜用地下开采的矿床

（1）当露天及地下开采方式的矿石贫化和损失接近，矿石资源丰富且不很贵重时，按露天开采的原矿成本等于地采成本确定经济合理剥采比：

$$n_{\mathrm{J1}} = \frac{C_{\mathrm{D}} - a}{b} \tag{9-6}$$

（2）当露天及地下开采方式的矿石贫化和损失相差较大，且矿石价格较贵时，要考虑贫化损失，按露天地下开采单位工业储量的盈利相等的原则确定经济合理剥采比。

$$n_{\mathrm{J2}} = \frac{\eta_{\mathrm{yL}}(d_{\mathrm{L}} - a) - \eta_{\mathrm{yD}}(d_{\mathrm{D}} - C_{\mathrm{D}})}{\eta_{\mathrm{yL}} b} \tag{9-7}$$

按上式计算经济合理剥采比时，矿石价格分别取露天、地下开采矿石的批发价格。如果没有矿石批发价格，可根据其加工的产品价格并考虑加工过程的费用反算出矿石的价格。

2. 部分宜用露天开采，另一部分不宜开采

这类矿床的特点是露天开采境界以外的矿石，目前不用地下开采，如石灰石矿床等。由于这些矿床采用地下法开采成本高于矿石的价格，故一般认为目前采用地下开采是不合理的。又如对已开采的矿体或煤层，一般亦按露天开采成本等矿石价格或允许成本确定经济合理剥采比，即

$$n_{\mathrm{J3}} = \frac{d_{\mathrm{L}} - a}{b} \tag{9-8}$$

鉴于应用上式计算的经济合理剥采比圈定境界，在露天矿剥离洪峰时期盈利较低，考虑露天矿的允许成本应低于价格：

$$n_{\mathrm{J3}} = \frac{\dfrac{d_{\mathrm{L}}}{1 + \varepsilon} - a}{b} \tag{9-9}$$

式中，系数 ε 为考虑销售产品收入中扣除生产成本、保证上缴税金、贷款利息、盈利等的系数。

此外，当综合开采多种矿石或采用多种综合工艺时，经济合理剥采比计算需综合考虑。

三、其他情况经济合理剥采比的确定

1. 综合开采多种矿石时经济合理剥采比的确定

有的矿山同时开采铝土矿、硬质黏土、软质黏土、高铝黏土及石灰石等多种矿石。露采时可以综合开采出多种矿石，而地下开采时顺便把它们采出来往往有困难或不经济。因此在确定露天开采境界时要考虑这一因素。

开采多种矿石时，确定经济合理剥采比可以一种矿石为主，其他有用矿物作为顺便采出量。由于有顺便采出的矿石，露天开采费用中，可扣除顺便采出矿石的收益。计算经济

合理剥采比时，可用下式：

$$a + n_{j5} \cdot b - \sum_{i=1}^{N} ks_i ds_i = c_D$$

整理可得：

$$n_{j5} = \frac{C_D - a}{b} + \sum_{i=1}^{N} \frac{ks_i ds_i}{b} \tag{9-10}$$

式中 n_{j5}——有 N 种顺采矿石时的经济合理剥采比，m^3/m^3；

ks_i、ds_i——分别为第 i 种顺采矿石量与主要矿石采出量之比值及其价格，元/m^3。

2. 采用纵向运输与倒堆联合开采工艺时的经济合理剥采比

水平及近水平覆盖层较厚的矿床，若深部采用倒堆工艺，上部采用剥离物纵向运输开采工艺，这时经济合理剥采比按下式确定。

$$C_D = a + k_1 b_1 + k_2 b_2 \tag{9-11}$$

式中 k_1、k_2——分别为两种不同开采工艺的剥离量与采出有用矿物总量之比；

b_1、b_2——分别为两种开采工艺的剥离成本，元/m^3。

倒堆工艺的剥采比 k_1 根据设备规格确定。按矿床条件和采掘设备参数，确定其最大可能剥离厚度，k_1 等于其剥离厚度与矿体垂直厚度之比。运输开采工艺的经济最大允许剥采比 k_2 为

$$k_2 = \frac{C_D - (a + k_1 b_1)}{b_2} \tag{9-12}$$

总的经济合理剥采比为

$$n_j = k_1 + k_2 \tag{9-13}$$

四、经济指标的选取

确定经济合理剥采比的重要前提是准确地选取露天采剥成本、地下开采成本和矿石价格等指标。

按照“调查就是解决问题”的观点，设计中可调查相似矿床开采的实际情况，选取条件相似的矿山实际经济指标或者设计的经济指标作为新矿设计的依据。

设计矿床的具体条件和采用的开采工艺与相似矿床不可能完全相同。为使所采用的数据尽可能切合实际，一般可按式（9－14）、式（9－15）对生产各环节的费用进行计算，对所搜集的资料进行加工整理和必要的修正。

$$a = a_0 + a_B + a_C + a_T + a_{0T} + \sum a_f \tag{9-14}$$

$$b = b_0 + b_B + b_C + b_T + b_{0T} + \sum b_f \tag{9-15}$$

式中 a、b——露天纯采矿及剥离成本，元/m^3；

a_0、a_B、a_C、a_T、a_{0T}、$\sum a_f$ 及 b_0、b_B、b_C、b_T、b_{0T}、$\sum b_f$——分别为采矿及剥离的穿孔、爆破、采装、运输、排卸及辅助费用，元/m^3。

修正的内容与方法要按具体情况而定。

1. 工艺系统设备类型不同对指标的影响

露天矿单位采剥费用与开采参数、机械化结构、生产组织及露天矿平面干线运输系统等有关。在一定的矿床条件下，工艺机械化类型往往对经济指标影响较大。因此必须根据矿床自然条件、露天矿范围大小、岩石物理机械性质、露天矿的规模等正确选择工艺和机械化类型，并选取类似矿山的经济指标。

有时只在部分生产环节相同，则修改部分生产环节的费用。例如，设计的矿床与某生产矿自然条件相似，采用相同的穿爆、采装、排土等工艺，唯运输设备不同，前者采用电机车运输，后者采用蒸汽机车运输，两种运输方式费用差别较大，因而应用式（9－14）、式（9－15）计算成本时应将运输费 a_T 及 b_T，改为电机车运输成本，结果见表9－1。将运输费用修改后，经济合理剥采比由 8.8 m^3/m^3 增加到 10.7 m^3/m^3。

2. 组织工作对成本指标的影响

在露天矿定员、工资率、动力、材料价格、折旧及岩性相同的条件下，露天矿机械设备技术能力越充分利用，生产成本就越低。而设备能力能否充分利用取决于矿山组织工作，组织工作愈好，设备时间利用率就愈高，班生产能力也就愈大，成本也就愈低。因此选取成本指标时必须考虑工作组织的特点，尤其是大型轮斗、倒堆铲等工艺设备，由于地区条件不同，其年工作小时数不同，对成本指标影响甚为显著。

表9－1　修正前后的不同运输费用计算表

	指　　标	露天矿		矿井	n_{J1}/($m^3 \cdot m^{-3}$)
		a	b	C_D	
修正前	单位矿岩开采成本/(元·m^{-3})	3.0	2.5	25	8.8
	运输费用/(元·m^{-3})	1.2	1.0	—	
	吨公里运费/元	0.05	0.05	—	
修正后	单位矿岩开采成本/(元·m^{-3})	2.52	2.1	25	10.7
	运输费用/(元·m^{-3})	0.72	0.6	—	
	吨公里运费/元	0.03	0.03	—	

3. 矿山工程发展对成本指标的影响

露天矿投入生产后，随着露天矿加深及平面上的扩大，设备工作条件变差。例如，矿岩运距增加，岩石变硬，穿爆采装困难，效率降低，使成本随之提高。其中变化最大的是运输费用，其值可近似地按下式计算：

$$C_T = C_0\left(1 + \alpha \frac{\Delta L}{L}\right) \tag{9-16}$$

式中　C_T——运距增加 ΔL 时的运输成本，元/t；

C_0——投产时的运输成本，元/t；

L——投产时平均运距，km；

ΔL——费用计算时比投产时增加的运距，km；

α——系数，为随运距变化的费用比值。汽车运输时，$\alpha=0.45$。

4. 成本指标随时间变化因素的影响

由于生产工艺与组织的不断完善，设备能力将比投产时逐步提高，同时随着露天矿的加深和平面的扩大，运距增加，露天矿运输费用也在增长。

5. 露天矿规模对单位矿岩投资及生产成本的影响

一般地，随着露天矿的矿岩能力增大，总投资是增加的，但单位投资有所减小。因为分摊到单位矿岩能力的基建工程量投资、企业管理费、工人福利设施等的投资有所下降。这些结论据我国一些设计矿山资料得出如下关系：

$$K = B_1 + \frac{B_2}{A} \tag{9-17}$$

式中 K——单位矿岩生产能力投资，元/(t·a)；

A——矿岩能力，t/a；

B_1、B_2——常数，根据不同工艺设备类型统计确定。

生产规模越大，总投资增加，单位投资费用降低；总成本增加，单位成本降低。

露天矿单位矿岩生产成本由采装、运输、排土等生产费用，以及折旧、维修、排水、管理等费用组成。据统计露天矿单位矿岩成本与矿岩能力有下式关系：

$$C = \alpha_1 + \frac{\alpha_2}{A} \tag{9-18}$$

式中 C——单位矿岩成本，元/t；

A——矿岩生产能力，t/a；

α_1、α_2——主要决定于机械化水平的系数，一般露天矿矿岩生产能力愈大，单位矿岩生产成本要低些。

6. 其他因素影响

如排水费用，将随露天矿开采深度增加而提高，仅取当前山坡露天或浅露天之排水费是不适当的。

金属矿地采矿石的块度一般为0~300 mm，而露天矿开采的矿石块度较大，破碎费增加，因此露天采矿或成本中应加上粗破碎的费用。

在选用相似矿的指标时，不仅要注意自然条件和技术条件的差别，还要注意经济条件，地理条件、时间条件等方面的差别。

采矿技术经济计算中，允许存在一定的误差。当某些差别引起误差不大时，忽略这些差别不加修正是允许的。

第三节 境界剥采比

根据露天矿端帮量与矿岩总量之比值，将露天矿划分为长露天矿与短露天矿两类：当该比值不大于0.2时为长露天矿；否则，为短露天矿。这时矿量的计算误差（不考虑端帮量时）相当于B级矿石量计算的误差。在设计中，可简便地按长宽比等于或大于4:1为长露天矿，反之为短露天矿。长露天矿一般按横断面计算矿岩量，而短露天矿必须考虑端帮量。不能简单地按横断面图计算境界剥采比，需要计算全矿一定开采深度条件的境界剥采比。

一、按横剖面确定境界剥采比

按横剖面确定境界剥采比有面积法、投影线段法及边帮线段法。

1. 在横剖面图上用面积表示矿岩量确定境界剥采比

如图 9-6 所示的横剖面，其任意深度 H 的境界剥采比确定步骤：在深度 H 处作水平线 x，根据选取的最终坡角 γ、β 及底宽，按满足：$AB:BO \approx DC:CO$ 的条件确定露天底在 x 水平线上的位置 b_1、b_2 及最终边线 Ab_2、Db_1。在深度 $H-\Delta H$（通常 ΔH 取台阶高度）作另一水平线 x'，同理作出底宽 $b_1'b_2'$及边坡线 Jb_1'、Gb_2'。这时边界层矿石量为 $Bb_2b_1CFb'_1b'_2E$ 所围的面积即 S_p，岩石量的面积 S_v 为 $ABEG$ 及 $DJFC$ 两面积之和。深度 H 的境界剥采比 n_k 为

$$n_k = \frac{S_v \times 1}{S_p \times 1 \times \eta_{yL}} = \frac{S_v}{S_p \eta_{yL}} \tag{9-19}$$

式中 η_{yL}——原矿采出系数；

1——表示走向长度取 1 m 计算矿岩量；

S_p、S_v——面积，可用求积仪或划分为若干简单的几何形状计算。

矿量计算时，矿体可采厚度，夹石剔除厚度，矿石边界品位等指标可用统计法、类比法、计算法或参考有关规范确定。

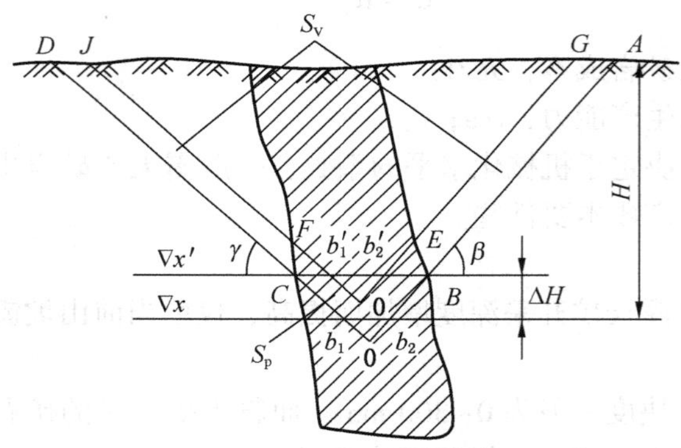

图 9-6 面积法确定境界剥采比示意图

2. 在横断面图上用投影线段表示矿岩量确定境界剥采比

在横断面图上用简化计量法（例如以投影线段长度表示矿岩量）较为方便。简化计量法的原理用图 9-7 说明，根据境界剥采比的定义：

$$n_k = \frac{\Delta V_k}{\Delta P_k \eta_{yL}} = \frac{H(\cot\gamma + \cot\beta)\Delta H - \dfrac{1}{2}\Delta H^2(\cot\gamma + \cot\beta)}{m\Delta H \eta_{yL}}$$

当 $\Delta H \to 0$ 时，上式为

$$\underset{\Delta H \to 0}{n_k} = \frac{H(\cot\gamma + \cot\beta)}{m\eta_{yL}}$$

即

$$n_k = \frac{\overline{CD'}}{m\eta_{yL}} \tag{9-20}$$

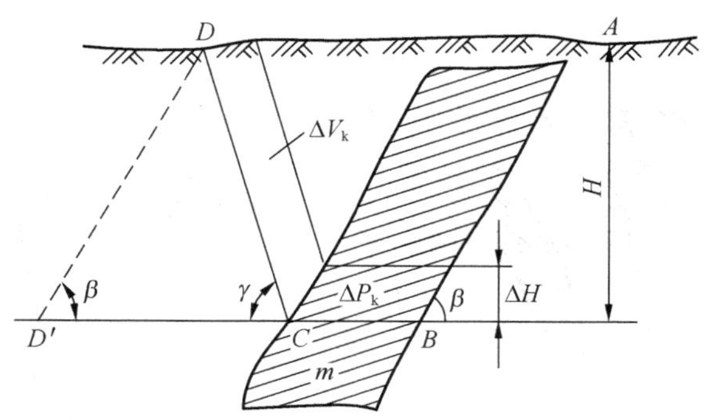

图 9－7　简化计量法确定境界剥采比示意图

图 9－7 中的 D' 点为地表境界 D 沿露天矿底的延深方向在水平线 x 上的投影。$\overline{CD'}$ 为顶帮 $\overline{CD}$ 沿底延深方向在 x 水平线上的投影（这里底帮投影为零），底及两帮的矿石线段沿底延深方向在 x 水平线上的投影为 m。$\overline{CD'}$ 及 m 分别代表边界层岩石及矿石量。因此，可用投影线段代表矿岩量来计算境界剥采比。

投影线段法确定任意矿床某一深度的境界剥采比（图 9－8）的步骤如下：

首先通过某一深度 H 作水平线 x，在该水平线上确定底位置即 b_1、b_2 两点；然后确定露天底的延深方向，一般取上一水平与本水平露天底同侧的坡底线的联线即 y_2，该线标志露天底的延深方向，亦称投影基线，通过露天矿上部境界点 x_1、x_2 及边坡线上或底宽上的矿岩交界点 $x_3 \cdots x_8$ 作基线 y_2 的平行线与水平线 x 交于 x'_1、x'_2、$x'_3 \cdots x'_8$ 等处。露天矿境界深度达 x 水平时的境界剥采比为

$$n_k = \frac{1}{\eta_{yL}}\left(\frac{\overline{x'_1x'_2}}{\overline{x'_3x'_4} + \overline{x'_5x'_6} + \overline{x'_7x'_8}} - 1\right) \tag{9-21}$$

式中　$\overline{x'_1x'_2}$——露天矿上部境界投影长度，代表矿岩量；

$\overline{x'_3x'_4}$、$\overline{x'_5x'_6}$、$\overline{x'_7x'_8}$——边界线上矿石线段沿底延深方向在水平线的投影长度，代表矿石量；

η_{yL}——原矿采出系数。

同理可确定开采境界深度 z 水平时的境界剥采比：

$$n_k = \frac{1}{\eta_{yL}}\left(\frac{\overline{Z'_3Z'_1} + \overline{Z'_2Z'_4}}{\overline{Z'_4Z'_3}}\right)$$

式（9－21）的应用条件是相邻两水平的底宽相等。否则，顶底帮边界线的矿岩交点及地面境界点，要分别沿顶底帮坡底的延深方向投影。

3. 在横剖面图上用边坡线段确定境界剥采比

当露天矿的底位置（图 9－9）按 $AB : BO \approx DC : CO$ 确定时，顶、底帮的边帮境界剥采比相等且分别等于两边坡线的岩石线段与矿石线段长度之比：

$$n_{kB} = \frac{\overline{D'C'}}{\overline{C'O}\eta_{yL}} = \frac{\overline{DC}}{\overline{CO}\eta_{yL}} \quad (\triangle OCC' \backsim \triangle ODD') \tag{9-22}$$

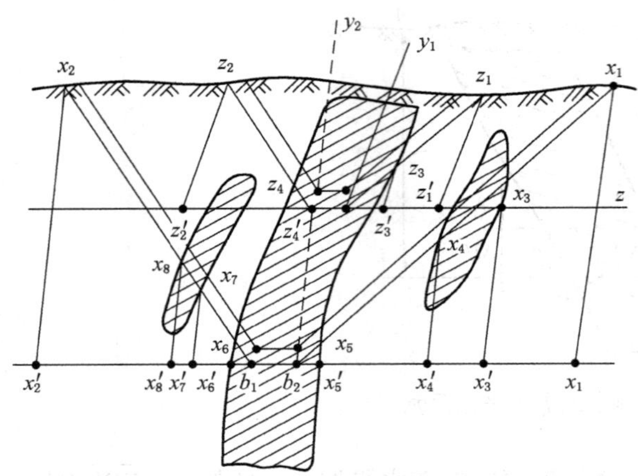

图 9-8 投影线段法确定境界剥采比示意图

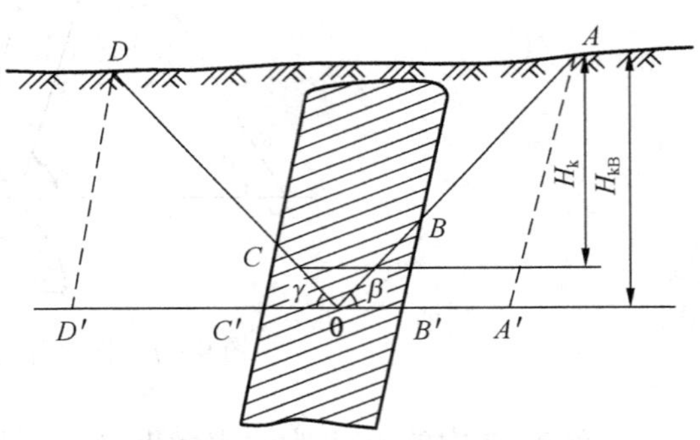

图 9-9 用边坡线段确定境界剥采比示意图

$$n_{kL}=\frac{\overline{A'B'}}{\overline{B'O}\eta_{yL}}=\frac{\overline{AB}}{\overline{BO}\eta_{yL}}\quad(\triangle OBB' \backsim \triangle OAA') \tag{9-23}$$

式中 n_{kB}、n_{kL}——分别为顶帮、底帮的边帮境界剥采比，m^3/m^3；

$\overline{D'C'}$、$\overline{C'O}$——顶帮边坡线上岩、矿线段沿露天底延深方向在水平面的投影长度；

$\overline{DC}$、$\overline{CO}$——顶帮边坡线上岩石与矿石线段长度；

$\overline{A'B'}$、$\overline{B'O}$——底帮边坡线沿露天矿底延深方向在水平面的投影长度；

$\overline{AB}$、$\overline{BO}$——底帮边坡线上岩石与矿石线段长度。

该断面的境界剥采比 n_k 为两帮岩石与矿石沿底延深方向在水平面投影线段之比：

$$n_k=\frac{\overline{A'B'}+\overline{D'C'}}{(\overline{C'O}+\overline{B'O})\eta_{yL}} \tag{9-24}$$

根据比例定理，可证明在该条件下边帮境界剥采比等于境界剥采比，并且为边坡线上岩、矿线段之比：

即
$$n_k=n_{kB}=\frac{\overline{DC}}{\overline{CO}\eta_{yL}} \tag{9-25}$$

或
$$n_k=n_{kL}=\frac{\overline{AB}}{\overline{BO}\eta_{yL}} \tag{9-26}$$

不需要剥离底板岩的倾斜、缓倾斜、水平矿床的露天矿，也就是只有一个顶帮的剥岩量，境界剥采比就是顶帮的边帮剥采比 n_{kB}（图 9-10）：

$$n_k=n_{kB}=\frac{\overline{ab}+\overline{cd}+\overline{ef}}{\eta_{yL}(\overline{bc}+\overline{de}+\overline{fg})} \tag{9-27}$$

二、端帮境界剥采比的确定

端帮境界剥采比即端帮坡面（图 9-11a 的 EGF）沿走向外扩 $d\gamma$ 时增加的岩石量与矿石

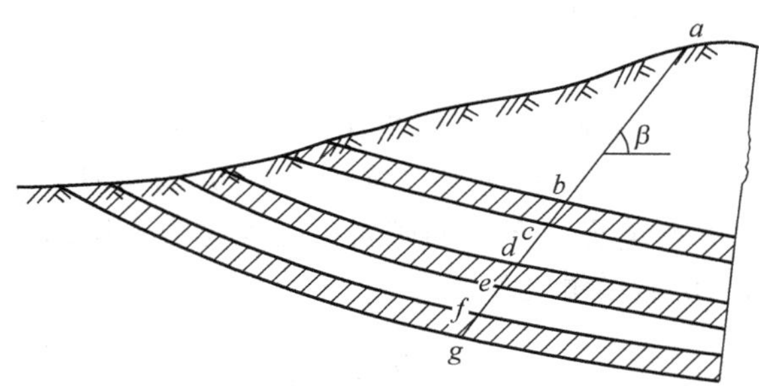

ag—边坡线；β—边坡角度

图 9-10　用边帮线段确定境界剥采比示意图

量之比，可用端帮坡面岩石面积与矿石面积沿走向在垂直面上投影之比计算（图 9-11b）：

$$n_{kT}=\frac{S'_v}{S'_p\eta_{yL}}\qquad(9-28)$$

式中　n_{kT}——端帮境界剥采比，m^3/m^3；

S'_p、S'_v——端帮坡面（EGF）沿走向在垂直面上的岩石、矿石投影面积，m^2；

η_{yL}——原矿采出系数。

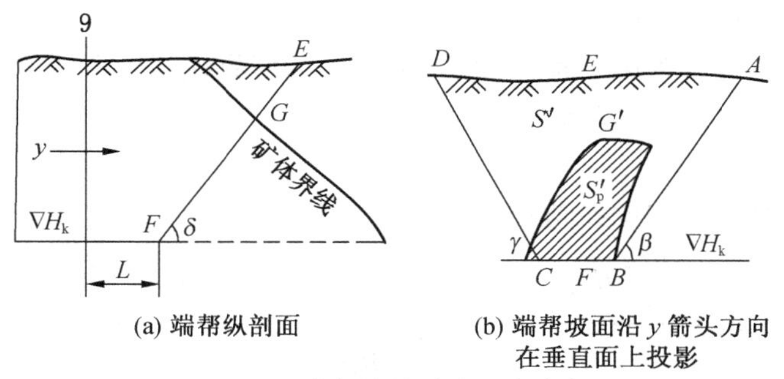

图 9-11　端帮境界剥采比的确定图

三、全矿总的境界剥采比确定

长露天矿境界圈定过程中一般不求全矿总的境界剥采比，如果按剖面确定的深度根据运输要求调整后变化较大，可按下式近似计算全矿总的境界剥采比 n_k，用以检验开采境界。

$$n_k=\frac{\sum_{i=1}^{N}\Delta V_{ki}}{\sum_{i=1}^{N}\Delta P_{ki}\eta_{yL}}\qquad(9-29)$$

式中　ΔV_{ki}、ΔP_{ki}——为 i 剖面边界层岩矿量，可用面积法、投影线段法或边坡线段表示；

N——全矿横剖面数；

η_{yL}——原矿采出系数。

准确计算全矿的境界剥采比，要考虑端帮的矿岩量，特别是短露天矿，这时要用水平投影面积法或计算边界层矿岩体积的方法。

1. 体积法

用体积法计算边界层矿岩量确定境界剥采比，一般可在所有分层平面图上绘出某一深度 H 的境界方案及其相邻的上一个台阶的（深度为 $H-h$ 的境界方案，h 为台阶高度）露天境界线，显然 H 及 $H-h$ 两境界方案间的矿岩量也就是边界层的矿岩量，它等于每个分层平面图上的境界线间的矿岩增量之和。

$$n_k = \frac{\sum_{i=1}^{N} h_i \Delta S_{vi}}{\sum_{i=1}^{N} h_i \Delta S_{pi} \eta_{yL}} \tag{9-30}$$

或

$$n_k = \frac{\sum_{i=1}^{N} \Delta V_i}{\sum_{i=1}^{N} \Delta P_i \eta_{yL}} \tag{9-31}$$

式中　N——分层平面图（台阶）总数；

ΔS_{vi}——第 i 分层平面图上 H 及 $H-h$ 两开采深度的境界线的岩石面积，m^2；

ΔS_{pi}——相应的矿石面积，m^2；

η_{yL}——原矿采出系数；

ΔV_i、ΔP_i——分别为第 i 水平上两开采深度的境界线间岩石增量和矿石增量，m^3。

该法精确性高，可用于复杂矿床。

2. 水平面投影面积法

投影面积法求全矿总的境界剥采比（图 9－12）：

$$n_k = \frac{\int_0^{L_0} [H_1(\cot\beta - \cot\alpha) + H_2(\cot\gamma + \cot\alpha)]\mathrm{d}y}{\int_0^{L_0} \overline{CB}\eta_{yL}\mathrm{d}y} = \frac{\int_0^{L_0} \overline{A'B} + \overline{CD'}\mathrm{d}y}{\int_0^{L_0} \overline{CB}\eta_{yL}\mathrm{d}y} = \frac{S_v}{S_p \eta_{yL}} \tag{9-32}$$

式中　S_v、S_p——露天矿某一境界方案的底和边帮沿底延深方向在水平面上的岩、矿投影面积，m^2；

η_{yL}——原矿采出系数；

L_0——地表境界长度。

其他符号含义同前。

由上式可以看出当矿体倾角很陡（即 $\alpha \to 90°$）或者露天矿地表水平（即 $H_1 \approx H_2$），且底宽及长度随深度不变时，公式中的投影面积等于沿垂直方向的投影，不满足上述条件时的垂直投影面积是近似的。准确计算时，地表与矿岩交界线必须沿底周界各点的延深方向投影，求出矿岩投影面积。

平面投影法的步骤：首先在平面图上绘出某深度方案（图 9－13 的∇+100 水平的）的

露天底周界，当有该水平的分层平面图时，底的周界可在分层平面图上圈定，否则在断面图上确定底的尺寸和位置，然后投影到平面图上。

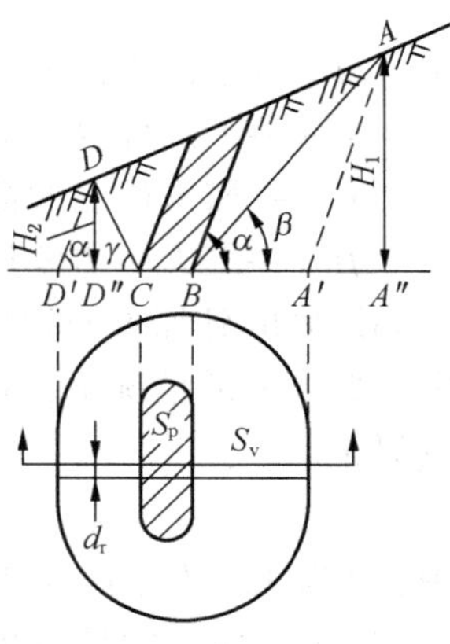

图 9－12 投影面积法求全矿总的境界剥采比示意图

其次，在平面图上确定露天矿上部境界线及露天矿边帮上矿岩接触线的投影。露天矿上部境界线及边帮上矿岩接触线可在横断面图、纵断面图及辅助剖面图（图 9－13）上确定。即作出边坡线，找出每条边坡线与地表交点及矿岩分界线交点，通过交点沿该剖面（或辅助剖面）底的延深方向（该剖面上相邻两坡底线的连线方向，当近似计算时延深方向均取 90°），作平行线交于露天底标高的水平面上即可确定投影线段长度，然后投影到平面图上，并根据运输条件适当调整平滑，或者直接在平面图上确定地表境界点或矿岩接触点，如图 9－13 中的 1、2、3…12 等露天矿开采深度达∇+100 水平时上部境界线上的点，它们连接起来便是上部境界。这些点应符合下列条件：

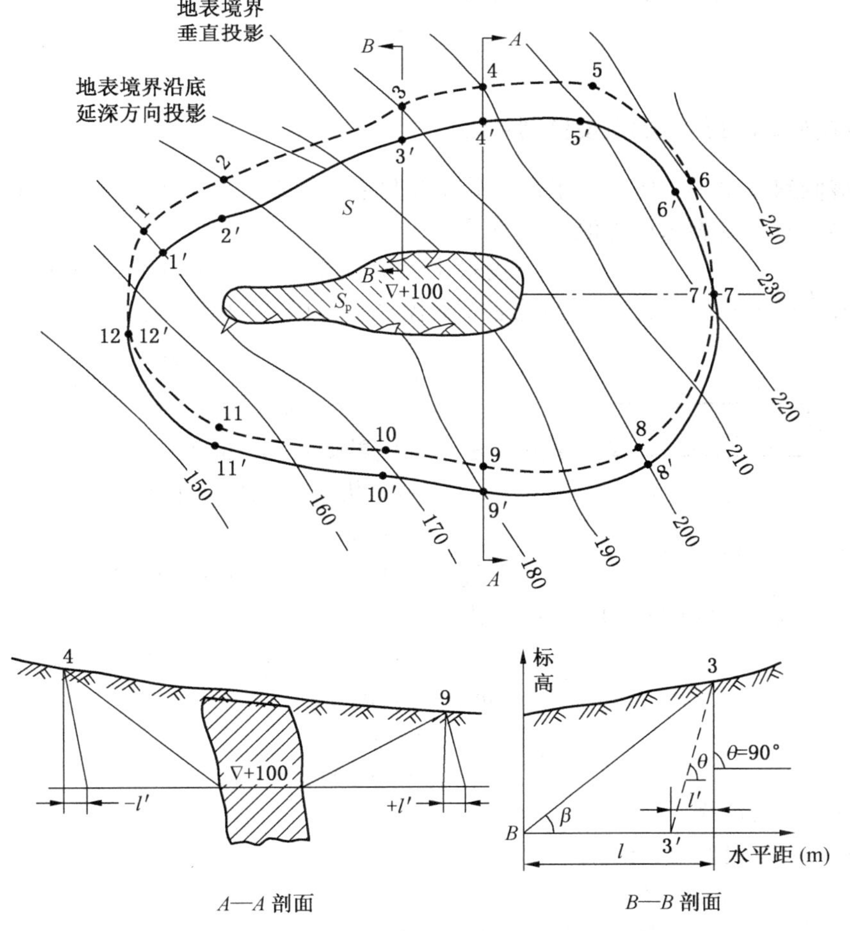

图 9－13 水平投影面积法确定全矿总的境界剥采比示意图

$$l = (o - o_y)\cot\beta \quad (9-33)$$

式中 l——平面上部境界点到露天矿底的法线距离，m；

o——上部境界点的标高，m；

o_y——露天矿底的标高，m；

β——露天矿边坡角，(°)。

如果底的延深方向较缓及地表倾角较大需准确计算境界剥采比时，必须在式（9－33）确定上部境界的情况下，找出上部境界及矿岩交线沿底延深方向投影。投影点距离境界线上点的距离 l'：

$$l' = \pm(o - o_y)\cot\theta \quad (9-34)$$

式中，θ 为法线 l 与底边界线交点处底的延深角。

式（9－34）的计算值，当延深方向指向地表境界内时取负号，投影点内缩 l'（图 9－13 的 B—B 辅助剖出由点 3 缩至 3′），否则取正号，向境界外延 l'。

在平面图上绘出上部境界线和矿岩交界线的投影之后（图 9－13 中的虚线为延深角 θ = 90°时的投影平面图），可用求积仪求得上部境界线投影 1、2、3、…、12 等范围内矿岩面积 S 及其中矿石面积 S_P。露天矿境界深度为∇+100 时的全矿总的境界剥采比为

$$n_k = \frac{1}{\eta_{yL}}\left(\frac{S}{S_p} - 1\right) \quad (9-35)$$

四、按剥采比等值线确定境界剥采比

对于缓倾斜及水平矿床，为了便于确定矿区各露天矿开采顺序、露天矿的开采境界、开采程序等，常绘制剥采比等值线平面图。

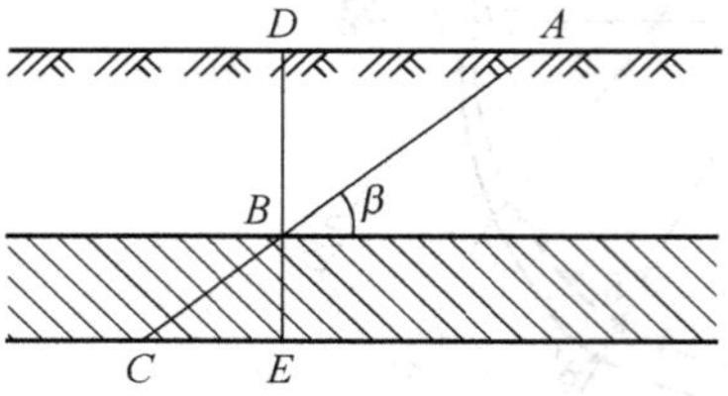

剥采比等值线上的值与境界剥采比有一定的关系，当地表及矿体水平（图 9－14）时为

$$n_k = \frac{\overline{AB}}{\overline{BC}\cdot\eta_{yL}} = \frac{\overline{DB}}{\overline{BE}\cdot\eta_{yL}} = n_B/\eta_{yL} \quad (9-36)$$

式中 n_k——境界剥采比，m^3/m^3；

n_B——柱状剥采比，即剥采比等值线的值，m^3/m^3。

D A B β C E

图 9－14 柱状剥采比与境界剥采比的关系图

当地表为山坡时，等值线上的柱状剥采比不等于同位置的境界剥采比，如图 9－15 所示，其关系式为

$$n_k = n_B\frac{\tan\gamma}{(\tan\gamma \pm \tan\varphi)\eta_{yL}} = n_B K \quad (9-37)$$

$$K = \frac{\tan\gamma}{(\tan\gamma \pm \tan\varphi)\eta_{yL}}$$

式中 K——校正系数；

γ——最终边坡角，(°)；

φ——地形倾角，(°)。

这时，露天开采境界按 $n_B \leqslant n_j/K$ 圈定，n_j 为经济合理剥采比，m^3/m^3。

当地形倾角与边坡倾向一致时取负号，反之取正号。

若矿体有一定倾角（图 9-16），境界剥采比等于柱状剥采比乘以系数 μ：

$$n_k = n_B \frac{\sin(\alpha+\gamma)}{\sin\gamma\cos\alpha\eta_{yL}} = \frac{n_B(1+\cot\gamma\tan\alpha)}{\eta_{yL}} = n_B\mu \qquad (9-38)$$

式中　μ——校正系数；

α——矿体倾角，（°）；

其他符号含义同前。

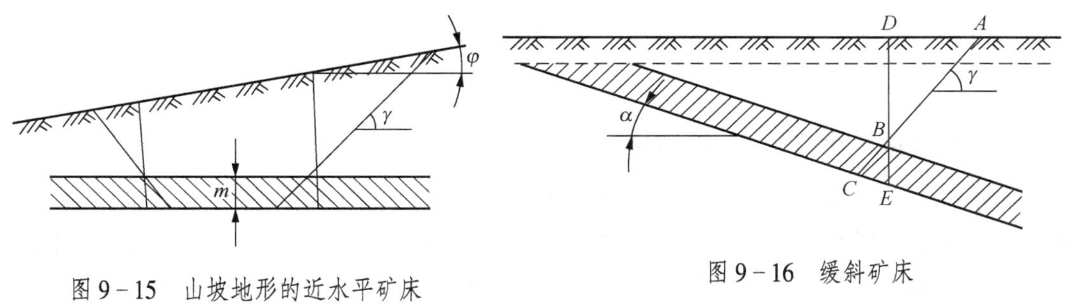

图 9-15　山坡地形的近水平矿床

图 9-16　缓斜矿床

矿体倾角 2°以下边坡较缓或 3°以下边坡较陡时，可以不考虑校正系数。

第四节　确定露天开采境界的原则及理论基础

一、矿床类型

在设计工作中遇到的矿床类型有以下四种：

一是矿床埋藏深，只适合进行地下设计开采，不存在露天开采境界问题（图 9-17a）。

二是矿床埋藏浅，可用露采法采出全部矿石（图 9-17b）。

三是矿床露头浅且伸展深的矿床，其浅部可用露天开采而深部可用地下开采，露天和地下联合开采。对于这种类型的矿床，要划分露天开采与地下开采合理的分界线（图 9-17c）。

四是只需确定露天开采的合理范围，余下的矿体出于经济和技术的原因，目前一般也不用地下开采（图 9-17d）。

不同的开采境界有不同的投资经济效果，显然应按投资经济效果最优的原则确定露天矿开采境界，目前用以衡量投资经济效果的指标有：产品成本、盈利、单位矿石生产能力的投资额、劳动生产率、基建和达到设计能力期限、投资返本期、计算费用及盈利净现值等。综合利用上述指标解决境界问题较复杂，一般以其中某一指标作为确定境界的准则，必要时辅以其他指标。

可用控制剥采比或露天开采成本不超过允许值来实现控制开采境界，用以控制经济效果的剥采比包括境界剥采比、平均剥采比、均衡生产剥采比及时间剥采比等。剥采比的单位可用 m^3/m^3、m^3/t、t/t，设计中常用 m^3/m^3，生产中多用 m^3/t 或 t/t。

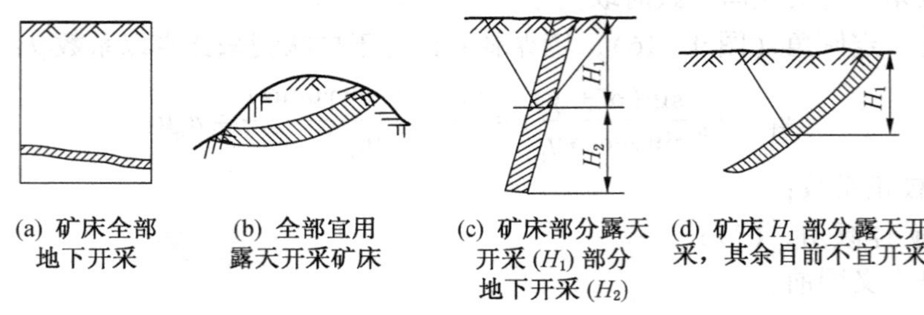

图 9-17 矿床类型示意图

二、确定露天开采境界的原则及其评价

确定露天开采境界涉及的因素较多，经济剥采比是其中的一个十分重要的因素，但不是唯一的因素。用经济剥采比初步确定开采境界后，尚需考虑自然因素、技术组织因素等方面对开采境界的影响，进行综合分析后确定境界。合理的开采境界应能保证以下条件：

（1）露天矿正常开采时期的生产成本一般不应超过地下开采生产成本或允许成本。

（2）在经济因素允许范围内，尽可能在开采境界内获得的矿石储量最大，以充分利用国家矿产资源。

（3）露天矿基建投资不应超过允许投资。

（4）保证生产安全。

通常用某种剥采比与经济剥采比相比较确定开采境界，以达到合理地利用矿产资源，充分发挥露天开采的优越性和使整个矿床开采获得最佳经济效果。

确定露天开采境界，一般可考虑四种原则：

1. 按境界剥采比不大于经济合理剥采比确定境界的原则（$n_k \leqslant n_j$）

该原则的理论依据是：随着露天开采境界加大，其边界层（图 9-18 中 *abcdefgh* 的面积，即露天矿境界 *hgfe* 下降单位深度或一个台阶时扩大到 *abcd* 的增量）中岩石量与矿石量之比值及边界层矿石的开采成本相应提高，合理开采境界应使露天开采边界层的原矿成本等于地下开采的原矿成本或矿石售价，或者按露天开采和地下开采边界层单位工业储量的盈利相等的条件确定。

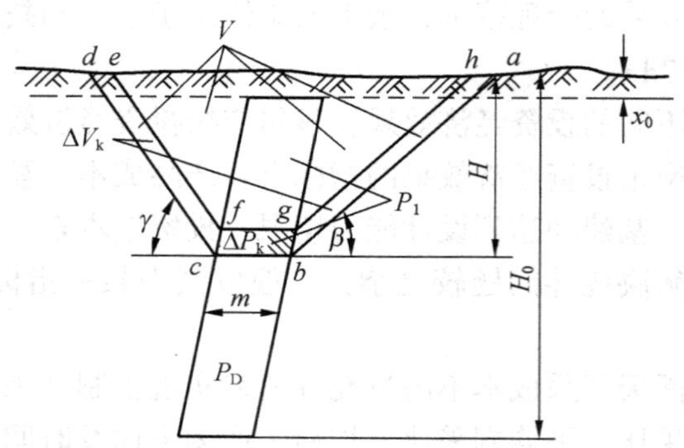

图 9-18 划分露天开采和地下开采境界的原理示意图

1）按露天、地下开采原矿成本相等确定境界

如图 9－18 所示的矿床，其矿体水平厚度为 m，倾角为 α，露天矿底宽取矿体水平厚度 m，顶底帮边坡角分别为 γ、β。当露天矿境界深度为 H 时，其境界剥采比及原矿成本为

$$n_k = \frac{\Delta V_k + (1 - \eta_{yL})\Delta P_k}{\Delta P_k \eta_{yL}} \tag{9-39}$$

$$c_L = a + n_k b \tag{9-40}$$

式中　n_k——开采境界深度为 H 时的境界剥采比，是露天矿开采境界增加单位深度（对水平矿床为外扩单位宽度）后采出岩石量与矿石量之比，即边界层岩矿量之比，m^3/m^3；

ΔP_k、ΔV_k——露天矿开采深度为 H 时边界层的矿、岩量，m^3；

a、b——分别为露天矿纯采矿和剥离成本，元/m^3；

c_L——露天采矿成本（包括分摊的剥离费用），元/m^3；

η_{yL}——露天开采原矿采出系数，它由工业储量回采率及贫化率（废石混入率）决定：

$$\eta_{yL} = \frac{\eta}{1 - \rho}$$

η——工业储量回采率；

ρ——贫化率（废石混入率）：

$$\rho = \frac{R}{T}$$

R——采出原矿中含的废石量，m^3；

T——采出的原矿量，m^3。

式（9－39）为计算境界剥采比的公式。当 n_k 及 n_{yL} 较大时，近似计算可简化为 $n_k = \Delta V_k / P_k \eta_{yL}$；当 $\eta_{yL} \to 1$ 时，式（9－39）可简化为 $n_k = \Delta V_k / \Delta P_k$。设计中可根据矿床和开采工艺情况选择计算公式，本章计算剥采比多用 $n_k = \Delta V_k / (\Delta P_k \eta_{yL})$。

按式（9－39）和式（9－40）可求出任何矿床不同深度的境界剥采比及露天开采边界层的原矿成本，得出 $n_k = f_1(H)$ 及 $c_L = a + n_k b = f_2(H)$ 两条曲线（图 9－19），地下开采成本 c_D 随开采深度变化一般不显著，可近似地取为定值，即 $c_D = f_3(H) =$ 常数，则 $c_L = f_2(H)$ 与 $f_3(H)$ 两线交点对应的深度为露天开采合理深度 H_k。该深度露天、地下开采边界层原矿成本相等：

$$a + n_k b = c_D \tag{9-41}$$

由上式得出实际常用的确定境界的公式：

$$n_k = \frac{c_D - a}{b} \tag{9-42}$$

即

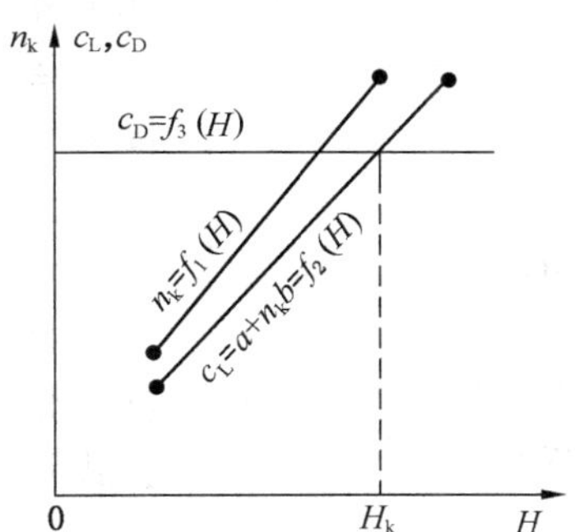

图 9－19　n_k、c_L、c_D 随境界深度变化的关系图

$$n_k = n_{jL} \tag{9-43}$$

式中 c_D——矿石的地下开采成本，元/m^3；

η_{jL}——根据地下开采成本决定的经济合理剥采比，或简称经济剥采比，它也是经济上合理的最大的剥采比。其单位与 n_k 的一致，其值为 $n_{jL}=(c_D-a)/b$；

其他符号含义同前。

式（9-43）是确定露天开采境界的一般公式，只要计算出 η_{jL} 及 η_k 随露天开采境界深度的变化规律，找到满足该式的深度即为露天开采合理深度界限。

上述确定境界的一般公式，还可以从矿床露天地下联合开采出同等矿石的总费用最小的原理推导出，从而使这一原则的经济意义更为深化。以图9-18矿床为例，取走向长度1 m，矿体最深达 H_0。设露天矿开采深度为 H，两边帮以直线 ab、cd 表示，则露天开采深度 H 范围内的矿量为 P_L，岩量为 V，地下开采矿量为 p_D，联合开采矿床总费用为 y（设表土与岩石剥离成本相同）：

$$\begin{aligned} y &= P_L\eta a + vb + p_D\eta c_D \\ &= (H-x_0)m\eta a + \frac{H^2}{2}(\cot\gamma + \cot\beta)b + mx_0 b + (H_0 - H)mc_D\eta \end{aligned} \tag{9-44}$$

式中 γ、β——两帮最终边坡角，(°)；

x_0——表土平均厚度，m；

η——原矿采出系数（这里设露天、地下开采的原矿采出系数相等均记作 η）；

其余符号含义同前。

由式（9-44）可算得露天开采境界深度方案不同时的总成本 y 值（表9-2），其变化规律如图9-20所示。由图可以看出总成本 y 最小的露天开采合理深度 $H_k=295$ m。

表9-2 露天开采境界深度方案不同时的总成本值

H/m	y/万元	H/m	y/万元
20	95	320	74.50
120	82.15	420	78.30
220	75.80	520	88.60

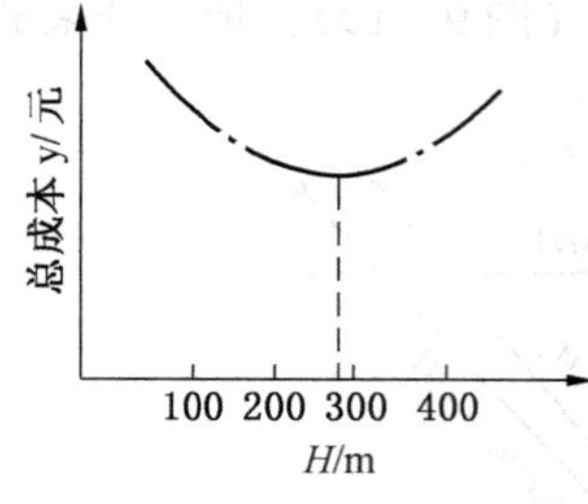

图9-20 联合开采总成本与露天开采深度示意图

根据式（9-44）可知矿床联合开采总成本是露天开采境界深度 H 的函数，露天开采合理深度是 y 极小值的解。运用极小值可求联合开采总费用最小的露天开采合理深度为

$$H = \frac{mc_D\eta - ma\eta}{b(\cot\gamma + \cot\beta)} \tag{9-45}$$

由于实际矿床的矿体水平厚度及地表一般是不规则的，式（9-45）的运用受客观条件的限制。为解决实际问题，可以将公式移项变为确定境界的一般公式：

$$\frac{H(\cot\gamma + \cot\beta)}{m\eta} = \frac{c_D - a}{b} \tag{9-46}$$

即

$$n_{\mathrm{k}}=n_{\mathrm{j1}} \tag{9-47}$$

$$n_{\mathrm{k}}=\frac{H(\cot\gamma+\cot\beta)}{m\eta} \tag{9-48}$$

$$n_{\mathrm{j1}}=\frac{c_{\mathrm{D}}-a}{b} \tag{9-49}$$

式（9－46）左边为境界剥采比，右边是露天、地下两种方法原矿采出系数相同情况下的经济合理剥采比 η_{j1}。

按原矿成本相等确定露天开采境界，适用于露天与地下开采贫化损失相近似、矿石不贵重或者贫化损失差异对经济效益相差不显著的矿床。但严格说来，两种方法的贫化损失是不同的，它将影响矿山的总体盈利，影响较大时应加以考虑。

2）露天、地下开采单位工业储量盈利相等确定境界

当露天与地下开采贫化损失相差较大及贵重矿石且矿石质量不同价格相差显著时，要考虑两种开采法的贫化损失因素，按露天、地下分别开采边界层单位工业储量的盈利相等的原则圈定露天开采境界。如图 9－18 所示，露天开采合理深度界限 H，应满足下式：

$$\frac{\Delta P_{k}\eta_{\mathrm{yL}}(d_{2}-a)-[\Delta V_{\mathrm{k}}+(1-\eta_{\mathrm{yL}})\Delta P_{\mathrm{k}}]b}{\Delta P_{\mathrm{k}}}=\frac{\Delta P_{\mathrm{k}}\eta_{\mathrm{yD}}(d_{\mathrm{D}}-c_{\mathrm{D}})}{\Delta P_{\mathrm{k}}} \tag{9-50}$$

上式整理后等式两边除以 η_{yL} 即得确定境界的一般公式：

$$\frac{\Delta V_{\mathrm{k}}+(1-\eta_{\mathrm{yL}})\Delta P_{\mathrm{k}}}{\Delta P_{\mathrm{k}}\eta_{\mathrm{yL}}}=\frac{\eta_{\mathrm{yL}}(d_{\mathrm{L}}-a)-\eta_{\mathrm{yD}}(d_{\mathrm{D}}-c_{\mathrm{D}})}{b\eta_{\mathrm{yL}}} \tag{9-51}$$

$$n_{\mathrm{k}}=n_{\mathrm{j2}} \tag{9-52}$$

$$n_{\mathrm{j2}}=\frac{\eta_{\mathrm{yL}}(d_{\mathrm{L}}-a)-\eta_{\mathrm{yD}}(d_{\mathrm{D}}-c_{\mathrm{D}})}{b\eta_{\mathrm{yL}}} \tag{9-53}$$

式（9－51）左边为境界剥采比，右边为经济合理剥采比 η_{j2}，在 η_{j2} 的计算公式中 d_{L}、d_{D} 分别露天、地下采出的原矿价格（元/m^3），η_{yD} 为地下开采的原矿采出系数，其他符号含义同式（9－39）及式（9－42）。

按边界层开采单位工业储量盈利相等圈定境界，也就是按露天地下联合开采全矿床总盈利最大的理论确定境界，按此原理圈定的境界露天开采的盈利最高。如图 9－3 所示的矿床，联合开采全矿床总盈利为

$$\begin{aligned}S&=P_{\mathrm{L}}\eta_{\mathrm{yL}}(d_{\mathrm{L}}-a)-vb+P_{\mathrm{D}}\eta_{\mathrm{yD}}(d_{\mathrm{D}}-c_{\mathrm{D}})\\&=m\eta_{\mathrm{yL}}(H-x_{0})+\frac{b}{2}H^{2}(\cot\gamma+\cot\beta)-x_{0}mb+(H_{0}-H)m\eta_{\mathrm{yD}}(d_{\mathrm{D}}-c_{\mathrm{D}})\end{aligned} \tag{9-54}$$

式中　d_{L}、d_{D}——露天、地下采出矿价格（元/m^3 或元/t）；

其他符号含义同前。

联合开采总盈利是露天开采境界深度的函数，其关系如图 9－21 所示。露天开采合理深度是总盈利 S 极大值的解。

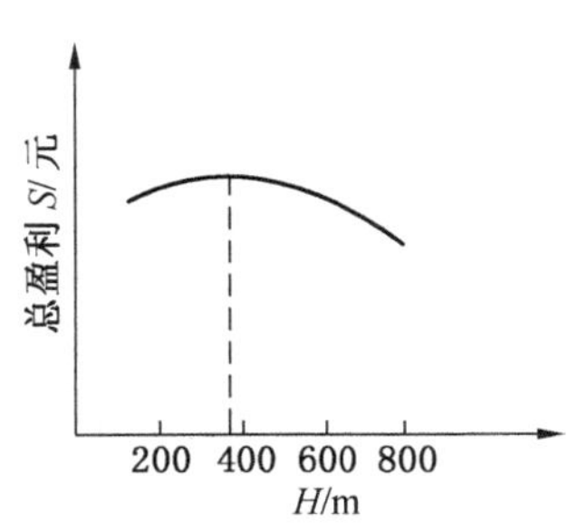

图 9－21　矿床开采总盈利与境界深度 H 的关系图

令 $\dfrac{\mathrm{d}S}{\mathrm{d}H}=0$，得：

$$\frac{H(\cot\gamma+\cot\beta)}{m}=\frac{\eta_{yL}(d_L-a)-\eta_{yD}(d_D-c_D)}{b} \tag{9-55}$$

式（9－55）两边同除以 η_{yL} 得：

$$\frac{H(\cot\gamma+\cot\beta)}{m\eta_{yL}}=\frac{\eta_{yL}(d_L-a)-\eta_{yD}(d_D-c_D)}{b\eta_{yL}} \tag{9-56}$$

可得出式（9－52）同等的结果，即

$$n_k=n_{j2}$$

等式（9－56）左边为境界剥采比，即式（9－39）；右边为经济合理剥采比，即式（9-53）。

3）按露天开采总盈利最大确定露天开采境界（$n_k\leqslant n_{j3}$）

对矿床部分宜用露天开采，其余部分暂不开采的矿床，露天开采境界以露天开采总盈利最大为基础来确定。

若矿石价格为 d_L（其他符号同前），则露天开采总盈利与深度关系为

$$S=m(H-x_0)\eta_{yL}(d_L-a)+\frac{b}{2}H^2(\cot\gamma+\cot\beta)-x_0mb \tag{9-57}$$

该函数极大值的解为

$$\frac{H(\cot\gamma+\cot\beta)}{m\eta_{yL}}=\frac{d_L-a}{b} \tag{9-58}$$

即

$$n_k=n_{j3} \tag{9-59}$$

式中　n_k——境界剥采比，按式（9－48）计算；

n_{j3}——经济合理剥采比。

$$n_{j3}=\frac{d_L-a}{b} \tag{9-60}$$

式（9－59）也可按露天开采边界层原矿成本等于矿石价格 d_L 推导出。

4）按矿床开采盈利净现值最大确定露天开采境界

现代露天矿工作帮坡角较缓，为开采边界层矿石 ΔP_k，必须提前剥离边界层岩石 ΔV_k（图 9－22），因此存在为开采边界层矿石所支付的剥离费用与采出矿石的收益在时间上的差异，在确定露天开采境界时应当考虑这种差异，亦即考虑费用的时间价值。

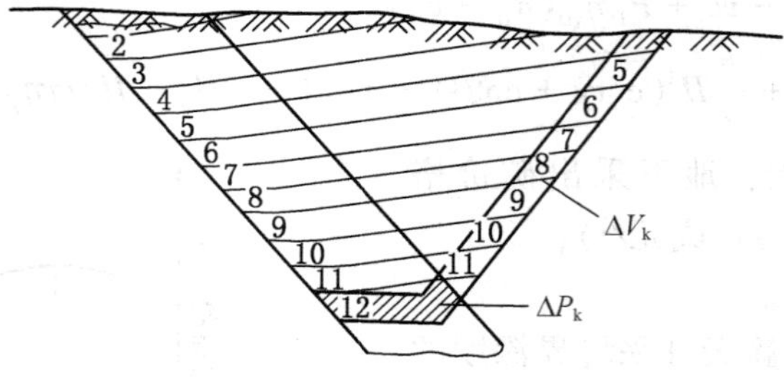

底帮 1、2、3…12 表示掘沟年度；
顶帮 4、5…11 表示剥离 ΔV_k 年度；底部 12 表示采 ΔP_k 年度

图 9－22　边界层矿岩量的采矿和剥采时间差异示意图

如图 9-23 所示，露天矿深度 H_k，开始剥离边界层岩石时矿山工程的最低标高为 H，开始剥离边界层的时间（从矿建开始算起）为

$$T_v = \frac{H}{H_{Bc}} \tag{9-61}$$

式中 T_v——开始剥离边界层的时间（从矿建开始算起），a；

H_{Bc}——矿山工程延深速度，m/a。

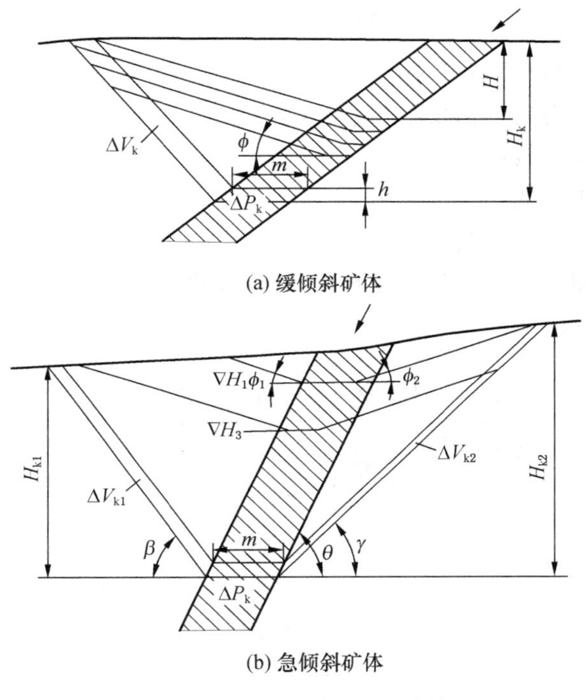

图 9-23 边界层剥采时间计算图

开始采边界层矿石的时间 T_p：

$$T_p = \frac{H_k - h}{H_{Bc}} \tag{9-62}$$

采完边界层岩石及矿石所需的时间 T'_v 和 T'_p 分别计算如下：

$$T'_v = \frac{H_k - H}{H_{Bc}} + \frac{M - B_T - B_{min}}{l_{kt}} \tag{9-63}$$

$$T'_p = \frac{h}{H_{Bc}} + \frac{M - B_T}{l_{kt}} \tag{9-64}$$

式中 M——矿体水平厚度，m；

B_T——开段沟底宽，m；

l_{kt}——采矿工作线推进速度，m/a；

B_{min}——最小工作平盘宽度，m。

考虑费用的时间因素后，露天矿剥离边界层岩石的折算费用 S_R，开采边界层矿石的折算费用 S_C，以及开采边界层矿石收益（或地采费用）的折算费用 S_D 分别计算如下（均折

算到露天矿投产年)：

$$S_R = \sum_{i=1}^{T'_v} bV_i\left(\frac{1}{1+f}\right)^{T_v+i-\tau} \tag{9-65}$$

$$S_C = \sum_{j=1}^{T'_p} \eta P_j a\left(\frac{1}{1+f}\right)^{T_p+j-\tau} \tag{9-66}$$

$$S_D = \sum_{j=1}^{T'_p} \eta P_j d_L\left(\frac{1}{1+f}\right)^{T_p+j-\tau} \tag{9-67}$$

式中　V_i——边界层岩石和第 i 年剥离量，m^3；

P_j——边界层矿石第 j 年的采矿量，m^3；

η——原矿采出系数；

f——投资效果系数；

d_L——原矿价格，元/m^3；

τ——露天矿建设时间（从矿建开始到投产的时间），a。

按 $S_R + S_C \leqslant S_D$ 可得出：

$$\frac{\Delta V_k}{\Delta P_k \eta} \leqslant \frac{T'_v\left[\sum_{j=1}^{T'_p}\left(\frac{1}{1+f}\right)^{T_p+j-\tau}\right]}{T'_p\left[\sum_{i=1}^{T'_v}\left(\frac{1}{1+f}\right)^{T_v+i-\tau}\right]} \times \frac{d_L - a}{b} \tag{9-68}$$

即

$$n_k \leqslant n_{j4} \tag{9-69}$$

$$n_k = \frac{\Delta V_k}{\Delta P_k \eta}$$

$$n_{j4} = G n_{j3} \tag{9-70}$$

$$G = \frac{T'_v \sum_{j=1}^{T'_p}\left(\frac{1}{1+f}\right)^{T_p+j-\tau}}{T'_p \sum_{i=1}^{T'_v}\left(\frac{1}{1+f}\right)^{T_v+i-\tau}} = \frac{T'_v}{T'_p}\left(\frac{1}{1+f}\right)^{T_p-T_v} \frac{\left[1+\frac{1}{1+f}+\cdots+\left(\frac{1}{1+f}\right)^{T'_p-1}\right]}{\left[1+\frac{1}{1+f}+\cdots+\left(\frac{1}{1+f}\right)^{T'_v-1}\right]}$$

$$= \frac{T'_v}{T'_p}\left(\frac{1}{1+f}\right)^{T_p-T_v} \frac{\left(\frac{1}{1+f}\right)^{T'_p-1}}{\left(\frac{1}{1+f}\right)^{T'_v-1}} \tag{9-71}$$

式（9－68）中 d_L 用地采成本 c_D 代替时，可得出：

$$n_k \leqslant G n_{j1} \tag{9-72}$$

$$n_{j1} = \frac{c_D - a}{b}$$

同样也可得出：

$$n_k \leqslant G n_{j2} \tag{9-73}$$

由式（9－53）可知：

$$n_{j2}=\frac{\eta_{yL}(d_L-a)-\eta_{yD}(d_D-c_D)}{b\eta_{yL}}$$

严格说，地采成本中包括采准费，也是提前在采矿之前支付的费用，但提前时间不像露天矿边界层岩石剥离提前的时间那样长。

按净现值最大的观点确定露天开采境界时，只是将经济合理剥采比乘以系数 G（G 是小于 1 的系数），考虑提前剥离边界层岩石的不利因素后，开采境界有所缩小，露天开采及整个矿床的经济效益将有所提高。

急倾斜矿体（图 9－23b）条件下，分别求出顶、底帮边界层岩石的剥离时间，按式（9－74）分别求出经济合理剥采比的影响系数 G_1 和 G_2，按顶、底帮边界层岩石各点的比例 k_1 和 k_2，得出经济合理剥采比：

$$n_{j4}=\frac{G_1G_2}{k_1G_2+k_2G_1}n_j \tag{9-74}$$

$$k_1=\frac{H_1(\cot\beta+\cot\theta)}{H_1(\cot\beta+\cot\theta)+H_2(\cot\gamma-\cot\theta)}$$

$$k_2=\frac{H_2(\cot\gamma-\cot\theta)}{H_1(\cot\beta+\cot\theta)+H_2(\cot\gamma-\cot\theta)}$$

式中　k_1——顶帮边界层岩石所占的比例；

k_2——底帮边界层岩石所占的比例；

H_1——顶帮平均高度，m；

H_2——底帮平均高度，m。

当 $H_1=H_2$ 时：

$$k_1=\frac{\cot\beta+\cot\theta}{\cot\beta+\cot\gamma}\qquad k_2=\frac{\cot\gamma-\cot\theta}{\cot\beta+\cot\gamma}$$

$$n_j=n_{j1}、n_{j2}\text{ 或 }n_{j3}$$

在建立矿床电算模型和长远规划模型基础上，可计算出不同开采境界条件下的盈利净现值或净现值指数，以其最大值确定露天开采境界。

由以上分析可知，无论是以矿床露天地下联合开采总成本最低、矿床露天地下联合开采总盈利最大或露天开采盈利最高或净现值最大来确定露天开采境界，均可用境界剥采比等于经济合理剥采比这一公式。衡量经济效果的指标不同，只表现为经济合理剥采比的计算方法不同，它们都可用一般式表示：

$$n_k=n_j$$

在运用一般式确定境界时，可能遇到下面几种情况，要充分注意和正确处理：

（1）由于断层和矿体自然条件的特殊性，境界剥采比随深度变化可能是不连续的，很难找到 $n_k=n_j$ 的深度，而在 $n_k<n_j$ 的某一深度之后突然过渡到 $n_k>n_j$ 或者 $n_k\to\infty$ 的情况。这时，露天开采深度 $n_k<n_j$ 是合理的，因而确定境界的公式常表示为

$$n_k<n_j \tag{9-75}$$

（2）当境界剥采比与经济合理剥采比重合或在其上下起伏波浪式变化时，可能出现多个满足 $n_k=n_j$ 的境界深度（图 9－24）。如何判别与选择露天开采境界深度方案呢？这时确定的境界应满足两个原则条件：①地下露天联合开采全矿床总成本最低或露天开采矿床

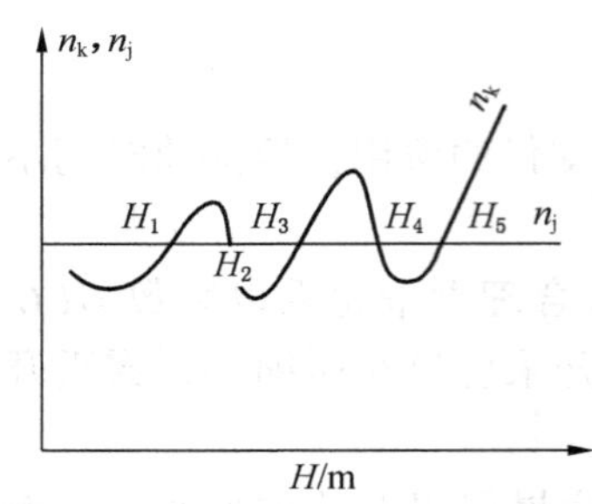

图 9－24 境界剥采比与深度关系图

节约额最高；②划归露天开采的有用矿物储量应最大。

由图 9－24 可看出，露天开采存在合理深度 H_1、H_2、H_3 等奇数点，这时必须计算出各奇数点相对于地采成本的总节约额，其总节约额最大（包括储量最多）即为露天开采合理深度。

（3）按 $n_k = n_j$ 确定的露天开采深度，其境界内的平均剥采比大于经济合理剥采比时，表明露天开采境界内矿石的平均成本超过地下开采成本，这时该矿床露天开采是不合理的。

（4）露天矿的平均剥采比虽小于经济合理剥采比，但由于露天矿基建工程量大、建设时间长、投资多等原因，这样的矿床是否适合露天开采？直观上难以判断，需要分析露天开采的矿山基建工程量、生产剥采比、建设年限及达到设计生产能力的年限、投资、成本等指标及与地采经济效果相比较才能确定。

（5）当露天开采境界之外只剩下少量矿石的情况下，可以适当扩大露天开采境界，以避免建设矿井。这类问题通常要做方案比较之后才能决定。

以上确定露天开采境界的原理，对倾斜及水平矿床都是适用的。水平矿床条件下境界剥采比随露天矿长度及宽度的变化而变化，也可按上述原理运用 $n_k \leqslant n_j$ 确定露天开采的合理范围。

按 $n_k \leqslant n_j$ 圈定境界，无法控制露天矿基建工程量、建设时间和达产期限、生产剥采比、矿石成本（也就是这些指标可能不好），但它是以全矿床或全露天矿成本及盈利等指标最优为基础得出的，一直是国内外最普遍采用的原则。按 $n_k \leqslant n_j$ 圈定境界还有一些问题。例如：费用（总成本）或盈利的计算中未考虑投资与生产费用的差别，在计算经济合理剥采比中指标的选取未考虑深度加大引起运费的增加，也未注意技术进步及组织管理的改善所引起的经济指标的变化等。

当然，考虑边界层剥离费用与采出矿石收益在时间上的差异，按净现值最大确定露天开采境界，也有待进一步研究。而在确定露天开采境界时把这些因素加以考虑是必要的。

2. 按平均剥采比等于经济合理剥采比确定境界的原则（$n_p \leqslant n_j$）

对于储量较少的露天矿扩采区、境界剥采比难以计算的矿床，或埋藏条件复杂、储量较少的矿床，可以采用 $n_p \leqslant n_j$ 原则圈定露天开采境界，或者作为评价按 $n_k \leqslant n_j$ 等原则圈定露天开采境界合理性的辅助原则。

该原则的基本依据是露天开采的平均成本小于等于允许成本（地下开采成本或矿石的价格）；或者是露天开采的总费用等于地下开采的总费用（或矿石的总售价）。如图 9－18 所示的矿床，露天开采境界应满足下式：

$$\eta P_L a + Vb \leqslant \eta P_L c_D \tag{9-76}$$

即

$$\frac{v}{\eta P_L} \leqslant \frac{c_D - a}{b}$$

$$n_p \leqslant n_j \tag{9-77}$$

式中 V、P_L——露天境界内采出岩石量与矿石量，m^3；

n_p——平均剥采比，即露天矿境界内采出岩石与矿石量之比，$n_p = \dfrac{V}{\eta P_L}$；

其他符号含义同前。

如果矿床相当时间不宜用地下开采，式（9－77）中的 n_j 则按式（9－60）计算；如考虑贫化的差别，经济合理剥采比要按式（9－53）计算，否则按 $n_{jL} = (c_D - a)/b$ 计算。

$n_p \leqslant n_j$ 是最早提出的圈定境界的原则，圈定的境界深，能充分发挥露天开采的优越性，但全矿床开采的总成本不能达到最低、盈利不能达最高。实质上是把一部分用露天开采的成本高于地下开采成本的储量划归露天开采，露天生产成本易于超过地下开采成本，经济上是不合理的。

3. 按自然生产剥采比（时间剥采比）或均衡生产剥采比等于经济合理剥采比确定境界的原则（$n_T \leqslant n_j$ 及 $n+n_0 \leqslant n_j$）

鉴于 $n_k \leqslant n_j$ 和 $n_p \leqslant n_j$ 圈定境界不能控制生产剥采比和矿石成本的缺点，且露天矿开采深度不断扩大，因此提出按露天矿最高生产成本小于等于地下开采成本或矿石价格作为圈定露天开采境界的原则。如图 9－25 所示，露天开采境界应满足下式：

$$\Delta P_T \eta a + \Delta V_T b \leqslant \Delta P_T \eta c_D \tag{9-78}$$

即

$$\frac{\Delta V_T}{\Delta P_T \eta} = \frac{c_D - a}{b} \tag{9-79}$$

$$n_T = n_j \tag{9-80}$$

式中　ΔP_T、ΔV_T——矿山工程以最大工作帮坡角延深到其深度时开段沟下降 ΔH 深度采出的矿岩量，m^3；

n_T——自然生产剥采比（又称时间剥采比），是露天矿以最大工作帮坡角延深 ΔH 深度（可取一单位或台阶高度）时采出的岩矿量之比，即 $n_T = \dfrac{\Delta V_T}{\eta \Delta P_T}$；

其他符号含义同前。

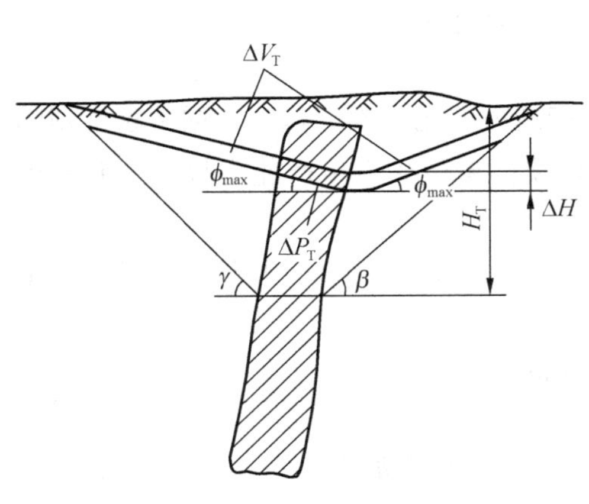

图 9－25　按 $n_T \leqslant n_j$ 原则确定开采深度

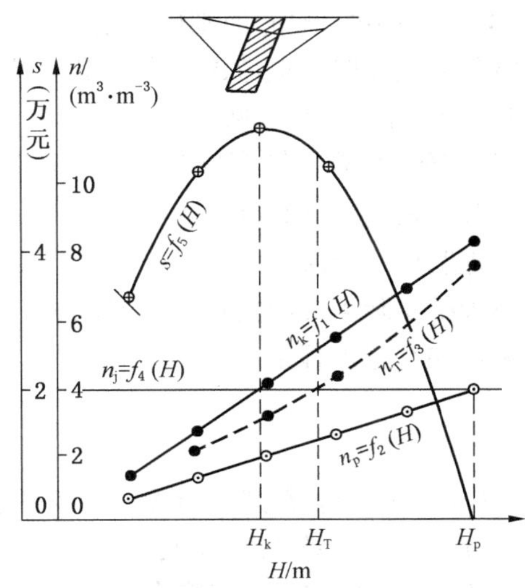

图 9－26　不同圈定境界原则确定的境界深度及其盈利

按 $n_T \leqslant n_j$ 原则圈定境界时，在图 9-26 上找出深度 H_T，要求该深度的露天矿最大时间剥采比等于经济合理剥采比。

$n_T \leqslant n_j$ 原则保证了圈定的境界露天开采矿石成本不超过允许成本，且圈定境界方法简便。露天矿是按均衡剥采比生产的，且露天矿基建时完成的矿山基建工程量投资也应摊销到成本中去。这样就提出了按露天矿成本等于允许成本圈定露天开采境界的另一公式：

$$a + nb + n_0 b \leqslant c_D \tag{9-81}$$

$$n + n_0 \leqslant \frac{c_D - a}{b} = n_j \tag{9-82}$$

式中 n——均衡生产剥采比（取最大均衡期的值），m^3/m^3；

n_0——初始剥采比，m^3/m^3；

其他符号含义同前。

一般情况下，按 $n_T \leqslant n_j$ 和 $n + n_0 \leqslant n_j$ 原则圈定的境界比按 $n_k \leqslant n_j$ 圈定的深（图 9-26），但比按 $n_p \leqslant n_j$ 圈定的浅，一定程度上有利于发挥露天开采的优越性。但是，其盈利指标也并非最优，因而也没有被广泛采用，但可作为圈定境界的辅助原则。

图 9-26 中，H_k、H_t、H_p 分别为按 $n_k \leqslant n_j$、$n_T \leqslant n_j$、$n_p \leqslant n_j$ 原则圈定的深度。n_k、n_t、n_p、n_j、s 分别表示境界剥采比、时间剥采比、平均剥采比、经济合理剥采比及不同境界深度相对地采的节约额。

确定露天开采境界各原则的适用条件。

（1）一般应用 $n_k \leqslant n_j$ 原则确定露天开采境界。

（2）矿体不规则、沿走向域变化较大，上部覆岩层较厚等可按 $n_k \leqslant n_j$ 原则确定境界，并用 $n_T \leqslant n_j$ 原则进行校验。必要时需进行综合技术经济比较，以确定采用露天开采还是井工开采。

（3）对贵重的有色或稀有金属矿床，为了减少资源损失可考虑采用 $n_p \leqslant n_j$ 原则确定开采境界。

（4）当采用 $n_k \leqslant n_j$ 原则确定境界后，境界外余下的矿量不多，用地下开采这部分矿石经济效果较差时，应考虑扩大开采境界，将余下的矿量用露天开采。

4. 其他圈定境界的观点

（1）按允许投资圈定境界、露天矿单位矿石生产能力的允许投资 k_0，根据国家计划的投资额及产量要求计算确定；或者统计分析现有矿山实际单位矿石生产能力投资，并考虑资金合理利用综合决定。

露天矿实际需要的投资，主要取决于单位矿岩生产能力的投资额、矿石生产能力、生产剥采比和基建工程量：

$$k_1 = (1 + n)k + \frac{V_0 b}{A_p} \tag{9-83}$$

式中 k_1——露天矿在某一境界深度条件下必需的单位矿石生产能力投资，元/(t·a^{-1})；

n——生产剥采比，t/t；

k——单位矿岩生产能力投资（不包括矿山基建工程量），元/(t·a^{-1})；

V_0——矿山基建工程量，m^3；

A_p——露天矿生产能力，t/a；

b——单位剥离成本，元/m^3。

单位矿岩生产能力投资 k，可根据现有类似矿山实际投资统计分析确定或计算确定。生产能力 A_p 决定于国家需要、矿山技术条件及经济因素。生产剥采比 n 及基建工程量 V_0，在一定的矿床埋藏条件下和开采程序条件下主要决定于境界的大小。因此，允许投资限制了生产剥采比，也就限制了露天开采境界。这个境界应保证：

$$k_1 \leqslant k_0$$

将式（9－83）代入上式，得：

$$n \leqslant \frac{k_0 - k}{k} - \frac{V_0 b}{k A_p} = n_{jk} \tag{9-84}$$

式中符号含义同前。其中，n_{jk} 为按允许投资决定的经济合理剥采比：

$$n_{jk} = \frac{k_0 - k}{k} - \frac{V_0 b}{k A_p}$$

因为设计计算投资一般为投产前的资金，所以生产剥采比 n 应取前期生产时间较长的值。

这个原则也可作为评价 $n_k \leqslant n_j$ 原则圈定境界的露天开采合理性及确定分期境界的辅助原则。

（2）联合利用若干个圈定境界的原则确定露天开采境界。由于按某一指标（成本、盈利、投资等）为基础圈定的境界，往往反映不了投资经济效果的其他指标，因此许多学者提出了联合的原则，诸如圈定境界应同时满足 $n_k \leqslant n_j$、$n_p \leqslant n_j$ 及 $n_T \leqslant n_j$。某些设计矿山存在矿山基建工程量大、投资多、建设及达产期长或成本过高等不利条件，因而出现了以 $n_k \leqslant n_j$ 为主的综合考虑投资经济效果的确定原则。

其他一些因素如地面建筑物、河流及勘探程度也常限制露天开采范围，有时开采境界要根据这些因素决定。

第五节　圈定开采境界的方法和步骤

露天开采境界的设计方法分为计算机设计法和手工设计法两大类。手工设计法包括倾斜（缓倾斜）矿床和水平（近水平）矿床两种设计方法，倾斜（缓倾斜）矿床又可分为长露天矿设计和短露天矿设计。

露天开采境界的诸要素（开采深度、底部周界和最终边坡角）一旦确定，露天开采境界的大小和形态也就确定了，露天开采境界的底部周界又取于底部宽度和底部位置。露天开采境界的手工设计法就是其要素的合理确定方法。

进行境界圈定之前，必须确定露天矿生产工艺、运输设备类型、开采程序和开拓运输系统等主要技术问题，然后根据选定的确定境界原则计算确定经济合理剥采比。

一、倾斜及急倾斜矿床长露天矿境界圈定

1. 露天矿最终边坡角和平台宽度确定

露天矿最终边坡角对露天矿境界剥采比、合理开采深度、境界内的矿岩量有很大影

响。选择最终边坡角应该从安全和经济两方面因素考虑，随着最终边坡角减小，露天开采的经济指标恶化，因此设计中应力求保证边坡稳定和矿山工程的技术条件下选取尽可能大的最终边坡角。

露天矿稳定的边坡角，主要是根据组成边帮的矿岩物理力学性质、地质构造、水文地质等因素，参照条件类似露天矿的实际稳定边坡角选取，并根据所设计的露天矿的土岩物理力学性质指标进行验算和修正。

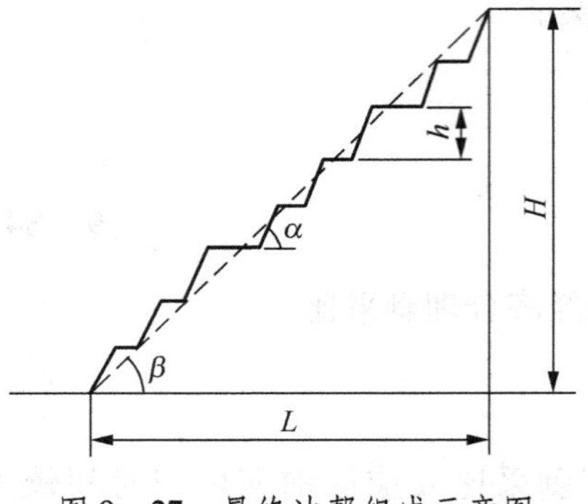

图 9－27　最终边帮组成示意图

露天矿最终边坡角除保证安全稳定之外，同时应满足矿山工程技术条件的要求，即露天矿边帮应能够设置运输线路。露天矿的边帮是由台阶的坡面及平台组成的。平台有运输平台、保安平台和清扫平台，边帮的结构决定于工程要求。

露天矿最终边坡角（β）是露天采场最下一个台阶的坡底线和最上一个台阶坡顶线构成的假想平面与水平面的夹角，如图 9－27 所示。露天矿最终边坡角可按下式决定：

$$\beta = \arctan\left[\frac{\sum_{i=1}^{N} h_i}{\left(\sum_{i=1}^{N} h_i \cot\alpha_i + \sum_{i=1}^{N_1} a_i + \sum_{i=1}^{N_2} b_i + \sum_{i=1}^{N_3} c_i + \sum_{i=1}^{N_4} d_i\right)}\right] \qquad (9-85)$$

式中　β——最终边坡角，（°）；

h——台阶高度，m；

N——台阶数目；

α_i——最终台阶坡面角，（°）；

a_i——保安平台的宽度，m；

N_1——保安平台的数目；

b_i——清扫平台的宽度，m；

N_2——清扫平台的数目；

c_i——水平运输平台的宽度，m；

N_3——水平运输平台的数目；

d_i——倾斜运输平台的宽度，m；

N_4——倾斜运输平台的数目。

2. 露天开采境界底部宽度及位置确定

露天矿底的宽度应保证深部开采时能正常进行矿山生产、人员设备安全和经济合理。

露天矿的最小底宽不应小于最小的开段沟宽度，露天矿最小底宽根据采装、运输设备规格及线路布置的有关计算结果确定。

汽车运输时：

$$B_{\min} = 2(R_{\mathrm{cmin}} + 0.5B_{\mathrm{c}} + e) \quad （回返式调车时）$$

$$B_{\min} = R_{\mathrm{cmin}} + 0.5B_{\mathrm{c}} + 2e + 0.5l_{\mathrm{c}} \quad （折返式调车时）$$

式中　$B_{\min}$——露天矿最小底宽（即开段沟宽），m；

B_c——汽车宽度，m；

e——汽车与台阶坡面安全距离，m；

R_{cmin}——汽车最小转弯半径，m；

l_c——汽车长度，m。

对于长露天矿，若矿体水平厚度小于最小底宽时，则露天矿底平面按最小宽度绘制；若矿体水平厚度与最小底宽相近，底平面可取矿体水平厚度；如果矿体水平厚度远大于最小底宽，则取最小底宽 B_{min} 绘制底平面。这时底位置一般应以露天开采经济效果最大的原则确定。

露天开采境界底部位置不仅决定了最终边坡的位置，而且还涉及开采境界内矿、岩量的多少及其比例的大小；每个开采境界深度方案，存在着使平均剥采比最小的境界底部位置。因此，开采境界设计确定露天开采境界底部位置时应考虑下列因素。

（1）对均质矿床，平均剥采比最小；对非均质矿床，开采效益最佳。

（2）最终边坡应避开不良工程地质地段。

（3）露天开采境界与周边保护对象保持足够的安全距离。

3. 露天矿开采深度的确定

在横断面图上确定露天开采合理深度有方案分析法、分析法、图解法，常用的有方案分析法及图解法。

1）方案分析法

（1）在横断面图上确定若干个境界深度方案（图 9－28），通过各深度绘出各方案底所在水平线。矿床埋藏简单，境界方案可取少一些，反之应取多些，在境界剥采比变化显著的地方要增加一些方案。

（2）在断面图上确定各个深度方案的底宽及位置，并根据选取的最终边坡角，绘出顶底帮最终边坡线。若横断面与边坡走向不垂直，要对边坡角进行换算。

（3）计算各方案的境界剥采比。图 9－28 的各境界深度方案的境界剥采比计算结果见表 9－3。

表 9－3　各境界深度方案的境界剥采比计算结果

境界深度方案	H_1	H_2	H_3	H_4	H_5
境界剥采比 $n_k/(m^3 \cdot m^{-3})$	3.00	4.05	6.25	7.85	9.15

（4）绘制境界剥采比及经济剥采比与深度的关系曲线 $n_k=f(H)$ 及 $n_j=f(H)$，图 9－29 两曲线交点相对应的横坐标 H_k 即为露天开采合理深度。

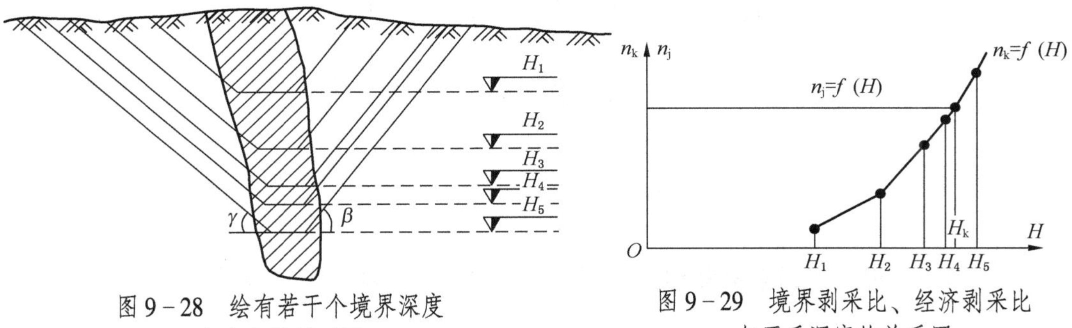

图 9－28　绘有若干个境界深度方案的横剖面图

图 9－29　境界剥采比、经济剥采比与开采深度的关系图

2）图解法

根据选择的确定境界的原则、经济剥采比及最终边坡角直接在横断面图确定露天开采合理深度。图解法在露天矿境界设计中应用较广。

图 9－30a 为按境界剥采比等于经济剥采比的原则，用图解法确定倾斜和缓倾斜矿体的合理开采深度的例子。其步骤如下。

（1）在矿体顶板地表取若干个方案的地表境界点，如 A_1，A_2，A_3…。

（2）通过 A_1，A_2，A_3…地表境界点，按最终边坡角作境界边坡线交顶板矿岩接触线于 B_1，B_2，B_3…。

（3）延深 A_1B_1，A_2B_2，A_3B_3…，使

$$B_iO_i = \frac{A_iB_i}{n_{yL}n_j} \tag{9-86}$$

式中 B_iO_i——第 i 境界方案要求边坡出露的矿石线段长度，m；

A_iB_i——第 i 境界方案边坡线上之岩石线段长度，m；

i——境界方案，$i=1，2，3，…，N$；

n_j——经济合理剥采比，m^3/m^3；

n_{yL}——原矿采出系数。

由上式可求得 O_i 诸点。但第 n 点 O_i 必须在矿体底板。

（4）连接 O_1，O_2，O_3…各点，该曲线与矿体底板矿岩接触线相交。其交点 O_k 即为底宽为零的合理开采深度。

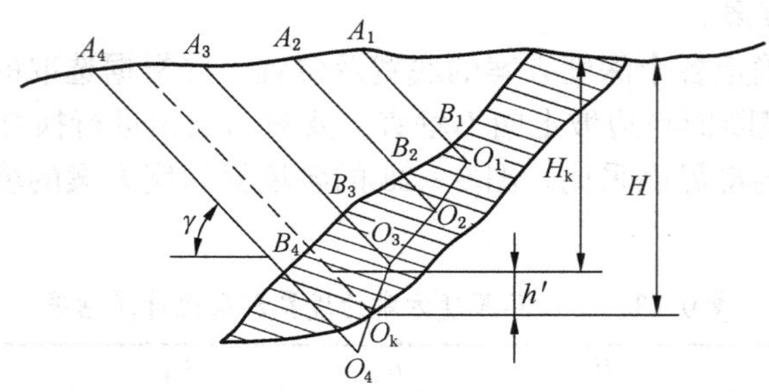

(a) 倾斜和缓倾斜矿床

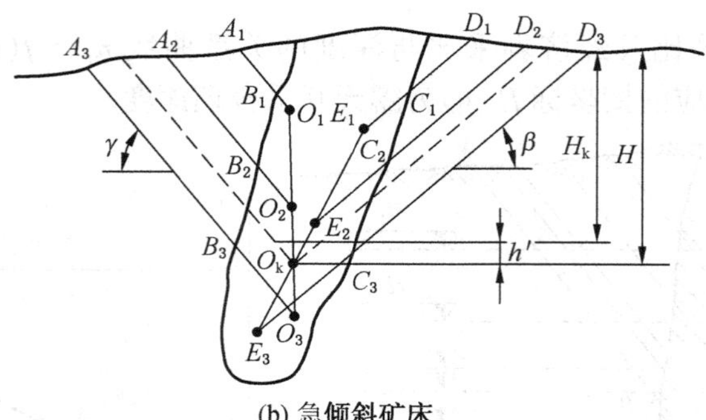

(b) 急倾斜矿床

图 9－30 用边帮境界剥采比等于经济剥采比的图解法确定开采深度示意图

（5）按露天底宽为 B 确定设计开采深度：

$$H = H_k - \frac{B}{\cot\gamma + \cot\beta} \tag{9-87}$$

式中 H_k——露天矿设计深度，m；

H——底宽为零的露天开采合理深度，m；

B——露天矿设计的底宽，m；

γ——露天矿顶帮最终边坡角，(°)；

β——露天矿底帮最终边坡角（矿体倾角），(°)。

图 9-30b 为用图解法确定急倾斜矿床合理开采深度的例子。根据选取的最终边坡角按图 9-30a 确定境界方法步骤首先绘出 $A_iB_iO_i$ 诸境界方案之最终边坡线，并按同样原理选取底帮地表境界方案 $D_iC_i(i=1, 2, 3\cdots n)$，延长 D_iC_i 使

$$C_iE_i = \frac{D_iC_i}{n_j} \tag{9-88}$$

式中 C_iE_i——第 i 境界方案底帮边坡线上的矿石线段长度，m；

D_iC_i——第 i 方案底帮最终边坡线上岩石线段，m；

n_j——经济合理剥采比，m^3/m^3。

连接顶、底帮的坡底点 $O_i(i=1, 2, 3\cdots n)$ 及 E_i 得到 $O_1O_2O_3\cdots O_n$ 曲线和 $E_1E_2E_3\cdots E_n$ 曲线，两曲线交点 O_k 即为露天矿底宽为零的合理开采深度。然后按公式（9-87）计算设计的露天矿底宽为 B 的合理开采深度。

多矿层露天开采深度的近似确定。当倾斜矿床有若干个矿体同时存在时，先以其中最厚的矿体为主确定露天开采深度和初步境界 $ABCD$（图 9-31），然后用同样的原则和方法确定其余矿体剩余部分的开采境界。全矿床的最终境界为 $ABCKFGE$。

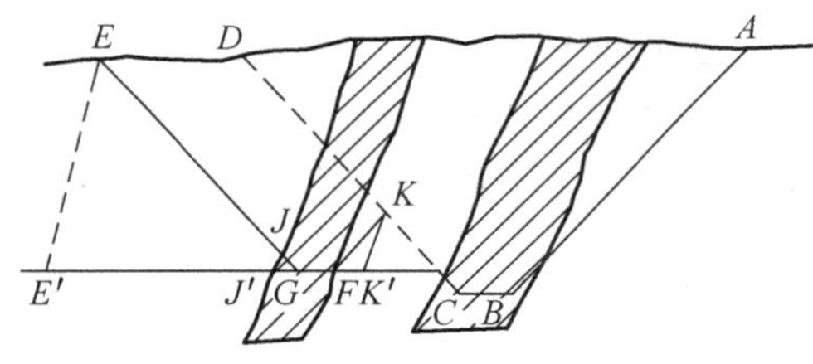

图 9-31 多矿层开采境界深度的确定图

剩余部分矿体的境界剥采比 n'_k：

$$n'_k = \frac{K'F + J'E'}{J'F} \tag{9-89}$$

4. 调整露天矿纵向底平面标高

将各地质断面图上确定的露天矿合理开采深度，投影到纵断面图上（图 9-32），连接各点得露天矿底纵剖面的理论深度。各横断面的理论深度相差不大时，纵断面可设计为同一标高。当矿体埋藏深度沿走向变化较大时，底平面可调整为阶梯形。调整后最低的底平面纵向长度应满足设置运输线路的要求。

调整原则：调整后，全矿境界剥采比等于或接近经济合理剥采比，近似地可按纵剖面调整后底的上部面积 S_1 与下部面积 S_2 相等。

5. 绘制露天矿底部周界

按调整后的开采深度修正各横断面境界，并将各横断面底的位置投影到平面图上，分别连接顶盘和底盘坡底各点得出底的理论周界（图 9-33 中的虚线），然后根据采掘和运输要求，修正周界。

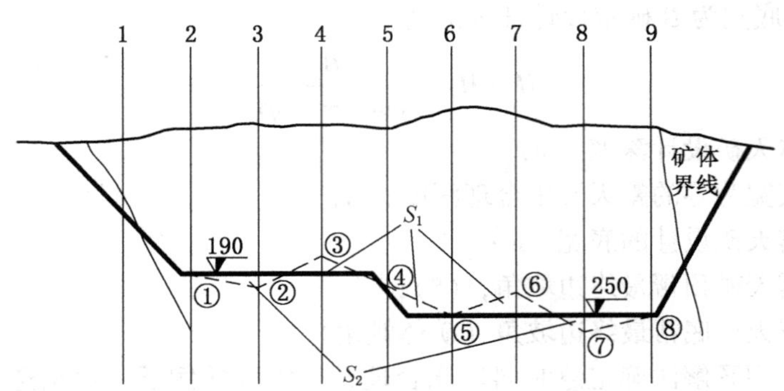

图 9－32　在纵剖面图上修正开采深度示意图

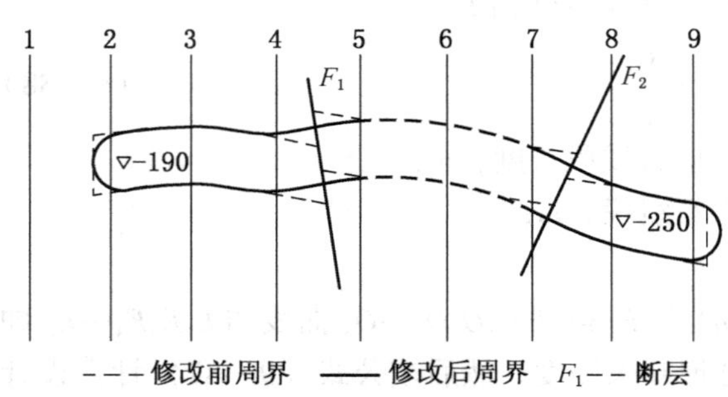

图 9－33　露天矿底部周界的确定图

修正的原则：底部周界平直，弯曲部分满足运输线路曲线半径要求；底部长度满足设置运输线路的需要。修正后的周界即为设计周界。

6. 绘制露天矿开采最终位置平面图

按所确定的开拓运输系统、最终边帮组成要素、露天矿底平面周界绘制露天矿最终平面图，步骤如下。

（1）将露天开采境界的设计底部周界绘在地形平面图上。

（2）按最终边坡组成要素（台阶高度、坡面倾角、平台宽度），从底部周界开始由内而外（标高是由下而上）依次绘出各台阶坡底线、坡顶线和平台宽度，如图 9－34 所示。

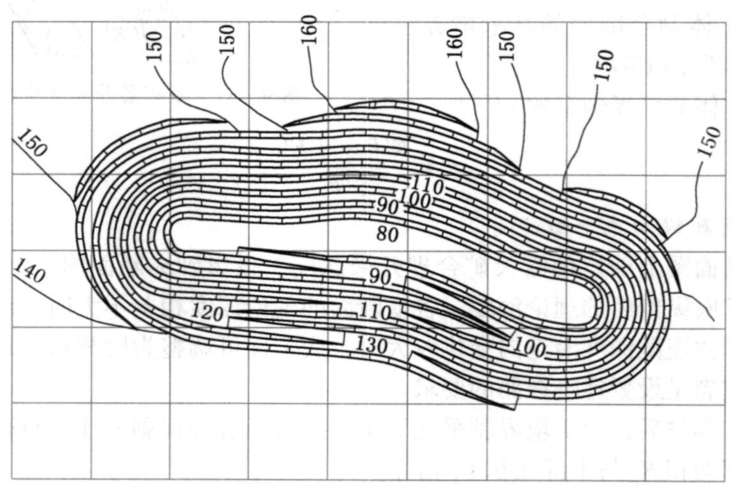

图 9－34　露天开采最终平面图

（3）在图上绘制运输线路。绘制线路图时，要注意倾斜线路与各台阶的连接与闭合。

（4）检查与修正上述露天开采境界。绘制完露天矿开采最终平面图后，以此平面图为准，修正各横断面的境界，使之平面图、断面图一致。个别情况下，由于布置开拓运输线路后边帮变化较大时，应检查最终确定的境界的合理性，即境界剥采比是否超过经济合理剥采比，并作必要修正。

二、倾斜矿体短露天矿境界圈定

走向长度短的露天矿，其平面呈椭圆形或圆形，端帮剥离量比较大，境界圈定需要考虑端帮量，不宜用地质横断面图计算境界剥采比（或生产剥采比、平均剥采比）和确定境界深度，一般采用平面投影法或分层平面法确定境界剥采比和境界深度，步骤如下。

（1）根据地质纵、横剖面图，选取若干个境界深度方案，每个境界深度方案做一张矿体水平切面图。在每张平面图上按照矿体界线和采掘运输要求确定底部周界。

（2）用平面投影法或分层平面图法求各境界深度方案的境界剥采比，一般可按表9－3记录各境界深度方案及境界剥采比值。

（3）按表9－3形式记录的数据在直角坐标图上以境界剥采比、经济剥采比为纵坐标，以境界深度方案为横坐标，作 $N_k = f(H)$ 及 $N_j = f(H)$ 曲线，其交点即为露天矿开采合理深度。

（4）按确定的露天开采合理深度，绘出露天矿底在该深度的最终平面图。

三、近水平矿床露天开采境界圈定

近水平的矿床，可利用剥采比等值线图，煤矿亦可用灰分等值线图，按照境界剥采比等于经济合理剥采比及允许灰分的原则，圈定露天开采境界。具体方法步骤如下。

（1）在剥采比等值线及灰分等值线的平面图上，找出剥采比等于经济合理剥采比的点或线段，并标上境界标志；同时在图上找出等于最大允许的灰分等值线线段或点集（图9－35灰分最大允许值为40%），也标上境界标志。上述标有境界之线段若不闭合，则按矿体露头圈定境界；如果按灰分等值线圈定的境界在按剥采比等值线之外，则取按剥采比等值线确定境界，反之按灰分等值线圈定境界。

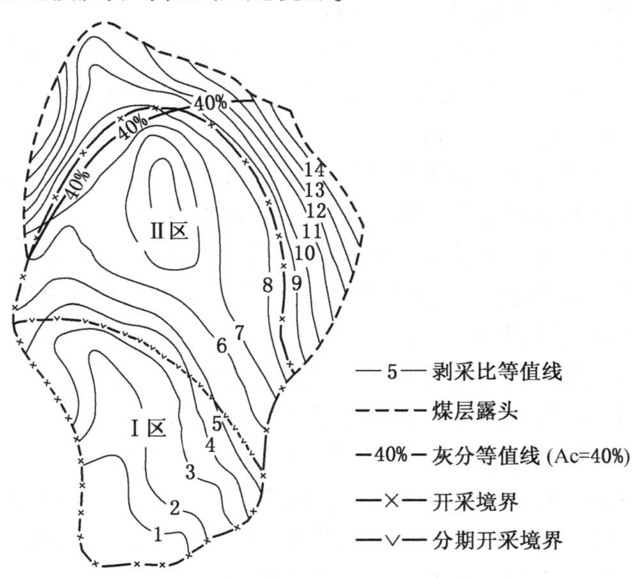

图9－35 用剥采比等值线图确定开采境界示意图

(2) 按照运输线路要求调整露天开采境界，调整后的境界可能不与剥采比等值线平行，若局部超出经济合理剥采比，这时要检查调整后的合理性，即检查露天矿一个帮或其中一部分的境界剥采比是否超出经济合理剥采比。为此将被调整的露天矿边界分成若干相等区段（当地形复杂及剥采比变化显著时区段长度宜短些），每区段的中部注明剥离厚度与矿层厚度之和，它们的商就是露天矿一个帮或其一局部地段的境界剥采比。若该境界剥采比近似等于经济合理剥采比，则调整后的境界位置是合理的；若相差较大，则应将境界内缩或外扩。

(3) 当地表为山坡时，露天矿境界剥采比与剥离垂直厚度除以矿体垂直厚度得的剥采比值不等，各剥采比的等值线必须乘以校正系数 K 才是该处的境界剥采比。

(4) 当矿体有一定倾角时，境界剥采比也不等于剥离垂直厚度除以矿体垂直厚度所得的等值线上的剥采比值，这时境界剥采比等于剥采比等值线的值除以校正系数 μ。

(5) 当露天开采境界内，有局部范围的平均剥采比超过经济剥采比，这部分矿石是否划归露天开采，应进行技术经济比较后确定。

(6) 当水平矿床埋藏较深或者露天矿范围不大时，由于剥采比等值线未能考虑端帮影响，圈定的误差可能较大，这时应采用边帮坡面矿岩面积在水平面的投影之比检查计算全矿境界剥采比是否超过经济合理剥采比，并加以调整。

(7) 当圈定的露天矿境界很广时，要根据自然的、经济的和采矿技术等因素综合分析研究，确定是由一个露天矿分区建设接续开采或划分为若干单独的露天矿进行开采。

第六节 露天开采境界计算机优化算法

传统确定露天开采境界的方法，是根据矿床地质条件、选矿试验指标、采矿初步选定的技术参数、经济指标计算出经济合理剥采比，在剖面图上绘制并计算不同开采深度的境界剥采比，采用境界剥采比等于经济合理剥采比的原则，确定各剖面的开采深度，经调整后再根据选定的参数进行露天境界的平面圈定。

这种传统圈定露天开采境界的方法实质上是一种试错法。存在的主要问题如下。

(1) 圈定境界过程中需反复试圈，工作量大。特别是在矿体形态复杂、多组分矿石、品位变化大时，虽然在理论上可以精确定位，但实际上由于工作量太大，基本上不能实现精确圈定，一般情况下经济合理剥采比计算是按平均品位计算的，确定境界位置时难以充分考虑该位置矿石价值的真实情况，因而很容易多圈或漏圈。

(2) 由于境界圈定是在二维空间进行操作，精度较差，如两剖面间地形起伏变化或所切到的剖面在地形低凹或凸起时，会产生较大误差；在端部用面积比代替体积比误差很大，特别是短轴状矿体两端部的剥离量占很大比重，且露天端帮在很大一个范围内很难精确定位。因此传统手工圈定境界基本难以实现境界最优化的目标。

露天最佳境界圈定的技术研究在国际上始于 20 世纪 60 年代，经过多年努力提出了许多最终境界优化设计理论和方法，如浮动圆锥法、三维图论法、三维动态规划法、网络最大流法等。20 世纪 80 年代，随着计算机技术的发展，矿业发达国家相继开发出一系列用于矿业开发的软件系统，露天矿境界计算机优化设计从二维走向三维，摆脱了传统人工法费时费力而又很难找到真正意义上的最优境界的缺点，极大地提高了境界设计的工作效率和设计精度。计算机露天最终境界在本质上是各生产工艺的成本和产品价格的函数，近似算法中的浮锥法和严格数学方法中的图论法（Lerchs-Grossman）是具有代表性的算法。国内主要矿业企业进行露天最终境界优化设计应用的软件有 Dimine、3DMine 等。

一、浮锥法

1. 浮锥法一般算法

图 9 - 36a 所示为一个二维价值模型的示意图，图中每一模块中的数值为模块的净价值。除地表的模块外，由于几何约束条件的存在，要开采某一模块，就必须采出以该模块为顶点、以最大允许帮坡角为锥面倾角的倒锥（顶向下）内的所有模块。以图 9 - 36a 中第二行第四列上的模块（记为 $B_{2,4}$）为例，如果左右帮最终帮坡角均为 45°，且模块为正方形，那么 $B_{2,4}$ 的开采只有当 $B_{1,3}$、$B_{1,4}$ 和 $B_{1,5}$ 全被采出后才能实现。因此，在确定是否开采某一模块时，首先要看该块的净价值是否是正值。若该块的净价值为负，那么最好不予开采，因为它的开采会减少境界的总值。但有时为了开采负块下面的正块，不得不将负块开采。另外，开采一个正块不一定能使境界的总价值增加，因为以该正块为顶点的倒锥中的负块很可能抵消正块的开采价值。因此，在考察是否开采某一块时，必须将倒锥的顶点置于该块的中心，以锥体的净价值（即落在锥体内包括顶点块的所有块的净价值之和）作为根据。这就是浮锥法的基本原理。以图 9 - 36a 为初始价值模型，浮锥法的算法步骤如下。

第一步：将位于地表的正模块 $B_{1,6}$ 采出。由于地表模块没有其他模块覆盖，不需使用倒锥。开采 $B_{1,6}$ 后，价值模型变为图 9 - 36b。

第二步：将倒锥的顶点从左至右依次置于第二层的正块上，找出落在锥体内的模块并计算锥体价值。若锥体价值大于或等于零，则将锥体内的所有模块采出；否则，将倒锥的顶点“浮动”到下一正块。以 $B_{2,4}$ 为顶点的锥体价值为+1，将锥体内的模块采去后，价值模型变为图 9 - 36c。以 $B_{2,5}$ 为顶点的锥体只包含 $B_{2,5}$ 一块，将其采去后，模型如图 9 - 36d 所示。

第三步：逐层向下重复第二步，直至所有价值大于（或等于）零的锥体全部被采出。从图 9 - 36d 可以看出，以 $B_{3,3}$ 为顶点的锥体价值为-1，所以不予采出。以 $B_{3,4}$ 为顶点的锥体价值为 0，采去后得图 9 - 36e。这时以 $B_{3,3}$ 为顶点的锥体价值变为+2，开采后得图 9 - 36f。虽然 $B_{3,5}$ 为正块，但其锥体价值为-1，所以不予采出。模型中不再存在正的锥体，计算结束。

将浮锥法用于图 9 - 36a 所示的价值模型得到的最终开采境界，由上述过程中所有被采出的块组成（图 9 - 36g），境界总价值为+6。若按照此境界进行开采，开采最终的采场现状如图 9 - 36f 所示。若岩石与矿石密度相等，境界平均剥采比为 7:5 = 1. 4。

虽然在这一简单算例中，应用浮锥法确实得到了总价值为最大的最终开采境界，但该方法是“准优化”算法，在某些情况下不能求出总价值为最大的境界，下面是两个反例。

反例一 遗漏盈利模块集合。当倒锥的顶点位于某一正块时，锥体价值若为正数，是由于锥体中正块的价值足以抵消锥体中负块的价值的结果。换言之，负块得以开采是由于正块的“支持”。当顶点位于两个正块的锥体有重叠部分时，单独考察任一锥体时，锥体的价值可能为负；但当考察两个锥体的联合体时，联合体的总价值为正。结果，浮锥法遗

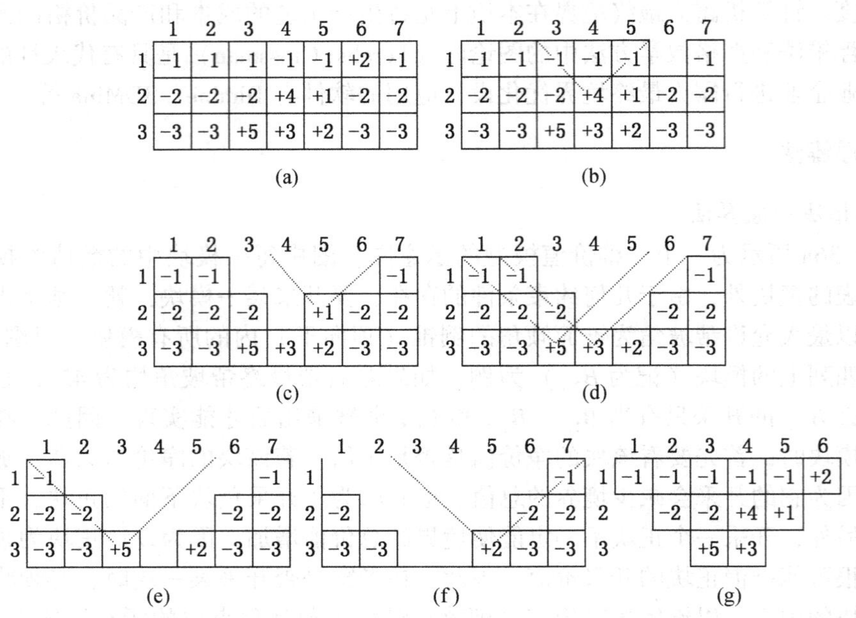

图 9-36 浮锥法境界优化步骤

漏了本可带来盈利的模块集合。

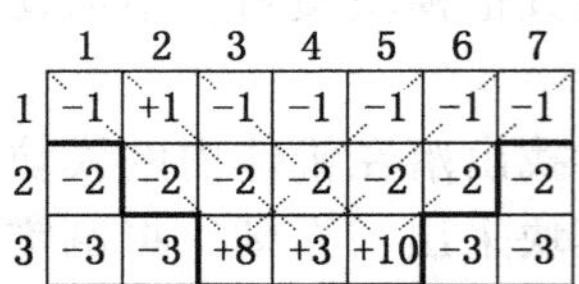

图 9-37 浮锥法反例一

图 9-37 所示即为这种情形。根据前面的浮锥法，结论是最终境界只包括 $B_{1,2}$ 一个模块，因为以 $B_{3,3}$、$B_{3,4}$ 和 $B_{3,5}$ 为顶点的锥体价值均为负数。但当考察三个锥体的联合体或以 $B_{3,4}$ 和 $B_{3,5}$ 为顶点的两个锥体的联合体时，联合体的价值为正。所以，最佳开采境界应为粗黑线所圈定的模块的集合，总开采价值为+6。

反例二 开采非盈利模块集合。顶点位于某一正块的锥体值为正，可能是由于锥体内其他未被开采的正块的作用。如图 9-38 所示，在考察 $B_{2,2}$ 和 $B_{2,4}$ 时，两锥体均为负值，所以不予开采。当倒锥顶点移到 $B_{3,3}$ 时，锥体值为+2。结果浮锥法给出的境界为图 9-38b 所示的模块集合，境界总值为+2。因此，浮锥法使境界包容了本不应该采的、具有负值的模块集合（即 $B_{2,3}$ 和 $B_{3,3}$）。本例中的最优境界应是图 9-38c，其总价值为+3。

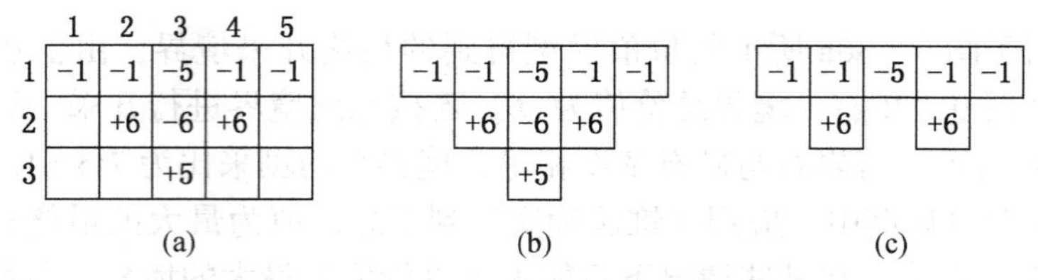

图 9-38 浮锥法反例二

一些研究者对浮锥法进行了改进，试图克服上述问题。如 Lemieux 浮锥法和 Dowd 浮锥法。改进浮锥法的基本思路是对锥体重叠部分进行某种处理，这里不予详细介绍。

2. 锥壳模板

以上对于浮锥法的讨论是在二维空间进行的。在三维空间，浮锥法的基本方法和步骤与在二维空间相同，只是二维锥体变为三维锥体，确定落入锥体之内的模块较为复杂、费时。图 9－39a 所示为一个三维倒锥体示意图，将这样一个倒锥体的顶点置于价值模型中的一个正块时，找出落入其内的所有模块在算法上较为困难。而且，在实际应用中，由于不同部位的岩体稳定性不同以及运输坡道的影响，最终帮坡角一般都不是一个常数，而是不同方位或区域有不同的帮坡角，这就更增加了算法上的难度。

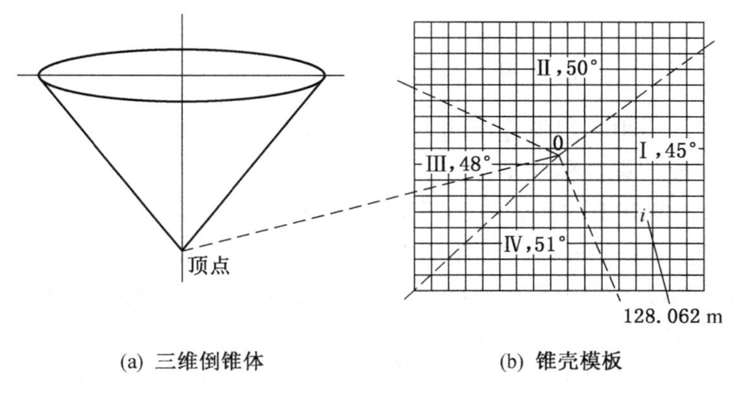

(a) 三维倒锥体　　(b) 锥壳模板

图 9－39　三维倒锥体及其锥壳模板

一个便于计算机编程且能够处理变化帮坡角的方法，是“预制”一个足够大的“锥壳模板”。如图 9－39b 所示，三维锥壳在 x-y 面上的投影被离散化为与价值模型中模块的 x、y 方向上尺寸相等的二维模块，每一模块的属性是锥壳在该模块中心的 x、y 坐标处相对于锥体顶点的垂直高度，顶点的标高为 0。由于顶点是最低点，所以每一模块的相对标高均为正值。每一模块的相对标高根据其所在方位的最终帮坡角计算。图 9－39b 中，假设帮坡角分为 4 个方位范围，范围Ⅰ、Ⅱ、Ⅲ、Ⅳ上的帮坡角分别为 45°、50°、48°、51°。如果模块的边长为 20 m，那么，简单的三角计算可知，在标有 i 的那个模块的中心处，锥壳的相对标高为 128.062 m。这样，可以计算出模板上每一模块处锥壳的相对标高。一个锥壳模板可以存在一个二维数组中。

有了预制的锥壳模板，在应用浮锥法时，将模板的顶点模块置于品位模型中的正块 B_0 处，如果该模块上方某一模块 B_i 的中心标高大于或等于 B_0 模块的中心标高加上 B_i 对应的锥壳模板上模块的相对标高，则模块 B_i 落在以 B_0 为顶点的倒锥体内；否则，落在倒锥体外。

二、图论法

图论法是 Lerchs 和 Grossmann 于 1965 年提出的，简称为 LG 图论法。它是具有严格数学逻辑的最终境界优化方法，只要给定价值模型，在任何情况下都可以求出总价值最大的最终开采境界。

1. 基本概念

在图论法中，价值模型中的每一模块用一节点表示，露天开采的几何约束用一组弧表示。弧是从一个节点指向另一节点的有向线。例如，图 9－40 表明要想开采 i 水平上的那一节点所代表的模块，就必须先采出 $i+1$ 水平上那 5 个节点代表的 5 个模块。为便于理解，以下叙述在二维空间进行。

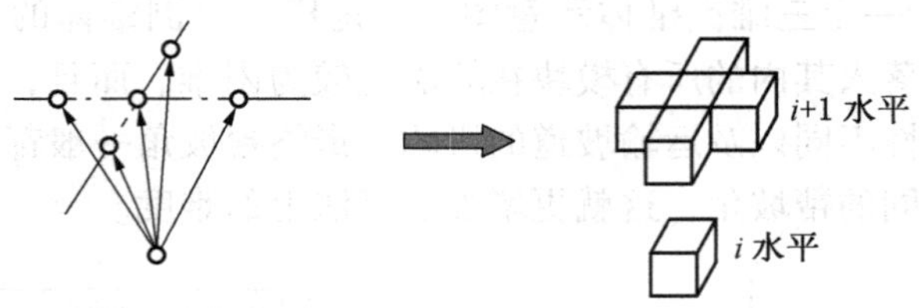

图 9－40　露天开采几何约束的图论表示

图论中的有向图是由一组弧连接起来的一组节点组成，图用 G 表示。图中节点 i 用 x_i 表示。所有节点组成的集合称为节点集，记为 X，即 $X=\{x_i\}$；图中从 x_k 到 x_l 的弧用 a_{kl} 或（x_k，x_l）表示，所有弧的集合称为弧集，记为 A，即 $A=\{a_{kl}\}$；由节点集 X 和弧集 A 形成的图记为 $G(X, A)$。如果一个图 $G(Y, A_y)$ 中的节点集 Y 和连接 Y 中节点的弧集 A_y 分别是另一个图 $G(X, A)$ 中 X 和 A 的子集，那么，$G(Y, A_y)$ 称为图 $G(X, A)$ 的一个子图。子图可能进一步分为更多的子图。

图 9－41a 所示为由 6 个模块组成的价值模型，$x_i(i=1, 2, \cdots, 6)$ 表示第 i 块的位置，模块中的数字为模块的净价值。若模块为大小相等的正方体，最终帮坡角为 45°，那么该模型的图论表示如图 9－41b 所示。图 9－41c 和图 9－41d 都是图 9－41b 的子图。模型中模块的净价值在图中称为节点的权值。

从露天开采的角度，图 9－41c 构成一个可行的开采境界，因为它满足几何约束条件，即从被开采节点出发引出的弧的末端的所有节点也属于被开采之列。子图 9－41d 不能形成可行开采境界，因为它不满足几何约束条件。形成可行的开采境界的子图称为可行子图，也称为闭包。以闭包内任一节点为始点的所有弧的终点节点也在闭包内。图 9－41b 中，x_1、x_2、x_3 和 x_5 形成一个闭包；而 x_1、x_2、x_5 不能形成闭包，因为以 x_5 为始点的弧（x_5，x_3）的终点节点 x_3 不在闭包内。闭包内诸节点的权值之和称为闭包的权值。G 中权值最大的闭包称为 G 的最大闭包。

树是一个没有闭合圈的图。图中存在闭合圈是指图中存在至少一个这样的节点，从该节点出发经过一系列的弧（不计弧的方向）能够回到出发点。图 9－41b 不是树，因为从 x_6 出发，经过弧（x_6，x_2）、（x_5，x_2）、（x_5，x_3）和（x_6，x_3）可回到 x_6，形成一个闭合圈。图 9－41c 和图 9－41d 都是树。根是树中的特殊节点，一棵树中只能有一个根。

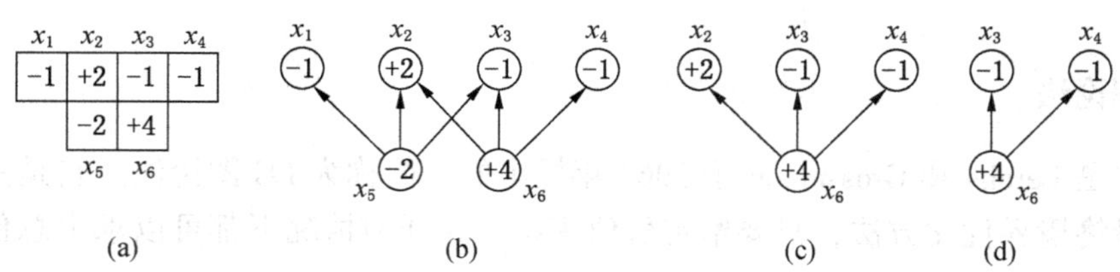

图 9－41　方块模型与图及子图

如图 9－42 所示，树中方向指向根的弧，即从弧的终端沿弧的指向可以经过其他弧（与其方向无关）追溯到树根的弧，称为 M 弧；树中方向背离根的弧，即从弧的终端追溯不到根的弧，称为 P 弧。将树中的一个弧（x_i，x_j）删去，树变为两部分，不包含根的那部分称为树的一个分支。在原树中假想删去弧（x_i，x_j）得到的分支是由弧（x_i，x_j）支撑着，由弧（x_i，x_j）支撑的分支上诸节点的权值之和称为弧（x_i，x_j）的权值。在图 9－42 所示的树中，由弧（x_3，x_1）支撑的分支节点只有 x_1，所以该弧的权值为−1。由（x_8，x_5）支撑的分支节点有：x_2、x_5、x_6 和 x_9，该弧的权值为+5。

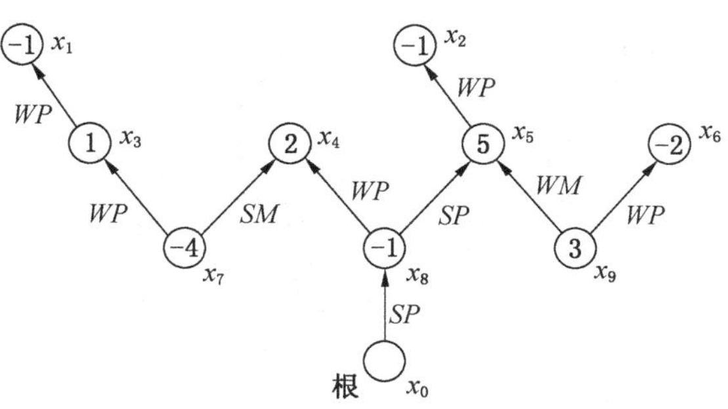

图 9－42 具有各种弧的树

权值大于 0 的 P 弧称为强 P 弧，记为 SP；

权值小于或等于 0 的 P 弧称为弱 P 弧，记为 WP；

权值小于或等于 0 的 M 弧称为强 M 弧，记为 SM；

权值大于 0 的 M 弧称为弱 M 弧，记为 WM。

强 P 弧和强 M 弧总称为强弧，弱 P 弧和弱 M 弧总称为弱弧。强弧支撑的分支称为强分支，强分支上的节点称为强节点。从采矿的角度来看，强 P 弧支撑的分支（简称强 P 分支）上的节点符合开采顺序关系，而且总价值大于零，所以是开采的目标。虽然弱 M 分支的总价值大于零，但由于 M 弧指向树根，不符合开采顺序关系，所以不能开采。由于弱 P 分支和强 M 分支的价值不为正，所以不是开采目标。

2. 树的正则化

正则树是一棵没有不与根直接相连的强弧的树。把一棵树变为正则树称为树的正则化，其步骤如下。

第一步：在树中找到一条不与根直接相连的强弧（x_i，x_j），若（x_i，x_j）是强 P 弧，则将其删除，代之以（x_0，x_j）；若（x_i，x_j）是强 M 弧，则将其删除，代之以（x_0，x_i）。x_0 是树根，以下相同。

第二步：重新计算第一步得到的新树中弧的权值，标注弧的种类。以新树为基础，重复第一步。这一过程一直进行下去，直到找不到不与根直接相连的强弧为止。

图 9－42 中树的正则化过程如图 9－43 所示。

（1）去掉图 9－42 中的弧（x_7，x_4），代之以弧（x_0，x_7），得到树 T^1。

（2）去掉 T^1 中的弧（x_8，x_4），代之以弧（x_0，x_4），得到树 T^2。

（3）去掉 T^2 中的弧（x_8，x_5），代之以弧（x_0，x_5），得到树 T^3，T^3 为正则树。

3. 境界优化定理及算法

从前面的定义可知，最大闭包是权值最大的可行子图。从采矿角度来看，最大闭包是具有最大开采价值的开采境界。因此，求最佳开采境界实质上就是在价值模型所对应的图中求最大闭包。

定理 若有向图 G 的正则树的强节点集合 Y 是 G 的闭包，则 Y 为最大闭包。

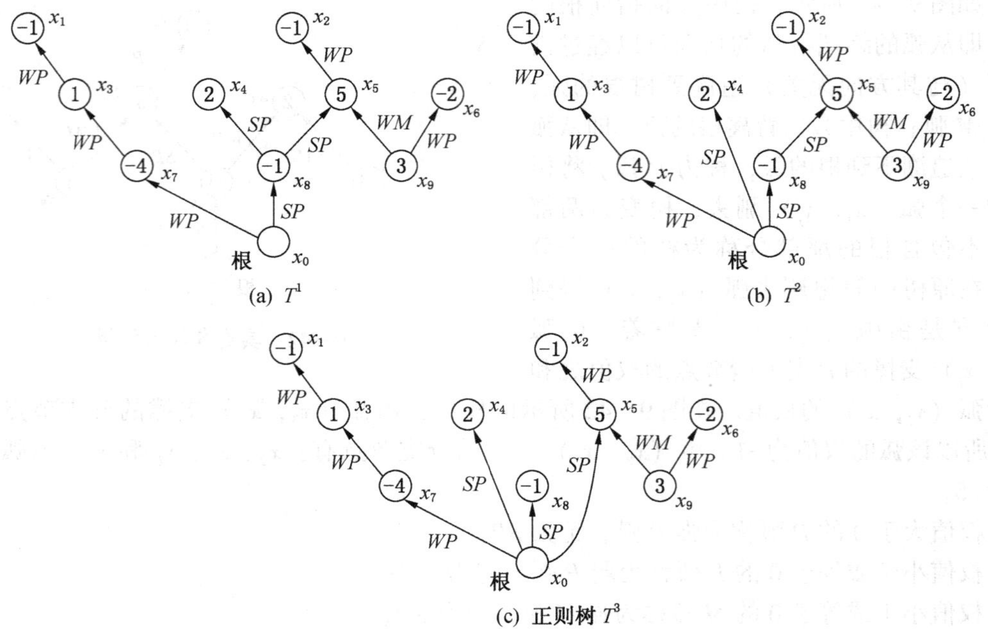

图 9－43 树的正则化举例

依据上述定理，求最终境界的图论算法如下。

第一步：依据最终帮坡角的几何约束，将价值模型转化为有向图 G(图 9－44)。

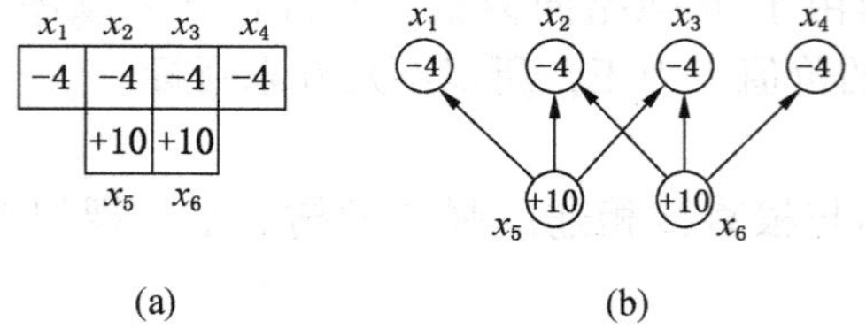

图 9－44 价值模型及有向图 G

第二步：构筑图 G 的初始正则树 T^0（最简单的正则树是在图 G 下方加一虚根 x_0，并将 x_0 与 G 中的所有节点用 P 弧相连得到的树），根据弧的权值标明每一条弧的种类（图 9－45a）。

第三步：找出正则树的强节点集合 Y(图 9－45a 中 T^0 的强节点集合为 $Y=\{x_5, x_6\}$)，若 Y 是 G 的闭包，则 Y 为最大闭包，Y 中诸节点对应的块的集合构成最佳开采境界，算法终止；否则，执行下一步。

第四步：从 G 中找出这样的一条弧（x_i，x_j），即 x_i 在 Y 内、x_j 在 Y 外的弧，并找出树中包含 x_i 的强 P 分支的根点 x_r，x_r 是支撑强 P 分支的那条弧上属于分支的那个端点（由于是正则树，该弧的另一端点为树根 x_0）。然后将弧（x_0，x_r）删除，代之以弧（x_i，x_j)，得一新树。重新标定新树中诸弧的种类。

第五步：如果经过第四步得到的树不是正则树（即存在不直接与根相连的强弧)，应用前面所述的正则化步骤，将树转变为正则树。

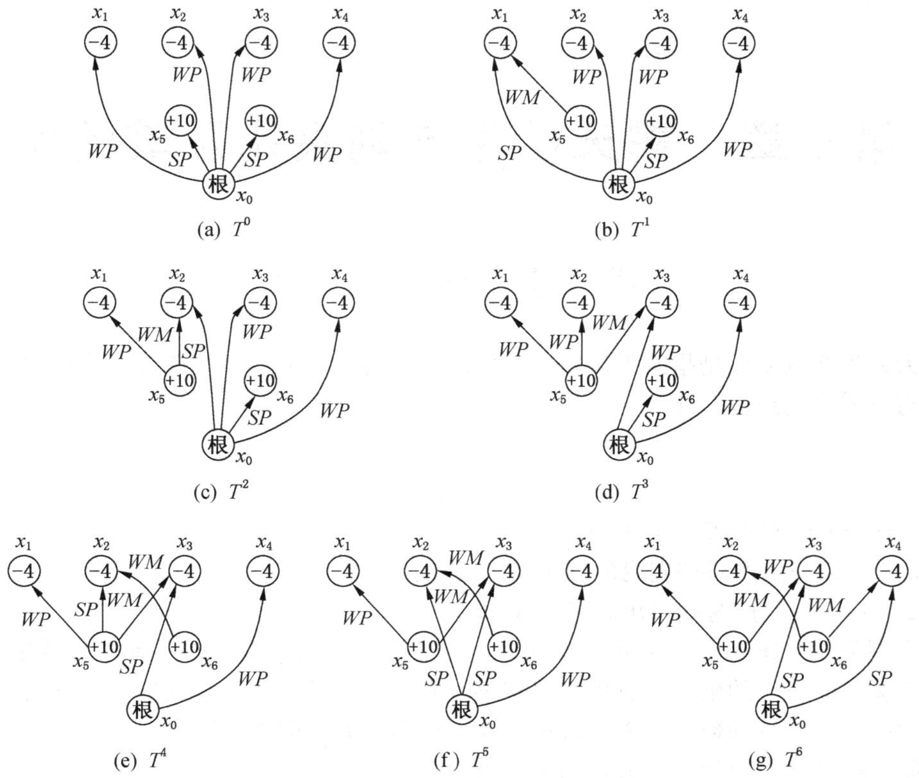

图 9-45 LG 图论法境界优化举例

第六步：如果新的正则树的强节点集合 Y 是图 G 的闭包，Y 即为最大闭包，算法终止；否则，重复第四步和第五步，直到 Y 是 G 的闭包为止。

思考题

1. 影响露天开采境界的主要因素有哪些？
2. 确定露天开采境界的原则是什么？
3. 圈定开采境界的步骤是什么？

第十章 露天矿生产剥采比及其均衡

第一节 概 述

露天矿生产剥采比是指露天矿在一定生产时期内（一般以年为单位）实际完成的剥离岩土量与所采出的煤量之比。

$$n_i = \frac{V_i}{p_i}$$

式中 n_i——生产剥采比，m^3/t，t/t 或 m^3/m^3；

V_i——某一生产时期剥离的岩土量，m^3 或 t；

p_i——同一生产时期采出煤量，m^3 或 t。

生产剥采比是露天矿一项重要的技术经济指标，是决定露天矿采剥总量的重要因素。对于生产剥采比较大的黏土、有色金属和煤炭露天矿来说，岩土剥离量会远远大于采出煤量，从而露天矿的设备数量、人员数量和地面设施会大大增加。因此，露天矿生产剥采比是影响露天矿基建投资和生产成本的重要因素。

影响露天矿生产剥采比的因素：①矿山的自然地形和地质条件；②矿山开采程序；③开采参数；④矿山工程进度计划；⑤开拓运输方式等。

第二节 生产剥采比的变化规律及其调整

一、开采程序和开采参数不变情况下生产剥采比的变化规律

露天矿是在一定的地质条件下，按照一定的开采境界和一定的开采程序进行生产的。开采程序和开采参数保持不变，指剥采工程按一定的工作线推进方向、一定的延深方向和开段沟长度，台阶间保持一定的空间关系，亦即保持固定的段高和工作平盘高度等条件下进行剥采工程，如图 10－1 所示。

露天矿从建矿到闭坑，要经历基建期，投产、达产期，剥离高峰期，减产结束期。生产剥采比按其自然发展来说，随着矿山工程延深而变化，如图 10－2 所示。生产初期的生产剥采比一般比较低，随着矿山工程延深而增大，达到一个高峰后又逐渐变小。生产剥采比的高峰一般发生在凹陷露天矿工作帮坡线达到地表境界部位时。这种不均衡状况是倾斜和急倾斜矿体开采时的普遍规律。对于缓倾斜或近水平的层状矿体，当地面比较平坦时，如大峰露天煤矿工采区，未加均衡的生产剥采比变化不大，比较接近均衡状态。对于倾斜和急倾斜矿体，由于生产剥采比的不断变化，使露天矿剥离的岩石量也不断变化，造成设备、人员、资金等经常处于不稳定状态，给生产带来很多困难。因此，设计中往往采用调

整的方法，使生产剥采比在一定时期内相对稳定，即以均衡生产剥采比指导生产。

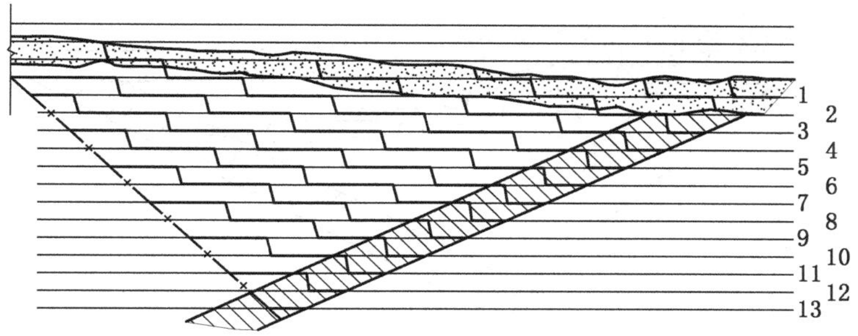

图 10－1　开采程序图

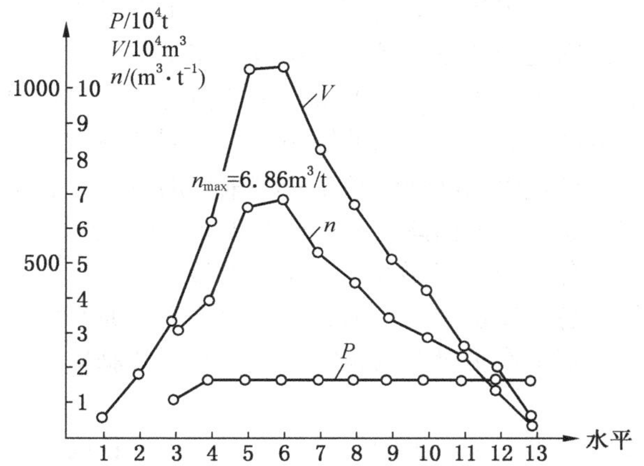

图 10－2　矿山工程每延深一个台阶采出的矿石量、剥岩量和生产剥采比

二、开采程序和开采参数的变动和生产剥采比的调整

生产剥采比的调整是通过改变开采程序和开采参数实现的。露天矿生产过程中，调整生产剥采比常用的方法是改变开采参数。

下面分别研究改变台阶间相互位置、开段沟长度、工作线推进方向和剥采工程延深方向等对调整生产剥采比的作用。

1. 改变台阶间相互位置（亦即改变工作平盘宽度）

如图 10－3 所示，改变工作平盘宽度，可以将生产剥采比高峰期的一部分岩石提前或挪后剥离，从而减小高峰期剥采比的数值。

图中，以实线表示按固定工作平盘宽度发展的工作帮位置。点划线表示改变工作平盘宽度后的工作帮位置。剥离高峰期被提前完成的剥离为 ΔV_1，挪后完成的剥离量为 ΔV_2，减小的生产剥采比为

$$\Delta n = \frac{\Delta V_1 + \Delta V_2}{P_k} \tag{10-1}$$

式中　P_k——剥离高峰期采出的矿石量，t。

用改变工作平盘宽度来调整生产剥采比有其一定的限度，减小后的工作平盘宽度一般

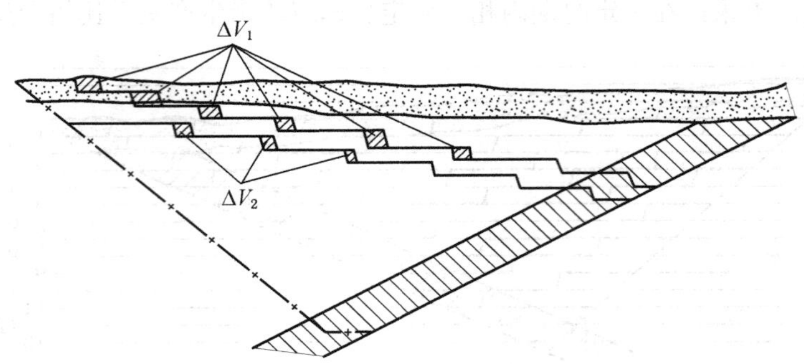

图 10－3　以超前剥离和滞后剥离降低剥离高峰剥采比示意图

不得小于满足生产需要的最小工作平盘宽度；加大后的工作平盘宽度应使露天矿仍能保持足够的工作平盘数目，以满足配置露天矿采掘设备的需要。

当露天矿工作平盘数量多、工作线长度很富余的情况下，也可以使部分工作平盘的宽度小于最小的工作平盘宽度，做到有计划的缩小，有计划的恢复，有计划的推进，在仍能保证持续生产的情况下达到较大幅度地调整生产剥采比的目的。我国抚顺西露天煤矿等矿山在这方面积累了一些经验。抚顺西露天矿走向长度 6 km，台阶多，工作线很长。该矿正常状况下仅有 66% 左右工作平盘大于最小工作平盘宽度。

改变工作平盘宽度是易于实现的。因为，它一般能适应原来的开采工艺，不影响总的开拓运输系统。所以，改变工作平盘宽度是露天矿调整生产剥采比的主要措施之一。

2. 改变开段沟长度

开段沟的最大长度通常等于该水平的走向长度，最小的长度一般不短于采掘设备要求的采区长度。开段沟长度因开采工艺不同而异，铁道运输时要求长一些，汽车运输时可以短一些，甚至可以短到只挖一个基坑。

在图 10－1 同样条件下，安排新水平开拓准备最初形成的开段沟长度等于走向长度的 1/3，约 700 m，然后随剥采工程发展逐步延长，也就是说，掘完 700 m 开段沟长度后，在该水平就可以推帮，推帮与继续延长开段沟实行平行作业，这种发展方式亦是露天矿剥采工程发展的普遍形式。

剥采工程按上述方式发展时，每下降一个水平采出的矿岩量和生产剥采比的变化如图 10－4 所示。图中 13′和 13″为剥采工程延深到 13 m 水平后，继续延长开段沟和相应地在上部水平进行推帮过程中采出的矿石量。

对比图 10－4 和图 10－2，可以看到，新水平开拓准备时，采取延长开段沟和推帮平行作业的方式发展剥采工作，与掘完开段沟全长后再进行推帮的方式相比，前者具有下列特点。

（1）生产剥采比变化比较平缓，高峰值下降。

（2）出矿前的剥离量减少，有利于减少矿山基建剥离量。

显然，最初开段沟长度愈短，上述差别愈大，降低生产剥采比高峰值和减少矿山基建剥离量的效果愈显著。由此可见，汽车运输、短开段沟（或基坑）逐步扩展工作线的开采程序有一定优越性。当矿体露头覆盖厚度和矿体厚度的差别均较大的情况下，在露头较浅和矿体较厚区段先掘开段沟，然后逐步延长的发展方式，将取得更好的效果。如义马露天煤矿不同区采用不同降深配合的方法，使生产剥采比降低 20% 左右。

此外，在矿体沿走向厚度不同的情况下，当生产剥采比达到高峰期时，适当减慢或停止矿体较薄部分工作帮的推进，对于降低剥离高峰亦有很大的作用。例如，抚顺西露天矿煤层西厚东薄，采取东西搭配方案；海州露天煤矿在生产剥采比高峰期暂时停止生产剥采比较大扩采区的工作线推进等，都对生产剥采比的调整起到良好作用，保障了露天矿持续高产。

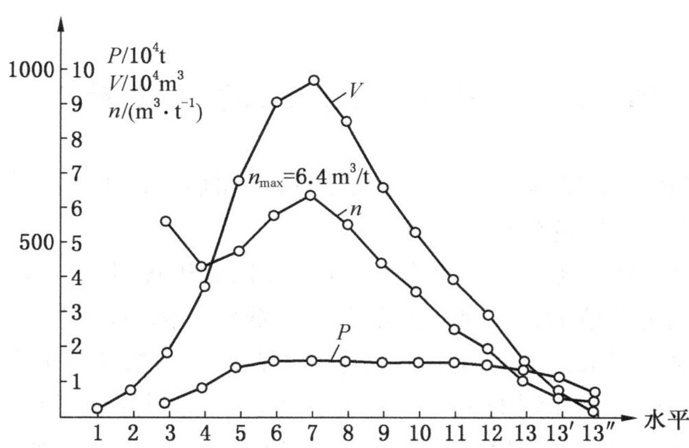

图 10-4 剥采工程延深一个水平采出的矿石量、剥岩量和生产剥采比（最初开段沟长度等于走向长度的 1/3）

3. 改变开段沟位置和工作线推进方向

当采取改变工作平盘宽度和开段沟长度等措施调整露天矿的生产剥采比不够理想时，应考虑改变开段沟位置和工作线推进方向、剥采工程延深方向等以改善生产剥采比指标和效果。

开段沟位置、工作线推进方向和延深方向等的改变，通常会使生产剥采比产生重大的变化。

在一定的地质埋藏条件下，可以采用不同的开采工艺。各种开采工艺又可采取多种不同的开段沟位置、工作线推进方向和延深方向，方案很多，应从中选择最优方案。

针对多种方案分别计算出生产剥采比指标，工作量很大。在用普通手段计算的情况下，难以做到多方案对比，一般只能选择一两个较好的方案进行计算和比较，这样会存在一定的局限性。采用电子计算机则可以进行多方案比较。不管人工计算还是电子计算机计算，在进行计算之前，对可能的方案进行分析比较，淘汰一些明显不合理的方案，减少参与比较的方案数量还是必要的。对不同的方案，从质上分析其生产剥采比、基建剥离量等指标的好坏也是可能的。

采取不同的开段沟位置和工作线推进方向，仍然要借助于平盘宽度和开段沟长度等措施调整生产剥采比。因为剥采工程按不变的平盘宽度发展时，生产剥采比是变化的，仍然会出现生产剥采比的一般变化规律。

4. 分区或分期开采

按倾向分区时，各分区的深度不同，所以亦称按不同深度的分期开采。

分期开采对降低初期生产剥采比和基建剥离量的效果是明显的，特别是采用汽车运输的露天矿，可采取分期开采横向工作线的开采程序，沿倾向的工作帮坡角很大，可使生产剥采比达到有利的安排，其值接近平均剥采比，或从小到大逐渐增大，并且初始基建剥离量也很小。例如，司家营露天铁矿大部分时间其生产剥采比均未高于平均剥采比的13%。

当覆盖层厚度、矿体厚度、品位等沿露天矿走向或平面上有显著不同时，采取分区的效果亦是显著的。同时，还可以利用采空区进行内排土，减少外排土场占地面积和缩短运距。

第三节 生产剥采比的初步确定

为了安排生产和确定露天矿的设备、人员的数量和辅助设施的规模，需确定露天矿整个发展过程中不同发展阶段的生产剥采比。

露天矿的生产剥采比一般是通过编制矿山工程长远进度计划（剥采工程发展长远计划）和年度计划来确定数值的，它是生产前预计的数值，称为计划生产剥采比，以区别于生产中发生的实际生产剥采比。本节中讨论的生产剥采比均指计划生产剥采比。

鉴于编制矿山工程进度计划的工作量较大，因此，编制的长远计划的年限不能过长。为了把握露天矿发展过程中不同发展阶段的生产剥采比数值，以及进行开采程序、开采工艺和开拓运输系统等方案比较的需要，在编制矿山工程进度计划之前，根据开采程序初步计算确定露天矿不同发展阶段的计划生产剥采比。

初步确定的计划生产剥采比，是根据一定的开采程序条件下生产剥采比变化的情况得出的，是经过调整后的生产剥采比，亦称均衡生产剥采比。

生产剥采比的调整，可以在生产剥采比的变化图 $n=f(p)$ 或矿岩量变化曲线 $V=f(p)$ 上进行。将图 10－4 的横坐标改为采出矿石的累积量，纵坐标改为生产剥采比，即可将图 10－4 改为图 10－5 中 $n=f(p)$ 的形式。

根据生产剥采比变化图 $n=f(p)$，可以将第一期生产剥采比调整为 AB 线，生产剥采比等于 5.5 m³/t；第二期调整为 $B'C'$ 线，生产剥采比等于 2.5 m³/t。AB 线上下的调整面积相等，即 $\Delta F_1=\Delta F_2$。ΔF_1 和 ΔF_2 数量上代表调整的剥岩量，ΔF_1 为超前（或提前）剥离量，ΔF_2 为剥离高峰期减少的剥离量。超前剥离量或减少的剥离量可用下式表示：

$$\Delta F=\Delta V=\sum(n-n_i)p_i \tag{10-2}$$

式中 ΔF—— $n=f(p)$ 图上的调整面积；

n——调整后的均衡生产剥采比，m³/t；

n_i——调整前的自然剥采比，m³/t；

p_i——以生产剥采比 n_i 采出的矿石量，t。

ΔV——超前或减少的剥离量，m³。

超前剥离量意味着早期应加速上部剥离台阶的推进，相应地加大工作平盘宽度，改变了台阶间的相互位置。

调整生产剥采比可以采取不同的方案，不同的调整方案通过比较确定，一般原则如下。

（1）尽量减少剥采比，以利于减少基础投资和扩大再生产。

（2）生产剥采比可以逐步增加，达到最大值后逐步减少，不宜发生骤然波动，以免设备和人员随之发生骤然变动，每次调整量可使剥离量以挖掘设备每年生产能力的整数倍进行增减。

（3）生产剥采比达到最大时期，一般不宜过短，尤其是机械化程度高的矿山。时间短，意味着露天矿在一段时间内大量增加设备和人员，而短时间大量缩减，不仅使露天矿的一些有关投资不能充分利用，亦给生产组织工作带来很大的困难。

生产剥采比达到最大的时间长短根据具体条件而定，一般为 5~10 年。通常机械化程度低的矿山可以取小值，机械化程度高的取大值；露天矿附近有其他的矿山，设备和人员便于调动及产量便于平衡的情况下，也可以取较小值，甚至按自然剥采比（也称时间剥采比）进行生产，生产剥采比不作调整，合理的生产剥采比调整方案应使露天矿的盈利净现值达到最大。

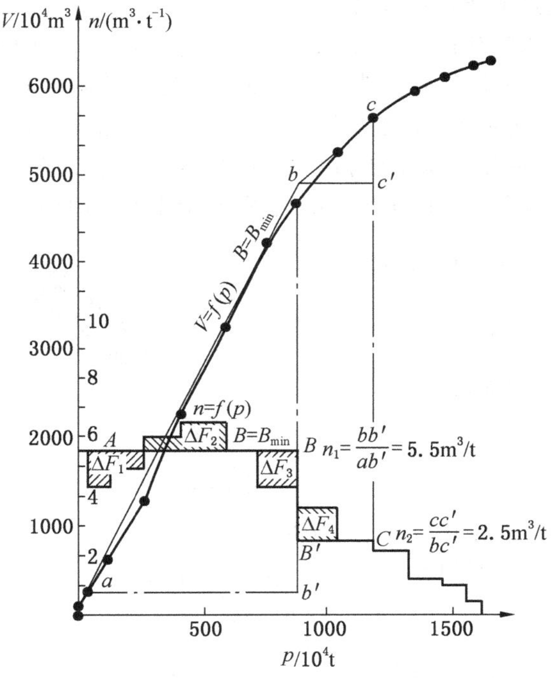

图 10-5　生产剥采比和矿岩变化图

调整生产剥采比的实质是调整剥岩量。为了突出表示调整剥岩量的实质，可以做出剥岩量和采矿量的累计关系曲线，即 $V=f(p)$ 曲线，如图 10-5 所示，曲线图的横坐标仍然是采出矿石累计量，纵坐标是剥岩累计量。

显然，$V=f(p)$ 曲线的斜率就是生产剥采比。

$$\frac{\mathrm{d}V}{\mathrm{d}p}=f'(p)=n \tag{10-3}$$

$V=f(p)$ 曲线的斜率变化，表明露天矿山工程按一定的开采程序和开采参数发展过程中生产剥采比的变化情况。

露天矿实际生产中，剥岩量的累计值一般不少于剥采工程按最小工作平盘宽度发展的剥岩量，也就是实际的矿岩累计量变化曲线不得在 $B=B_{\min}$ 时的 $V=f(p)$ 曲线之下；为了使露天矿保持一定的生产能力所必需的工作线长度或工作台阶数，实际的矿岩累计曲线一般也不能超出 $B=B_{max}$ 时的 $V=f(p)$ 曲线之上。为了减少作图和计算工作量，一般不画 $B=B_{max}$ 时的 $V=f(p)$ 曲线，而使实际的矿岩量曲线接近 $B=B_{min}$ 时的 $V=f(p)$ 曲线。

实际生产中，为了保持均衡的生产剥采比，要求一段时间内矿岩累计量变化曲线保持固定的斜率，即保持一直线，如图 10－5 中 $V=f(p)$ 曲线上的 ab 线和 bc 线，相应地第一期均衡生产剥采比为 5.5 m^3/t，第二期为 2.5 m^3/t，以后则随 $B=B_{min}$ 时的 $V=f(p)$ 曲线变化趋势，逐渐减少生产剥采比，因此，分期均衡后的矿岩量累计变化表现为一条折线。

调整剥岩量时，用 $V=f(p)$ 曲线比较 $n=f(p)$ 曲线更直观和明确，此外，$V=f(p)$ 曲线还能表示出矿以前的剥离量，而 $n=f(p)$ 曲线则能比较清楚地表示出生产剥采比的变化和数值。为此，在一张图上同时作出 $V=f(p)$ 和 $n=f(p)$ 曲线（图 10－5），可以更好地反映出调整前后剥岩量和生产剥采比的变化情况。

图 10－6 为灵泉露天煤矿改建设计图中的 $V=f(p)$ 和 $n=f(p)$ 曲线图，剥采工程达到 168 m 水平之前，生产剥采比任其自然逐步增加，不作超前剥离和均衡，以利于减小初期的生产剥采比；剥采工程到 468 m 水平后，开始作一些超前剥离，使矿岩累计量按 ab 线和 bc 线发展。相应地第一期均衡生产剥采比为 AB 线，等于 7.7 m^3/t，第二期为 B′C′等于 5.5 m^3/t。按第一期均衡生产剥采比生产的时间可达到总开采时间的 2/3 以上。

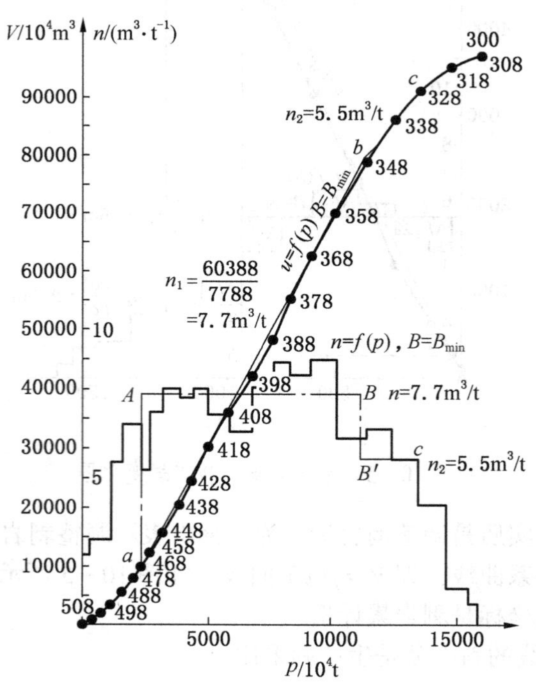

图 10－6 灵泉露天煤矿 $V=f(p)$ 和 $n=f(p)$ 图

当露天矿存在多种矿石 p_1，p_2，p_3…的情况下，除以其中主矿石 p_1 的累计量为横坐标，绘制 $V=f(p_1)$ 曲线外，还分别作出其他矿石累计采出量变化曲线 $p_2=f(p_1)$，$p_3=f(p_1)$…，以得出不同时期的各种矿石采出量与主要矿石的比值，当剥离岩石的品种不同，由于综合利用或安排排土场等原因，需要分别计算确定各种剥岩量时，也可以按上述同样处理。

根据一定的开采程序和开采参数绘制 $V=f(p)$ 和 $n=f(p)$ 曲线图，在分析这些曲线图的基础上得出的均衡生产剥采比是经过调整后的生产剥采比。按此生产剥采比进行生产时，要求开采参数有相应的变化，并通过编制矿山工程进度计划进一步验证。

生产剥采比确定后，生产中应认真贯彻。遵循“采剥并举、剥离先行”的方针，做到有计划科学地组织生产，保证露天矿稳产高产。

露天矿生产特点是，矿石生产具有灵活性和伸缩性，亦即在一定时期内可以降低生产剥采比，少采岩石，多采矿石，以满足国家和市场当时对矿石的需求。在一定时期内降低生产剥采比是可能的，也是允许的。但是这并不意味着可以否定或改变露天矿应遵循的开采程序，保持一定开采参数和按一定的生产剥采比进行生产的客观规律性。当在一定时期多采矿石时，必须以提前加强剥离和事后加强剥离的办法保障它，也采取“以剥保采、以采促剥”的方案保障露天矿持续生产，避免出现采剥失调和生产的马鞍形现象。

在实践中，随着人们认识的变化调整开采程序和开采参数，或生产、地质资料的变化，使原先计划的生产剥采比发生变化，此时应及时修改，以便正确地指导和组织生产。

在商品经济条件下，矿产品的价格随供求关系的变化而波动。这时可以充分利用露天矿矿石生产灵活性的特点，在矿石市场景气，价格上涨的时期，多采矿石，少剥岩石；矿石市场疲软，价格下跌的时期，就少采矿石，多剥岩石，以达到最大的经济效益。这时生产剥采比的波动幅度是很大的。外贸比重大的矿山必须注意市场调查和预测，有预见性地安排矿石生产和不同时期的生产剥采比。

第四节　$n=f(p)$ 和 $V=f(p)$ 曲线图的绘制步骤

曲线图绘制步骤如下。

（1）绘制剥采工程按 $B=B_{min}$ 发展，延深到各水平时或工作带推进到不同位置的露天矿场平面图。平面图上绘有各水平的工作线位置。为了减少绘图工作量，图上只画出台阶的坡底或坡顶的位置。通常每下降一个水平绘制一张平面图。为了减少工作量，后期可以每隔数个水平绘制一张平面图。

（2）将上述各平面图上的工作线位置画到断面图上或分层平面图上。利用断面图或分层平面图的问题，主要考虑计算矿岩量的精确性和方便。采用分层平面图时，计算工作量大，但能适应矿石品位和矿体的变化，也能适应比较复杂的开采程序（如横采和工作扇形推进等），端帮工作量计算也比较准确。在矿体较长、倾角较缓、矿体产状稳定、地质结构和地形简单的情况下，一般采用断面图，否则宜采用分层平面图。

当矿体倾角较缓，矿岩混合台阶用分层平面图算量时，虽然一定推进距离的矿岩量总量是准确的，但其中矿量和岩量各占多少？则可能出现较大的误差。为提高准确性可用断面图配合进行计算。

画有工作线推进位置的横断面图，如图 10－1 的形式。

图 10－7 为按最小工作平盘宽度推进时画有工作推进位置的分层平面图。在分层平面图上绘出的矿山工程延深至各水平时的工作线推进位置。工作线推进位置除在按延深到各水平时的露天矿场综合平面图描绘外，也可以在透明纸上的分层水平图描绘，由下往上直

接绘制。

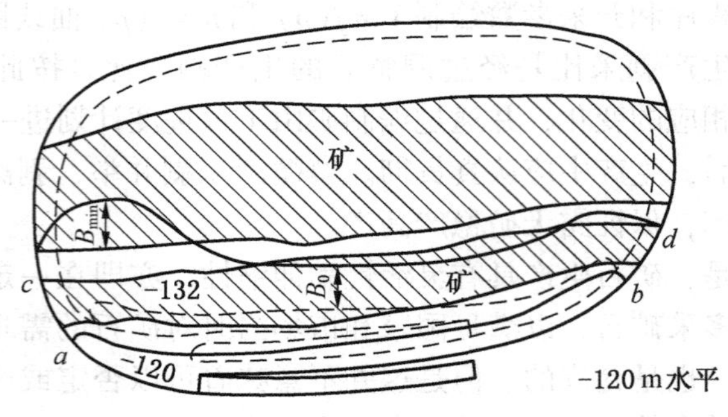

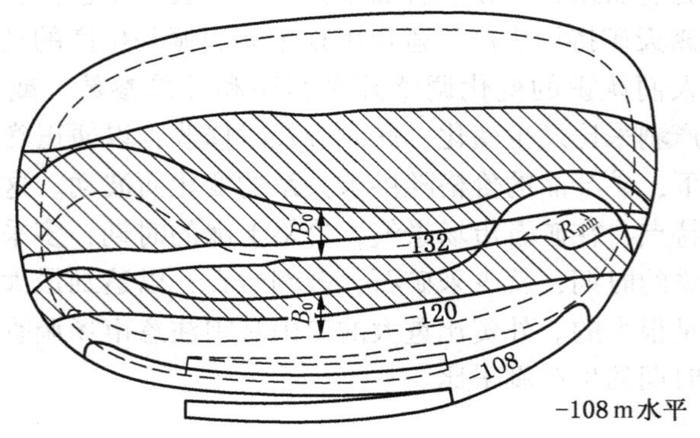

（上水平以实线表示，下水平以虚线表示）

图 10－7　按 $B=B_{min}$ 推进，延深至－108 m、－120 m 和－132 m 水平时在－108 m 和－120 m 分层平面图上的工作线推进位置示意图

图 10－7 为－120 m 和－108 m 水平的分层平面图，图上绘有以坡底线表示的本水平的开采境界线和出入沟平台，还绘有矿体界限。分层平面图用透明纸绘制。将－120 m 水平的分层平面图覆盖在下部－132 m 水平的分层平面图上，对准坐标，透过透明纸可看出－132 m 水平的开采界限，以及入车沟和开段沟的工作线位置（在－120 m 分层平面图上以虚线表示）。在－120 m 水平的工作线推进位置应较－132 m 水平相应的工作线超前一定距离 B_0：

$$B_0 = B_{min} + h\cos\alpha \tag{10-4}$$

式中　B_{min}——最小工作平盘宽度，m；

　　h——台阶高度，m；

　　α——台阶坡面角，（°）。

由图 10－7 的－120 m 水平分层平面图可见，－120 m 水平开拓准备工程结束，也即掘完该水平的入车沟和开段沟之后的工作线位置为 *ab* 线；当－132 m 水平开拓准备工程结束时，－120 m 水平的工作线必须推进到 *cd* 的位置。工作线 *ab* 和 *cd* 之间的矿岩量为矿山工程延深－132 m 水平时在－120 m 水平上需完成的剥离量和采矿量，标以“－132”，当－120 m 水平的入车沟和开段沟工程量为矿山延深－120 m 水平时完成的剥采量，标以“－120”。

工作线应保持一定的曲线半径及与开拓运输坑线的联系，为此，在 cd 工作线的 c 端设有最小曲线半径为 R_{min} 的环线。

用同样的方法将-108 m 水平的分层平面图覆盖在-120 m 分层平面图上，对准坐标，根据-120 m 水平的工作线推进位置，以实线表示，标以“-132”“-120”“-108”等。

在各分层平面图上，自下而上绘出剥采工程延深到各水平时的工作线位置之后，就可以进行矿岩量计算。

（3）计算矿山工程每下降一个水平或推出一定位置所采出的矿岩量，剥岩量和生产剥采比，列成表格，如表 10－1 形式。当采用分层平面图计算矿岩量时，宜采用表 10－1 的形式。

表 10－1 中，横行表示开采水平（台阶），竖列表示矿开拓延深水平，其中 n' 表示露天矿延深到最低一个水平，即延深到 n 水平后，工作线继续往前推进的推帮量。表中的开采水平和延深水平可用该水平的标高表示，表中的 P_j^i 和 V_j^i 分别表示露天矿矿山工程按 $B=B_{min}$ 发展时，为开拓延深第 j 水平面需在 i 水平上采出的矿石量和剥岩量。各竖列的矿岩量合计值，等于开拓该水平应完成的采剥工程量，包括该水平的掘沟量和其上部各水平的推帮量。例如，开拓延深第 3 水平的掘沟量为矿石量 P_3^3 和岩石量 V_3^3，推帮量为第 2 水平的 P_3^2 和 V_3^2，以及第 1 水平的 P_3^1 和 V_3^1。上述位于同一竖列的矿岩量之和为开采第 3 水平需完成的采剥工程量，横行矿岩量合计值等于该水平（台阶）的矿岩总量，竖列与横列的矿岩量的累计值相等，等于露天矿开采境界内的矿岩总量。

表 10－1 形式上可提供各水平的掘沟量和开拓延深各水平时其上部水平的推帮量。这些矿岩量可用来编制矿山工程发展进度计划，以及用来分析露天矿技术上可能的生产能力。因此，虽然通过一定开采程序和开采参数下的矿岩量计算和绘制 $V=f(p)$ 曲线确定生产剥采比的工作量很大，但可以从便于编制矿山工程发展进度计划和生产能力分析等方面的好处得到补偿。

矿岩量计算如下：

在断面图上计算矿岩量时：

$$P_i = \sum_{j=1}^{n} F_{ij} l_j \gamma \eta (1 + \rho) \tag{10-5}$$

式中　P_i——剥采工程按 $B=B_{min}$ 发展时，每下降一个水平（第 i 水平）采出的矿石量，t；

F_{ij}——第 j 断面上采出的矿石面积，m^2；

l_j——第 j 断面的影响距离，m；

n——断面数；

γ——矿石容重，t/m^3；

η——采出系数；

ρ——废石混入系数。

露天煤矿习惯上以纯煤考虑，计算公式为

$$P_i = \sum_{j=1}^{n} F_{ij} l_j \gamma \eta$$

或

$$P_i = \sum_{j=1}^{n} F_{ij} l_j \varepsilon$$

表10-1 矿 岩

开采水平	延深各水平采出的矿岩量									
	1		2		3		4		…	
	矿	岩	矿	岩	矿	岩	矿	岩	矿	岩
1	P_1^1	V_1^1	P_2^1	V_2^1	P_3^1	V_3^1	P_4^1	V_4^1	…	…
2			P_2^2	V_2^2	P_3^2	V_3^2	P_4^2	V_4^2	…	…
3					P_3^3	V_3^3	P_4^3	V_4^3	…	…
4							P_4^4	V_4^4	…	…
5									…	…
6									…	…
7									…	…
8									…	…
⋮									…	…
n									…	…
合计	$P_1 = P_1^1$	$V_1 = V_1^1$	$P_2 = \sum_{i=1}^{2} P_2^i$	$V_2 = \sum_{i=1}^{2} V_2^i$	$P_3 = \sum_{i=1}^{3} P_3^i$	$V_3 = \sum_{i=1}^{3} V_3^i$	$P_4 = \sum_{i=1}^{4} P_4^i$	$V_4 = \sum_{i=1}^{4} V_4^i$	…	
累计	P_1	V_1	$\sum_{i=1}^{2} P_i$	$\sum_{i=1}^{2} V_i$	$\sum_{i=1}^{3} P_i$	$\sum_{i=1}^{3} V_i$	$\sum_{i=1}^{4} P_i$	$\sum_{i=1}^{4} V_i$	…	…

量　计　算　表

				合计		累计	
n		n'					
矿	岩	矿	岩	矿	岩	矿	岩
P_n^1	V_n^1	$P_{n'}^1$	$V_{n'}^1$	$P^1=\sum_{j=1}^{n'}P_j^1$	$V^1=\sum_{j=1}^{n'}V_j^1$	P^1	V^1
P_n^2	V_n^2	$P_{n'}^2$	$V_{n'}^2$	$P^2=\sum_{j=2}^{n'}P_j^2$	$V^2=\sum_{j=2}^{n'}V_j^2$	$\sum_{i=1}^{2}P^i$	$\sum_{i=1}^{2}V^i$
P_n^3	V_n^3	$P_{n'}^3$	$V_{n'}^3$	$P^3=\sum_{j=3}^{n'}P_j^3$	$V^3=\sum_{j=3}^{n'}V_j^3$	$\sum_{i=1}^{3}P^i$	$\sum_{i=1}^{3}V^i$
P_n^4	V_n^4	$P_{n'}^4$	$V_{n'}^4$	$P^4=\sum_{j=4}^{n'}P_j^4$	$V^4=\sum_{j=4}^{n'}V_j^4$	$\sum_{i=1}^{4}P^i$	$\sum_{i=1}^{4}V^i$
P_n^5	V_n^5	$P_{n'}^5$	$V_{n'}^5$	$P^5=\sum_{j=5}^{n'}P_j^5$	$V^5=\sum_{j=5}^{n'}V_j^5$	$\sum_{i=1}^{5}P^i$	$\sum_{i=1}^{5}V^i$
P_n^6	V_n^6	$P_{n'}^6$	$V_{n'}^6$	$P^6=\sum_{j=6}^{n'}P_j^6$	$V^6=\sum_{j=6}^{n'}V_j^6$	$\sum_{i=1}^{6}P^i$	$\sum_{i=1}^{6}V^i$
P_n^7	V_n^7	$P_{n'}^7$	$V_{n'}^7$	$P^7=\sum_{j=7}^{n'}P_j^7$	$V^7=\sum_{j=7}^{n'}V_j^7$	$\sum_{i=1}^{7}P^i$	$\sum_{i=1}^{7}V^i$
P_n^8	V_n^8	$P_{n'}^8$	$V_{n'}^8$	$P^8=\sum_{j=8}^{n'}P_j^8$	$V^8=\sum_{j=8}^{n'}V_j^8$	$\sum_{i=1}^{8}P^i$	$\sum_{i=1}^{8}V^i$
⋮	⋮	⋮	⋮	⋮	⋮	⋮	⋮
P_n^n	V_n^n	$P_{n'}^{n'}$	$V_{n'}^{n'}$	$P^n=\sum_{j=n}^{n'}P_j^n$	$V^n=\sum_{j=n}^{n'}V_j^n$	$\sum_{i=1}^{n}P^i$	$\sum_{i=1}^{n}V^i$
$P_n=\sum_{i=1}^{n}P_n^i$	$V_n=\sum_{i=1}^{n}V_n^i$	$P_{n'}=\sum_{i=1}^{n'}P_n^i$	$V_{n'}=\sum_{i=1}^{n'}V_n^i$				
$\sum_{i=1}^{n}P_i$	$\sum_{i=1}^{n}V_i$	$\sum_{i=1}^{n'}P_i$	$\sum_{i=1}^{n'}V_i$				

式中　ε——纯煤系数，每立方米煤层体积的煤量，t/m^3。露天开采矿井残煤时，ε 值已考虑到矿井采空的煤量。

$$V_i = \sum_{j=1}^{n} F_{ij}l_j + \sum F_{ij}l_j[1 - \eta(1 + \rho)] \tag{10-6}$$

式中　V_i——矿山工程按 $B=B_{min}$ 发展时，每下降一个水平（第 i 水平）的剥岩量，m^3；

F_{ij}——同上，第 j 断面上的剥岩面积，m^2。

在分层平面图上计算矿岩量时：

$$P_i = \sum_{j=1}^{i} A_{ij}h_j\gamma\eta(1 + \rho) \tag{10-7}$$

式中　A_{ij}——矿山工程按 $B=B_{min}$ 发展时，每下降一个水平（第 i 水平）在第 j 水平上的剥岩面积，m^2；

h_j——第 j 水平的台阶高度，m。

$$V_i = \sum_{j=1}^{i} A_{ij}h_j + \sum A_{ij}h_j[1 - \eta(1 + \rho)] \tag{10-8}$$

式中　A_{ij}——矿山工程按 $B=B_{min}$ 发展时，每下降一个水平（第 i 水平）在第 j 水平上的剥岩面积，m^2。

（4）以采出的矿石累计量为横坐标，剥离岩石累计量和生产剥采比为纵坐标，作出曲线图，$V=f(p)$ 和 $n=f(p)$。

在分析 $V=f(p)$ 和 $n=f(p)$ 曲线图的基础上，可以初步确定露天矿不同发展阶段的生产剥采比，作为进行方案比较和编制矿山工程发展计划的依据。

当矿体很长的情况下，由于端帮量计算的误差不大，工作线接近平行推进，为了减少绘图工作量，可以省去平面图，直接在断面图上绘出剥采工程延深到各水平时的工作线位置。必要时，可将部分断面的台阶推进位置画在平面图上，检查工作线的形状和铺设铁路的可能性，并作适当的调整；也可以在断面图上只画出工作帮坡线的位置，以进一步减少绘图和计算工作量。

剥采工程按 $B=B_{min}$ 发展时，可达到最大的工作帮坡角 φ_{max}（图 10－8）。

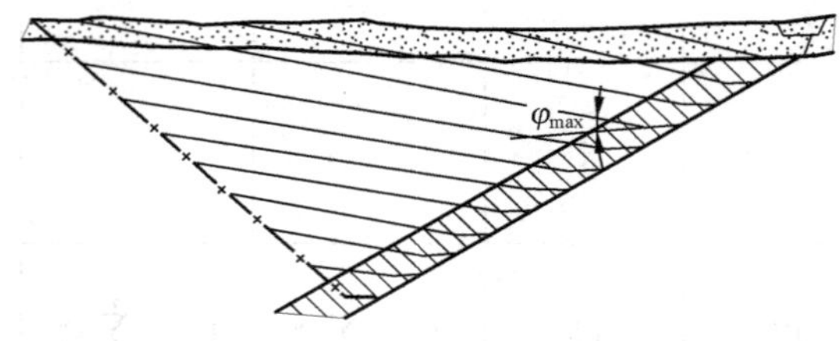

图 10－8　剥采工程按 $B=B_{min}$ 发展时，降深到各个水平的工作帮坡线的位置示意图

进行开采程序多方案比较时，为了减少计算工作量，实践中还采用加权断面图，此时只在 1、2 个加权平均断面上进行分析计算，以初步确定露天矿采用不同开采程序时，可能出现的生产剥采比数值。此外，有时也可以用典型断面图进行估算。

在黑色金属露天矿设计实践中，还以相邻的几个台阶的最大平均剥采比推定可能出现的最大均衡生产剥采比：

$$n = Kn_{pi} \tag{10-9}$$

式中　n——推定的最大均衡生产剥采比，m^3/t；

n_{pi}——相邻几个台阶的最大平均剥采比，m^3/t；

K——系数，据统计 $K = 0.84 \sim 0.94$，铁路运输时，均衡性差，取上限，汽车运输时取下限。

各种初步确定生产剥采比的方法，各有其长处和短处。分析 $V = f(p)$ 和 $n = f(p)$ 图基础上确定的生产剥采比的方法，比较科学和明确，但绘图计算的工作量较大；以相邻几个台阶的最大平均剥采比推定生产剥采比的方法，计算工作量少，但准确性差，使用上有一定的局限性。因此，应根据不同的精度和时间要求加以取舍。随着计算机技术的发展，目前主要采用三维设计软件计算各分层或各断面之间的采矿量与剥离量，大大地减少了计算工作量，提高了采用 PV 曲线均衡剥采比的效率。

第五节　减小初期生产剥采比和矿山基建工程量的意义和措施

减小露天矿初期生产剥采比和矿山基建工程，对减少露天基建投资、提高经济效益和加速露天矿建设有着十分重要的意义。减少初期生产剥采比和矿山基建工程量主要是通过合理安排开采程序来达到的。前面已指出，开采程序本身与开采工艺有着密切的关系，要求矿山人员善于因地制宜地根据矿床地质条件和开采工艺，安排合理的开采程序，以减少初期开采生产剥采比和矿山基建剥离量。

减少初期生产剥采比和矿山基建工程量的一般措施如下。

（1）开段沟的位置接近矿体和设于矿体较厚、覆盖层较薄处，并以此决定露天矿的工作线推进方向。在矿体较陡的情况下，若接近矿体设置开段沟工作线向两侧推进，则要求采用移动坑线，因而这种开采程序适应汽车运输条件，铁道运输时会带来一定困难。

正确确定开段沟的位置必须有可靠的关于矿体露头的地质资料，这是露天矿地勘探资源作业和审核地质资料时必须注意的。

义马露天煤矿由于地质勘探不够精确，施工后发现覆盖层加厚，煤层变薄，而使原定开段沟位置和开采程序不够合理。

（2）开采境界由小到大分期扩大。在矿体延续较深、厚度较大、走向较长、储量丰富和开采年限较长等条件下，露天矿的开采境界往往很大，此时接近地面一般标高的台阶的分层剥采比很大，以致凹陷的露天矿的初期生产剥采比和山坡露天矿由山坡向凹陷过渡期间的生产剥采比很大。此时，初期适当缩小开采境界，采取由小到大分期扩大的方法，将有利于减小初期的和往凹陷过渡时期的生产剥采比。

分期境界可以沿倾斜和沿走向分期。

表 10－2 为两个露天铁矿分期开采和不分期开采的技术经济指标。

表 10－2 分期和不分期开采的技术经济指标对比

技术经济指标	甲露天铁矿		乙露天铁矿	
	不分期	一期	不分期	一期
露天矿矿石生产能力/(万 t·a^{-1})	480	480	50	50
露天矿服务年限/a	68	49	80	18
平均生产剥采比/(t·t^{-1})	1.43	1.09	1.5	0.7
矿山基建工程/10^4 m^3	764	316	33	36.2
生产剥采比/(t·t^{-1})	2.9	1.6	3.0	0.8
基建投资/万元	5150	2964	430	308
投产时间/a	3	2	2.5	2
达产时间/a	7	4	5	4
开始过渡时刻	第 17 年		第 18 年	
过渡终了时刻	第 62 年		第 22 年	

由表 10－2 中的技术经济指标可见，在合适条件下，分期开采的效果是明显的，是降低基建投资、加快露天矿建设的一项重要措施。

沿走向分期开采亦称分区开采，一般适合用于矿体走向较长，特别是在沿走向矿体厚度和覆盖厚度不同的情况下，初期在矿体较厚和覆盖层较薄的区段先建矿，以减少矿山基建工程量和初期生产剥采比。由于只在某一区段先建矿，工作线较短，可能达不到规定的生产能力而要从小到大逐步发展。在露天矿建立和生产实践中，有很多露天矿都是自觉或不自觉地经历这种规律发展起来的。例如，抚顺露天矿就是由 1 号、古城子、杨柏堡、南昌等露天矿先后发展合并而成的，预定开采深度由 125 m、225 m、335 m 发展到 425 m。新邱露天矿也先后经过 7 次扩建，开采境界逐步扩大。

在较长的露天矿，全面铺开也往往使工作线不能得到充分利用，工作分散，需要设置和维护很长的运输路线，因而降低采掘、运输设备的利用率，恶化技术经济指标。采取沿走向分期开采亦有利于克服上述分散性，同时可利用采完的区域进行近距离内排土。

同样道理，在一个矿区内存在着很多易用露天开采的露天采区（独立或非独立的），在剥采工程接续安排上，亦应该先期开采生产剥采比和矿山基建工程较小的露天采区，公乌素和大峰露天煤矿的设计中均作了这种安排。

公乌素露天煤矿划分为 4 个露天采区，各采区的生产剥采比、矿山基建工程量和开采顺序，见表 10－3。

表 10－3 公乌素露天煤矿各采区开采顺序表

采区	Ⅰ	Ⅱ	Ⅲ	Ⅳ
平均剥采比/(m^3·t^{-1})	5.23	5.84	6.5	6.03
矿山基建工程量/10^4 m^3	200		650	400
开采顺序	1	2	3	4

先期开采平均剥采比和矿山基建工程量小的采区Ⅰ和采区Ⅱ，采取Ⅰ超前于采区Ⅱ两个水平，第一期生产剥采比为 5.4 m^3/t，低于 4 个采区的平均剥采比 5.9 m^3/t。

大峰露天煤矿各采区基建剥岩量一般占其总剥岩量的50%以上，且采用汽车运输，设备调动比较灵活，因此经常保持两个采区生产以保障全矿产量，1～2个采区从事基建，以接续生产。

（3）在开采工艺条件允许的条件下，开始采取较短的开段沟，在生产中逐步延长和增加工作线长度。汽车运输时，开段沟可以很短，甚至无开段沟，只挖一个基坑，在爆堆上设临时开拓坑线，工作线横向布置沿走向推进，有利于减少矿山基建工程量和加速露天矿建设。我国平朔、黑岱沟等特大型露天煤矿，设计采用这种开采工艺和开采程序，矿建时间可少于3年。

上面谈到的一些措施，对减少初期生产剥采比和矿山基建工程量的效果，一般是一致的，有时亦存在矛盾。采取某一措施有利于减少基建矿山工程量，可能不利于减少初期生产剥采比，或反之，应根据情况取舍。

思考题

1. 生产剥采比的概念是什么？影响生产剥采比的因素有哪些？
2. 生产中如何调整生产剥采比？
3. 绘制“V-P曲线图”有哪些要点？

第十一章　露天矿生产能力与工程进度计划

第一节　概　述

露天矿生产能力是指在具体的矿床地质、工艺设备、开拓方法和采剥方法条件下，露天矿在单位时间内的矿石开采量和矿石采剥总量。露天矿生产能力包括两个指标：矿石生产能力和矿岩生产能力。矿石生产能力指标包括设计、实际和极限（最大）等若干种指标。

露天矿生产能力是企业的主要技术经济指标，直接关系到矿山的设备选型和数量、劳动力及材料需求、基建投资和生产经营成本等。因此，合理确定露天矿的生产能力具有十分重要的意义。

露天矿生产能力的主要影响因素：①自然资源条件，即矿物在矿床中的分布、品位和储量；②开采技术条件，即开采程序、装备水平、生产组织与管理水平等；③市场，即矿产品的市场需求及产品价格；④经济效益，即投资者期望的盈利能力或回报率。

露天矿的矿岩生产能力 A_n(t/a) 与矿石生产能力 A(t/a) 可以通过生产剥采比 n_s(t/t) 进行换算：

$$A_n = (1 + n_s)A$$

露天矿生产能力应综合考虑矿产品需求量、技术可行性和经济合理性等因素进行确定，并通过编制采掘进度计划进行检验落实。

露天矿采掘进度计划是矿山建设和生产的安排，以图表形式定量描述露天矿山工程在开采时间和空间上的生产计划。

采掘进度计划编制是露天矿设计的重要工作内容，是保障露天矿快速有序建设、持续均衡生产、经济高效运营的必要技术措施。在露天矿开采期间，境界内的矿岩量逐渐消失，工作空间位置不断移动，矿床赋存条件、矿石品种、矿岩性质等不断变化，各个工作环节的内容、要求也随着时间的推移不断改变。为了使生产具有预见性和可靠性，必须编制采掘进度计划。

第二节　矿石损失贫化及生产储量

一、概述

矿石的损失，是指矿石残留于采矿场内未被采出或采、运、排等过程中的丢失。矿石贫化是指矿和岩、贫矿和富矿、煤和矸石相混杂而引起的矿石质量下降；对于煤炭还包括块煤被粉碎而引起的煤炭等级下降。任何采矿过程中，矿石一定程度的损失和贫化是不可避免的，但应尽可能减小矿石的损失和贫化，充分利用地下资源。

矿石损失意味着矿石开采年限的缩短，剥采比的加大，投资和成本的增加。矿石损失还可能造成其他不利的后果：残留煤柱的自然发火和导致滑坡；排土场内含硫矿石遇雨水产生酸性水污染河流和农田等。矿石贫化，不仅增加了矿石的运输和加工费用，而且给用户增加麻烦。一个年产 1000 万 t 煤炭的褐煤露天矿，如煤炭用铁路运往 300 km 外的发电站，含矸率下降 1%，即可提高热值 2%，每年节约 3 亿吨公里的运费，还可简化电站的燃料制备和灰渣处理。

在复杂矿山条件下，为降低矿石损失和贫化，选采工艺常常会复杂化，而且往往为了减少矿石损失，贫化就会有所加大，反之亦然。从采矿和选矿总体上看，因开采过程中贫化引起的矿石品位下降可用加强选矿加以弥补，并使矿石损失得以减少。是加强矿石选采以取消或简化选矿，还是简化选采工艺而加强选矿，需视具体矿层选采的难易、矿石的可选性和用户对矿石品位的要求等经技术经济比较而确定。

开采中影响矿石损失和贫化的因素很多，主要有矿体埋藏条件（如地质构造情况，矿体的形状、厚度、倾角等）、矿山工程安排、生产工艺及生产组织管理等。

露天矿常用的矿石损失与贫化指标有回采率、损失率和贫化率等。

（1）回采率（采出率）K_c。衡量矿石采出比例高低的指标：

$$K_c = \frac{Q_c}{Q_d} \times 100\% \tag{11-1}$$

式中 Q_c——矿石采出量，t 或 m^3；

Q_d——工业储量，t 或 m^3。

（2）损失率 η。衡量开采过程中矿石损失量的指标：

$$\eta = 1 - K_c = \frac{Q_d - Q_c}{Q_d} \times 100\% \tag{11-2}$$

（3）贫化率 ν。衡量开采过程中矿石内混入废石或低品位的贫矿而使质量降低程度的指标：

$$\nu = \frac{c - m}{c} \times 100\% \tag{11-3}$$

式中 c——原生矿石的品位，%；

m——采出矿石的品位，%。

煤炭的贫化率常称为含矸率。含矸率分体积含矸率 $\nu'_{体}$ 和重量含矸率 $\nu'_{重}$。

$$\nu'_{体} = \frac{Q'}{Q_c - Q'} \times 100\ \% \tag{11-4}$$

式中 Q'——矸石混入量。

$$\nu'_{重} = \frac{\mu\rho_{岩}}{\rho_{煤} + \mu\rho_{岩}} \times 100\ \% \tag{11-5}$$

式中 $\rho_{岩}$——岩石容重，t/m^3；

$\rho_{煤}$——煤岩容重，t/m^3；

μ——煤矸比，$\mu = Q'/Q_c$。

（4）有用成分（如金属）采出率（回收率）k_g：

$$k_g = \frac{Q'_c \times m}{Q_d \times c} \times 100\% \tag{11-6}$$

式中 Q'_c——包括混入废石或低品位矿石在内的矿石采出量。

生产矿山利用上述计算公式计算的矿石损失和贫化的准确程度，取决于地质勘探资料、验收产量方法及取样化验资料的可靠性。设计露天矿时，一般参照条件类似生产矿山的资料，选取符合本矿山特点的矿石损失与贫化指标；也可以根据典型钻孔柱状图或地质断面，分析、估算矿石损失与贫化指标。《煤炭工业露天矿设计规范》中，根据煤层厚度、倾角规定了相应的采出率指标。

二、减少矿石损失与贫化的矿山工程措施

近水平矿层，可沿矿、岩层面划分开采水平或在同一台阶的同一采掘带内对矿岩分爆开采（图 11-1a）。急倾斜较厚矿层可以采用从顶板向底板推进工作线（面），对矿岩分爆开采（图 11-1b）。急倾斜薄矿层及缓倾斜和倾斜矿层分采较为复杂。

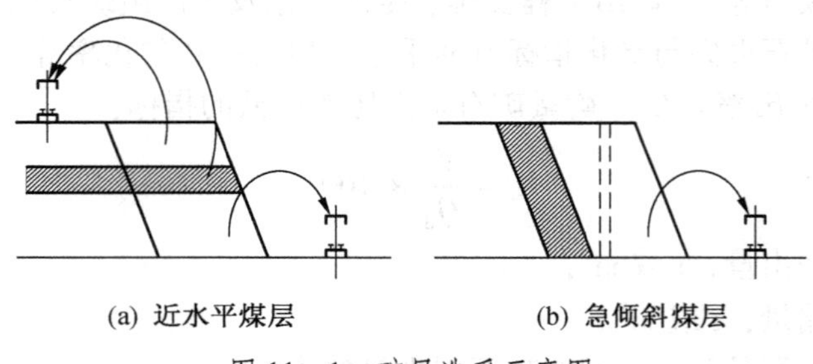

图 11-1 矿层选采示意图

减少矿石损失和贫化的工程措施有分层开采、顶板顺层掘沟等。

1. 分层开采

分层开采适用于水平或倾斜中厚矿层（图 11-2），分层高度取决于矿层和岩石夹层的厚度。分层开采能有效地减少贫化和损失，但在倾斜矿层中，矿层顶板剥离台阶常出现低台阶，工作平盘有横坡，使采掘线路铺设复杂化。铁路运输时，采掘线随工作线推进需要改变标高，与开拓运输干线接轨较为复杂，在两层或多层矿体时尤为困难。

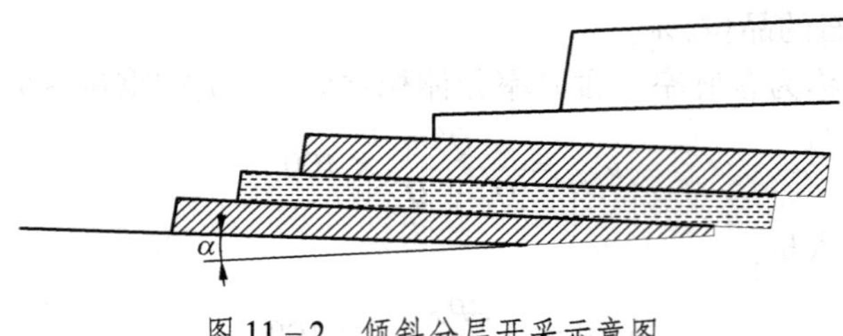

图 11-2 倾斜分层开采示意图

2. 顶板顺层掘沟

如图 11-3 所示，将矿层顶板在全台阶高度上都揭露出来，不与岩层混杂。这种方式

往往会增加超前剥离。开采薄矿层时，需要加大平盘宽度，且采装设备效率低，工作面线路移设频繁（图 11－4）。

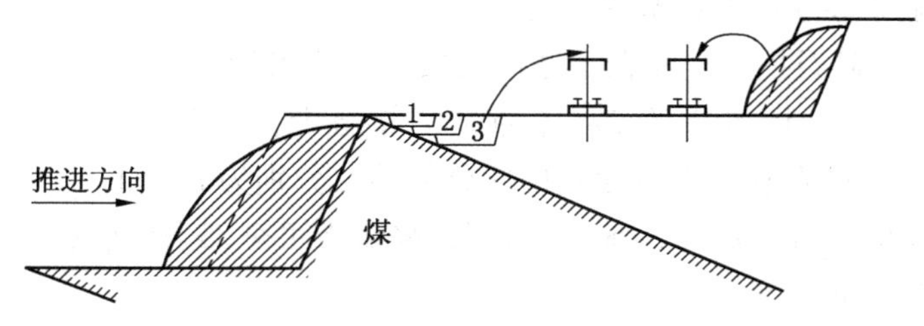

1，2，3—掘沟顺序

图 11－3　顶板顺层掘沟分采示意图

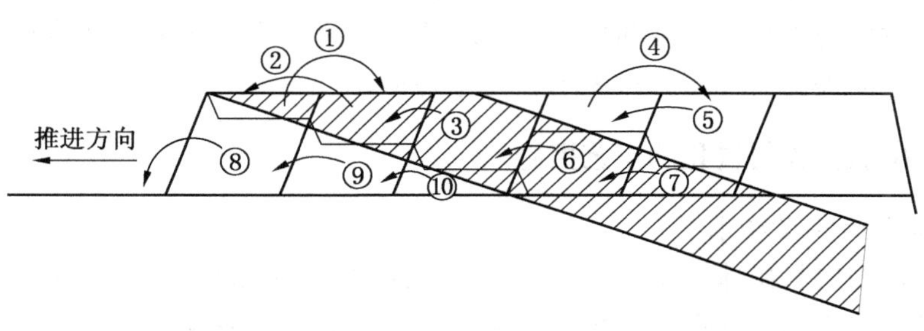

①，②，…，⑩—采掘顺序

图 11－4　薄矿层顶板顺层掘沟分采示意图

3. 工作线从顶板向底板推进

如图 11－5 所示，在台阶高度 h 内，矿、岩接触带的斜长为 ab。工作线从顶板向底板推进时，ab 层面与台阶坡面相交的矿岩接触带宽度为 l'（m）。

$$l' = h(\cot\theta - \cot\alpha) \tag{11-7}$$

式中　α、θ——分别为台阶坡面角及矿层倾角。

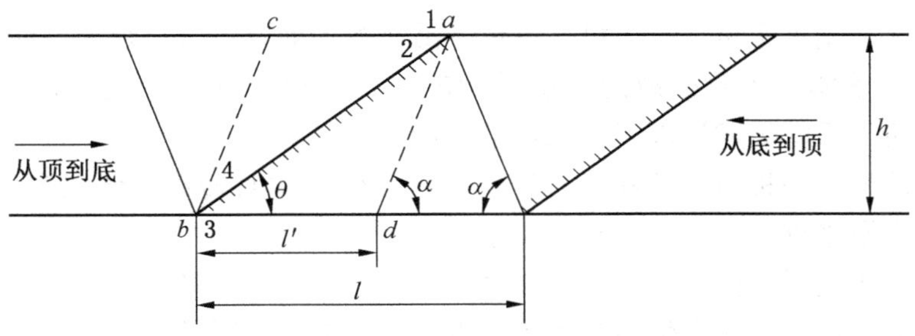

图 11－5　矿层层面的矿岩接触带

当工作线从底板向顶板推进时，矿岩接触带宽度为 l（m）。

$$l = h(\cot\theta + \cot\alpha) \tag{11-8}$$

很明显，$l'<l$，所以从顶板向底板推进，能减少矿岩混杂，便于选采。对于倾角小于 25°的矿层，可在台阶坡面 cb 推进到距 b 点一定距离时，用推土机推下覆盖矿层的废石，

以减少矿石损失和贫化。设计中，常把采掘带中垂高小于 1 m 的矿石计入损失量，垂高小于 1 m 的废石计入引起贫化的混入量。

4. 在矿岩接触带合理确定采掘带位置

为最大限度减少矿石损失，需在上述矿岩接触带找出最佳的采掘带位置。一般地，采掘带宽度是一定的（图 11－5 中的 dbc）。在矿岩接触带，采掘带面积 S 由矿石面积 S_k 和废石面积 S_f 组成。若矿石和岩石所含有用成分的品位分别为 m_k 和 m_f，工业上允许的矿石品位为 m_0，则当 $(S_k m_k + S_f m_f)/S \geqslant m_0$ 时，该采掘带可全部当作矿石采出。

5. 适当减少段高和采宽

减少段高和采宽，有利于矿石的选采，有利于减少矿石损失和贫化，但这将增加穿爆、采装和线路移设等项费用。选采台阶高度和采掘带宽度的确定，是一个较复杂的综合性问题，需要综合考虑设备作业效率、选采效果等。在一定的矿岩赋存条件和开采工艺下，设备作业效率随着台阶高度和采掘带宽度的减小而降低，选采效果随着台阶高度和采掘带宽度的减小而提高（矿石损失率与贫化率降低）。

三、减少矿石损失与贫化的工艺措施

1. 采用适当的穿爆技术

对不同倾角的层状矿体，采用不同的打倾斜或水平钻孔的钻机。为减少穿爆中矿岩的混杂，采用沿矿岩交界面穿孔进行爆破，采用多排孔微差爆破或压碴爆破等。

（1）对倾斜矿层采用倾斜钻孔。倾斜钻孔的爆破质量好。一般地，钻孔倾角与矿体倾角相同或基本相同。

（2）对水平矿层采用水平钻孔。特殊情况下，采用沿矿层打水平钻孔的方法进行爆破。这种方法对钻机性能要求较高，且装药较困难。

（3）采用多排孔微差爆破或压碴爆破等。微差爆破或压碴爆破的爆破效果好，矿层层位能最大限度保持原状，有利于选采。

2. 选择合适的采、运设备

一般的做法：①在满足矿山开采强度的前提下选用较小的电铲；②采用工作机构灵活的液压电铲；③采用推土机、铲运机、反铲、吊铲等辅助设备清扫煤面或倾斜矿层中矿岩交触带的矿岩三角体；④对松散的矿层采用轮斗挖掘机；⑤采用灵活机动的汽车运输；⑥采用螺旋钻机回采露天矿爆破下面的水平或近水平煤层。

美国近年研发了一种所谓的超级正铲，勺斗和勺杆相对转动，臂架和勺杆配合动作，勺斗能在站立水平平推一定距离，有利于选采。

采掘设备用于选采，由于满斗差，移动多，能力会有所下降。

采用选采后，矿岩接触带仍会产生矿、岩混杂。不同采掘设备在矿层层面的损失或混入厚度如下：

单斗电铲（勺容 4～10 m^3）	25～50 cm
液压铲、拉铲（斗容＜10 m^3）	＜10～15 cm
轮斗铲（中、小型）	10～25 cm
推土机、铲运机	5～10 cm

3. 工作面选择性采掘

工作面选择性采掘是日常生产中减少矿石损失和贫化的主要环节。其方法及难易程度取决于矿体的埋藏条件。

若爆堆中矿岩接触面呈水平或缓倾斜，可用单斗铲控制垮落法选采（图 11－6），在工作面下部②分层掏竖槽 *A*、*B*、*C* 等，掏出的矿（或岩）倒置一边，然后小心地用铲斗控制上部①分层中的岩（或矿）向下垮落，并进行铲挖。

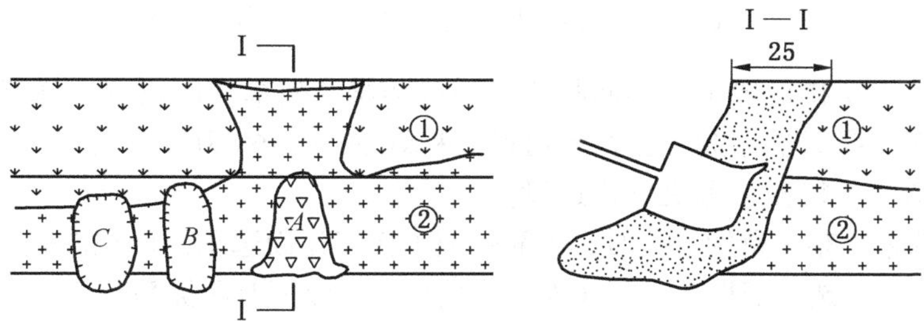

图 11－6 控制垮落选采示意图

开采倾斜厚煤层时，台阶上盘的岩石可用推土机（岩石厚度小于 3 cm 时）推至下盘，或把岩层上装或下倒（岩石厚度较大时）。在下盘采掘电铲把推下或倒下来的岩石清除后可采掘矿层（图 11－7）。

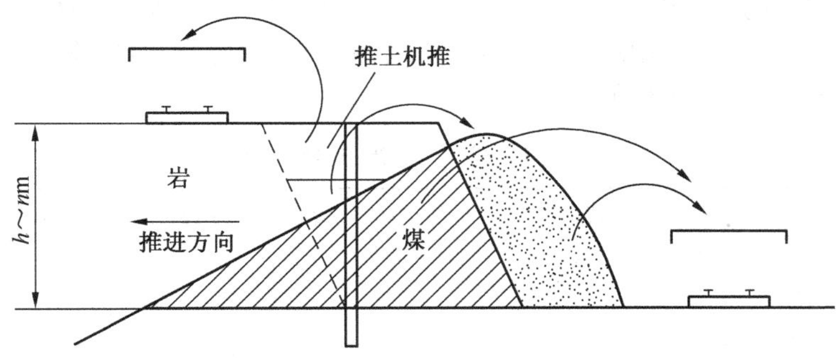

图 11－7 下推或上装分采示意图

当工作线从顶板向底板推进时，若矿岩不需爆破或只需松动爆破，且倾角小于 20°，可用推土机把矿（或岩）沿倾向向下推集（图 11－8a 中①和③部分），再由电铲装车；倾角大于 20°时，需沿伪倾斜向下推集（图 11－8b 中①和③部分）。②、④部分不必推集，即可分别装车。

非层状不规则矿体，特别是爆破后，矿岩分采十分困难。除用种种办法分采矿岩外，甚至用倒选法提高矿石品位，即把满装的勺斗上举至一定高度时打开斗门，卸下混杂的矿和岩，形成锥堆。因比重不同，锥堆中矿、岩可有一定距离的分离，然后在堆中分采。显然，这样做，效率很低。

4. 运输、排卸和选矿中的措施

铁道运输时，有时同一列车可同时有装矿和装岩的车辆，这种列车须在地面车站摘挂、编组。

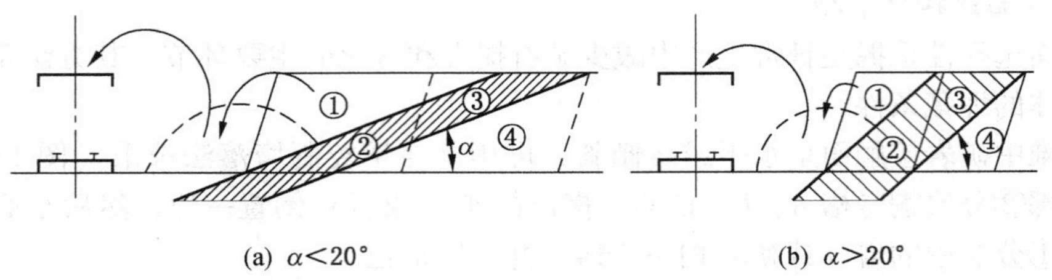

(a) $\alpha<20°$ (b) $\alpha>20°$

图 11-8 从顶板向底板推进时的矿岩分采程序示意图

我国不少露天煤矿设置了杂煤回收线。装载杂煤的列车在回收线上卸载，然后由人工把煤拣出来。海州露天矿用此方法每年可回收精煤 50 万~60 万 t，但这种方法用人多，劳动条件差，逐渐向半机械化和机械化过渡。

当工作面选采困难、费用过大时，可简化或不作工作面选采，而把混采的低品位矿石运到选矿厂选矿。只要选矿费用低于工作面选采费用或回收率有所提高，这种措施是合适的。

四、减少矿石损失与贫化的组织管理措施

（1）加强日常生产勘探，准确断定矿体边界和矿石品位，作为编制采掘计划的依据。

（2）加强矿石储量的地质、测量监督，并加强矿石品位的质量管理。

（3）作好配矿计划。目的是在满足矿石品位的前提下，作好各采矿工作的矿量配合，以最大限度地利用矿产资源。例如，某露天矿开采 *A*、*B*、*C* 三种煤（表 11-1），其含硫量、发热量及相应的开采费用均不同。要求混合后，含硫量低于用户要求，发热量高于用户要求，并使总的开采费用最低。

表 11-1 煤质及开采费用表

煤种	含硫量 S/%	发热量 Q/(kcal·kg^{-1})	开采费用 F/(元·t^{-1})
A	S_a	Q_a	F_a
B	S_b	Q_b	F_b
C	S_c	Q_c	F_c

设三种煤的吨煤开采费用分别为 F_a、F_b 和 F_c，开采量比例为 $x\%$、$y\%$ 和 $z\%$，用以下线性规划求解：

目标函数
$$z_{\min} = F_a x + F_b y + F_c z$$

约束条件
$$\begin{cases} S_a x + S_b y + S_c z \leqslant S_o \\ Q_a x + Q_b y + Q_c z \geqslant Q_o \\ x + y + z = 100 \\ x,\ y,\ z \geqslant 0 \end{cases}$$

（4）加强日常生产调度，控制矿石品位的波动。

当矿床内的矿石品级不一致而用户对原料有严格要求时，则需进行质量均和（或中和），达到均质供矿。矿石均和可在采场内也可在采场外进行，称作场内均和和场外均和。

五、生产储量

为使露天矿在新水平开拓和准备工程发生预期和非预期停顿时仍能保持持续均衡生产，应具备一定量的、能提供近期生产需要的生产储量。生产储量在新水平开拓和准备工程刚结束时最大，并随生产的进行而逐渐减少。

煤炭、冶金、化工、建材等针对实际情况对生产储量的划分标准不完全相同，但大都倾向于按开拓储量及回采储量两级管理。

开拓煤量：指在全露天矿或露天矿内某一采区，已完成了运输通道，并在开采时不需要再进行剥离工作的煤量，其上面境界以剥离露出的煤面为界（煤面上允许残留厚度小于1 m的岩石），但必须留出最小平盘宽度；煤层顶板侧各段境界以计划或设计所规定的台阶高度和最小工作平盘宽度（不包括采宽）为界；底板侧各段境界一般应以煤层底板的自然倾斜为界，但为了维持底板边坡的安全而留有煤柱时，则以煤柱为界；下面境界计算到允许掘开段沟的水平。

回采煤量：指在开拓煤量中减去规定的最小平盘宽度（不包括采宽）及规定的段高范围内的煤量后剩余的煤量，这些煤量开采时不违反采掘规定，而且具备必要的采掘条件。

开采煤层群的露天矿，其开拓和回采储量分别为各分层的开拓和回采煤储量之和（图11－9）。

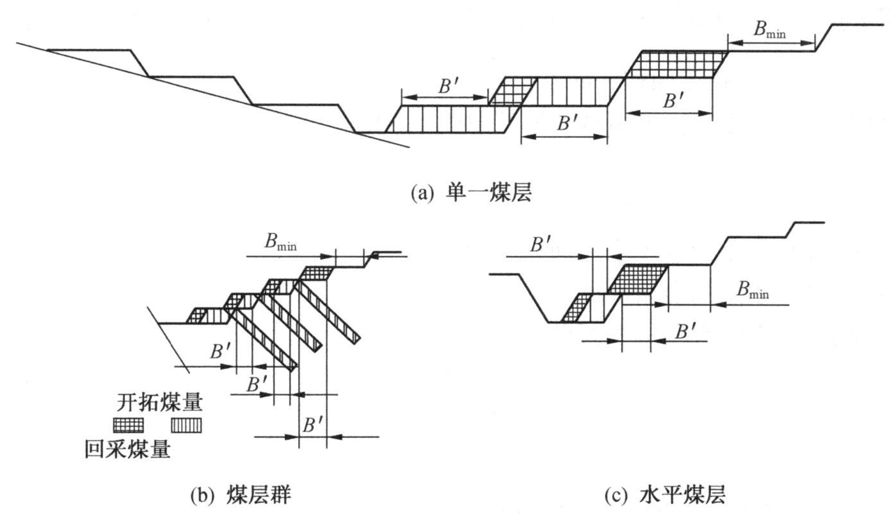

B_{min}—最小工作平盘宽度；$B'=B_{min}-A$（A为采掘带宽度）

图11－9　开拓煤量、回采煤量计算原则示意图

开拓和回采储量不包括可采期限内不能开采的煤量，即被埋、被淹和在火区内的煤量等。回采储量可采期限内能清扫好的待清扫煤量，可列为回采储量。

第三节　剥采工程发展速度

露天矿技术上可能达到的矿石生产能力主要取决于剥采工程（亦称矿山过程）发展速度，亦即取决于工作线的水平推进速度和采矿工程的垂直延深速度。

开采水平或近水平矿体的露天矿，在正常生产期间一般不存在延深问题，其矿山工程发展速度仅表现为工作线的水平推进速度。

剥采工程垂直延深速度针对倾斜矿体的露天矿，工作线水平推进速度和延深速度保持一定的制约关系。

当工作线平行发展时，工作台阶的水平推进速度 l_{kt} 可按下式计算：

$$l_{kt} = \frac{n_w Q_{wp}}{L_i h_i} \tag{11-9}$$

式中 n_w——计算水平的挖掘机数，台；

Q_{wp}——挖掘机年平均生产能力，m^3/a；

L_i——计算水平的工作线长度，m；

h_i——计算水平的台阶高度，m。

全矿平均的工作线水平推进速度 L_{kt} 按下列计算：

$$L_{kt} = \frac{N_w Q_{wp}}{\sum_{i=1}^{n} L_i h_i} \tag{11-10}$$

式中 N_w——全矿用于正常推帮的挖掘机总台数，台；

$\sum_{i=1}^{n} L_i h_i$——全矿各工作台阶的工作线长度与台阶高度乘积之和，相当于工作帮垂直投影面积，m^2。

工作线呈扇形推进时，可用水平推进面积 S_{kt}^i 表示：

$$S_{kt}^i = \frac{n_w Q_{wp}}{h_i} \tag{11-11}$$

式中 S_{kt}^i——计算水平的水平推进面积，m^2/a；

h_i——计算水平的台阶高度，m。

全矿平均的工作线水平推进面积为

$$S_{kt} = \frac{N_w Q_{wp}}{\sum_{i=1}^{n} h_i} \tag{11-12}$$

式中 $\sum_{i=1}^{n} h_i$——全矿工作台阶高度总和，m。

剥采工程延深速度主要取决于上部工作水平的推进速度和下部新水平的开拓和准备时间。

图 11-10 所示为剥采工程延深速度和工作线水平推进速度间的关系。

剥采工程沿矿体底板延深时（图 11-10a），为保证可能的延深速度 H_{BC} 和正常工作平盘宽度 B，要求上部台阶的工作线自底板 O 点向两侧推进 l_{kt} 及 l'_{kt}（$\overline{OA}$ 及 $\overline{OB}$）。这种情况下剥采工程延深速度 H_{BC} 等于采矿工程延深速度 H_C，为

$$H_{BC} = H_C \leqslant \frac{l_{kt}}{\cot\varphi + \cot\gamma} \tag{11-13}$$

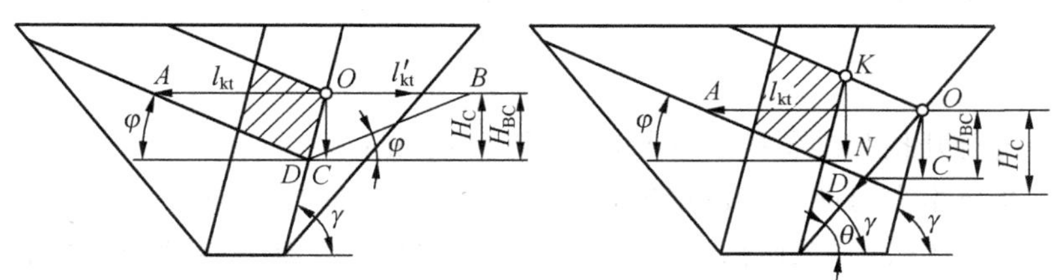

(a) 剥采工程沿矿体底板延深　　(b) 剥采工程沿底帮延深

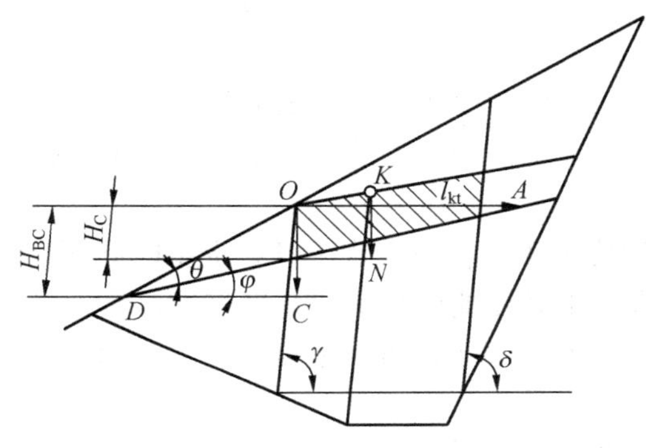

(c) 剥采工程沿山坡延深

图 11－10　剥采工程延深速度和工作线水平推进速度间关系的示意图

$$H_{BC}=H_C\leqslant\frac{l'_{kt}}{\cot\varphi-\cot\gamma}$$

式中　φ——工作帮坡角，(°)；

γ——矿体倾角，(°)；

l_{kt}、l'_{kt}——分别为向顶帮及底帮的工作线推进速度，m/a。

剥采工程沿露天矿底帮延深时（图 11－10b），剥采工程垂直延深速度 H_{BC}（$\overline{OC}$）小于采矿工程垂直延深速度 H_C（$\overline{KN}$），这时：

$$H_{BC}\leqslant\frac{l_{kt}}{\cot\varphi+\cot\beta}\tag{11-14}$$

$$H_C=H_{BC}\frac{\cot\varphi+\cot\beta}{\cot\varphi+\cot\gamma}\leqslant\frac{l_{kt}}{\cot\varphi+\cot\gamma}\tag{11-15}$$

式中　β——露天矿底帮帮坡角（剥采工程延深角），(°)。

剥采工程沿山坡延深时（图 11－10）：

$$H_{BC}\leqslant\frac{l_{kt}}{\cot\varphi-\cot\beta}$$

$$H_C=H_{BC}\frac{\cot\varphi-\cot\beta}{\cot\varphi-\cot\gamma}\leqslant\frac{l_{kt}}{\cot\varphi-\cot\gamma}$$

剥采工程延深速度还受到新水平开拓和准备时间 T_{kz} 的限制，即

$$H_{BC} \leqslant \frac{h}{T_{kz}} \tag{11-16}$$

式中 h——进行开拓和准备的新水平的台阶高度，m；

T_{kz}——在技术上可能达到的最短新水平开拓和准备时间，a。

为保证生产工作的正常进行，根据矿体赋存条件及剥采工程延深方向，应满足下属关系：

$$\frac{l_{kt}}{\cot\varphi \pm \cot\theta} \geqslant H_{BC} \leqslant \frac{h}{T_{kz}} \tag{11-17}$$

式中 θ——剥采工程延深角，(°)。

工作线推进方向与延深方向一致时取正号，反之取负号。

剥采工程延深速度 H_{BC} 必须和工作线水平推进速度及新水平开拓准备时间保持一定的函数关系。有如下原因。

（1）如工作线水平推进速度大于为保证新水平开拓准备时间所需的最小推进速度，则上部水平的工作平盘宽度加大，不必要地增加了超前剥离量。

（2）如工作线水平推进速度小于要求的推进速度时，上部水平的工作平盘宽度不断缩小，影响正常生产。

露天矿设计和生产必须遵循矿山工程在空间和时间上的发展关系。但在不造成生产恢复工作极度困难的条件下，允许短时间的、局部的不协调；同时要创造一切可能条件，采取积极平衡的办法，特别是加强薄弱环节管理，安排好重点工程，以适应剥采工程发展的需要。当工作线水平推进速度小于要求时，除在可能的情况下采取降低工作台阶高度、增加挖掘机数等技术措施外，根本的途径是采用高效率的采运设备，以强化矿山工程发展速度。

第四节 露天矿生产能力的确定

露天矿生产能力的大小直接影响矿山设备选型、投资、生产成本、矿山服务年限、矿山定员和综合经济效益等。露天矿生产能力应从市场需求、技术上可行和经济上合理等方面综合考虑确定。

一、按资源/储量估算生产能力

矿床自然条件是确定生产能力和其他开采参数的基础。定性地讲，资源/储量大的矿床生产能力高；品位低的矿床只有达到足够的规模才能实现可接受的利润，即规模效益。

在一般的矿产资源条件下，矿床的资源/储量 A_0（或露天矿的开采矿量）是矿石生产能力 A 和矿山服务年限 T 的主要影响因素。假设矿床开采的矿石回采率 $\eta'=1$，上述三者存在如下关系：

$$A_0 = AT \tag{11-18}$$

（1）当 A_0 变化时，A 和 T 均与 A_0 正相关。

（2）当 A_0 不变时，A 和 T 此消彼长，存在着矿山经济寿命和最佳产量的关系。

H·K·泰勒根据多年的设计经验，在撰写的《矿山评价与可行性研究》一文中，提出了根据矿床的资源/储量（或露天矿的开采矿量）A_0（Mt）估算矿山经济寿命 T^*(a) 的经验公式（泰勒公式）：

$$T^* = 6.5A_0^{1/4} \times (1 \pm 0.2) \tag{11-19}$$

将泰勒公式代入式（11-18），可得到按矿床资源/储量 A_0(Mt) 估计矿山经济寿命期内平均矿石生产能力 A(Mt) 的计算公式：

$$A = (2/13)A_0^{3/4} \times (1 \pm 0.2) \tag{11-20}$$

此外，依据《煤炭工业露天矿设计规范》，露天煤矿生产能力 A 可按下式计算：

$$A = \frac{P}{Tk_c} \tag{11-21}$$

式中　P——露天矿工业储量，t；

T——露天矿服务年限，a；

k_c——储量备用系数，一般取 1.1~1.2。

二、按需求量确定生产能力

矿山企业大多有较为稳定的长期客户、短期客户和潜在客户，其矿产品的市场需求可以进行实时预测。

按需求量确定生产能力是将成品矿（商品矿）的需求量 A_j(t/a) 换算成原矿产量，即

$$A = T_jA_j \tag{11-22}$$

式中　T_j——换算系数，即生产单位成品矿（商品矿）所需的原煤数量，t/t。

换算系数 T_j 按下式计算：

$$T_j = \frac{g_p}{\alpha'(1-r)\varepsilon} \tag{11-23}$$

式中　g_p——成品矿（商品矿）的品位；

α'——原矿品位；

r——原矿运输损失率，一般为 1%~3%；

ε——矿物加工（选矿）回收率。

根据历年供求实际情况进行统计、分析和预测矿产品需求量，同时还应对技术上的新成就（如新材料替代等因素）对矿产品需求量的影响进行及时评估。

三、按开采技术条件确定生产能力

开采技术条件对矿石生产能力的约束作用主要体现在采矿工程的空间范围和发展速度两个方面。

1. 按可能布置的采矿工作面数确定生产能力

挖掘机是露天矿的主要采掘设备，每台挖掘机服务一个工作面。挖掘机选型后，露天矿的生产能力取决于可能布置的挖掘机工作面数，即可能布置的采矿工作面数决定了矿山生产能力。

露天矿可能达到的矿石生产能力为

$$A = \sum_{i=1}^{n_k} Q_{s.k} n_i = Q_{s.k} \sum_{i=1}^{n_k} n_i \tag{11-24}$$

式中 $Q_{s.k}$——采矿挖掘机的平均生产能力，t/a；

n_i——台阶 i 可能布置的采矿工作面数目；

n_k——可能同时采矿的台阶数目。

台阶 i 可能布置的采矿工作面（采区）数目 n_i 为

$$n_i = \frac{l_{gi}}{l_c} \tag{11-25}$$

式中 l_{gi}——台阶 i 的采矿工作线长度，m；

l_c——采矿工作面（采区）的工作线长度，m。

一般情况下，铁路运输要求 $n_i \leqslant 3$。

露天矿可能同时采矿的台阶数目 n_k 与矿床自然条件和开采技术条件有关。

(1) 对于单矿体矿床，根据图 11－11 所示的几何关系可得到下述两个等价的计算公式：

$$n_k = \frac{N_0}{b + h_t \cot\alpha_t} = \frac{m}{1 \pm \tan\varphi\cot\alpha} \cdot \frac{1}{b + h_t\cot\alpha_t} = \frac{m}{1 \pm \tan\varphi\cot\delta} \cdot \frac{1}{b + h_t\cot\alpha_t} \tag{11-26}$$

$$n_k = \frac{N_0}{h_t/\tan\varphi} = \frac{m}{1 \pm \tan\varphi\cot\alpha} \cdot \frac{\tan\varphi}{h_t} = \frac{m_z}{\sin\alpha \pm \tan\varphi\cos\alpha} \cdot \frac{\tan\varphi}{h_t} \tag{11-27}$$

式中 n_k——可能同时采矿的台阶数；

N_0——矿体中工作帮坡线的水平投影，m；

φ——采矿台阶的工作帮坡角，(°)；

b——采矿台阶的工作平盘宽度，m；

h_t——采矿台阶高度，m；

α_t——采矿工作台阶坡面角，(°)；

α——矿体倾角，(°)；

δ——采矿工程延深角，矿体倾斜方向与工作帮水平推进方向夹角，(°)；

m——矿体水平厚度，m；

m_z——矿体真厚度（$m_z = m\sin\alpha$），m；

“+”——用于底板向顶推进（$\delta=\alpha$）；

“-”——用于顶向底板推进（$\delta=180°-\alpha$）。

下面对计算 n_k 的公式作出简要讨论：

①对于直立矿体，即 $\alpha=90°$，$\cot\alpha=0$，$m=m_z$，则式（11－26）简化为

$$n_k = \frac{m}{b + h_t\cot\alpha_t} = \frac{m_z}{b + h_t\cot\alpha_t} \tag{11-28}$$

②对于水平矿体，即 $\alpha=0°$，$\sin\alpha=0$，$\cos\alpha=1$，则式（11－27）简化为

$$n_k = \frac{m_2}{h_t} \tag{11-29}$$

③对于倾斜矿体，若 $\alpha=\varphi$，$\tan\varphi\cot\alpha=\pm1$，则式（11－26）转化为

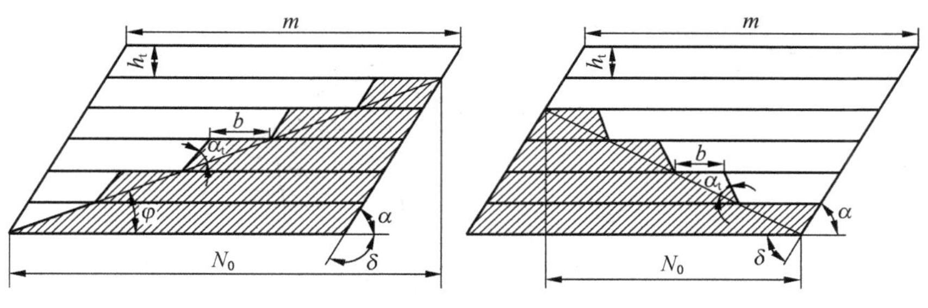

(a) 顶向底推进 (δ=180° $-\alpha$)　　(b) 底向顶推进 (δ=α)

图 11－11　同时进行采矿的台阶数示意图

$$n_k = \begin{cases} \dfrac{m}{2(b + h_t\cot\alpha_t)} & \delta = \alpha(\text{即从底向顶推进}) \\ \to +\infty & \delta = 180° - \alpha(\text{即从顶向底推进}) \end{cases} \tag{11-30}$$

$n_k \to +\infty$ 在实际中意味着工作帮上全是采矿台阶。比如，倾斜矿体顶板全部出露的山坡露天矿。

（2）对于多矿体矿床，式（11－26）中的 N_0 为各矿体中工作帮坡线的水平投影宽度之和。设 n 为矿体数目，N_j 为矿体 j 中工作帮坡线的水平投影宽度，则

$$N_0 = \sum_{j=1}^{n} N_j \tag{11-31}$$

2. 按采矿工程垂直延深速度确定生产能力

在生产过程中，工作线不断向前推进，开采水平不断下降，直至最终境界。通常用矿山工程（或工作线）水平推进速度和矿山工程垂直延深速度两个指标来表示开采强度。

如图 11－12 所示，矿山工程水平推进速度 v_t(m/a)，是指工作帮或工作线的水平位移速度。延深速度有两个概念：一是矿山工程（垂直）延深速度 v_y(m/a)，是指矿山工程（或工作帮）在其延深方向（两相邻水平开段沟位置错动方向）的垂直位移速度；二是采矿工程（垂直）延深速度 v_k(m/a)，指矿山工程（或工作帮）在矿体倾斜方向的垂直位移速度，即相当于开采矿体水平截面的垂直位移速度。

倾斜矿体露天矿按采矿工程（垂直）延深速度可能的生产能力。

按纯矿计算的矿石生产能力（A）为

$$A = \frac{v_k}{h_t} A_c \eta_c = v_k S \gamma \eta_c \tag{11-32}$$

式中　A_c——具有代表性的台阶水平分层矿量，t；

η_c——矿体或煤层回采率，%；

S——具有代表性的矿体水平截面面积，m^2；

γ——矿石容重，t/m^3。

按原矿计算的矿石生产能力 A' 为

$$A' = v_k S \gamma \eta_c (1+\rho)$$

式中　ρ——废石的混入率。

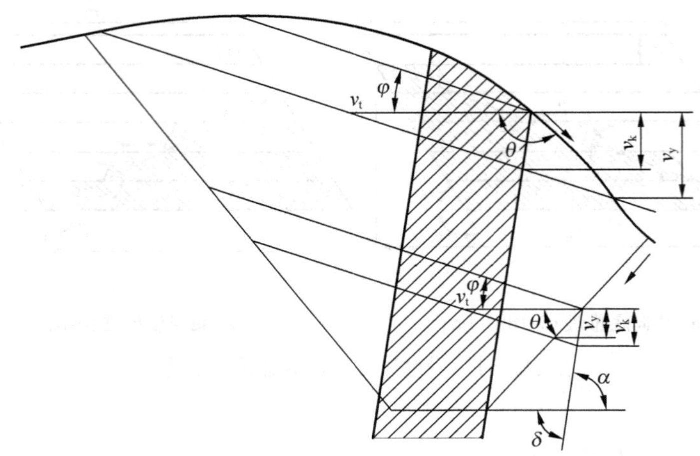

图 11－12　矿山工程垂直延深速度和水平推进速度与采矿工程垂直延深速度的关系图

按纯煤计算的煤炭生产能力 A_m 为

$$A_m = V_k S_{mc} \eta_c \eta_{hm} \tag{11-33}$$

式中　S_{mc}——煤层的水平面积，m^2；

η_{hm}——煤层含煤率。

采矿工程（垂直）延深速度取决于或受制于矿山工程水平推进速度和矿山工程（垂直）延深速度，三者关系如图 11－12 所示。

矿山工程（垂直）延深速度 v_y 与新水平准备时间 t_x(a) 和水平分层高度或工作台阶高度 h_t(m) 有关。

新水平准备时间是指现工作水平开始掘出入沟至下一水平开始掘出入沟的间隔时间，或者说是指开辟新水平的持续时间。新水平准备的工程量包括掘出入沟、掘开段沟，以及为下一水平掘出入沟提供必要空间所需的扩帮。可通过新水平准备时间与相应的水平分层高度计算矿山工程（垂直）延深速度，即

$$v_y = h_t / t_x \tag{11-34}$$

在矿床开采设计中，矿山工程（垂直）延深速度和新水平准备时间可以采用类比法选取。新水平准备时间也可以通过编制新水平准备工程进度计划来确定。

矿山工程水平推进速度 v_t 取决于工作帮上可能布置的挖掘机工作面数目 n_g 和工作帮的垂直投影面积 $S_z(m^2)$。设工作面 i 的挖掘机实际生产能力 $Q_{s.i}(m^3/a)$，则

$$v_i = \frac{1}{S_z}\left(\sum_{i=1}^{n_g} Q_{s.i}\right) \tag{11-35}$$

在矿床开采技术条件方面，矿石生产能力取决于采矿工程（垂直）延深速度，采矿工程（垂直）延深速度又受制于矿山工程（垂直）延深速度和矿山工程水平推进速度。

对于水平和近水平矿体，除基建时间外，工作帮一般不存在延深的问题，此时露天矿的生产能力主要受制于工作线水平推进速度；对于倾斜和急倾斜矿体，在投产之后，延深速度快意味着采矿量大，但有时延深速度会受到水平推进速度的制约。

总体而言：当生产剥采比较大时，工作帮斜长加大，矿山工程水平推进速度会成为矿石生产能力的主导制约因素；当新水平准备工程量较大或掘沟工艺方法效率低下时，新水

平准备时间延长，矿山工程（垂直）延深速度可能成为制约矿石生产能力的瓶颈。必要时，可以通过改变开采程序或开采参数来调控矿山工程（垂直）延深速度与矿山工程水平推进速度的关系。

3. 按开拓运输线路的通过能力验证生产能力（汽运、带式输送机运输）

新建矿山所设计的运输线路通过能力一般应与露天矿生产能力相适应。对于改建或扩建的矿山，其原有运输线路的通过能力可能是露天矿生产能力的限制因素，这时要进行分析和验算。

运输线路通过能力与生产能力之间的关系为

$$M \geqslant KQ \tag{11-36}$$

式中　M——运输线路的通过能力；

K——生产不均衡系数，$K=1.1\sim1.15$；

Q——采矿和剥离生产能力。

1）铁路运输

铁路运输的通过能力受区间和站场通过能力的限制。

（1）区间通过能力主要取决于限制区间的通过能力。

①单线区间通过能力 N_D（对/昼夜）：

$$N_D = \frac{1440}{t_1 + t_2 + 2\tau} \tag{11-37}$$

式中　t_1——空车运行时间，min；

t_2——重车运行时间，min；

τ——车站间隔时间，min。

车站间隔时间包括会让时间、不同时发车时间和不同时接车时间。车站间隔时间与两端站场型式和行车闭塞方式有关，其值见表 11－2。

②双线区间通过能力：

当采用电话或半自动闭塞时，双线区间通过能力 N_S（对/昼夜）为

$$N_S = \frac{1440}{t_y + \tau} \tag{11-38}$$

式中　t_y——列车通过区间的运行时间，min；

τ——准备进路和开放信号时间，电气集中为 0.35 min，人工搬道 2.0 min。

当采用自动闭塞时，双线区间通过能力 N_Z(对/昼夜）为

$$N_Z = \frac{1440}{t_Q} \tag{11-39}$$

式中　t_Q——自动闭塞区段列车间隔时间，$t_Q=4\sim5$ min。

（2）车站通过能力是指单位时间能通过车站的列车数,通常为咽喉道岔的通过能力 N_S。

表 11－2　车站间隔时间　　min

联络方法	单线行车	双线行车
电话联络	3.5~4.0	3.0~3.5
自动闭塞	2.0~2.5	0
半自动闭塞	2.5~3.0	2.0~2.5

$$N_S = \frac{1440K_y - \sum t_j}{t_D} \tag{11-40}$$

式中 K_y——咽喉的时间利用系数，取 $K_y=0.8$；

t_D——每对到、发列车占用咽喉道岔的时间，min；

$\sum t_j$——车站内影响咽喉道岔作业所占用的时间（如站内调车），min。

2）汽车运输

道路的通过能力 N_D（辆/h）主要取决于行车道数目、路面状态、平均运行速度和安全行车距离。一般选择车流最集中的区段进行计算，如总出入沟口、车流密度大的道路交叉点等。其计算公式为

$$N_D = \frac{1000vnK}{S} \tag{11-41}$$

式中 v——汽车在计算区段内的平均行车速度，km/h；

n——行车线路的数目，单车道时 $n=0.5$，双车道时 $n=1$；

S——两辆汽车追踪行驶时的最小安全距离，$S=50\sim60$ m；

K——车辆行驶的不均衡系数，$K=0.5\sim0.7$。

3）带式输送机运输

采用带式输送机运输时，运输线路的通过能力 Q（t/h）取决于带式输送机的生产能力。带式输送机生产能力可按下式计算：

$$Q = B^2 v\gamma K_a K_j \tag{11-42}$$

式中 B——输送带宽度，m；

v——输送带运行速度，m/s；

γ——松散矿岩的体重，t/m^3；

K_j——带式输送机倾斜系数，倾角为 0°～10°，取 $K_j=1$；倾角为 10°～18°时，取 $K_j=0.95\sim0.9$；

K_a——断面系数，它与输送带的断面形状、物料输送安息角 φ 有关，对槽形输送带，$K_a=1443\tan\theta-4\tan\varphi$，$\theta$ 为槽形输送带侧托辊倾角；对弓形输送带，$K_a=594\tan\varphi$。

四、按经济合理条件确定生产能力

对于技术上可能的生产能力，尚需按经济合理条件进行优化，以寻求经济上最佳的生产能力。

在市场经济体制下，矿山企业生产经营的主要目标是获得最大经济效益。矿山建设项目动态评价的主要指标是净现值（NPV）。净现值是指矿山建设项目各时期净收益的现值总额，或指在寿命期内投入的现值总额 PV_{out} 与产出的现值总额 PV_{in} 的差额，即

$$NPV = PV_{in} - PV_{out} \tag{11-43}$$

假设矿山建设项目的基建期为 n（a），包括基建期在内的矿山寿命 N（a）。开始有销售收入的年份为 m，第 i 年的基建投资为 C_i，第 j 年的净现金流量，即销售收入减去生产成本和税收的余额为 F_j；折现率为 d。则

$$PV_{out} = \sum_{i=0}^{n-1} \frac{C_i}{(1+d)^i} \tag{11-44}$$

$$PV_{in} = \sum_{j=m}^{N} \frac{F_j}{(1+d)^j} \tag{11-45}$$

PV_{out}、PV_{in} 和 NPV 与生产能力的关系如图 11－13 所示，随着生产能力的增加，基建投资 C_i 及其限制 PV_{out} 随之增加；另一方面，在一定范围内生产能力的增加会提高年销售收入，同时降低单位生产成本，故各年的现金流量 F_j 及其现值 PV_{in} 也随之增加。

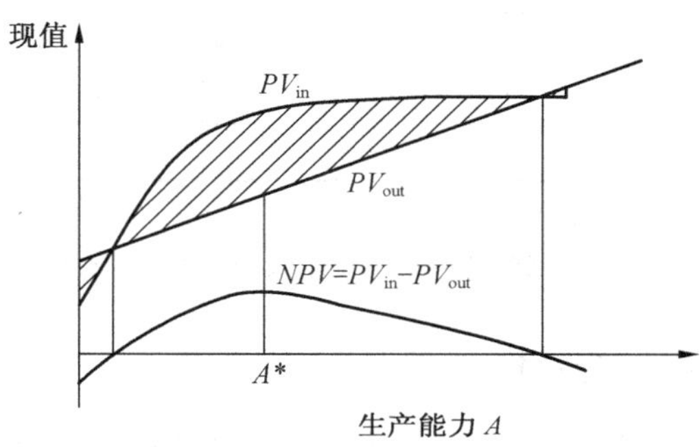

图 11－13 NPV 与生产能力关系示意图

生产能力太低时，由于正现值 PV_{in} 太小，不足以抵消负现值 PV_{out}，NPV 为负。如果生产能力太高，由于投资太大而导致负现值大于正现值，NPV 也为负。因此，对于给定的开采矿量及其品位，可通过寻求使 NPV 最大的矿山生产能力建设方案，来确定最有生产能力 A^*。

需要指出的是，选矿厂的生产能力是一定的，采场的矿石生产能力在矿山寿命期一般被看作不变的常数。由于受市场变化及矿床中矿物品位分布特点的影响，恒定不变的矿石生产能力并非总是使矿床开采总效益最大的最佳选择。从纯经济角度讲，生产能力的确定是要找出使 NPV 最大的各个生产时期的生产能力。

第五节 采剥工程进度计划的编制

一、露天矿投产标准

（1）正常生产所需要的外部运输、供电、供水等工程设施应建成完整的系统。

（2）破碎厂、选矿厂、压气站、机修厂及其他辅助设施均应全部或分期建成满足生产需要的规模。

（3）矿山内部已建成完整的矿石和废石运输系统。

（4）投产时应保证矿石产量和质量指标达到规定的标准，并保有与当时规模相适应的贮量，尽量缩短投产至达产时间。

露天矿投产时年产量应达到的标准，见表 11－3 和表 11－4。

（5）基建剥离工程应保证矿山生产具有持续增长的能力。

表 11－3 露 天 煤 矿

投 产 标 准	矿石年产量/（Mt·a⁻¹）			
	特大型≥20	4≤大型<20	1≤中型<4	小型<1
投产当年生产能力占设计生产能力的比例	≥30%	≥30%	≥40%	暂无规定

注：摘自《煤炭工业露天矿设计规范》（GB 50197—2015）。

表 11－4 金属露天矿

投 产 标 准	矿石年产量/（$\times10^4$ t·a^{-1}）		
	大型>100	中型 30～100	小型<30
投产时年产量占设计年产量的比例	>40%	>50%	80%～100%

注：①摘自《有色金属采矿设计规范》（GB 50771—2012）。

②金属矿中，不同种类的有用矿石，其规模划分标准不同，此处开采规模划分取适用程度最高的划分标准。

二、正常生产时间与设计计算年

正常生产时间即达到设计生产能力的年限。一般情况下，应超过服务年限的 2/3。

设计计算年是露天矿总采剥量开始达到最大规模，并在一段较长时间内矿石产量保持稳定，剥离量不再增加，这一年就确定为计算年。在设计中，把计算年的采剥总量作为计算矿山设备、动力、材料消耗、人员编制、建筑规模、辅助设施等的依据。

三、采剥进度计划的编制

露天矿采剥进度计划是矿山建设与生产的安排，是以图表形式定量描述露天矿山工程在开采时间和空间上的发展进程。

采剥进度计划依据计划期的时间长度和计划总时间跨度可分为长远计划、短期计划和日常作业计划。

长远计划的计划期一般为一年，计划总时间跨度为矿山整个开采寿命。长远计划是确定矿山基建规模、不同时期的设备、人力和物资需求、财务收支和设备添置与更新等的基本依据，也是对矿山项目进行可行性评价的重要资料。长远计划基本确定了矿山的整体生产目标与开采顺序，并为短期计划提供指导。

短期计划的计划期一般为一个季度（或几个月），其时间跨度一般为一年。短期计划除考虑前述的技术约束外，还必须考虑诸如设备位置与移动、短期配矿、运输通道等更为具体的约束条件。短期计划既是长远计划的实现，也是对长远计划可行性的检验。短期计划会与长期计划有一定程度的出入。例如，在做某年的季度采剥计划时，为满足每一季度选厂对矿石产量与品位的要求，四个季度的总采剥区域与长远计划中确定的同一年的采剥区域不可能完全重合。因此，为保证矿山长远生产目标的实现，短期计划与长期计划之间的偏差应尽可能缩小。若偏差较大，说明长远计划难以实现，应进行适当调整。

日常作业计划一般指月、周、日采掘计划，它是短期计划的具体表现，为矿山的日常生产提供具体作业指令。

下面主要介绍长远计划的编制。

1. 编制露天矿采剥进度计划的目的和要求

露天矿采剥进度计划是指导矿山计划生产的主要文件，必须满足以下要求。

（1）必须全面、系统地考虑露天矿各生产工艺环节的配合。把初步确定的生产规模和生产剥采比通过编制采掘进度计划予以验证并最终确定下来。

（2）矿山投入生产后应尽快达到设计的生产能力，并保持较长一段时间的稳定，一般稳定时间不小于矿山服务年限的2/3。

（3）在编制进度计划时，要确定矿山投产、达产时间，设计计算年，基建剥离量，矿山采掘总量，主要设备数量。

（4）确定各年的出矿品位。当开采多品级矿石需要分采时，各种工业品级矿石的产量要求保持稳定或呈规律性变化。

（5）正常生产的矿山，通常其生产剥采比稍大于平均剥采比。

（6）工作面应尽量平整，保证运输线路的最小曲线半径满足要求及各水平的运输通路顺畅，采掘设备的调动不要过于频繁。

（7）随着采矿工作线的不断推进，把各水平的采装、运输在时间上和空间上有机联系起来。在任一时间和空间上，挖掘机工作线的合理长度、最小工作平台宽度、入车沟和开段沟的掘进、上下两相邻水平的超前关系、贮备矿量的保有时间、工作面线路、采装（运输）设备等都能得到满足。

采剥进度计划必须编制到设计计算年以后的3～5年，当采用净现值法评价矿山经济效果时，采剥进度计划需要编制到露天矿全部采完。对于分期开采的矿山，应编制整个生产时期的采剥进度计划。

2. 编制采剥进度计划的基础资料

（1）1:1000或1:2000地质地形图、地质分层平面图和剖面图，图上绘有采矿场的开采境界线、出入沟和开段沟位置等。

（2）开采境界内的分层矿岩量表。

（3）开拓运输系统图，改扩建矿山要有开采现状图。

（4）矿山总平面布置图，图上标明破碎站（或卸矿点）和废石场（或排土场）位置。

（5）开采程序和开采参数，如矿山工程延深方向、工作线推进方向、最小工作平台宽度、采掘带宽度、沟道几何要素等。

（6）采装设备的能力及数量。

（7）矿石开采的损失率和废石混入率。

（8）矿山设计生产能力、逐年生产剥采比、开拓和回采储量的规定和规定投产标准。

3. 编制采剥进度计划的方法与步骤

采剥进度计划是以挖掘机生产能力为计算单位进行编制的。

1）采掘设备的配置

根据矿山企业产量要求，剥采比及采掘设备类型、规格、能力等，计算出所需设备总数量。例如，采掘设备为电铲时，所需数量为

$$N = \delta \cdot A_p \left(\frac{1}{Q_p} + \frac{n_1}{Q_1} + \frac{n_2}{Q_2} + \cdots + \frac{n_i}{Q_i} \right)$$

$$\delta = 1 + V_T \left(\frac{1}{K} - 1 \right) \tag{11-46}$$

式中 n_1、n_2、…、n_i——分别为不同岩种的生产剥采比，一般选电铲能力显著不同的几种岩石，m^3/a；

Q_p——电铲装载矿石的平均年能力，m^3/a；

Q_1、Q_2、…、Q_i——分别为电铲装载不同岩石的能力，m^3/a；

δ——矿床开采中考虑沟量的系数；

V_T——沟量与采剥总量之比；

K——电铲掘沟能力下降系数，视掘沟方式不同而不同，一般为正常情况的0.7~0.9。

一个台阶上放置的采掘设备数，根据每台设备所需要的工作线长度及运输条件而定。考虑开采中某些环节影响，认为铁道运输时一般不超过3台，汽车运输可适当加多，胶带机运输时通常每台阶设1~2台采掘设备。除建矿初期外，一般露天矿同时工作的台阶数目较多，电铲配置可适当分散。

用于采矿和剥离的采掘设备数量，要与当时的生产剥采比，岩石性质，工程内容及采掘设备的使用特点相适应。

采掘设备由上到下进行配置，上部台阶工作线推出一定宽度（最小工作平盘加沟宽），可配置采掘设备进行下部台阶的掘沟延深工程。为了提高采掘设备的生产能力，尽量减少上下台阶间来回调动的次数。

2）年末线位置的确定

（1）分层平面图上的年末线位置。根据配置在本水平的采掘设备能力，算出在此水平上采出的矿岩量 Q。然后根据台阶高度 h，便可算得当年末该水平的工作线推进面积 S 为

$$S = \frac{Q}{h} = \frac{\sum_{i=1}^{N} Q_i}{h} \tag{11-47}$$

或

$$S = S_v + S_p \tag{11-48}$$

式中 Q_i——电铲年生产能力，m^3/a；

N——某水平的电铲台数，台；

S_v——某水平上岩石年采掘面积，m^2/a；

S_p——某水平上矿石年采掘面积，m^2/a。

按年推进面积 S 在分层平面图上圈定年末工作线时要考虑到：上下台阶间合理的开采程序，一定的工作平盘宽度、出入沟、开段沟的设置，工作线推进方向，运输通道的保证，矿石年产量和品位，回采及开拓储量的要求等。

各水平矿石年生产能力的总和需满足规定的矿石年产量要求。即

$$A_p = \sum_{i=1}^{N} S_{p_i} h_i \gamma \eta (1 + \rho)$$

式中 A_p——国家要求的矿石年产量，t；

S_{p_i}——i 水平的矿石推进面积，m^2；

h_i——i 水平的台阶高度，m；

γ——矿石体重，t/m^3；

η——矿石采出率；

ρ——废石混入率。

各分层当年合计采出的矿石和岩石量不符合要求时，需对全部或部分分层平面图的年末线进行调整，直到达到要求。图上标出年份和矿岩采掘量。

在确定年末工作线位置的同时，还应考虑到计划图表的编制（相互对照校核和修正）。

（2）横剖面图的年末线位置。在横剖面上绘出年末工作线位置时，主要控制工作线推进距离 l_i：

$$l_i = \frac{\sum_{i=1}^{N} Q_i}{hL} \tag{11-49}$$

式中　L——工作线长度，m；

其他符号同上。

各横剖面上的年末工作线位置，需在综合平面图上按最小工作平盘宽度、运输线设置、矿山工程延深、开拓和回采矿量以及采出的矿量等条件进行验证和适当调整。

（3）露天矿采场年末综合平面图。图上绘有采场各分层的工作台阶、出入沟和开段沟、挖掘机的位置及数量、地形、矿岩分界线、开采境界和铁路运输时的运输站线设置等。

采场年末综合平面图可以反映该年末的采场现状。该图每年或隔年绘制一张，直到计算年。

采场年末综合平面图是以地质地形图和分层平面图为基础绘制而成的。在该图上先绘出采场以外的地形、开拓运输坑线、相关站场，然后将同年末各分层状态（平台或工作面位置、已揭露的矿岩界线、设备布置、运输线和会让站等）投影到图上。图中可以看出该年各分层的开采状况，各分层之间的相互超前关系。

3）采排进度计划表

采排进度计划表见表 11－5。该表为二维表格，表体的行表示开采/排土分层、表体的列表示开采/排土年度。表中内容主要包括各开采分层的采掘工程量（出入沟、开段沟和扩帮工程量）、各开采年度的岩土排弃和排弃位置量、挖掘机的配置和调动情况等。

4）逐年产量发展曲线和图表

逐年产量发展曲线如图 11－14 所示，图中绘有露天矿寿命期内每年矿石开采量、岩石剥离量和矿岩采剥总量三条曲线；逐年产量发展表中填写露天矿寿命期内每年的矿石及其矿种开采量、岩石剥离量和矿岩采剥总量，以及采掘设备类型和数量。

逐年产量发展曲线和逐年产量发展表是将采剥进度计划表中相关的矿岩量整理之后分别绘制和填写的。逐年产量发展曲线是绘在横坐标表示开采年度、纵坐标表示采剥量的坐标系内，逐年产量发展表是以行表示开采矿岩类别、列表示开采年度。

采剥进度计划只编制到设计计算年以后 3～5 年，后续历年产量可按各水平矿石量比例及剥采比推算。

表 11-5　某露天矿排土作业进度计划表(部分)

采场开采水平/m	剥离总量						第一年						第二年						第三年					
	覆盖土		岩土		总量		覆盖土堆场		东排土场(1#)				覆盖土堆场		东排土场(1#)				覆盖土堆场		东排土场(1#)			
									435 台阶		395 台阶				435 台阶		395 台阶				435 台阶		395 台阶	
	10^4 m^3	10^4 t	10^4 m^3	10^4 t	10^4 m^3	10^4 t	10^4 m^3	10^4 t	10^4 m^3	10^4 t	10^4 m^3	10^4 t	10^4 m^3	10^4 t	10^4 m^3	$10^{1}4$ t	10^4 m^3	10^4 t	10^4 m^3	10^4 t	10^4 m^3	10^4 t	10^4 m^3	10^4 t
地表~446	204.8	450.6			204.8	450.6	54.5	119.9					53.1	116.8					55.0	121.0				
446~434	53.2	117.0	187.4	487.2	240.6	604.2	23.7	52.1	32.3	84.0			17.5	38.5	44.5	115.7			12.0	26.4	48.6	126.4		
434~422	28.7	63.1	304.3	791.1	333.0	854.2							15.8	34.8	47.6	123.8			12.9	28.4	44.0	114.4		
422~410	13.6	29.9	398.3	1035.6	411.9	1065.5													13.6	29.9	42.3	110.0		
410~398			476.6	1239.2	476.6	1239.2																		
398~386			521.0	1354.5	521.0	1354.5																		
386~374			535.5	1391.3	535.5	1391.3																		
小计	300.3	660.6	2423.1	6298.9	2723.4	6959.5	78.2	172.0	32.3	84.0	0.0	0.0	86.4	190.1	92.1	239.5	0.0	0.0	93.5	205.7	134.9	350.8	0.0	0.0
备注： 1. 本表剥离物体积均为实体体积，容重：岩石平均为 2.6 t/m^3，覆盖土平均为 2.2 t/m^3； 2. 本表未包括备用排弃线数量。	排土线数量/条						1		1				1		1				1		1			
	排土线数量合计/条						2						2						2					
	转排设备数量合计/台						2						2						2					
	全年剥离(排弃)总量			10^4 m^3			110.5						178.5						228.4					
				10^4 t			256.0						429.6						556.5					

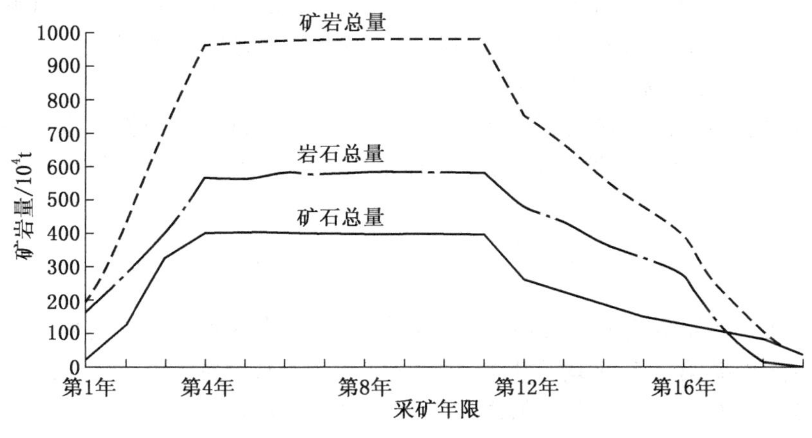

图 11-14 某露天矿逐年产量发展曲线图

5）文字说明

露天矿采剥进度计划的编制需对编制原则、编制依据和编制要求等相关事项作必要的文字说明。

露天矿基建和生产中，由于矿体赋存条件的变化，以及设备检修、配件供应和矿山管理水平等因素的影响，往往在设计中所编制的采剥进度计划不能付诸实现，这时需将进度计划进行必要的修改。

第六节 气候对露天矿生产的影响

一、概述

由于露天矿作业直接敞露于地表，暴露于大自然中，必然会受到气候的影响，诸如严寒、酷热、大风、雨雪、大雾、雷击等。气候对露天矿生产的影响除与极端气候有关外，还与露天开采工艺密切相关，不同的开采工艺及设备类型受气候的影响程度是不同的。①汽车运输工艺受严寒、雨雪、大雾影响较大。极端严寒天气使汽车发动机起动困难；雨雪使汽车道路泥泞湿滑；大雾影响汽车视距，均会对安全生产产生不利影响。②轮斗挖掘机—带式输送机工艺受严寒、酷热、雷击、大风影响较大。严寒天气将会使胶带变脆、易断裂；酷热也会加速胶带老化；大型轮斗挖掘机及带式输送机的电器部分受雷击损坏的可能性较大，需要做好避雷工作；大型轮斗挖掘机在大风天气必须做好防风工作以防被大风刮倒。③铁道运输工艺受雨雪、大雾、雷击的影响较大。大雨使铁路路基被冲垮或信号系统受雨水影响而失灵；大雪使道岔冻结不能扳动或将铁路埋没不能通车；大雾机车司机影响视线而不能准确看清信号；雷击将会击毁电机车。④吊斗铲剥离倒堆工艺受大风、大雨、雷击影响较大。由于吊斗铲是大型设备，需要做好防风工作以避免吊斗铲被刮倒；大雨将会使吊斗铲所站立的平台的物料强度降低，从而使吊斗铲发生倾斜或倾覆；吊斗铲的悬臂高大，受雷击的可能性大，需要做好避雷工作。

不同的开采工艺和设备对气候的适应性不同。气候条件不但是露天开采工艺选择的重要影响因素，而且也对生产露天矿的安全生产产生显著的影响。由于受到气候的影响，露天矿生产呈现出明显的季节性，特别是在我国北方，气候影响更加明显。

1. 露天矿受气候影响月产量波动系数

由于受气候影响，露天矿的剥离和采煤生产呈现出明显的季节性，全年各个月份的生产产量不均衡，以一年为周期表现出有规律的波动。这种波动性用月产量波动系数 K_i 表示：

$$K_i = \frac{N_i}{N} \quad (i = 1,\ 2,\ \cdots,\ 12) \tag{11-50}$$

式中 N_i——露天矿第 N 年第 i 月份实际生产指标（完成的剥离量或剥采总量），m^3；

N——露天矿第 N 年平均月生产指标（完成的剥离量或剥采总量），m^3。

月产量波动系数最大值与最小值之差称之为波动极差 R_k，即

$$R_k = K_{max} - K_{min} \tag{11-51}$$

月产量波动系数和波动极差的现实意义：①K_i 值大，表明第 i 个月份是露天矿生产的旺季，所完成的剥离量和采煤量比其他月份指标好；②K_i 值小，表明第 i 个月份是露天矿生产的淡季，所完成的剥离量和采煤量比其他月份指标差；③R_k 值大，表明该露天矿受气候影响生产波动性大；④R_k 值小，表明该露天矿受气候影响生产波动性小。

2. 露天矿生产受气候影响变化规律

为说明露天矿受气候影响的情况，对我国受气候影响的典型露天矿实际月生产产量进行统计分析，绘制露天矿月产量波动系数曲线。选择冬季气候严寒地区的露天矿，如内蒙古扎赉诺尔灵泉露天煤矿、锡林浩特胜利煤田西一号露天煤矿、伊敏河露天煤矿、霍林河南露天煤矿、平庄西露天煤矿及辽宁阜新海州露天煤矿，统计其一年内各月份实际完成的产量，计算月产量波动系数和波动极差，并分别绘制月产量波动系数曲线，如图 11－15 和图 11－16 所示。

1）我国北方地区 4 个露天煤矿采煤生产受气候影响情况分析

从图 11－15a 可以看出，海州露天煤矿采煤生产具有两个波峰和两个波谷，5 月和 10 月是高峰，1 月和 8 月是低谷。海州露天煤矿采煤产量波动极差为 $R_k = K_{max} - K_{min} = 1.06 - 0.89 = 0.17$，由此可见海州露天煤矿采煤生产受气候影响较为明显，但其波动性并不是很大。

（1）两个波峰即为两个生产最佳期：4—6 月，9—11 月，生产指标完成好，恰为春、秋两个季节，气温温和，雨水少。

（2）两个波谷即为两个生产困难期：7—8 月，12 月—次年 2 月，生产指标完成差，恰为夏、冬两个季节，由于冬季气温低，设备易发生故障，影响效率，而夏季为雨季，工作面及运输线路质量差，电铲电缆易冒泡，产生滑坡等。

从图 11－15b 可以看出，锡林浩特胜利煤田西一号露天煤矿采煤生产逐月产量波动较大，$R_k = K_{max} - K_{min} = 1.19 - 0.74 = 0.45$。上半年采煤产量较低，低于月平均产量；下半年采煤产量远远大于月平均产量，5—7 月采煤产量平稳。这种变化与气候关联性不大，受气候影响不是很显著。究其原因该矿是市场经济条件下开发建设的大型露天煤矿，其采煤产量主要受煤炭市场影响，在上半年随着气候变暖，煤炭市场需求下降，从而使露天矿煤炭产量下降；进入下半年后，煤炭用户的煤炭需求量逐渐增加，露天矿为适应煤炭市场需求

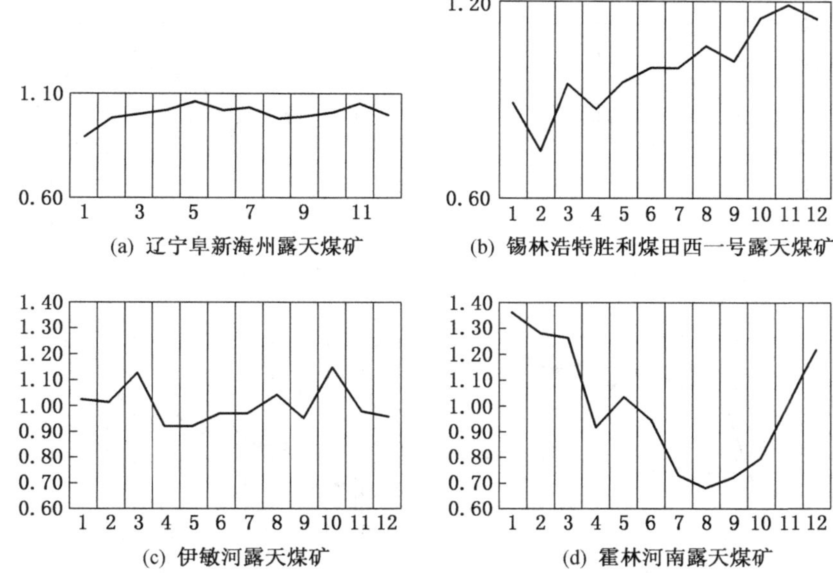

图 11-15 各露天煤矿采煤产量月波动系数曲线 K_i

不断增加煤炭产量，这是煤炭市场受气候影响而产生的结果，并且影响较大。

从图 11-15c 可以看出，伊敏河露天煤矿采煤生产逐月波动较小，$R_k=K_{max}-K_{min}=1.15-0.92=0.23$。一般各月都接近于月平均产量，说明煤炭产量受气候影响不大。这主要是因为露天煤矿合理安排煤炭产量以适应煤炭市场要求的结果。

从图 11-15d 可以看出，霍林河南露天煤矿月采煤产量波动较大，其波动极差为 $R_k=K_{max}-K_{min}=1.36-0.68=0.68$。煤炭产量低谷出现在 7—10 月，产量高峰期是 12 月—次年 3 月，这种变化与当地的气候条件相反，在气候条件较好时期煤炭产量较低，气候条件较差时期煤炭产量较高，主要是由于煤炭生产受煤炭市场需求影响，在 7—10 月露天矿为即将进入冬季煤炭需求大增而做生产准备，在这个时期露天矿尽量多安排剥离生产，为冬季多采煤创造条件。在 12 月—次年 3 月是冬季，煤炭市场需求旺盛，露天矿剥离生产受气候影响产量降低，其主要采运设备大都安排进行采煤生产以适应市场需求。

2）我国北方地区 6 个露天煤矿剥离生产受气候影响情况分析

从图 11-16a 可以看出，海州露天煤矿剥离生产与采煤生产一样具有两个波峰和两个波谷。5 月和 10 月是高峰，1 月和 8 月是低谷。其产量波动极差为 $R_k=K_{max}-K_{min}=1.17-0.77=0.40$。海州露天煤矿剥离生产受气候影响明显。

从图 11-16b 可以看出，锡林浩特胜利西一露天煤矿剥离生产具有一个波峰和一个波谷。其波动极差 $R_k=K_{max}-K_{min}=1.33-0.49=0.84$，表现出很大的波动性，波峰为 9 月、波谷为 1 月，受气候影响明显，1 月为该矿区最低温度，剥离生产处于半停产，9 月为该矿区最佳生产月，气温温和、少雨，最有利于露天矿生产。

从图 11-16c 可以看出，伊敏河露天煤矿剥离生产受气候影响较大，$R_k=K_{max}-K_{min}=1.79-0.44=1.35$，表现出非常大的波动性，波峰为 10—11 月，波谷为 1—2 月，主要原因是 1—2 月为该矿最低温度月份，剥离生产受影响较大，而 10—11 月虽然该地区也进入

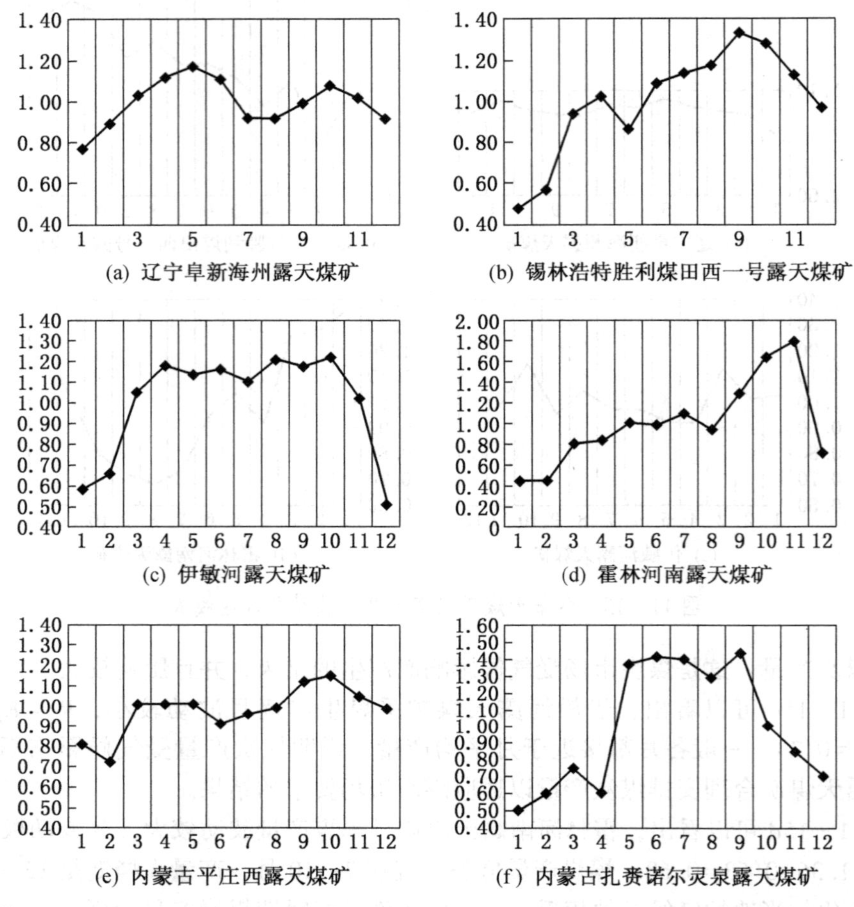

图 11-16 各露天煤矿剥离产量月波动系数曲线 K'_i

低温期，出现下雪结冰现象，但是温度并不太低，对剥离生产还不会产生大的影响；同时，此时期是我国北方地区煤炭销售旺季，露天矿必然加速剥离和采煤生产。另外，露天矿为迎接即将到来 1—2 月最低气温期对剥离生产的影响而加大剥离进度，以储备更多的回采煤量。

从图 11-16d 可以看出，霍林河南露天煤矿剥离生产受气候影响也十分显著，在夏秋两季持续较长一段时期的生产高峰期，波谷不明显。在冬春两季为剥离生产低谷期，12 月为波谷，波谷较为明显。其波动极差为 $R_k=K_{max}-K_{min}=1.22-0.50=0.72$。

从图 11-16e 可以看出，内蒙古平庄西露天煤矿剥离生产主要受冬季气温影响而出现低谷期，在秋季由于气温温和、少雨而出现了一个较小的生产高峰期。除冬季外，其他三个季节剥离生产基本处于相对稳定状态，波动较小。其波动极差为 $R_k=K_{max}-K_{min}=1.15-0.72=0.43$，露天矿生产总体波动不太大。

从图 11-16f 可以看出，扎赉诺尔灵泉露天矿剥离生产具有一个波峰和一个波谷。其波动极差 $R_k=K_{max}-K_{min}=1.41-0.51=0.90$，表现出很大的波动性，波峰的产量约是波谷一倍。主要原因是该矿区位于我国最北方，冬季气温恶劣，全年温差较大造成的。

南方的露天矿受雨季的影响较大，高温天气也是影响露天矿生产的重要因素。当土岩松软且采用汽车运输时影响尤其严重。大冶铁矿的统计资料表明，雨天的生产效率仅为晴天的50%~60%，生产能力高的月份是10月到次年2月，生产能力低的月份是6—8月，恰为南方多雨季节，其波动规律和地处北方地区的露天矿明显不同。

综上所述，气候对露天矿生产的影响总是存在的，这也是露天开采的缺点。露天开采设计和生产管理的重要任务之一就是要充分认识矿区的气候变化规律及其对各个生产工艺环节的影响，有预见地组织生产，并采取相应措施克服或减少因气候引起的生产季节性波动。在市场经济条件下，露天矿应根据气候变化规律和煤炭市场需求规律合理安排剥离和采煤生产计划，做到气候最佳时期多安排剥离生产，煤炭市场需求疲软时期多安排剥离生产；在气候条件不佳、煤炭市场旺盛时期多安排采煤生产，使全年剥采生产达到平衡，确保露天矿可持续发展，取得最大经济效益。

二、严寒对露天矿生产的影响及其预防措施

（一）严寒对露天矿生产的影响

我国北方地区，纬度高，冬季较长，气温低，冰冻期长。比如内蒙古的霍林河、伊敏河、扎赉诺尔、白音华、锡林浩特等矿区，冬季最低气温达-40 ℃，全年有30~70天气温在-30 ℃以下，最大冻结深度达4 m左右，冰冻期长达7~8个月。

当地气象资料表明：内蒙古霍林河矿区，年平均气温-0.5 ℃，最低温度-37.2 ℃（历史最低温度-40 ℃），气温在-30 ℃以下的天数为13.8天，1月平均最低气温-20.9 ℃，冰冻期240天（自当年9月中旬至次年5月中旬），无霜期仅83天。日最低气温在0 ℃以下有251天，7月最高平均气温24.9 ℃，极端最高气温33.6 ℃，全年气温变化幅度为70.8 ℃。土壤从10月初开始冻结，至次年7月中旬解冻，冻结日数286天，最大冻土2.35 m。最大积雪深度20 cm，冬季长期积雪，积雪天数达133天。年平均风速4.6 m/s，最大风速20.7 m/s，11月—次年5月风力较大，月平均风速最小3.7 m/s以上，11—12月吹雪严重甚至影响视程，6—9月风速较小，月平均风速最小2.7 m/s以上。风向以偏西北方向为主。

内蒙古西乌旗白音华矿区属中温带干旱半干旱气候，基本特征为春季风多易干旱，夏季温热雨不匀，秋季凉爽霜雪早，冬长寒冷冰雪茫。多年极端最高气温37.4 ℃，最低气温-38.6 ℃。年平均降水量345.9 mm，年平均蒸发量1769.0 mm。每年的6—8月为雨季，占全年降水量的68%。年最大降水量564.5 mm（1998年），最小189.0 mm（1988年）。多年平均风速3.6 m/s，瞬时最大风速21.0 m/s，最大风向为西向。历年最多雷暴日数47天，近10年平均雷暴日数为28.4天。历年平均相对湿度60%，月平均以4月、5月最小，分别为43%、42%，1月最大为69%。多年最长结冰日数273天，多年最大冻土深度2.30 m。

严寒对露天矿生产将会产生以下严重影响。

（1）严寒使表土、松软土岩冻结。冻结后的土岩切割阻力增大，达正常值的数倍。一方面降低了挖掘机的作业效率；另一方面限制了某些采掘设备（如轮斗挖掘机）的使用。据对平庄西露天矿冬季煤岩切割阻力测定表明，在-14.5 ℃气温下，砂岩的切割阻力为常温时的3.8倍，泥岩为2.2倍，但煤变化不大，见表11-6。

表 11-6 平庄西露天煤矿冬季与常温下煤岩切割阻力值 N/cm

岩种	砂岩	泥岩	煤
常温下	690.2	845.0	1113.7
冬季（-14.5 ℃）	2613.0	1834.0	117.2

（2）含水土岩冻结后易粘于挖掘机勺斗、车厢上。一方面减少了挖掘机勺斗、车厢的有效容积，使装车质量和效率下降；另一方面运输设备卸车不净，粘于车底（车帮）上的物料被往复运送，运输设备做无用功，浪费能源。

（3）在汽车运输的露天矿，冬季冰雪封盖路面，车轮易打滑，制动及爬坡困难。风雪埋没路堑，阻塞道路，不利于安全运输。

（4）普通钢材在低温下易脆、易断裂，使挖掘机勺斗、勺杆及斗臂架发生断裂现象，严重影响生产。如海州露天煤矿两台 WP-6 长臂架电铲在冬季经常断裂，每次断裂后焊长臂架时间长达 7~8 天，并且焊接作业非常困难。

（5）在冬季，机械设备（钻机、机车等）的管路易冻裂。

（6）严寒使油脂黏结，液压设备运行困难。

（7）严寒地区，地下某一深度存在永冻层，常年不化，挖掘非常困难。

（8）严寒地区，冬季作业条件恶劣，易冻伤工作人员。

基于上述原因，采运设备效率明显下降。据统计资料表明：在冬季挖掘机能力下降 20%~25%，运输设备能力下降 15%~18%。

（二）严寒、大风对露天矿生产影响的变化规律

1. 土岩的冻结深度

土岩在严寒、大风气候条件下将会冻结，冻结深度主要与负温值、负温天数、风流方向、风速、土岩种类、含水量有关。

冻土是在温度下降到 0 ℃或以下时，含有水分的土壤呈冻结状态的一种现象。一般可分为短时冻土、季节冻土和多年冻土。在我国，冻土也有广泛的分布，季节性冻土和多年冻土影响的面积约占中国陆地总面积的 70%，其中多年冻土约占 22.3%。冻土层土体中的水分在冰冻过程中体积增大，产生冻胀力，迫使土粒发生相对位移；到了春夏，冰层融化，地基沉陷，即融陷。

1）负温值、负温天数与冻结深度的关系

冻土是一种对温度极为敏感的土体介质，负温值、负温天数与冻结深度的关系见表 11-7。

表 11-7 负温值、负温天数与冻结深度的关系

露天矿	年平均气温/℃	负温值/℃	年负温日数/d	冻结深度/m
艾斯林海因	+9.6	-25	50	0.6~0.8
哈索夫-雅尔斯克	+7.1	-35	110	1.1~1.3
沃洛佳日	+5.6	-36	135	1.4~1.6
巴什基尔斯克	+2.7	-42	160	1.3~1.8
齐梁密斯克	+1.8	-45	170	1.6~2.3
莱依齐辛斯克	-1.2	-50	230	2.4~3.0

表 11-7（续）

露天矿	年平均气温/℃	负温值/℃	年负温日数/d	冻结深度/m
霍林河	0	-37	240	2.5~2.7
宝日希勒	-2.6	-48	172	2.41
白音华	0~3	-38.6	273	2.30
扎赉诺尔灵泉	-2~+0.2	-42.7	210	2.5~3.5
抚顺东露天矿	+6.6	-40.3	112~161	1.2~1.4
融贯露天铁矿	-1.2~+3.1	-35.4	210	2.53

负温值、负温天数与冻结深度 h(cm) 的关系如下：

$$h = 2p\sqrt{tnc} \tag{11-52}$$

式中　p——岩石的热传导系数，kcal/(m·h·℃)；

t——冬季月平均温度,℃；

n——负温天数，d；

c——考虑雪覆盖的影响系数，雪覆盖厚度 10 cm，取 0.5；覆盖厚度 20 cm，取 0.4；覆盖厚度 25 cm，取 0.35；覆盖厚度 40 cm，取 0.3。

2）大风与冻结深度的关系

由于大风对冻结深度的影响没有确定性的定量关系，因此，采用俄罗斯经验公式，引入气候严酷性综合评价指标 Z：

$$Z = (1 - 0.04t)(1 + 0.272v) \tag{11-53}$$

式中　Z——气候严酷性综合评级指标，级；

v——风速，m/s；

t——气温,°C。

气候严酷性综合评价指标，主要与气温和大风有关，一般认为低温天气和大风天气是气候恶劣天气，对露天矿生产影响较大，冻土深度也会增大。随着气温降低，冻土深度增大。冬季风速越大，冻结深度也增大，主要原因是大风将地表热量带走，地下岩土与地表发生热交换作用，从而使冻结深度不断增大。

3）土岩含水量与冻结深度的关系

土体中水分的多少是引起土体冻胀的主要因素之一。土颗粒不管粒径多大，总有一个与它的比表面成比例的水分吸附着，这部分水分因分子间具有较大的吸引力，在一般负温下不冻结。这个与土粒比表面成正比，有较强分子束缚力的水，就是每一种土质特定的未冻含水量。如果某种土质中的含水量大于未冻含水量，那么，多余的这部分水量在负温下冻结，由水成冰，体积膨胀。如果未冻含水量与成冰的体积之和大于土壤孔隙体积，则该土体在这个含水量下发生冻胀，该冻胀界限含水量称为该土壤的起始冻胀含水量。

研究资料表明：土岩含水量 $w = 30\% \sim 40\%$ 时，冻结深度 h 最大。

4）地下水位与冻结深度的关系

虽然从总体上说地下水对冻深的影响力度没有气温那样大，但是有地下水，尤其是浅埋地下水时，对冻结深度的大小有至关重要的作用。从多年观测得出的冻结深度值可以看出，在无雪覆盖，对同一地区的土质和温度认为基本相同时，可以把地下水位的高低作为控制冻深大小的主要因素。地下水位越浅（指距地表的深度），冻深越小；地下水位越深，冻深越大。据吉林某试验场地得到的观测数据及有关实测资料经统计回归分析后，得出冻结深度与地下水位关系：

$$h = 104.68 - 0.25Z_w \tag{11-54}$$

式中 h——冻结深度，cm；

Z_w——冻前地下水位距地表深度，cm。

5）土岩种类与冻结深度的关系

以煤、土、砂岩为例进行研究。在相同深度下，土的地温最低，砂岩地温次之，煤在0 ℃左右，故煤几乎不冻结。所以，土的冻结深度最深，砂岩次之。某露天矿土、砂岩、煤随深度变化的地温变化情况，及随冻结时间（负温天数）的增加其冻结深度的变化情况见表11－8。从表11－8可以看出：在12月下旬土、砂岩、煤的冻结深度预测值分别为89.37 cm、74.27 cm、0 cm；次年1月土、砂岩、煤的冻结深度预测值分别为114.01 cm、93.33 cm、0 cm；次年2月土、砂岩、煤的冻结深度预测值分别为135.58 cm、101.74 cm、21.80 cm，说明了相同条件下土的冻结深度最深、砂岩次之，煤几乎不冻结，而同一种岩性的冻结深度随着冻结时间的增加而加深。

表11－8 某露天矿土、砂岩、煤冻结深度变化情况

时间		12月下旬					次年1月				
平均气温/℃		-6.74					-8.66				
深度/cm		20	40	80	120	预测冻深/cm	20	40	80	120	预测冻深/cm
地温/℃	土	-8.53	-6.03	-0.82	+2.68	89.37	-9.37	-6.65	-2.61	+0.46	114.01
	砂岩	-4.62	-2.87	+0.48	+4.35	74.27	-6.06	-4.00	-1.27	+2.54	93.33
	煤	+1.65	+5.1	+13.76	+14.79	0	+0.07	+2.97	+12.15	+13.69	0
时间		次年2月					次年3月				
平均气温/℃		-3.26					+0.83				
深度/cm		20	40	80	120	预测冻深/cm	20	40	80	120	预测冻深/cm
地温/℃	土	-5.43	-4.74	-3.14	-0.88	135.58	-0.95	-1.20	-1.17	-0.27	132.00
	砂岩	-3.16	-3.34	-1.31	+1.10	101.74	-0.75	-0.37	+0.07	+1.69	73.64
	煤	-0.16	+1.62	+9.10	+11.13	21.80					

注：表中“预测冻深”是利用线性插值法计算得到的。

2. 冻结速度 v

土岩的冻结速度 v 主要与气温 t 及土岩深度 H 有关，一般与负温值成正比，而与深度成反比。据阿隆巴斯卡资料，在平均气温为－20.6 ℃时，每昼夜冻深为50.8～63.5 mm，约一个月后，冻深增加，冻结速度降低一半，并在随后几个星期内继续稳定下降。为减小土岩冻结对挖掘机作业的影响，在端工作面上作业的挖掘机，其作业间隔时间最大不能超过挖掘机所容许的冻结深度所需要的冻结时间。例如由挖掘机的挖掘力所容许的土岩最大冻结深度为200 mm，在平均气温－20 ℃条件下按土岩冻结速度为50 mm/d（v=2.08 mm/h），则挖掘机最大作业间隔时间为 t=200 mm/2.08 mm/h=96 h，如果挖掘机停止作业时间超

过 96 h，则需要对端工作面采取有效的防冻措施。

3. 挖掘阻力（切割阻力）K

挖掘阻力主要与负温值、负温天数、土岩温度有关。土岩冻结后，土岩的强度或挖掘阻力显著增加。霍林河矿区的试验表明：在土岩结冻前，土岩强度与含水率成反比关系，如粗砂岩的含水率从 8% 增大到 20% 时，土岩的切割强度从 125 N/cm^2 减少到 7 N/cm^2；冻结后的土岩，含水率增大，冻结的强度先增加，在含水量为 18% ~ 22% 时达到最高值，而后又有所降低。图 11 - 17 为砂质黏土在不同负温值和湿度条件下单轴抗压强度的变化关系。

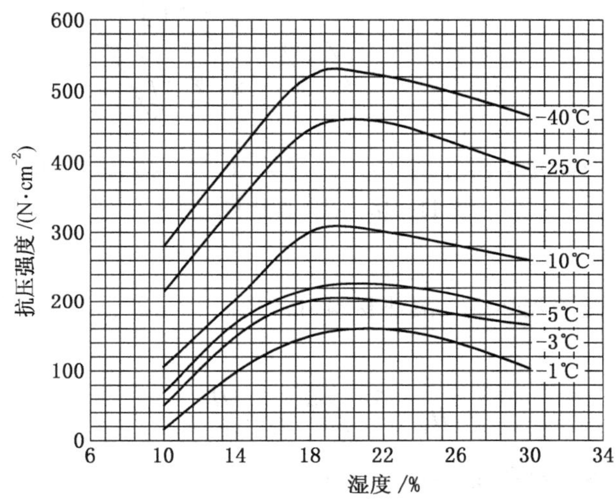

图 11 - 17　砂质黏土单轴抗压强度随负温值和湿度变化关系图

（三）减轻严寒影响的措施

严寒对露天矿生产影响较大，为减轻严寒的影响必须采取一系列的防寒措施，主要措施有改进设备耐寒性、预防土岩冻结、冻结土岩松碎、预防黏结、人员防冻等。

1. 设备工作机构和承载部件的改进

一般钢材冷脆转变最危险的负温区为 -40 ~ -30 ℃。改用耐寒的低磷、细晶粒合金钢材，其冷脆转变危险温度可达 -45 ℃。

对轮斗挖掘机，改用大功率斗轮驱动电机，增大挖掘机切割力，或在斗轮上增加预截器。

2. 采掘设备勺斗、运输设备车厢黏结的预防和清扫

（1）为预防黏结采掘设备，可采用火焰喷射器加热勺斗的后臂，或者对轮斗挖掘机采用无格式或半格式斗轮及链网式斗底结构。

（2）为防止运输设备（主要指剥离车辆）被黏结，可在车底撒锯末、煤渣、干砂等，也可在装车前到“半煤工作面”往车底装一层“半煤”，以防止黏车厢底。采用（浓度为 25% ~ 35%）的防冻化学溶液（如氯化钠、氯化钙、氯化镁等）喷洒车厢，据抚顺西露天矿工业性试验表明，这种方法效果较好，需要清扫的运输设备数量下降 52.7%，总扫车时间下降 62.8%，但溶液本身有黏性，不适用于黏性岩土。国外采用防冻黏的塑料板，效果

较好。

（3）冻结车厢的清扫，需用专门的扫车器，将其安装在排土挖掘机勺斗斗齿上，将车箱底的黏结物铲下来。扫车器结构如图 11－18 所示。

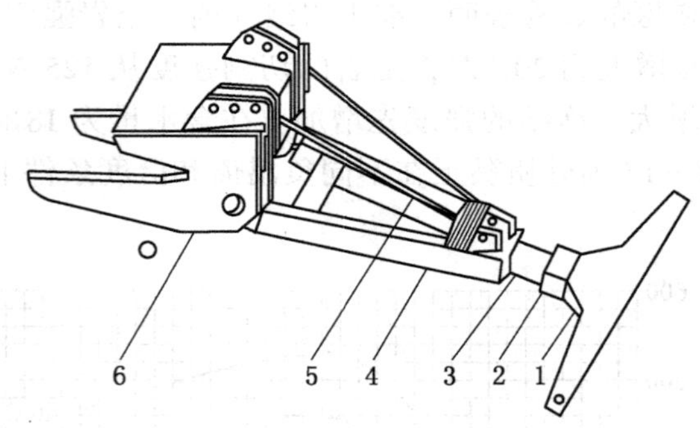

1—铲头；2—方套；3—心轴；4—顺梁；5—钢绳；6—牙套

图 11－18 扫车器结构示意图

3. 预防土岩冻结

（1）可在土岩上覆盖隔热层。隔热材料可用树叶、枯草、锯末、泥炭、炉渣等，隔热层厚度 H_y：

$$H_y = \frac{2p\sqrt{tnc}}{K_y}\eta_y = \frac{H}{K_y}\eta_y \tag{11-55}$$

式中 p——岩石的热传导系数，kcal/(m · h · °C)；

η_y——隔热材料的密实系数，取 1.3；

K_y——隔热材料绝热特性系数，锯末取 2.2~3.3；炉渣取 1.9~2.8。

（2）利用积雪作为隔热层，可用挡雪板增加积雪厚度。

（3）冻结前用松土犁（深达 0.2~0.5 m）、机械铲（深达 1.0~1.8 m）或爆破（深达 1.5~2.0 m）松碎土岩，可使冻结深度减少 1/3~1/2。

4. 冻结土岩的松碎

（1）用松土机松散冻结土岩。但这只适用于岩石温度不太低（－12 ℃）、强度不太大的冻结土岩。使用松土机合理性评价指标为松土机作业费用应低于爆破破碎费用，即

$$Q_s \geqslant \frac{M_p}{CT\eta} \tag{11-56}$$

式中 Q_s——松土机实际达到的生产能力，m³/h；

M_p——松土机作业费用，元/班；

C——用爆破方法破碎土岩费用，元/m³；

T——松土机班作业小时数，h；

η——作业时间利用系数。

（2）爆破法破碎冻结土岩。此方法不受土岩低温程度的限制，可广泛应用。

（3）用电热法、蒸汽加热法、水热或化学热法松碎。由于这些方法能量损失较大，成

本较高，一般适用于采掘范围不大的露天矿。

5. 其他措施及人员保护

（1）在冬季尽可能采用较小的采掘带宽度和工作线长度，以加快采掘速度，减小冻结深度。

（2）台阶坡面布置在向阳侧。

（3）剥采工程采用季节性作业。冬季尽量避开含水较大的土岩地段。

（4）冬季作好设备检修工作，减少设备故障率。

（5）在工作面处可采用移动式棚盖，棚内可用火炉。一般适用于小规模的采掘工程。

（6）液压设备采用耐冻油，加入防冻液。

（7）采用耐低温合成润滑油。

（8）带式输送机在空载时不停机，保持低速运转（如 0.1 m/s），其他具有易冻管路设备尽量不停转。

（9）做好工作人员的劳动保护工作，防寒设施齐全。

（10）做好各级管理人员和作业人员的培训工作，增强防冻意识，严格按作业规程和有关规定作业。

三、雨季影响及其预防措施

1. 雨季对露天矿生产的影响

由于露天矿生产的作业场所直接暴露于地表，大气降雨将会在一定程度上影响露天矿生产，无论是我国的南方的露天矿还是北方的露天矿，雨季对露天矿的生产影响都很大。雨季对露天矿生产影响主要表现在以下方面。

（1）在爆破作业中，钻孔大量积水，影响爆破。一是炸药、雷管等受潮而产生拒爆，二是电力起爆时易使起爆线路短路而产生早爆，引发安全事故。

（2）在采装作业中，降雨时工作面积水，表土或松软岩土台阶（泥岩、泥质页岩）吸水后，承载力下降，易使挖掘机下沉，挖掘机无法作业；暴雨或降雨量较大时，在露天矿坑地或低洼工作面处，如果排水不及时，将会产生大量积水，积水淹没电铲，使电铲无法作业；电铲电缆浸泡水中，易引起电缆烧坏，俗称“冒泡”；对于黏土，降雨后黏结挖掘机勺斗，引起卸载困难。

（3）在运输作业中，大量降雨会使运输线路质量下降，严重时不能行驶。特别是汽车运输露天矿，大雨对道路破坏严重，载重汽车通过时会严重破坏路面。胶带运输时，黏结现象更为严重，甚至因物料水溶而无法运送。

（4）在排土作业中，由于排土台阶高度较大且为松散物料，其坡面不稳定，在雨水作用下极易引起滑坡、片帮或泥石流，其运输设备和排土设备易从工作面上掉下去，特别是汽车运输工艺采用边缘式排土时，汽车掉下工作面的可能性更大。

（5）大量降雨会引起边帮滑落。露天矿滑坡常发生在大雨之后。例如：海州露天煤矿 1990 年 7 月 24 日北帮大滑坡、1994 年 5 月北帮上部坑口直流供电群处大滑坡、北帮∇-34 站滑坡等。

2. 露天矿减轻降雨影响的措施

（1）雨季爆破时，对于水孔使用防水炸药，如乳化油炸药，或用排水药包在爆破前将孔内积水排出孔外，也可采用潜水泵将孔内积水排除。

（2）在雨季应做好挖掘机工作面排水工作，一是挖好排水沟，包括露天坑内纵向排水沟和横向排水沟；二是做好排水顺坡，即沿工作线方向设置3‰的排水纵坡，使工作面积水流向挖掘机的后方。为防止电缆烧毁，电缆应盘在滑橇车上，沿线设置电缆叉架，使电缆离开地面，电缆跨过道路时应高架电缆，避免电缆埋入地下，同时要做好电缆接头处的绝缘与防水保护工作。

（3）为保证线路质量，应疏通排水沟、加强线路维修工作。对于易软化沉陷的地段，用煤矸石、块度较小且均匀透水性好的剥离物提前进行铺设与加固。大雨时，汽车运输露天矿应停产，胶带运输露天矿的黏土工作面应停产。

（4）建立完善的防排水系统。雨季前，加强对露天矿防排水设施的检查与维修工作，使防排水系统处于良好的工作状态。

（5）露天矿剥采工程应按季节性生产，根据雨季和冬季气候特点合理安排雨季和冬季剥采生产。

四、其他气候影响及其预防措施

（1）夏季酷暑，各种电机设备易变热或被烧，作业效率下降，应做好通风降温措施。在酷热的夏季，露天矿现场工作人员易疲乏或中暑，应增设防暑设施，设备驾驶室内应设空调并保持良好状态，工作人员应穿隔热较好的鞋和工作服、戴好手套，防止高温岩石、设备外壳灼伤，必要时可调整作业时间，避开高温时刻，根据国家规定室外温度达到极高温室，可考虑停止作业。

（2）大雾，使能见度降低，影响爆破后和运输作业安全。一般雾天禁止爆破。雾天能见度低，铁路运输看不清信号易闯信号，引起撞车事故，汽车运输因看不清而发生追尾事故、撞车事故和从边帮上翻落事故等。雾天也会发生运输设备砸人事故。在雾天应降低运输设备速度，或安装电子探测设备，汽车运输露天矿应采用卡车 GPS 自动化调度系统。沙尘暴、风雪天气，也要采取类似的措施。

（3）雷击，会烧坏（伤）电器设备、架线、采运设备、构建筑物、人员等。应设置专门的避雷装置，做好避雷器的安装、检查工作，保证避雷装置接地条件良好。

（4）大风，大型设备上安装测风设备，当风速超过 20 m/s（八级）时，停止生产。

思考题

1. 简述开拓煤量、回采煤量含义。
2. 简述降低矿石损失和贫化的工程措施。
3. 何谓露天矿生产能力？其主要影响因素有哪些？
4. 简述确定露天矿生产能力的方法。
5. 露天矿采剥工程进度计划包括哪些内容？

第十二章　露天矿山规划与总图设计

现代化的露天矿是一个门类多、范围广、技术复杂的企业。为了完成大量的剥离与采矿任务，包括剥离物的运输和排弃，矿石的加工与外运，必须在采场周围设置大量生产与加工设备，修建大量的建筑物与结构物，包括各种大型厂房和库房、铁路和车站、各种工程技术管线以及符合现代化生产管理要求的行政性建筑等。除此之外，还要修建供矿山职工和家属生活需要的住宅和福利性建筑，包括商店、邮电局、银行、学校、医院等。

如此多的地面设施，工程量极大，所占矿山总投资的比例高达 25%～59%（黑色冶金矿山资料）。它们的布局合理与否，直接影响到露天矿的生产能力与经营费用。

第一节　任务和布置原则

一、露天矿总平面设计任务

露天矿总平面设计任务，就是要根据矿山具体的地形和地质条件，结合露天矿生产规模及用户对产品的要求，按照设计采用的开采工艺、开采程序和开拓系统，总体确定露天矿所有地面设施的布局，进而达到节省投资和经营费用，有利生产，方便生活的总目的。

露天矿总平面布置的具体任务，通常包括两大类，即地面设施类和管线系统类。

1. 地面设施类

通常包括外排土场、机修厂、机车车辆厂、汽车修配厂、大型设备组装场、材料库、木材厂、预制厂、采石场、变电所、牵引变电所、火药库、储矿场、选矿厂或筛分厂、水厂、压风机站、汽油库、油脂库、中心实验室，在有井下巷道时还包括绞车房和扇风机场等生产性设施，以及矿部（包括行政管理和生产指挥机构）和居住区（包括商业网点、医院、学校、邮局、银行、俱乐部等福利设施）。居住所较大时，需要单独规划，必要时可分散建设。

2. 管线系统类

（1）矿石运输系统。包括卸矿站和外运装车站以及运矿石的专用线等，一般设计到矿石交接地点或接轨站为止。

（2）剥离运输系统。包括剥离站和去排土场的干线。由于露天矿的剥离量往往是矿石量的若干倍，所以剥离运输系统在露天矿中占有极其重要的地位。

（3）杂作业系统。包括铁道或带式输送机的移设，大型设备就地检修时配件的运送，通勤车等。在采用电气化铁道运输的露天矿中，杂作业列车往往是由蒸汽机车牵引的。因此，在地面设施中必须考虑机车整备用的煤台、水鹤等设置，甚至要专门对蒸汽机车的用煤和检修作出适当的安排。在全部采用带式输送机的露天矿中，为了杂作业的方便，必须考虑出入采场和排土场的道路系统。

（4）交流供电系统。主要是以矿区电源经露天矿中央变电所到各分区变电所的高压交流供电系统，以及从各分区变电所接往各用户的高压和低压线网。

（5）牵引电网系统。这是采用电气化铁道或电气化无轨运输的矿山才有的系统，包括牵引变流所的设置，接触线网的布置及分区。

（6）通信照明系统。包括矿部总机与各工区、车间的通信干线布置，以及运输线路和工作场所的照明干线的布置。

（7）供热系统。包括热力管网和煤气管网布置。

（8）供水系统。包括从水源（或水厂）到各主要用户的干管布置。

（9）防排水及疏干系统。包括整个露天矿区的防洪与排水沟渠的布置以及采场疏干孔与导水沟的位置。

（10）道路网。包括露天矿与公路干线的联络道路以及露天矿内各工段之间的联络道路。

二、总平面布置设计遵循的原则

1. 保证露天采场的工艺流程合理

露天矿的剥离和采矿及其后续工艺，如破碎和筛分、选矿等，都是由许多工艺和工序在不同的地点完成的，因此应在基建和生产成本最低的条件下充分满足露天矿生产工艺流程的要求，达到人员流动及各种货流路程短、交叉干扰少，创造良好的生产条件。

2. 尽量减少基建工程量和土方工程量

露天矿出入沟沟口位置的确定、工业广场的布置、运输干线的修筑等，应力求其土方工程量最少。在确定出入沟沟口位置时，不仅要考虑地形及地质条件，还要考虑总体布置。综合考虑各种地面设施的场地标高，充分利用地形条件，以减少基建工程量及其土方工程量。保证工业广场内建筑物和构筑物具有紧凑性，使建筑物美观，工程管线、汽车公路和铁路的长度最短。

3. 具有增加生产能力的可能性

在布置工业广场及确定地面设施时，应留有一定的余地，使露天矿有扩大生产的可能性，特别对于工业储量大，生产年限长的露天矿更应如此。

4. 合理地选择排土场的位置

选择排土场位置时，应充分考虑以下因素：离采场近，以减少土岩的运距，但又不能离边帮太近，以减少对采场边帮的压力；与出入沟沟口的高差小，以减少运距及克服高差所消耗的能量；保证有足够的排土容积和排土场的稳定性；尽量利用山谷荒地，少占农田，特别是良田；防止环境污染等。

5. 实现土地复原，保护生态平衡并防止环境污染

选择排土场时，不但要尽量节约用地，而且要在占地区域内（尤其是采场和排土场）保证日后有土地复原或造林，以及保持原有的生态平衡的可能性。在一切可能的地方都要种树和种草，防止环境污染和土地沙化，以保持良好的生活条件。

6. 保证居民区有良好的保健卫生条件

选择居民区的位置时，应考虑主风向和人员进入工业广场的流向，将居民区布置在采场、排土场主风向的上方，并尽可能地将工业广场的运输干线与生活区的运输干线结合起来。

7. 做好闭坑规划

提前做好露天矿闭坑后整体规划及安排，保证露天矿闭坑后土地的利用价值。

8. 因地制宜、因时制宜，做好总平面布置工作

布置中要尊重当地居民的传统习惯，保护好重要的文物和风景区，要根据国家的经济条件，坚持勤俭办企业的良好作风。

以上是总平面布置的主要原则和要求。在这些原则和要求中，有的可能互相矛盾，因此必须全面分析，综合考虑，突出重点，有所侧重。

第二节　地面生产系统和地面设施平面布置

一、地面生产系统

露天矿典型的地面生产系统，如图 12－1 所示。

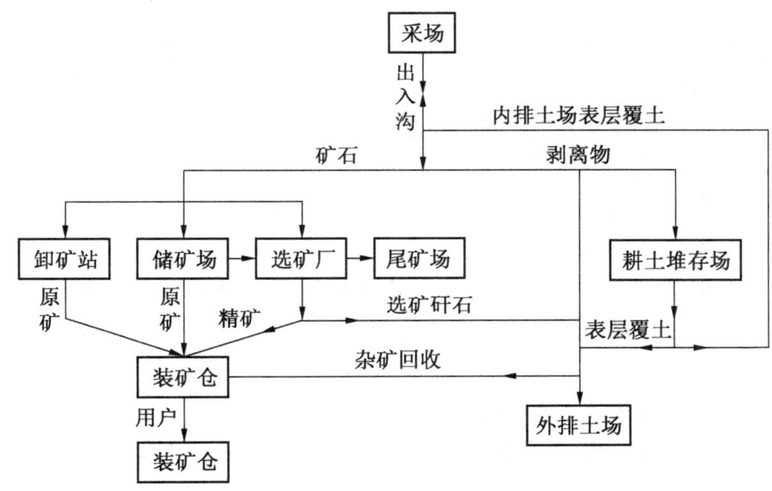

图 12－1　露天矿典型地面生产系统图

1. 露天矿的剥离生产系统

由于剥离量通常远比采矿量大，设计时必须注意以下两点。

(1) 耕土堆存场是直接为外排土场及内排土场表层覆土造田服务的，必须便于耕土的取装作业。耕土比较粘湿，与其他剥离物的性质有较大的区别，可能需要单独选用一套适应粘湿料的设备。

(2) 外排土场要有储存选矿场运输来的矸石的能力，同时，要尽量考虑杂矿回收。某些露天煤矿都在外排土场设置了杂煤线，利用闲散劳力多选杂煤，数量相当可观，每年可回收煤炭 5 万~6 万 t，甚至高达数十万吨。

2. 露天矿的矿石地面生产系统

基本上可分为两大类：一类是原矿直接外运的，另一类是需要经过加工或洗选的。不用加工或洗选的原矿可以经卸矿站卸入装车仓外运，也可以先运倒储矿场再入装车仓外

运。需经加工或洗选的原矿可以直接运入选矿厂，也可以先运到储矿场再入选矿厂加工。储矿场在两种情况下都起着重要的调节作用。

地面生产系统是露天矿平面布置的主体，露天矿应以此为中心安排好动力供应，机修杂作业等辅助系统及有关的地面设施。

二、地面设施平面布置

露天矿的地面设施很多，这里仅择其大者进行简要的说明。

1. 选矿厂

选矿厂可以单独为露天矿服务，也可以为几个露天矿或矿井同时服务。选矿厂的位置应根据它所服务的露天矿或矿井的位置来选定。在大多数情况下，露天矿的选矿厂都是单独建设的。

选矿厂根据所选矿石性质可以采用各种不同的选矿工艺流程以及相应的设备。一般说来，选矿厂拥有：①粗碎间；②手选间；③中、细碎间；④筛分间；⑤主厂房；⑥浓缩池；⑦尾矿场；⑧精矿仓；⑨主泵房及水池；⑩压气站；⑪厂变电所；⑫化验室；⑬油库；⑭材料库；⑮机修间；⑯电修间；⑰锅炉房；⑱厂部、食堂、浴室等。

可见，选矿厂本身就是一个相当复杂而庞大的企业。厂内各部分同样存在一个合理布局的问题，这将在选矿课程中讨论。此处仅讨论选矿厂的厂址选择。

选矿厂的任务是接受采场来的原矿，将选后的精矿装车外运。为了减少转载环节，选矿厂应选在装车站附近，有较平缓的山坡以利于布置阶梯式车间，且工程地质良好而又便于与采场和外排土场联系的地点。

选矿厂靠近装车站，可使精矿出厂直接装车外运而无须另行转载运输。另一方面，选矿厂设在出入沟口附近，则可以减少原矿的运距。当两者无法同时实施时，以靠近装车站设选矿厂为宜。

由于选矿厂的粉尘及废水对环境有较大的污染，除了在厂区范围内设计降尘及污水净化装置以外，选择厂址时，应避免对生活区和重要生产区的产生危害。

2. 机修厂

露天矿机修厂一般担负全矿穿孔、采装、运输、排土、电气等设备的年修以下的修理任务。

一般拥有：①锻铆车间；②金工车间；③装配车间；④电修车间等。

机修厂的厂址应便于配件运输。一般选在便于与铁道或公路联络且厂内噪声又不致干扰其他设施的地点。条件允许时，应靠近总材料库及机车车辆修理厂。有的采用铁道运输的露天矿将机修厂与机车车辆修理厂合并建厂，便于集中管理。

3. 机车车辆修理厂

采用铁道运输的露天矿，需设置机车车辆修理厂。它的任务是负责全矿的电机车和自翻车的检修工作。当杂作业的蒸汽机车超过 7 台时，可增设洗修库，15 台以上时可增设架修库。在蒸汽机车台数不足时，一般委托附近铁道部门所属的机务段承担定期检修任务。

机车车辆修理厂拥有：①机车库；②车辆库；③电修间；④机车修理间；⑤车辆修理间；⑥金工间；⑦锻工间；⑧铜焊间；⑨木工间；⑩工具间；⑪漆工间；⑫烘砂间以及必要的管理设施和生活设施。当担负蒸汽机车的检修时，应增设煤台、水鹤、灰坑等整备设施。

机车车辆修理厂应设在露天出入沟口附近的平坦场地上。整个厂区应便于铺设铁道，并有足够的长度。宜靠近总材料库，以利材料的运送。当机车车辆数量较少时，可与机修厂合并建设。这时的机修厂选址应满足机车车辆出入厂铁路的铺设要求。机车车辆厂噪声较大，选厂时应注意噪声对环境的影响问题。

4. 汽车修理设施

汽车修理设施根据所承担的修理项目和工作量来确定。对于非汽车运输的矿山，一般只有少量的普通汽车，其保养及小修可在车库内进行，不必设置专门的汽车修理设施，而汽车的大中修一般采用外委。对于汽车运输的矿山，生产用车不仅载重量大，数量也很多，应根据汽车数量及运输量大小，设置汽车修理设施。通常分保养与修理两类：保养场一般设在工业广场内或靠近采场的独立场地。当汽车少于50台时，也可考虑与修理设施集中设置。

汽车修理设施一般拥有：①车库；②洗车站；③停车场；④保修间；⑤油库及加油站；⑥备品库；⑦检验室；⑧变电所；⑨锅炉房；⑩泵房；⑪空压机房；以及办公室与生活间等。汽车以及其他轮式设备的轮胎翻新与补修则以外委为宜。所有汽车及上述其他设备的检修，推荐采用总成更换修理法。备品配件尽量采用订购厂家产品，矿山不新制汽车零件，这样可以充分保证检修质量，成本也较低。

5. 总材料库

总材料库负责矿区需要的一切材料（除油库及木材单独设库外）的保管和发放任务。它由若干个分库（或隔间）组成。一般包括：①设备分库；②备件分库；③金属材料分库；④水泥分库；⑤橡胶制品分库；⑥化学品分库；⑦工具分库；⑧劳保用品分库；⑨油料分库；⑩建材分库等。根据存放物料的性质和要求，可建库房或敞棚。

露天矿生产中所需材料数量大、品种多，一般均由铁路运送，所以要求总材料库建在距铁路车站（如卸矿站或装车站）附近。为了材料出入库方便，多采用高站台低货位形式，库房建在高台之上，一侧停靠铁路车辆，另一侧可进出汽车。

各种库房（棚）的面积，需根据存放物料的消耗量、来货条件及存放期限等因素确定。其中油料分库常单独建库；化学品有爆炸或燃烧危险时，也以单独建库为宜；水泥库扬尘较大，与其他库房需要保持一定距离或采取分隔措施。

6. 总火药库

总火药库是贮存与发放爆破材料的库区。药库由下列部分组成：①炸药库；②雷管库；③发放间；④消防水池；⑤警卫室（空箱室）；⑥办公室；⑦土堤及围墙（或刺网）；⑧装卸站台；⑨供电、照明、通信及防雷设施。

总火药库的库容设计要遵循有关规定。库址应严格符合安全要求，同时必须严格按照审批制度获得批准。总火药库的型式，平原地区一般采用地面式；山区或有地形可利用时，可用硐室式，但需有防潮通风措施。

总火药库一般选在离采场有一定距离，而且不穿越居住区，又便于供水供电的山凹中。库区要求工程地质好，地下水位低，不受山洪或泥石流威胁，并应有良好的地面排水系统。

7. 中央变电所

中央变电所的任务是把电源送来的高压电（35 kV 以上）降压为 6 kV 的交流电，分别输往采场、各牵引变流所或经其他地面变电所（亭）再送至用户。

中央变电所应设有变压器、配电装置、保护装置及值班室，其中有些设备可设在户外。当露天矿范围很大时，也可在露天矿两帮各设一座中央变电所，以保证供电质量也可以减少架空输电线路。

中央变电所应尽量设在全矿的负荷中心，距离露天矿境界不小于 200 m，地势较高而干燥，外部进线与出线有足够的走廊宽度的地方。

中央变电所本身不存在污染源，但要求具有清洁、安静的环境。为此，宜设在没有腐蚀性气体、粉尘及水雾的设施最小风频的下风侧。

牵引变流所应设在直流负荷中心，牵引变流所的座数根据电压及馈电半径来确定。当采用 1500V 电压时，最大馈电半径可达 7~10 km。

8. 木材场

木材场是堆存和加工全矿建筑与生产用的木材的场所。包括堆垛及木材加工车间。由于原木通常采用铁路运输，木材场宜设在铁路线附近。地形允许时可与总仓库或机修厂呈纵向排列，这样可以共用铁路支线。木材场应便于与居住区联系，但要防止噪声影响。

9. 污水处理设施

一般应在工业场地及居住区设有生产和生活的污水处理厂。当选矿场采用浮选工艺时，在尾矿场附近设置污水处理设施，将尾矿水处理后排入天然水体。如尾矿水需回收利用，也可设在选矿厂附近。

10. 居住区及矿部

居住区是单身宿舍、家属住宅、矿部及生活服务商业网点的总称，它是全矿人口最密集的地区。露天矿范围较广时，居住区也可以分散布置，如排土场居住区、选矿厂居住区等。无论分散布置或集中布置，各居住区一般都由以下几部分组成，即居住区、公共建筑区、道路与广场以及绿化与运动场等。

居住区规模应按居民总数设计，区内应布置一套规模与当地居民生活需要相适应的公共福利设施，并与整个矿区周围的环境相协调。

居住区以往多选在距采场及地面设施集中地区不超过 2.5 km 的范围内，以便于职工徒步或自行车上下班。也可以把居住区设在远离作业区的适当地点，这样既可以使居住区免受污染，又可以使生产与生活分离开，但需增设通勤车辆。二者各有利弊。

居住区的一般规模为 2 万~3 万人，特大可达 4 万~6 万人。当居住区规模较大时，需单独设计规划。居住区的规划方式有两类：一是将居住区划为若干小区，每个小区又分为若干住宅组。二是直接划分住宅组。前者适于较大的居住区，后者适于较小的居住区。居住区规划时，除了注意必需的公共建筑用地（如学校、医院、幼儿园等）外，必须留有一定的发展余地。

矿部是全矿的行政管理和生产指挥机关，原则上应按作业区就近布置，也可与居住区统一安排，但宜单独成院，以保持较为安静的工作环境。工区一级的办公室与交接班室，一般就近分散布置，有的也可与矿部合在一起。

三、地面运输与管线配置

（一）地面运输

地面运输的任务，是实现露天矿对外的运输联络及保证露天矿内部各地面设施之间的联络。露天矿地面运输的主要方式是铁路、公路和带式输送机，其中以公路运输应用最为广泛。铁路运输在我国则是矿石外运的主要方式，但在矿区内部应用较少。带式输送机主要用于带式输送机开拓运输系统或选矿厂与装车站之间的联络；当设置“坑口电站”时，则应考虑从露天矿采场直接用带式输送机向“坑口电站”供煤，因为这将是最经济的外运方式。

1. 铁路

用铁路外运矿石的方式，根据国有铁路干线接轨站的距离（即矿山专用线的长度），矿石运量以及与铁路部门协商的取送车方式来确定。一般可分为三种类型：

（1）集配站方式，如图 12－2 所示。

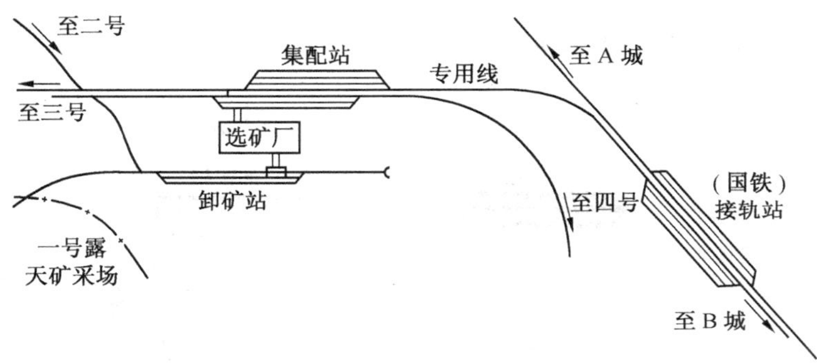

图 12－2 集配站方式示意图

这种方式的特点是，矿区除该露天矿外，还有其他露天矿或矿井，运输量较大，距国铁干线较远。这时一般在矿区内靠近产量最大的露天矿或选矿厂设置集配站。所谓“集配”就是集结重车分配空车的意思。集配站除了担负主要露天矿或选矿厂所产精矿的装车任务外，还要接受其他矿井或露天矿运来的重车。集结到一定数量后，编组成国铁干线的列车，经矿区专用线发往国铁接轨站。列车在接轨站上不需要进行解体编组作业，即可发往用户。集配站连接方向多、作业多（装车作业与编组作业）、配线多、占地广，但较大程度减轻了接轨站的负担，只要增设一个接发车的线群就可以满足要求。因此，这也是接轨站所在区段作业繁忙时常采用的一种方式。

（2）装车站方式，如图 12－3 所示。

这种方式的特点是，矿山只设装车站，国铁采用送空取重方式，重车的编组在国铁接轨站上进行，为此接轨站上要设置编组车场。采用这种方式的条件是，露天矿（或选矿厂）距国铁接轨站较远，但矿区受地形条件限制，难以设置编组列车所需的庞大线群或专用线坡度超过国铁限坡，而接轨站作业又不是很繁忙。这时，露天矿的矿石经矿山站与剥离列车分流后，到卸矿站卸载，经破碎选矿后装车，满载矿石的重车经专用线拉到接轨站编组车场编组成国铁列车后，发往用户。

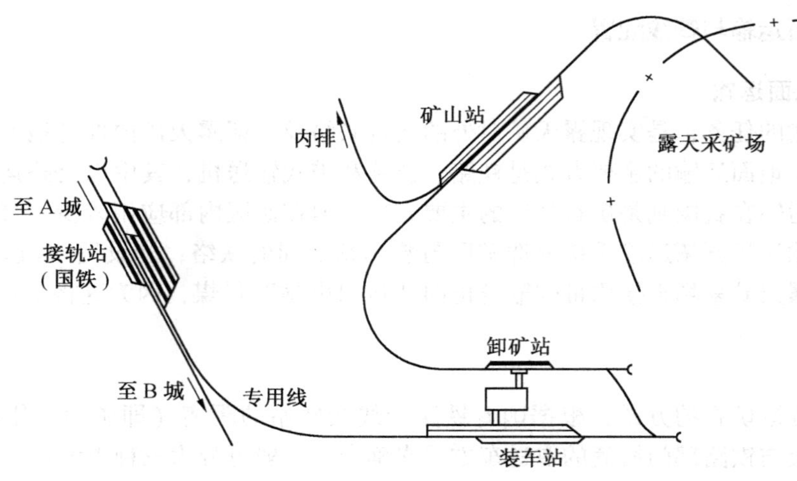

图 12－3 装车站方式示意图

（3）接轨站方式，如图 12－4 所示。

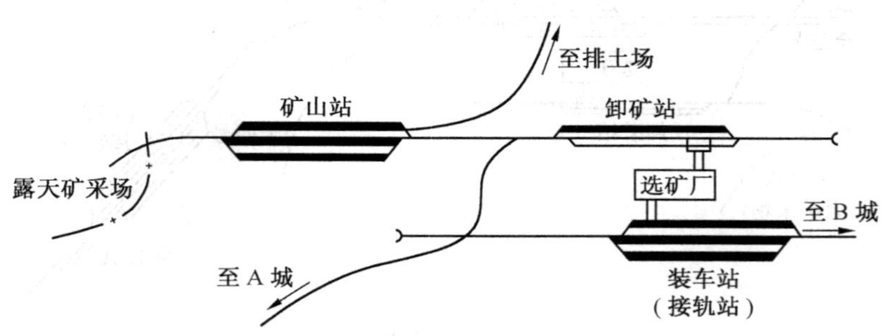

图 12－4 接轨站方式示意图

这种方式的特点是，矿山不设装车站，装车作业直接在国铁接轨站进行。显然，只有当矿山规模较小、距国铁较近时，才可能采用这种方式。为了交接过秤检验等工作的方便，往往在接轨站上将装车线群单独设置。

应当指出，有无选矿厂对以上三种类型不会有原则性的影响。另外，装车站与卸车站之间的联络线是必要的，它是国铁机车车辆与矿山机车车辆联络的通道。矿山车站股道的有效长，应与接轨站股道的有效长相适应，这一点在设计矿山车站时，应予注意。

所有矿山地面铁路干线，应符合《工业企业标准轨距铁路设计规范》的规定。接轨站的设置，必须与铁路部门协商并取得许可后方可实施。

2. 道路

露天矿不论采用何种运输方式，道路都有着联络各种地面设施以及矿区对外联络的重要作用，但运用道路将矿石运往用户的矿山是比较少的，常用的方式是通过道路将矿石运往选矿厂，选后的精矿经铁路装车外运。我国有些小型露天煤矿，在产量不大而原煤可以满足用户要求的情况下，也有用汽车进入采场装煤，直接运往用户。

露天矿地面道路应做到四通八达，所有的地面设施，包括比较偏远的总火药库、采石场等，都要有道路相通，其中有些道路标准较低，运量较小。就用途和重要性而言，可以将地面道路分为4类。

（1）主干道。包括全矿性的主要干道、矿区对外联系的干道、矿部至选矿厂以及贯穿整个居住区的干道等。主干道要求能满足各种类型车辆的行驶条件及较大的运量。当主干道与职工上下班的路线相同时，应考虑人行及自行车的需要。

（2）次干道。包括通往总材料库、木材场、汽车修理设施、中央变电所的道路以及选矿厂、机修厂内各主要车间之间的道路、居住小区间的次一级干道等。次干道一般通行以大中型通用车辆为主的通用车辆，交通量少于主干道。

（3）辅助道路。包括通往总火药库、采石场等偏远设施的道路以及通往储矿场、泵站和高位水池等设施的道路和专用消防道路等。辅助道路一般车辆和行人都比较少，有些是不经常通车的道路。

（4）车间引道。各种出入车辆的车间、仓库等建筑物大门与其他道路相连接的道路。

露天矿地面道路除了采场和排土场内部的道路属于临时性道路外，其余道路均应符合《厂矿道路设计规范》的相关规定。根据《煤炭工业矿井设计规范》规定，一般矿区道路采用厂外三级和四级公路的技术标准，但路基和路面宽度，可根据需要适当加宽。

露天矿地面的主干道及次干道，在居住区内均应采用城市型道路，其他均用郊区型道路。城市型道路与郊区型道路的主要区别在于前者设路侧石、人行道及暗沟排水；后者不设路侧石而设路肩，明沟排水（图12－5）。

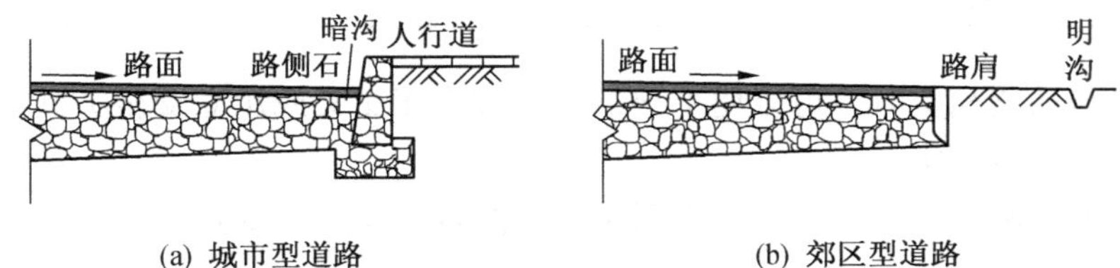

(a) 城市型道路　　(b) 郊区型道路

图12－5　道路型式

露天矿各级道路的路面宽度参照表12－1选用。

表12－1　路　面　宽　度　　m

车辆类型	计算车宽	单车道		双车道		
		一、二级	三级	一级	二级	三级
QD-351	2.5	4.5	4.0	7.5	7.0	6.5
BJ-371	3.0	5.0	4.5	9.5	9.0	8.0
SH-380	3.5	6.0	5.0	11.0	10.5	9.5
LN-392	4.5	7.5	6.5	13.5	13.0	12.0
SF-3100	6.0	10.0	9.0	18.0	17.0	16.0
WABCO-170	7.0	12.0	10.0	21.5	20.5	19.0

注：当一级道路需用三车道时，其宽度可按一个双车道宽度加一个单车道宽度计算。

道路的路肩宽参照表12－2选用。

表 12-2 路 肩 宽 度 m

计算车宽	2.5	3.0	3.5	4.5	6.0	7.0
挖方	0.5	0.5	0.75	1.0	1.25	1.5
填方	1.0	1.25	1.5	1.75	2.0	2.5

需要考虑自行车道的道路，应加宽路面，自行车往返各一辆并行时，加宽 3 m，往返各两辆并行时，加宽 5 m，往返各三辆并行时，加宽 7 m。居住区道路应设置 1.5~4.0 m 宽的人行道。商业区地段应适当加宽。同时也应考虑绿化带，以减少噪声等污染。单排行道树宽 1.25~2.0 m，双排行道树宽 2.25~5.0 m。

地面道路穿越厂区时，路边距构筑物的最小距离参照表 12-3 的规定。

表 12-3 路边距构筑物最小距离

构筑物特征	最小距离/m
围墙及无入口的建筑物外墙面	1.5
有汽车入口但无引道的建筑物外墙面	3
有汽车入口，有单车引道的建筑物外墙面	9
站台边	3
准轨铁路中心线	3.75
窄轨铁路中心线	3

地面道路与铁路相交时，可以用平交道口方式平面交叉或用立交桥方式立体交叉，视两者的运输繁忙程度而定。

设计地面道路网时，应与地面排水系统密切配合，既要保证道路的安全，又要达到地面水系的畅通。

（二）管线布置

1. 管线种类及用途

一般露天矿（包括煤矿、冶金矿山、化工矿山、非金属矿山）矿区（包括露天采场周围、矿山工业场地、选煤厂、破碎筛分厂、选矿厂、小型矿山化工厂等）常用的主要工程管线种类及其用途如下。

给水管：供给矿区生产、生活及消防用水的管道。

排水管：排除厂区内雨水、生产生活污水以及深凹露天采场内积水等的管道。

供电线：供生产动力与照明用电。

热力管：供生产与生活用的蒸汽、热水的管道。

压缩空气管：供锻锤、冲压机及采场凿岩等作业用的压气管道。

氧气、乙炔管：供切割与焊接作业用的氧气与乙炔的管道。

煤气管：供生产及生活用煤气的管道。

矿浆管：选矿厂生产工艺流程中输送或排放矿浆的管道。

循环水管：选煤厂、选矿厂生产用水的循环使用管。

弱电线：通信、广播及闭路电视传导线。

其他管线：根据厂（矿）性质及规模而配置的各种其他管线。如输油管、天然气管等。

2. 管线综合及布置原则

1）管线综合

管线综合就是把各种管线在总平面图上进行综合汇总工作。根据管线敷设条件、敷设方式，合理安排各管线，使管线间及管线与建（构）筑物之间在平面和竖向布置上互相协调，并能满足管线施工、检修方便、安全生产以及节约土地等要求。

2）管线布置原则

（1）各种管线宜呈直线敷设，并与道路、建筑物的轴线及相邻的管线相平行。干线宜布置在靠近主要用户及支线较多的一边，尽量使管线短捷。

（2）尽量减少管线之间以及管线与运输道路的相互交叉。当交叉时，一般宜采用直角交叉，若条件不允许，两者交叉角不宜小于45°，并应根据需要采取必要的防护措施。

（3）管线有突出的附属构筑物（如补偿器、检查井、膨胀圈等）时应相互交错布置，避免冲突或加大管线间距，并可利用建（构）筑物突出部分的两侧空地安排管线中突出的附属构筑物，避免加大管线与建（构）筑物的间距。

（4）尽量避开填土较高和土质不良地段。在沿山坡或高差较大的边坡布置管线时，要注意边坡稳定和防止冲刷，结合具体情况采取有效的防护加固措施。

（5）经过采矿场区的管线，一般应布置在露天矿采场爆破危险界限以外地带。直接进入露天采场的地上管线（如压气管、排水管）应尽量避开爆破方向的正面。

（6）布置地上管线时，应考虑以下要求：

①除煤气管道、生产生活下水管道以及输送有毒害、易燃易爆、发臭物质的管道不应沿地面敷设外，其他管线均可沿地面敷设。

②除消防用水管道、生产生活污水管道、雨水管道不能架空敷设外，其他管线均可架空敷设。

③沿地面敷设或架空敷设的地上管线不得敷设在有其他地下管线之上，不应影响交通运输及人行，不妨碍建筑物的自然采光和通风，并避免管线可能受到机械损伤。

④地上管线较多时，尽可能共架（共杆）布置。但电信线路一般不应与电力输电线路共杆架设。

⑤易燃、可燃液体及可燃气体管道不宜敷设在与其无生产联系的建筑物内、外墙或屋顶上，不得穿越或靠近可燃材料的结构（如墙、柱、支架、屋顶等），不得穿越可燃、易燃材料堆场。

⑥煤气管道严禁沿输电线路下面敷设，同时在煤气管道上面严禁贮存堆放易燃、易爆物品，不应布置在有人停留和操作的建筑物（如办公室、休息室、生活福利设施、汽车站等）内。

⑦氧气管道不宜与燃料油管道敷设在一起，不宜穿过与其无生产联系的车间及建筑物。

⑧引入厂区的高压电力架空线路应尽可能沿厂区边缘布置，并尽量减少引入厂区的长度，尽量不跨越建筑物；与厂内无关的高压电力架空线路一般不应穿越厂区架设。

（7）布置地下管线时，应考虑以下要求：

①地下管线一般不应平行布置在建（构）筑物的基础压力范围之内和铁路、道路行车路面下；在特殊情况下，可将不经常检修、埋设深度较大的管道（如雨水管道）布置在道路的行车路面下。

②合理排列各种地下管线的位置，一般可按管线的埋设深度自建筑物基础向道路由浅至深的顺序排列，如：通信电缆、电力电缆、热力管道与压缩空气管道、煤气管道、氧气管道、乙炔管道、上水管道、雨水管道及工业污水管道等。并同时考虑管道用途及相互关系：雨水下水管道应尽量布置在道路旁；带有消火栓的上水管道应沿道路敷设；直流电力电缆不应与其他金属管靠近；排送剧毒和有腐蚀性介质的管道应尽量远离生活饮用上水管道。

③在管线较多、场地比较狭窄的地段，应尽量采用共沟（或同槽）敷设，但要注意管线性质及其埋设深度是否相近，有无互相干扰等问题，合理安排共沟（同槽）管线的种类及其相互位置。

④直接埋地的管线一般不得重叠敷设，只在改、扩建工程中特殊情况下的局部地段可考虑管线的重叠敷设。重叠敷设的地段，应把检修多、埋设浅、管径小的敷设在上面，把有污染的管道敷设在下面，管线之间的垂直净距应满足维护检修的要求，并尽量使重叠敷设的地段最短。

⑤地下管线的敷设应考虑对地面绿化的影响，一般不在乔木、灌木带下方布置管道。管道靠近绿化树木时，应符合其最小防护距离的规定。只有给水管及排水管允许布置在灌木丛下。

（8）管线综合过程中，对管线之间的矛盾问题（如交叉碰撞、集中拥挤、互相干扰等），一般应按以下原则处理：

①永久性的优先于临时性的；

②管径大的优先于管径小的；

③不可弯曲或难弯曲的优先于可以弯曲的；

④自流的优先于有压力的；

⑤施工工程量大的优先于施工工程量小的；

⑥原有的优先于新设计的。

地上地下管线至建（构）筑物的最小水平净距应符合表12-4、表12-5的规定。

表12-4 地上管线与构筑物的最小水平净距

构筑物名称			水平净距/m
至建筑物外墙或突出部分	有汽车通行要求时		6
	有汽车转弯换向要求时		12
	仅考虑人行要求时	有门窗	3
		无门窗	1.5
铁路	中心线		3.8
	边沟边缘		1
道路	城市型道路路面边缘		1
	郊区型道路边沟或路肩边缘		1
人行道			1

表 12－4（续）

构筑物名称	水平净距/m
围墙	1
通信、照明杆柱	1
地下管沟外壁	2

表 12－5　地下管线与构筑物间的最小净距离

名称		上水管/m	污水管/m	热力管（沟）/m	煤气管 压力/MPa				易燃及可燃液体管/m	乙炔管氧气管/m	压缩空气管/m	电力电缆/m	电信电缆/m	电信电缆管道/m
					<0.005	0.005~0.3	0.301~0.6	0.6~1.2						
铁路	中心线	3.8	3.8	3.8	3.8	4.8	7.8	10.8	3.8	3.8	3.8	3.8	3.8	3.8
	路堤坡脚	5.0	5.0											
	路堑坡顶	10.0	5.0											
道路	路侧石边缘	1.5	1.5	1.5	1.5	1.5	1.5	1.5	1.5	1.5	1.5	1.5	1.0	1.0
	边沟边缘	1.0	1.0	1.0	1.0	1.0	1.0	1.0	1.0	1.0	1.0	1.0	1.0	1.0
建筑物基础外缘		3~5	2.5~3	2.0	2.0	4.0	7.0	10.0	3.0	1.5（2.5）	1.5	1.0	1.5	1.5
管道支架基础外缘		2.0	2.0	2.0	1.0	1.0	1.0	1.0	2.0	1.0	1.0	1.0	1.0	1.0
综合管沟边缘		3~5	3.0	2.0	3.0	5.0	7.0	10.0	2.0	3.0（5.0）	2.0	1.0	1.0	1.0
围墙		1.5	1.5	1.5	1.5	1.5	1.5	1.5	1.5	1.5	1.0	1.0	1.0	1.0
乔木中心		1.5	1.5~2.0	2.0	2.0	2.0	2.0	2.0	2.0	1.6	2.0	2.0	2.0	1.0
灌木		不限	不限	2.0	不规定	不规定	不规定	不规定	2.0	1.0	1.0	0.5	1.0	1.0

第三节　竖向布置与排水

一、竖向布置的任务

竖向布置是总平面布置中的重要环节。在地面设施及道路管线系统的平面位置关系基本确定后，即应着手竖向布置。主要任务如下。

（1）结合地形及工艺要求，设计竖向布置的原则系统和相互衔接与交叉关系。

（2）确定地面设施的建（构）筑物、室外场坪的标高以及它们之间的铁路、道路、水沟的坡度。

(3) 设计地面的排水系统，在确保场地安全的前提下，合理确定该排水构筑物的位置及型式。

(4) 设计土石方的调配方案，计算土石方工程量。

二、竖向布置系统

根据矿区地形特征，可以分为平缓式系统、台阶式系统和分区式系统 3 类。

1. 平缓式系统

平缓式系统适用于平原地区的矿山，地面自然坡度小于 4%，主要地面设施的场坪标高相近，既利于运输联络，又利于排水，土石方工程量往往也不大。在这种条件下，竖向布置所引起的排水构筑物和支挡工程都比较少这是最有利的情况。

2. 台阶式系统

当地面自然坡度大于 4%，或地面设施之间的地形比高较大时，各地面设施的场坪标高可设计成台阶式，以减少土石方工程量，这是在山区和半山区常见的情形。如选矿厂或装车站，就可以利用台阶式地面来布置厂区。这样不仅满足工艺要求，还可以节省大量的运营费用。台阶之间的联络道路（或铁路）必须符合规范的要求。这种系统将会引起较多的支挡工程，但缩短了胶带走廊的长度。图 12－6 是露天矿选矿厂从受矿到装车的工艺系统。图 12－6a 利用山坡布置，虽增设了挡土墙，但从粗碎间到主厂房和主厂房到矿仓的胶带走廊都比较短；图 12－6b 是平地建厂，不仅胶带走廊加长，卸矿线还要堆筑起来以形成卸料所需的高差。显然，利用地形特征进行竖向布置的图 12－6a 是比较合理的。

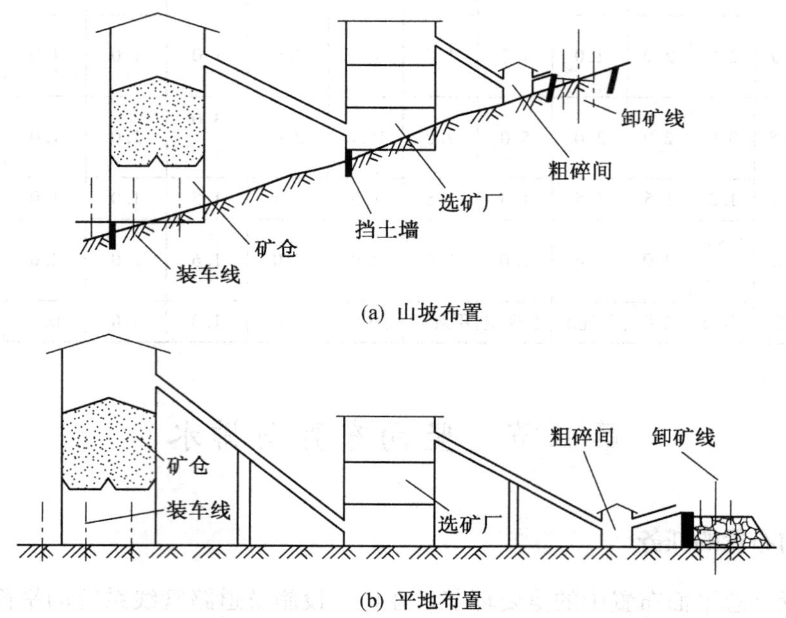

(a) 山坡布置

(b) 平地布置

图 12－6 两种典型布置的对比图

3. 分区式系统

在地形起落很大、难于找出平缓地带来布置地面设施的丘陵或山区，可以将地面设施分为几区，如选矿厂区、机修厂区、居住区、排土场区等。分区内的地形尽量满足工艺需要，分区之间也应适应运输要求，这就可以避免“强求一致”所带来的大量填挖工程。由于露天矿地面的条件一般都比较复杂，平缓地带又以耕地居多，不宜占用，故往往采用分区式系统来进行竖向布置。

无论哪种竖向布置系统，都应做到下列几点要求。

（1）设计的边坡应符合土岩稳定的要求。

（2）土石方工程量小，构筑物工程量小。

（3）避免高填深挖，避开工程地质不良地段，避免造成滑坡、坍方、泥石流等。

（4）利于地表水的排泄，尤其是采用平缓式竖向布置系统时，要保证不受洪水威胁。按规范要求，地面设施的场坪标高应在最高洪水位以上 0.5~1 m。

（5）建筑物有良好的通风、采光条件。

（6）建筑物之间的材料运输与人员通行方便。

三、场坪标高

确定地面设施的场坪标高，是竖向布置的一项重要任务。对于露天矿而言，首先应明确以排土场最终标高和装车站、卸矿站标高为主，结合采矿生产确定出入沟口的标高，进而确定其他设施的场坪标高。

排土场的最终标高是根据露天矿的外排量以及地面干线的展线来确定的。当展线有困难时，要采取折返或迂回等措施来保证外排量的需要。

装车站的标高与矿石外运系统、专用线长度及地形条件密切相关。当地面设置选矿厂或其他矿石加工设施时，装车站还受选矿厂所需场地大小的限制。装车站标高确定之后，就可以根据设计的工艺流程来推算卸矿站理论标高，并结合出入沟口标高，校验卸矿站与出入沟口运输联络的可能性。

采用铁道运输时，卸矿站与装车站之间一般有铁路线相通，以便矿用机车车辆进入国铁系统。虽然这种联络线是很少使用，但却是必要的。总的看来，卸矿站至采场的线路，主要是矿山专用机车车辆行驶，而装车站至接轨站的线路，则主要是国铁机车车辆行驶。基于这一点，凡与国铁关系较大的设施，如总材料库、木材场等应主要考虑与装车站联系。

各地面设施的场坪标高，应满足运输、安全和土方量少的要求。同时，为了地面排水的需要，各类场坪宜建成不小于5%的横坡。地形为单向倾斜时，自然坡度与平整坡度有以下关系（图 12－7）：

$$H_{填} + H_{挖} = H - \Delta H = \frac{B(i_{自} - i_{平})}{1000} \tag{12-1}$$

式中　$H_{填}$——最大填方高度，m；

$H_{挖}$——最大挖方深度，m；

B——场坪宽度，m；

$i_{自}$——自然地形坡度，‰；

$i_{平}$——平整地形坡度，一般采用 2‰~20‰。

考虑到挖方的土壤有松散膨胀的特性，建（构）筑物所挖基槽回填后也会产生余土，

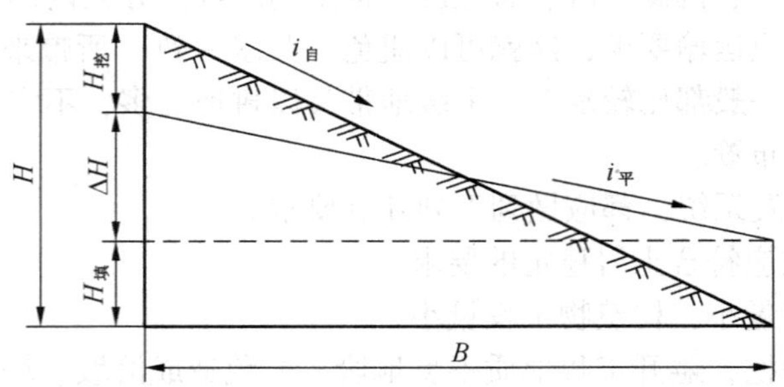

图 12－7 场地整平时坡度关系图

为了尽量达到挖填平衡，减少向场外弃土和从外部取土，将挖方量乘以 0.75～0.8 的系数，因此，土方平衡的条件成为

$$H_{挖}=(0.75\sim0.8)H_{填}$$

代入上式得：

$$H_{填}=\frac{B(i_{自}-i_{平})}{1750\sim1800} \tag{12-2}$$

实际工作中，场坪标高多采用经验估算法来确定。首先根据地形特征、工艺和排水等要求，初步估计一个场坪标高，按此进行土方计算。若计算结果填挖相差较大，再调整标高，调整高度可按下式计算：

$$\Delta h=\frac{Q_{填}-Q_{挖}}{F_{总}} \tag{12-3}$$

式中 Δh——调整高度，负值表示应提高平均标高，正值表示应降低平均标高，m；

$Q_{填}$、$Q_{挖}$——填方总量和挖方总量，m^3；

$F_{总}$——场坪总面积，m^2。

场坪标高调整后，应注意修正土方量。

四、土方计算和调配

这是一项细致而烦琐的工作。通常在编制施工图或施工组织设计时进行，在初步设计中，仅进行粗略的估算。土方计算方法以方格网法和横断面法较为常用。横断面法适用于地形变化较大的地段，进行步骤与铁路、公路的计算相同。也可将地形资料输入计算机进行土方量计算。这里着重说明方格网法，具体步骤如下。

（1）按地形条件，将场地分为 20～40 m 见方的方格，划分方格时尽量采取与厂区或地形等高线平行或垂直方向。

（2）在方格四角注明自然地面标高和设计标高，并算出填挖高度。

（3）标出零点，连接零点，分出填挖界线。

（4）分别计算每一方格的填挖方量标注在方格内。

（5）计算填挖总和。

每一个方格的四角挖填不同，计算方法也不同，可按表 12－6 进行计算。

除以上土方量外，还应考虑建筑基槽、地下室、围墙基础、管线地沟、线路及道路路基、耕土层剥离等项的余土量。最后，在方格网的基础上制定土方调配计划图，作为施工的依据。

表 12-6　土方计算图式

序号	填挖情况	图式	计算公式
1	零点线计算	+h_1 a +h_2 F_1 a F_3 −h_3 −h_4	$F_1=a\times\frac{h_1}{h_1+h_3}$，$F_3=a\times\frac{h_3}{h_1+h_3}$
2	四点全为填方或挖方时	+h_1 a +h_2 +V a +h_3 +h_4	$+V=\frac{a^2}{4}\times(h_1+h_2+h_3+h_4)$
3	二点填方、二点挖方时	+h_1 a +h_2 +V a −V −h_3 −h_4	$+V=\frac{a^2}{4}\times\frac{(h_1+h_2)^2}{(h_1+h_2+h_3+h_4)}$，$-V=\frac{a^2}{4}\times\frac{(h_3+h_4)^2}{(h_1+h_2+h_3+h_4)}$
4	三点填方（或挖方），一点挖方（或填方）时	−h_1 a +h_2 −V a +V +h_3 −h_4	$-V=\frac{a^2}{b}\times\frac{h_1^3}{(h_1+h_2)(h_1+h_3)}$ $+V=\frac{a^2}{b}\times(2h_2+2h_3-h_1+h_4)$ + 挖方体积
5	相对两点为填方，余两点为挖方时	+h_1 a −h_2 +V_1 −V a +V_2 −h_3 +h_4	$+V_1=\frac{a^2}{b}\times\frac{h_1^3}{(h_1+h_2)(h_1+h_3)}$，$+V_2=\frac{a^2}{b}\times\frac{h_4^3}{(h_4+h_2)(h_4+h_3)}$， $-V=\frac{a^2}{b}\times(2h_2+2h_3-h_1-h_4)$ + 全部填方体积

注：a—方格边长，m；h_1、h_2、h_3、h_4—方格四角的填挖深高度，m。

五、排水

露天矿地面排水是最重要的系统之一。它的任务不仅是迅速排泄地表水和降低地下水位，更重要的是直接保护采场和主要地面设施的安全。

露天矿地面排水系统应当与采场排水、矿床疏干统筹安排，贯彻以防、拦、截为主，防排结合的原则。除凹陷采场必须用泵排水外，一般均采用沟道自流排水。从全矿的排水系统来看，排水沟可以分为主干排水沟与分支水沟两大类。从功能上可分为截水沟与排水沟；从位置上可分为明沟和暗沟；从结构上可为铺砌排水沟和不铺砌排水沟两种。

主干排水沟将汇集各分支排水沟的水，排泄到矿区以外，一般在采场外围，沿铁路或公路布置，并尽量减少与铁路、公路或地下管线的交叉。干沟的断面和坡度应满足矿区最大暴雨期泄洪的要求。当分支排水沟有污水排出时，应考虑污水处理设施，做到干沟排出矿区时水质符合国家标准。干沟一般采用明沟。

分支排水沟是各个地面设施场坪周围的排水沟，它起着汇集场坪和各建筑物排水并引入干沟的作用。当地下水位较高时，它还应满足降低地下水位的要求。支沟也多用明沟，但当穿越通车或行人密集的地段时，则宜采用暗沟的形式。居住区由于道路多采用城市型街道，排水沟采用暗沟，路旁设雨水井。雨水井间距视道路纵坡而异，一般在 40~100 m 之间（相当于纵坡 0~50‰）。

设计排水系统时，首先要根据矿区地形特征确定主干排水沟总的流向并选好排出矿区的地点，然后结合各地面设施的出水口标高及铁路和公路的填挖方情况来规划主干排水沟。为了防止地表水的壅积，排水沟原则上应低于自然地面，即采用挖沟方式。在受条件限制必须填方时，对填方后山坡一侧的积水应加以处理。

排水沟宜尽量平行于铁路或公路，但实际上交叉是难以避免的。这时应设计便于与线路交叉的排水构筑物，如明沟、暗沟、涵洞、小桥等。

必须严格遵守《环境保护法》，不允许把江河湖海作为污水道和垃圾箱。污水原则上应进行处理后排放。

按照规定，地面排水沟设计的安全高如下：当汇水面积为 1~5 km^2 时，安全高为 0.3~0.5 m；当汇水面积小于 1 km^2 时，安全高为 0.2~0.3 m。当排水沟溢流对地面设施的生产无影响时，安全高可适当较低，但最小安全高不得小于 0.2 m。

排水沟是否铺砌，主要根据流速和落差来确定，当流速超过允许流速时应考虑铺砌，以提高允许流速。当落差较大时可用跌水方式，以缩短铺砌长度。

排水沟的沟底宽度应尽量保持一致，必须变化时应加渐变段，其长度应为 5~20 倍的底宽差。主干排水沟与分支排水沟汇合时，应尽量顺水相交，交汇处应适当铺砌，以防止冲刷。

第四节 露 井 联 采

在一个矿床内，将井工开采和露天开采作为一个整体同时考虑开采设计，这种开采方式称为露井联采。这种联采最初是由于矿区受市场因素及煤质的影响而采取的特殊策略，后来逐渐予以扩大应用；还有一些矿区随着开采深度的增加而不得不实行露天井工联合开采的方法，或者是通过采用露井联采的方式对端帮压煤进行资源再回收等。

露井联合开采，可以优化煤质，提升市场竞争力；有助于提高矿区资源回收率；联合开采中井工矿和露天矿可相互利用原有的基础设施，达到现有资源的充分利用，从而使矿区规模迅速提升，极大地减少投入，节约成本。

国外露天转地下开采的矿山较多，如瑞典的基鲁纳瓦矿、南非的科菲丰坦金刚石矿、加拿大的基德格里克铜矿、苏联的阿巴岗斯基铁矿、澳大利亚的蒙特莱尔铜矿等。芬兰、瑞典、加拿大、澳大利亚等国家对露井联采的研究较为深入，已经形成了一套有效的生产体系。

国内较早由露天转地下开采的矿山主要集中在非煤矿山，包括江苏的凤凰山铁矿、山东的金岭铁矿、甘肃的白银折腰铜矿、江西的良山铁矿、安徽的铜官山铜矿、浙江涅渚铁矿等。尽管煤炭开采与非煤开采矿山的露井联采存在很大的区别，但随着煤炭工业对高产高效和经济效益的要求越来越高，我国部分煤炭矿区已采用了露井联采的开采方式，但还处于初级阶段。

当前国内采用露井联合开采模式的煤矿分布在中煤平朔矿区、平庄西露天矿、胜利东二露天矿等，其中，以平朔矿区露井联合开发模式最具特色。

一、基本概念及分类

矿体延伸较深而覆盖层较薄时，矿床的上部通常用露天开采，而矿床的下部则转为地下开采。联合开采按其生产发展的情况，有三种开采方式：一是全面联合开采，从设计（矿山生产）开始即考虑采用露天与井工同时开采；二是初期采用露天开采，生产若干年后转为地下开采，在露天转地下开采过渡时期的联合开采；三是初期采用地下开采，但因地下开采损失大或存在内因火灾等情况而转为露天开采，在地下开采转露天开采过渡时期的联合开采。

按国内外矿山联合开采的时序关系，露天与井工联合开采又可以分为以下四类：

（1）先期进行地下井工开采，再进行浅部露天开采（井工转露天）；

（2）先期露天开采浅部资源，再用井工进行深部开采（露天转井工）；

（3）露天与井工同期开采，即两种开采方法同期进行开采（露天与井工同时开采）；

（4）露天或者井工开采后，转向其他的开采方式，形成露井复合型开采作业方式。

根据上述较为典型的露井联采定义及其分类的方法可以看出，以前研究的露井联采主要针对倾斜矿床（层），露天与井工开采存在上下的空间关系，其开采方式主要以先露天后转井工开采或先井工后转露天开采两种形式为主。由于煤层赋存条件的原因，其前后开采方式一般不同步，存在先后开采、分期管理的特点，尤其是两者在开采上不存在相互干扰，主要是后期开采要防止前期开采遗留的开采空间对其影响的问题，因此考虑问题比较单一，研究难度较小。

随着露井联采方法应用范围的扩展，许多水平矿床（层），特别是一些浅埋水平厚煤层矿区也采用露井联采技术，大大扩展了原露井联采的定义范围。

二、露天开采转井工开采

露天和井工开采均具有各自的独立的工艺系统和特点。露天转井工开采的特点是：①矿床的上部已用露天开采多年，并已形成了露天矿完整的生产工艺系统、辅助作业系统和相应的生活福利服务设施。②当露天矿的深部向井工开采过渡时，在相当长的一段时间内，露天和井工需要在同一个矿床内同时进行开采作业。因此，客观上就存在着两种开采工艺系统的互相利用与结合的问题，即两种开采工艺系统的联合问题。联合开采工艺系统的核心是开采工作在按一定的顺序进行时，必须最大限度地利用露天和井工开采的工艺系统，即矿山在露天转井工开采的设计时，必须尽量利用矿床的特点，选择露天和井工的联合开拓系统，共用地面辅助生产设施及生活福利设施，以便提高矿山企业的生产经济效益。

经过实践证明，露天和井工联合开拓的主要特征，是最大限度地使地下巷道具有多种用途，这是评价联合开拓系统的重要因素。因此，深部露天开采的趋势是广泛地采用地下巷道进行运输。

根据开拓和采矿在工艺上互相联系程度的不同，可将露天开采转井工开采期间露天与地下联合开采的矿山分为三种类型：

第一类：露天与井工在开拓和开采工艺上相互紧密联系，例如露天和地下的矿岩均通过共同的井工巷道运出。

第二类：在开拓和开采工艺上中等联系，即只有部分区段是相互联系的，例如露天矿的部分矿石是通过井工巷道运出，或者井工的部分矿石由露天运出。

第三类：在开拓和开采工艺上互相联系少，即只有间接的联系，例如互相利用井工巷道作为矿床的疏干、通风、探矿等。应当指出，这类矿山虽然在露天和井工生产上没有直接联系，但是矿山企业的服务和辅助生产设施（如选矿厂、供电供水设施、机修厂、文化生活建筑物、地面外部工程等）仍然有着密切的联系，这对整个矿山企业的生产是有重大影响的。

在选择开采工艺系统时，应满足以下要求：工作安全；合理的矿床开采强度；矿床开采效率最高，采矿和选矿加工费最低；资源利用最充分；能达到企业必需的生产能力。此外，还必须考虑矿山地质和矿山开采技术条件，最后通过技术经济分析和方案对比确定。

当矿床用露天转地下进行开采时，露天和地下技术经济指标应按井田边界分别计算。由于露天的极限开采深度是按露天和井工每吨矿石的生产费用相等的条件确定的，随着采矿工作在空间上的结合程度不同，其深度也不相同。当矿床是在垂直面上进行露天和井工同时开采时，相应地降低露天采矿费用和提高井工采矿费用，也能增大露天开采的极限深度。

露天转地下开采的矿山，在露天开采的后期，都存在着露天向地下开采的过渡阶段。在此期间露天的产量逐渐减小，井工的产量逐渐增加，直至露天结束，井工达到设计产量。在这一段时间内（一般3~5年或更多），露天和地下必须同时进行生产作业。因此，解决过渡阶段的采矿方法问题是一项极复杂的技术难题，不仅要处理好上部露天作业对地下开采的影响和互相干扰问题，同时还要考虑产量的衔接。这给地下开采特别是第一阶段的采矿方法提出许多特殊的要求。

三、井工开采转露天开采

和地下开采比较，露天开采具有资源回采率高、生产能力大、安全水平高、工作环境好、生产成本低等优势。所以国内外部分矿山实施了地下转露天开采。资源回采率、安全生产条件、经济效益和资源复采是实施地下转露天开采的主要原因。其中产量规模扩大、露天开采成本降低、矿石价格提高和边界品位下降带来的剥采比降低是促使地下转露天开采经济效益提升的主要原因，而采用露天开采方式对已经开采过的资源进行复采可充分回收地下开采剩余的资源价值，主要包括矿柱回收、充填物回采等。

与传统露天开采不同，由于矿产资源存在井工开采的经历，使得井工转露天开采具有如下特点。

（1）矿产资源经过地下开采以后，可采矿产资源减少，同时矿石品位降低，进而提高了露天开采成本，降低了露天开采经济效益。

（2）原井工开采建设的基础设施可以为露天开采所用，利于加快露天矿建设速度。

（3）露天开采通过均衡剥采比保证稳定生产，地下开采造成的采空区增加了大量的剥离工作，使生产难度加大。

（4）采空区对露天矿生产安全的影响主要是由围岩形变的恶化导致的。采空区围岩在时间效应、水化作用和外力震动等因素影响下抗剪强度降低，发生连续性破坏传导至露天采场工作范围时，威胁露天安全生产。具体表现为地面塌陷、边坡失稳和积蓄物质释放。

（5）采空区的存在不仅会威胁到穿孔设备的作业安全，而且会降低其作业效率，在采空区顶板裂隙断裂带和无连续断裂变形带穿孔时容易出现卡钻等现象。爆破时，由于未预见的自由面和岩石破碎出现，爆轰气体可能从设计以外的方向散出，导致爆破效果不能满足要求。

露天开采的常规施工工艺是钻孔、爆破、采掘、运输和排土，而地采转露采矿山，除了常规的露天采矿的施工工艺流程，还穿插着采空区治理流程。因此，现场生产组织过程中，需要将采空区治理流程融入露天采矿流程中，统筹协调分析，才能确保地采转露采矿山的安全、高质量、高效率运营。

地下开采转露天开采前已对大型隐患空区进行了集中治理，但是充填处理接顶不严的空区、生产过程中发现的空区和一些未探明的空区仍然存在，威胁加上地质环境的不断演变，要建立宏观地质灾害监控和预警系统。同时根据露天矿山生产布局和生产进度安排，对影响施工安全的空区进行探测和治理。

四、露天与井工同时开采

露天与井工同时开采具有以下特点：

（1）与单纯井工开采相比，采用联合开拓的优势主要表现：可减少一套主运输提升系统，降低投资；露天矿破碎站布置于煤层所在水平，可缩短原煤卡车运距，降低生产费用；原煤运输带式输送机布置于露天矿境界外巷道中，实现了露天矿采剥系统的立体交叉。主要缺点表现为：露天矿和井工矿采用同一套带式输送机运输系统，存在相互干扰，管理难度较大。

（2）在资源条件适合的矿山，露井联合开拓可降低矿山建设投资与运输费用，避免露天矿采剥系统相互干扰，又可扩大矿山开采规模和提高矿产资源开发经济效益，为建设高产高效矿山提供支撑。

露天与地下同时开采，涉及二者的相互关系，具体表现为下述六种情况：

（1）在岩矿稳固的条件下，可以在露天开采与地下开采交界处留设一层水平矿柱，地下开采时采用留设规则矿柱的空场法或留矿法回采矿房；当岩矿稳固程度较差时，应该首先选择充填法采矿。当顶板发生冒落时，如果露天开采水平高于地下开采，端帮将会有一部分岩矿落入地下开采陷落范围，造成人员与设备的安全事故，因此在露天矿开采设计中应该使端帮边坡角小于松散岩石的自然安息角。

（2）地下开采巷道布置应该充分考虑巷道距离露天爆破地点的抵抗线数值，避免巷道发生塌落，保证地下回采矿柱的安全。

（3）露天矿开拓坑线，特别是永久开拓坑线应该尽可能地布置在地下开采造成的陷落范围以外，避免相互影响；经地下开采运输出的岩矿应充分考虑露天矿运输系统，减少地面运输系统的设置和储放岩矿的占地面积。

(4) 在降雨季节尤其是暴雨或受水面积大的情况下，雨水经地表裂隙极易进入地下开采空间，给地下开采增加难度，对于凹陷露天矿，必须安装足够的排水防洪设备，才能保证矿山的正常生产。

(5) 露天剥离物大部分运往外排土场和内排土场，剩余部分运到充填采场做充填料用。这种方法不仅降低了运输成本，同时增大了巷道利用率。但是对矿石的块度有一定要求，因此会加大二次破碎的工作量。

(6) 在露天高陡边坡下进行回采，要注意边坡安全，考虑是否会发生滑坡，可以采用削坡和压帮等降低滑坡事故发生的概率。

五、露井联采关键技术问题

随着工业技术水平的不断发展以及资源储量的逐步减小，越来越多的矿山选择露井联采工艺，但是露井联采工艺也存在一定的问题。

(1) 由于在露天矿边坡下面进行井工开采并形成了采空区，会显著降低其上部的露天矿边坡的强度和稳定性。

(2) 由于坑内回采和掘进工作的影响，使露天矿的岩体受到不同程度的破坏，使其产生许多裂缝，给露天矿凿岩爆破工作带来困难，作业效率低。

(3) 为了防止设备陷落到地下巷道或者采空区中，使得井工开采和露天开采工作复杂化。

(4) 为了保证露天工作的安全生产，高效率的崩落采矿法在地下开采的使用中受到限制，或者完全不能使用。

(5) 在露天矿底部留大量的保安煤柱或采用胶结充填，增加了矿石损失和采矿成本，降低了技术经济指标。

思 考 题

1. 简述露天矿总平面布置设计的主要任务及原则。
2. 露天矿地面竖向布置可分为哪几类？适用条件？

第十三章 露天矿防治水

第一节 概 述

一、露天矿防水与排水的重要性

防水与排水是露天矿山生产的辅助工作，但它却是保证矿山安全和正常生产的先决条件。特别是当开发富水矿床时，矿山生产能否安全正常进行将取决于防水与排水技术的有效性和防排水措施的完善程度。

凹陷露天矿本身就相当于一口大井，客观上具备了汇集大气降水、地表径流和地下涌水的条件。因此多数露天矿在基建期间，甚至整个生产期间都要采取有效的防排水措施。

露天矿山发生涌水将给开采工作带来困难，甚至造成危害，其主要影响包括以下方面。

(1) 降低设备效率和使用寿命。如挖掘机在有水的工作面上作业时，其工作时间利用系数一般仅达到挖掘机正常作业条件的1/2~1/3。对于汽车和机车而言，不仅降低效率而且威胁行车安全。在水的氧化腐蚀作用下增加了设备故障频率并降低使用寿命。

(2) 降低矿山工程下降速度。采场底部汇水受淹时掘沟，会降低掘沟速度，给采掘新水平的准备工作造成较大困难。如果不能按时排除汇水，必然降低矿山工程下降速度。

(3) 降低边坡稳定性。水是促使边坡失稳的一个主要因素，使岩体内摩擦角和黏聚力等物理力学参数值降低，尤其对大型结构面力学参数影响较大，从而降低边坡稳定性。大面积的滑坡会切断采场内的运输线路并掩埋作业区，导致生产中断。

由此可知，露天矿防、排水工作的主要目的是防止涌水淹没采场并维护边坡稳定。这正是露天矿正常和安全生产的基本条件。

我国众多的大型露天矿山已从山坡过渡到凹陷状态，随着露天开采深度的加大，矿山涌水和边坡稳定问题将更加突出。因此，研究矿山防水与排水的技术和方法，对于保证矿山安全和正常生产，提高设备效率和劳动生产率以及合理开发利用矿产资源，具有十分重要的意义。

二、露天矿产生涌水的因素

露天矿涌水水源如图13-1所示。

露天矿山生产过程中产生涌水的因素主要包括自然因素和人为因素两个方面。

1. 露天矿涌水的主要自然因素

(1) 气候条件的影响。降水渗透是地下水获得补给的主要来源，而蒸发又是潜水的主要排泄方式之一。大气降水的渗入量与地区的气候、地形、岩石性质、地质构造有关，所以气候对地下水的水量大小、水位高低有着直接的影响，其中以降水量和蒸发量对地下水的影响最大。

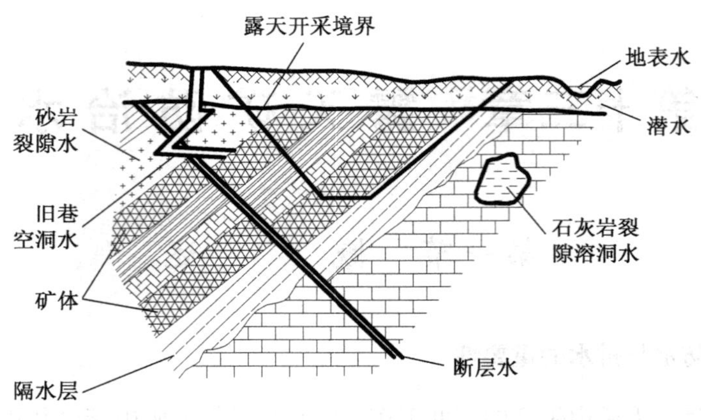

图 13-1 露天矿涌水水源示意图

我国南方地区和西南地区，气温高、雨量大岩溶作用十分强烈，石灰岩地层常发育成地下暗河，而西北地区降雨量小蒸发量大，地下水的水位水量相应较低。因此，矿床的含水性不仅具有季节性的特征，而且也有着明显的区域性特征。

（2）地表水体的影响。地表水体（河流、湖泊等）和地下水在一定条件下可以互相转化和补给，两者之间有着密切联系。河流和湖泊的水位、流量变化会传递给附近矿区的潜水。在近海地区，潜水水位的变化也受海潮的影响，并呈一定的规律性。因此，在地表水水网密度较大的地区建设矿山时，必须查明地表水体与矿体之间的水力联系。

地表水具有明显的季节性特点，雨季降雨增多，河、湖水位上涨，山区即有可能形成洪水，威胁矿山生产，因此应及时掌握雨季来临的时间、地区最大降雨量、历史洪水位标高和波及范围等，同时要了解地表水与矿体的相对关系，以及水体下部岩石的透水性等。特别是在裂隙发育透水性较好的岩层里，地表水体很可能成为矿山涌水的水源。

（3）含水层水体的影响。含水层水包括孔隙水、裂隙水和岩溶水，是矿山涌水最直接、最常见的主要水源。特别是岩溶水，其水量大、水压高、来势猛、涌水量稳定、不易疏干，因此其危害大，应予以特别注意。

在矿区范围内有石灰岩层、砾石层及流砂层时，都有可能含有大量的地下水。特别是奥陶纪石灰岩、长心组及茅口组灰岩等可能为强含水层。

在古河道地区，往往分布有较厚的沙砾层，并极易存有丰富的地下水。

（4）地形条件的影响。地形影响到地下水的循环条件和含水岩层埋藏的深度。对位于侵蚀基准面以下和地势较低的矿床，可能含水较多。

在地形切割较为剧烈的地区，地表径流量所占比例较大，地下径流量比例较小，矿床的充水量随地表径淹量的变化而变化；在地形比较平缓的地区，地表径流比例较小，地下径流比例较大，地下水比较充沛，矿床的充水量较大且比较稳定。

（5）岩体结构的影响。岩体结构致密、节理裂隙不发育时，则其透水性很弱，不易充水甚至隔水，反之透水性较强，充水量也就较大。岩石中的孔隙不仅是大气降水和地表水补给的通路，而且也往往是汇集和贮存地下水的场所。

（6）地质构造的影响。岩石的产状、褶皱及断层等构造对地下水的静贮藏量、地表水与地下水间的水力联系影响很大。断层破碎带是地下水的导水通路，也经常是矿山涌水的渠道，含水量较小的矿床，由于断层或其他破碎带的影响而与含水丰富的岩层沟通，会增加矿床的含水量。但对于由压力形成的断层，破碎的岩块被挤压成粉状并胶结十分致密，以至透水性很低甚至隔水时，则形成自然的隔水帷幕。

2. 露天矿涌水的主要人为因素

（1）开采工作失误的影响。对防排水工作的重要性认识不足，或未掌握矿山的水文地质资料，没有采取有效的防排水措施时，往往易导致突然涌水，引起不必要的损失。比如，原矿体的含水量很小甚至与含水层隔离，由于开采工作失误而导通了含水层，使矿山涌水突然增大。

边坡参数不合理或维护不善，发生大面积滑坡时，容易诱发涌水，甚至造成滑坡与涌水之间的互相诱发。

（2）未封闭或封闭不严的勘探钻孔影响。地质勘探工作结束后，必须用黏土或水泥将钻孔封死。否则，一经开采钻孔极有可能成为沟通含水层和地表水的通路，将水引入作业区。

综上所述各种影响因素，从涌水的水源来讲，露天矿的涌水来自地表水、大气降水和地下水三个方面。

第二节　露天矿地下水疏干

矿床疏干是借助于巷道、疏水钻孔、明沟等各种疏水构筑物，在矿山基建之前或基建过程中，预先降低开采区的地下水位，以保证采掘工作安全正常进行的一项防水措施。

一、矿床预先疏干的条件

（1）矿体上、下盘岩石存有含水丰富或水压很大的含水层以及流砂层时，一经开采有涌水淹没和流砂掩埋作业区的危险。

（2）地下水的作用导致被揭露的岩土体物理力学性质减弱、强度降低，使露天边坡失稳而导致滑坡的危险。

（3）地下水对矿山生产工艺和设备效率有严重恶劣影响，以致不能保证矿山的正常生产。

矿床疏干应保证地下水位下降所形成的降落曲线低于相应时期的采掘工作标高，至少要控制到允许的剩余水头。疏干工程的进度和时间，应满足矿床开拓、开采计划的要求，在时间、空间上都应有一定的超前。

二、露天矿地下水疏干方法

1. 巷道疏干法

巷道疏干法是利用巷道和巷道中的各种疏水孔降低地下水位的疏干方法。

疏干巷道的平面布置应与地下水的补给方向相垂直以利于截流。主要起截流作用的疏干巷道，应设在开采境界以外，并在不破坏露天矿边坡的前提下尽量靠近开采境界，以提高疏干效果。

如图 13－2 所示，某露天矿为拦截 200 m 以外河流的地下径流渗入，在境界外 50 m 处布置了嵌入式疏干巷道（巷道的腰线位于含水层与隔水层的分界线上）。疏干巷道用混凝土浇灌并留有滤水孔，渗入的地下水经沉淀池沉淀后进入水仓。再由深井泵排至地表。

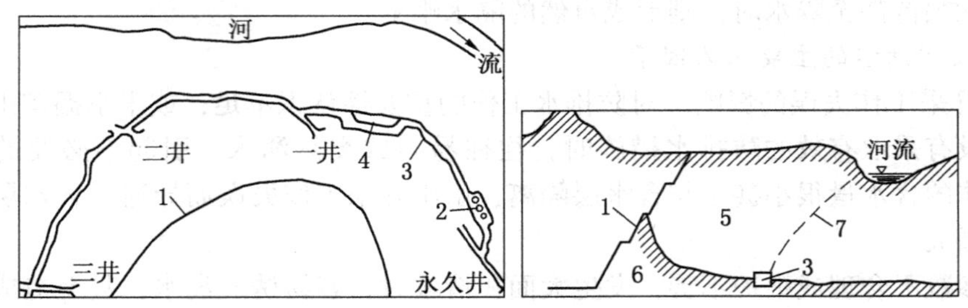

1—露天矿境界；2—深井泵；3—疏干巷道；4—沉淀池；5—含水层；6—隔水层；7—潜水降落线

图 13－2 某露天矿巷道疏干工程平面布置图

疏干巷道设在含水层内或嵌入在含水隔水域的分界线处。可直接起疏水作用。如果掘进在隔水层中，则巷道只起引水作用，这时必须在巷道里穿凿直通含水层的各种类型输水孔，地下水通过疏水孔以自流方式进入巷道。

2. 深井疏干法

深井疏干法是在地表钻凿若干个大口径钻孔，并在钻孔内安装深井泵或潜水泵降低地下水位，如图 13－3 所示。

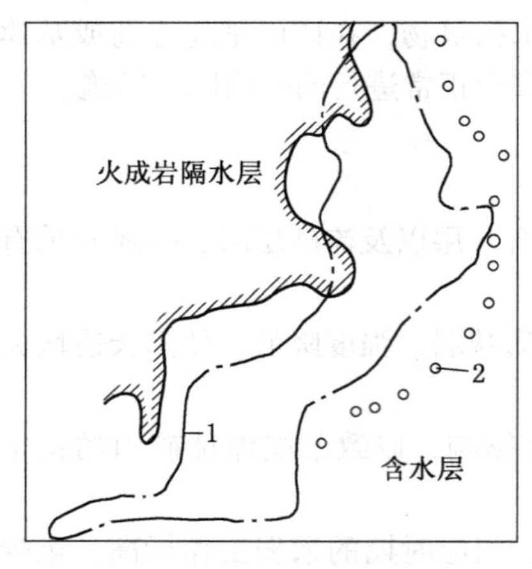

1—开采境界；2—深井降水钻孔

图 13－3 某露天矿深井降水孔布置图

深井疏干法的优越性非常突出，施工简单、地面施工易于管理、深井的布置和疏水设备迁移较灵活。其主要缺点是受疏水设备的扬程、流量和使用寿命等条件的限制。

离心式深井泵的扬程都不大，而且易磨损的部件较多、维修工作量大。潜水泵比深井泵的工作性能好，但制造技术比较复杂。近年来已有离心泵、轴流泵、漩涡泵、往复泵以及转子泵等各式水泵，其中往复泵和转子泵等类型水泵可对应一定流量达到不同扬程，目前我国最大规格的矿业水泵流量达 800 m^3/h，最高扬程 1200 m，单机功率达 2240 kW。技术发展使水泵不断向高扬程、大流置、低磨损方向发展，且使用寿命显著提高，使深井疏干法的应用日益广泛。

3. 明沟疏干法

明沟疏干法是在地表或露天矿台阶上开挖明沟以拦截地下水的疏干方法，如图 13－4 所示。此法很少单独使用，经常作为辅助疏干手段与其他疏干方法配合使用。

4. 联合疏干法

联合疏干法是指采取两种以上的疏干方法联合运用，如图 13－5 所示。在开发富水矿床时，往往需要采取联合疏干法。尤其是当矿区存在许多互无水力联系的含水层，或深部疏干受深井泵扬程限制时，更是如此。

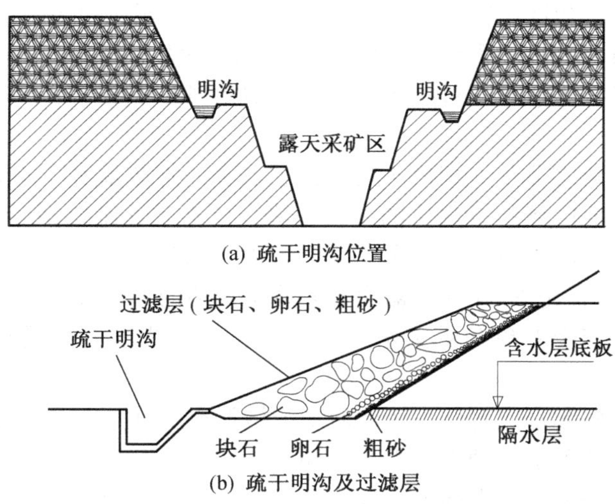

(a) 疏干明沟位置

(b) 疏干明沟及过滤层

图 13-4　某露天矿明沟疏干布置图

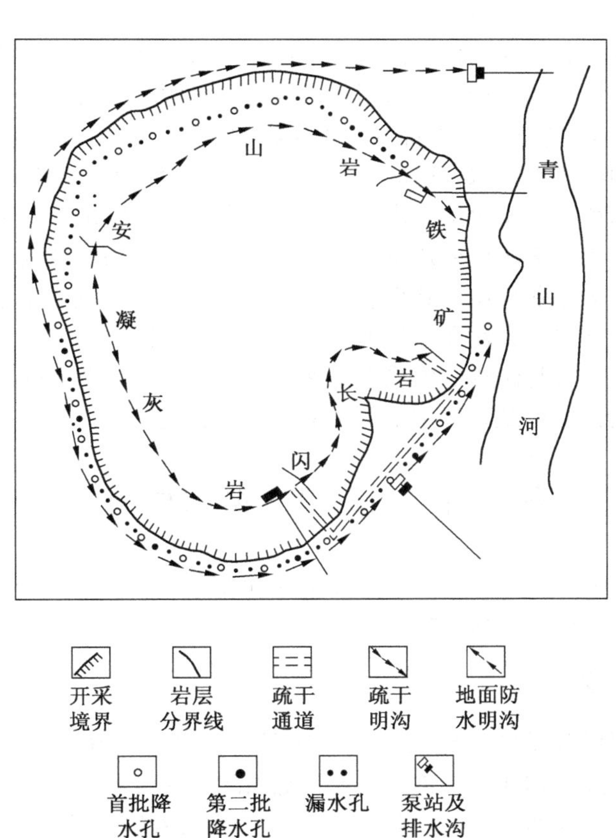

图 13-5　某露天矿联合疏干的平面布置图

长期以来，疏干排水作为矿区水害的防治措施之一，对改善矿山作业环境、保证生产安全发挥十分重要的作用。但地下水也是一种贮量有限、与其他环境要素关系密切的资源，单从保证安全生产角度出发，对地下水长期无节制地疏干排放，会破坏地下水环境的原始状态，其结果可能导致一系列严重环境问题。如导致水资源枯竭、诱发地面沉降、加剧矿区污染、影响经济效益等，对此必须采取科学合理的环境对策，以保证矿区持续健康发展。

地下水并不是“取之不尽，用之不竭”的，而是一种数量有限的资源。由于地下水的长期抽排，往往会造成区域地下水位的持续下降，含水层逐渐被疏干，水资源日趋枯竭，造成矿区排水与供水间的矛盾。如山东淄博矿区由于长期矿井排水，使部分地区（博山、龙泉一带）水位从20世纪60年代可溢出地表降至目前的埋深60~90 m，这种排水与供水之间的矛盾，在矿山疏降对象与供水水源为同一含水层或水力联系密切时，表现得尤为突出。

地下水疏干排水引起水质恶化，污染环境的情形有多种：一是由于疏干排水，地下水位大幅下降，改变了地下水水动力、水化学环境条件，地下水与环境要素间作用强度加大等，使水质随水位降深值增大而逐渐下降；二是原水质较好的地下水，在疏干过程中，携带更多的自然环境成分或人工废弃物的污染使水质恶化，从而影响地下水的使用价值，造成水资源浪费；三是经过污染后的地下水，未经处理就直接排放，造成对地表水、土壤等的环境污染。如湖北黄石矿区和松宜矿区，酸性地下水未经处理直接排至洛溪河，造成严重污染，沿岸数十公里长的生产、生活用水只得另辟水源。同时，矿井水流经之地，改变了土壤的湿化性质，pH降低，从而抑制了农作物的生长，破坏了农业生态环境。

在岩溶地区，因疏排地下水，造成水动力条件改变而发生岩溶地面塌陷的环境灾害已十分突出，岩溶地面塌陷的发生给地表环境及生态带来极大的破坏，如破坏地表水源，导致水库干涸，河泉断流，破坏房屋建筑及工程设施，影响道路交通安全，引起突水、地表水回灌，恶化矿山安全作业环境，破坏耕地，加大水土流失，改变生态平衡等。此外，岩溶塌陷还可能成为地下水污染途径，使地下水更容易遭受污染。

因此富水矿山的水害是制约矿山稳定发展的首要因素，为解决受水威胁必须采用可靠有效的预防治水手段，做到既要保护水资源又要行之有效。

第三节 露天矿防水

露天矿防水工作的目的在于防止地表水和地下水涌入采场。防水工作必须以防为主，防排结合的原则，并与排水、疏干统筹安排。

一、地面防水措施

地面防水的主要任务是防止地面河流、池沼等积水以及暴雨季节的洪水突然灌入采场，防止或减少大气降水和地表水进入采场。地面防水的对象主要是地表水。凡能以地面防水工程拦截或引走的地面水流，一般不应再让其流入采场。工程措施主要包括截水沟、河流改道、调洪水库、拦河护堤等。

1. 截水沟

截水沟的作用是截断从山坡流向采场的地表径流。当矿区降水量大，四周地形又较陡时，截水沟发挥拦截和疏引暴雨山洪的作用。以防洪为目的的截水沟须设在开采境界以外，对经拦截而剩余的洪水量和正常时期的地表径流可设第二道截水沟拦截。第二道截水沟可根据地形、水量、边坡稳定性等具体条件，设在境界外或境界内。设在境界外的截水沟应根据防渗和保护边坡等要求决定其具体位置，境界内的截水沟一般设在台阶平台上。

截水沟的排泄口与河流交汇时，要与河流的流水方向相适应，并使截水沟沟底标高在河水的正常水位之上，其目的是为减少截水沟的排泄阻力和防止河水冲刷倒灌。

2. 河流改道

当河流穿过露天开采境界时，须将其改道迁移。河流改道工作比较复杂，投资较大，因此在确定露天开采境界时，是否将河流圈入境界要进行全面的分析比较。建设大型露天矿遇到河流必须改道的问题时，也应尽量考虑分期开采，将河流划归到后期开采区域，以便推迟改道工程，不影响矿山的前期建设和投产。但对于只在雨季有水的季节性河流，可根据具体情况确定。河流改道一定要考虑到矿山的发展远景，避免二次改道造成浪费。

新河道的位置应该选在路线短、地势低平和渗水性弱的地段。新河道的起点宜选在河床不易冲刷的地段，并应与原河道的河势相适应，不要强逼水流进入新河。新河道的终点要止于原河道的稳定地段，而且相接的夹角不宜过大，否则易造成下游河道的不稳定。

3. 调洪水库

季节性少量地表水流横穿开采境界时，除采取改道方法外，还可以在上游利用地形修筑小型调洪水库截流。调洪水库的作用是拦截和贮存洪水，并设有泄洪排洪渠。

调洪水库的主体工程是拦洪坝，坝体高度及强度应综合考虑水库蓄水量、水压力、库底泥砂压力、冰压力、地震力以及坝顶载荷等作用力的影响，按照相关的水利设计规范进行专门设计。

4. 拦河护堤

当露天开采境界四周的地面标高与附近河流、湖泊的岸边标高相差很小，甚至低于岸边地形时，应在岸边修筑拦河护堤。护堤的作用是预防河流洪水上涨灌入采场。

拦河护堤的设计计算与调洪水库拦洪坝相同，但其具体参数的确定应按河流洪水与地势的具体情况而定。

二、地下防水措施

地下防水的对象是地下水。地下防水工作的正确与否首先取决于对地下涌水水源的了解程度，其次取决于防水措施的可靠性。因此，查明地下水源，作好水文观测和掌握水文地质资料是做好地下防水工作的前提。

1. 探水钻孔

实践证明，“有疑必探，先探后采”是防止地下涌水的正确原则。尤其是对于有地下采空区和溶洞、卵砾石含水层等分布的露天矿或富水露天矿山，应对可疑地段预先打探水钻孔，如图 13－6 所示，探明地下水源状况，以便采取相应措施，避免突然涌水造成损失。探水深度和超前的时间、距离要根据水文地质资料的可靠程度和积水区可能的水量、压力结合开采要求而定。

2. 防水墙和防水门

采用地下井巷排水或疏干的露天矿山，为保证地下水泵房不受突然涌水淹没的威胁，必须在地下水泵房设防水门。防水门采用铁板或钢板制作，并应顺着水流的方向关闭，门

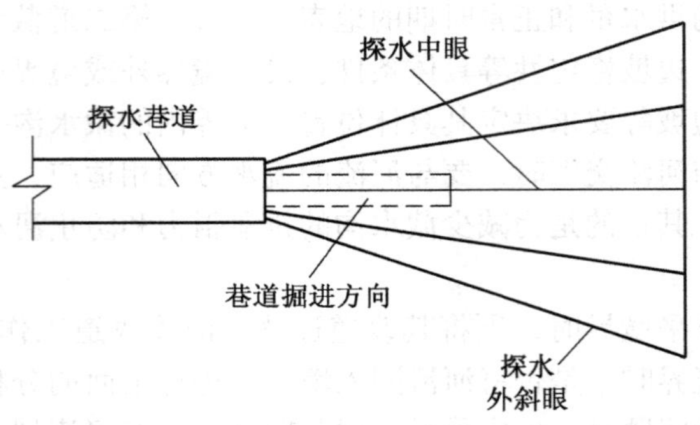

图 13－6 露天矿钻孔超前探水示意图

的周围应有密封装置。

对于不能为排水、疏干工作所利用的地下旧巷道，应设防水墙使之与地下排水或疏干巷道相隔离。防水墙可用砖块或混凝土修筑，墙体厚度根据水压和墙体强度确定。墙上可留有放水孔，便于及时掌握和控制积水区内水位和水量的变化。

3. 防水矿柱

当露天矿采掘工作或地下排水巷道接近积水采空区、溶洞或其他自然水体时，可预留防水矿柱，并划出安全采掘边界，如图 13－7 所示。

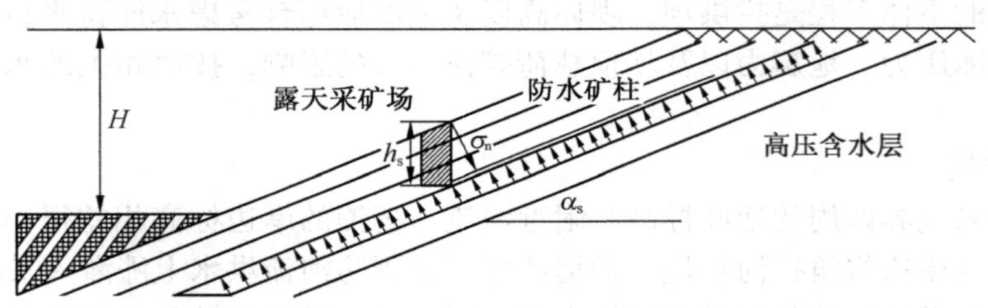

图 13－7 露天采场防水矿柱示意图

保证防水矿柱不被高压水冲溃的基本条件为

$$\sigma_n = h_s \gamma \cos^2 \alpha_s \geqslant D_s$$

式中 σ_n——防水矿柱正压力，kPa；

h_s——防水矿柱的垂直厚度，m；

γ——矿柱岩石的容重，kN/m^3；

α_s——含水层倾角，(°)；

D_s——含水层静水压力，kPa。

防水矿柱的厚度与强度要足以承受静水压力而不致发生溃水事故，同时又要尽量减少矿石的损失。事实证明，防水矿柱可以防止突然涌水事故，但不能完全制止渗透。

4. 注浆防渗帷幕

注浆防渗帷幕是国内外广泛用于水利工程的防渗措施之一，20 世纪 60 年代开始应用于露天矿和地下矿的堵水工程，按施工地点分为地面施工和井下施工，地面施工方便但费用高，井下施工难度大但成本较低。

对于露天矿堵水而言，注浆防渗帷幕防水是在开采境界以外，在地下水涌入采场的通道上，设置若干个一定间距的注浆钻孔，并依靠浆液在岩体结构面中的扩散、凝结组成一道挡水隔墙。一般的防渗帷幕就是指由若干注浆钻孔所组成的挡水隔墙。

防渗帷幕可以拦截帷幕以外的大量地下水，但仍可能会有少量的动流量渗入采场，所以对帷幕以内的静水量和渗入的动流量仍需利用水泵排出。

为提高防渗能力，帷幕两端应坐落在隔水岩层上，如图 13 - 8 所示。

为了能形成连续而完整的帷幕，每个钻孔的注浆浆液扩散后应能相互联结。因此钻孔间距不应大于浆液扩散半径的两倍。注浆孔深度以穿透含水层为原则。帷幕形成以后，地下水通道被切断，帷幕外上游地下水位将大幅度上升，而帷幕内地下水位大幅度下降，形成较大的水位差。为能及时掌握帷幕隔水效果和检查其尚未联结的空隙部位，应在帷幕的内外两侧设观测孔。观测孔的深度以能控制最大水位降深为原则。此外，为便于检查施工质量以及帷幕的可疑渗漏区，还需设若干个注浆质量检查孔，其位置依施工情况而定。

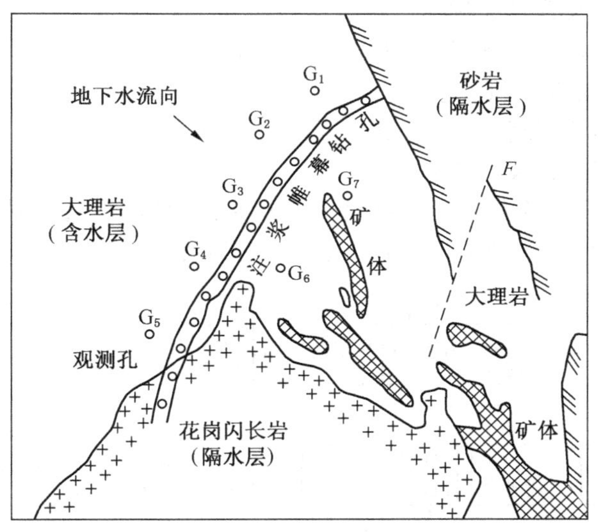

图 13 - 8 某矿防渗帷幕钻孔平面图

下述情况常采用防渗帷幕。

(1) 地下水动流量大，服务年限较长的矿山。

(2) 矿区有良好的水文地质边界条件，地下水流入矿山开采境界的进水口较窄。

(3) 采用疏干排水将导致大面积地表沉降，使农田建筑物毁坏的矿区。

(4) 矿区附近有大型地表水体，并强烈地向矿区补给地下水。

防渗帷幕可以节省大量的排水费用，并能避免因疏干排水而引起的地表塌陷，保护农田和地表建筑物，但工程投资规模较大。

虽然注浆防渗帷幕在国内外防渗领域得到了广泛的应用，但由于该技术固有的缺陷、岩体结构的复杂性等原因，防渗效果并非十分理想，一般堵水率小于 50%，因此对于特殊矿山尤其是临河露天矿堵水问题，该技术的应用受到了限制。

5. 地下连续墙

地下连续墙堵水效果好、强度大，目前正逐步应用于露天矿山防水工程中。

地下连续墙是指利用各种挖槽机械，借助于泥浆的护壁作用，在地下挖出窄而深的沟槽，并在其内灌注适当的材料而形成一道具有防渗（水）、挡土和承重功能的连续地下墙体，目前最深的地下连续墙墙体可达 80 m 以上。在国外，凡是放有钢筋的、强度较高的称之为地下连续墙，而无钢筋的、强度较低的称之为泥浆墙，无论是否有钢筋，其堵水效果相差不大。

地下连续墙技术起源于欧洲，国外、国内分别于 1914 年、1958 年开始应用，目前，地下连续墙不仅用于防渗或基坑的临时支护，也可以作为承重的基础桩或者集挡土、承重和防水于一身的“三合一”地下连续墙。

1）地下连续墙施工工艺

地下连续墙采用逐段施工方法，且周而复始地进行。每段的施工过程，大致可分为以下五步。

（1）在始终充满泥浆的沟槽中，利用专用挖槽机械进行挖槽。

（2）两端放入接头管（又称锁口管）。

（3）将已制备的钢筋笼下沉到设计高度。当钢筋笼太长，一次吊装有困难，也可在导墙上进行分段连接，逐步下沉。

（4）插入水下灌筑混凝土导管，进行混凝土灌筑。

（5）混凝土初凝后，拔去接头管。

作为地下连续墙的整个施工工艺过程，还包括施工前的准备，泥浆的制备、处理和废弃等许多细节。图 13－9 为地下连续墙的施工工艺流程。

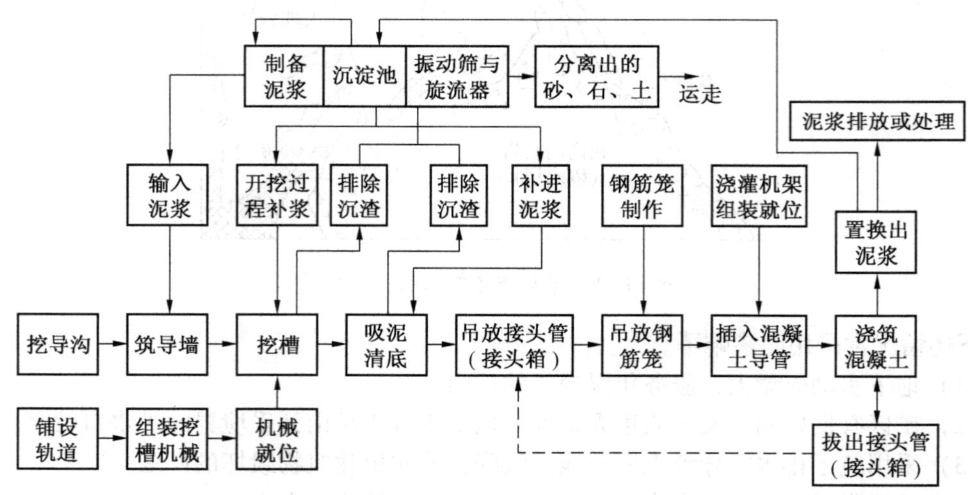

图 13－9　地下连续墙的施工工艺流程图

2）地下连续墙的优点

（1）防渗性能好，由于墙体接头形式和施工方法的改进，地下连续墙几乎不透水，如果墙底伸入到隔水层中，降水费用可大幅降低。

（2）墙体刚度大，目前国内地下连续墙的厚度可达 0.6~1.3 m（国外可达 3 m）可承受很大的土压力和水压力，特别适用于大水临河露天矿的隔水防渗和边坡加固工程。

（3）适用于多种地基条件，从软弱的冲积地层到中硬的地层、密实的沙砾层，各种软岩和硬岩等所有的地基都可以建造地下连续墙。

（4）用地下连续墙作为露天矿、土坝、尾矿坝和水闸等工程的垂直防渗结构，是较为安全和经济的。

（5）工效高，工期短，质量可靠，经济效益高。

3）地下连续墙的缺点

（1）在一些特殊的地质条件下，如很软的淤泥质土、含漂石的冲积层和超硬岩石等，施工难度较大。

（2）如果施工方法不当或地质条件特殊，可能出现相邻墙段不能对齐和局部漏水的问题。

（3）如果地下连续墙仅单独作为挡土或固坡使用，与其他方法相比其费用偏高。

第四节　露天矿排水

排水是排出矿坑涌水所采取的方法和措施的总称。

经疏干或采取其他各种防水措施之后，已控制住大量的地下水和地表水进入采场，但仍可能会有少量的水渗入作业区。对这部分少量渗入的地下水和大气降雨汇水，必须予以排出。

一、露天矿排水系统

露天矿排水主要指排出进入凹陷露天矿采场的地下水和大气降水，排水系统是排水工程、管道、设备在空间的布置形式，可分为露天排水（明排）和地下排水（暗排）两大类四种方式，见表 13－1。

表 13－1　不同排水方式使用条件及优缺点

排水方式	优　点	缺　点	适用条件
自流排水方式	安全可靠；基建投资少；排水经营费低；管理简单	受地形条件限制	山坡露天矿有自流排水条件，部分可利用排水平硐导通
露天采矿场底部集中排水方式（图 13－10）	基建工程量小、投资少；移动式泵站不受淹没高度限制；施工较简单	泵站移动频繁，露天矿底部作业条件差，开拓延深工程受影响；排水经营费高；半固定式泵站受淹没高度限制	汇水面积小，水量小的中、小型露天矿；开采深度浅，下降速度慢或干旱地区的大型露天矿亦可应用
露天采矿场分段截流排水方式（图 13－11）	露天矿底部水平积水较少，开采作业条件和开拓延深工程条件较好；排水经营费低	泵站多、分散；最低工作水平仍需临时泵站配合；需开挖大容积贮水池、水沟等，基建工程量较大	汇水面积大，水量大的露天矿；开采深度大，下降速度较快的露天矿
井巷排水方式（图 13－12、图 13－13）	采场经常处于无水状态；开采作业条件好；不受淹没高度限制；泵站固定	井巷工程量、基建投资大；基建时间长、前期排水经营费高	地下水量大的露天矿；深部有巷道可以利用；需预先疏干的露天矿；深部用地下开采。排水巷道后期可供开采利用

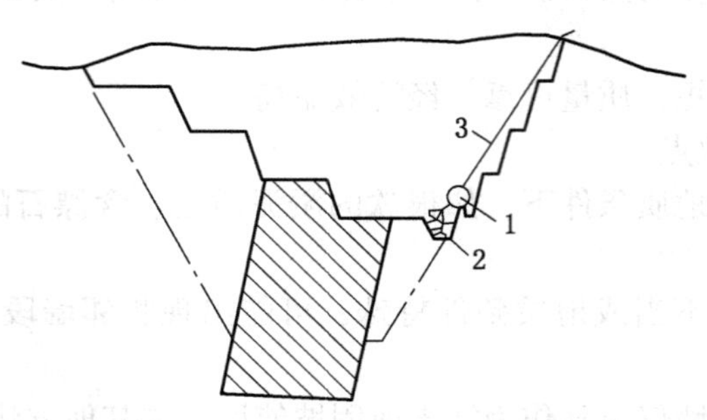

1—水泵；2—水仓；3—排水管

图 13－10　露天矿底部集中排水系统图

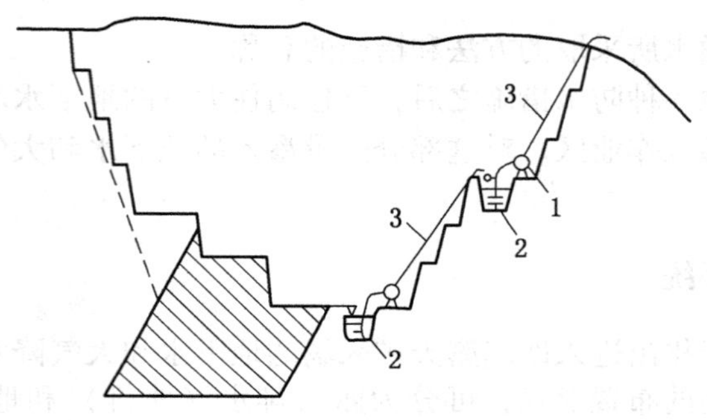

1—水泵；2—水仓；3—排水管

图 13－11　露天矿分段截流排水系统图

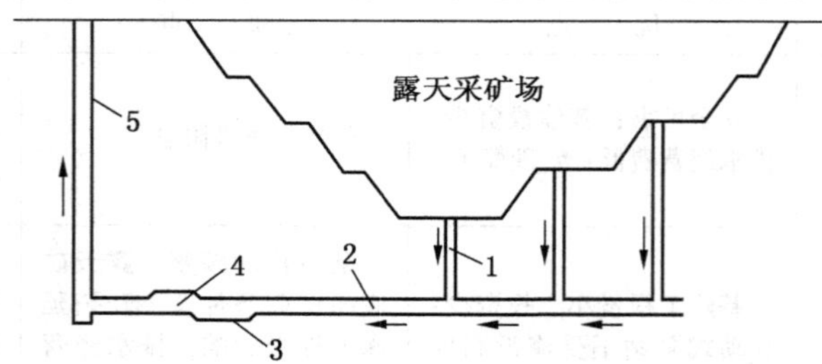

1—泄水井（或钻孔）；2—集水巷道；3—水仓；4—水泵房；5—竖井

图 13－12　露天矿垂直泄水的地下井巷排水系统图

二、露天矿排水方案选择原则

排水方式的选择，不仅要进行直接投资和排水经营费的对比，而且还需考虑其对采矿工艺和设备效率的影响，以及由此而引起的对矿山总投资和总经营费的影响。选择排水方案遵照下述原则。

（1）有条件的露天矿应尽量采用自流排水方案，必要时可以专门开凿部分疏干平硐以形成自流排水系统。

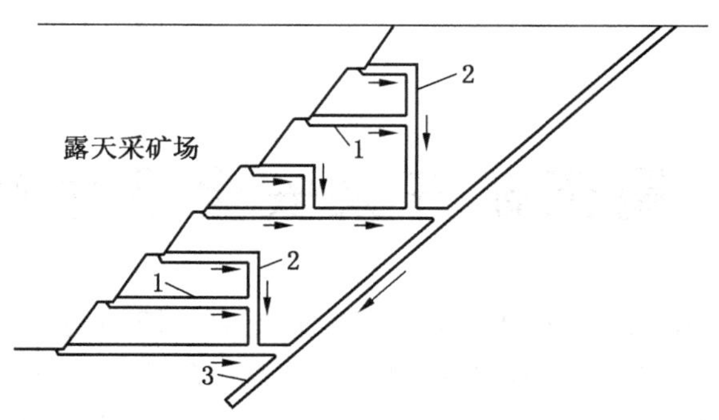

1—泄水平巷；2—泄水天井；3—集水平巷

图 13 - 13　露天矿水平、垂直、倾斜巷道排水系统图

（2）露天和井下排水方式的确定。对水文地质条件复杂和水量大的露天矿，宜优先考虑采用井下排水方式。生产实践证明，采用露天排水方式对矿山生产和各工艺过程设备效率的影响都很大。

一般水文地质条件简单和涌水量小的矿山，宜采用露天排水方式，但对雨多含泥多的矿山，也可采用井下排水方式，减少对采、装、运、排（土）的影响。

（3）露天采矿场是采用坑底集中排水还是分段截流永久泵站方式，应经综合技术经济比较后确定。

矿山排水系统与矿床疏干工程应统筹考虑，尽量做到互相兼顾、合理安排。值得注意的是，尽管地下井巷排水与巷道疏干在工程布置上可能有许多相似之处，但其主要作用是有区别的。排水巷道是用于引水、贮水和安置排水设备的井巷。疏干巷道是专门用于疏水、降低地下水位或拦截地下径流的井巷。排水巷道具有一定程度的疏干作用，疏干巷道也会兼有引水作用。因此，排水与疏干巷道的划分只能根据他们的主要目的和主要作用来分辨。

思 考 题

1. 露天矿地下水疏干方法有哪些？
2. 简述露天矿常用的地面防水措施和地下防水措施。

第十四章　露天矿开采安全及生态环境保护

矿山安全、生态环境保护与露天矿资源开发均有着密切的关系。一个事故频发的矿山或污染严重的矿山，其采矿工作不可能收到好的效益。随着经济社会发展、露天开采技术和设备的进步以及人们生态环境保护意识的增强，露天开采安全和环境保护工作将更加重要。

露天矿在矿山安全及生态环境保护方面有其自身的特点。主要是大型设备多、高陡边坡普遍存在，易发生碰撞、滑坡等事故，受气候影响大。同时采场及排土场占用土地多，扬尘及噪声、尾气排放等对生态环境影响较大。

第一节　露天矿开采安全

露天开采作业一般比矿井开采作业安全，这是因为作业环境较好，生产人员较少的缘故。以美国煤矿为例，1988 年共死亡 43 人，其中矿井 29 人，露天 14 人，露天死亡人数仅占 1/3，由于美国井下煤矿的机械化程度也相当高，矿井死亡人数只相当于露天矿死亡人数的一倍。我国 2013 年煤炭产量 37 亿 t，露天煤矿产量 3. 8 亿 t，约占全国煤炭产量的 10%。2000—2013 年全国煤矿事故统计显示，14 年间共发生煤矿事故 33046 起，死亡或失踪 58159 人，其中，露天煤矿发生事故 19 起，死亡 32 人，可见，露天开采的安全性相对较高。

虽然露天开采比矿井生产安全，但并不意味着露天矿不会发生安全事故。从近几年的情况看，露天矿的安全事故也有增多的趋势，所以，任何麻痹大意，忽视露天开采安全的思想，都是十分危险的。

一、影响露天开采安全的因素

露天开采作业与井工采矿作业有较大的区别，从而形成露天开采的一些特点，对安全的影响也有所不同。

首先，露天矿山是一个开放的作业场所，而井工则是在地下封闭的空间作业。因此，露天矿山受气候的影响较大，冬有严寒，夏有酷暑；而矿井则基本不受或不直接受气候的影响，而且有井下冬暖夏凉之说。

气候对露天开采的影响，除严寒酷暑外，还有大风、暴雨、洪水、浓雾、沙尘暴、冰冻和暴风雪等。这些恶劣气候对露天矿的生产都会有不同程度的影响，易于引发事故、危及人身和设备安全的因素，主要有以下影响因素。

（1）引起运输通道损坏和边坡垮塌。主要是因暴雨或洪水冲毁矿山道路或铁路路基，造成翻车事故。

（2）影响视线妨碍信号或标志显示。在浓雾、暴风雪、大雨、暴雨和沙尘暴等恶劣天气影响下，司机无法确认信号或标志，极易造成事故。

（3）引发设备倾覆和飞沙走石伤人。刮大风时，风速超过 20 m/s，轮斗铲应停止作业并用缆绳按要求固定，否则会使轮斗铲倾覆。单斗铲作业也会在卸载物料时因碎石被大风吹起伤人，所以也要停止作业。

（4）大雨、暴雨容易引发洪水导致露天矿坑全部或局部被洪水淹没，造成露天煤矿停产或者人民的生命财产损失。

其次，露天矿不仅开采矿床，还要剥离矿床上部的覆盖层，当开采急倾斜矿床时，还要剥离矿床下部的围岩层。因此，需要对矿床围岩，尤其是上部覆盖层的岩性与化学成分，其中有无放射性和对人有害的物质开展分析研究。

再次，露天矿剥离物数量很大，往往是采矿量的几倍乃至十几倍，这就需要与之相适应的排土场，其面积要比矿井的矸石山大得多。采场最终形成的大坑也很巨大，抚顺西露天煤矿最终的矿坑将达长 6000 m、宽 2000 m、深 450 m。所以，露天开采对地表的扰动比矿井严重得多。

二、生产作业环节事故

露天开采作业，无论剥离或采矿，都由穿孔、爆破、采装、运输、排卸等环节组成。通过对露天煤矿生产场所的环境和工艺环节存在的危险因素的辨识分类，并对其造成各类危险事故的原因、场所、造成的伤害进行分析，主要划分为运输事故、放炮（爆破）事故、滑坡及坍塌事故和机械事故等。

（一）运输事故

由于露天矿四大生产工艺环节中运输环节设备多，运输车辆大，车辆作业线路长，致使运输事故成为露天矿最易发生的事故，造成的伤亡也最多。

当然，其他作业环节也会发生安全事故，但概率较低。比如，爆破时飞石伤人，采装时司机在盲区发生事故，排卸时巨石滚落伤人等。但 90% 以上的事故仍集中在运输环节上。

露天矿安全事故有三个特点，即事故少、损失大、伤亡少。事故少是指安全事故发生的频率低，次数少；损失大是因为露天矿设备大，其中不少还是从国外进口的，价格比较昂贵，一旦发生安全事故，导致设备损毁，经济损失比较大，如一台 154 t 自卸卡车价值 850 万元，一台 25 m^3 电铲价值 5000 万元；伤亡少是由于露天矿作业人员少，在事故中涉及人员伤亡的相对较少，但是一旦发生往往就是恶性事故。正是因为露天矿的这几个特点，在事故统计中往往只统计伤亡人数而不计经济损失，也使人们普遍不重视露天矿的安全问题。所以，强调露天开采的安全和事故防治具有现实的重要意义。

1. 汽车运输

我国目前生产的几个特大型露天矿绝大多数选用单斗—卡车开采工艺或综合开采工艺。剥离物和矿物的移运大部分是通过不同类型（常见的有 154 t、108 t、68 t 等载重级）的卡车设备来完成。这些载重汽车在规格和重量上都远超过普通的汽车，只能专门用于露天矿采场、排土场以及联络的运输干线等场所。由于这些大型卡车本身的结构特点（如结构尺寸大、卡车司机盲区大），再加上作业场所恶劣的环境条件和道路状况，出现各种事故情况很多，汽车运输事故往往在露天矿事故中占较大比例，成为重点防治的对象。据某矿统计，与汽车有关的事故占到全矿事故70%以上。因此，如何有效防治汽车运输事故至关重要。

1）制定适合本矿具体条件的交通规则

依据国家有关法律和法规，制定适合本矿具体条件的机动车辆安全规程。安全规程一般应该包括以下内容：①驾驶和驾驶人员；②车辆和车辆检查；③特种任务；④特种车辆；⑤特殊路段和区域的规定；⑥道路管理和交通标志；⑦轻型车辆操作须知。

卡车道路应根据采掘程序、卡车型号、卡车爬坡能力、卡车转弯半径及车流密度等设计道路，并依据“宁修路不修车”的原则，随时修整道路，用平路机和推土机清扫道路、采场和排土场，用洒水车洒水压尘，冬季应及时清除路面上的积雪或结冰。

矿山道路的宽度应保证通行、会车等的安全要求。受采掘条件限制，达不到规定的宽度时，必须视道路距离设置相应数量的会车线。道路上必须设置护堤，高度为汽车轮胎直径的2/5~3/5，底部宽度不应小于3 m。

矿内各种汽车道路，应根据具体情况（弯度、坡度、危险地段）设置反光路标和限速路标；在距离高压线一定距离设预警标志；小型设备、工具车、接送人车辆要设带小红旗、闪光灯泡的标志杆。

矿内长距离坡道运输系统，应在适当位置设置避难车道和缓车道。

2）作业过程中的安全

卡车在作业时，其制动、转向系统和安全装置必须完好，应定期检验其可靠性，大型自卸车应设示宽灯或标志。

严禁运输汽车在矿内各种道路上超速行驶，同类汽车不得超车。矿内各种车辆（正在作业的平路机除外）必须为运输汽车让行。

雾天或烟尘影响视线时，应开亮防雾灯或大灯，并靠边减速行驶，前、后车距不得小于30 m；能见度不足30 m或雨、雪天气危及行车安全时，应停止作业；冬季路面有积雪或结冰时，应采取防滑措施，前、后车距不得小于50 m，行驶时严禁急刹车、急转弯或超车。

自卸车不得在矿山道路拖挂其他车辆；必须拖挂时，应采取安全措施，并设专人指挥监护。

卸料平台应有信号、安全标志、照明和足够的调车宽度。卸料点必须有可靠的挡车设施。不同类型汽车应有各自卸料点，使用同一卸料点时，应保证大型卡车安全。

汽车在工作面装车时，必须遵守下列规定：①待进入装车位置的汽车必须停在挖掘机最大回转半径之外，正在装车的汽车必须停在挖掘机尾部回转半径之外；②正在装载的汽车必须制动，司机不得将身体的任何部位伸出驾驶室外，严禁其他人员上、下车和检查维修车辆；③汽车必须在挖掘机发出信号后，方可进入或驶出装车地点；④汽车排队等待装车时，车与车之间必须保持一定的安全距离。

2. 带式输送机运输安全与事故

带式输送机运输的事故主要有胶带的撕裂、着火等事故。其中，在带式输送机的作业中，最常见也最严重的事故就是胶带的纵向撕裂。预防胶带的纵向撕裂往往是比较困难的，而一旦出现了胶带的纵向撕裂，损失也是很大的。导致胶带纵向撕裂的原因有很多，根据撕裂原因性质的不同，可分为异物撕裂、钢芯抽出撕裂、积料过多撕裂等。

（二）滑坡及坍塌事故

露天煤矿滑坡（坍塌）作为最常见的一种地质现象，常发生在排土场和边帮，直接威胁到露天矿采剥工作面、运输通道和工业广场的安全，造成设备损坏，人员伤亡。

随着露天采场的开挖，边坡出现了临空面，使部分岩体裸露，改变了岩体中的原始应力状态，同时也改变了地下水的径流条件，加之岩石风化、爆破震动等影响，边坡岩体的变形随之产生。人们习惯上将边坡明显的变形视为边破变形，如坡表及地表出现裂缝、铁道出现一定程度的弯曲沉降等。此时边坡仍不失其完整性，生产仍可继续进行。边坡破坏通常指边坡解体、崩落、滑落等。

露天矿边坡台阶上常设有铁路、公路、各种输送机线路以及各式站场等。临近边坡的地面，常设有工业设施等构筑物。因而边坡的安全与否，关系到露天煤矿的生产和人身设备的安全。一般而言，矿山开采在取得巨大经济效益的同时，不可避免地带来一系列的工程灾害，甚至产生重大安全事故，使人身安全和矿山生产受到极大的经济损失，迫使矿山开采中途改变方案，乃至提前闭坑，使得国家资源受到严重损失。我国几大露天煤矿，在矿山生产过程中均出现过不同程度边坡事故。这些采场及排土场边坡安全问题的出现是与露天煤矿边坡的特点紧密联系的。

根据各露天煤矿生产过程中边坡工程的实践经验，可以将露天煤矿边坡的特点归结为如下几点。

（1）露天煤矿边坡岩石主要为沉积岩，层理明显，软弱夹层较多，岩石力学强度较低；在地下水、爆破震动等的作用下，岩体强度明显偏低，易于形成不利稳定的滑面，从而造成滑坡等安全事故。

（2）露天煤矿边坡是逐步开挖形成的工程边坡，一般高度较高，揭露的岩层较多，岩性变化大，构造也相应复杂，边坡岩体较破碎，而且易风化。

（3）露天煤矿边坡，不能因地质条件不良而更改。

（4）露天煤矿边坡工程问题是一个具有时效性的、动态的工程地质问题，矿山的开挖、排土场的回填等加载工程活动贯穿于矿山服务期限的始终；又由于露天煤矿边坡允许产生一定程度的变形（只要这种变形破坏不至于影响露天矿的安全生产即可）。所以在评价露天矿边坡的稳定性时，具有一定的阶段性，即只要保证相应时期的生产安全即可。

（5）由于历史的原因，部分露天煤矿（抚顺西露天矿、阜新海州露天煤矿等）位于城市市区内，毗邻工矿企业、居民区等。所以在整个生产过程中，不可避免地受制于边坡变形破坏的影响，而且牵涉面较广，不但是矿山自身安全问题，甚至关联到市政建设问题。

这些就决定了露天煤矿的边坡问题研究，不可能一次性完成，是一个贯穿于露天煤矿勘探、设计、生产乃至闭坑全过程的技术问题。由于存在许多不确定因素（地质条件、岩石力学参数、采矿条件等）的制约，边坡问题研究是一个逐渐深化的过程。

边坡稳定的防治一般包括边坡破坏机理、破坏类型及其危害、边坡稳定的监测和边坡治理工程及技术四个方面。

（三）放炮（爆破）事故

露天矿的爆破作业，是指将矿用工业炸药按一定的要求装填在炮孔中，利用炸药产生的化学能将岩石破碎至一定程度，并形成一定几何尺寸的爆堆。爆破的质量好坏，不仅与矿岩的性质、地质构造（层理、节理、裂隙方向和间距）、炸药性质有关，而且与采用的爆破方法、起爆方式、延发时差以及布孔方式和参数等因素有关。

露天煤矿放炮（爆破）事故是指在爆破作业过程中发生的事故，一旦发生，涉及范围广，造成的伤亡程度比较严重。

1. 爆破安全

遵循《爆破安全规程》的规定，掌握爆破事故的发生规律及预防措施，是爆破作业顺利进行的重要技术保证。

2. 爆破事故的分类

爆破事故的发生大概有两个方面的情况：一是从事爆破器材加工、运输、储存及现场操作中发生的事故；二是伴随炸药爆炸时所产生的有害效应（地震波、空气冲击波、飞石、噪声和有毒气体等）引起周围建（构）筑物的破坏及对周围人员的危害。按照事故原因分类，有下面几个方面。

（1）过早进入工作面或意外的炸药燃烧或爆炸造成的炮烟中毒。

（2）导火索、火雷管起爆引起的事故。

（3）爆破以后处理不当的事故。

（4）警戒不严、信号不明、安全距离不够造成的爆炸伤人事故。

（5）飞石伤人。

（6）炸药雷管处理不恰当引起的事故。

（7）电气爆破事故。

（8）其他爆破事故。

3. 爆破安全措施

1）爆破安全措施的内容

（1）爆破器材的加工、运输和储存安全。

（2）导火索、火雷管起爆安全。

（3）电力起爆的安全措施。

（4）导爆管和导爆索起爆安全。

（5）防止炮烟中毒的措施。

（6）爆破之后的安全措施。

（7）爆破时的安全措施。

2）飞石产生原因及危害的防治

飞石是指爆破时从爆破区抛掷出较远距离的岩块。飞石的产生主要是由于爆炸气体生成物的作用，爆破时炸药能量以气体膨胀能量形式通过较弱的环节（阻力小的地方）急剧地冲入大气，并将能量传递给前面的岩块，个别的岩块以较大的初速运动而形成飞石。影响个别飞石飞落较远的因素如下。

（1）由于岩体的不均质性，爆破时较弱岩石处的阻力最小，易冲出形成飞石。

（2）地质因素及地形因素的影响。如受断层、软弱夹层和溶洞等地质因素影响，易造成气体冲出或造成装药过量。另外，冲沟、凹面及多面临空地形会造成前排孔抵抗线变小而形成飞石。

（3）爆破设计与施工不当。药量过大；填塞长度不够或填塞质量不佳；最小抵抗线过小；多段毫秒爆破中，起爆顺序不当或延迟时间太短；二次爆破易产生飞石。

为了避免爆破飞石对人员、设备、结构物和建筑物的伤害和损坏，《爆破安全规程》规定：在进行各种爆破时，人员与爆破地点的安全距离不得小于表 14－1 的规定。规定抛掷爆破时对人员、设备和建筑物的飞石安全距离，由设计确定，并报企业或矿山总工程师批准。

表 14－1　各类露天爆破（抛掷爆破除外）个别飞石对人员的安全距离

爆破类型与方法	个别飞石最小安全距离/m
裸露爆破法	400
浅孔爆破	300
浅孔药壶爆破	300
蛇穴爆破	300
深孔爆破	按设计，但不小于 200
探孔药壶爆破	按设计，但不小于 300
浅孔孔底扩壶爆破	50
深孔孔底扩壶爆破	50
药室爆破	按设计，但不小于 300

沿山坡爆破时，下坡方向的飞石安全距离应比表中规定的数值增大 50%。

爆破作业人员应具体分析飞石与飞石事故发生的原因，根据实际情况采取相应的防护措施。

（1）严格执行《爆破安全规程》，爆破前应将人员及可动设备撤离到相应的飞石安全距离之外，对不可移动的建筑物及设施应加防护器具。在安全距离以外设置封锁线及标志，防止人员及运输设备进入危险区。

（2）避免过量装药，如炮孔穿过岩硐，应采取回填措施，严格控制过量装药。

（3）选择合理的孔网参数，按设计要求保证穿孔质量。

（4）对于抵抗线不均，特别是具有凹面及软岩夹层的前排孔台阶面，要选择合适的装药量及装药结构。

（5）保证填塞长度及填塞质量。

露天深孔爆破填塞长度应大于最小抵抗线的 70%，过短的填塞长度，使爆炸气体易于先从孔内冲出引起表面飞石，同时充填料要选用粗粒、有棱角、具有一定强度的岩料。

（6）采用合理的起爆顺序和延迟时间，延迟时间的选择应保证前段起爆后已开始岩石移动，形成新的自由面后再起爆后段炮孔。延迟时间过短甚至跳段都会造成后段炮孔抵抗线过大，形成向上的漏斗爆破而产生飞石。

（7）二次爆破中尽量少用裸露爆破法；采用浅孔爆破法进行二次爆破时应保证孔深不能超过大块厚度的 2/3，以免装药过于接近大块表面而产生飞石。

(8) 采用防护器材控制和减少飞石，防护器材可用钢丝绳，纤维带与废轮胎编结成网，再加尼龙、帆布垫构成，可以有效地控制飞石。

(9) 设置避爆棚。

(10) 加强作业现场管理。

3) 电雷管遇地下静电爆炸伤人事故的防治

当地下静电达到一定程度时，容易导致电雷管爆炸事故。采取的具体措施主要有：①雷管领放要由专人管理；②对雷管的领放人员要定期进行培训，持证上岗；③雷管与炸药要分开储存，严禁同车装运；④爆破时，必须严格按照有关爆破安全规程作业。

4) 炸药拒爆的防治

炸药拒爆往往会引发其他事故，因此，要引起特别的注意。发生这类事故的主要原因有连线的问题，飞石将连线砸断，炸药质量问题等。采取的主要措施有：①网络连接要科学、合理，严格执行设计；②严把炸药质量关，坚决不能使用水分超过规定、硬化结块（不能揉开）及变质失效的炸药；③一旦发生拒爆，要采取必要的补救措施：若是飞石将网络线砸断，可以在孔外再接线引爆；若炸药不是防水炸药亦可往孔内注水，使炸药自然失效；在与拒爆孔 0.5~1.0 m 处重新打孔，孔深与原孔相同，重新装药爆破；爆破要在专人监视下进行，在危险区内不得进行其他作业；要设好警戒线，无关人员不得进入禁区。

5) 地震波震裂建（构）筑物的防治

当地震波（或空气冲击波）较大时，往往使建筑物或者构筑物发生裂变破坏，产生其他事故，如：房屋震裂，内排土场滑坡等。主要采取如下措施。

(1) 减少一次性起爆药量，使之达到合理的数量。

地震波安全距离为

$$R = (K/V)^{1/a} Q^{1/3}$$

式中 R——爆破地震安全距离，m；

Q——药量（齐发爆破取总量，微差爆破取最大一段药量），kg；

V——安全质点振动速度，cm/s；

K，a——与爆破地点地形，地质条件有关的系数和衰减指数。

当需裸露爆破时，空气冲击波安全距离为

$$R = 25Q^{1/3}$$

式中 R——空气冲击波安全距离，m；

Q——起爆药量（齐发时取总量，延期时取一次起爆的最大值），kg。

(2) 在重要的建（构）筑物外围挖一定深度的沟，防止地震波对其造成破坏。

(3) 内排土时，可以采取一定的麻面爆破以增大内排土场的稳定性。

(4) 对重要的建（构）筑物，要进行地震效应的监测或试验。

6) 有害气体伤人

工业炸药不良的爆炸反应会生成一定量的一氧化碳和氮氧化物。此外，在含硫的矿床中进行爆破作业时，还可能出现硫化氢和二氧化硫。上述四种气体都是有毒气体，凡炸药爆炸以后含有上述一种或一种以上气体叫作炮烟。人吸入炮烟轻则中毒，重则死亡。据我国部分冶金矿山爆破事故统计，炮烟中毒的死亡事故占整个爆破事故的 28.3%。

为了防止炮烟中毒，应采取以下几个方面的措施：①加强炸药的质量管理，定期检验炸药的质量；②不要使用过期变质的炸药；③加强炸药的防水和防潮管理，保证堵塞质量，避免炸药产生不完全的爆炸反应；④一切人员必须等到有毒气体稀释到爆破规程允许的浓度以下时，才准返回工作面；⑤爆破时，人员应在上风方向。

（四）机械事故

露天煤矿的所有生产环节都离不开机械的运用，我国露天矿的主要设备一般指采装用的挖掘机，包括单斗挖掘机和轮斗挖掘机，辅助用的推土机和前装机，运输用的电机车和自翻车，重型自卸汽车，大型破碎机等。当出现人为误操作或设备失效、失控等故障则会引起夹击、碰撞、剪切、卷入等伤害，也包括设备自身的零部件损坏或设备之间的碰撞等。机械事故发生的场所一般在剥离过程、凿岩及凿岩台阶、设备检修场所、破碎或运输过程等。

造成上述各类事故，总体上分析有如下几种原因：①操作人员责任心不强，没有及时对设备进行常规检查；②操作经验不足，未能及时预判、预防事故；③操作人员对设备作业的场地、环境不熟悉；④操作人员的安全意识淡薄，劳动用品穿戴不齐全，造成违章事故；⑤设备部件质量不过关；⑥设备制造时材质不过关，有时没有考虑寒冷冬季作业时的需要；⑦设备作业环境不好，经常处在极限状态作业；⑧现场管理存在问题。

为防止上述事故的发生，常采取的主要措施有：①加强作业人员安全思想教育和日常培训，严格按操作规程办事，防止出现大的机械事故；②认真把好部件质量关；③加强设备日常的检修、保养工作，安全部件一定要齐全；④加强现场管理工作；⑤遇有特殊天气，如大风、雨雪天气等，应停止作业。

第二节　露天矿生态环境保护

露天开采对环境破坏和污染的表现有：烟尘、废气对大气的污染；煤及硫化矿物的自然发火；放射性矿物造成的污染和危害；酸性水和污水污染地面水系和地下水；工业噪声对人们心理、生活以及工作效率等方面的不良影响；大量占用土地，影响农田、森林及农作物的种植等。

一、污染源

（一）汽车运输

矿用汽车载重能力大，多采用功率较大的柴油机。通常一般矿山环境较恶劣，采场凹凸不平，道路坡度大，弯道多，自卸汽车常在重负荷大阻力的情况下工作。因此，柴油机在大负荷工作下，燃油消耗量大、尾气排放量大，噪声大；矿山运输较为集中，道路上的汽车数量多，行车密度大、气流大，尘土飞扬，振动强烈。因而污染形式多，危害大。

1. 排放气体有害物污染

汽车行驶时柴油机排放的废气包含多种有害气体及黑烟。废气中的主要有害成分是一氧化碳、氮的氧化物、碳氢化合物、二氧化硫和铅化物等。从汽车排气管排出的废气约占总排气量的65%，由曲轴箱排出的约占20%，由燃料输送系统排出的约占15%。各种有害成分的排放量与车辆的种类、燃料的品种有关，而且还因车辆运转工况（怠速、等速、加速和减速）而异。露天矿山主要采用柴油汽车运输，柴油发动机产生的黑烟与臭气比汽油发动机高许多。

2. 噪声污染

大中型汽车行驶时发出的噪声达 80~90 dB，加速时可达 100 dB 以上，其中主要是柴油机的排气噪声。此外还有传动部分的机械噪声、车轮滚动噪声及其行驶时振动产生的碰撞噪声。

3. 振动污染

露天矿专用汽车的载重量大、自重大，在高速行驶时产生的振动较一般汽车强烈得多且传播的距离远，对振动涉及范围内的精密仪器机床、仪器仪表的加工及测试精度有明显的影响，同时对人体也有明显的干扰。

4. 其他污染

矿用汽车的体积大，高速行驶时产生很大的气体流动，卷起路面及附近的尘土、矿尘，随风飘扬，污染环境。

此外，由于柴油发动机周期性地高速旋转，其有关部分会发生高次谐波，对矿山的载波通信将产生一定的影响。

（二）煤的自燃

1. 煤的自燃机理

露天采场内具有自燃倾向性的大量煤炭，长期暴露在空气中，在地质构造、外界环境风化及开采震动的影响下，以及煤体中瓦斯、水分的散失，使得煤体十分破碎。进而，在外界风力、压力及外界与煤体内部之间的自然风压作用下，外界含氧空气渗入煤体之中。渗入煤体中的含氧空气与煤体中的煤炭发生氧化还原反应产生热量，在煤体体积较大的情况下，这种由于化学反应产生的热量难以散发，致使热量在煤体内积聚。积聚的热量加热煤体，使煤体与空气之间的氧化反应更加剧烈。如此循环下去，煤体温度越积聚越高，直到达到煤体自燃临界温度，从而引发自燃。

煤的自燃有其本身原因和外部原因，一般认为，煤的变质程度低，着火点就低。煤的裂隙发育容易与大气、水分接触而氧化发热，煤中含有黄铁矿，能加剧氧化升高煤温，再加上外部散热条件好，就会引起煤的自燃。

2. 煤的自燃危害

（1）煤的自燃对环境的污染。煤的自燃时产生大量煤烟，煤烟中含有微细烟尘及一氧化碳、二氧化碳、二氧化氮、氮氧化合物、碳氢化合物等有害气体，致癌物质 3，4-苯并芘以及砷、镍、铁等物质。这些物质污染环境，危害人体健康，影响附近树木和农作物的生长。

（2）煤层自燃还会造成火灾，并产生大量烟雾烟尘。烟雾烟尘影响工作人员视线，危害工作人员呼吸，影响工作人员的工作效率。

二、大气污染

露天矿大气的污染源按污染产生的原因，可分为原发性污染物和继发性污染物。前者是从污染源直接排放出的物质；后者是经化学反应派生出来的二次污染物质。这种二次污染物在露天矿大气中污染较大，如光化学烟雾和硫酸烟雾等。

露天矿大气污染，按其存在状态又可概括为两大类。第一类是气溶胶，如粉尘、烟、雾等；第二类是气体，如一氧化碳（CO）、氮氧化合物（NO_x）、硫氧化合物（SO_x）、碳氢化合物（CH_x）、醛类（甲醛、丙烯醛）等。

在采用汽车运输的露天矿，公路扬尘占采矿产尘、扬尘总量的90%以上；穿孔爆破的产尘量居第二；挖掘机装卸及转运过程中的扬尘量居第三。

露天矿爆破作业产生的粉尘及有毒有害气体，周期性地进入采场大气中，并扩散污染邻近村庄及农田。

汽车排放的废气严重污染露天矿大气，汽车废气中的碳氢化合物和氮氧化合物，经太阳紫外线照射后，生成一种淡蓝色的“光化学烟雾”，对生物造成重大影响。汽车废气中还有致癌物质3，4-苯并芘。据测定，燃烧1 kg汽油可产生12~15 mg苯并芘，燃烧一升柴油可产生18.2 mg苯并芘。

当开采容易自燃的矿物（煤、硫化物）时，燃烧可产生一氧化碳、硫酐和少量的硫化氢。有些露天矿的岩体中或层间水中赋存有硫化氢、二氧化碳或放射性元素，开采时散发出来，也会污染露天矿大气。瓦斯的自燃逸出，是另一个应该重视的污染源。

如果没有考虑气象条件，在露天采场的外围随意布置选矿厂、烧结厂、锅炉房、枕木防腐厂以及采场外的公路和排土场等，都可能成为采场内大气的外部污染源。

当长期不下雨时，大于6 m/s的自然风，可以吹起地表灰尘，成为采场大气的一个外部污染源。

粉尘是在生产过程中形成的、并能较长时间悬浮于空气中的固体微粒。含有游离二氧化硅的固体微粒叫硅尘，煤的微粒叫煤尘，石棉微粒叫石棉尘。

粉尘由产尘点产生后，被气流带走，形成局部含尘空气，随着气流的扩散迁移，污染露天矿大气及附近环境。已经沉落在地面和物体表面的粉尘，也因机械作用或者风力而再次飞扬，如汽车公路扬尘，挖掘机采装扬尘等。

人长期吸入粉尘，会罹患尘肺病。较多见的是硅肺病，煤尘肺病及石棉尘肺病。但是，不是所有粉尘颗粒都能进入人体，直径大于10 μm的粉尘吸入鼻腔后，被鼻毛阻留；小于10 μm大于5 μm的粉尘，进入呼吸道后，被气管分泌物粘附，最终排出体外；只有小于5 μm的粉尘，即一般简称为呼吸性粉尘的微粒，方能进入肺泡，危害人体健康。

我国对空气中各种粉尘的允许浓度，有明确规定。对于含有10%以上游离二氧化硅的粉尘，每立方米空气中不得超过2 mg。

露天采场中的微尘表面，吸附了有毒气体，使粉尘的危害性增加。研究表明，大爆破及挖掘机工作面中产生的粉尘，含有一氧化碳、二氧化氮及丙烯醛，汽车公路飞扬的粉尘也含有丙烯醛。

三、噪声与振动

噪声泛指人们不需要的和令人厌烦的声音。它不但会引起人体的生理改变和损害，还会对心理、生活以及工作效率造成不良影响。露天矿山在生产过程中所发生的工业噪声，必须引起重视。

（1）对听觉的损害。人接触噪声85 dB(A) 40年，90 dB(A) 10年，95 dB(A) 5年以上或100 dB(A) 不到5年，出现噪声性耳聋的危险率均在10%以上。突然听到140 dB

以上的噪声，会使耳膜破裂，造成急性外伤。

(2) 对人体健康的影响。噪声作用于人的神经系统，会引起头痛、头晕、失眠多梦、记忆力减退；作用于中枢神经系统，会引起肠胃机能阻滞、消化液分泌异常、消化不良、食欲不振等；作用于心血管系统，可使交感神经紧张引起心动过速、心律失常、心脏和血管阻力发生变化、血压发生波动等现象。

(3) 对工作和生活的影响。妨碍睡眠，干扰谈话，使人心烦躁难受，精力不能集中，以致工作效率降低，差错率增高。噪声还能遮蔽危险征兆，干扰声音讯号，造成安全事故。

露天矿噪声与振动污染源主要是运输车辆、筑路机械、机修车间以及大型穿孔采掘设备的作业。

噪声通常以 90 dB 为界限，90 dB 以上的属强烈噪声，能使人产生头痛、急躁反应。对人影响最大的是 60~85 dB 的中等噪声，这种噪声能使人的心情不安、厌烦、疲倦、工作效率低、失眠并产生语言通讯困难。

防噪声的措施是将噪声污染源布置在矿区边缘的下风向，在污染源附近建壁障或绿化带，并将居民区及办公室等需要安静的建筑物布置在远离污染源的地方。同时注意采用消音器以减少人员稠密区的噪声源，如鼓风机装消音器。

四、水污染

露天矿水体的污染源，主要是采场外排的坑矿废水和排土场的地面径流及其渗漏废水，其次是选煤厂、矿山动力机械车间、机修车间的生产废水和矿山的生活废水。前者水量变化较大，每小时数立方米至数百立方米；后者水量较小，较稳定，也易于控制。

露天矿的水污染除了因二氧化硫等矿尘被雨水淋溶形成酸而造成污染外，最主要的污染源是剥离物松散堆积在排土场经雨水渗漏，部分重金属盐被水溶解而析出造成的污染。另外，居民区大量的生活污水，经边坡渗入采场内积水或疏干水，也会带有大量的可溶性杂质，这些水汇入附近水体（如河流）时，将造成污染。由于矿山地质和水文地质条件不同，水质污染的种类也不同，目前对露天矿山的研究仍处于初期阶段。一般地说，露天矿山对水体的污染主要是酸污染、铅污染、镉污染、镣污染、锌污染以及生活用水中微量元素和洗涤剂的污染等。

水污染中最危险的是重金属污染。重金属流入水体后，能通过食物链，即浮游生物——小鱼、大鱼，而在生物体内逐步富集。当它们经食物进入人体后，不易排泄，能在人体内积聚，进而使人慢性中毒，甚至可能由母亲传给婴儿。酸性水对农作物的影响也很大。

防止水污染的主要措施是废水处理。生活污水中有毒物质较少，一船采用沉淀法与曝气法即可达到净化的目的。工业废水处理比较复杂，针对重金属的特性，可采用化学沉淀法、还原法、浮选法和吸附法处理，也可以采用几种方法综合处理。

五、土壤污染与恢复利用

矿产开采破坏大量土地，除采场破坏大片植被或耕地外，排土场还覆盖了大片植被或耕地，使矿区固有生态系统的功能丧失或降低；居住区的垃圾和锅炉房或坑口电厂的灰渣，也容易污染土壤。矿山土地复垦就是恢复或重建矿山生产中破坏的土地功能，使之重恢复有益的用途。

不同的破坏单元需要不同的复垦工程和技术。在此对露天采场、排土场（废石堆），简要介绍复垦的一般工程与技术。

1. 表土剥离与储存

土壤是珍贵资源，是矿山土地复垦中恢复植被的必备资源。因此，应把拟开采和占压区的表土预先剥离并妥善储存，以备复垦之用。表土一般分表层壤土（植物生长层）和亚表层土，不同地区和自然条件下的表土层厚度不同，一般表层土壤层为 30 cm 左右，亚表层土为 30~60 cm。混合剥离会降低土壤的肥力，一般应把表层壤土和亚表层土分别剥离，分别储存。剥离表土前，应先清除树根、碎石及其他杂物。剥离土壤的设备和剥离厚度应符合土层的赋存条件，以防止土壤的损失和贫化。采土作业应尽量避免在雨季和结冻状态下进行。

多数情况下，表土剥离与复垦之间有相当长的一段时间，因此，需要设置临时堆场储存表土。临时表土场应设置在地势平坦、不易受洪水冲刷并具有较好稳定性的地方。在表土场坡脚采用编织袋筑围堰、品字形紧密排列的堆砌护坡，起到挡护作用，并在土面进行覆网养护，防止土壤流失。为了防止堆存土壤的质量恶化，表层土壤的堆存高度不宜太大，一般为 5~10 m；亚表层上的堆置高度不宜超过 30 m。储存期长的土堆还应栽种一年生或多年生草类，以防止风、水侵蚀。表土场外围设置临时排水沟，以导流雨水，使表土堆不受冲刷影响。排水沟断面依据当地的降雨量设计，北方地区排水沟断面一般为底宽 0.5 m、深 0.5 m、上宽 1 m。

2. 露天采场复垦

大中型露天矿采场都有高陡边坡，边坡帮坡角一般为 45°~55°，边坡垂直高度从数十米到数百米。高陡边坡的稳定性较低，容易发生滑坡。因此，在复垦前应对边坡进行全面或局部改缓或加固，以防止滑坡。深凹露天矿的边坡改缓难度大，可根据实际情况，采用锚杆、钢筋护网、喷射混凝土等护坡措施。

小型露天采坑的复垦一般应利用生产中剥离的废石进行充填，平整为与周边地形相协调的地形，然后进行覆土和种植，根据土地破坏前的利用方式和适宜性评价结果，复垦为林地、耕地或草地等。

大中型露天采场的复垦方向一般为恢复植被或建成水体。进行植被恢复复垦时，应利用生产中剥离的废石把露天采场的深凹部分充填至自然排水标高，并设置导流区，以便复垦后的采场具有防洪排水能力，对充填后的采场底部进行平整、覆土和种植。

大中型金属露天矿的边坡陡、边帮上的平台窄，未被充填的台阶一般不具备复垦为梯田形耕地的条件，通常是把平台平整后复垦为林地。平整时注意形成一定的反向（向帮坡倾斜的）坡度，以防止水土流失。台阶坡面为坚硬岩石，倾角一般为 45°~70°，很难复垦。

进行植被恢复的露天采场，应视情况在采场外围周边修筑拦截排水沟，以防止边坡侵蚀、水土流失。

将露天矿采坑建成水体也有很多益处，如拦蓄降雨和洪水，补给当地的地下水，有条件时还可配套水利设施用于灌溉、养鱼等。这种复垦方式需要平整露天矿坑的底部，用泥质土壤覆盖有毒的岩石，采取相关措施防止边坡和相邻地域被侵蚀，使采场保持预计水位并保证水的交换，建造为露天矿坑灌水所需的水文工程设施，以及为利用蓄水所必需的其他设施等。

大中型露天采场采坑面积较大、垂直高差大、边帮陡。为了安全，防止人、畜进入造成不必要的伤亡和财产损失，一般应在距采坑周围外部边缘 10 m 左右处，每隔一定距离（30 m 左右）和通往采坑的道口设立警示牌。对复垦为水体的露天采场，警示牌尤为必要，在危险地段还应安装护栏。

3. 排土场复垦

排土场包括露天开采中排弃剥离岩石形成的堆场和地下矿开采中从井下提升到地表的废石排弃形成的堆场（即废石堆）。

1）排土场整形

当废石堆弃达到排土场的设计堆置高度后，首先对其顶部平台进行平整，对大块岩石，可先采用液压镐敲碎，碎石填洼垫低。用推土机进行平整、压实。在平台外沿修筑挡水坝，内侧修建排水系统。一船应在废石面上铺设一层黏土，碾压密实，形成防渗层。有毒物质（如酸性土岩、重金属等）出现在排土场表面时，必须实施移除或用专门的方法进行改良，否则铺敷的土壤会受到有毒物质的污染。改良方法一般有石灰处理、去除有毒物质并妥善处置，或用其他无毒物质封盖隔离。在排土场坡脚修筑一定规格的挡土墙，在排土场外围依据地形条件设置必要的截洪沟。

为防止排土场边坡发生坍塌和雨水冲蚀，排土场边坡要缓一些，高排土场要修成阶梯形状。排土场的高度与其边帮度的关系为：高度在 40 m 以内时，其边帮角不大于 12°；高度在 40~80 m 时，其边帮角不大于 8°。边坡需要修成阶梯形时，一般情况下台阶高度为 8~10 m，平台宽度为 4~10 m，边坡角控制在 15°~20°以内。为了防止阶梯受雨水冲刷，应有 1.5°~2°的横向坡度朝向较高一级的台阶。用大块废石封闭台阶底部，以拦截坡面下移泥沙，保护边坡稳定。大型排土场在排土作业中一般分阶段排弃，阶段高度和平盘宽度的确定除考虑排土工艺、设备等因素外，还应充分考虑复垦的需要，以便使排土作业、堆整边坡和修筑阶梯的工作结合进行，减少复垦工程量。

覆土的排土场表层应整平并稍有坡度，以利于地表积水流出。实践证明，大面积的排土场一次整平是不够的，排土场岩石的不均匀下沉可能使整平后的表面再次出现高低不平。为了使排土场的岩石自然均匀下沉，排土工作结束后可进行第一次整平，相隔一段时间待岩石下沉之后可再次进行整平。

2）土壤重构与改良

金属矿的排土场本身不适合植物生长，需要采取适当措施进行土壤重构与改良。土壤重构与改良途径一般有客土法、生活垃圾法、保水剂法、菌根法等。根据复垦条件和方向，这些方法可以单独使用，也可以综合使用。

（1）客土法。客土法是通过使用外来表土（剥离储存表土或来自取土场的表土）使排土场适合植物生长。上述的覆土就是土壤重构方法之一。大型排土场面积大，采用覆土复垦对表土需求量大、工程量大、费用高，可根据植物种类和排土场岩石性质，采用将表土与排弃岩土按一定比例混合的方式，表土比例以保证植物的成活率和正常生长为原则。这种方式比较适用于露天煤矿，如霍林河矿采用 1:1 的混合比取得了良好效果。

（2）生活垃圾法。将城镇居民所产生的生活垃圾和排弃岩土按一定比例混合，既可以解决生活垃圾的堆放与处理的问题，同时又起到改良土壤的作用。如果需要把排土场复垦为耕地或果园，应对生活垃圾的有害成分及其含量进行测定、分析，保证果实中这些物质含量不超标。

（3）保水剂法。在气候干燥地区，土壤的含水量不能满足植物正常生长的需要，靠人工长期浇水来维持会大幅增加复垦和养护成本。使用保水剂可大大减少灌溉量。在保水剂使用前，先用清水浸泡（400 倍水为宜），让保水剂充分吸水，使其形成黏稠的絮状物质，然后将其拌入靠近植物根系的土壤中或直接浸泡土壤根系，栽植后浇 1 次透水，然后覆土踩实。每株保水剂的用量在一定范围内越多越好，但考虑复垦成本，每株的用量一般为 2.4 g 左右。

（4）菌根法。菌根是真菌与植物根系所形成的共生体，能促进植物的生长，增强植物对不良环境的抵抗力和防止苗木根部病虫害等，特别是能够促进植物对磷元素和氮元素的吸收。通过形成根瘤菌增加土壤的氮含量，不仅有助于植物吸收水分以增强抵抗旱灾的能力，提高幼苗的成活率。促进植物的生长，还能提高土壤质量。菌种可在市场上或培育单位购买，施用量一般为每株 50 g（含培养基质），施于植物的根部。

3）植物种植

金属矿的排土场表面为散体岩石，铺敷肥沃土壤前最好先铺垫一层底土。铺敷土壤的厚度依据植物种类和土壤的质量确定。谷物和多年生草类对土壤质量要求较高，其肥沃土壤层不宜低于 30 cm，而植树造林则不一定要求铺敷肥沃土壤。

由于排土场生长条件差，应选择能忍受苛酷自然条件、成活率高的植物，适当搭配不同群落和品种。种植的方法一般有两种：一种是直接将种子播入土壤；另一种是将植株、树苗、根茎等移栽土中。

思考题

1. 露天矿生产环节事故主要有哪些？
2. 简述露天矿土地复垦的一般工程及技术。

第十五章 技术经济评价

第一节 概 述

一、经济效益的概念

人们从事任何一项生产活动都要讲求经济效益。所谓经济效益是指人们从事生产活动所取得的效益与为取得这些效益所消耗的劳动的对比。其基本表达式为

$$经济效益=\frac{有用效益}{劳动消耗}$$

即

$$经济效益=\frac{所得}{所费}$$

同样的劳动消耗，取得的效益大，则经济效益大；取得的效益小，则经济效益小。或同样的效益，劳动消耗多，则经济效益小，劳动消耗少，则经济效益大。

露天矿是为社会提供有用矿物的生产单位，在一定质量和劳动消耗的条件下，生产的有用矿物多，矿山的经济效益大；生产的有用矿物少，矿山的经济效益就小，所以，露天矿的经济效益可表述为

$$露天矿经济效益=\frac{有用矿物产出}{劳动消耗}$$

经济效益指标可以由实物量计算，也可由价值计算，并根据所考核的“劳动消耗”的内容不同，经济效益指标也就有多种。如单位产品成本、单位产品投资、投资效益系数、劳动生产率、资金利润率、成本利润率、投资回收期、动态投资收益率等指标。

二、经济效益评价的目的

科学技术的发展，使人们有可能采用多种可以互相替代的技术手段去实现同一预期目标，为了在多种技术方案中择其优者而用之，要经过多方面的技术经济比较，在一般情况下，一项技术方案的选用往往根据经济指标，通过经济效益评价而定。

经济效益评价是以技术方案为研究对象，经济分析为研究手段，对技术方案进行选优为基本目的的科学活动。一切技术方案都有经济评价工作，大至矿产资源评价、矿区开发顺序选择、矿山开采方法比较等有关全局性的方案，小至一台设备、一种材料的选用等局部方案，无不存在经济效益问题。进行多方案比较时，经济评价尤为重要，比如采出矿石的外运，根据矿山地形条件，可能有铁路、公路、斜坡卷扬或平硐溜井甚至架空索道等多种技术方案，如果几个方案在技术上都安全可靠并能满足生产需要，那么方案的选择主要

由经济效益评价而定。

三、经济效益评价的意义

讲究经济效益旨在节约地使用社会资源，用少的人力、物力、财力取得尽可能多的有用矿物产品。做好露天矿的经济评价工作，对于多、快、好、省地发展矿山工业关系极大。如果我们不认真研究露天矿的经济效益问题，在制定技术政策、选用技术方案、技术措施过程中就不可避免地出现盲目性，就会给国家建设造成很大的损失。只有做好了露天矿经济评价工作，才能节约而有效地使用国家资金，提高国家资金的利用程度，使有限的资金发挥更大的作用，才能充分地利用矿产资源，为社会生产更多的有用矿物产品，促进矿山工业的发展。

四、经济效益评价的原则与程序

为了满足国民经济对能源及原材料的需要，国家每年要拨出大量资金新建及改建矿山企业，目的是希望以最小人力、财力、物力支出，取得最优的经济效益。

对于一般企业和部门，投资后都希望能获得较大的企业利润或部门利润。在资本主义国家中，企业利润就是唯一的标准。在社会主义国家中，衡量投资的经济效益要看该企业为社会创造了多少使用价值和满足社会需要的程度。对于重大工业项目和影响国计民生的重要项目，涉及产品和原料、燃料出口或替代进口项目，中外合资项目以及产品和原料价格明显不合理的项目，除进行企业经济评价外，尚需进行国民经济评价。煤炭工业的大型项目就需要进行国民经济评价，二者有矛盾时，项目的取舍主要取决于国民经济评价。例如：企业财务评价认为不可行，而国民经济评价认为可行，则需要修改原设计方案或对企业采取必需的政策性补贴和减税、免税等保护性措施，使企业经济有所改善或可行。反之，企业财务评价可行，而国民经济评价认为不可行，则可否定该项目，或重新改正方案，重新设计。

此外，还应考虑非经济因素及非数量因素进行综合评价，进行项目的投资决策。从项目技术的可行性研究到对其投资决策评估的基本程序如图 15－1 所示。

五、经济效益评价指标体系

设计方案比较或可行性研究后的评估都需要有一个衡量的标准。

1. 指标体系分类

（1）按评估体系划分为企业经济评估及国民经济效益评估。

（2）按指标性质划分为技术指标和经济指标。

（3）经济指标中，按指标的作用，划分为企业利润性质指标和企业经营费用指标。

（4）经济指标中，按考虑时间价值与否，又划分为静态指标和动态指标。

2. 国民经济效益评价指标

在国家或地区的宏观范围内，评价某一建设项目的经济效益，一般采用经济效益指标 E，可表达为

$$E=\frac{\text{产出}}{\text{投入}} \tag{15-1}$$

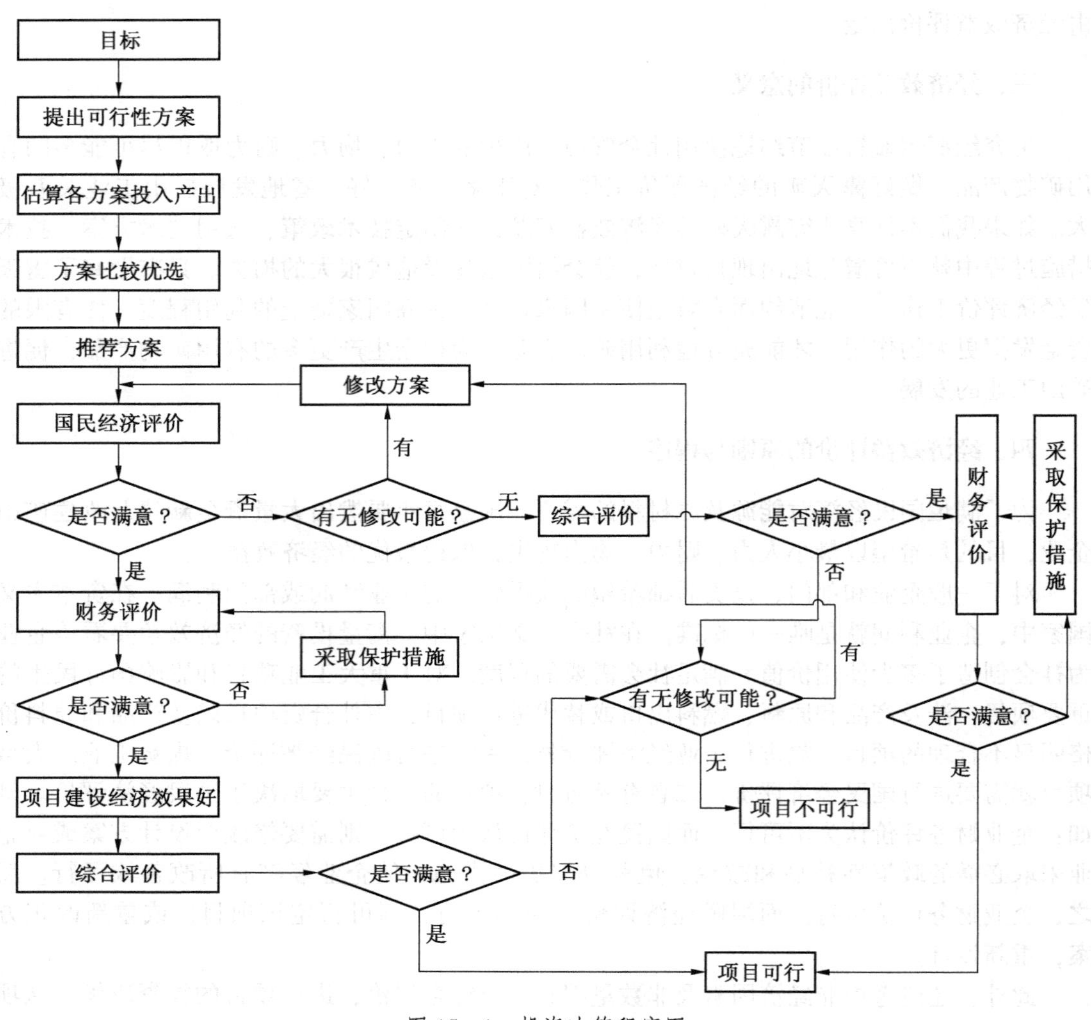

图 15-1　投资决策程序图

西方国家的具体衡量标准为

$$E = \frac{\text{利润}}{\text{投资}} \tag{15-2}$$

社会主义国家生产目的是满足社会需要，故经济效益 E 可用另一方式表达，即

$$E = \frac{\text{使用价值}}{\text{活劳动消耗} + \text{物化劳动消耗}} \tag{15-3}$$

国民经济效益与企业经济效益的计算有所不同，其区别如下。

（1）国民经济效益的成本和效益组成与企业经济效益和成本是不同的，前者不包括已投产费用、次级成本和转账支付等。

（2）国民经济效益评价中，许多投入物和产出物的价格均经调整。如矿石可替代出口，则价格按出口的价格计算，而钢铁产品可替代进口，则按同类的进口到岸价格计算。

（3）凡可贸易物，不论是否实际进口或出口，其价格不仅应以口岸价格计算，而且应按一定汇率（官方汇率或影子汇率）进行折算，而企业经济效益评估是只对实际进出口货物才产生外汇折算问题。

(4) 国民经济效益评估的内部收益率指标，需与投资机会成本比较，才判断是否可行。而企业经济效益评估的内部收益率，则与资本市场一般的利率相比来判断的。

综上所述，企业经济效益评价是给企业带来的盈利，而国民经济分析主要看国家资源是不是得到合理使用，国家在经济中，投入是否大于国家的产出或收益。国民经济效益评估，还要考虑本项目的相关项目的间接受益。

为了阐明国民经济效益的概念与企业经济效益的关系，以世界银行所属经济开发学院教授赫尔墨斯所写教材的一个案例为例，简述如下。

本案例评价布拉里亚将出口矿石、进口钢材产品改为建立钢铁厂，实现钢铁自给的可行性。据国际商业银行所作可行性研究表明，建设钢铁厂的企业经济效益很差，内部收益率为负值，项目不可行。但是政府另委托专家进行国民经济评价，结果得出不同的结论。

(1) 该钢铁厂工程项目包括流动资金在内，全部投资费用为 71.8 亿布元。

(2) 投资中从国内机械制造厂购置钢铁厂设备为 36 亿布元。该机械厂三年前已投产，生产能力只利用 40%，故其制造成本比进口同类设备高出 80% 以上。在机械厂为钢铁厂及制造设备财务成本的 36 亿布元中，包括 10.8 亿布元折旧及固定管理费。它属沉没成本，指过去已投入，钢铁厂不建设也要消耗的成本，国民经济评估时，不应作为国家所建项目的经济代价。筹建钢铁厂的经济代价只应包括机械厂的“边际成本”。

(3) 进口税 3.6 亿布元，使机械制造厂成本有所提高，但国家增加收入，这笔税费对国民经济既无失也无得，属转移性支付，故在国民经济评估时也不应作为成本计算在内。

(4) 其他属转移性消费的款项，还有直接进口设备交纳的进口税 1.6 亿布元和施工原材料价格中所包括的货物税 1.1 亿元。

(5) 根据情况，按国民经济评估时，该钢铁厂工程项目的投资真正代价为

$$71.8-(10.8+3.6+1.6+1.1)=54.7\text{ 亿布元}$$

(6) 每吨铁矿石价格为 37.5 布元，但其中 25% 为货物税，税前价格为 37.5/1.25 = 30 布元。但该铁矿石可用于出口，其出口价最低为 36.60 布元，按国民经济评估时，为使国家不受损失，仍按 36.60 布元/t 计算，每吨仍可节省 0.9 布元，即按 22% 税前加价。

(7) 钢铁厂产品平均售价按国内价格，在 1987—1988 年试生产期内为 602 布元/t，1989 年起正常生产后为 604.5 布元/t，而进口钢铁产品平均到岸价格为 850 布元/t。从国民经济看，本国钢铁产品代替了进口同类钢铁产品，即仍按 850 布元外汇计算，因为它使国家经济减少了每吨钢铁产品 850 布元的外汇支出。

(8) 将财务成本调整后，收益提高 40.6%，即每年 17 亿布元的外汇节省额，从而使布拉里亚钢铁厂的内部收益率约达 8.5%。

(9) 布拉里亚为限制进口商品限额，使每单位外汇值比官方汇率计算高出 33%。前面提到该钢厂为国民经济增加了外汇收益，要按外汇的影子价格计算。

结果，布拉里亚钢铁厂的预期收益率可达 12.4%，超过国内投资的允许收益率 10%，按贴现率 10% 计算，该项目可获净现值 11.57 亿布元。

经过上述经济分析表明，虽然按企业经济效益评估是不可行的，但从国民经济的观点看，布拉里亚钢铁厂实际上是具有一定收益的项目。

通过本例的详细分析，对我国矿产投资特别是大部分亏损的煤炭工业投资项目，在企

业经济效益评估的基础上，进一步进行有关大型项目的国民经济效益评估，这对煤炭工业投资的认识和调动企业职工的积极性是有益的，同时对正确提高煤炭价格或调整政策性亏损补贴都有积极作用。世界银行的经济专家建议：计划经济体制的国家在项目评估时，应以国民经济效益评估为主。这在我国的体制条件下，进一步指出大中型项目对国家宏观经济的影响是十分重要的。

对于矿山企业特别是煤炭工业而言，每一个建设项目都应具有一定的或较好的国民经济效益。如每开采1 t煤炭（原煤），在我国创造的国民经济产值平均为600~700元/t，在经济发达的江苏省可达2500元/t。

但是，由于我国现行煤炭及矿山原材料产品的价格政策不甚合理，即煤炭价格定得过低，煤炭的价值及价格相比差距较大，同时许多企业长期以来只注意开采，不注意经营，不注意提高煤炭质量，故煤炭企业特别是开采条件困难的煤炭企业，较多处于亏损状态。由于煤炭开采的国民经济效益好，故国家目前对煤炭采取了亏损补贴的政策，这对增加煤炭企业效益是有利的。但国民经济计算如何才合理，尚无较完整的规定。

为了论证开采煤炭的社会效益，促进企业经济效益，有的设计者也采用煤炭国际影子价格作为企业经济效益评估的重要依据。

3. 经济效益指标体系

经济效益指标体系侧重于企业经济评价指标，但也适用于国民经济评价。

1）反映使用价值的指标

（1）产品数量指标：

①实物产品数量——原煤、洗精煤、矿石或精矿吨数等。

②总产值——商品产值、净产值。

（2）品种指标——品种数、新产品增加率、产品配套率、产品自给率等。

（3）质量指标——品位、发热量、含矸率、灰分、含硫量等。

（4）时间指标——项目建设工期，项目达到设计能力时间等。

2）反映形成使用价值的劳动消耗指标

（1）产品成本指标。

（2）投资指标——基本建设资产+流动资金。

基本建设投资包括以下费用：

①建设工程费用。包括各种厂房、仓库、住宅等建筑物和铁路、公路、码头等构筑物的建设工程；各种管道、电子和电讯线路的建设工程；设备基础工程；水利工程；投产前的剥离和矿井工程及场地准备；厂区整理及植树绿化等费用。

②设备购置费用。包括一切需要安装和不需要安装的设备的购置费用。

③设备安装工程费用。包括机电设备的装配、装置工程及与设备相近的工作台、梯子等的装设工程；附属于被安装设备的管线敷设工程等费用。

④工器具及生产用具的购置费用。包括装配车间、实验室等算作固定资产的工具、器具、仪器及生产用具的购置费用。

⑤其他费用。包括上述费用之外的各种费用，如土地征用、建筑场地上原有建（构）筑物的拆除与补偿、青苗补偿、建设单位管理、科研试验、生产职工培训、生活及办公用具购置费用等。

流动资金是指企业进行正常生产和经营所必需的资金，由储备资金、生产资金、成品资金、结算资金等构成。

①储备资金。包括的辅助材料、燃料、备品备件、包装物及低值消耗品等所需的资金。

②生产资金。包括在产品、自制半成品占用的资金及待摊费。

③成品资金。生产成品占用的资金。

④非定额流动资金。包括发出商品、货币资金和结算资金。

前三项之和称为定额流动资金。对于新建或扩建矿山，设计中只计算定额流动资金，非定额流动资金由于资量不稳定且占用量少（10%左右），一般不估算。

（3）单位生产能力投资额（单位投资），即

$$k = \frac{K}{Q} \tag{15-4}$$

式中 k——单位投资，元/(t·a)；

K——建设期限内的总投资，元；

Q——产品年成产能力，t/a。

（4）年计算费用指标——年经营成本和折算分配的投资费用之和。

（5）劳动消耗指标：

①活劳动消耗经济效益指标为

$$R_c = \frac{Q}{t} \tag{15-5}$$

式中 R_c——劳动生产率；

Q——个人或集体产品数量；

t——个人或集体劳动时间。

②物化劳动消耗经济效益指标：

a）单位产品材料，动力消耗量。

b）材料利用率。

c）单位时间固定资产消耗量（折旧额）：

$$A = \frac{K_0 Z}{Q} \tag{15-6}$$

式中 A——单位时间折旧额；

K_0——设备原始价值；

Z——一定时间单位内的折旧率；

Q——一定时间单位内的产品数量。

③生产中占用资金经济效益指标：

a）每年百元产值占用流动资金额。

b）每年百元产值占用固定资产值。

3）反映经济效益的指标

（1）投资效益指标：

①投资效益系数。

②投资回收期（返本期）。
③追加投资回收期。
④贷款偿还期——扣去自有资金外需付利息的贷款投资的偿还期。
（2）投资所创造的利益指标：
①在全部生产期限内静态的总利润收入。
②净现值及现值比。
③内部收益率——在一定计算期内的收益率。
4）露天矿设计经济效益评价常用指标
（1）直观反映设计方案的主要技术经济指标：
①生产能力。
②矿石质量。
③投产及达产时间。
④总投资及吨煤投资。
⑤矿石成本及矿岩开采费用。
⑥劳动生产率。
⑦占用耕地面积。
（2）反映建设项目经济效益的综合指标。
静态经济效益指标：
①投资回收期。
②投资效益系数。
③追加投资回收期。
④年计算费用。
动态经济效益指标：
①净现值。
②净现值比。
③内部收益率（内部报酬率）。
④贴现费用。
上述八项即为本节所推荐的常用的经济效益指标体系。

第二节 投资项目经济评价方法

当一个投资者面临多个可供选择的投资项目时，就需要对每个项目的优劣从经济角度进行评价，为决策者提供定量的决策支持。经济评价结果应提供以下内容。

（1）项目是否能带来可接受的最低收益。
（2）可选项目的优劣排序。
（3）投资风险分析。

从经济角度出发，任何评价标准应遵循的原则为：盈利较高的项目优于盈利较低的项目；获利早的项目优于获利晚的项目。必须强调的是，评价标准本身不能作为投资决策，只能通过定量的经济分析为决策者提供决策支持，最终由决策者综合考虑和衡量所有定量的和定性的信息做出决策。

投资项目经济评价方法可分为两大类，即静态评价法和动态评价法。

一、静态评价法

静态评价法，顾名思义就是不考虑资金时间价值的评价方法，主要有投资返本期法和投资差额返本期法。静态评价法已经很少使用。

1. 投资返本期法

投资返本期法（也称投资回收期法）曾经是投资项目评价中的主要评价标准，如今该方法有时作为辅助性方法与其他方法（主要是动态评价法）一起使用。所谓投资返本期，是指项目投产后的净现金收入的累加额能够收回项目投资额所需的年数。表 15－1 列出了 5 个投资额相等但净现金收入和项目寿命不同的虚拟项目。

表 15－1　投资返本期举例

项目	A	B	C	D	E
投资/元	10000	10000	10000	10000	10000
	净现金收入				
1	2000	7000	1000	6000	6000
2	2000	2000	2000	2000	2000
3	2000	1000	7000	2000	2000
4	2000	2000	2000	0	3000
5	2000			0	4000
6	2000			0	1000
7	2000			0	1000
8				0	500
投资返本期/a	5	3	3	3	3

投资返本期的计算十分简单，将净现金收入（净现金流）逐年相加，累加额等于投资额的年数，即为投资返本期。表 15－1 中项目 A 需要 5 年，其余项目均需 3 年时间将投资回收（即返本）。

应用该方法进行投资项目评价时，如果计算所得投资返本期小于可接受的某一最大值，则该项目是可取的，否则该项目是不可取的。多个项目比较时，投资返本期短的项目优于投资返本期长的项目。

投资返本期法不足之处如下。

（1）该方法对返本期以后的现金流不予考虑，不能真实反映项目的实际盈利能力。例如，表 15－1 中项目 D 和 E 具有相同的投资返本期，但项目 D 根本不能盈利（只能收回投资），项目 E 却在返本后继续带来净收入，项目 E 显然优于项目 D。

（2）该方法不考虑现金流发生的时间，只考虑回收投资所需的时间长度。例如，项目 B 和 C 具有相同的投资返本期和相等的盈利额，但项目 B 早期净收入大于项目 C，根据前述经济评价标准应遵循的准则，项目 B 优于项目 C。

（3）应用该方法确定某一项目是否可取时，需要首先确定一个可接受的最长投资返本期，而最长投资返本期的确定具有很强的主观性。

2. 投资差额返本期法（追加投资回收期法）

对投资项目做经济比较时，经常遇到的问题是不同项目的投资与经营费用各有优劣：投资大的项目往往由于装备水平高、工艺先进等原因，其经营费用低；投资小的项目由于相反的原因，其经营费用高。这时，可用投资差额返本期法确定项目的优劣。

投资差额返本期的实质是：两个项目比较时，计算用节约下来的经营费用回收多花费的投资，如果能在额定的年数（即可接受的最长时间）内回收，则投资大、经营费用低的项目优于投资小、经营费用高的项目；反之，投资小、经营费用高的项目优于投资大、经营费用低的项目。

投资差额返本期的计算如下：

$$T = \frac{I_1 - I_2}{C_2 - C_1} \tag{15-7}$$

式中 I_1、C_1——投资大、经营费用低的项目（项目 1）的投资和年经营费用；

I_2、C_2——投资小、经营费用高的项目（项目 2）的投资和年经营费用。

若 T 小于或等于可接受的最长返本期 T_0，则项目 1 优于项目 2；反之项目 2 优于项目 1。$1/T$ 称为投资效益系数。

当比较两个以上项目，最佳项目是满足下式：

$$I_i + T_0 C_i = 最小 \tag{15-8}$$

二、动态评价法

动态评价法是考虑资金时间价值的投资项目评价方法，应用最广泛的是净现值法和内部收益率法。

1. 净现金流

净现金流是现金流入与现金流出的代数差。由于税收及会计法则的不同，不同国度（甚至同一国的不同行业）的净现金流的计算有差别。项目寿命期某一年的净现金流的一般计算如下：

销售收入

+其他收入（如固定资产残值、流动资金回收）

−年经营费用

−固定资产折旧

=税前盈利（税基）

−所得税（税基×所得税率）

=税后盈利

+固定资产折旧

=经营现金流

−投资

=净现金流

2. 折现率

计算未来某时间点（或若干个时期）发生的现金流的现值称为折现。折现中使用的利率也称为折现率。但在用净现值法进行项目评价时，折现率一般不等于利率。一方面，在资本市场发达的市场经济条件下，项目投资所需的大部分资金是通过某些渠道在资本市场上融资获得（如贷款、债券、股票等），使用不属于自己的资金是要有代价的（如贷款需还本付息），这一代价称为资本成本（capital cost）。对项目的期望回报率（即收益）的最低线是资本成本，如果一个项目不能带来高于资本成本的回报率，则从纯经济角度讲，该项目不能增加投资者的财富，故是不可取的。因此，投资评价中使用的折现率一般都高于利率。另一方面，当一个投资者决定投资一个项目时，用于投资的资金（无论是自己拥有的还是从资本市场获得的）就不能用于别的项目的投资，这就等于失去了从替代项目获得回报的机会，所以替代项目的可能收益率称为机会成本。只有当被评价项目的回报率高于机会成本时，被评价项目才是可取的，否则就应把资金投到替代项目。因此，项目评价中用的折现率应不低于机会成本。折现率应该是可接受的最低回报率，在数值上应等于资本成本，或机会成本加上业务成本及风险附加值。

折现率的选取对于正确评价投资项目十分重要。折现率过高，会低估项目的价值，使好的项目失去吸引力；折现率过低，会高估项目的价值，可能导致投资回报率低于可接受的最低值的项目。了解折现率的构成，对于选用适当的折现率很有帮助。折现率由四个主要要素构成。

（1）基本机会成本。如前所述，机会成本是替代项目的可能回报率，它被看作折现率的基本要素，其他要素被作为附加值累加到机会成本之上，故而称之为基本机会成本。

（2）业务成本。业务成本包括经济费用、投资银行费用、创办和发行费用等。

（3）风险附加值。根据项目的投资风险而适当上调的数值。

（4）通货膨胀调节值。如果项目评价中的每一现金流都按其发生时的价格（即当时价格）计算，说明现金流中包括通货膨胀，那么折现率也应包含通货膨胀率。一般来说，当在资本市场上筹集资金时，由资本市场确定的资本成本已包含了资金提供者对未来通货膨胀的考虑。因此，如果项目评价中的现金流是按不变价格计算的（即不包含通货膨胀），而折现率是取之于资本市场的资本成本，那么就应将折现率下调，下调幅度一般等于通货膨胀。

依据资本成本或各构成要素确定的折现率是可接受的最低收益率，也称为基准收益率。

3. 净现值法

投资项目的净现值 NPV（net present value），是按选定的折现率（即基准收益率），将项目寿命期（包括基建期）发生的所有净现金流折现到项目时间零点的代数和。即

$$NPV = \sum_{j=0}^{n} \frac{NCF_j}{(1+d)^j} \qquad (15-9)$$

式中 NCF_j——第 j 年末发生的净现金流量；

d——折现率；

n——项目寿命。

净现值法就是依据投资项目的净现值评价是否可取，或对多个项目进行优劣排序的方

法。当 $NPV > 0$ 时，被评价项目的收益率高于基准收益率，说明投资于该项目可以增加投资者的财富，故项目是可取的；若 $NPV < 0$，项目是不可取的。NPV 大的项目优于 NPV 小的项目。

【例 1】 某项目的初始投资和各年的现金流如图 15－2 所示，试计算基准收益率为 12% 和 15% 的净现值，并评价项目是否可取。

解 项目的净现金流如图 15－3 所示。

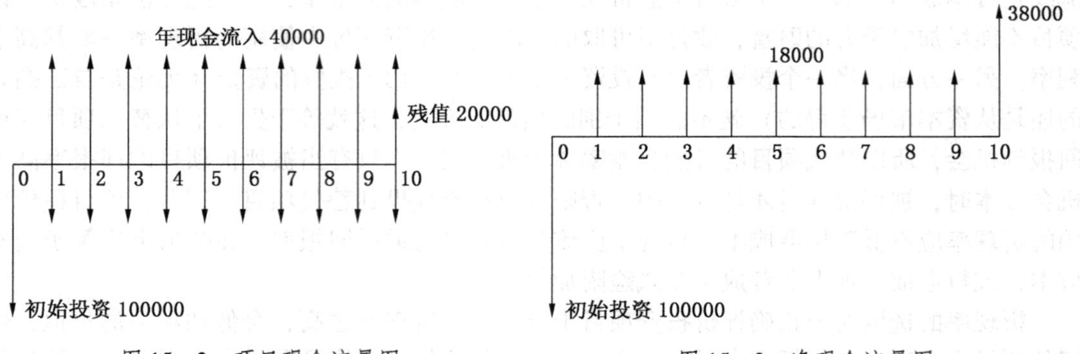

图 15－2 项目现金流量图　　图 15－3 净现金流量图

当 $d = 12\%$ 时：

$$NPV = -100000 + 18000\frac{(1+0.12)^9 - 1}{0.12 \times (1+0.12)^9} + \frac{38000}{(1+0.12)^{10}} = 8143$$

当 $d = 15\%$ 时：

$$NPV = -100000 + 18000\frac{(1+0.15)^9 - 1}{0.15 \times (1+0.15)^9} + \frac{38000}{(1+0.15)^{10}} = -4718$$

因此，当折现率为 12% 时，项目是可取的；当折现率为 15% 时，项目是不可取的。

4. 内部收益率法

内部收益率法又称为贴现法。投资项目的内部收益率 IRR（internal rate of return）是指使净现值为零的收益率，即满足下式的 d 值：

$$NPV = \sum_{j=0}^{n} \frac{NCF_j}{(1+d)^j} = 0 \tag{15-10}$$

如果计算所得的内部收益率 IRR 大于基准收益率，则项目是可取的；如果 IRR 小于基准收益率，则项目是不可取的。对多个项目进行优劣评价时，IRR 大的项目优于 IRR 小的项目。IRR 的计算一般需要试算若干次。

【例 2】 计算例 1 的内部收益率。

解 从例 1 的计算可知，当折现率为 12% 时，$NPV > 0$；折现率为 15% 时，$NPV < 0$。所以 IRR 在 12%～15% 之间，取 $d = 14\%$，得 $NPV = -715$。因此 IRR 在 12%～14% 之间，通过几次试算，得 $IRR = 13.83\%$。因此，当基准收益率为 12% 时，内部收益率大于基准收益率，项目是可取的；当基准收益率为 15% 时，项目是不可取的。

应用内部收益率法对项目的可行性评价和优劣排序结论与净现值法相同。

第三节　投资风险分析

一、经济效益评价及比较中的不确定因素

在企业经济效益和国民经济的评估中，我们使用了大量的数据和资料，如成本、投资、产量、价格以及各种技术经济指标等。这些都不是实际发生的，大部分是预算或估算的结果。而采矿工程的方案比较和决策，则更是在无法完全查明矿床的特点、储量和产状的条件下进行的。其中任何因素的变动都会影响到经济效益比较或决策的结论及其可靠性。

在技术经济方案比较中产生不确定性的因素很多。例如：基本数据的误差、数据量不足、统计方法的局限性、未知因素的作用、事先假设不准确、价格变动、工艺技术的变化、新材料、新产品的出现、国民经济结构的变化及未可预见性的形势发展等，都会造成经济效益评价的不确定性。

现结合矿业特点，分析一些因素对项目的影响。

1. 地质资料不清

以某省的一个铁矿为例，根据 1972 年勘探报告显示含铁量为 15% 以上，储量为 4054 万 t，平均品位 TFe = 18.6%，并以此确定其产量 200 万 t，年采剥总量 740 万 t。平均剥采比 2.2 t/t，生产剥采比 2.7 t/t。1975—1978 年在采场内进行补充勘探，结果是含铁量 15% 以上的储量降为 2600 万 t，平均品位 TFe = 18.3%，且矿体形态与空间位置均有变化，平均剥采比为 3.9 t/t，生产剥采比为 4.78 t/t。因而使入选原矿量只有原设计量的一半，各项技术指标及经济指标均发生很大变化，成本接近提高一倍。其具体数据见表 15 - 2。

上述情况在国内黑色冶金矿山发生的概率约占半数以上，在露天煤矿中也常发生，例如，平庄西露天煤矿由于风化煤实际深度较地质报告所提供深度下降约 6 ~ 7 m，极大影响了西露天煤矿的技术经济指标。

2. 生产能力变动

生产中达不到设计生产能力的原因有很多。除地质因素外，还有采掘、运输设备的运行可靠性，辅助配套设备，技术管理，燃料及原材料供应，动力保证，市场销路等。生产能力达不到，相应成本、单位投资、企业收益率等指标相继发生重大变化，表 15 - 2 也同样说明此问题。

表 15 - 2　技术指标影响经济指标表

指标名称	单位	原设计值	各年实际值			
			1977 年	1978 年	1979 年	1980 年
年入选原矿量	万 t	200	38.83	44.02	58.56	81.1
年精矿量	万 t	46	7.05	7.95	10.06	13.77
生产剥采比	t/t	2.7	2.34	4.9	1.12	2.5
平均入选品位	%	18.05	15.67	15.78	15.47	16.03

表 15-2（续）

指标名称	单位	原设计值	各年实际值			
			1977 年	1978 年	1979 年	1980 年
平均尾矿品位	%	5.5	6.52	6.6	6.54	7.24
自磨机能力	t/(台·时)	65.11	32.5	32.5	32.5	32.5
平均精矿品位	%	60	56.3	57.74	58.5	59.07
每吨入选原矿成本	元	3.0725	4.577	3.6576	3.6	3.36
每吨精矿成本	元	28.16	51.6245	51.6367	55.68	55.99

3. 价格变动

矿产品及原材料价格是影响经济效益的最基本和最关键的因素。我国大部分煤炭企业为亏损企业，主要均因煤炭价格定得过低所致。煤炭价格发生变化，企业利润也随之变化。

4. 投资费用的变化

投资费用变化的原因。有的是原投资估算不准，有的是建设中的浪费。此外，还有资金来源方面的问题。例如，国外贷款的矿山企业受国际外汇率和国际采购比影响。

总之，项目经济效益评价中的不确定因素是有多种多样的。由于它们的成因不同，影响差异，从而对不确定因素分析时将消耗较大精力及时间，因此只能有重点地进行研究分析，这样才能达到比较好的成果。

二、不确定性分析方法

所谓不确定性分析是指以研究分析、计算各种具体的不确定因素对建设项目经济效益的影响程度为目的的经济分析手段和方法。

不确定性分析方法有：直觉判断法，保守估计法，乐观悲观法，盈亏平衡法，敏感性分析法，概率分析法，决策树分析法，蒙特卡罗分析法等。

这里主要介绍常用的盈亏平衡分析，敏感性分析和风险概率分析。

1. 盈亏平衡分析

企业的产量、成本和利润之间，存在着十分密切的关系。其表达式为

$$\text{产品利润} = \text{产品收入} - \text{产品成本} - \text{税金} \tag{15-11}$$

上式中的产品销售收入取决于销售量和单价，销售税金取决于销售收入。

$$\text{产品成本} = \text{变动费用} + \text{固定费用} = \text{产品销售量} \times \text{单位产品变动费用} + \text{固定费用} \tag{15-12}$$

由此看出，产品销售收入和成本都是产品销售量的函数，若均为线性关系时，其图形如图 15-4 所示。收入—销售量直线与成本—销售量直线的交点 E，与 E 点对应的 x_0 为保本销售量。$x > x_0$ 为盈，$x < x_0$ 为亏。E 点称盈亏平衡点，亦称保本点。E 点位置决定于两直线的斜率。故销售量，销售单价，可变成本，固定成本等各种因素变化都会影响盈亏分析。

上述盈亏分析的前提条件：

（1）销售量和生产量相等，若生产量>销售量，部分产品的成本就要提高。

（2）在一定销售量范围内，固定成本不发生变动。固定成本提高将使成本—销售量直

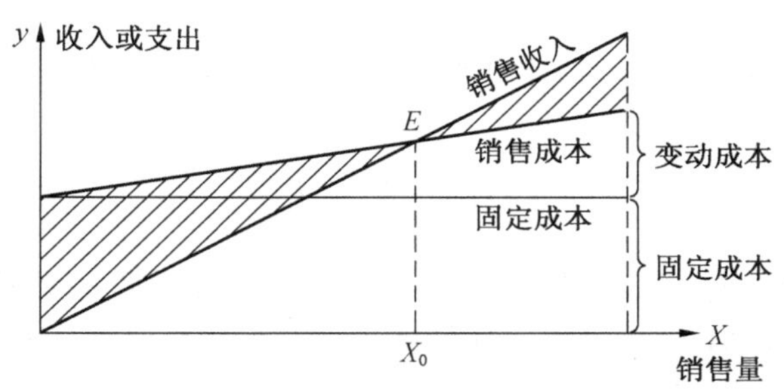

图 15-4 盈亏平衡图

线平行下移。

（3）变动成本与销售量为线性函数，若为非线性则要得出多个交点。

（4）销售价格不变，保持销售收入—销售量呈线性关系，若销售价变化可逐个求解。

（5）产品结构要稳定。

盈亏点的确定除图解法外，还可用代数法求，即

$$P \times Q = F + VQ$$

式中 Q——销售量；

P——销售单价；

F——固定成本总额；

V——单位变动成本。

保本量计算如下：

$$保本量 = \frac{固定成本总额}{单位销售收入 - 单位变动成本} \tag{15-13}$$

式中，$P-V$ 为单位边际利润率（它与单位利润不同，后者是扣除一切成本的收入）。

企业要掌握单位边际利润乘以产量能否抵消固定成本总量，若大于就是企业能获得利润，否则企业亏损。

平衡点计算，既可按单位计算，也可按金额计算。上述盈亏分析的理论可应用于矿业单位盈亏平衡分析，却不同于一般加工企业盈亏分析。简述如下：

①产量函数=f（生产要素）=f（资源、劳力、资金）。

其中，资源是有限的，并且随日益耗减，不可能再予以创造。

②矿产资源的品位是不一样的。当矿产品位高，所得收入也高，反之就低。

在西方古典经济学中，对矿业工程分析，产生了“报酬递减”的理论。“报酬递减”是指当可变要素投入（劳动、资金）增加，而报酬减少的现象。矿业工程的储量要素不变，随产量增大，出现报酬递增和成本下降的趋势。然而，当超过了一定产量后，由于不变的资源要素被过度使用，开始出现报酬递减。这种报酬由递增到递减的趋势，可以用 S 形成本曲线来表示，如图 15-5a 所示。S 形曲线突出强调了资源的有限性，这和一般加工企业盈亏分析中呈现的线性关系有所不同。

矿业产量的最佳化盈亏分析如下。

（1）图 15-5a 中，年总收益直线 TR 和总成本 S 形曲线 TC 交于点①、点②两处。该处平均成本 AC 等于单位边际收益 MR 或价格 P（图 15-5b）。其中，点①的产量 x 为保本

产量。

（2）图 15－5b 中 MC 为边际成本曲线。边际成本 MC 的最低点③是由资源引起的效益递增区和递减区的分界点。

$$MC=\frac{\mathrm{d}(TC)}{\mathrm{d}X} \tag{15-14}$$

（3）图 15－5c 中点④处，边际成本 = 边际收益，即总收益和总成本曲线斜率相等。该处产量使每年净收益 NV 达到最大。在保证增加产量的净值为正的前提下尽量增加产量。

（4）平均最低成本图 15－5b 中点⑤为边际成本和平均成本相等处，也是边际成本曲线与平均成本曲线相交的最低点。该点的平均成本最低，它对采矿产量最佳化具有较大意义。

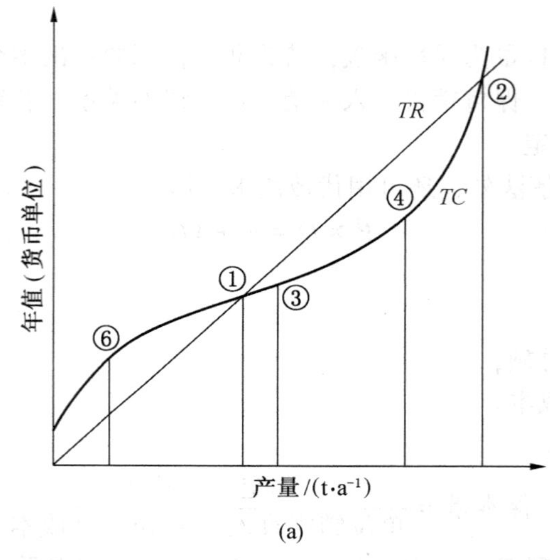

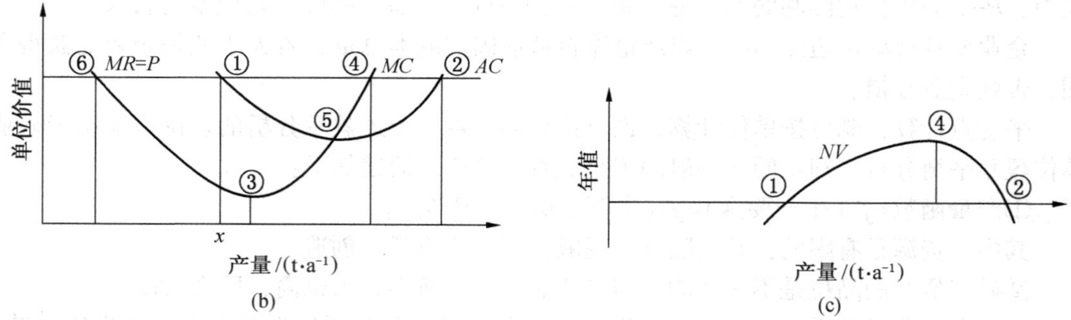

TR—年总收益；TC—总成本；MR—销售价格；AC—平均成本；MC—单位边际成本；NV—年净收益

图 15－5 盈亏分析指标与矿山产量的关系图

由上得出，采矿企业的产量除受保本产量限制外，因资源有限，还受报酬递减规律的制约。所以，对资源采取“过度挖潜”过分扩大产量的做法是不可取的。

2. 敏感性分析

敏感性分析是常用的一种评价经济效益不确定性的方法，它研究不确定因素对项目经济效益的影响程度。参与经济评价分析中一些不确定因素的变化可引起经济效益的明显变化，而有的因素变化则只引起一般性变化，甚至可忽略。在敏感性分析中，把前者称为敏感性因素，后者被称为不敏感因素。敏感性分析就是在诸多的不确定因素中，确定哪些是敏感性因素，哪些是不敏感因素。它主要是通过分析这些因素的变化对经济效益指标的影响程度来实现的。

1）敏感性分析的目的

（1）分析研究不确定因素的变动将会引起经济效益指标的变动幅度，使项目的决策人对项目的风险程度有所了解。

（2）找出影响项目经济效益的最主要因素，提高这些因素的可靠性，从而提高项目经济效益评估的准确性。

（3）对方案实施中的不确定因素无把握时，通过敏感性分析可以得出某个不确定因素的允许变动范围，此范围内项目仍能保持盈利和可行。

（4）通过敏感性的大小，即风险性大小的分析，对方案进行优选或寻找更优的代替方案，确保原来项目最低经济效益的实现。

2）敏感性分析的方法与步骤

（1）首先确定符合工程项目特点的经济效益指标作为分析敏感性的对象，矿山工程项目一般取内部收益率（报酬率）或现金流量净现值指标。

（2）在诸多不确定因素中，按下列原则寻找和确定敏感性因素：

①该因素可能对经济效益有重大影响。

②这种因素在项目经济寿命期内可能发生较大变动。

对矿山建设项目而言，敏感性因素通常有矿产价格变化、建设期变化、投资费用和经营成本变化、生产能力变化等。

（3）根据敏感性因素变动，重新计算有关的经济效益的指标，计算时，除被测敏感因素变化外，其他因素不变。

（4）为了直观和全面地了解各个因素对某项经济指标的影响，可绘制敏感性曲线图，横轴为某项经济指标，纵轴为敏感性因素变动幅度，分析结果一目了然（图 15－6）。

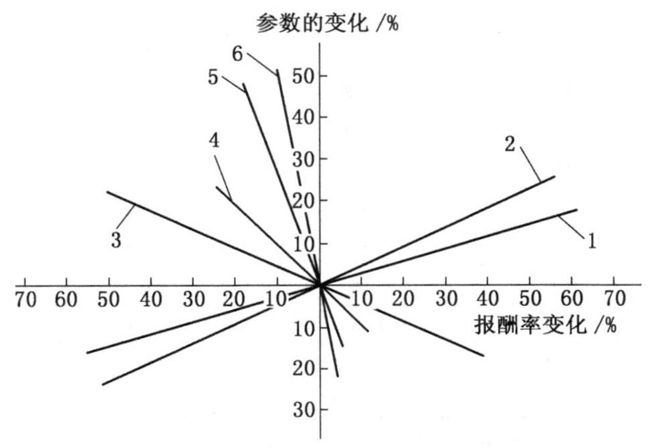

1—铜价；2—矿石品位；3—厂房和设备；4—选矿成本；5—采矿成本；6—剥离基建成本

图 15－6　各参数变化对报酬率影响的敏感性分析

【例 3】平朔矿区安太堡露天煤矿的可行性报告（1983 年）中，做了初始投资费用、经营成本、煤炭价格和年产量四项因素对企业内部收益率的敏感性分析。

可行性研究报告中的内部收益率（*ROT*）如下：

岛溪公司（ICC）为 20.0%；

中煤公司（CNCDC）为 28.0%。

敏感性分析结果见表 15－3。其中较敏感的因素为价格和年产量。

表 15－3 敏感性分析结果表

因　素	变化百分率/%	变化量	ICC 的 ROT 变化率/%	CNCDC 的 ROT 变化率/%
ICC 初始投资费用（千美元）	+30.0	93.321	−3.5	−0.5
	+20.0	62.213	−2.5	−0.3
	+10.0	31.107	−1.4	−0.1
	−10.0	31.107	+1.6	+0.2
	−20.0	62.213	+3.3	+0.5
	−30.0	93.321	+6.2	+0.8
CNCDC 初始投资费用（千美元）	+30.0	+51.455	—	−4.0
	+20.0	+34.304	—	−2.6
	+10.0	+17.152	—	−1.7
	−10.0	−17.152	—	+2.1
	−20.0	−34.304	—	+4.3
	−30.0	−51.455	—	+5.8
经营费用（美元/t）	+18.3	3.00	−3.0	−4.5
	+12.2	2.00	−2.2	−2.7
	+6.1	1.00	−1.2	−1.7
	−6.1	−1.00	+0.7	+1.7
	−12.2	−2.00	+1.9	+3.3
	−18.3	−3.00	+3.0	+4.9
煤价格（美元/t，出口煤）	+20.6	9.00	+5.5	+8.3
	+13.8	6.00	+3.4	+5.3
	+6.9	3.00	+1.8	+3.3
	−6.9	−3.00	−2.1	−2.6
	−13.8	−6.00	−3.9	−5.7
	−20.6	−9.00	−6.4	−9.2
年产量（10^3 t）	30.0	3.559	+5.2	+7.8
	20.0	2.373	+3.9	+5.0
	10.0	1.186	+1.7	+5.1
	−10.0	−1.186	−2.0	−2.4
	−20.0	−2.373	−3.6	−5.9
	−30.0	−3.559	−5.9	−8.5

注：敏感性分析中假设每吨煤炭的固定成本约 1 美元，与产量无关。

敏感性分析可以为经济分析提供一些有用资料，为期望值的常规分析和风险分析架起重要的桥梁。然而，敏感度分析不能用来评价与矿产投资方案有关的风险，为了评价风险，需要估计每个投入变量相对于期望值可能变化的概率。

3. 风险概率分析

风险概率分析法是利用概率值研究不确定性的分析方法。它通过研究不确定性因素按一定概率分布情况，以判断项目可能发生的损益或风险，为不确定性条件下的投资决策提供了科学依据。

1）风险概率概念

不确定因素每一次定量的出现都是一次随机事件 x_i，每一因素所随机出现的变量为随机变量。它的出现次数与可能出现随机事件次数的总和比值为每个因素和每个量的概率 $P(x)$。

例如，矿产品位的确定是随机的，某个品位值的出现次数的描述是随机事件，品位每次随机出现的变化值是随机变量，每个品位出现的样品的次数与总样品次数之比为品位的概率。

矿产工程中的各种不确定因素的数值次数分布可能是离散型的随机变量分布，也可能是连续型随机变量概率分布。

对于已知概率分布的主要特征值是数学期望值 $E(x)$ 与标准差 σ。

在离散型分布条件下：

（1）数学期望值为

$$E(x)=\sum_{i=1}^{n}x_iP_i=x_1P_1+x_2P_2+x_3P_3+\cdots+x_nP_n \tag{15-15}$$

式中　$E(x)$——随机变量 x 的数学期望值；

x_i——随机变量 x 的各种可能取值；

P_i——对应出现的 x_i 的概率值。

$$\sum_{i=1}^{n}P(x_i)=1$$

（2）标准差——表示随机变量的离散程度，也可表示和真值的偏离程度，标准差 σ 可按下式计算：

$$\sigma=\sqrt{\sum_{i=1}^{n}(\bar{x}-x_i)^2P_i} \tag{15-16}$$

式中　$\bar{x}$——平均值，也可是期望值。

选择变量的概率分布，是一件似乎使大多数人对风险分析感到困难的工作。但是风险分析并非旨在给出评价标准的真实概率分布，而是给出最有代表性的专家小组对该指标评价判断的概率分布，为此假如每个投入变量的分布是最能代表这种判断的分布，它就能反映出真实情况的水平和可靠性。

2）风险标准及效用

衡量矿产投资工程经济效益和可靠程度的两个标准，即期望值和风险度，不能任意地合二为一，正如反映概率分布特点的期望值和标准差一样。图 15－7 表现了连续型和离散型的风险概率分布。

风险分析的主要内容如下：

（1）确定投资变量的概率分布。

（2）估算每个投入变量数值的可能范围。

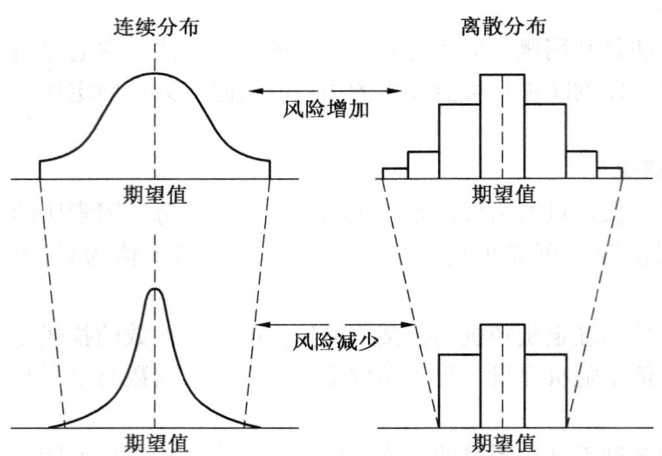

图 15－7　风险的概率分布图

（3）确定每个数值的时间概率。

（4）进行经济效益指标的计算。

（5）确定经济效益指标的计算值和风险度。

（6）得出经济效益指标的概率分布。

对于同一经济效益的概率分布，不同的人可做出不同的决策。实践中通常采用的风险标准：

（1）可接受的下限值。得出等于或大于该值的置信度。

（2）经济亏损概率。经济效益低于可以接受的合理的最低值的概率。例如投资收益率低于投资利率 τ（8%）的概率。

下列情况应特别重视风险分析：

①边际工程（marginal project），指期望收益率接近于估算的投资利率的矿产工程。此时，不确定因素的投入变量可能使本来满足的报酬率变低，出现经济亏损率较高的现象。

②存在变化大和敏感性强的不确定因素，即使期望收益率很好，由于一个或多个投入变量引起的变化可能很大，以致经济亏损概率高。这类因素有储量、品位、价格等。

③矿产工程中重大问题的决策，如开采境界、开采工艺、开采程序、边界品位等。

④勘探工程，涉及地质勘探费用与探明储量保证程度的重要决策。

第四节　系统成本分析

一、各类成本概念

1. 产品工程成本

工业企业为生产某种产品在生产过程中所消耗的各种费用的总和为该产品的总成本。采矿企业矿石的工程成本就是矿石在开采过程中所消耗的全部费用。产品工厂成本又称产品生产成本。

2. 产品销售成本

指工业企业为生产销售某种产品所消耗各种费用的总和，即产品工厂成本与销售过程中所支付费用之和。产品销售成本又称产品全部成本或称产品完全成本。

3. 产品总成本与单位产品成本

（1）产品总成本：指企业在一定时期（月、年）内用于生产与销售一定种类和数量产品所消耗的全部费用，如月（年）度销售总成本。

（2）单位产品成本：指企业生产与销售一个产品所消耗的费用和单位产品销售成本。其计算方法是以一定时期的产品产量除相应时期的产品销售总成本。产品总成本与单位产品成本是分析与计算产品成本的重要指标。

4. 车间成本

指企业、车间（或区段）范围内为生产一定数量产品（或劳务）所发生的生产费用。它是企业产品全部成本的组成部分。车间（或区段）成本核算的目的是加强企业内部经济核算制，提高企业经济效益。

5. 班组成本

指企业生产班（组）范围内为生产一定类型和数量产品（或提供一定劳务）所消耗的主要生产费用，一般只包括工人能核算与控制的费用。班组成本是车间成本的组成部分。班组成本核算的目的亦是为了加强企业内部经济核算制，提高企业经济效益。

6. 产品计划成本与实际成本

（1）产品计划成本：指企业预定在计划期达到的产品成本，如计划总成本和计划单位成本。

（2）产品实际成本：指产品在生产和销售过程中实际发生的费用，如实际总成本和实际单位成本。

二、企业成本构成

1. 工业企业产品成本核算方式

在工业企业内，根据产品特点和不同要求，产品成本核算的方式有如下几种：

（1）按生产费用要素核算：这种核算方式是按生产产品发生费用的经济性质来划分，其划分的各种费用要素见表 15－4（表中生产费用要素随成本核算办法的变化会有调整）。

表 15－4　生产费用要素表

生产费用要素	内　　容
原料与主要材料	构成产品实体的各种外购原料与主要材料，在生产过程中产生和回收的废料应扣除。在露天矿的产品成本中不发生此项费用
辅助材料	用于产品生产与企业管理中所消耗的各种辅助材料。在露天矿产品成本中此项费用占较大比重，如炸药、雷管、坑木、修理用配件、低值易耗品、劳保用品及其他材料等
燃料	企业生产所消耗的各种燃料。此项费用在产品核算中，有时并入辅助材料项目内
动力（电力）	企业耗用于生产活动的电力和蒸汽等费用。在露天煤矿此项费用列为电力费用

表 15-4（续）

生产费用要素	内　　容
工资及附加工资	企业支付职工的全部工资和按规定提取工资附加费
折旧费用	企业对生产使用的固定资产和公共住宅以及福利事业用的固定资产，按规定的折旧率提取基本折旧
其他费用	不属于上述各项的生产费用，包括大修理提成、办公费、管理费、差旅费、造林费、培训费、劳保费、利息收支相抵后的净额、租金支出、罚金支出、运输费、材料盈亏等

产品成本按生产费用要素划分的作用，可以明确生产产品的物质消耗费用和劳动消耗费用，便于计算国民收入和资金积累；可以明确产品成本中各类费用要素构成的比例，便与组织各费用的支付；可以把成本计划同生产、劳动、物资供应和财务等计划有机地联系起来，以便用货币形式监督和检查其他计划的执行情况。露天煤矿常采用这种核算方式。

（2）按成本项目核算：按费用的用途和费用发生的地点对生产产品所发生的费用进行归类。具体项目见表 15-5。

表 15-5　成 本 项 目 表

成本项目	内　　容
原料及主要材料	经过加工后构成产品主要实体的原料及主要材料，此费用在露天矿不发生
辅助材料	直接用于产品生产，但并不构成产品实体的材料
燃料	直接用于产品生产而消耗的各种燃料
动力	直接用于产品生产而消耗的动力费用
工资及附加费	直接掌握生产过程，从事产品生产的生产工人的工资以及按规定计算的工资附加费
车间经费	各车间（区段）范围内发生的具有全车间性的管理与业务费用
企业管理费	对企业进行经营管理所发生的各项管理与业务费用
销售费用	企业为销售产品而发生的各项费用

按成本项目核算产品成本的作用，是便于企业分析和研究降低产品成本的途径。露天金属采矿企业常采用这种核算产品成本的方式。

（3）按生产过程核算：是根据生产过程中各主要生产环节所发生的费用来核算产品成本，如露天矿分为穿爆、采装、运输、排土、供电等生产环节，单独进行费用核算。各种核算产品成本方式的作用有助于加强区段、车间的经济核算，便于分析和挖掘降低产品成本的途径。对生产过程中各种主要生产环节的划分可根据露天矿开采工艺特点和区段组织形式而定，三种核算产品成本方式的费用之间的关系见表 15-6～表 15-8。

表 15－6　成本项目与生产费用要素的关系表　　万元

生产费用要素	成本项目										全部成本
	原料及主要材料	辅助材料	工艺过程用的燃料	工艺过程用的动力	生产工人工资	生产工人工资附加	车间经费	企业管理费	工厂成本	销售费用	
原料及主要材料											
辅助材料		356					48	52	456		456
燃料							10	5	15		15
动力				120			45	9	174		174
工资					240		20	50	310		310
工资附加						41	3	9	53		53
折旧费							630	216	840		840
其他费用							120	360	480		480
工厂成本			356	120	240	41	875	695	2328		2328
销售费用										400	400
全部成本			356	120	240	41	876	695	2328	400	2728

表 15－7　成本项目与生产过程的关系表　　万元

生产过程	成本项目										全部成本
	原料及主要材料	辅助材料	燃料	动力	生产工人工资	生产工人附加工资	车间经费	企业管理费	工厂成本	销售费	
穿爆		150		10	20	3	60		243		243
采装		30		25	10	2	180		247		247
运输		26		30	45	8	300		409		409
排土		60		25	50	9	180		324		324
工务		50		5	50	8	50		163		163
其他		40		25	65	11	106		247		247
企业管理费								695	695		695
工厂成本		356		120	240	41	876	695	2328		2328
销售费										400	400
全部成本		356		120	240	41	876	695	2328	400	2728

注：表内数字是假设的。

表 15-8 车间经费和企业管理费用明细表

车间经费		企业管理费		
项目	项目	项目	项目	项目
工资	租赁费	1. 上级管理费	折旧费	税金
工资附加费	劳动保护费	2. 预提造林基金	修理费	其他
办公费	运输费	3. 企业管理费	低值易耗品摊销	5. 其他费用
取暖费	技术组织措施费	其中：工资	运输费	工人与干部培训费
水电费	技术研究和试验费	工资附加费	其他	罚金支付（减收入）
材料费	外部加工费	办公费	4. 业务费用	其他
折旧费	其他	水电费	仓库费用	
低值易耗品摊销费	总计	取暖费	技术研究和试验费	
修理费		差旅费	利息支付（减收入）	

2. 相对固定费用与变动费用

产品成本内的各项费用，按其数值与产品数量增减变化的关系可分为固定费用和变动费用。

（1）固定费用：是指其数值变化与产品数量增减无直接联系的费用。亦称不变费用，如部分车间经费与企业管理费等。

（2）变动费用：是指其数值变化与产品数量增减有直接联系的费用。亦称可变费用，如露天矿的炸药等费用。

（3）固定费用与变动费用的划分，一般可按以下方法进行。

①直接法：是根据统计资料和财会人员的经验直接划分。对于半比例变动费用，可根据产量变化的程度划为固定费用或变动费用。

②高低点法：根据统计资料，可按下式计算。

$$单位产品变动费用=\frac{最高总成本-最低总成本}{最高产量-最低产量} \tag{15-17}$$

$$固定总费用=最高总成本-最高产量\times单位产品变动费用 \tag{15-18}$$

③回归分析法：根据 $y=a+bx$ 直线方程，用最小二乘法运算。

用前两种方法计算固定费用与变动费用都会产生误差。一般用回归分析法计算的结果要进行统计假设检验，只有当拟合度较高时，认为回归分析结果是可靠的。

三、露天矿设计成本的计算方法

露天矿设计成本是在设计阶段根据选定的设计方案和有关技术经济资料编制的，它是达产后产品的预测成本。其编制的方法有以下几种。

1. 采矿剥离成本分别估算法

采矿剥离成本分别估算法是根据剥离工程预算定额或类似露天矿的资料估算的。

$$单位矿石工厂成本=单位采矿成本+单位剥离成本\times生产剥采比 \tag{15-19}$$

$$单位采矿成本=直接定额费用+辅助车间服务费用+间接费用 \tag{15-20}$$

$$单位剥离成本=直接定额费用+辅助车间服务费用+间接费用 \tag{15-21}$$

式中剥离成本应按剥离的土、软岩和硬岩等分别计算平均剥离成本；剥采比是按设计中确定的；直接定额费可按剥离工程预算定额计算；辅助车间服务费可按直接定额费的比例取值；间接费相当于部分车间经费和企业管理费，可按直接定额费与辅助车间服务费之和的比例取值。

这种设计成本计算法，适用于粗略计算生产工艺简单的规划或方案。

2. 成本项目法

(1) 黑色冶金露天矿的设计成本，通常是按成本项目计算的，其计算方法见表15-9。

表15-9　成本项目计算表

成本项目		单位用量	单价	金额
1. 辅助材料	炸药/($kg \cdot t^{-1}$)			
	普通雷管/(个$\cdot t^{-1}$)			
	电雷管/(个$\cdot t^{-1}$)			
	导火线/($m \cdot t^{-1}$)			
	导爆线/($m \cdot t^{-1}$)			
	钎子钢/($kg \cdot t^{-1}$)			
	硬质合金/($g \cdot t^{-1}$)			
	铲斗牙尖/($kg \cdot t^{-1}$)			
	钢丝绳/($kg \cdot t^{-1}$)			
	坑木/($m^3 \cdot t^{-1}$)			
	汽车轮胎/(套$\cdot t^{-1}$)			
	牙轮钻钻头/($kg \cdot t^{-1}$)			
	破碎机衬板/($kg \cdot t^{-1}$)			
	其他			
2. 生产工艺用燃料及动力	汽油，柴油/($kg \cdot t^{-1}$)			
	电/($kW \cdot h \cdot t^{-1}$)			
	生产工人工资/(工日$\cdot t^{-1}$)			
	生产工人附加工资/(元$\cdot t^{-1}$)			
	维简费/(元$\cdot t^{-1}$)			
	大修理提成费/(元$\cdot t^{-1}$)			
	维修费/(元$\cdot t^{-1}$)			
	车间经费/(元$\cdot t^{-1}$)			
	企业管理费/(元$\cdot t^{-1}$)			
	工厂成本/(元$\cdot t^{-1}$)			

表内生产工人工资指从事矿石生产的直接生产工人与辅助生产工人的基本工资和辅助工资（不包括机修、维修和非生产人员的工资）。辅助工资通常按基本工资的比率计算，现行一般为0.15~0.20。

生产工人工资附加费按现行规定，扣除奖金后的工资总额的11%。

大修理折旧费与维修费可按基建投资额（扣除剥离和机修厂的投资额）的比率取值，维修费率为6%~8%。露天煤矿年大修理提成额按4%计取。

车间经费和企业管理费可参考类似矿山的资料取值，也可按下列公式计算。

$$C_g = \frac{N_f(1-0.2\sim0.25)\times D_f(1+0.16)+N_b\times B}{Q\times K} \tag{15-22}$$

式中 C_g——单位矿石管理费或车间经费，元/t；

N_f——全矿或车间非生产工人数，人；

0.2~0.25——由统计资料取值，为非生产人员中由修理费、工资附加费、营业外支出等费用开支的非生产人员比重；

D_f——非生产人员平均年工资总额，元/(人·年)；

0.16——工资附加费率和企业基金费率；

N_b——计算劳保费的人员，按全员人数减机修设施的生产工人数和由修理费、工资附加费、营业外支出等费用项目开支的非生产人员数计算，人；

B——每人年平均的劳保费；

K——由管理费或车间经费开支的工资与劳保费与全部管理费或车间经费的百分比，可按35%~40%选取；

Q——露天矿年设计产量，t。

（2）露天煤矿设计成本计算方法见表15－10。

表15－10 按费用要素计算表

费用要素		单位用量	单价	金额
1. 辅助材料	炸药/(kg·t^{-1})			
	雷管/(个·t^{-1})			
	大型材料/(元·t^{-1})			
	配件/(元·t^{-1})			
	轮胎/(条·t^{-1})			
	自用煤/(元·t^{-1})			
	劳保用品/(元·t^{-1})			
	其他/(元·t^{-1})			
2. 工资	基本工资/(元·t^{-1})			
	奖金/(元·t^{-1})			
	津贴/(元·t^{-1})			
	工资附加/(元·t^{-1})			
3. 动力	柴油/(kg·t^{-1})			
	电/(kW·h·t^{-1})			
4. 折旧费/(元·t^{-1})				
5. 其他支出/(元·t^{-1})				
工厂成本/(元·t^{-1})				

表中辅助材料、燃料及电力消耗等各项费用根据类似露天煤矿的消耗定额和有关资料由各设计专业确定；材料中的其他一项，视各种材料计划的完整程度，分析实际资料后确定。

折旧费按类似露天矿固定资产耐用年限确定的折旧率计算。

工人工资附加奖金、津贴等均按规定计取。

其他支出所包含的费用项目与前面所述生产露天煤矿工厂成本中的其他支出相同，对其他支出的计算比较困难，只能结合设计露天矿的具体情况，在分析实际资料的基础上来确定。

按费用要素计算设计成本的方法，其优点是计算方法简便；便于和现有露天煤矿的费用要素进行比较。其缺点是部分生产工艺环节和设备选型的区别，只按费用性质划分费用要素，各生产工艺环节的工料机消耗很难分清，因而不利于设计方案的分析比较。

3. 实物组合法

是按设计确定的某一生产年度各工艺环节的设备或设施数量，并根据单台设备运营费用和有关工料消耗指标计算出直接成本，加管理、工程折旧及其他等间接费用，即为工厂成本。其计算公式如下：

$$C=\frac{\left(\sum C_{\mathrm{m}}+\sum C_{\mathrm{p}}\right)+(C_{\mathrm{a}}+C_{\mathrm{j}}+C_{0})}{Q} \tag{15-23}$$

式中　C——单位矿石成本，元/t；

$\sum C_{\mathrm{m}}$——各种生产设备运营费之和，元；

$\sum C_{\mathrm{p}}$——各种生产性工料消耗费之和，元；

C_{a}——管理费用，元；

C_{j}——采剥与土建工程设备折旧费，元；

C_{0}——其他费用，元。

式中分子项目的合计为年度总成本，其中 $\sum C_{\mathrm{m}}$ 与 $\sum C_{\mathrm{p}}$ 的合计为直接成本，C_{a}、C_{j} 与 C_{0} 的合计为间接成本。

直接成本的计算：将设计确定的露天矿生产过程如穿爆、采装、运输等各主要生产环节的设备与设施数量及其完成的工程量列入设计成本计算表内；根据设计确定的设备、设施数量和露天矿设计常用设备设施运营费计算参数表，计算折旧、维修、材料、动力和工资等各项费用，列入成本计算表内。动力单价按地区规定取值，工资按当地平均工资与配备人数计算；根据各种设备、设施完成的工程量与所需的运营费，计算出每立方米或吨矿岩的成本。

除了计算上述主要生产环节的直接成本外，还要计算露天矿辅助生产环节的直接成本，如疏干、排水、照明、输变电及通信等费用。由于辅助生产环节的投资分成设备与管线两大类，分别乘以相应年费率，综合求出折旧、维修、材料、动力、工资等费用，并列入成本计算表内。如果不要求作更多的经济分析，又有类似露天矿辅助车间服务费占直接成本的百分比可供借鉴，也可以用百分比求出辅助生产环节的直接成本。

间接成本计算：管理费与前述费用要素内的其他支出内容基本上相同。根据实际资料分析，现每采剥 1 m^3 的管理费指标为 0.2～0.3 元，年采剥总量超过 2000 万 m^3 取下限；工程折旧主要指基建、采剥工程和土建工程的折旧。这些工程折旧不便摊于某一工艺环节或某一设备上，故列入间接成本内。这些工程折旧年限在目前无正式规定。计算时以不超过 30 年为宜，如露天矿服务年限小于 30 年，则按露天矿服务年限计算。由于在直接成本中已包括了修理费及运输线路的折旧费，故计算土建工程折旧时，应从土建工程投资中扣除机修厂和运输线路的投资；其他费用，主要是大修理折旧造林基金，地面塌陷补偿等费用，根据实际资料分析，根据我国现状建议每采剥 1 m^3 按 0.1 元计算。

计算设计成本的实物组合法，其优点是可以计算各生产环节的直接成本，便于技术方案的经济分析与对比；适用性强，可以根据日常积累的各种设备、设施运营费作为基础资料，计算各种工艺和各种规模露天矿的成本；采用单台设备运营费指标体系，以实物量为基础计算成本，符合以机械使用费为主的露天矿生产费用构成，为成本控制创造了条件，也易于发现设计中存在的问题。其缺点是计算比较复杂，与现行按成本项目或费用要素计算的生产成本不完全一致，难以对比分析。

四、产品成本与生产经营费

在进行经济分析中，除了计算产品成本外，还经常计算“生产经营费”，也称“经营成本”，经营成本包括：材料费、工资、电力费、其他支出及销售费。它与产品成本（按费用要素划分）的关系如图 15－8 所示。

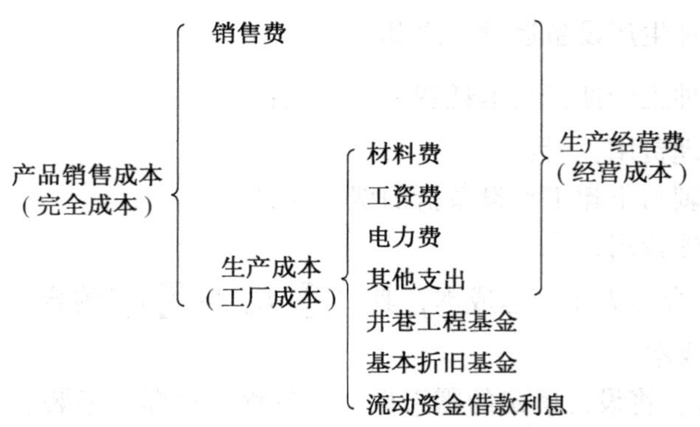

图 15－8　销售成本构成图

五、露天矿的成本管理的内容和要求

露天矿的成本管理就是对适用露天开采的那部分矿藏资源从设计、采剥、运输、洗选到销售等全过程各种费用的发生和产品成本形成所进行的组织、计划、控制、合算和分析的工程。

露天矿成本管理是促使露天矿的技术工作、经济工作相结合，生产与节约并重，动员全矿职工注意经济核算，提高经济效益的一项综合性的管理工作。

1. 成本管理的内容

露天矿的成本管理主要包括下列内容：

（1）成本预测。根据对生产技术条件和生产经营全过程分析，以及计划采取的各种措施，预测成本可能降低的情况和成本的水平，提出成本预测方案，为决策和编制成本计划提供依据。

（2）成本计划。根据成本预测资料，确定目标成本，根据目标成本编制成本计划，把目标成本落实到各种产品或各个部门的成本计划之中，为进行成本控制提供依据。

（3）成本控制。指对露天矿生产经营活动中发生的费用和产品成本的形成，按照计划成本、成本开支范围及各种消耗定额和标准进行提前控制，对可能发生的偏差预先采取防治措施、保证目标成本的实现。

（4）成本核算。对露天矿生产经营活动实际发生的一切费用和产品实际成本的形成，按成本开支范围和一定的成本计算方法，进行正确和及时的记录，分类、汇总、分摊和结算。

（5）成本分析。指对设计到生产和销售所发生的费用和产品成本形成所进行的分析。成本分析对于制定目标成本、编制成本计划，进行成本控制以及挖掘降低成本的潜力都有重要作用。

上述五项成本管理工作的内容是相互联系的，只有组织好露天矿内各部门、各单位的工作，才能做好成本管理工作。

2. 成本管理的要求

（1）要动员露天矿的各个部门、单位和全体职工对企业生产经营的全过程实行全面成管理，保证不断降低产品成本。

（2）要建立成本管理体系，推行成本管理责任制。使成本管理工作与贯彻经济责任制相结合。

（3）要加强成本管理的基础工作，包括定额工作，原始记录、计量、内部计价等。

（4）严格遵守国家规定的成本开支范围和费用开支标准，以及有关成本的财经纪律。

六、降低产品成本的途径

影响露天矿产品成本的因素多种多样，因此，降低露天矿产品成本的途径也是多方面的，其主要途径有以下几方面。

1. 实行全面成本管理

产品成本是全面反映企业生产经营活动效益的一个综合指标。露天矿各科室、区段以及每个职工的工作成果和劳动消耗最终都会影响产品成本的水平，因此，要求企业职工重视本单位与个人劳动成果的考核和劳动消耗的核算。同时明确控制与监督各单位和每个职工的工作任务与劳动消耗，如将产品项目分解为各项费用指标，分级管理，并将节约生产费用的成果与职工的经济利益联系起来。

2. 提高生产过程组织水平

加强露天矿生产过程的组织水平，保证矿石或煤炭不间断地生产，对降低产品成本起着重要作用。露天矿生产环节较多，机械化程度高，工作地点分散并经常变动，这就给生产组织工作带来了复杂性。如何使各生产环节内的人力、物力协调地配合及各生产环节之间紧密联系，保证露天矿生产过程连续不断地进行，必须提高企业生产组织水平，加强生产计划工作，应用自动化控制、监督装置和电子计算机管理生产，完善生产调度设施。

3. 加强劳动组织

加强露天矿的劳动组织，提高劳动生产率，是降低产品成本的一项重要途径。为此，要健全各种规章制度，严格劳动纪律，加强劳动定额管理工作，选择合理的工资形式和奖励制度。加强培训工作，提高职工的文化技术水平，确保生产正常进行并为职工参加技术革新、提合理化建议、科学研究、改善生产工艺和参加企业管理工作提供文化理论知识。

4. 重视技术经济分析工作

在露天矿生产期中，经常要进行生产技术工艺设计，如在年计划与长远规划编制时，就要对穿爆、采装、运输、排土等工程进行设计，这些工程设计经济合理与否，对矿石成本水平有很大影响，因此，在设计时，一定要提出多方案进行经济效益评价，不应只从技术先进一方面确定方案，这样会形成经济不合理的技术方案，提高产品成本。

5. 节约资料消耗

辅助材料费在露天矿产品成本中占较大的比重，节约材料消耗对降低产品成本有较大影响。因此，应加强材料消耗管理工作，提高材料技术供应计划的质量；加强材料定额与仓库管理；建立各种节约与浪费的奖惩制度；做好修旧利废和回收复用工作。

6. 加强设备管理

现阶段露天矿生产的机械化和自动化程度较高，机电设备成为生产中的主要工具，合理使用设备，提高设备效能，可以提高劳动生产率和产品产量，并对产品成本中的事故修理费、折旧和其他固定费用的降低有很大影响。因此，应该加强露天矿的设备管理，可以实行包机制；健全维修制度和操作规程；提高操作人员的技术水平；建立完好设备奖励制度。

此外，严格执行财经制度，控制产品成本中的其他支出。

思考题

1. 简述投资回收期、净现值定义。
2. 简述露天矿设计经济效益评价常用指标。

第十六章　露天矿山智能开采

所谓智能露天矿山，即以矿山数据数字化、生产自动化、管理信息化为基础，结合传感器技术、网络通信技术、空间信息技术、人工智能技术等，实现矿山生产及管理的智能感知、辨识、记忆、分析计算、判断决策、评估考核改进，达到整个矿山的无人化或少人化，实现矿山的绿色、安全、高效开采。

“智能露天矿山”的本质是将信息化技术与露天矿山开采深度融合，实现露天矿山劳动生产率的大幅度提高，整体生产成本的大幅降低。智能露天矿山是通过集成先进的感知、计算、通信、控制等信息技术和自动控制技术，构建露天开采过程中人、机、物、环境、信息等要素相互映射、适时交互、高效协同的复杂系统，实现系统内资源配置和运行的按需响应、快速迭代、动态优化。主要表现在：①露天矿设备及工艺系统的智慧化，通过物联网采集设备运行工况，并进行设备间相互关联性、计量等分析，并实现识别、比对、分析、传输、接收指令等智能化功能；②在设备智能化基础上，实现生产目标下各工艺环节最优化的自动决策和辅助生产环节的智能化，动态展示和综合查询露天矿生命周期三维时空模型；③露天矿综合调度管理信息化，矿山人员、财务、物资、安全以及外包工程等管理的智能化，生态保护、节能等辅助环节管理的智能化。

智能露天煤矿建设主要表现在生产设计和计划编制智能化、设备及工艺智能化和调度管理智能化等方面。

一、生产设计和计划编制智能化

露天矿生产设计和计划编制是露天矿生产各环节中最难实现智能化的环节，经过十几年的发展，形成了以设计软件辅助工程技术人员设计的计算机辅助设计系统，世界范围内比较知名的矿业设计软件有 Surpac、Micromine、Vulcan、Datamine 等，国内矿业软件主要是 3Dmine 和 Dmine。这些软件对矿山数字化、智能化起到了巨大的推进作用。

本书从地质勘探、矿床地质建模、地质储量计算、测量数据管理、露天及地下矿山采矿设计、生产进度计划、露天境界优化及生产设施数据的三维可视化等方面介绍当前露天矿生产设计和计划编制智能化的现状。图 16－1 为矿业软件采矿设计流程图。

（一）地质勘探

通过计算机三维可视化平台，对勘察地质、矿山地质、工程地质和水文地质的找矿和生产-地质等建立可视化的地质数据库，利用三角网建模技术，创建矿区地层模型、矿体模型、构造模型或其他类型模型，同时用地质统计学估值方法建立块体模型，对矿体空间展布、储量计算、动态储量报告、品位和不同属性的分布特点进行综合分析，最终利用分析的数据指导矿山设计和生产。

1. 地质数据库

地质数据库的形成和建立是地质勘探行业的一大里程碑。通过地质数据库可实现地质

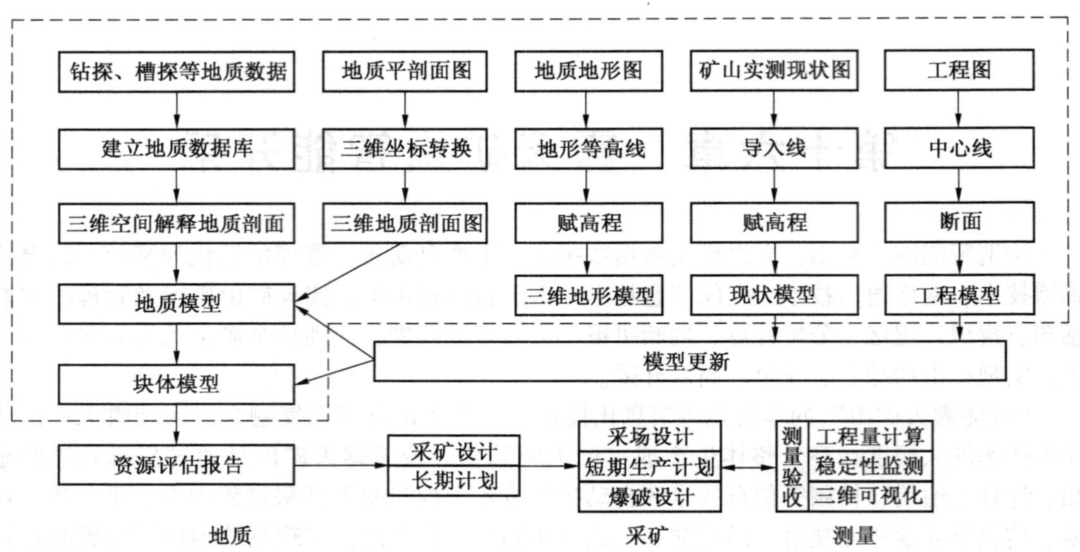

图 16-1 矿业软件采矿设计流程图

矿床信息的数字化表达和管理。一般地，地质数据库的建立，首先是将地质信息录入 Access、SQL Server、Oracle 等软件相应的数据库中或者是通过 Excel 将工程（探槽、坑道或坑道）编录的数据、物化探数据或水文数据和煤质数据按照规则录入，并创建和存储在数据库（如 Access、SQL Server 等）中，然后通过三维矿业软件表达。矿业设计师可以在三维环境下查询钻孔信息、矿岩界限、地质岩性、钻孔轨迹，以及对钻孔做剖面等。钻孔三维显示如图 16-2 所示。

图 16-2 钻孔三维显示图

2. 矿床地质模型

矿床地质模型分为矿山表面模型、实体建模及块体模型等。表面模型实质是数字化地形模型，利用开放线、闭合线及高程点云等数据生成，用来表达地形形状、地形特征等信息；实体模型由一系列相邻、封闭的三角网组成，通过平（剖）面图在空间形成的矿岩界线、构造线、水位线以及控制线对任意形态的地质体构建三维模型，从而将矿体的实际属性用模型表达出来，用以计算矿体体积、品位（煤质）、储量等；块体模型是国际上通用的储量计算方法模型，主要利用规则的块体来充填不规则的矿体，并通过边部块体次分技术实现矿体范围的准确计算。每个块体的质心可以存储所包含的各类属性，其中品位（煤质）属性是应用地质统计学方法进行内插值的结果。块体模型可输出不同约束条件下矿石量和品位报表，同时也是矿山计划进度推演的基础。图 16－3～图 16－5 分别为地表面模型、实体模型、块体模型。

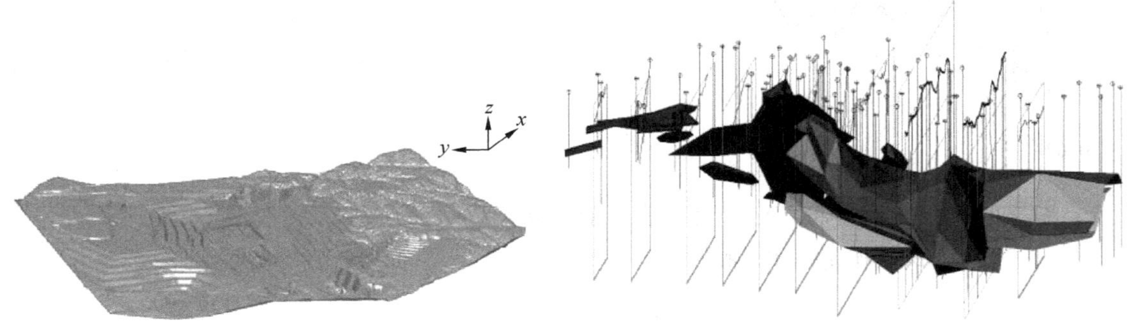

图 16－3　矿山表面模型

图 16－4　矿山实体模型

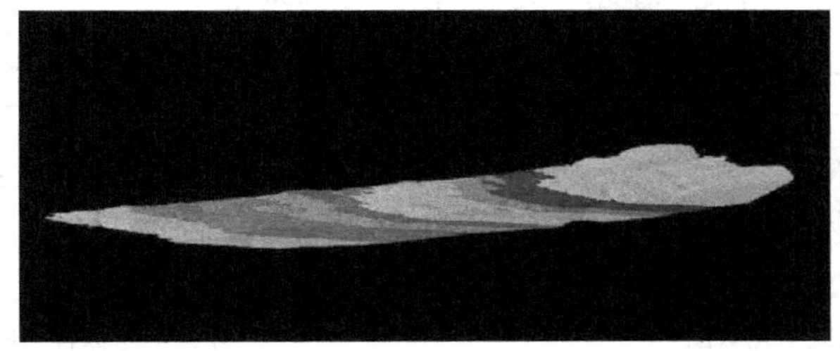

图 16－5　矿山矿体模型

3. 地质统计与储量动态评价分析

地质统计分析是在地质数据库建立后，对矿床和矿体内的品位（煤质）元素分步进行统计分析，以了解矿区分布特征和品位分布规律。通过对样品数据进行地质统计/变异（变差）函数分析，在三维视图中分析样品变异性；通过理论变异函数或者函数嵌套拟合模型，确定矿体的主轴、次轴、短轴方向、比例、跃迁值等；地质储量动态评价分析是在三维模型的基础上，通过中段、分段、采场的自动划分、属性的计算与表述，在统计分析的基础上，进行首采区域优化、开拓系统优化、采场合理范围确定等，从而为采矿决策和计划编排提供参考。图 16－6、图 16－7 为地质统计数据表和储量动态评价分析表。

（二）测量数据管理

在露天矿生产过程中，需要实时地对采场现状进行测量。矿业软件作为露天矿辅助设计的平台，提供了强大的测量数据处理能力，可以对全站仪、GPS 等仪器采集到的数据进行处理，并且能够从图形中生成放线数据，选择相应的编号进行布置点位；可以通过测量的数据快速建立采场及排土场模型，及时完成不同掘进工程或不同阶段的验收和报告，形

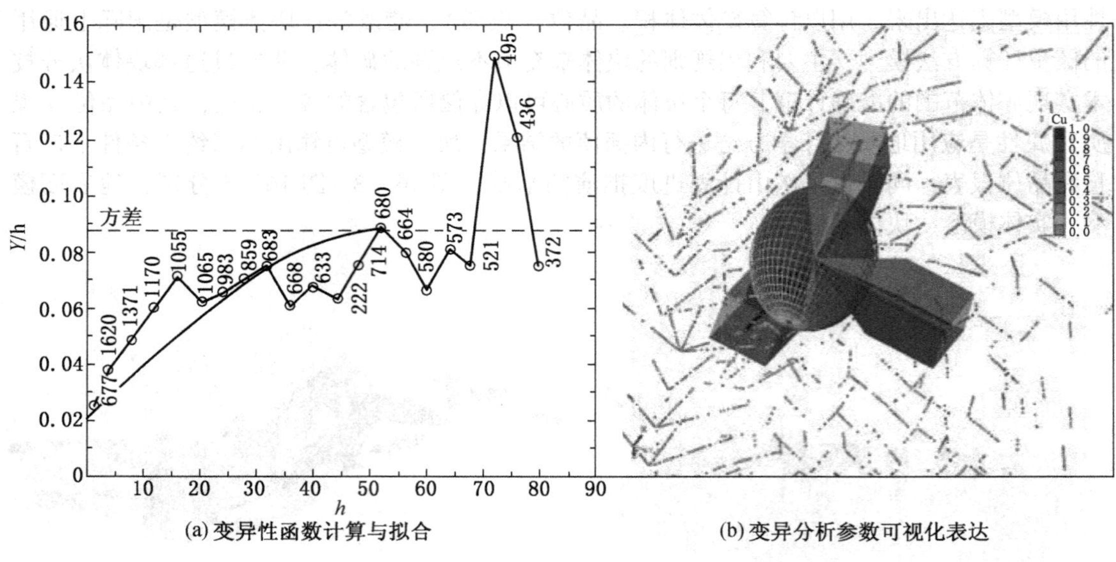

(a) 变异性函数计算与拟合　　(b) 变异分析参数可视化表达

图 16-6　地质统计数据表

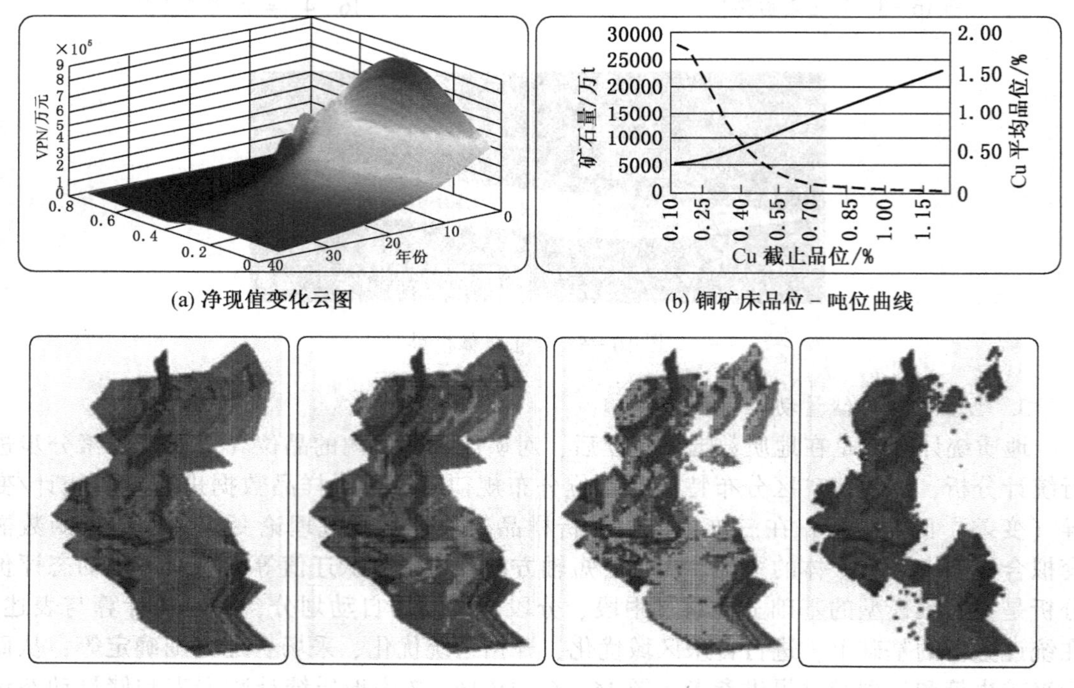

(a) 净现值变化云图　　(b) 铜矿床品位-吨位曲线

(c) 不同边界条件下矿体形态变化

图 16-7　储量动态评价分析表

成不同形式下的三维效果图，包括建立地表模型（DTM）和生成等高线，露天现状和工作面模型，同时可以精确计算多个区域（采区）的体积和表面积以及填方、挖方工程量并自动生成相应的图表。与地质模型配合，可以准确计算回采的矿石量。图 16-8 为测量数据生成效果图。

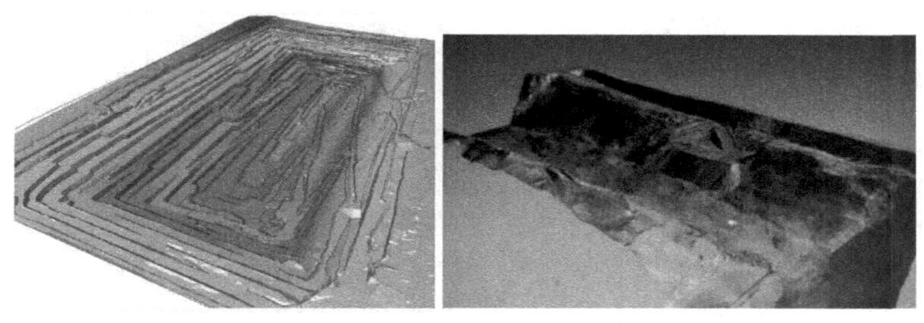

图 16－8　测量数据生成效果图

（三）露天采矿设计应用

1. 露天矿境界优化

目前，露天矿境界优化一般采用 LG 图论的方法，结合技术经济指标等，将矿块转换成价值模型，经过系统算法求解出矿山允许最大帮坡角、采选成本、超前深度等约束条件下的最大净现值的开采境界，同时通过对回收期、投资收益、内部收益率等经济敏感性因素分析，完成矿山开采的经济效益评估。图 16－9 为露天矿境界优化图。

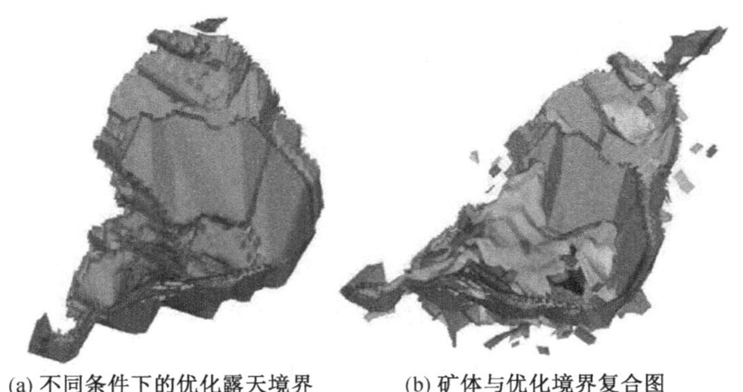

(a) 不同条件下的优化露天境界　　(b) 矿体与优化境界复合图

图 16－9　露天矿境界优化图

2. 露天矿采场设计

露天矿采场设计一般是通过软件设定参数自动生成坑内公路、台阶，可按照实际分区坡面角和平台宽度进行分段设计，也可进行各种斜坡道与开段沟、排土场、最优运输路径的设计与计算。与地质模型相结合，还可输出剥采比、品位、矿量、岩量等参数，从而完成露天矿场的一般设计。图 16－10 为某露天矿采场设计。

3. 露天矿生产计划模拟

露天矿生产计划模拟是在现有资源条件（地质储量条件、设计工程数据、矿山工程设备、矿山施工人员）、初始状态、各生产环节制约条件、采矿分区等多种约束条件，通过计算机模拟，作出的矿山各环节任务划分、时空排序与模拟开采、技术经济指标分析等，从而实现计划高效、科学的编制、露天矿生产计划分为中长期计划和短期计划。图 16－11 为通过 mineshed 软件所作的露天矿计划图。

4. 露天矿爆破设计及模拟

露天矿爆破设计一般是通过建立的露天矿地质地形信息管理系统，结合采场现场实际

图 16-10 某露天矿采场设计图

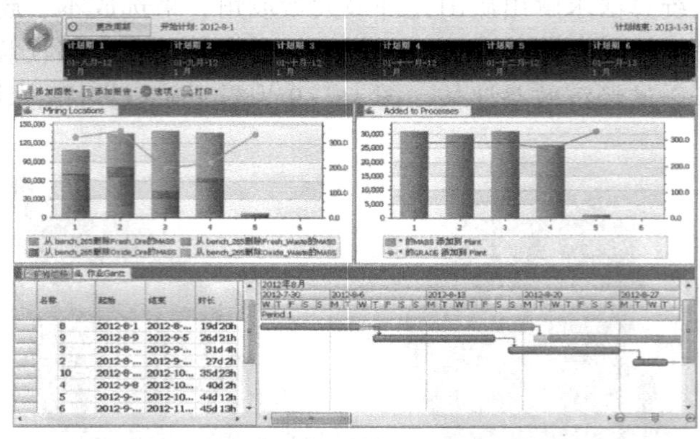

图 16-11 露天矿计划图

测量的坐标数据，自动生成待爆区的坐标区域；设计人员通过设计软件直接选择孔网参数、布孔方式和钻孔参数等，软件自动完成装药设计，按照相关参数显示装药和填塞结果，并形成炸药用量报告；可以按照爆破方式和导爆雷管延迟时间进行联网爆破模拟和露天爆破效果和时差分析，最后形成爆区的设计和露天爆破总量报告。露天矿爆破设计及模拟可极大地减轻工程师的设计工作量，同时可以提前预知爆破效果，选择最优的爆破设计。图 16-12 为炮孔设计及爆破模拟。

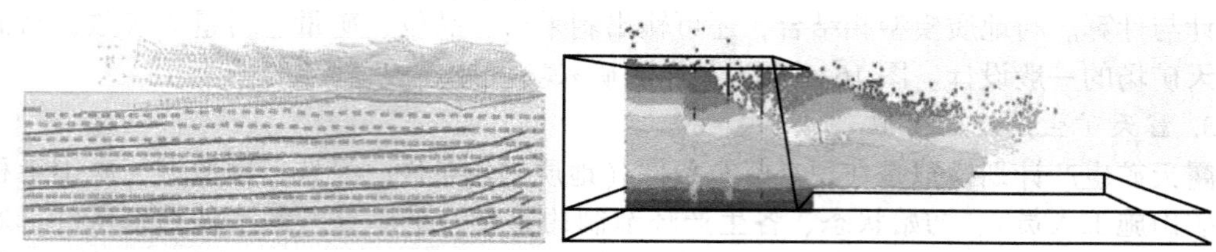

图 16-12 炮孔设计及爆破模拟图

二、设备及工艺智能化

露天矿设备及工艺智能化主要指通过物联传感技术、数据通信技术和大数据分析等手段，对各生产设备主要运行参数、作业环境参数、生产参数等进行采集、计算、分析和决策，将穿孔、爆破、采装、运输、排土等环节的生产、管理、自诊断、设备维护和安全等结合在一起，形成统一的闭环控制系统，从而形成智慧露天矿工艺系统（图 16－13）。

设备及工艺智能化具有如下特点：

（1）高精度、高效率。传感系统精确定位、工作轨迹实时规划、执行精确控制。

（2）智能操控。基于大数据在线分析与决策、远程遥控、状态监测、自主作业。

（3）大数据与集群控制。故障智能诊断、风险在线评估、远程群控、云通信、云计算等。

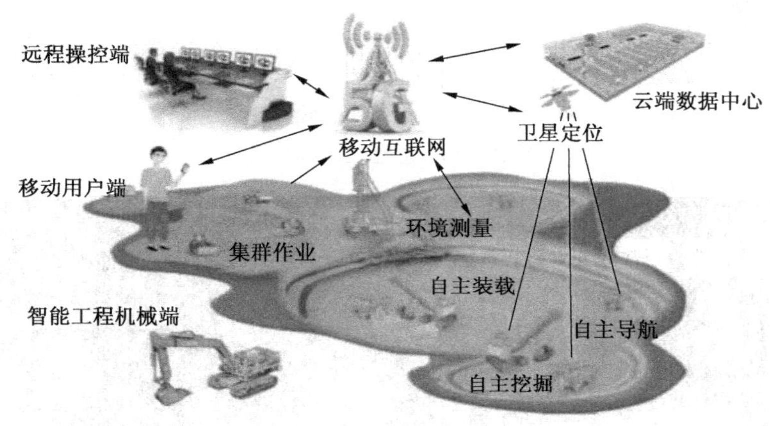

图 16－13　智慧露天矿工艺系统

1. 穿孔爆破设备智能化

穿孔爆破设备智能化是通过地理信息系统、虚拟现实、GPS、惯导系统等技术，实现穿孔监测智能化、钻孔智能导航、地层岩性智能识别等，从而提高钻机穿孔精度、生产效率，优化爆破后矿岩颗粒均匀度，减少或杜绝大块的产生，改善电铲挖装状况，增强对台阶平整度和倾斜度控制。部分智能化钻机系统如图 16－14 所示。

2. 采掘设备智能化

智能化采掘主要是通过物联网云计算、传感器技术及 3S（地理信息、定位、遥感）等技术，建立电铲作业监测系统、电铲在线动态称重系统、爆堆质量评价系统、铲齿完整性监测系统、电铲智能对中系统等，实现电铲作业位置合理、铲斗挖掘方式正确；准确识别岩石块度和煤岩混合台阶，并将地质数据实时传输到生产技术中心，为工作面下一次推进作出合理的计划；装车时能准确识别卡车位置及车斗内物料的堆积形状，为铲斗悬停位置提供引导，保证卡车的满载率等。图 16－15 为电铲铲齿监测与块度智能识别图。

3. 运输设备智能化

通过 3S（遥感、定位、地理信息）、传感器智能感知、智能决策等技术实现大型运输卡车的定位、作业位置分配、最优运输线路规划、排土作业自动停靠等功能；同时实现卡车的防撞预警、疲劳驾驶预警、周围环境智能感知、燃油监测、轮胎检测、卡车消耗成本自动分析等。在此基础上通过建立云、管、端的智慧运输系统，实现运输设备的智能感知、高精定

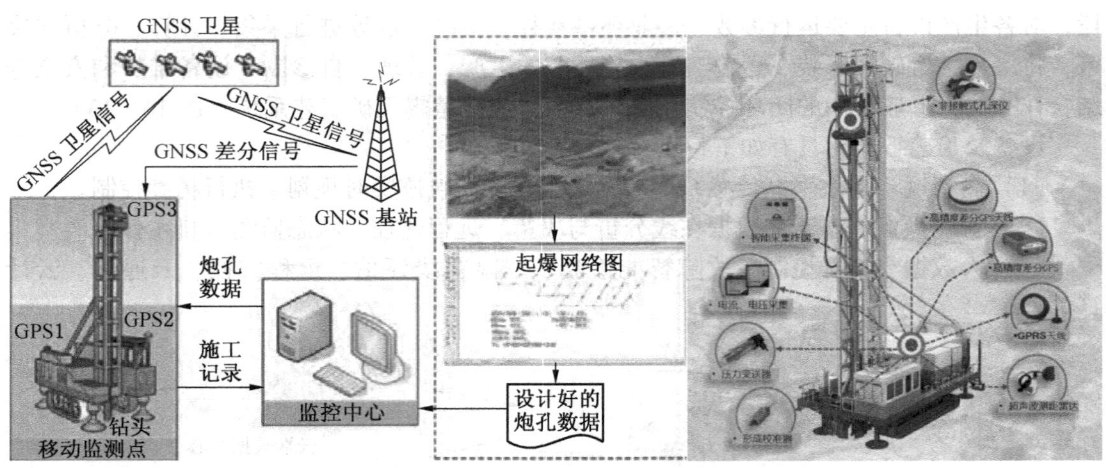

图 16－14 智能化钻机系统

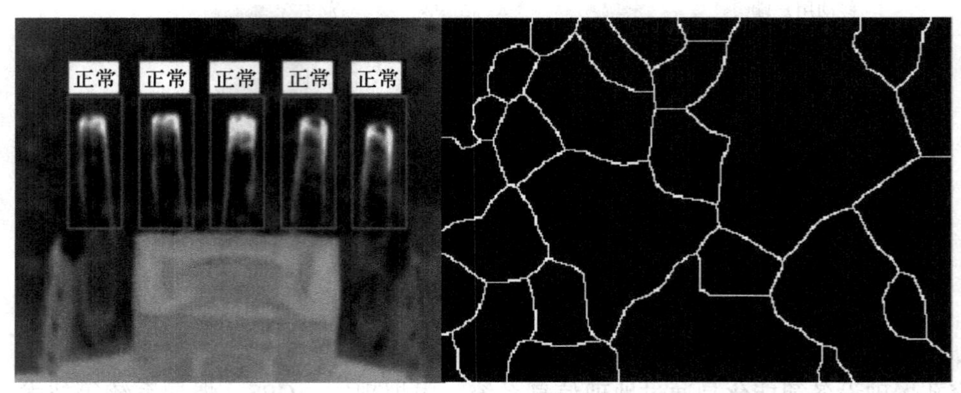

图 16－15 电铲铲齿监测与块度智能识别图

位、决策控制，最终实现无人驾驶。图 16－16 为卡车胎压监测与无人驾驶系统。

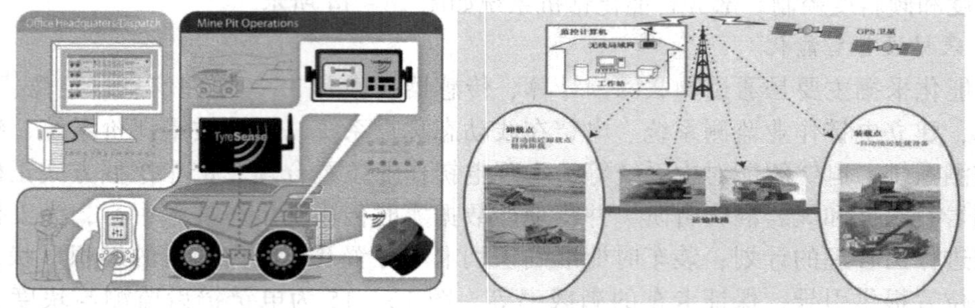

图 16－16 卡车胎压监测与无人驾驶系统

4. 排土设备智能化

推土机通过安装各种复杂的传感器来获取工作环境信息。通过各个单元级数字化信息来实现推土机的监控、检测、预报、远程故障诊断与技术维护。通过系统级单机集成化操作并配合自动化控制技术实现自动找平、自动换挡控制、故障诊断等功能。最终凭借信息采集与自动化功能集成实现推土机远程遥控等智能化功能。图 16－17 为排土作业辅助系统。

图 16－17　排土作业辅助系统

5. 破碎机（站）智能化

智能化破碎机（站）利用物料块度图像识别、破碎过程震动传感、电气自动化控制调节等技术，通过物料块度及破碎过程震动频率、幅度实时监控与判断，实现破碎机（站）智能调节给料速度、破碎辊转向及转速，达到系统的高效作业目标，实现破碎机（站）的无人值守。图 16－18 为破碎站无人值守系统。

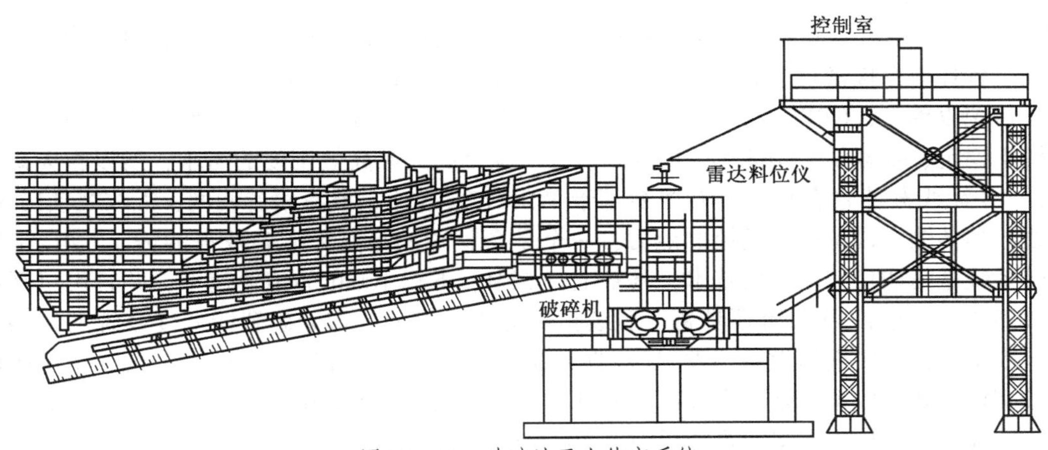

图 16－18　破碎站无人值守系统

三、露天矿调度管理智能化

运用 GPS/北斗实时定位技术、计算机技术、无线通信技术、矿山系统工程及优化理论、地理信息系统技术（GIS）以及物联网云计算等高新技术，建立集信息化、智能化、自动化为一体的调度管理智能化平台，实现对生产采装设备、运输设备、排土设备等露天矿设备及人员的全方位实时监控和优化调度；能够自动统计产量、运距、提升高度、设备实动率、可用率等生产指标，以及实时监测/获取设备信息、监控设备工作状态、自动优化车辆运行路径、自动识别车辆周围环境、动态监测设备数量和工程量等；同时通过计算机综合调度模型能够实现露天矿总体目标（产量/总费用/效率）的动态调整以及实时自动应对突发事件，从而实现及时优化调度和实时调控生产。调度系统由机载终端、传输网络、卫星定位、调度中心四部分构成，整体架构如图 16－19 所示。

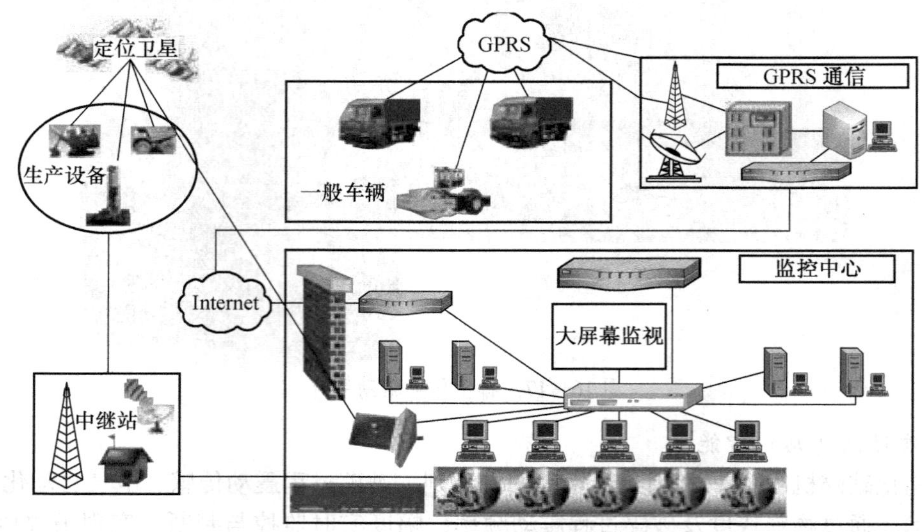

图 16－19　调度系统架构图

1. 传输网络

露天矿具有作业范围广、大型移动设备多、设备配置及生产过程复杂、自动化程度要求高、各环节衔接密切等特点。因此，实时通信及高效调度是保证露天矿安全生产的前提。传统以单工、GPRS、WiFi、3G 技术为支撑，以语音为主要业务内容的通信平台存在系统不稳定、带宽低、功能单一的问题，无法满足露天矿高效调度的需求，所以露天矿须建设 4G 无线宽带通信平台。4G 平台基于 TDD-LTE 技术，具有语音调度、无线视频接入、无线数据传输、设备遥测遥控的能力，一个平台就能满足露天矿各业务的需求。4G 无线宽带系统是第四代移动通信技术，具备上行 50M、下行 100M 的传输速率，并且可以平滑过渡到 5G，因此一次投资便具备了后续扩展能力。目前，露天矿智能调度系统的网络传输组成主要包括中继站设备、发射/接收天线、车载接收装置等。其中，主天线位于矿山的最高点，能有效覆盖整个露天矿区范围，其余天线分布于矿山各个控制点，形成矿山全区域无线网络。矿山网络布置如图 16－20 所示。

2. 卫星定位

卫星定位实现了对设备轨迹和位置的定位，目前露天矿应用的定位系统主要是 GPS 定位系统。露天矿 GPS 定位系统包括 GPS 接收机和 GPS 基准站，其中 GPS 接收机安装于车载主机之内。位于露天坑及排土场外的 GPS 基准站，作为钻机、电铲、卡车等移动状态 GPS 接收器的参考点，为采区作业的卡车、电铲、钻机以及辅助工程机械提供精确定位。GPS 定位系统如图 16－21 所示。

3. 机载终端

机载终端安装在卡车、电铲、钻机、推土机等矿山主要作业设备上，由车载主机、图形操作控制表盘及信号接收器等组成，具有设备导航、智能报警、燃油管理、轮胎管理、

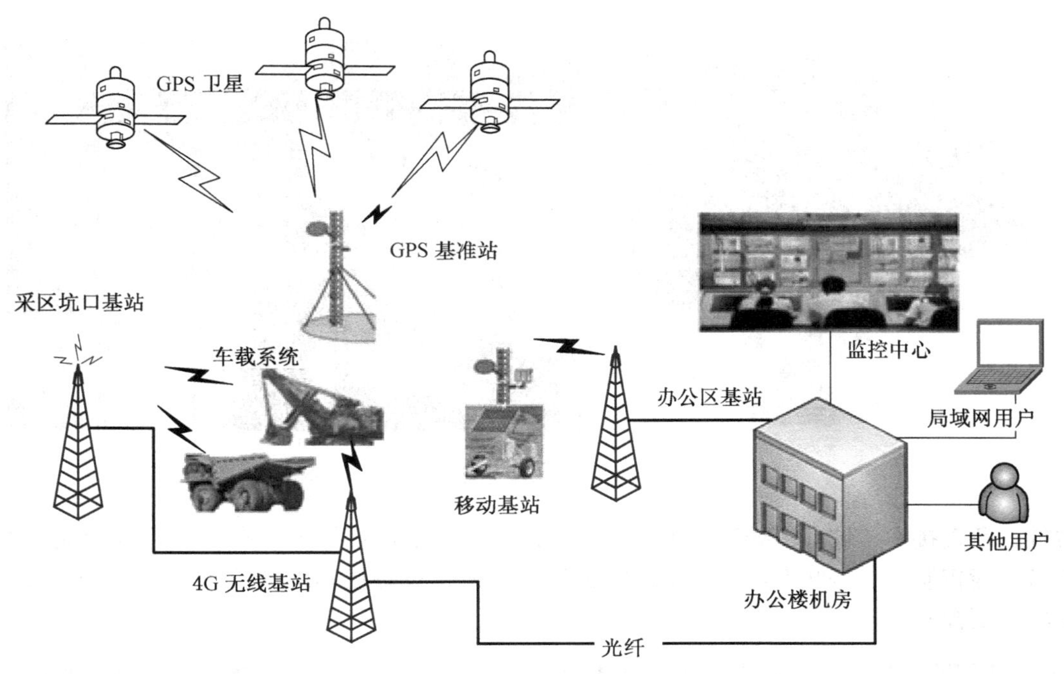

图 16－20　矿山网络布置图

图 16－21　GPS 定位系统

数据报送和计量、轨迹存储和回放、统计报表与分析等功能。图 16－22 为卡车调度终端和界面。

4. 调度中心

调度中心是整个卡车调度系统的中心，主要包括中央数据处理中心、无线通信接口装

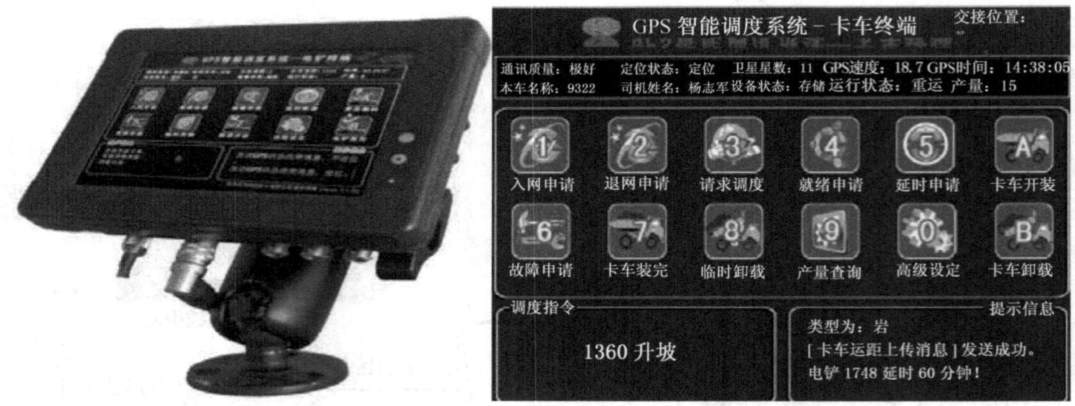

图 16－22　卡车调度终端和界面

置等，负责接发、储存、处理各种数据，可以实现对矿山现场各种车辆的远程智能调度、设备智能控制、设备状态监控、生产数据智能分析、设备成本综合分析等。图 16－23 为车辆调度控制系统。

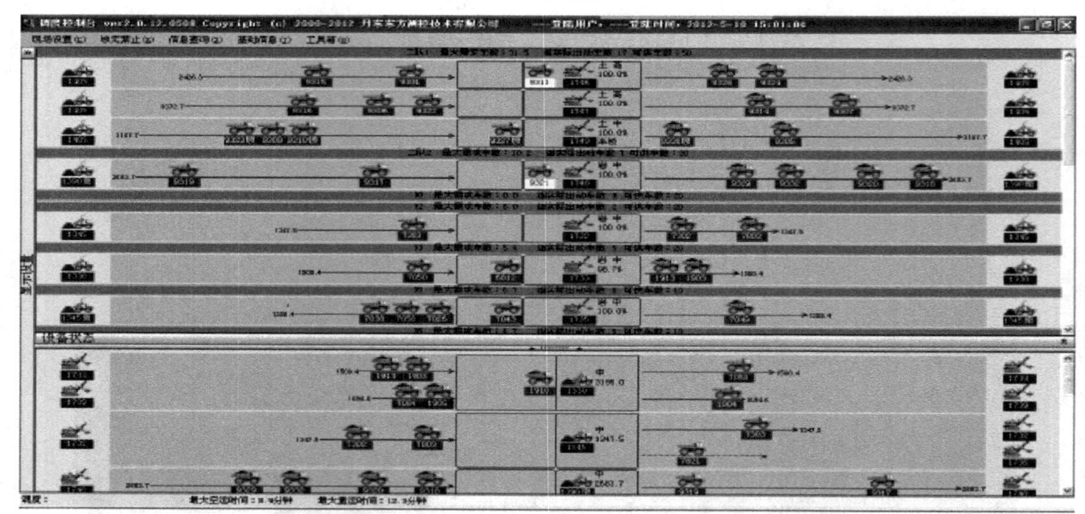

图 16－23　车辆调度控制系统

目前，露天矿智能调度系统已在中国鞍钢齐大山铁矿、中国神华集团胜利露天矿、中煤集团安太堡露天煤矿等大型露天矿中应用，且随物联网大数据等技术发展不断升级改造。

思 考 题

1. 什么是智能露天矿山？
2. 简述智能露天矿山主要建设内容。